ALAN DRESSLER

Deutsch von Hainer Kober

REISE
ZUM GROSSEN ATTRAKTOR

DIE ERFORSCHUNG DER GALAXIEN

ROWOHLT

1. Auflage Juni 1996
Copyright © 1996 by Rowohlt Verlag GmbH,
Reinbek bei Hamburg
Die Originalausgabe erschien 1994 unter dem Titel
«Voyage to the Great Attractor.
Exploring Intergalactic Space»
im Verlag Alfred A. Knopf, New York
«Voyage to the Great Attractor»
Copyright © 1994 by Alan Dressler
Alle deutschen Rechte vorbehalten
Umschlaggestaltung Barbara Hanke
(Foto: Tony Stone Images / Kevin Kelley)
Satz aus der Aldus (Linotronic 500)
Gesamtherstellung Clausen & Bosse, Leck
Printed in Germany
ISBN 3 498 01303 3

Für meine Eltern Charles und Gay, die mich auf den
   Weg brachten,
für meine Lehrer, die mir den Weg wiesen,
für Jacob Bronowski, der mir das Ziel zeigte,
und für Stephen Sondheim, der dafür sorgte,
   daß mich unterwegs der Mut nicht verließ.

INHALT

9 Vorwort

13 Einleitung

19 Ein Universum wird entdeckt

44 Erste Schritte

81 Inseln im Ozean des Alls

125 Eine Nacht auf Las Campanas

169 Alan im Wunderland

202 Kartenzeichner, Kartenzeichner ...

255 Die sieben Samurai

313 Herz der Finsternis

352 Der Große Attraktor

391 Grollen aus der Vergangenheit

438 Auf halbem Weg zur Schöpfung

477 Die Geschöpfe des Hyperraums

500 Glossar

504 Danksagung

505 Register

VORWORT

Die folgende Geschichte handelt von Wissenschaft. Anders als in vielen Büchern über wissenschaftliche Themen geht es hier nicht nur darum, Ergebnisse aufzuzählen und sie zu erklären: Ich möchte auch berichten, wie die beteiligten Wissenschaftler ihre Erkenntnisse gewonnen haben. So ist es nicht zuletzt eine Geschichte von den Hindernissen, die dem Verständnis neuer und verblüffender Entdeckungen im Wege standen – Hindernisse, die nicht weniger begrifflicher als fachlicher Natur waren, so daß zu ihrer Bewältigung keine besonderen mathematischen Fertigkeiten oder Kenntnisse erforderlich sind, nur die Bereitschaft, ernsthaft über Dinge nachzudenken, die unserer alltäglichen Erfahrung weit entrückt sind.

Zwar sind echte Revolutionen des menschlichen Denkens selten gewesen, doch eine fand statt, als die Astronomen entdeckten, daß wir nicht nur in einer Galaxie leben, sondern in einem riesigen Universum von Galaxien, die sich in steter Fluchtbewegung von einer fernen Urkatastrophe entfernen, in einem Universum, das einmal so grundlegend anders ausgesehen hat, daß es heute kaum noch vorstellbar ist, einem Universum, das den Keim zu unserer Existenz schon in sich trug, lange bevor es Sterne oder Galaxien gab. Wie viele meiner Kollegen bin ich der Meinung, daß sich diese Beschreibung grundsätzlich von den Vorstellungen unterscheidet, die die Menschheit früher von ihrem Universum entwickelt hat, mögen sie auch noch so klug und kompliziert gewesen sein. Insofern können wir sagen, daß wir unser Universum erst im 20. Jahrhundert entdeckt haben. Allerdings ist das Wort «entdecken» in Ungnade gefallen, weil man unterstellt, es bringe die Hybris des Menschen zum Ausdruck, der sich einbildet, er erst gebe Dingen Bedeutung und Sinn, die bereits vorhanden waren, bevor sein Blick auf sie fiel. Dabei heißt «entdecken» einfach, etwas zum erstenmal bekanntmachen, eine spezifisch *menschliche* Tätigkeit; deshalb ist die Feststellung, das Universum sei im 20. Jahrhundert entdeckt worden, durchaus vernünftig und keineswegs anmaßend.

Abgesehen davon, daß wir heute eine klare Vorstellung von seiner Größe, seinem Alter und seinen Inhalten gewonnen haben, ist uns auch – noch wichtiger – bewußt geworden, daß sich unser Universum entwickelt und daß wir an diesem Prozeß ganz wesentlich beteiligt sind. Ich denke, dieses Wissen wird die Menschheit in ein neues Abenteuer stürzen, welches das Leben der nach uns Kommenden tiefgreifend verändern wird. Nach Jahrhunderten der Vertreibung und Entfremdung, in denen wir uns von der Auffassung, der Mittelpunkt des Universums zu sein, verabschieden und uns mit einem fernen galaktischen Außenposten zufriedengeben mußten, schicken wir uns nun an, uns unseren Platz als erstaunlichste Ausgeburt der Schöpfung zurückzuerobern: ein Geschöpf, das hinausblicken und *verstehen* kann. So führt uns unser Verstand wieder in den Mittelpunkt des Kosmos zurück.

Schon ist ein halbes Jahrhundert verstrichen, seit die neue Reise begonnen hat, und doch sind wir noch nicht weit vom Ausgangspunkt entfernt. Noch tasten wir etwas ratlos in dieser Welt voller unbekannter Wunder umher und stecken neue Wege ab. Einige wenige werden uns weiterbringen, die meisten werden uns zur Rückkehr zwingen und kaum mehr bringen als das Gefühl, die geographischen Verhältnisse dieser neuen Welt etwas besser kennengelernt zu haben.

In diesem Buch berichte ich über die Suche nach der Beschaffenheit des Universums aus der Sicht von Reisenden, die einen solchen Weg eingeschlagen haben. Die Forschungsarbeit, auf die meine Kollegen und ich uns eingelassen hatten, entführte uns in die Tiefen des intergalaktischen Raums, wo wir entdeckten, daß sich unsere Milchstraße und ihre Nachbargalaxien auf einen fernen Materiekontinent zubewegen, eine größtenteils unsichtbare Masse, die aus Tausenden von Galaxien besteht. Dieses Ergebnis vertrug sich sehr gut mit der Ar-

Die Entdeckung des Universums

beit anderer Astronomen, die entdeckt hatten, daß die Galaxien nicht gleichmäßig über das Universum verteilt sind, sondern sich zu großen Galaxien-*Superhaufen* zusammenballen, die durch gigantische *Leerräume* getrennt sind. So deutlich und charakteristisch ist dieses Muster – der Kontrast zwischen Superhaufen und Leerräumen –, daß es uns möglicherweise Aufschluß über die Beschaffenheit von Materie und Energie in den ersten Augenblicken des Urknalls geben kann – Ereignisse, die die Eigenschaften des Universums vorherbestimmten, in dem wir uns entwickeln sollten.

Die Geschichte beginnt mit der Gegenwart und der Vergangenheit – der Vorbereitung unserer Expedition und ihren Wurzeln in der bedeutenden Arbeit unserer Vorgänger. Ich berichte von Galaxien, ihrer Entdeckung und der Entdeckung des Universums, dessen Konturen sie festlegen, und ich berichte, warum und wie sieben Wissenschaftler, darunter auch ich, sich der Aufgabe zuwandten, mehr über eine bestimmte Art dieser Gebilde in Erfahrung zu bringen – die *elliptischen* Galaxien. Von einer Reise zum Observatorium auf Las Campanas werde ich erzählen, die ich 1981 unternahm, um die ersten teleskopischen Beobachtungen des Projekts durchzuführen, und Sie bei dieser Gelegenheit etwas näher mit der Arbeit von Astronomen vertraut machen. Der darauf folgende Ausflug in die Welt der gekrümmten Raumzeit ist ein notwendiger Umweg, wenn Sie eine Vorstellung von den Verhältnissen in einem expandierenden Universum gewinnen wollen. Danach wende ich mich dem Kern unserer wissenschaftlichen Arbeit zu – von den ersten Karten, die die unerwartet klumpige Galaxienverteilung zeigten, bis zu der Erkenntnis, daß sich die Galaxien innerhalb eines riesigen Raumvolumens in Bewegung befinden, von der Schwerkraft hingezogen zu einem «Großen Attraktor». Wie andere Untersuchungen läßt auch dieses Resultat darauf schließen, daß der größte Teil der Materie im Universum unsichtbar ist – *dunkle Materie*, wie die Astronomen sagen. Im weiteren Verlauf beschäftige ich mich mit dem Urknallmodell von der Entstehung der Welt und der kosmischen Hintergrundstrahlung, dem überzeugendsten Anhaltspunkt dafür, daß dieses Ereignis tatsächlich stattgefunden hat, ferner mit der Frage, was uns dieses «Grollen aus der Vergangenheit» über jene fernen Zeiten verraten kann. Daraufhin füge ich das, was wir wissen, das, was wir zu wissen glauben, und sogar das, was wir nicht zu wissen glauben, zu einer Schöpfungsgeschichte zusammen – der Entwicklung des Universums vom Urknall bis heute. Zum Schluß fröne ich einer ganz persönlichen Schwäche und lasse mich über die Frage aus, warum diese Art von wissenschaftlicher Odyssee meiner Meinung nach ein wesentlicher Teil der menschlichen Erfahrung und des menschlichen Schicksals ist.

Unsere Reise war einer von vielen Schritten, die klären sollen, wie das, was existiert, entstanden ist. Wenn ich Sie auf diese Reise mitnehme, so geschieht es in der Hoffnung, Ihnen einen Eindruck von den Dingen zu vermitteln, die Wissenschaftler tun und denken, so daß Sie an ihrer *Entdeckerfreude* teilhaben können, diesem höchsten Vergnügen des menschlichen Geistes. An manchen Stellen werden Sie die wissenschaftlichen Erörterungen als Herausforderung empfinden. Zwar habe ich mich bemüht, die Terminologie auf ein Mindestmaß zu beschränken, doch hin und wieder werden Sie wohl im Glossar nachschlagen müssen. Wissenschaftler sind der Meinung, man könne einen Sachverhalt nicht wirklich kennenlernen, indem man sich von ihm berichten lasse, sondern man müsse über ihn nachdenken und manchmal sogar mit ihm ringen. Deshalb geht es in diesem Buch nicht nur um das Was, sondern auch um das Wie und Warum – es soll Ihnen die Möglichkeit bieten, einen unmittelbaren Eindruck von der wissenschaftlichen Arbeit zu gewinnen und gleichzeitig eine spannende Geschichte zu lesen.

EINLEITUNG

Fünf Jahre war ich alt, als mein Vater mich hochhob, damit ich das Okular des kleinen Linsenteleskops in der Observatory Road des Hyde Park von Cincinnati, Ohio, erreichen konnte. Es war der Tag – oder besser: die Nacht – der offenen Tür, und wir hatten, wie mir schien, endlos in einer vielfach gewundenen Schlange warten müssen. Doch dann sah ich Saturn, schwebend, glänzend, blaßgolden, mit seinem kräftig gezeichneten Ring, der die Schwärze des Alls wie der Bug eines schnittigen Ozeanriesens zerteilte. Von diesem Augenblick an erschienen mir alle anderen Örtlichkeiten beengt und langweilig. In dieser Nacht öffnete sich die Welt für mich. Das neue Haus, in das wir gerade gezogen waren und das mir bisher so riesig und aufregend erschienen war, hatte mit einem Schlage seinen Zauber eingebüßt. Die unbekannten Straßen, die sich eben noch grenzenlos auszudehnen schienen, waren zu ausgetretenen Pfaden geworden. Allzu vertraut erschienen mir jetzt die anderen Häuser und die anderen Kinder. Ich hatte meine eigene Welt entdeckt, aber da war noch etwas mehr. An dem Abend, als ich Saturn erblickte, wußte ich – instinktiv und augenblicklich –, daß mich meine Eltern mit einer neuen, erweiterten Sphäre bekannt gemacht hatten, die viele Geheimnisse barg. Ich wußte, hier würde ich finden, was ich so liebte: Straßen, die in keiner Karte verzeichnet waren, und versteckte Wege.

Wie ein schwarzblauer Dom aus Schweigen wölbte sich der Himmel über unseren Köpfen, als wir in dieser Märznacht im Las Campanas Observatory die Morgendämmerung erwarteten. Hier an der Nordküste Chiles zeichnen sich die pechschwarzen Umrisse der Anden gegen einen Himmel ab, der noch genauso dunkel ist, wie ihn unzählige Generationen unserer Vorfahren erlebt haben. Paradoxerweise ist es gerade der Dunkelheit des Nachthimmels zu verdanken, daß das kollektive Licht Tausender von Sternen den Weg des Nachtwanderers erhellen kann. Nur in bewölkter Nacht wird die Dunkelheit so schwarz, daß unsere Schritte unsicher werden, als tasteten wir in einer finsteren Kammer umher.

In jener Spätherbstnacht hatte ich Sandy Faber vom Lick Observatory der University of California, einst meine Lehrerin und heute eine gute Freundin und Kollegin, dringend gebeten, sich die Milchstraße einmal in aller Ruhe anzuschauen. Zu dieser Jahreszeit breitet sich das Zentrum unserer Galaxis, das Astronomen als galaktischen Kern bezeichnen, direkt über dem Kopf des Betrachters aus, prächtig wie ein mit Stephanotis besetzter Hochzeitsbogen und in nichts zu vergleichen mit dem ziemlich trüben Anblick der Milchstraße, der den Bewohnern der nördlichen Erdhalbkugel zuteil wird. Und Sandy erlebte eine tiefgreifende Veränderung ihres Raumgefühls, wie ich sie Jahre zuvor erfahren hatte. So vollständig beherrscht die Milchstraße den Himmel, daß uns keinen Moment lang Zweifel kommen: Wir stehen in einem seltsamen, willkürlichen Winkel auf einem kleinen Planeten an den fernsten Rändern einer kolossalen Wunderwelt. Diese Realität teilt sich augenblicklich mit und bedarf keiner Erläuterung.

In diesem Augenblick konnten wir wahrhaft spüren, daß die Erde rund ist und daß der Himmel nicht über uns vorbeizieht. Gewiß, fünf Jahrhunderte ist es her, seit kühne Seefahrer ein für allemal bewiesen, was schon die Alten gewußt haben. Natürlich ist es die Erde, die sich um ihre Achse dreht und die Sonne getreulich umkreist – diese Erkenntnis, auch sie den Alten bekannt, aber zwischenzeitlich in Vergessenheit geraten, ist vor vier Jahrhunderten von Galilei und Kopernikus wieder unter die Leute gebracht worden. Doch es gibt einen großen Unterschied zwischen dem abstrakten Wissen und der konkreten Erfahrung, daß es sich tatsächlich so verhält. Noch immer sprechen wir davon, daß die Sonne *aufgeht* und daß die Sterne über unseren Köpfen *wandern*, noch immer sind unsere Landkarten eben, und noch immer wundern sich die Menschen, warum sie bei einem Flug von New York nach London den Polarkreis überqueren.

Der Anblick der Galaxis

Doch gegenwärtig vollzieht sich ein tiefgreifender Wandel im Bewußtsein der Menschen, der sie zu Geschöpfen eines immensen Reiches des Raums und der Zeit werden läßt – einer hyperräumlichen Welt. Aus dem All aufgenommene Fotos der Erde zwingen uns, die Dinge, von denen wir schon lange *wissen*, daß sie wahr sind, nun endlich auch tiefer in uns einsinken zu lassen. Während das Bild der *runden* Erde also in der menschlichen Psyche Wurzeln schlägt, schicken neue Entdecker – abermals nur ein winziger Bruchteil der Erdbevölkerung – ihre Gedanken und Sinne durch die Milchstraße und über sie hinaus, künftigen Generationen den Weg bereitend, damit sie eines Tages ihrer Rolle als Geschöpfe der Milchstraße gerecht werden können.

Vielleicht wirkte der Anblick unserer Galaxis auf Sandy und mich auch nur so tief, weil ihm unsere astronomischen Kenntnisse zur Seite traten. Dank unserer Untersuchungen hatten wir ein lebhaftes Vorstellungsbild vor Augen: Milliarden Sonnen, zu einer dichten Masse im Zentrum unserer Galaxis verschmolzen, 20 000 Lichtjahre entfernt. Immerhin kannten schon Millionen unserer Vorfahren diesen Anblick der Milchstraße, ohne deshalb Konsequenzen von derart kosmischen Dimensionen daraus zu ziehen. Erst im 19. Jahrhundert hat sich die Erkenntnis durchgesetzt, welch ungeheure Ausdehnung unsere Galaxis besitzt, obgleich es natürlich schon Jahrhunderte zuvor viele geahnt hatten. Doch kaum hatte die Menschheit Zeit gehabt, sich einigermaßen an den Gedanken zu gewöhnen, daß sie in einem Universum lebt, welches einhundertbillionenmal größer als die Erde ist, da «wuchs» das Universum abermals, diesmal um den Faktor hunderttausend. 1924 wies Edwin Hubble mit dem Zweieinhalb-Meter-Hooker-Teleskop am Mount Wilson Observatory der Carnegie Institution nach, daß viele *Nebel*, verschwommene Lichtflecken am Nachthimmel, in Wirklichkeit andere Galaxien sind – weit, weit entfernt und ebenso hell wie die Milchstraße. Diese Galaxien erstreckten sich in immer weitere Ferne – so weit der neuerlich beflügelte Blick reichte.

Und wiederum blieb nicht viel Zeit, diese kosmische Enthüllung zu verarbeiten, denn bald darauf folgte die wohl verblüffendste Erkenntnis aller Zeiten: Das Universum expandiert. Auch für diese Entdeckung war Hubble verantwortlich. Er verband seine gerade ermittelten Entfernungsschätzungen für die Galaxien mit den Meßwerten ihrer Geschwindigkeiten, die Vesto Slipher vom Lowell Observatory festgestellt hatte. 1929 legte Hubble Daten vor, die zeigten, daß sich die Galaxien mit phänomenalen Geschwindigkeiten voneinander entfernen, die in einem direkten Verhältnis zu ihren Abständen stehen. Als in den folgenden Jahren neue Beobachtungen zweifelsfreie Beweise für diese Schlußfolgerungen geliefert hatten, entwickelten theoretische Physiker ein einfaches, aber erstaunliches Modell, dessen Bedeutung unsere Vorstellungskraft im Grunde noch immer übersteigt: Das Universum begann mit einem heftigen, explosiven Ereignis – dem «Urknall». Um zu begreifen, wie radikal die Vorstellung eines bewegten Universums in den ersten Jahrzehnten des 20. Jahrhunderts erschien, müssen wir uns nur daran erinnern, daß selbst der außergewöhnliche Verstand eines Albert Einstein diese Möglichkeit verworfen hat, obwohl doch seine eigene allgemeine Relativitätstheorie sie praktisch forderte.

In den ereignisreichen zwanziger Jahren hat sich die Vorstellung von unserem Universum gründlich gewandelt – von einem einzigen, faßbaren Sternensystem zu einem unermeßlichen Meer von Galaxien, die von der raschen Expansionsbewegung eines offenbar grenzenlosen Raums fortgerissen werden. Es wäre schon erstaunlich gewesen, wenn ein so radikaler Perspektivenwechsel vollständig verstanden worden wäre – selbst von den wenigen Menschen, die diese Arbeiten verfolgten. Noch ist ein wichtiger Schritt erforderlich, um die kosmische Abstraktion wirklich in unserem Denken und Fühlen heimisch zu machen. Wie es eines aus dem All aufgenommenen Fotos der Erde bedurft hatte, um das wirkliche Bild des durch die Schwärze kreisenden Planeten in unserem Bewußtsein zu verankern, so brauchen wir großräumige Bilder unseres Universums, um unseren Platz in dieser neu entdeckten Wirklichkeit zu finden. Um dieses Ziel ging es Sandy und mir bei unserer Arbeit in jener Nacht auf Las Campanas. Wir leisteten unseren Beitrag zu einer Karte, die die Verteilung der Galaxien und Materie in unserem Winkel des Universums

Galaxien und Leere

erfaßt, um bei der Wahrnehmung der größeren «Welt», in der wir leben, vom Allgemeinen zum Besonderen zu gelangen.

Wenn ein Kind merkt, daß es außer dem eigenen noch andere Häuser gibt, gewinnt es ein erweitertes Bewußtsein von seiner Umgebung. Doch es wird mit dieser größer gewordenen Welt erst vertraut, wenn es einzelne Häuser erkennt und einen Weg durch die Nachbarschaft findet, der zuverlässig zum eigenen Haus zurückführt. Ebenso nehmen Fotos einer kugelförmigen Erde, aus dem All aufgenommen, erst «Realität» an, wenn wir geographische Ausschnitte aus den Karten unserer Kindheit wiedererkennen – die Halbinsel von Florida oder die Alpen. Am Ende des Jahrtausends bereiten wir uns nun auf unsere nächste Reise vor. Zu Beginn des 20. Jahrhunderts erwacht, sind wir jetzt erst richtig zu uns gekommen, haben uns gestärkt und sind angekleidet, so daß wir uns auf den Weg zu den Galaxien in unserer Nachbarschaft machen können.

Schon die ersten Blicke auf diesen kosmischen Streifzügen zeigen Dinge, die nicht weniger erstaunlich sind als die Entdeckungen aus Hubbles Zeiten. So haben wir festgestellt, daß Galaxien in komplexen Mustern angeordnet sind – hier ein Spitzenbesatz, dort ein Galaxiennetz –, von riesigen Leerräumen umgeben. Eine derartige Struktur läßt auf Gestaltungsprinzipien schließen, auf gewaltige Naturkräfte, die der Verteilung der Materie in der Frühgeschichte des Universums ein kompliziertes Muster auferlegten. Dank der Fortschritte in der Teilchenphysik zeichnet sich heute die Möglichkeit ab, den Kosmos als das Ergebnis eines einzigartigen Experiments der Hochenergiephysik zu verstehen, eines Experiments, das alles weit übertrifft, was wir je auf der Erde zu leisten hoffen können. Wir verknüpfen Beobachtungsdaten und theoretische Resultate und wagen uns, so gerüstet, an die fundamentalen Fragen der Kosmologie heran: Woraus besteht das Universum? Wie ist es entstanden? Wie hat es uns hervorgebracht?

In dem Bestreben, diese grundlegenden Fragen zu beantworten, ist es die Aufgabe der beobachtenden Kosmologie, der theoretischen Astrophysik ein exaktes Bild von der Verteilung der Materie im All zu liefern. Praktisch heißt dies, die Verteilung der Galaxien zu kartieren und, da Galaxien offenbar nur einen kleinen Bruchteil aller Materie im Universum stellen, eine Karte der *gesamten* Materie zu entwickeln, auch derjenigen, die wir nicht direkt «sehen» können. Am Ende des 20. Jahrhunderts begreifen ein paar Dutzend Menschen auf diesem Planeten dies als ihre Hauptaufgabe.

EIN UNIVERSUM WIRD ENTDECKT

1980 stieß ich zu einem Team von Wissenschaftlern in Santa Cruz, Kalifornien, die eine Expedition ins Universum der Galaxien vorbereiteten. Wir zeichneten Karten und machten Pläne wie jede Gruppe, die eine riskante Expedition in unbekanntes Gebiet vorhat. Vor uns lagen Fotografien des gesamten Himmels, die von Spezialteleskopen, Riesenkameras gewissermaßen, in Kalifornien und Australien aufgenommen worden waren. Unsere Aufgabe bestand darin, aus Tausenden von Galaxien die wenigen hundert auszusuchen, die wir auf unserer Expedition erkunden wollten. Bei Durchsicht dieser Karten wählten und verwarfen wir ganze Galaxien, jede von ihnen Milliarden Sterne umfassend, so leichthin und doch so sorgsam, als stellten wir die Gästeliste für *das* gesellschaftliche Ereignis des Jahres zusammen.

Während wir unsere Vorbereitungen derart routinemäßig erledigten, schienen wir der philosophischen Bedeutung unserer Reise wenig Respekt zu zollen – vielen mag es anmaßend erscheinen, Galaxien zu sichten, als suche man nach reifen Pfirsichen. Dabei taten wir nicht mehr und nicht weniger, als die bemerkenswerte Abstraktionsfähigkeit des menschlichen Verstandes zu nutzen. Galaxien sind riesige von der Massenanziehung zusammengehaltene Sternensysteme: Sie bilden die fundamentale Organisationseinheit der Materie im Universum. Obwohl uns heute zur Beschreibung einer Galaxie etwa hundert Parameter zur Verfügung stehen, deren Kombination sie so unverwechselbar wie eine Schneeflocke macht, hielten wir uns nur an einige wenige Merkmale, nach denen wir eine Galaxie aussortierten oder in unsere Liste aufnahmen. Jede einzelne Galaxie ersetzten wir durch ein paar Symbole oder Zahlen und entschieden uns mit dieser mühelosen und doch so wirkungsvollen Maßnahme, jeweils ein

Wunder zu ignorieren, das allein schon etliche Astronomenleben hätte ausfüllen können – mit der genauen Aufzählung seiner Milliarden Sterne, der Einschätzung seiner immensen Größe und Energie. Diesen Luxus konnten wir uns dank der Ergebnisse von hundert Jahren Forschungsarbeit leisten, der Ergebnisse unserer Vorgänger: Von ihren Außenposten aus konnten wir aufbrechen und so ein bißchen weiter in die unerforschten Gebiete von Zeit und Raum vordringen.

Jeder von uns hatte sich bereits eingehend mit Galaxien beschäftigt und sich irgendwie mit ihren Dimensionen und Energien arrangiert, die so ungeheuerlich sind, daß das menschliche Fassungsvermögen an seine Grenzen stößt. Doch gerade deshalb fühlten wir uns in der Lage, jede Galaxie auf eine Karteikarte und eine Zahl zu reduzieren. Auf der Karte trugen wir die Adresse der einzelnen Galaxien ein, beschränkten unsere Neugier auf ein paar wesentliche Merkmale wie Form, Größe, Farbe und entschieden, ob sie auf die Liste der «Sehenswürdigkeiten» gehörten.

In letzterem Falle planten wir auf unserer Teleskopfahrt einen Zwischenhalt von ein oder zwei Stunden ein, bevor wir ohne sonderliche Bedenken zum nächsten galaktischen Wunder hüpften. Wenn wir es scheinbar an dem nötigen Respekt fehlen ließen, so lag dies einfach daran, daß wir mit unserer Reise das Ziel verfolgten, genauer herauszufinden, wie *alle* Galaxien entstanden sind und was sie uns über das Zustandekommen von *allem* mitteilen können. Wir konnten es uns nicht leisten, noch länger im Basislager zu verweilen und uns an dem Ausblick zu erfreuen, der sich nach dem bisherigen Aufstieg bot. Von diesen einzelnen Wundern mußten wir unseren Blick losreißen, weil wir auf dem Weg zu noch größeren waren.

Furchterregend wäre die Dunkelheit einer mondlosen Nacht, wäre nicht das diamantene und rubinfarbene Licht der Sterne. Viele tausend Jahre blickten unsere Vorfahren in diesen Himmel, diese andere Welt, und sahen dieselben Sterne wie wir. Natürlich nahmen sie auch Wunder von flüchtigerer Natur wahr – das ruhige Kreisen der Planeten, das Aufblitzen von Sternschnuppen, das rätselhafte Geschehen von Sonnenfinsternissen –, aber diese scheinbar ewigen Lichter, die

Sterne, waren ohne Zweifel die Herrscher am Nachthimmel. In der irdischen Welt, komplizierten Rhythmen und sporadischen Katastrophen unterworfen, spielte die Zuverlässigkeit des nächtlichen Sternenhimmels eine entscheidende Rolle für die Entwicklung der menschlichen Psyche, denn er lieferte ein beständiges Tagebuch, in dem die Erfahrungen von Generationen verzeichnet werden konnten.

So faszinierend sie auch sind, diese paar tausend hellen Sterne erzählen doch eine sehr zensierte Version von der Geschichte des Universums. Vielleicht war es gut, daß den Menschen die ganze Wahrheit so lange vorenthalten blieb: Hätten sich ihnen zu einem früheren Zeitpunkt die gigantischen Ausmaße und die grenzenlose Dynamik des Universums erschlossen, dann wäre wohl die sichere Wiege des Anthropozentrismus erschüttert worden, in der die Menschheit während ihrer frühen Kindheit geborgen lag. Wie das Kind in Wordsworth' Ode «Ahnungen der Unsterblichkeit durch Erinnerungen an die früheste Kindheit» wuchs das Menschengeschlecht in der Illusion von seiner eigenen Bedeutung heran, in einem Universum, in dem die Natur verläßlich und fürsorglich war – Mutter und Wächterin des Lebens auf Erden.

> Seht nur das Kind bei erstlichen Genüssen:
> Sechsjährig Liebling, groß erst wie ein Zwerg!
> Seht es inmitten seiner Hände Werk,
> Beinah erzürnt von heftigen Mutterküssen,
> Und Licht auf ihm aus seines Vaters Blick;
> Zu Füßen irgend kleinen Kartenplan,
> Bruchstück von seinem Lebenstraum und Wahn,
> Geformt mit jüngsterrungenem Geschick;
>   Und Hochzeit oder Festgelage,
>   Ein Grabgang oder eine Klage –
>   Dem bald gehört sein Herz,
>   Dem paßt sein Lied sich an;
>   Und seine Zunge dann
> An Handelsrede, Liebe, Streit und Scherz.

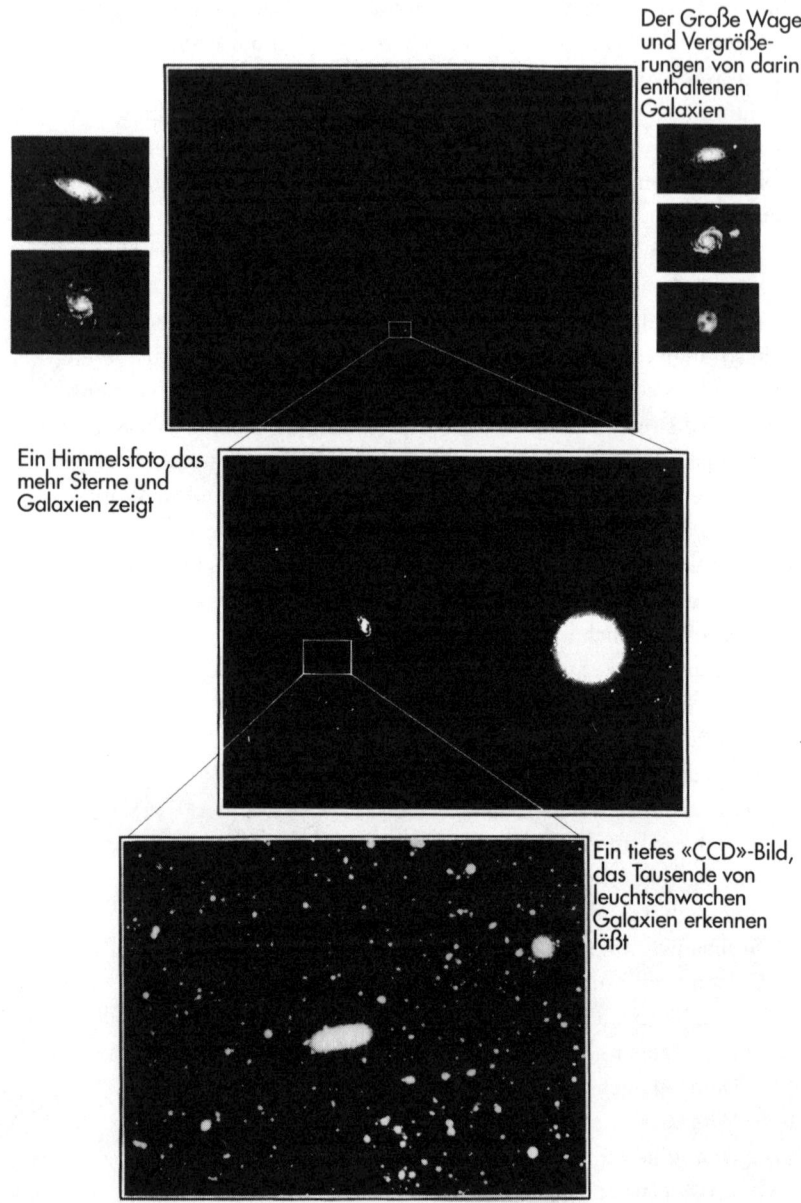

Der Große Wagen und Vergrößerungen von darin enthaltenen Galaxien

Ein Himmelsfoto, das mehr Sterne und Galaxien zeigt

Ein tiefes «CCD»-Bild, das Tausende von leuchtschwachen Galaxien erkennen läßt

Galaxien im Visier

... Die Wolken um der Sonne Untergang
Festliche Färbung von dem Auge leihn,
Das wachte ob der Menschen Sterblichsein.

Nach zehntausend Generationen Mythos und Aberglauben war die Entdeckung des wirklichen Universums ein traumatisches Erlebnis. Um uns nach diesem Erwachen wieder zurechtzufinden, brauchen wir alle Kräfte unseres Vorstellungsvermögens. Ohne Frage sind wir in der Lage, diese neue Kosmologie geistig zu verarbeiten – sonst wären wir nicht so weit gekommen –, und sicherlich ist es zu unserem eigenen Nutzen, wenn sich unser Blick weitet, so daß wir zu einem tieferen Verständnis unseres Ursprungs, unseres Lebens und der Bestimmung unserer Art gelangen.

Als Galilei sein kleines Fernrohr auf den Nachthimmel richtete, entdeckte er, daß im Universum nicht jene kristallklare Vollkommenheit herrscht, die Aristoteles gelehrt hatte. Auf dem Mond ragen schroffe Berge empor, und über Jupiter toben heftige Stürme. Diese Entdeckung Galileis war erschütternd, barg sie doch die revolutionäre Idee, daß die Welt jenseits der Erde aus dem gleichen Stoff besteht wie

Immer tiefere Ansichten des Universums. Das Bild oben, das der Autor mit einer 35-Millimeter-Kamera aufgenommen hat, zeigt den bekannten Teil den Sternbilds Ursa Major, den wir als Großen Wagen bezeichnen. Das mittlere Bild, aus dem Palomar-Sky-Atlas (mit freundlicher Genehmigung des Caltech und der National Geographic Society), zeigt die Vergrößerung eines kleinen Ausschnitts aus dem oberen Foto, die der 120-Zentimeter-Spiegel des Teleskops ermöglichte. Jetzt ist eine Galaxie deutlich erkennbar. (Andere Galaxien, auf dem oberen Foto unsichtbar, aber im aufgenommenen Raum vorhanden, sind seitlich abgebildet, mit der gleichen Vergrößerung wie das mittlere Foto. Das Objekt unten rechts ist keine Galaxie, sondern ein Nebel aus glühendem Gas in der Milchstraße, die «Eule».) Ein noch kleinerer Teil dieses mittleren Fotos, mit der (vom Autor und Bill Kells entworfenen und gebauten) COSMIC-Kamera am Fünf-Meter-Hale-Teleskop erfaßt, zeigt Tausende von Objekten, von denen die meisten Galaxien sind. Der Kasten des Großen Wagens umschließt ungefähr eine Million Galaxien.

diese selbst, und je weiter unser Blick auf das Universum ausgriff, desto gewisser wurde diese Erkenntnis. Der vielleicht verblüffendste Beweis gelang nach der Erfindung des Spektrographen, eines optischen Instruments, mit dessen Hilfe sich Licht in Tausende von exakt getrennten Farben zerlegen läßt. Damit ermittelten die Physiker des 19. Jahrhunderts bis dahin verborgene Spektral(farb)muster, die charakteristisch für die einzelnen atomaren (chemischen) Elemente sind. Als man solche Spektrographen in den Brennpunkten von Teleskopen anbrachte und auf kosmische Objekte richtete, ließen sie identische Spektralmuster erkennen und offenbarten auf diese Weise, daß die fernen Sterne aus denselben Elementen bestehen wie die Erde.

Galilei beobachtete ferner, daß Jupiter und Saturn mit ihren vielen Monden den gleichen Tanz aufführen wie Erde und Mond. Ein Jahrhundert später beschrieb Isaac Newton diese Menuette durch eine einfache mathematische Gleichung der Gravitation, die auf ein und dieselbe Weise erklärt, wie ein Apfel zur Erde fällt, die Monde ihre Planeten umrunden und die Planeten um die Sonne kreisen. Nicht nur die *Substanz* der Natur ist im ganzen Universum gleich, auch ihre *Regeln* sind es: Die vier fundamentalen Kräfte, die alle Wechselwirkungen von Materie und Energie bestimmen – Gravitation, die elektromagnetische Kraft, die starke und die schwache Kraft –, sind *universell*. Diese Erkenntnis hat sich wieder und wieder bestätigt, bis uns endlich klargeworden ist, daß diese Schlußfolgerungen kaum mehr als Tautologien sind: Das Universum ist genau der Bereich, in dem Substanz und Regeln gleich bleiben. Etwas, das völlig anders wäre, bliebe definitionsgemäß von unserer Wahrnehmung und unserem Verständnis ausgeschlossen. Vielleicht gibt es andere Universen, doch im Rahmen unseres heutigen Wirklichkeitsverständnisses können wir nur von ihnen träumen oder über sie spekulieren.

Gegenwärtig enthält dieses Universum noch genügend Wunder, um die Gefahr von Langeweile zu bannen, wovon sich jeder überzeugen kann, der einfach ein Fernglas nimmt und den Nachthimmel betrachtet. Sogleich stößt er auf eine andere von Galileis großen Entdeckungen: Es gibt viel mehr Sterne, als unsere Vorfahren geglaubt haben. Sehr schön läßt sich dies am Sternbild Ursa Major, Großer

Substanz und Kräfte: universell 25

Bär, beobachten – mit seinen bekannten Schwanzsternen, die wir als Großen Wagen bezeichnen. Das Dutzend Sterne, das am hellsten ist, läßt sich mit bloßem Auge erkennen, doch schon ein einfaches Fernglas macht Hunderte mehr sichtbar. Eine kleine Linse genügt nämlich, um weit mehr Licht zu sammeln und zu bündeln, als es die erbsengroße Öffnung des menschlichen Auges vermag, ein Umstand, der für die Astronomie sehr viel bedeutungsvoller ist als die Möglichkeit, mittels des Teleskops Objekte *größer* erscheinen zu lassen. Wenn Astronomen gewaltigere Teleskope bauen, geschieht dies selten, um stärkere Vergrößerungen zu erzielen, sondern vielmehr, um mehr Licht einzufangen, so daß leuchtschwache Objekte erfaßt und untersucht werden können.

Dank seines weiter reichenden Blicks auf den Himmel hat Galilei wahrscheinlich als erster Mensch erkannt, daß es nicht Tausende, sondern mindestens Millionen von Sternen gibt. Vor allem hat er beobachtet, daß die Milchstraße, ein verschwommenes, leuchtendes Gebilde, das den Himmel wie ein Gürtel umspannt, aus unzähligen schwachen Sternen besteht. Den Namen – und auch das Wort «Galaxis» – haben wir von den Griechen übernommen, *galaxias kyklos* (Milchkreis). Dieses leuchtende Band, das den Himmel ringförmig umspannt, ist das gemeinsame Licht ferner Sterne, das sich in einer flachen, scheibenförmigen Form sammelt, wobei jeder Stern für sich zu schwach ist, um erkennbar zu sein. Die helleren Sterne, die dagegen in *allen* Richtungen des Nachthimmels erkennbar sind, befinden sich relativ nahe im Vergleich zu den fernen Sternen der Milchstraßenscheibe. Sie scheinen uns gänzlich zu umgeben, weil die Scheibe der Milchstraße eine gewisse Dicke aufweist und wir uns mit unserer Sonne so ziemlich in der mittleren Schicht befinden.

Die Auffassung, daß unsere Sonne zu solch einem riesigen Sternensystem gehört, hat der englische Naturforscher und Theologe Thomas Wright im 18. Jahrhundert vorgetragen, und eine noch erstaunlichere Hellsicht bewies der deutsche Philosoph Immanuel Kant, als er zu dem richtigen Schluß gelangte, unsere Galaxis sei schüsselförmig, und sogar vermutete, es könnte noch andere solche «Welteninseln» geben. Nur eine von ihnen – sie befindet sich im

Sternbild Andromeda – ist für das bloße Auge erkennbar, deshalb mußte der Entdeckung anderer Galaxien die Entwicklung leistungsfähiger optischer Geräte vorangehen. Wenn wir tiefer in den Kasten des Großen Wagens hineinblicken, erkennen wir natürlich mehr Sterne, aber auch bislang verborgene, ausgedehnte Objekte beginnen sich zu zeigen. Während die Bilder von Sternen punktartig sind, auch die der erst neuerlich entdeckten, leuchtschwächeren Sterne, breiten diese ausgedehnten Objekte ihr schwaches Licht über einen größeren Bereich aus – ein Astronom würde sagen, sie haben eine geringere «Flächenhelligkeit» als die scharfen Bilder von Sternen.*

Diese ausgedehnten Objekte sind Galaxien, jene riesigen Sternensysteme, die Kant sich ausgemalt hatte. In welcher Fülle ausgedehnte Objekte am Himmel vorkommen, wurde bald nach der Erfindung des Fernrohrs offenkundig. 1790 hatte der englische Astronom William Herschel mit seinen selbstgebauten Linsenteleskopen, damals den größten der Welt, die Position von Tausenden dieser Objekte sorgfältig katalogisiert. Andere Beobachter hatten die verschwommenen Himmelskleckse lediglich als lästige Störung bei ihrer Suche nach neuen Kometen empfunden und deshalb die Positionen der Nebel nur verzeichnet, um sie nicht mit vermeintlich würdigeren Zielen zu verwechseln. Anders Herschel. Seine Leidenschaft für den Nachthimmel stand in direktem Verhältnis zum wachsenden Interesse an diesen geheimnisvollen, geisterhaften Leuchtobjekten. Wie Herschel anmerkte, enthielt sein Katalog «falscher Kometen» strahlend helle, diffuse Flecken wie den Orionnebel, eine mit hellen, jungen Sternen durchsetzte Gaswolke, aber auch viele tausend Objekte mit symmetrischeren Formen – von vollkommen runden Scheiben bis hin zu sehr flachen Ellipsen. Wie Kant vermutete er, daß es sich um ganz

---

* Auf einem Foto scheinen Sterne nur deshalb Ausdehnung zu besitzen, weil das Bild auf einer fotografischen Emulsion «wächst», wenn ein Bereich mit Licht überflutet wird. Ähnlich ist die berühmte Kreuzform von Sternen, die man so häufig auf Gemälden und Zeichnungen sieht, nur ein Beobachtungsartefakt, das durch die Lichtbeugung an den Streben des Fernrohrs entsteht.

andere Sternensysteme handeln könnte. Durch das Okular eines Teleskops gesehen, selbst eines sehr großen, sind die Bilder solcher Objekte schwach und undeutlich – heute noch beklagen sich die Besucher von Observatorien darüber, wie wenig sie erkennen können. Doch fotografische Platten, wie sie erstmals Ende des 19. Jahrhunderts Verwendung fanden, können Licht *sammeln* und dadurch außerordentlich detaillierte Bilder liefern: In vielen Objekten entdeckte man schon bald fein gezeichnete Spiralmuster.

Wie die Astronomen schließlich die Existenz anderer Galaxien entdeckten, ist seither häufig erzählt worden, wahrscheinlich weil es dabei auch um eine öffentliche Auseinandersetzung ging, in der man zwei Wissenschaftler aufforderte, jeweils eine der beiden widerstreitenden Theorien zu vertreten – eine verbreitete, aber falsche Vorstellung davon, wie Wissenschaft Fortschritte macht. Zu Beginn des 20. Jahrhunderts hatten sich die Meinungsverschiedenheiten über die wahre Natur der ausgedehnten Objekte so fest etabliert, daß sie schon fast eine Tradition waren. Eine Gruppe von Astronomen behauptete, alle diese Nebel seien leuchtende Gaswolken *innerhalb* der Milchstraße. Dabei äußerten einige Vertreter dieser Lehre ferner die Meinung, bei Nebeln mit Spiralmustern handle es sich um Geburtsszenarien einzelner Sterne und ihrer Planeten. Dem widersprachen andere Astronomen, die glaubten, alle Daten sprächen für die von Kant und Herschel vertretene Auffassung, die regelmäßiger geformten Nebel seien ganze Sternensysteme weit außerhalb der Milchstraße. Diese beiden höchst unterschiedlichen Kosmologien – die eine, die behauptete, das Universum *sei* die Milchstraße, ein einziges riesiges Sternensystem, und die andere, die erklärte, das Universum bestehe aus einer unübersehbaren Fülle von Milchstraßen, lauter riesigen Sternensystemen – wurden mit leidenschaftlicher Überzeugung einerseits von Harlow Shapley, Astronom am Mount Wilson Observatory, und andererseits von Heber Curtis vom Lick Observatory vertreten. Auf dem Treffen der National Academy of Sciences im Jahr 1920 debattierten die beiden das Problem. Natürlich gelang es keinem, den anderen zu überzeugen – hätten eindeutige Beweise für die eine oder die andere Auffassung vorgelegen, wären sie der *Scienti-*

fic community bekannt gewesen, und eine Debatte hätte sich erübrigt. Doch 1924 legte Edwin Hubble, ein junger Astronom vom Mount Wilson Observatory, neue Daten vor, die wieder Bewegung in die durch jahrelangen Stellungskrieg erstarrten Frontlinien brachten.

Über einen Zeitraum von vier Jahren hatte Hubble mit dem neuen 254-Zentimeter-Teleskop des Observatoriums auf «Glasplatten» Dutzende Fotografien vom größten Spiralnebel, dem Andromedanebel, angefertigt. Im großen und ganzen zeigten die Bilder ein weiches, diffuses Leuchten, doch bei eingehender Prüfung sah Hubble schwache, sternartige Formen durchschimmern. Falls die Hypothese zutraf, daß es sich beim Andromedanebel um ein riesiges, fernes Sternensystem wie unsere Milchstraße handelte, konnten diese schwachen Punkte die hellsten Sterne sein. Entscheidend war die Entdeckung, daß einige dieser sternartigen Formen von Aufnahme zu Aufnahme in ihrer Helligkeit schwankten. Solche Sterne, deren Lichtstärke sich über Tage bis Monate in regelmäßigem Rhythmus verändert, waren in der Milchstraße bereits in großer Zahl gefunden worden. Henrietta Swan Leavitt, eine Forschungsassistentin am Harvard College Observatory, hatte ferner entdeckt, daß die Leuchtkraft dieser periodisch veränderlichen Cepheiden oder Cephei-Sterne (benannt nach einem veränderlichen Stern mittlerer Leuchtkraft im Sternbild Cepheus) in direkter Beziehung zur *Zeit* steht, die sie brauchen, um einen Zyklus von hell zu schwach und wieder zurück zu durchlaufen – hellere Cepheiden haben vorhersagbar längere Perioden als leuchtschwächere. Das war eine Entdeckung von entscheidender Bedeutung, da man, wenn man die *absolute* Helligkeit einer Lichtquelle kennt, ihre Entfernung aus einem Vergleich mit ihrer *scheinbaren* Helligkeit errechnen kann – nach der einfachen Regel, daß die Lichtstärke im Quadrat der Entfernung abnimmt.

Die charakteristische Lichtschwankung eines Cephei-Sterns ist eine stellare Hundemarke, mit deren Hilfe Hubble diese «Rasse» auf den gleichen Stammbaum zurückführen konnte wie die Exemplare, die man in der Milchstraße gefunden hatte. Infolgedessen wußte Hubble augenblicklich (noch bevor er die Methoden zur Entfernungsberechnung angewandt hatte), daß diese Cepheiden weit außerhalb der

Hubble: Nachweis extragalaktischer Systeme 29

Milchstraße lagen, denn die Cepheiden des Andromedanebels waren viele *tausendmal* schwächer als die Cephei-Sterne in unserer Milchstraße. Eine solch extreme Leuchtschwäche ließ sich nur durch große Entfernung erklären – Andromeda ist nicht nur ein «Nebel», sondern eine *Galaxie*, mehrere hundertmal weiter von uns entfernt als die fernsten Regionen unserer Milchstraße.

Damit war die Auseinandersetzung entschieden, und das Universum hatte für den Menschen unwiderruflich eine neue Gestalt angenommen. Vierhundert Jahre nachdem die großen Entdecker die Erdkugel umsegelt hatten, war eine neue Welt am Horizont aufgetaucht. Ihre galaktischen Kontinente lagen in Ozeanen, die für den Menschen unerreichbar zu sein schienen, doch wunderbare Reisen warteten auf diejenigen, die sich davon nicht schrecken ließen.

De facto war die sechsunddreißigjährige Sandy Faber Leiterin unserer Gruppe von sechs Astronomen. Doch ihre jugendliche Begeisterung, ihr fröhlicher Optimismus und ihr Mangel an Geltungsbewußtsein ließen nicht erkennen, daß sie bereits zu den bedeutendsten «extragalaktischen» Astronomen zählte (den Astronomen, die sich mit Objekten außerhalb der Milchstraße beschäftigen) und als weltweit anerkannte Expertin auf dem Gebiet der Sternenpopulationen von Galaxien galt. Sandy ist von der Leidenschaft beseelt, den Dingen auf den Grund zu gehen, und sie verfügt über den Verstand und die Ausdauer, die dazu erforderlich sind. Ihre Fähigkeit zu Integration und Synthese – Leute zusammenzubringen, Ideen zu verbinden, Beobachtungsdaten zu kombinieren und sich die Disziplin abzuverlangen, die nötig ist, um komplexe theoretische Sachverhalte anzugehen – hat schon oft zu neuen Erkenntnissen und hin und wieder sogar zur Lösung entscheidender Probleme geführt.

Vier Leute aus unserer Gruppe hatten ihre berufliche Laufbahn unter Fabers Obhut begonnen. David Burstein und ich gehörten zu ihren ersten Doktoranden. Wir waren mit ihrer Energie und ihren Ansprüchen hinreichend vertraut und längst über den Punkt hinaus, ihrem kompromißlosen Urteil mittelmäßige Arbeiten vorzulegen. Dave besitzt eine besondere Begabung für Details – er kennt die

Namen und Daten Hunderter von Galaxien sowie die Namen der Forscher, die sie vermessen haben. Seine eigenen Messungen und Berechnungen sind von höchster Qualität. Er hat einen Hang zu komplizierten Erklärungen, die sich auf Hunderte unterschiedlichster Fakten und Zahlen stützen. Niemand außer ihm hatte sie parat, aber er scheute sich nicht, einen von uns ein oder zwei Stunden lang festzunageln, weil er ihm seine Idee unbedingt auseinandersetzen mußte. Nur wenige konnten diesen komplizierten Erläuterungen folgen, und noch weniger waren bereit dazu. Trotzdem entwickelten sich aus diesen Irritationen, wie bei Austern, gelegentlich Perlen – Perlen der Erkenntnis. Schon in Studienzeiten hatten Burstein und ich solche Zusammenstöße; ich fand ihn aggressiv und anmaßend, er

Die große Spiralgalaxie im Sternbild Andromeda, die der Milchstraße am nächsten gelegene größere Galaxie. *(Foto mit freundlicher Genehmigung der Carnegie Observatories.)*

mich arrogant und – später – überschätzt. Wahrscheinlich hatten wir beide ein bißchen recht, und es waren noch heftigere Auseinandersetzungen zu erwarten. Trotzdem verhinderte ein gewisser gegenseitiger Respekt vor den Fähigkeiten des anderen, daß diese persönlichen Differenzen die Zusammenarbeit ernsthaft gefährdeten, und Sandy, die ihre eigenen Emotionen selten zeigt und schon gar nicht in die Arbeit einfließen läßt, verstand es hervorragend, nach solchen wissenschaftlichen Schlachten die richtige Atmosphäre für Friedensgespräche zu schaffen.

Roberto Terlevich hatte der Diktatur in seiner Heimat den Rücken gekehrt und war freiwillig ins politische Exil gegangen. Seine ungestüme argentinische Seele war in stabileren englischen Verhältnissen heimisch geworden. Mit seinem jungenhaften, verschmitzten Lächeln sorgte er in den langen Jahren unseres Projekts für den häufig erforderlichen Humor – für mich war Roberto wie ein Holzofen in der Ecke, stets bereit, für Wärme zu sorgen, wenn sie am nötigsten war. Seine wissenschaftlichen Beiträge sind breit gefächert, farbig und häufig unkonventionell, wobei er seine Ideen und Schlußfolgerungen stets effektvoll darzulegen versteht. Im Grunde war der Gedanke zu unserer Studie im Sommer 1979 in Santa Cruz entstanden, als Roberto Sandy seine Dissertation über Regionen besonders häufiger Sternenbildung in Galaxien erläutert hatte. Nachdem sie zahlreiche Zusammenhänge und Analogien hergestellt hatten, waren sie sich ziemlich sicher, daß die Eigenschaften einer ganzen Klasse von Galaxien – der sogenannten elliptischen Galaxien – die Merkmale dieser Sternenbildungsregionen aufweisen und weit systematischer und vorhersagbarer sein könnten, als man bis dahin angenommen hatte.

Roberto war in die Vereinigten Staaten gekommen, um Roger Davies zu besuchen, der kurz zuvor an der Cambridge University in England promoviert und das angesehene Lindeman-Stipendium für Postgraduierten-Studien in Übersee erhalten hatte. Er hatte Sandy angeschrieben und sie gefragt, ob er ein Jahr in Santa Cruz verbringen dürfe. Roger hatte sich mit elliptischen Galaxien unter dem Gesichtspunkt ihrer Sternenbewegungen befaßt, und er wußte, daß Sandy und Dave eingehende Beobachtungen durchgeführt hatten, um die Geschichte der Sternenbildung in Galaxien dieser Art zu verstehen. Während Roberto zumindest einige der typischen lateinamerikanischen Eigenschaften aufweist, so paßt Roger besser in das Bild des jungen, guterzogenen und zurückhaltenden englischen Gentleman. Seine untadeligen Umgangsformen und seine Freundlichkeit lassen durch nichts erkennen, daß er aus einer Arbeiterfamilie im industriellen Norden Englands stammt. In seiner Arbeit penibel und exakt, übte Roger einen mäßigenden Einfluß aus – selbst seine seltenen Gefühlsausbrüche blieben bemerkenswert zivilisiert. (Da sich das von meinen nicht behaupten ließ, brachte es mich auf die Palme.)

In der wissenschaftlichen Mixtur von Terlevich, Davies, Faber und Burstein kam eine Fülle von Ideen und Talenten zusammen, die alle für das gleiche Ziel nutzbar gemacht wurden: diesen merkwürdigen Winkel im Gewebe der Natur zu verstehen. Tatsächlich entdeckten sie ein regelmäßiges Muster in Daten, die zunächst keinen Zusammenhang aufzuweisen schienen, und hofften, mit dieser neuen Erkenntnis dem Geheimnis der Galaxienentstehung auf die Spur zu kommen. Schon seit langem galten Galaxien als Bausteine des Universums, und viele Astronomen waren zu dem Schluß gekommen, daß wir dem Verständnis der Schöpfung selbst ein Stück näher wären, sobald wir wüßten, unter welchen Bedingungen und durch welche Prozesse sich die Galaxien gebildet haben. Obwohl die Annahme, eine ganze Galaxie, eine komplexe Zusammenballung von vielen hundert Milliarden sich eigenständig entwickelnder Sterne, lasse sich durch einige wenige einfache Parameter charakterisieren, hoffnungslos optimistisch erschien, glaubten viele Astronomen, elliptische Galaxien gäben genau zu dieser Hoffnung Anlaß. Sie weisen die einfachste Anatomie auf – eine Kugel aus Sternen – und stellen eine leichtere Analyse in Aussicht – nur ältere Sterne, keine jungen. Für den Versuch, die komplexen Verhältnisse von Galaxien zu verstehen, schienen die elliptischen Galaxien den richtigen Ausgangspunkt zu bieten. Die Arbeit von Terlevich, Davies, Faber und Burstein war dazu angetan, dieser Hoffnung weitere Nahrung zu geben, doch da sie auf einer kläglichen Stichprobe von vierundzwanzig Galaxien beruhte, wären nur wenige Astronomen bereit gewesen, ihre Schlußfolgerungen ernst zu nehmen. Also beschlossen die vier, tiefer ins All vorzudringen, um *Hunderte* von elliptischen Galaxien zu finden, sie zu vermessen und so die Hypothese zu überprüfen. Ihnen war klar, daß dieses ehrgeizige Unterfangen enorme Anstrengungen erforderte.

Nach England zurückgekehrt, überredete Roberto Terlevich Donald Lynden-Bell, sich an dem Projekt zu beteiligen. Während die anderen auf die Sammlung und Interpretation von Beobachtungsdaten spezialisiert waren, lag Lynden-Bells Stärke in der theoretischen Physik und der mathematischen Analyse astronomischer Phänomene. Er war der älteste in der Gruppe und hatte im Laufe seiner siebenunddreißigjährigen Laufbahn wegweisende Arbeiten zur Galaxienbildung geleistet: Als einer der ersten hatte er die komplexe Dynamik von gravitationsgebundenen Mehrkörpersystemen modelliert und gezeigt, wie sie sich unter dem Einfluß rascher Kontraktion entwickeln. Allzu viele theoretische Physiker erinnern an Politiker im Wahlkampf – ein Standpunkt ist ihnen so recht wie der andere, und sie sind noch stolz darauf, daß sie ihre Meinung wechseln können wie ihr Hemd. Glücklicherweise gehört Donald nicht zu dieser Sorte. Er ist einer jener Theoretiker, die man auf ihre Ansichten festlegen kann – er hängt mit ganzem Herzen an seinen Ideen. Er ist geradeheraus und ein bißchen ungestüm, mit einer Vorliebe für kühne Behauptungen, etwa die, daß massereiche Schwarze Löcher – Orte, an denen die Materie so dicht gepackt ist, daß die starken Gravitationskräfte den Raum selbst anziehen – als Energiequellen für Quasare dienen, die leuchtkräftigsten Signalfeuer des Universums. Seine mathematischen Kenntnisse hatten, wie sich herausstellte, unschätzbaren Wert für die Gruppe, wenn es ihm auch Mühe bereitete, seine mangelnde Erfahrung mit modernen Computeranalysen und Beobachtungstechniken wettzumachen. Noch zur «alten Schule» gehörig, verkörperte Donald die formellen akademischen Traditionen, so daß er im Umgang mit den anderen manchmal etwas befangen und steif wirkte, ein Manko, das aber mehr als ausgeglichen wurde durch seinen ausgeprägten Sinn für Humor und seine Aufrichtigkeit.

Eines Tages im Spätsommer 1980, ein paar Monate nachdem die

fünf die Arbeit an dem Projekt ernsthaft aufgenommen hatten, schilderte mir Sandy Faber die ehrgeizigen Pläne der Gruppe. Sie wollte versuchen, die Stichprobe der elliptischen Galaxien von der völlig unzureichenden Zahl vierundzwanzig auf ungefähr vierhundert aufzustocken und dabei jedes Objekt exakt und eingehend mit dem Teleskop zu vermessen. Noch nie zuvor hatte es eine Galaxienstudie von dieser Größenordnung gegeben. Dabei war es von entscheidender Bedeutung, eine wirklich repräsentative Stichprobe von Objekten dieser Klasse auszuwählen, um sicherzustellen, daß das erste Ergebnis nicht einfach ein statistischer Zufall gewesen war. Es verhält sich wie bei der Auswahl der Bürger für eine landesweite Umfrage: Auch hier ist große Sorgfalt bei der richtigen Zusammenstellung eines repräsentativen Querschnitts erforderlich, der beispielsweise Menschen vom Lande, aus Kleinstädten und Großstädten in geeigneter Weise berücksichtigen muß. Entsprechend war es erforderlich, Galaxien aus allen Teilen des Himmels auszuwählen und sie nach einheitlichen Kriterien zu bestimmen, denn es war nicht bekannt, ob diese Eigenschaften sich nicht je nach Position, Umgebung oder Geschichte verändern.

Das Ziel, den Himmel vollständig zu erfassen, bewog mich schließlich, an dem Projekt teilzunehmen. Unüberhörbar gab Sandy ihrer Sorge Ausdruck, die Gruppe könnte nicht genügend Zugang zu Teleskopen auf der südlichen Erdhalbkugel bekommen. Teleskopzeiten sind kostbar: In der Regel müssen Astronomen sie ein halbes bis ganzes Jahr im voraus beantragen, und meist bekommen sie nur einen Bruchteil der erbetenen Zeit – an einem der größeren Teleskope eine Handvoll Nächte in einem ganzen Jahr. Besonders prekär ist, daß es zur Beobachtung des Südhimmels weniger Teleskope gibt. Doch vor einigen Jahren hatte die Carnegie Institution ein neues 254-Zentimeter-Teleskop im Las Campanas Observatory in Chile in Dienst stellen lassen, und ich hatte fünfzehn bis zwanzig Nächte im Jahr für verschiedene Projekte zugebilligt bekommen. Und Sandy wußte natürlich, daß mit einigen dieser Nächte die Wahrscheinlichkeit erheblich zunahm, das Projekt in ein paar Jahren abschließen zu können.

Doch zunächst zögerte ich, mich einer solch großen Gruppe anzuschließen. Meist hatte ich allein gearbeitet, eine Gewohnheit, die 1974 – damals hatte meine Laufbahn gerade erst begonnen – ihren Anfang nahm, als Joe Wampler, mein erster Doktorvater, das Lick Observatory und mich, seinen Studenten, verließ, um Direktor des Angloaustralischen Teleskops zu werden. Zwei Jahre lang arbeitete ich praktisch allein. Obwohl Sandy meine Dissertation bis zu ihrer Fertigstellung im Jahr 1976 betreute, hatte ich durch Wamplers Fortgang ein Maß an Freiheit erhalten, das ungewöhnlich war für einen Doktoranden und das ich schätzenlernte. In den vier Jahren, die seither verstrichen waren, hatte ich mit großem Vergnügen meist allein gearbeitet, teilweise weil ich versuchte, mir einen wissenschaftlichen Ruf zu erwerben, der ganz allein auf meinen eigenen Fähigkeiten beruhte, aber mehr und mehr auch, weil ich feststellte, daß es mir außerordentlich gefiel, für jede Phase eines Projekts allein verantwortlich zu sein.

Andererseits hatte das Projekt Hand und Fuß, und es interessierte mich. Deshalb wollte ich daran beteiligt sein, hoffte aber, die Rolle eines stillen Teilhabers spielen zu können. Also schlug ich Sandy vor, ihr einige Beobachtungen gratis zu liefern, doch sie war nicht von der Überzeugung abzubringen, daß meine vollständige Teilnahme erforderlich wäre, und sie brachte vor, daß insbesondere die Erfahrung auf meinem Spezialgebiet – Galaxienhaufen – sich als vorteilhaft erweisen würde. Damals hielt ich das für bloße Schmeichelei, aber sie hatte recht: Die Erkenntnisse über Galaxienhaufen sollten von entscheidender Bedeutung sein. Bald darauf rief mich David Burstein an – jeden zweiten Tag, wie mir schien –, malte mir die Bedeutung des Projekts in leuchtenden Farben aus und bestürmte mich, mich dem Team anzuschließen. Als ich mich schließlich dazu entschloß, sagte ich mir, ich könnte der Gruppe ja immer noch meine Daten überlassen und mich so mit Anstand zurückziehen, wenn ich mit der Teamarbeit nicht zurechtkommen oder von ihr enttäuscht sein sollte. Nach diesem ziemlich halbherzigen Einverständnis war die Gruppe auf sechs Mitglieder angewachsen.

Mit Hubbles Nachweis, daß Andromeda eine ebenso gewaltige Galaxie wie die unsere ist, hat sich unsere Größenvorstellung vom Universum ungeheuer erweitert. Durch Teleskope mit größeren Spiegeln, empfindlicheren fotografischen Emulsionen und, in jüngerer Zeit, die Entwicklung von elektronischen Detektoren, die viele hundertmal empfindlicher sind als die besten fotografischen Filme, ist unser Blick immer tiefer ins All gedrungen. Moderne Teleskope und Instrumente erreichen ohne Schwierigkeit die fernsten Sterne unserer Galaxis, so daß auch bei eingehender Musterung nicht mehr viele neue Sterne zu entdecken sind. Dafür füllt sich der Nachthimmel mit dem schwachen, verschwommenen Leuchten immer fernerer Galaxien, deren Grenzen wir nicht so leicht erreichen. Je größer die Teleskope werden, desto mehr Galaxien werden sichtbar. Hunderte, Tausende von Galaxien, alle von so gewaltiger Ausdehnung wie die Milchstraße, schweben aus den Tiefen des Alls heran. Wenn wir einen relativ kleinen Bereich mit den empfindlichsten Detektoren und den größten Teleskopen durchmustern, häufen sich die Bilder ferner Galaxien, bis sie sich zu berühren scheinen. Unser Blick erfaßt mittlerweile fast die ganze Tiefe des uns bekannten Universums.

Diese weitentfernten Galaxien haben eine Größe von nur wenigen Bogensekunden.* Mit gutem Grund dürfen wir annehmen, daß diese fernen Objekte in Wirklichkeit ebenso groß sind wie die nahegelegene Andromedagalaxie, die einige Grad am Himmel umfaßt. Daß sie tausendmal kleiner erscheinen, bedeutet dann also, daß sie tausendmal weiter entfernt sind als Andromeda, wahrlich eine immense Distanz. Weiterhin hat eine imaginäre Kugel, die sich zu einer dieser fernen Galaxien erstreckt, einen eintausendmal längeren Radius und

---

* Alle 360 Grade des Himmelskreises werden in je 60 Minuten unterteilt und alle Minuten in je 60 Sekunden, so daß eine Bogensekunde $1/3600$ eines Grads umfaßt. Sonne und Mond messen beide etwa 2000 Bogensekunden, also ungefähr einen halben Grad. Die Länge Ihres Daumens macht bei gestrecktem Arm ungefähr fünf Grad aus. Wie klein die Erde ist, wenn man sie so betrachtet, können Sie daraus ersehen, daß Südkalifornien, aufrecht hingestellt und von New York aus ins Auge gefaßt, diese Größe annähme.

ein tausendmillionenmal größeres Volumen (für jede der drei Dimensionen einen Faktor von tausend) als eine Kugel, die nur bis Andromeda reicht. Wenn die Galaxienzahl pro Volumeneinheit in unserer Region des Weltalls repräsentativ ist, können wir davon ausgehen, daß die größere Kugel zwei Milliarden Galaxien enthält und nicht zwei, und damit haben wir erst bestenfalls ein Zehntel des sichtbaren Universums erfaßt. So enthält allein der Kasten des Großen Wagens etwa eine Million Galaxien.

Bei unserer Reise über den Großen Wagen hinaus sind wir noch auf eine weitere bemerkenswerte Eigenschaft des Universums gestoßen, eine Eigenschaft, die so klar zutage liegt, daß wir sie manchmal einfach vergessen: Das Universum ist durchsichtig. Das ist durchaus nicht selbstverständlich: Sichtbares Licht kann mühelos durch winzige Mengen rußartiger Teilchen absorbiert werden, die Astronomen als *Staub* bezeichnen. Beispielsweise wird das Licht der Sterne in den Zentralregionen der Milchstraße weggefiltert, bevor es uns erreicht, sonst würde uns nämlich der Kern unserer Galaxis als herrlicher Leuchtkörper erscheinen. Statt dessen sehen wir nur dunkle Spalten entlang der Zone der Milchstraße. Dort fangen Gaswolken mit einem kleinen Staubanteil alles Licht ab. Wenn Galaxien auf so große Entfernung zu sehen sind, läßt sich daraus also schließen, daß der Raum zwischen ihnen ziemlich leer ist, noch leerer als der Raum *im Innern* der Milchstraße. Würden sich zwischen den Galaxien Sterne bilden, gäbe es aufschlußreiche Anzeichen für Begleiterscheinungen wie Gas und Staub, doch auch bei eingehendster Prüfung konnten keine solchen intergalaktischen Einzelgänger entdeckt werden. Offenbar bilden Sterne sich nur *innerhalb* von Galaxien: Das läßt Rückschlüsse darauf zu, wie sich das Universum entwickelt hat, das wir heute sehen. Dank der bemerkenswerten Klarheit unseres Blicks ist das gesamte sichtbare Universum unverhüllt vor uns ausgebreitet – und infolgedessen auch seine Geschichte.

Die Dimensionen und Weiten des in den zwanziger Jahren ergründeten Universums zu ermessen fällt uns sogar in den neunziger Jahren noch schwer. Ein erster Schritt ist eine klare Vorstellung von dem

Anblick, den das Universum großräumig bietet, aus einem Blickwinkel, der so umfassend ist wie eine Galaxie. Beginnen wir mit einem wirklich leeren, schwarzen Raum – einem *intergalaktischen* Leerraum, in dem es keinerlei Sterne gibt. Wir stellen uns vor, daß wir über dem ungeheuren Feuerrad der Milchstraße schweben, jederzeit in der Lage, von seinem zentralen Kern aus wie Sternenlicht bis zu den äußersten Enden seiner Spiralarme zu fliegen. Ganz in der Nähe, nur einen Durchmesser der Milchstraße entfernt, befinden sich zwei unregelmäßige Ansammlungen von Gas und Sternen. Das sind die beiden Magellanwolken, jede eine eigene Galaxie, wenn auch nur ein Viertel so groß wie die Milchstraße und ihrem Gravitationseinfluß unterworfen. Obwohl Andromeda am Himmel nicht größer erscheint, ist sie offenkundig eine Galaxie von ebenso gewaltigen Ausmaßen wie die Milchstraße, gleichfalls eine Scheibe von immensem Durchmesser. Aus unserer gottähnlichen Perspektive sehen wir das stumme Kreisen der Milchstraße und der Andromedagalaxie, zweier riesiger Untertassen, die durch das Zwanzigfache ihrer Größe getrennt sind. In etwa dem gleichen Abstand zeigt sich ein kleineres Feuerrad, zarter und fast zerbrechlich, so dünn ist seine Scheibe. Messier 33 heißt das Objekt – es trägt den Namen des französischen Kometensuchers, der diesen leuchtenden Nebel am Nachthimmel erstmals katalogisierte. Die Dunkelheit zwischen den drei Riesen wird gelegentlich durch kleinere Galaxien unterbrochen, einige bescheidene, schwachleuchtende Flocken aus Gas und Sternen und ein paar kaum sichtbare Bällchen.

Der ernüchternde Name für diese prachtvolle Sammlung galaktischer Wunder lautet *Lokale Gruppe*. Ähnliche Zusammenschlüsse von einigen größeren Galaxien, jede mit eigenem Gefolge, sind auch viel weiter draußen zu beobachten. Dutzende dieser Gruppen bilden gemeinsam den Lokalen Superhaufen. Sein Kern besteht aus einem «Stadtzentrum» von Galaxien, dem Virgohaufen, der ungefähr zwanzigmal so weit entfernt ist wie Andromeda. Dahinter breitet sich ungeheure Dunkelheit aus, so leer, wie der Lokale Superhaufen gefüllt ist. Dann kommt ein weiterer riesiger Superhaufen mit ein oder zwei Stadtzentren und dann noch einer und noch einer.

Wie weit reicht das Ganze? Hätte unsere Galaxis die Größe eines kleinen Bauernhofes mit Andromeda und anderen Galaxien als Nachbarhöfen nur ein Stück weit die Straße hinunter, dann wäre unser Universum ungefähr so groß wie die Erde. Stellen wir uns vor, wir gehen quer über die Felder, die den intergalaktischen Raum darstellen, zum Haus eines Nachbarn – um das Universum zu durchmessen, müßten wir um die ganze Erde gehen. Übers Land verstreut sind Dörfer und kleine Städte, in denen sich Hunderte solcher «Häuser» zusammenfinden. Unser Modelluniversum ist wie die ländlich gegliederte Landschaft des Mittelalters – Großstädte mit ihren Millionen Einwohnern gehören noch der Zukunft an.

Die Vorbereitungen, die wir sechs für unsere Reise in die Tiefen des extragalaktischen Raums trafen, gehören zur Routine des beobachtenden Astronomen. Allerdings sind die Dinge, die ein Astronom tut, wenn er mit und ohne Teleskop arbeitet, der alltäglichen Vorstellungswelt der meisten Menschen ziemlich entrückt. Wenn die Leute einem Astronomen begegnen, drucksen sie meist etwas verlegen herum, bevor sie die Frage stellen, die sie vor allem interessiert: «Was tun Sie eigentlich?» (Nach Einbruch der Dunkelheit ist dies meist von einem Blick begleitet, der soviel heißt wie: «Warum sitzen Sie nicht an Ihrem Teleskop?») Tatsächlich verbringen die meisten Astronomen, die sich auf die Beobachtung mit Erdteleskopen spezialisiert haben, nur ein paar Dutzend Nächte mit dieser Beschäftigung. Zum einen sind Teleskope, wie gesagt, kostspielig in Anschaffung und Betrieb und Beobachtungszeiten deshalb knapp – sie sind sehr begehrt und müssen aufgeteilt werden. Außerdem liegen Observatorien häufig in Gegenden, wo Wetter und atmosphärische Stabilität weit günstiger sind als an den meisten anderen Orten und wo der Blick in den Himmel nicht vom Licht und Smog der Städte beeinträchtigt ist. In der Regel muß man halbe Kontinente durchqueren, wenn nicht gar zu anderen Erdteilen aufbrechen, um solche Orte zu erreichen.

Eine Entschädigung für die Spärlichkeit der Beobachtungszeiten ist die Fülle von Informationen, die die elektronischen Instrumente im Brennpunkt der Teleskope heute liefern. Egal, ob es sich um direkte

«Bilder» eines winzigen Himmelsausschnitts oder um das Lichtspektrum eines Planeten, eines Sterns oder einer Galaxie handelt, jede Messung liegt normalerweise in Form von Millionen Zahlen vor, die mit Hilfe eines Computers verarbeitet, extrahiert und «reduziert» werden müssen, bevor sich die gesuchten Eigenschaften herauskristallisieren. Nach einer *Beobachtungsreihe* von einem halben Dutzend Nächten braucht der Astronom unter Umständen ein paar Wochen, um die Daten auf dem Computer auszuwerten, viele Monate, um die darin enthaltenen Informationen zu verstehen, und manchmal Jahre, um die neuen Beobachtungsdaten mit den Dingen in Einklang zu bringen, die bereits bekannt sind, und um einen wissenschaftlichen Artikel über die Ergebnisse und Schlußfolgerungen zu veröffentlichen.

Weit weniger verlegen, obwohl das hier viel angebrachter wäre, stellen Laien meist die Frage: «In letzter Zeit neue Sterne [oder Planeten oder Galaxien] entdeckt?» (Vorsicht: Häufig von einem herzhaften Schlag auf den Rücken begleitet!) Darin drückt sich das verbreitete Mißverständnis aus, der Astronom starre Nacht für Nacht durchs Teleskop, immer in der Hoffnung, auf etwas zu stoßen, das noch niemand vor ihm erblickt hat. Natürlich gibt es viele kurzfristige Phänomene – das hellstrahlende Erscheinungsbild eines eruptierenden oder explodierenden Sterns (einer «Nova» oder «Supernova»), die Entdeckung eines bisher unbekannten Kometen oder eines Kleinplaneten. Das sind dann bedeutende astronomische Ereignisse. Doch da sie sehr selten sind, bedarf es zu ihrer Entdeckung gewöhnlich einer langen, systematischen Suche oder ungewöhnlichen Glücks – doch in jedem Falle machen sie nur einen kleinen Bruchteil der astronomischen Forschung aus. Was die Entdeckung «neuer» Sterne oder Galaxien angeht, worunter der Fragende meist «unbenannte» versteht, die gibt es wie Sand am Meer: Genauso sinnvoll (oder sinnlos) wäre es, Sandkörner zu benennen oder zu behaupten, man habe neue Steinchen in einer Kiesgrube entdeckt.

Was also tun Astronomen an ihren Teleskopen? Sie zeichnen die Positionen von «Familien» kosmischer Objekte auf und analysieren ihr Licht – wobei sie Fragen stellen wie etwa: Warum schwankt die

Fragen der Astronomen   41

Helligkeit mancher Sterne, und warum explodieren einige sogar, während die meisten bemerkenswert konstant bleiben? (Warum gibt es überhaupt Sterne?) Warum zeigen einige Galaxien eng gewickelte Spiralmuster, während andere gleichmäßig und symmetrisch sind? Warum sind einige rote Nebel mit hellen, blauen Sternen durchsetzt, andere nicht? Fragen wie diese sind der Ursprung wissenschaftlicher Neugier. Zugänglicher erscheinen sie, wenn man sie in einem irdischen Kontext stellt: Warum sind einige Berge Vulkane und andere nicht? Warum fällt Regen aus prallen, niedrigen Wolken und nicht aus dünnen, hohen? Warum sind Pflanzen grün und Tiere – die meisten jedenfalls – nicht? Und doch handelt es sich um die gleiche Art von Fragen, eine gemeinsame Voraussetzung aller wissenschaftlichen Arbeit. Solche Probleme stellen sich, wenn man Beobachtungsphänomene in Gruppen zusammenstellt. Bei der Suche nach ihren Lösungen bemühen wir uns, die zugrundeliegenden physikalischen Eigenschaften zu finden, die diese Dinge zu dem gemacht haben, was sie sind. In der Astronomie hat dieser Prozeß zu bemerkenswerten Erfolgen geführt, das heißt, man ist dabei auf fundamentale Gesetze der Physik gestoßen, weil die Bedingungen im Weltall weit extremer und vielfältiger sind als auf der Erde. Mit der Kenntnis dieser Naturgesetze konnte man sich auch der Frage zuwenden, wie das Universum mit seinen Galaxien, Sternen und Planeten entstanden ist und wie es den Ort und die Bausteine zur Evolution von Geschöpfen wie uns bereitgestellt hat.

Wie alle großen Leistungen in Kunst und Wissenschaft ist auch die Entdeckung der Galaxien vielen Menschen zu verdanken, die ihr Leben einer großen Idee gewidmet haben. Dennoch werden wir diesen gewaltigen Fortschritt in der Wahrnehmung des Universums wohl immer mit dem Namen Edwin Hubble verbinden. In seinem Buch *Realm of the Nebula* geht Hubble nicht auf die Einzelheiten des Entdeckungsprozesses ein (er benutzt noch nicht einmal die erste Person, wenn er seine Arbeit beschreibt), so daß der Leser leider keine Vorstellung davon gewinnt, was es für ein Gefühl war, als erster Mensch festzustellen, daß die Ausdehnung des Universums alle bisherigen

Vorstellungen weit übertrifft. Unglücklicherweise war diese Distanziertheit charakteristisch für Hubble, der ein großer Wissenschaftler, aber wohl kein großer Mensch war. Seinen Kollegen und anderen Menschen präsentierte er eine förmliche, überaus korrekte Fassade, der keine Gefühle und keine Unsicherheit anzumerken waren. Auch stand er nicht gerade in dem Ruf, bescheiden zu sein, vielleicht weil er, wie Dorothy Parker gesagt hätte, «wenig Grund zur Bescheidenheit» hatte.

Da er seine Gefühle für sich behalten hat, werden wir nie erfahren, ob Hubble je diese kribbelnde Erregung verspürt hat, die viele Wissenschaftler überkommt, wenn ihnen klar wird, daß sie das Naturverständnis um einen wichtigen Schritt vorangebracht haben. Diese Augenblicke nervöser Gespanntheit, die fast schwindelig machen, wie der Rausch erster Verliebtheit, wenn die Natur eine ihrer bislang verborgenen Seiten offenbart, gehören zu den schönsten Belohnungen des Wissenschaftlers. Stunden- und tagelang, manchmal sogar über Monate oder Jahre, hütet der Wissenschaftler das Geheimnis, hin und her gerissen zwischen dem Wunsch, es aller Welt mitzuteilen, und der Entschlossenheit, so lange den Mund zu halten, bis er sicher ist, daß sich keine Fehler in die Beobachtung, Methode oder Interpretation eingeschlichen haben. Denn wenn er seinen Kollegen das neue Ergebnis mitteilt, dann wird es entsprechend seiner Bedeutung nach allen Seiten gewendet und geprüft und muß einer Vielzahl berechtigter und unberechtigter Einwände standhalten. Hat es sich dann bewährt, wird es wie ein Steinchen in das Mosaik des menschlichen Wissens eingefügt, wo es einen weiteren Aspekt des Musters enthüllt und die Einfügung weiterer Teile vorbereitet. Mit dieser Grafik geben die Menschen nur das ursprüngliche Muster der Natur wieder. Die Absicht, die Natur mit menschlichen Mitteln abzubilden, liefert den innersten Beweggrund von Wissenschaft wie Kunst, eine kaum zur Kenntnis genommene Gemeinsamkeit, die zeigt, wie einheitlich die Erfahrungen und Strebungen der Menschen sind.

1929 wurde das Universum neu definiert; das war das endgültige Todesurteil für den Kosmos, der den Menschen als Mittelpunkt hatte. Die Erkenntnis, daß es andere Galaxien gibt, und Harlow Shapleys Entdeckung, daß unsere Sonne einen Platz weitab vom Mittelpunkt der Milchstraße einnimmt, machten deutlich, daß wir uns auf unsere Stellung in diesem riesigen Universum wenig einbilden dürfen. Unsere Erde ist «einer von vielen Planeten», die um die Sonne kreisen – «einer von vielen Sternen» –, die wiederum in «einer von vielen Galaxien» angesiedelt ist. Diese Einsicht hat das kollektive Bewußtsein der Menschheit beunruhigt, doch sie ist nur ein erster, entmutigender Schritt eines Entdeckungsprozesses, der uns aber am Ende, wie ich glaube, ein tieferes Zugehörigkeitsgefühl bescheren wird. Wenn das Kind entdeckt, daß das Haus seiner Familie nicht das einzige Haus ist, daß es noch andere Straßen mit anderen Häusern und sogar anderen Kindern gibt, dann ist das zwar ein herber Schlag für sein Identitätsgefühl, aber auch der erste Schritt zur Ausbildung einer *wahren* Identität. Ein knappes Jahrhundert, nachdem die Menschen das Universum in seiner wirklichen Gestalt entdeckt haben, macht ihnen die Bedeutung dieser Entdeckung zwar noch immer zu schaffen, doch führt sie sie vielleicht auch an die Schwelle einer noch wichtigeren Entwicklung. Damals haben wir das wahre «Wo» unserer Existenz kennengelernt und später auch die Antwort auf das «Wann» gefunden, so daß wir heute fragen können, wer und was wir sind, und eines Tages vielleicht sogar, warum wir sind.

 Hubble selbst hatte sich schon einer weiteren Frage zugewandt, deren Lösung so schwindelerregende Perspektiven eröffnete, daß selbst er ihr nicht trauen mochte.

ERSTE SCHRITTE

Gewöhnlich beginnt eine Expedition mit einer Karte, und sehr häufig endet sie mit einer besseren. Zu sechst, bald sollten wir sieben sein, brachen wir auf, um die Sternenbälle zu erforschen, die man elliptische Galaxien nennt, wobei wir hofften, alle aufsuchen zu können, die innerhalb einer bestimmten Entfernung von der Milchstraße liegen. Dazu brauchten wir eine Karte, denn Bilder vom Himmel zeigten uns nur, in welcher Richtung die Galaxien liegen, nicht, wie weit sie entfernt sind. Eine ideale Stichprobe hätte also alle elliptischen Galaxien in einem Raumvolumen erfaßt – Astronomen sprechen in diesem Fall von einer «volumenbegrenzten Stichprobe» –, weil es häufig auf diese Weise am besten gelingt, einen repräsentativen Querschnitt der Population zu erhalten. Man bedenke nur, wie unzulänglich der Eindruck wäre, den man von einer bevorstehenden Wahl erhielte, würde man nur Wohnungseigentümer oder nur Kleinbauern befragen. Natürlich ist auch eine volumenbegrenzte Stichprobe nicht sehr zuverlässig, es sei denn, sie hat repräsentativen Charakter: Eine Umfrage in einem Stadtteil von London oder in einem Umkreis von hundert Kilometern um den Lago Maggiore wäre weit weniger nützlich als eine in ganz Frankreich.

Für unsere «Umfrage» mußten wir wissen, wie tief wir in den Raum vordrangen. Ohne Grenzpfosten und Vermessungsmarkierungen brauchten wir den Abstand jeder Galaxie – die Galaxien selbst mußten die Ausmaße des Volumens festlegen. Um diese Abstände zu ermitteln, hielten wir uns an eine weitere von Hubbles Hinterlassenschaften, die Beziehung zwischen *Rotverschiebung* und *Entfernung*.

Anhand der Cepheiden hatte Hubble die Entfernungen der allernächsten Galaxien gemessen und damit die ersten Markierungen auf einer dreidimensionalen Karte gesetzt, die *sowohl* die Richtung jeder

Messung kosmischer Distanzen

Galaxie am Himmel *als auch* ihre Entfernung von der Milchstraße angab. Als Hubble die scheinbare Helligkeit eines Systemsterns von bekannter Leuchtkraft maß, verwendete er zur Entfernungsmessung, was Astronomen hübsch altmodisch eine «Normalkerze» nennen. Leider paßt dieser Ausdruck ein bißchen zu gut: Cepheiden sind wirklich nur Kerzen unter den Sternen – manche Sterne sind hundertmal heller. Hubble wollte weit über die wenigen sehr nahe liegenden Galaxien ins All vordringen, doch Cepheiden sind nicht so hell, daß er sie in weiter entfernten Galaxien hätte entdecken können – jedenfalls nicht mit den technischen Möglichkeiten seiner Zeit. So hatte er keine Wahl: Er mußte es mit helleren Normalkerzen versuchen, den hellsten Sternen in jeder Galaxie, und hoffen, daß sie alle ungefähr die gleiche absolute Helligkeit besitzen. Das war, wie Wissenschaftler sagen, eine Arbeitshypothese, eine Hypothese, die dann gerechtfertigt ist, wenn man, ihr folgend, zu vernünftigen Ergebnissen gelangt.

Was Hubble tat, läßt sich mit dem Verhalten eines Menschen vergleichen, der versucht, eine Karte von seiner Nachbarschaft anzufertigen, ohne sein Haus zu verlassen. Stellen Sie sich vor, daß jedes Haus oder jeder Wohnblock zumindest ein großes Fenster hat und daß der Kartenzeichner die Bewohner von Zeit zu Zeit hinter diesen Fenstern vorbeigehen sieht. Nun nahm Hubble an, daß die größte Person, die hinter einem der Fenster ging, in allen Fällen ungefähr die gleiche Größe hatte. Tatsächlich ist das eine ziemlich gute Arbeitshypothese, für männliche Erwachsene auf ungefähr zehn Prozent genau. Kinder können das Ergebnis kaum verfälschen (es sei denn, die Erwachsenen sind nicht zu Hause). Folglich ist dieses «Normalmaß» ziemlich konstant.

Nun macht die Entfernungsschätzung keine Schwierigkeiten mehr. Man hält ein Lineal auf Armeslänge und mißt die scheinbare Größe der ausgesuchten Personen, in Millimeter beispielsweise. Die am weitesten entfernten Menschen, die in den fernsten Häusern, werden um so kleiner erscheinen, je größer die Distanz zu ihnen ist: Wer zweimal so weit weg ist, wird halb so groß erscheinen, wer dreimal so weit weg ist scheinbar nur noch ein Drittel der Größe aufweisen. Jetzt läßt sich nicht nur die Richtung jedes Hauses, sondern auch seine Entfernung auf einem Stück Papier eintragen – das ist dann eine Karte. Gewiß, die Karte hat noch keinen absoluten Maßstab, zum Beispiel ein Zentimeter gleich dreihundert Meter, sondern es heißt nur: «Dieses Haus ist zweieinhalbmal so weit entfernt wie jenes.» Doch diese willkürlichen Einheiten lassen sich in *echte* Entfernungen verwandeln, wenn der Abstand zu mindestens einem der näher gelegenen Häuser bekannt ist oder sich bestimmen läßt, denn die Karte ist *maßstabsgerecht*. (Das Haus auf der anderen Straßenseite ist dreißig Meter weit weg, also liegt dasjenige, das zweimal so weit weg ist, sechzig Meter entfernt.) Da sich die Entfernung zu Andromeda leider nicht abschreiten läßt, verließ Hubble sich darauf, daß ihm die wirkliche Größe seiner Nachbarn auf der anderen Straßenseite bekannt sei, und die Ungewißheit, die in bezug auf die Entfernung von Galaxien heute noch herrscht, hat eine gewisse Ähnlichkeit mit der Frage, ob die Häuser dort drüben und ihre Bewohner zu Montparnasse oder zu Clichy gehören. Doch trotz dieser Ungewißheit bleibt diese Karte der Nachbarschaft, auf der alle Häuser in der richtigen Anordnung und mit den richtigen Zwischenräumen abgebildet sind, eine große Leistung.

Ganz ähnlich hat man unsere galaktische Nachbarschaft kartographiert, obwohl man im allgemeinen die Helligkeit und nicht die Größe einer Galaxie zur Abstandsbestimmung heranzieht. Stellen Sie sich vor, Sie fertigen nachts eine Karte Ihrer Wohngegend an und Sie verwenden dabei die Lichter in den Häusern oder Wohnungen als Normalkerzen. (Dabei stellen Sie sich am besten viele Fenster vor, so daß alle Lampen zu sehen sind, oder noch besser Glashäuser.) Als Hubble seiner klassischen Entfernungsmessung der Andromedagalaxie die Cepheiden zugrunde legte, ortete er damit in der Tat viele kleine «Nachttischlämpchen», von denen man wußte, daß es sie nur in einem kleinen Wattbereich gibt – andere Astronomen hatten eine «Eichung» geliefert, die so zuverlässig war, als läse man die Wattzahl direkt von der Glühlampe ab. Infolgedessen konnte Hubble bei jedem «Haus», in dem er ein solches Lämpchen erblickte, die Entfernung errechnen, indem er sie mit den Lämpchen in seinem Haus, der Milchstraße, verglich.

Normalkerzen 47

Da Cepheiden ziemlich leuchtschwach sind, mußte sich Hubble an hellere Sterne halten, um fernere Galaxien zu vermessen. Diese waren weniger gut geeicht, so wie die anderen Glühlampen in unseren Häusern, deren Wattzahl von 50 bis 300 reicht. Angesichts einer derartigen Schwankungsbreite waren große Fehler in der Entfernungsbestimmung zu befürchten, falls nur ein Licht zugrunde gelegt wurde (handelte es sich um eine 75- oder 250-Watt-Birne?). Folglich verließ Hubble sich auf die Statistik: Er vermaß eine repräsentative Population der hellsten Sterne und ging dann von der Annahme aus, daß die allerhellsten die «höchste verfügbare Wattzahl» aufwiesen, ganz ähnlich, wie wir im obigen Beispiel hinsichtlich der größten Person im Haus argumentiert haben.

Allerdings sollten noch zwei technische Unterschiede erwähnt werden, die es zwischen der «Normalmeßlatte» und der «Normalkerze» gibt. Die scheinbare Größe nimmt in direktem Verhältnis zur Entfernung ab, während die Helligkeit mit dem Quadrat der Entfernung nachläßt: Ist eine Galaxie dreimal so weit entfernt, so hat sie nur noch ein Neuntel der Leuchtkraft. Ferner braucht man für die Helligkeitsmessung ein elektronisches Gerät. Unser Auge erfaßt ein breites Spektrum von feinen Helligkeitsunterschieden, vermag aber keine genaue Skala herzustellen.* Hubble half sich, so gut er konnte, indem er fotografische Filme benutzte, die aber in dieser Hinsicht kaum besser als das menschliche Auge sind. Heute verwenden Astronomen elektronische Sensoren, sogenannte Photometer, die mit großer Genauigkeit die von einem Stern oder einer Galaxie eintreffende Lichtmenge erfassen können.

1929 hatte Hubble mit Hilfe der Normalkerzentechnik die Entfernungen von etwa zwanzig Galaxien geschätzt. Auf einer ersten, wenn auch groben Karte hatte er die Positionen der uns benachbarten Gala-

---

* Wie die meisten Sinnesorgane des Menschen reagiert das Auge logarithmisch: Bei den scheinbar gleichmäßigen Schritten 1 ... 2 ... 3 ... 4 ... handelt es sich in Wirklichkeit um Veränderungen der Lichtempfindlichkeit nach dem Muster 1 ... 4 ... 8 ... 16 ...

xien eingetragen. Die Entfernungsschätzungen blieben vage – mit einem Ungenauigkeitsfaktor zwei. Würde die Lage der Häuser in einem Wohngebiet derart ungenau erfaßt, wäre es eine kommunale Katastrophe – die eingezeichnete Position der Häuser wiche so weit von ihrer wirklichen Lage ab und die Straßengrenzen wären so verschwommen, daß sie nicht mehr zu erkennen wären; jegliche Organisation ginge verloren. Folglich sollte man meinen, daß sich mit einer so unzulänglichen Karte wenig anfangen ließ. Doch bezeichnenderweise wußte Hubble diese Karte so zu nutzen, daß sich dabei einer der entscheidendsten Fortschritte im menschlichen Denken ergab.

Eigentlich wollte Hubble die Geschwindigkeit messen, mit der die Sonne das Zentrum der Milchstraße umkreist. Wie in unserem Sonnensystem die Wege der Erde und der anderen Planeten durch die Gravitation der großen Sonnenmasse ständig zu geschlossenen Schleifen umgebogen werden, die man als Umlaufbahnen bezeichnet, ist auch die Sonne selbst den Gravitationskräften der kombinierten Masse jener Milliarden Sterne ausgesetzt, die in ihrer Umlaufbahn um das Milchstraßenzentrum liegen. Um die Geschwindigkeit der Sonne auf ihrer nahezu kreisförmigen Bahn zu messen, dachte sich Hubble die Galaxis als Karussell mit der Sonne als einem der Pferde. Dabei sollten ihm die neu entdeckten Galaxien in der Umgebung der Milchstraße als Orientierungspunkte dienen, so wie der Reiter auf dem Holzpferd an den Menschen, die um das Karussell herumstehen, erkennen kann, wie schnell er sich bewegt. Folglich maß Hubble die Geschwindigkeit jeder Galaxie relativ zur Sonne und erwartete, daß sich infolge der Kreisbewegung der Sonne um die Milchstraße die Galaxien auf der einen Seite des Himmels nähern und die auf der anderen Seite entfernen würden. Doch während er nach der galaktischen Rotation suchte, fand er etwas anderes, weit Interessanteres.

Das Vorhaben, die Geschwindigkeit eines Sterns oder einer Galaxie zu messen, mag sehr schwierig klingen, tatsächlich aber gehört es zu den einfachsten und direktesten Messungen, die ein Astronom vornehmen kann. Entscheidend ist, daß man ein Spektrum erfaßt – das Licht in seine einzelnen Farben zerlegt – und die Farben des Lichts mißt, das von verschiedenen Atomen in einem Stern stammt (oder in vielen Sternen, wenn es sich um eine Galaxie handelt). Dann zeichnet man noch ein Phänomen auf, das Doppler-Verschiebung heißt, und schon kennt man die Geschwindigkeit. Die Spektroskopie gehört zu den leistungsfähigsten Methoden, die dem Astronomen zur Verfügung stehen. In der Lichtintensität der einzelnen Farben (gleichbedeutend mit ihrer *Energie*) sind eine Fülle von Informationen verschlüsselt. Diesem Umstand verdankt es der Astronom, daß er einer beobachtenden Wissenschaft ganz besonderer Art nachgehen kann: Er hat keinen direkten Kontakt mit seinem Forschungsgegenstand. Überdies sind seine Informationen nicht auf das sichtbare Licht beschränkt. Das «elektromagnetische Spektrum» umfaßt eine enorme Bandbreite an Energie – von den winzigen Energiepaketen, die wir als Radiowellen bezeichnen, bis zu den gefährlich energiereichen Röntgen- und Gammastrahlen. Die uns vertrauten Arten – das infrarote, das sichtbare und das ultraviolette Licht – stehen nur für ein paar Oktaven auf der elektromagnetischen Klaviatur.

Zu Beginn des 20. Jahrhunderts wurde offenkundig, daß die Spektroskopie in der Lage war, den Wandel der Astronomie von einer deskriptiven zu einer analytischen Wissenschaft herbeizuführen. Noch bevor Hubble nachgewiesen hatte, daß viele der Nebel unabhängige Galaxien sind, hatte man durch die Spektralanalyse einiges über sie erfahren. Viele wiesen ein ähnliches Spektrum auf wie der Orionnebel, ein fruchtbarer Schoß stellarer Geburtsprozesse, erleuchtet von den Energien, die ihm seine neugeborenen Sterne verleihen. Doch andere Nebel ließen keine Spur von leuchtendem Gas erkennen, nur das vereinigte Licht von Milliarden Sternen. Schon mit diesen frühen Spektralmessungen vermochten die Astronomen eine Art von Himmelstaxonomie zu leisten und mit Hilfe eines jeden Spektrums die chemische Zusammensetzung von astronomischen Objekten zumindest grob zu bestimmen. Im Laufe der Zeit lernten sie, den Spektren spezifischere Informationen zu entnehmen: Temperatur und Dichte von Gaswolken, die Art, wie sie sich erwärmen und abkühlen, die relative Häufigkeit der verschiedenen Elemente und die chemischen Reaktionen, die unter den extremen Bedingungen mancher Raumregionen möglich sind. Anhand dieser Daten untersuchte man die Frage, woher Sterne ihre Energie beziehen, bestimmte die Entfernung von Sternen und Galaxien und löste das Rätsel, wie die chemischen Elemente durch Geburt und Tod ganzer Sternengenerationen hergestellt werden.

Doch lange, bevor man all diese Erkenntnisse gewann, hatten die ersten Spektren bereits einen Schatz zutage gefördert – die *Geschwindigkeit* von Sternen. Er war so leicht zu bergen wie Goldkörner, die man aus einem Flußbett fischt, und genauso wertvoll. 1842 hatte der österreichische Physiker Christian Johann Doppler nachgewiesen, daß die Tonhöhe von Schallwellen oder die Farbe (das heißt die Wellenlänge) von Licht durch die relative Bewegung von Beobachter und Quelle verändert wird. Diese Behauptung stellte später ein holländischer Meteorologe unter Beweis, indem er einen Bläserchor in einem offenen Waggon in schneller Fahrt von einer Lokomotive an einer Zuschauermenge vorbeiziehen ließ. Vielleicht waren die Zeugen dieses Geschehens die ersten Menschen, die die melancholische Tonsenkung bei der raschen Vorbeifahrt eines Zuges vernahmen, ein Klang, der uns vertraut und lieb wurde, als Signalpfeifen und -hörner mehr und mehr das akustische Bild der Eisenbahnen bestimmten.

Genauer, aber nicht zu mathematisch betrachtet, wird der «Dopplereffekt» durch die Verringerung der Zeitintervalle zwischen sukzessiven Wellenkämmen verursacht, wenn sich ein Beobachter und eine Quelle aufeinander zu bewegen, oder durch eine Ausdehnung der Zeitintervalle zwischen den Wellenkämmen, wenn sich die beiden voneinander entfernen. Bei Licht äußert sich diese Frequenzänderung als *Farb*veränderung: Eine näherkommende Lichtquelle verschiebt sich zu höheren Frequenzen – eine *Blauverschiebung* –, während eine Quelle, die sich entfernt, *rotverschoben* wird. Eine vertraute Anwendung dieses Lichtphänomens ist die «Radarfalle», die Radarwellen (Licht, dessen Wellen viel zu lang sind, um von unserem Auge wahrgenommen zu werden) von einem Ferrari abprallen läßt, um zu sehen, ob er schneller fährt, als es die Polizei erlaubt, oder auch mißt, wie schnell ein Tennisspieler aufschlägt. An der Frequenzveränderung der zurückkehrenden Wellen läßt sich sofort die Geschwin-

Der Dopplereffekt

digkeit ablesen. Es ist also nicht nötig, den Flug des Tennisballs von der Grundlinie bis zu seinem Aufprallpunkt im gegnerischen Feld zu stoppen und die sechzehn oder siebzehn Meter durch die gemessene Zeit zu teilen, um die Geschwindigkeit zu errechnen. Dieser Umstand ist von entscheidender Bedeutung in der Astronomie, da Galaxien sich in der Lebensspanne eines Menschen nur ein winziges Stück über den Himmel bewegen. (Nicht weil sie sich so langsam bewegen, sondern weil die Galaxien so ungeheuer weit entfernt sind, daß ihre scheinbare Bewegung außerordentlich gering bleibt.) Ferner werden wir noch sehen, daß der Dopplereffekt als astronomische Technik von unschätzbarem Wert ist, weil sich die Geschwindigkeitsmessung unabhängig von der Entfernung des Objekts vornehmen läßt, vorausgesetzt, man kann genügend Licht sammeln.

Als die Astronomen anfingen, die Sternenspektren auf fotografische Platten zu bannen, stellten sie fest, daß die vertrauten Farbmuster des Sternenlichts sich um kleine Beträge zum Rot oder zum Blau verschoben. In der Regel ließen die Dopplerverschiebungen, die für diese Sonnennachbarn gemessen wurden, auf Geschwindigkeiten von einigen Kilometern pro Sekunde schließen, wobei sich in etwa die gleiche Anzahl näherte und entfernte. (Die Dopplerverschiebung mißt nur die relative Bewegung *entlang* der Blicklinie vom Beobachter zum Objekt; das Spektrum eines Sterns, der sich rasch *quer* zur Blicklinie bewegt, läßt praktisch keine Farbverschiebung erkennen.) Doch als man die Dopplerverschiebungen in Sternspektren aus kugelförmigen Nebeln ermittelte, stieß man auf verblüffende Ergebnisse: Geschwindigkeiten von *Hunderten* von Kilometern pro Sekunde waren die Norm. In der Rückschau stellt sich die Frage, warum man daraus nicht schloß, daß solche Nebel auf keinen Fall in der Milchstraße liegen können – eine Auffassung, die in der Zeit von 1910 bis 1920, als man die ersten Messungen dieser Art vornahm, durchaus noch vertreten wurde. Doch derart große Geschwindigkeiten waren für die Anhänger des Modells der «Sternensysteme» genauso verwirrend. So gewaltige Geschwindigkeiten konnten sie sich bei den riesigen, im Raum schwebenden Galaxien auf keinen Fall vorstellen. Noch bestürzender war, daß fast alle diese Nebel «Rotverschiebungen» zeigten, die darauf schließen ließen, daß ein Massenexodus von unserer Galaxis fort zu beobachten ist und kein ausgewogenes Verhältnis von Bewegungen auf uns zu und von uns fort. Vesto Slipher vom Lowell Observatory, der die größte Stichprobe gesammelt hatte, war zu dem Ergebnis gelangt, daß siebzehn von neunzehn nahegelegenen Nebeln große Rotverschiebungen, dagegen nur zwei eine Blauverschiebung zeigen. Das systematische Vorkommen dieser rätselhaft großen Rotverschiebungen machte ihre Interpretation noch schwieriger als die tatsächlichen Bewegungen. Kein Astronom war kühn genug, die richtige Interpretation vorzuschlagen, daß nämlich diese Objekte andere Galaxien sind, die sich in rasender Flucht von unserer Milchstraße entfernen.

So führten diese höchst ungewöhnlichen Daten also ein Aschenputteldasein in dem «Tagebuch der ungeklärten Ergebnisse», bis Hubble Ende der zwanziger Jahre mit seiner primitiven Galaxienkarte kam und wiederum für einen gewaltigen Schritt nach vorn sorgte, der der Zwiespältigkeit der wissenschaftlichen Meinung ein Ende setzte. Erinnern wir uns, daß Hubble nach einem systematischen Muster suchte, das durch die karussellartige Drehung der Milchstraße verursacht wird – auf der einen Seite des Himmels Rotverschiebungen der Galaxien, auf der anderen Blauverschiebungen. Doch als er Sliphers Geschwindigkeiten mit den eigenen Entfernungsschätzungen für die Galaxien verglich, entdeckte er einen ganz anderen Effekt, weit größer als der, nach dem er Ausschau gehalten hatte. Hubbles Entfernungsschätzungen offenbarten etwas, was Slipher nicht gesehen hatte – daß die fernsten Galaxien mit den höchsten Geschwindigkeiten von der Milchstraße fortstreben. Diese Bewegungen erreichen bis zu tausend Kilometer pro Sekunde und sind damit weit schneller als die Rotation der Milchstraße. Das war, als hätte er die das Karussell umgebenden Zuschauer dabei ertappt, wie sie vom Ort des Geschehens fortliefen, die weiter entfernten schneller, die zurückliegenden entsprechend langsamer. Da nun die vorgesehenen Orientierungspunkte weit rascher auseinanderstrebten, als sich das Karussell drehte, verlor sich die Messung der galaktischen Rotation in diesem Pandämonium, diesem *Rauschen*, wie der Physiker sagt.

Das Universum dehnt sich aus 53

Was Hubble fand, war weit bemerkenswerter als das, wonach er suchte. Das kommt in der Wissenschaft häufig vor und erinnert uns daran, daß unsere Phantasie selten in der Lage ist, das Universum zu antizipieren. Die von Hubble entdeckte Beziehung zwischen Entfernung und Geschwindigkeit von Galaxien war keineswegs vollkommen, vor allem weil seine Methoden zur Entfernungsmessung noch ziemlich ungenau waren, doch die Tendenz, die die Daten erkennen ließen, war klar: Die Geschwindigkeiten von Galaxien nehmen mit wachsender Entfernung zu. In der Interpretation seiner Ergebnisse blieb Hubble so vorsichtig, wie es seiner konservativen Einstellung entsprach: Er stellte die Tendenz durch eine gerade Linie dar – die einfachste mathematische Form, die den Daten entsprach. Damit ordnete Hubble jeder Galaxie eine Geschwindigkeit zu, die in direktem Verhältnis zu ihrer Entfernung stand, und ging von der Vermutung aus, die erhebliche «Streuung» der Daten – der Umstand, daß die Punkte nicht sauber auf der Linie lagen – sei vor allem durch Meßfehler verursacht worden.

Hubble selbst hat wohl gezögert, aber die theoretische Kosmologie entschloß sich bald zu der Deutung, die auf der Hand lag: *Das Universum befindet sich in rascher Expansion.* In der Tat schien Hubbles Beobachtung ein Problem zu lösen, das den Beteiligten seit 1918 arg zu schaffen gemacht hatte. Als Einstein die allgemeine Relativitätstheorie entwickelte – ein mathematisches Modell für die Wirkung der Gravitation in kosmischen Größenverhältnissen –, war er zu dem Schluß gelangt, das Universum könne sich nicht in Ruhe befinden, sondern müsse sich entweder ausdehnen oder zusammenziehen. Um zu einem statischen Universum zu gelangen, hatte Einstein in seine Gleichungen widerstrebend eine willkürliche Abstoßungskraft aufnehmen müssen, um die Gravitation auszugleichen, doch glücklicherweise schien nun die beobachtete Expansion des Universums diese Ad-hoc-Maßnahme überflüssig zu machen.

Als erster hat jedoch Georges Lemaître Hubbles Ergebnisse in ihrer ganzen Tragweite erkannt. 1927, noch bevor Hubble die Korrelation zwischen Rotverschiebung und Entfernung veröffentlicht hatte, war Lemaître auf eine mathematische Lösung der Einsteinschen Gleichungen gestoßen, die für den Fall eines expandierenden Universums galt. Lemaître war nicht nur Naturwissenschaftler, sondern auch Priester. Vielleicht war er deshalb in der Lage, die gedankliche Verbindung zwischen der Beobachtung eines expandierenden Universums und der Schöpfungsidee herzustellen. Wenn das Universum expandiere, so seine Überlegung, müßten seine Inhalte in einer fernen Vergangenheit dichter gepackt gewesen sein. Insbesondere lasse eine lineare Beziehung zwischen Geschwindigkeit und Entfernung auf eine *gleichförmige* Expansion schließen, das heißt, wenn man diesen Prozeß in Gedanken umkehre, dann müßten die Lücken zwischen den Galaxien proportional schrumpfen, bis sich alle Galaxien praktisch berührten. Lemaître ging noch weiter zurück – zu einer Zeit, als alle Materie und aller Raum auf die Größe eines Atomkerns zusammengepreßt war – das «Uratom». Etwa zwanzig Jahre später entwickelte George Gamow aus Lemaîtres Idee ein physikalisches Modell, dem zufolge das Universum aus einer Urkatastrophe entstanden ist, die Fred Hoyle später ironisch als *Big Bang*, «Urknall», bezeichnen sollte.

Die Erkenntnis, daß es außer der Milchstraße noch andere Galaxien gibt, war bahnbrechend, doch mit dieser wahrhaft erstaunlichen Schlußfolgerung nicht zu vergleichen. Die Existenz anderer Galaxien hatte man schon Jahrhunderte zuvor vermutet, doch die Idee einer dynamischen Expansion des Universums und der daraus folgende Schluß, das Universum müsse in einem Schöpfungskataklysmus entstanden sein, war so unvorhergesehen wie revolutionär. Gemeinsam gehören diese Erkenntnisse, die die Astronomie Anfang des 20. Jahrhunderts gewann, zu den größten Leistungen des menschlichen Denkens. In einem ganz realen Sinne hatten die Menschen jetzt erst ihr Universum entdeckt.

Der gemeinsame Nenner unserer Gruppe war Sandy Faber. Ihre Kenntnisse auf dem Gebiet der Struktur und Sternenpopulation von Galaxien, dazu ihre mitreißende Energie und die Großzügigkeit, mit der sie ihre Zeit und Ideen teilte – all das hatte Dave Burstein und mich veranlaßt, uns als Doktoranden unter ihre Fittiche zu begeben. Ende der siebziger Jahre fanden diese Vorzüge auch außerhalb ihres

Die Welt aus dem «Uratom»

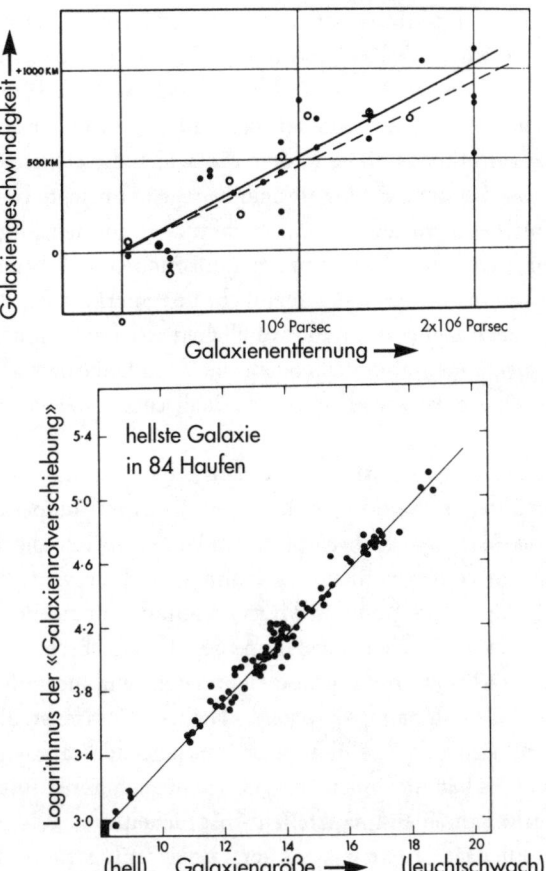

Die Beziehung zwischen Entfernung und Geschwindigkeit, ursprünglich 1929 von Hubble entdeckt, in der Version von 1936 (oben). Das untere «Hubble-Diagramm» von Allan Sandage ist eine moderne Spielart, die die lineare Beziehung zwischen Entfernung und Rotverschiebung in einem erheblich größeren Maßstab bestätigt – der Geltungsbereich der ursprünglichen Daten von Hubble ist durch den schwarzen Kasten in der unteren linken Ecke dargestellt. Eine lineare Beziehung läßt auf ein Universum schließen, das gleichförmig und regelmäßig in alle Richtungen expandiert. (Diagramm 1: *Proceedings of the National Academy of Sciences*, Bd. 15, 1939, S. 168; Diagramm 2: *Astrophysical Journal*, Bd. 178, 1972, S. 1.)

engeren Wirkungskreises Anerkennung und zogen die britischen Astronomen Roger Davies und Roberto Terlevich nach Santa Cruz. Ihren internationalen Ruf erwarb sich Sandy vor allem mit einem gemeinsam mit dem Astronomen Jay Gallagher von der University of Illinois verfaßten Artikel, in dem die beiden die bisher schlüssigsten Beweise für die Existenz riesiger Mengen «unsichtbarer» Materie im Universum vorlegten. Nun regnete es für diesen aufgehenden Stern am astronomischen Himmel Einladungen zu Vorträgen auf Konferenzen in aller Welt – wobei nicht unbemerkt blieb, daß Faber zu einer neuen Generation von weiblichen Astronomen gehört, die sich anschickt, jener männlichen Dominanz zu Leibe zu rücken, welche diese Disziplin, wie so viele physikalische Felder, noch immer prägt.

Sandra Moore ist ein frühes Produkt des Babybooms in den Jahren nach dem Zweiten Weltkrieg, Tochter eines Army-Colonels, der sich gerade von Okinawa verabschiedete, und einer Mutter, die auf jeden Gedanken an eine berufliche Laufbahn verzichtete, um die traditionelle Rolle der Ehefrau und Mutter wahrzunehmen. Beide waren sie schottisch-englischer Abstammung. Dieses Erbe vermittelte ihnen, verstärkt durch die große Depression, eine unmißverständliche Botschaft – in Sandys Worten: «Nichts ist umsonst, aber harte Arbeit zahlt sich aus; Ausbildung ist entscheidend, um nach oben zu kommen – das hat auch mich geprägt, wenn auch nur in meinen geistigen, nicht in meinen finanziellen Ansprüchen.»

Da das Ehepaar bereits jenseits der Vierzig war, hatte es eigentlich nicht mehr mit Kindern gerechnet. Für die Erziehung seines einzigen Kindes übertrug Sandys Vater die Welt des militärischen Drills, die bisher sein eigenes Leben bestimmt hatte, nun auf die Familie. Sogar die Aufforderung, zu Bett zu gehen, wurde im Kasernenhofton erteilt. Dieser Art begegnete die kleine Sandy mit tiefer Abneigung, wobei sie andererseits nicht vergessen hat, wieviel positive Anregung und Ermutigung sie dem Vater verdankt.

«Trotz seiner Strenge hat er mir auch Kraft gegeben», sagt sie. «Finanzielle Schwierigkeiten haben sein Leben geprägt und ihn zu einem praktischen Beruf [Tiefbauingenieur] gezwungen, um den Lebensunterhalt der Familie zu sichern. Aber er hat nie versucht, mir solche Einschränkungen aufzuerlegen. Statt dessen hat er mir klargemacht, daß ich etwas ganz Besonderes sei und eines Tages Außergewöhnliches leisten werde. Wie das genau aussehen sollte, hat er nie gesagt, wenn ihm meine naturwissenschaftlichen Interessen auch offenbar gefielen. Praktische Fragen – ob ich später für meinen Unterhalt selbst sorgen oder mich auf einen Ehemann verlassen sollte, wie Arbeit und Familie unter einen Hut zu bringen wären und so fort – kamen nie aufs Tapet. Er malte mir eine goldene Zukunft aus, die aber gleichzeitig in ihren Einzelheiten schrecklich verschwommen blieb... In der Rückschau denke ich, er hat das ganz richtig gemacht. In dieser Haltung kam seine eigene optimistische Lebenseinstellung zum Ausdruck, die ich von ihm geerbt habe.»

Über ihre ersten Lebensjahre wachte die Mutter. Das so wichtige Empfinden, Gegenstand bedingungsloser Liebe und Aufmerksamkeit zu sein, schlug tiefe Wurzeln. Doch als sie älter wurde, sah Sandy in der Mutter eher ein Beispiel für das, was sie nicht werden wollte. «Ich bewunderte die Männer, weil sie aktiv waren und ihr Schicksal in der Hand hatten. Frauen erschienen mir passiv und schwach, und ihre Aufgaben – Hausarbeit und Kindererziehung – waren viel langweiliger als die Arbeit von Männern draußen in der ‹wirklichen Welt›. Ich bin sehr stolz und fand keinen Gefallen an dem Gedanken, mein Leben damit zuzubringen, mich um die Bedürfnisse anderer Menschen zu kümmern, und genau das taten alle Frauen in meiner Welt.»

Wie Sandy sich erinnert, hatten die anderen Kinder wenig Verständnis für ihren Versuch, einen eigenen Weg zwischen dem traditionellen Rollenverständnis kleiner Mädchen und kleiner Jungen zu finden. Sie verbrachte ihre Zeit lieber mit den Jungen, war wild wie sie und teilte ihre Vorliebe für sportliche Betätigung. Und abends zog sie es vor, den Kriegserlebnissen des Vaters und seiner Kameraden zu lauschen, anstatt sich den Klatsch der Frauen über Kinder und Bekannte anzuhören. Doch die Biologie hat ihre eigenen Gesetze und die Gesellschaft ihre traditionellen Regeln.

«Im Laufe der Jahre gab es mehr und mehr Orte, die mir verschlossen blieben – bei den Pfadfindern zum Beispiel: Die Jungen unternahmen Wanderungen, während die Mädchen zu Hause blieben und Tischdeckchen bestickten. Besonders bitter war es, als ich an der Seitenlinie stand und zusehen mußte, wie dieselben Jungen, mit denen ich noch am Nachmittag Baseball gespielt hatte, in tollen Trikots Punktspiele der Bezirksliga absolvierten – Mädchen war das nicht erlaubt.»

Klar, daß sie bei so viel Entschlossenheit ihren eigenen Weg fand. «Ich begann eine Möglichkeit zu entdecken, mich dagegen zu wehren. Lernen und Studieren konnten mir Orte zugänglich machen, die so fern waren, daß meine Altersgenossen noch nicht einmal von ihnen träumten. Ich las unablässig, zumeist über naturwissenschaftliche Themen, aber da über Dinge jeder Art. So hatte ich eine Steinsammlung, konnte jeden Baum in der Nachbarschaft bestimmen, verbrachte Stunden damit, über Spinnen zu lesen und sie zu beobachten, und machte Wetterbeobachtungen. Es gefiel mir, vor den Menschen in die Welt der Natur zu entfliehen. Und um ehrlich zu sein, ich hatte einen Riesenspaß daran, dieselben Jungen, die mich nicht an ihren Punktspielen teilnehmen ließen, schulisch auszustechen.»

Doch die Welt änderte sich. Türen ließen sich öffnen, und Lehrer – die wichtigsten Menschen auf dieser Erde – konnten es bewerkstelligen. Die klügsten von ihnen sahen in Sandy nicht nur das Mädchen, sondern auch die rastlose, fruchtbare Intelligenz. Ein Lehrer in der sechsten Klasse entwickelte für sie allein ein anspruchsvolles Rechtschreibprogramm. In der Junior High-School verfiel ein Lehrer auf eine seltsame Methode positiver Verstärkung, als er die Eltern zu sich bat und ihnen erläuterte, daß Sandy ein Problem in seinem Physikkurs darstelle, weil sie die anderen Schüler zu sehr in den Schatten stelle. Ob sich für ihre außergewöhnliche Begabung, so fragte er, nicht andere Betätigungsfelder finden ließen. In der zehnten Klasse schrieb ein Mathematiklehrer, an dessen Computerkurs sie teilgenommen hatte, in ihr Zeugnis, sie sei eine mathematische Begabung und müsse unbedingt etwas aus diesem Talent machen.

Als Sandy ins Swarthmore College eintrat, hatte sich ihre Strategie, eine Nische in einer Welt zu finden, in die sie sich zunächst nicht hatte einfügen können, glänzend bewährt. Und sie begegnete dort vielen anderen Studenten, die den gleichen Weg gewählt hatten. In ihrer Gesellschaft begann sie sich endlich anzufreunden mit dem, was sie war und was sie werden konnte. Rasch ersetzte sie Konkurrenzverhalten durch Kooperationsbereitschaft, eine ganz neue, sehr erfreuliche Erfahrung, und sie entwickelte eine enge Arbeitsbeziehung zu ihrem Partner im Physiklabor. Hingerissen entdeckten die beiden die Grundlagen der modernen Physik – sie maßen die Lichtgeschwindigkeit und die Ladung des Elektrons, beobachteten den radioaktiven Zerfall und stießen auf Newtons Bewegungsgesetz. Die Bekanntschaft mit dieser Wunderwelt, sorgfältig gelenkt durch die Physikprofessoren in Swarthmore, war ein Wendepunkt in Sandys Leben. Als Peter van de Kamp, ein Astronom des College, sie unter seine Fittiche nahm – «er nahm mich praktisch an Kindes Statt an, lud mich zu sich nach Hause ein und förderte meine Karriere» –, waren die Weichen gestellt. Die Zuwendung und Ermutigung durch die Eltern, eine Folge freundlicher und förderlicher Lehrer – das alles sorgte dafür, daß sich ihre Anlagen und Interessen ungehemmt entfalten konnten.

«Ich hatte nie das Gefühl, Widerstände überwinden zu müssen», meint sie. «Ganz im Gegenteil, das Erziehungssystem schien mir zuzuarbeiten. Ich bin ein Beispiel dafür, *wie das System im Idealfall funktioniert*, und dafür bin ich sehr dankbar.»

1968 waren Sandy und Andrew Faber seit einem Jahr verheiratet und studierten beide an der Harvard University – er angewandte Physik und sie Astronomie. Sandy war im dritten Studienjahr und hatte mit ihrer Doktorarbeit begonnen. Sie gehörte zu den ersten Astronomen, die die allgemeinen Eigenschaften von Galaxien als Gesamtsystemen untersuchten, indem sie die Farben und Helligkeiten großer Stichproben von elliptischen Galaxien maßen. Dazu benutzte sie die Teleskope am Kitt Peak National Observatory in Arizona. Doch statt sich den Anfängen ihrer vielversprechenden Karriere widmen zu können, sah sie Probleme auf sich zukommen. Ihr Elfenbeinturm war bedroht.

Andy Faber hatte aufgrund seines Studiums eine einjährige Zurückstellung vom Militärdienst erwirkt. Als entschiedene Gegner des

Vietnamkriegs hatten die beiden weniger Probleme mit dem eigenen Gewissen als mit beiden Elternpaaren, die entsetzt waren bei dem Gedanken, Andy und Sandy könnten nach Kanada gehen. Auf ihr Drängen hin nahm Andy eine Tätigkeit bei der Navy an, die ihn vom Kriegsdienst befreite. Während des Studiums hatte er sich spezielle Kenntnisse in der Unterwasserakustik erworben, die er hier anwenden konnte. In Hinblick auf seine Prinzipien und seine Karriere war das zwar ein Kompromiß, aber es war eine Lösung. So zogen sie nach Washington. Während Andy im Naval Research Laboratory abwartete, bis der Sturm vorüber war, fühlte sich Sandy dort von aller Welt abgeschnitten. Mühsam sicherte sie sich einen Schreibtischjob und nutzte den annehmbaren Fachbuchbestand am Naval Lab, doch weit fort von ihrem Doktorvater an der Harvard University und den anderen Kollegen, die sich für Galaxien interessierten, begann die Entwicklung ihres astronomischen Wissens zu stagnieren. So verstrichen anderthalb Jahre.

«Das alles nahm jedoch eine plötzliche Wendung zum Guten, als ich eines Tages Anfang 1970 einen fröhlichen Anruf von der Astronomin Vera Rubin vom Department of Terrestrial Magnetism [DTM] der Carnegie Institution of Washington [CIW] in der Nähe vom Rock Creek Park erhielt. 1966 hatte ich dort während eines Sommerkurses mit Vera und ihrem Kollegen Kent Ford gearbeitet, und es hatte mir einen Riesenspaß gemacht. Wie alle fünf Labors der CIW gehört auch das DTM zu den wenigen Forschungsinstitutionen, in denen Wissenschaftler ihren Interessen ohne jede Einschränkung nachgehen können. Die Atmosphäre ist entspannt, offen und doch zugleich sehr ernsthaft.»

Da ein neues Gesetz des Kongresses die Steuerprivilegien der Carnegie Institution gefährdete, war man dort eifrig bemüht, mehr Studenten zu gewinnen, um die Bedeutung dieser Organisation für das Bildungswesen unter Beweis zu stellen. Monate der Isolation hatten in Sandy ein Gefühl wissenschaftlicher Vereinsamung entstehen lassen, so daß sie auf Vera Rubins Einladung begeistert einging. Und bald fand sie, was sie so bitterlich vermißt hatte. Beim DTM waren alle Mitglieder der kleinen Gruppe von Astronomen und Postgraduierten-Stipendiaten an Galaxien interessiert: Schon morgens begannen lebhafte Diskussionen, und sie hielten den ganzen Tag über an.

In der Rückschau ist sich Sandy darüber im klaren, daß Rubin und Ford die Grundlage für viele ihrer späteren Forschungsarbeiten schufen. Sie waren entscheidend an den Untersuchungen beteiligt, die die Gemeinschaft der Astronomen allmählich von der Realität der *dunklen Materie* überzeugte, jener unsichtbaren Substanz, die das Universum beherrscht. Sie erinnert sich noch an den Tag, als Mort Roberts, ein Meister in der neuen Kunst der Radioastronomie, kam, um seine Aufzeichnungen über die Rotation von Spiralgalaxien und die ungeheuren Mengen unsichtbarer Materie, die das ewige Kreisen dieser Sterne in Gang halten müssen, mit Veras und Kents Daten zu vergleichen. Das war eine so ungeheure Entdeckung, daß wir auch zwanzig Jahre später ihre Bedeutung noch nicht vollständig erfaßt haben. So saß Sandy bereits als junge Studentin dabei und lauschte, wie Wissenschaftsgeschichte gemacht wurde. Damals hat sie sich sicherlich nicht träumen lassen, welche Rolle die dunkle Materie eines Tages in ihrer eigenen Forschung spielen und wie sehr sie die Phantasie von sieben Wissenschaftlern beschäftigen würde, die sie, Sandy, zu einer Entdeckungsreise in den intergalaktischen Raum zusammenbringen sollte. Vielleicht war es einfach Glück, vielleicht war es die vom Vater versprochene Belohnung für gute, ernsthafte Arbeit. Wie dem auch sei, plötzlich befand sich Sandy mit vollen Segeln unter jenen glücklichen Winden, die einige wenige bevorzugte und beseligte Wissenschafter in neue Welten tragen.

Wie Vera Rubin wurde auch Sandy zu einem einflußreichen Vorbild für weibliche Astronomen, wenn dieser Rolle bei ihr auch eine gewisse Ironie anhaftet: «Ich glaube», sagt sie, «ich hatte in Studium und Beruf weniger Hindernisse zu überwinden als die meisten anderen, und das lag widersinnigerweise gerade daran, *daß* ich eine Frau bin und kein Mann. Das einzige Mädchen in einem Chemieleistungskurs muß einfach auffallen. Glücklicherweise hat sich das fast immer positiv ausgewirkt. Und heute darf ich doch an den Punktspielen teilnehmen.»

Neben den kaum auslotbaren Schlußfolgerungen in Hinblick auf das Schöpfungsereignis hatte Hubbles Entdeckung der linearen Beziehung zwischen der Entfernung einer Galaxie und ihrer Geschwindigkeit (Rotverschiebung) noch weitere wichtige Konsequenzen für Astronomen. Eine besteht natürlich darin, daß es nun ein einfaches Mittel gibt, die Entfernung einer Galaxie zu schätzen. Die Beziehung zwischen Entfernung und Geschwindigkeit ist durch einen Proportionalitätsfaktor gekennzeichnet – eine bestimmte Anzahl von Lichtjahren* entspricht einer bestimmten Geschwindigkeit –, den man heute als *Hubble-Konstante* bezeichnet. Damit erhält man durch die relativ leichte Messung einer Rotverschiebung eine Geschwindigkeit, die man durch die Hubble-Konstante mit einer ungefähren Entfernung gleichsetzen kann. Im Vergleich zu der Schwierigkeit, Cephei-Veränderliche oder andere Normalkerzen zu finden, die sowieso nur für die nächstgelegenen Galaxien zu gebrauchen sind, steht mit dieser Technik ein generelles Verfahren von außerordentlicher Reichweite zur Verfügung.

Im übrigen steht die Hubble-Konstante in einer sehr einfachen Beziehung zum *Alter* des Universums: Wenn bekannt ist, wie weit eine Galaxie von der Milchstraße entfernt ist, und wenn sich ihre Geschwindigkeit in Kilometern pro Stunde angeben läßt, dann kann man die beiden Zahlen durcheinander teilen, um festzustellen, wie lange sie gebraucht hat, um die Entfernung zwischen sich und der Milchstraße zurückzulegen. In einem Universum mit einer linearen Beziehung zwischen Entfernung und Geschwindigkeit ist dieser Zeitraum für alle Galaxien gleich. Beispielsweise hat eine Galaxie, die doppelt so weit entfernt ist, die doppelte Geschwindigkeit, so daß sie die größere Entfernung im *selben Zeitraum* zurückgelegt hat.** So

---

* Es wäre sehr mühselig, die ungeheuren Entfernungen zu Sternen und Galaxien in Kilometern anzugeben, so mühselig wie der Versuch, die Entfernung zwischen London und Athen in Millimetern darzustellen. Eine bequemere «Einheit» ist das Lichtjahr, die Entfernung, die ein Lichtstrahl in einem Jahr zurücklegt (rund zehn Billionen Kilometer).
** Diese und andere Merkmale der «gleichförmigen Expansion», einschließlich

Hubble-Konstante – das Alter des Universums

läßt sich mit der Hubble-Konstante das ungefähre Alter des Universums bestimmen. Gegenwärtig liegen die Schätzungen für die «Hubble-Zeit» zwischen zehn und zwanzig Milliarden Jahren. Gewiß eine lange Zeit, aber nicht unvorstellbar lang. Zum Vergleich: Die Erde ist, gemessen am Alter ihres Gesteins, ungefähr fünf Milliarden Jahre alt. Dazu bestimmt man das Vorkommen instabiler Elemente (wie Radium oder Uran), die in andere Elemente zerfallen. Unsere Sonne und ihre Planeten sind also relativ neue Erscheinungen im Universum, aber *so* jung sind sie dann auch wieder nicht.

Der exakte Wert der Hubble-Konstante ließ sich schwer eingrenzen und hat seit Hubbles erster Veröffentlichung zu diesem Thema im Jahre 1929 um einen Faktor von fast zehn abgenommen. In seiner ersten Untersuchung hatte Hubble die Entfernungen der Galaxien erheblich unterschätzt – das Universum ist viel größer als zunächst angenommen. Doch auch wenn sich die *absoluten Entfernungen* nur schwer bestimmen ließen, so hat doch die *lineare* Beziehung zwischen den *relativen Entfernungen*, die Hubble aufgestellt hat, der Prüfung standgehalten. Die direkte Proportionalität zwischen Rotverschiebung und Entfernung – die gerade Linie in der Darstellung, die man heute als *Hubble-Diagramm* bezeichnet – hat sich bis zu Entfernungen bestätigt, die Hunderte von Malen größer sind als in Hubbles erster Stichprobe. Hubble selbst und sein Kollege Milton Humason – später Humason, Nicholas Mayall und Hubbles Protegé Allan Sandage – konnten in der Folge einen bedeutenden Bruchteil des Universums erfassen, indem sie ganze Galaxien statt nur in ihnen enthaltene Einzelsterne als Normalkerzen verwendeten. Auf diese Weise wiesen sie schlüssig nach, daß die Expansion des Universums ein globales Phänomen ist.

In den siebziger Jahren bediente sich Sandage einer noch helleren Normalkerze, um wahrhaftig kosmische Distanzen von Milliarden Lichtjahren zu überwinden. Dazu wählte er die Leuchtkraft der hell-

---

der Frage, warum das Universum keinen «Mittelpunkt» und keinen «Rand» hat, erörtere ich in einem späteren Kapitel.

sten Galaxie in den seltenen, reich bestückten Haufen von vielen hundert Galaxien, die über die kosmische Landschaft verteilt sind. Um noch einmal den Vergleich mit dem Grundstückswesen zu bemühen: Er betrachtete ferne Wohnviertel und suchte sich in jedem die größten oder die hellsten Häuser heraus. Diese Messungen bestätigten Hubbles lineare Beziehung für noch größere Entfernungen, versprachen aber noch einen weiteren Lohn, nach dem es Sandage verlangte. Wer weit in das All hinausblickt, sieht auch tief in die Zeit hinein, weil das im Teleskop eintreffende Licht jede dieser Galaxien schon vor Milliarden Jahren verlassen hat. Sandage wollte die Expansionsrate zu einem Zeitpunkt messen, als das Universum noch viel jünger war, und sie mit der gegenwärtigen Expansionsrate vergleichen, um zu sehen, ob und wie die Expansion sich möglicherweise verlangsamt hat. Es ging um nichts Geringeres als das Schicksal des Universums: Ist die Fliehkraft so stark, daß das Universum die Gravitation überwinden und seine Expansionsbewegung endlos fortsetzen kann, oder wird es dem Zug der Schwerkraft am Ende erliegen, seine Expansion einstellen oder gar in einem großen Endkollaps in sich zusammenstürzen?

Doch leider wurde diese aussichtsreiche Suche durch eben jenen «Blick zurück in der Zeit» zunichte gemacht, der sie ermöglichte. Am Ende stellte sich nämlich heraus, daß sich auch die Normalkerzen entwickeln: Wie einige Astronomen argumentierten, müßten die Galaxien *dunkler* werden, da ihre jüngeren, leuchtkräftigeren Sterne ausstürben, während andere die Auffassung vertraten, die größten Galaxien müßten mit der Zeit *heller* werden, da sie kleinere Nachbargalaxien schlucken würden, wenn diese ihnen zu nahe kämen. Niemand konnte mit Sicherheit sagen, welcher dieser oder ähnlicher Prozesse bestimmend ist und in welchem Maße, jedenfalls aber wurde klar, daß die Normalkerze keinen für alle Zeit gültigen Maßstab liefert. Allein die Entscheidung, in welcher Hinsicht die Korrektur zu erfolgen habe – heller oder dunkler –, schien den damaligen Wissensstand weit zu übertreffen, ganz zu schweigen von der Beantwortung der Frage, wie groß die Korrektur ausfallen müsse. Leider machte diese Ungewißheit es unmöglich, das Schicksal des Universums vom

Die Frage nach der Zukunft des Universums 65

Hubble-Diagramm abzulesen. Also ließ man die Frage, einige Zeit jedenfalls, auf sich beruhen. Das Universum hatte manches über seine Vergangenheit offenbart; bis es die Geheimnisse seiner Zukunft preisgab, sollte noch einige Zeit vergehen.

Die Karte, die wir von unseren Vorgängern übernahmen, war eine eindrucksvolle Leistung, so beeindruckend wie die ersten Karten von Amerika, die die großen europäischen Seefahrer des 16. Jahrhunderts anfertigten. Doch wie deren Arbeiten waren auch die Karten des neuen Universums unvollständig und, wie wir später feststellen sollten, nicht sehr genau. Unser Versuch, alle elliptischen Galaxien eines gegebenen Volumens einzubeziehen, war von Beginn an zum Scheitern verurteilt. Hätten für die Rotverschiebungen aller nahegelegenen elliptischen Galaxien, von denen es viele tausend gibt, Messungen vorgelegen, so wäre es einfach gewesen, eine *volumenbegrenzte* Stichprobe auszuwählen: Man hätte die festgelegte Entfernung dadurch eingrenzen können, daß nur die Galaxien aufgenommen worden wären, deren Rotverschiebungen einen bestimmten Betrag nicht überschreiten, mit anderen Worten, man hätte auf einer dreidimensionalen Karte die Galaxien bestimmt, die innerhalb einer imaginären Kugel mit unserer Erde als Mittelpunkt gelegen wären. Unser Zielvolumen war eine Kugel mit einem Radius von 240 Millionen Lichtjahren (etwa hundertmal weiter als die Entfernung der Andromedagalaxie) – bei dieser Distanz beläuft sich die Rotverschiebung auf eine zweiprozentige Veränderung in der Wellenlänge (Farbe) des von der Galaxie emittierten Lichts, eine Verschiebung, die das menschliche Auge nicht wahrzunehmen vermag, von einem Spektrographen aber leicht zu messen ist. Leider waren 1980 erst ein paar hundert Rotverschiebungen für elliptische Galaxien gemessen worden; wie die Karten der Renaissance-Entdecker zeigten auch die unseren riesige Bereiche mit dem Vermerk «unerforscht». Für diese Bereiche gab es keine Rotverschiebungswerte und deshalb auch keine Entfernungen.

Da uns die Idealvoraussetzung, eine repräsentative Stichprobe, verwehrt war, bemühten wir uns um die nächstbeste Möglichkeit: eine Stichprobe, die in einer für uns nachvollziehbaren Weise verzerrt war. So griffen wir zu einem probaten Hilfsmittel der Astronomie: Wir stellen eine Stichprobe zusammen, die nicht durch die Entfernung, sondern durch die Helligkeit begrenzt war, die Eigenschaft, die sich für jedes astronomische Objekt am leichtesten bestimmen läßt. Während Rotverschiebungsdaten nicht für alle Galaxien am Himmel zur Verfügung standen, war die scheinbare Helligkeit bei allen gemessen oder zumindest geschätzt worden. Wir gingen davon aus, daß es für jede Galaxie einen Katalogeintrag gab, der eine *Größenklasse* angibt, die grobe Helligkeitsskala, die von den alten Griechen übernommen und von modernen Astronomen verfeinert worden war. Im Gegensatz zu einer volumenbegrenzten Stichprobe würde eine *größenklassenbegrenzte* Stichprobe nicht alle elliptischen Galaxien innerhalb eines bestimmten Volumens enthalten, weil Galaxien von höherer absoluter Helligkeit auf weit größere Entfernungen zu sehen sind als leuchtschwächere. Zumindest aber würde sich diese Verzerrung nach allen Richtungen gleichmäßig auswirken. Um das sicherzustellen, bemühten wir uns, die heterogenen Daten aus verschiedenen Katalogen zu vereinheitlichen, so daß wir die Helligkeitsgrenze vorbehaltlos auf den ganzen Himmel anwenden konnten – so einheitlich wie möglich. Zwar würde unsere Karte unvollständig sein, das wußten wir, aber in vorhersagbarer Weise, etwa wie die Karte eines Seefahrers, die *alle* Inseln mit einem Durchmesser von mehr als fünfzehn Kilometern zeigt, aber nur eine von zehn Inseln mit einem Durchmesser von weniger als drei Kilometern – und das für alle Gebiete der Erde. Sie wäre unvollständig – verzerrt –, aber in vorhersagbarer Weise.

Als die Prüfung der Kataloge und Karten abgeschlossen war, hatten wir etwa fünfhundert elliptische Galaxien ausgewählt, die heller als Objekte der dreizehnten Größe waren. Die Griechen hatten die Helligkeitsskala in Kategorien unterteilt: Die hellsten für das menschliche Auge sichtbaren Sterne hatten sie als «Sterne der ersten Größe» bezeichnet, die schwächsten Sterne als solche der sechsten Größe. Jahrtausende später wurden Photometer – elektronische «Lichtmesser» – erfunden, deren Messungen zeigten, daß ein Stern erster Größe in Wirklichkeit hundertmal heller ist als ein Stern der sechsten

Größe. Diese Beziehung – daß fünf «Schritte» auf der Skala der Größenklassen (wenn man von eins bis sechs zählt, absolviert man fünf Schritte) einem Faktor von hundert in der Helligkeit entsprechen – wurde als exaktes Maß zugrunde gelegt und auf Objekte übertragen, die leuchtschwächer sind als mit bloßem Auge sichtbare Sterne. (Eine Größenklasse entspricht einer Helligkeitsveränderung von etwas mehr als 2,5.) Die schwächsten Galaxien in unserer Stichprobe waren sieben Größenklassen schwächer als Sterne der sechsten Größe, das heißt, von ihnen erreicht uns etwa sechshundertmal weniger Licht.

Zu der Zeit, als wir unsere Stichprobe zusammenstellten, entdeckten andere Astronomen Galaxien der sechsundzwanzigsten Größe – hundertmillionenmal leuchtschwächer als der schwächste Stern, den man mit bloßem Auge sehen kann –, doch die lagen in den fernsten Bereichen des Universums; so weit sollte unser kleiner Ausflug uns nicht von den heimatlichen Gefilden entfernen.

Sandy beauftragte Jesus Gonzales, einen ihrer Doktoranden, mit der mühseligen Arbeit, «Suchkarten» für die elliptischen Galaxien des nördlichen Himmels anzulegen. Roberto Terlevich und Roger Davies bat sie, die Karten für den südlichen Himmel vorzubereiten. Für jede ausgewählte elliptische Galaxie fertigten sie ein Foto des Himmelsstücks an, das die Galaxie enthielt. Dazu genügte ein Gebiet von ungefähr zehn Prozent der Fläche, die der Mond einnimmt. Das Foto zeigte die betreffende Galaxie, das Muster der Sterne *in unserer Milchstraße*, die den Vordergrund bildete, und alle benachbarten Galaxien, die darauf hindeuten konnten, daß das elliptische Objekt möglicherweise zu einer Gruppe oder einem Haufen von Galaxien gehörte. Jedes Foto wurde auf eine Karte geheftet, die die Position der Galaxie in Himmelskoordinaten auf ungefähr zehn Bogensekunden genau, verschiedene Katalognamen, die Größenklasse der Galaxie, ihre Rotverschiebung (falls gemessen) und verschiedene andere Details enthielt. Diese Karten nahm man mit zum Teleskop und überprüfte mit ihrer Hilfe, ob man die richtige Galaxie aufsuchte, da viele Galaxien zwar gleich aussehen, aber auf höchst unterschiedliche Sternenfelder projiziert werden. Ferner waren die Karten für Aufzeichnungen bestimmt: Darauf konnten wir die Beobachtungsdaten und -zeiten eintragen sowie besondere Merkmale festhalten, die uns bei der Lokalisierung der Galaxie und während der Datensammlung auffielen.

Von diesen schmucken Karten wurden dann miserable Fotokopien angefertigt, so daß jeder von uns ein Exemplar hatte. Mit ihnen ließ sich nur arbeiten, weil es sich um relativ helle Galaxien handelte, die leicht zu identifizieren waren. Dann beantragten wir Beobachtungszeiten für die kommenden Saisons an sechs verschiedenen Observatorien, und viele dieser Anträge wurden genehmigt. Nach Abschluß unserer Planung konnten wir zu unserer Reise in den intergalaktischen Raum aufbrechen.

Als Dave Bursteins Eltern aus dem Haus auszogen, in dem er Kindheit und Jugend verbracht hatte, bat ihn seine Mutter, zu kommen und die Papiere durchzusehen, die sich dort während seiner Schulzeit angesammelt hatten. Während Dave inmitten des Durcheinanders auf dem Fußboden hockte, fiel ihm ein Stoß technischer Zeichnungen in die Hände, die er zehn Jahre zuvor in der neunten Klasse bei Mr. Lush angefertigt hatte. Er lächelte bei dem Gedanken, wieviel Spaß sie als Schüler an dem Namen hatten (*lush* heißt «Säufer»). Dabei war Lush ein anständiger Bursche gewesen. Er hatte Dave während des Homeroom* an diesen Zeichnungen arbeiten lassen – in diesem Jahr hatte er auch den Homeroom-Kurs bei Lush –, und während sich Dave konzentriert über den großen Zeichentisch beugte, widmete sich Lush hingebungsvoll seinem allmorgendlichen Ritual, dem Verlesen jener erbaulichen kleinen Geschichten aus *Reader's Digest*, die alle eine moralische Botschaft enthielten.

Kaum hatte Dave die erste dieser Zeichnungen ins Auge gefaßt, ertönte Lushs Stimme in seinem Kopf – genau die Geschichte, die Lush an jenem Morgen vorgelesen hatte, als er, Dave, die Zeichnung angefertigt hatte, wurde so unglaublich deutlich hörbar, als käme sie

---

* Eine Unterrichtsstunde zu Beginn jedes High-School-Tages, in der die Schüler Bericht erstatten *(Anm. d. Übers.)*.

von einem Tonband. Es war erschreckend, ein Alptraum. Dave lauschte, wie das Tonbandgerät in seinem Kopf unaufhaltsam abspulte und ihn zwang, dem Text zu folgen. Hastig wendete er die Seite. Die Stimme verstummte. Er betrachtete die nächste Seite, und Lushs Stimme begann mitten im Satz, als sei ein Schalter betätigt worden. Doch jetzt erzählte sie eine andere Geschichte – diejenige, die der Lehrer an dem Tag vorgelesen hatte, als Dave die *vorliegende* Zeichnung gemacht hatte! Dave blätterte den Stapel durch, und immer wieder erklang und verstummte die beunruhigende Stimme. Schließlich warf er die Zeichnungen fort und blieb wie vor den Kopf geschlagen auf dem Teppich hocken. Natürlich hatte er sein Leben lang gewußt, daß er über eine außergewöhnliche «Gedächtnisfähigkeit» verfügte, aber das hier war doch zu starker Tobak. Er war bestürzt.

Daves bemerkenswertes Gedächtnis hätte ihn fast daran gehindert, Naturwissenschaftler zu werden. Man sollte denken, daß die Fähigkeit, enorme Informationsmengen mit großer Genauigkeit zu erinnern, sehr förderlich für den Schulerfolg sein müßte. Das ist völlig richtig, aber genau darin liegt auch das Problem. An der Theodore Roosevelt Junior High School in West Orange, New Jersey, nahm Dave an einem Schulwettbewerb teil, der vorn auf einer Bühne in Anwesenheit der ganzen Schule ausgetragen wurde. Damals hatte Dave den größten Teil der *World Book Encyclopedia* gelesen und beantwortete fast jede Frage, bevor eines der anderen Kinder dazu kam, so daß er am Ende von fünfhundert Punkten bis auf etwa dreißig alle eingeheimst hatte. Ganz deutlich erinnert er sich noch an die Frage: «Wer kehrte 1938 aus Deutschland zurück und verkündete: ‹Der Friede steht bevor›?» Wie aus der Pistole geschossen, kam Daves Antwort: «Neville Chamberlain.» Das Problem war nur, daß der dreizehnjährige David nicht die geringste Ahnung hatte, wer Chamberlain war. Er hatte den Kopf voller Fakten, aber wenig *Wissen*.

Wer eine große Zahl von Fakten behalten kann, mag vielleicht als intelligent gelten, aber er kann daraus nicht viel Befriedigung ziehen. Dave versuchte es mit Fernsehen, aber es langweilte ihn. Mit dem Radiohören war es noch schlimmer. Also begann er zu lesen, alles, was er in die Finger bekam, einschließlich der Enzyklopädie, fast von der ersten bis zur letzten Seite. Mit so vielen Fakten im Kopf und der Fähigkeit, sie wie ein Papagei zu reproduzieren, war die Grundschule natürlich ein Kinderspiel. Doch als er in die Junior-High-School kam, erlitten seine schulischen Leistungen einen Knick. Zum erstenmal verlangte man von ihm etwas anderes als ein perfektes Gedächtnis.

«Die ersten Monate in der siebten Klasse waren nicht sehr angenehm für mich», erläutert Dave, «da meine Leistungen nicht gerade erhebend waren. Erst viele Jahre später wurde mir klar, daß dieser anfängliche Leistungsabfall an meinem Gedächtnis lag. Ein so hervorragendes Gedächtnis wie das meine zu besitzen ist ein Segen und ein Fluch zugleich. Ein Segen insofern, als in der Grundschule, der Junior-High-School und sogar noch der High-School vor allem Wert auf das Einprägen von Fakten gelegt wurde (und wird) – deshalb schneiden Menschen wie ich sehr gut ab. Aber es ist auch ein Fluch, weil viele von uns nie lernen, analytisch zu denken. Alles, was sie tun, beschränkt sich im wesentlichen auf einen konditionierten Reflex. Ich konnte mich nur daran erinnern, wie man eine Aufgabe bewältigt, diese Schritte aber nicht aus allgemeinen Prinzipien ableiten.

Ein weiterer Fluch dieser Gedächtnisfähigkeit liegt darin, daß sie den meisten, die sie haben, gar nicht bewußt wird. Unsere Gesellschaft ist so organisiert, daß Menschen [mit außergewöhnlichem Gedächtnis] in vielen Berufen gut zurechtkommen. Der des Physikers gehört nicht dazu.»

Doch leider drängte es Dave genau in diese Richtung.

«Mein Interesse an der Naturwissenschaft im allgemeinen und an der Astronomie im besonderen erwachte schon in sehr frühen Jahren. Man hat mir erzählt (und ich erinnere mich auch daran), daß ich bereits mit sechs Jahren auf die Frage, was ich werden wollte, ‹Astronom› zu antworten pflegte. Meine Eltern waren ziemlich verwirrt und nicht sehr erbaut – eine Einstellung, die sie erst ablegten, als ich meinen Weg gemacht hatte (eine feste Anstellung hatte und dreißig Jahre älter war). Der einzige andere Wissenschaftler in der Familie – ein Vetter meiner Mutter, der damals ein angesehener Physikprofessor an der Columbia University war – galt bei uns als Außenseiter und in gewisser Hinsicht als Versager, weil er kein Interesse an Familienangelegenheiten zeigte.

Zwölf Klassen hindurch habe ich öffentliche Schulen besucht. In der neunten Klasse nahmen wir an einer Art ‹Berufswahltest› teil. Dort konnten wir uns dann einen Beruf aussuchen, über den wir uns äußern wollten. Ich schrieb eine Bewerbung für eine fiktive Stelle am Jet Propulsion Laboratory. Da ich in der High-School sehr gut in Mathematik war, begann der Wunsch, theoretischer Mathematiker zu werden, das Interesse für die Astronomie zu verdrängen. 1964, im ersten Jahr an der High-School, bewarb ich mich für naturwissenschaftliche Sommerkurse, die von der National Science Foundation [NSF] finanziert wurden. Ein Kurs befaßte sich mit Astronomie und fand in Ojai, Kalifornien, statt, zwei waren mathematischen Themen gewidmet und wurden in Ohio State und Flagstaff, Arizona, durchgeführt. Mir hatte die Reise nach Tucson, die ich im Sommer davor mit meinen Eltern gemacht hatte, sehr gefallen – es war das erste Mal gewesen, daß ich in Richtung Westen über Philadelphia hinausgekommen war –, und das hat meine Entscheidung für Flagstaff wesentlich beeinflußt.

Der NSF-Kurs hat meinem Wunsch, theoretischer Mathematiker zu werden, entscheidenden Nachdruck verliehen. Wäre ich nach Ojai gegangen, hätte mich das wahrscheinlich in meiner Entscheidung für die Astronomie bekräftigt. Auf jeden Fall wollte ich an eine kleine Hochschule mit einem guten naturwissenschaftlichen Curriculum. In diesem Ruf stand die Wesleyan University in Middletown, Connecticut, deshalb schrieb ich mich dort im Januar 1965 ein.

Nach drei Wochen am College gab ich den Gedanken auf, theoretischer Mathematiker zu werden. Ich hatte eine Begabung für Zahlen, ohne je gelernt zu haben, analytisch zu denken. So waren meine Leistungen in Mathematik und Physik während der ersten drei Monate am College eher kläglich. Viele Jahre später wurde mir klar, daß ich in diesen drei Monaten das Denken neu lernen und praktisch ganz von vorn beginnen mußte. Ich weiß heute noch, wie schmerzlich dieser Prozeß war.»

Die Professoren und Dozenten an der Wesleyan waren gut, und

nachdem sich Dave aus eigener Kraft die intellektuellen Voraussetzungen verschafft hatte, boten sich viele Gelegenheiten zur Zusammenarbeit mit ausgezeichneten Wissenschaftlern. Einer der Astronomen am Van Vleck Observatory der Universität gab ihm den Auftrag, die Rotation von Spiralgalaxien zu messen und dabei von fotografischen Spektren auszugehen, die Margaret und Geoffrey Burbidge aufgenommen hatten, britische Astronomen, die ihre Berufstätigkeit in die Vereinigten Staaten verlegt und wesentliche Beiträge zur theoretischen und beobachtenden Astronomie geleistet hatten. Der Physiker James Faller machte Dave mit den komplizierten astronomischen Geräten vertraut. Faller gehörte zu den Wissenschaftlern, die versuchten, einen Laserstrahl von einem kleinen, prismaartigen Würfel reflektieren zu lassen, den Apolloastronauten auf dem Mond zurückgelassen hatten. Dave hätte nie irgendwelche mechanischen Begabungen bei sich vermutet – als Jugendlicher hatte er zahllose Stunden mit einem Bausatz für ein Teleskop verbracht, war aber immer wieder gescheitert. Unter Fallers Anleitung lernte er nun, daß er mit wissenschaftlichen Geräten exakt und sorgfältig arbeiten konnte, auch wenn er kein besonderes handwerkliches Geschick besaß. Die Genauigkeit und Zuverlässigkeit der Messungen sollte zu einem Markenzeichen seiner astronomischen Tätigkeit werden.

Seiner Abschlußarbeit lag ein Projekt am 60-Zentimeter-Linsenteleskop des Van Vleck Observatory zugrunde, eine Zeit, die seine Begeisterung für die Arbeit mit Teleskopen weckte. Das Hauptstudium wollte er an einer Universität mit guten Beobachtungseinrichtungen absolvieren, und er fand heraus, daß zahlreiche Institute der University of California (U.C.) Zugang zum hervorragenden Lick Observatory auf dem Mount Hamilton in der Nähe von San Jose am Südende der Bucht von San Francisco hatten. Kurz zuvor war der Verwaltungssitz des Lick Observatory auf den neuen Campus der U.C. in Santa Cruz verlegt worden, und obwohl Dave von dem Ort noch nie gehört hatte, bewarb er sich dort. Ein paar Monate später bot man ihm ein NSF-Stipendium an, das er, angenehm überrascht, sofort akzeptierte.

Burstein hatte einen Punkt seines Lebens erreicht, wo sich alles reibungslos zu fügen schien – die Laufbahn in dem gewünschten Beruf war vorgezeichnet, und er hatte die Frau kennengelernt, die er eines Tages heiraten wollte – Gail Maureen Kelly, eine *Townie*, wie die Wesleyan-Studenten die Einwohner von Middletown nannten. Mit seinem Gedächtnis hatte er sich arrangiert, dem größten Hindernis, das seiner Karriere als Wissenschaftler im Weg gestanden hatte. Doch das Leben hielt noch eine weitere Schwierigkeit für ihn bereit, die fast alle seine Hoffnungen zunichte machte, jemals Astronom werden zu können. Schuld daran war, wie bei Sandy Faber, der Vietnamkrieg.

1969 hatte Dave sein Hauptstudium in Santa Cruz aufgenommen, stürzte sich mit allen Kräften darauf, hatte erste Erfolge in seinen Kursen und lernte den Umgang mit Computern, eine ganz neue Erweiterung der astronomischen Datenerfassung. Doch wie viele andere studierte er nur auf Abruf. Da er von der Musterungskommission als unbeschränkt tauglich eingestuft und auch bei der medizinischen Untersuchung positiv abgeschnitten hatte, wußte er, daß seine Einberufung noch vor Jahresende zu erwarten war. Neujahr hatte er beschlossen, zum National Guard zu gehen; doch dazu mußte er wieder nach Osten ziehen. Also ließ er sich Mitte des zweiten Quartals exmatrikulieren. Als Dave nach vier Monaten seine aktive Dienstzeit beendet hatte, konnte er sich nicht zum National Guard nach Santa Cruz überstellen lassen, deshalb beschloß er, in der Nähe seiner Verlobten Gail zu bleiben und wieder an der Wesleyan zu arbeiten. Anderthalb Jahre später kehrte er nach Santa Cruz zurück, um sein astronomisches Hauptstudium wiederaufzunehmen.

Inzwischen hatte sich einiges verändert. Er war jetzt verheiratet, und bald darauf kam das erste Kind. Außerdem hatte er sich beim National Guard eine Verletzung zugezogen, die ihn auf zunächst rätselhafte Weise beeinträchtigen sollte. Dave ist einen Meter fünfundachtzig groß und wiegt rund hundertzehn Kilo. Als er im Winter 1970 von einem Lastwagen des National Guard stürzte, zog er sich eine irreparable Schädigung der Kreuz- und Lendenmuskulatur zu.

«Ein Arzt, der mit meinem Vater befreundet war, verschrieb mir für diese Verletzung das damals neue Medikament Valium als Muskelrelaxans. Von Herbst 1970 bis Ende Sommer 1972 nahm ich täglich zwischen 10 und 40 Milligramm Valium. Was ich nicht wußte: Valium beeinträchtigte meine geistigen Fähigkeiten. Ich konnte nicht mehr so klar denken wie vorher. Das habe ich nie mit Valium in Zusammenhang gebracht, weil es sich so langsam vollzog. Erst im Sommer 1972 nach einem zweiwöchigen Sommerlager des National Guard in Fort Irwin in der Nähe von Death Valley gelangte ich zu der Erkenntnis, daß ich mit der Valiumeinnahme aufhören mußte. Dort nahm ich 40 Milligramm Valium am Tag, und da merkte sogar ich, daß das zuviel war.»

Dave machte eine leichte, doch spürbare Entzugsphase durch, mit Kälteschauern, Schüttelfrost und ähnlichen Erscheinungen. Ein paar Jahre später erfuhr er, daß Valium abhängig macht und langfristige negative Folgen für die geistigen Fähigkeiten haben kann.

«Ungefähr vier Jahre brauchte ich, um mich vom Valium zu erholen; erst 1977 hatte ich das Gefühl, wieder an die Leistungen anknüpfen zu können, zu denen ich vor Einnahme dieses Zeugs fähig gewesen war. Leider war das eine sehr entscheidende Zeit für mich. Viele meiner Kommilitonen und Lehrer hatten sich in dieser Periode ein Urteil über meine wissenschaftlichen Fähigkeiten gebildet.»

In dieser Zeit lernte ich Dave kennen. In Santa Cruz hatte ich mich in dem Jahr eingeschrieben, als er zum National Guard gegangen war. Zunächst hatten wir wenig miteinander zu tun, denn als Dave sein Studium wiederaufnahm, hatte ich meine Kurse bereits abgeschlossen. Doch nach ein paar Jahren arbeiteten wir beide an Promotionsprojekten, zu denen astronomische Aufnahmen tief im Weltraum gehörten. Diese Bilder tasteten wir dann mit einem Gerät ab, das die Lichtintensitäten der Galaxien erfaßte. Als Dave nach einem Doktorvater und Dissertationsthema suchte, war Sandy Faber gerade nach Santa Cruz gekommen, doch sie betreute bereits zwei Studenten und wies ihn ab. So arbeitete er ziemlich unbeaufsichtigt, denn Merle Walker, der Astronom, den er schließlich als Doktorvater hatte gewinnen können, ließ ihm viel freie Hand, während ich gerade den meinen verloren hatte – Joe Wampler, der nach Australien gegangen war. In dem Bemühen, die technischen Schwierigkeiten unserer Promotionsprojekte zu bewältigen, blieb uns gar nichts anderes übrig, als miteinander zu reden.

«Alan und ich begannen, weit enger zusammenzuarbeiten, als wir mit unseren Dissertationen begannen. Beide hatten wir die fotografische Oberflächenphotometrie zum wichtigsten Beobachtungsbereich unserer Dissertationen erkoren, und es gab einfach niemanden am Lick-Observatorium, der uns bei diesen komplizierten Details helfen konnte. Ein wenig kannte sich Sandy auf diesem Gebiet aus, aber bei weitem nicht so genau, wie wir es für unsere Zwecke brauchten. Folglich lernten Alan und ich weit mehr voneinander über die Analyse unserer Daten als von irgendeinem der Professoren. Meist ging ich zuerst zu Alan und erörterte mit ihm diesen oder jenen Effekt, und dann kam er später zu mir, nachdem er den betreffenden Effekt in den eigenen Daten quantitativ analysiert hatte, äußerte seine Meinung dazu und sprach dann über einen anderen Effekt. Anderthalb Jahre lernten wir so voneinander.»

Dieses Prinzip der Gegenseitigkeit bewährte sich, obwohl Dave und ich nicht sehr gut miteinander auskamen. Offenbar war Dave an einer freundschaftlichen Beziehung interessierter als ich – er glaubte, wir hätten viel gemeinsam. Doch wenn das so war, dann handelte es sich um Dinge, die ich abzulegen bestrebt war. Damals hatte Dave Zweifel an seinen akademischen Leistungen und strich, wie oft in solchen Fällen, seine Fähigkeiten und Talente um so mehr heraus. Nach den Maßstäben meiner Erziehung galt das als schlechtes Benehmen. (Eine gewisse Selbstgefälligkeit, die anzeigt, daß man von sich selbst eine höhere Meinung hat als von seinem Gegenüber – eine Verhaltensweise, die man mir selbst vorwarf –, war schon schlimm genug; aber jemandem tatsächlich zu sagen, für wie gut man sich hält, war unverzeihlich.) Besonders auf sportlichem Gebiet legte er dieses Verhalten an den Tag: Beide spielten wir an der Universität Softball, Volleyball und Tennis. Für einen so großen, ungeschlachten Menschen war Dave ein überraschend guter Sportler. Auf den ersten Blick wirkte er ziemlich ungelenk, aber er konnte einen Softball meilenweit schlagen und einen Volleyball schmettern, daß die Fetzen flogen. Da wir beide sehr ehrgeizig waren, ergab sich mehr als eine

Gelegenheit zu verbalen Reibereien, vor allem in der Hitze des Gefechts. Was mich dabei besonders auf die Palme brachte, war der Umstand, daß Dave, auch wenn ihm etwas gelang, nie versäumte, mich und andere daran zu erinnern, wieviel besser er doch vor seiner Rückenverletzung gewesen sei – damals hätten wir ihn sehen sollen! Lebhaft erinnere ich mich daran, wie er jahrelang seine Tenniskünste pries, bis ich es nicht mehr hören konnte und ihn zu einem Spiel aufforderte. Zwar war ich nur ein mäßiger Tennisspieler – aber immerhin war ich ziemlich wendig und dachte deshalb, ihm beikommen zu können. Weit gefehlt. Dave war viel besser, als ich erwartet hatte. Er hatte in der High-School-Mannschaft gespielt und es in Wesleyan sogar fast ins Universitätsteam gebracht. Im ersten Satz fegte er mich vom Platz: 6–2. Dann machte ihm sein Rücken zu schaffen, und wir mußten abbrechen. Das hätte mir vielleicht neue Hochachtung für Dave eingeflößt, wenn er nicht die Gelegenheit benutzt hätte, um mir darzulegen, wieviel gnadenloser er mich weggeputzt hätte, wenn da nicht seine Verletzung gewesen wäre.

Diese mißlichen Umstände prägten unseren Umgang auf Jahre hinaus. Ich beendete meine Dissertation und bekam ein Carnegiestipendium an den Hale Observatories in Pasadena. Unsere Kontakte wurden seltener und gezwungener. Als ich im folgenden Jahr zu einem Besuch zurückkehrte, bemühte auch Dave sich um ein Postgraduierten-Stipendium, hatte aber wenig Erfolg. Nachdem er mir ein Gespräch mehr oder minder aufgezwungen hatte, fragte er, warum das Leben so ungerecht sei: Wir beiden seien uns, wie er fand, in vielerlei Hinsicht äußerst ähnlich. Beide hatten wir unsere Promotion bei Faber abgeschlossen, und beide hatte sie uns sehr positiv beeinflußt. Ich solle ihm erklären, verlangte er, warum bei mir alles so gut laufe und bei ihm so schlecht. Er bemühte sich um Zuneigung, Zuspruch und Verständnis, doch ich ging nicht darauf ein.

Damit war unsere Beziehung auf ihrem Tiefpunkt angelangt; besser ging es dann wieder, als sich im Laufe der nächsten drei Jahre für uns beide eine gesicherte berufliche Laufbahn abzuzeichnen begann. Dabei hatte Dave zunächst größere Schwierigkeiten, eine dauerhafte Stellung in der Astronomie zu finden, als ich. Doch am Ende bekam er einen sehr schönen Posten. Nun sprachen wir wieder von Zeit zu Zeit miteinander – wobei Sandy einen gemeinsamen Bezugspunkt in unserem wissenschaftlichen Leben bildete; sie übernahm gewissermaßen die mütterliche Rolle in dieser Geschwisterrivalität, und das mit gutem Erfolg.

«Eine Zeitlang», so erinnert sich Dave, «unterhielten Alan und ich eine etwas gespannte Beziehung, wobei wir zwar nicht vergaßen, was wir voneinander gelernt hatten, aber doch aufgrund unserer unterschiedlichen Persönlichkeiten häufig aneinandergerieten. Es liegt in meinem Wesen, mich gegenüber den Dingen in meiner Umgebung kritisch zu verhalten, aber auch, mich um eine Veränderung zu bemühen, um eine Korrektur dessen, was ich für falsch halte. Bei einem Berufseignungstest in der neunten Klasse ergaben sich zwei Möglichkeiten für mich: Wissenschaftler oder Sozialarbeiter. Dieser Charakterzug ist natürlich dazu angetan, mich in Schwierigkeiten zu bringen, zumal ich mit Worten nicht sehr diplomatisch umgehe – und in diese Schwierigkeiten gerate ich dann auch mit schöner Regelmäßigkeit. So hatten wir im Laufe der Jahre unsere Zusammenstöße – mal mehr, mal weniger heftig. Trotz allem haben wir unsere wissenschaftliche Zusammenarbeit fortgesetzt, unser Wissen ausgetauscht und von unserer Beziehung profitiert. Bedenkt man, welch starke Persönlichkeiten an dem Galaxienprojekt beteiligt waren, so hat die Zusammenarbeit erstaunlich gut geklappt.»

1960 hatte das neue Bild des Universums Gestalt angenommen. Man hatte seine dynamische Natur erkannt – das Ergebnis eines kataklysmischen Entstehungsprozesses von ungeheuren Ausmaßen – und ging zugleich davon aus, daß es endlich sei; man hielt es für alt, aber nicht ewig. Doch vieles von dem, was man in Erfahrung gebracht hatte, entbehrte noch der Einzelheiten: Der Urknall blieb größtenteils ein ungeklärtes Ereignis. Die Ursache der Expansion war unbekannt, der Prozeß der Galaxienentstehung lag weitgehend im dunklen, und das Schicksal des Universums blieb ein Rätsel. Doch die Grundzüge des Bildes begannen sich abzuzeichnen, und es blieb der nächsten Astronomengeneration vorbehalten herauszufinden, ob es sich wirklich um die Umrisse eines umfassenderen Bildes handelte oder nur um eine Sinnestäuschung.

Auf unserem imaginären Flug durch die Welt der Galaxien haben wir uns endlich mit Meßlatte und Uhr bewaffnet. Damit ist natürlich auch der Wunsch in uns erwacht, die Größe des Universums auf *menschliche Verhältnisse* zu beziehen, wie wir sie aus unserem Alltag kennen. Leider geht das nicht im Reich der Kosmologie. Der Größenbereich, in dem sich unsere irdische Erfahrung vollzieht, ist viel zu begrenzt, um Vergleiche mit der Größenordnung des Universums zuzulassen. Das läßt sich leicht erklären. Hätte die Erde die Größe eines Stecknadelkopfes – er gehört zu den kleinsten Objekten, die das menschliche Auge noch mühelos wahrnehmen kann –, dann hätte das sichtbare Universum einen Durchmesser von zehn Billionen Kilometern, eine Entfernung, die noch immer alle Grenzen menschlicher Erfahrung sprengt. Würde man das Universum umgekehrt auf die winzige Größe unseres Planeten verkleinern – wohl die äußerste Entfernung, für die der Mensch noch ein Empfinden hat –, dann würde die entsprechend veränderte Erde zu einer Kugel schrumpfen, die kleiner als ein Atom wäre. Auch das hilft unserer Vorstellungskraft nicht wesentlich auf die Sprünge. Es gibt in unserer Welt einfach keine *Größenskala*, die weit genug gespannt ist, um für ein maßstabsgerechtes Modell des Universums zu taugen.

Folglich sind wir gezwungen, mit dieser Denkweise zu brechen. Wir müssen eine Maßeinheit wählen, deren Grenzen durch unseren Verstand, nicht durch unseren Körper bestimmt werden. Und was wäre da geeigneter, als so zu verfahren wie Einstein in seinem berühmten «Gedankenexperiment», das heißt, auf Lichtgeschwindigkeit zu beschleunigen und Entfernungen durch die Zeit auszudrücken? Nur acht Minuten braucht das Licht von der Sonne zur Erde, und das gesamte Sonnensystem hat nur einen Durchmesser von wenigen Lichtstunden. Solche planetarischen Entfernungen überwinden wir jetzt also mit Leichtigkeit. Anders verhält es sich da schon mit Fahrten auf einem Lichtstrahl zu den nächsten Sternen – bis zum Sirius sind es acht Jahre –, und eine ganz andere Angelegenheit wiederum ist die Pilgerfahrt von 100 000 Jahren zu den Außenbereichen unserer Galaxis. Immerhin läßt sich eine solche Reise noch vorstellen. In dem Zeitraum, den die menschliche Geschichtsschreibung erfaßt, jenem winzigen Bruchteil der fünf Milliarden Jahre langen Erdgeschichte, läßt sich ein beträchtlicher Teil der Milchstraße durchqueren. Wir könnten uns sogar vorstellen, Andromeda, die nächste Galaxie, aufzusuchen, die etwa zwei Millionen Lichtjahre entfernt liegt – in etwa die Zeitspanne, die die Existenz des *Homo sapiens* und seiner Ahnen auf diesem Planeten umfaßt. Keine Überraschung sollte es sein, daß eine Reise durch das gesamte sichtbare Universum einen Zeitraum in Anspruch nähme, der dem Alter des Universums entspricht: Seine Größe ist durch die Strecke begrenzt, die das Licht seit dem Urknall vor ungefähr fünfzehn Milliarden Jahren zurückgelegt hat.

Überwältigend sind diese Zahlen, wenn man sie an der Dauer eines einzelnen menschlichen Lebens mißt, doch nimmt man die Lebenszeit der *Menschheit* zum Maßstab, so ergibt sich ein Zusammenhang, in dem sie sich ganz natürlich ausnehmen. Kurz ist das Leben des Menschen und bescheiden seine Größe, doch unser Verstand ist in der Lage, diese Grenzen zu überwinden und das Universum auf die Lebenszeit unserer Art und sogar unseres Planeten zu beziehen. Sobald dieser begriffliche Sprung getan ist, füllt sich das Universum mit vibrierendem Leben. Galaxien, die zuvor erfroren am Himmel zu stehen schienen, kreisen nun majestätisch durchs All. Wie eine riesige Untertasse dreht sich unsere Milchstraße, wobei jeder ihrer Milliarden Sterne den Kern der Galaxis umkreist. Zu diesen Reisenden gehört auch unsere Sonne, die seit ihrer Geburt das galaktische Zentrum etwa dreißigmal umkreist hat, ihre Planeten wie Küken im Gefolge. Die Galaxien glitzern, als wären sie mit Flitter besetzt. Ihre Sterne sind keine Sinnbilder mehr für Beständigkeit, sondern werden in hellblauen Blitzen geboren, verfärben sich rot in den mittleren Jahren und blähen sich auf, um in Explosionen von blendendem Glanz unterzugehen. Jede Galaxie funkelt im Rhythmus von Sternengeburt und -tod, ein riesiges Ökosystem von Werden und Vergehen.

In dem Maße, wie die Galaxien ihre Fluchtbewegung fortsetzen, fort vom Urknall nach außen, dehnt sich die eigentliche Grundsubstanz des Universums – der intergalaktische Raum. Die Galaxien selbst expandieren nicht (sowenig wie ihre Bestandteile, das Sonnensystem zum Beispiel), denn die Gravitation hält die Sterne in ihren Umlaufbahnen fest; entsprechend schließt die gegenseitige Anziehung die Galaxien in dichten Haufen zu immer höher aufragenden Burgen zusammen, die von immer breiter werdenden Gräben umgeben sind. Die großen Zwischenräume wachsen, und sie werden damit endlos fortfahren, während das Universum in einer unzugänglich fernen Zukunft langsam und still vom eisigen Tod ereilt wird.

In Tausenden und Abertausenden von Jahren haben sich unsere Vorfahren eine solche Welt nicht träumen lassen. Erst in unserem Jahrhundert haben sie Menschen von rastloser Neugier und unbeirrbarer Hartnäckigkeit entdeckt, weil sie das Glück hatten, sich der Möglichkeiten und Hilfsmittel unserer Zivilisation bedienen zu können. Was für ein Privileg, gelebt zu haben, als das Universum entdeckt wurde!

INSELN IM OZEAN DES ALLS

Wir hatten uns die Aufgabe gestellt, mehr über Galaxien in Erfahrung zu bringen, jene kolossalen Sternensysteme, die das charakteristische Merkmal unseres Universums sind. Wie und wann waren sie entstanden? Was hatte die sichtbare Materie im Universum veranlaßt, sich auf so regelmäßige und gleichbleibende Weise zu organisieren? Wie ließen sich die Eigenschaften der Galaxien als Meßlatten und Uhren benutzen, um das Universum zu vermessen und seine Evolution nachzuzeichnen? Diese Fragen bildeten die Grundlage unserer Expedition, so, wie sie die Suche zweier Generationen von extragalaktischen Astronomen vor uns geleitet hatten.

Die Astronomie ist ein Forschungsgebiet, das von Beobachtungen bestimmt wird. Selten waren die Vorhersagen und Spekulationen theoretischer Astrophysiker den Daten, die mit dem Teleskop zusammengetragen wurden, weit voraus. Die Phantasie der Natur hat sich der unseren weit überlegen gezeigt. Deshalb ist es unwahrscheinlich, daß die Antworten auf diese Fragen einfach aus dem Himmel des reinen Denkens herabregnen werden. Um sie zu finden, werden wir gewaltige Informationsmengen über Galaxien zusammentragen müssen.

Welche Merkmale der Galaxien lassen sich beobachten? Am leichtesten zu messen sind Größe und Helligkeit. Helligkeit wird als Größenklasse der Galaxie aufgezeichnet und Größe als Winkelmaß am Himmel. Sie lassen sich exakt messen, doch Leuchtkraft und physikalische Größe, die entscheidenden Parameter, die aus ihnen abzuleiten sind, hängen von der *Entfernung* ab und sind nur in dem Maße bekannt wie diese. Viele weitere Eigenschaften werden durch die Spektroskopie zu erschließen sein, wenn es auch viel Arbeit kosten wird. Und die Ergebnisse des Prozesses werden weitgehend davon abhängen, von welchen Annahmen wir ausgehen und was für ein physikalisches Modell wir uns von dem System machen. Mit einem Spektrum lassen sich die kollektiven Bewegungen der die Galaxie bildenden Sterne messen (Sternen*kinematik*), Alter und Art der Sterne bestimmen (Sternen*population*) und die Raten der Sternenbildung ableiten. Ferner gibt ein Spektrum Aufschluß über die Rotverschiebung, die bei Anwendung der Hubble-Beziehung einen Schätzwert für die Entfernung liefert. Schließlich ermöglicht das Spektrum noch eine Art chemischer Analyse von Sternen und Gasen, wobei man vor allem messen kann, wieviel Material in Form von Elementen vorliegt, die schwerer als Wasserstoff und Helium sind – ein Maß für die Geschichte der chemischen Entwicklung in der Galaxie.*

Aus der Größe der Galaxie, bestimmt durch die scheinbare Größe am Himmel und die geschätzte Entfernung, und aus Sternenbewegungen, gemessen durch die Dopplerverschiebungen im Spektrum, läßt sich die Masse der Galaxie berechnen. Das geschieht mit Hilfe des Newtonschen Gravitationsgesetzes, dem zu entnehmen ist, wieviel Kraft durch eine bestimmte Masse bei einer gegebenen Entfernung erzeugt wird, und mit Hilfe von Newtons berühmter Formel $F = m \times a$ (Kraft gleich Masse mal Beschleunigung), die die Bewegung eines Körpers in Reaktion auf eine Kraft beschreibt. Sterne umkreisen eine Galaxie ganz so, wie die Planeten im Sonnensystem die Sonne umkreisen, deshalb läßt sich mit Newtons Gesetzen nicht nur die Sonne «wiegen», sondern auch die Milchstraße. Der Vergleich zwischen der Leuchtkraft einer Galaxie und ihrer Masse liefert einen Parameter, der als Masse-Leuchtkraft-Beziehung bezeichnet wird,

---

* Astronomen bezeichnen alle schweren Elemente als *Metalle*, wobei sie dieser umfassenden Kategorie nicht nur die traditionellen Metalle der Chemie zurechnen, sondern auch die Bausteine des Lebens – Kohlenstoff, Stickstoff und Sauerstoff – sowie Chlor, Silizium, Neon und so fort. Diese zusammenfassende Bezeichnung für alle Elemente, die schwerer als Wasserstoff und Helium sind, ist eine astronomische Vereinfachung, die darauf zurückzuführen ist, daß fast alle diese Stoffe durch aufeinanderfolgende Sternengenerationen erzeugt worden sind.

Parameter zur Beschreibung von Galaxien

ein interessantes Maß, weil es den «Wirkungsgrad» der Galaxie beschreibt, das heißt, weil es angibt, wieviel Licht pro Masseeinheit erzeugt wird (entsprechend der Pferdestärke pro Kilogramm Gewicht eines Automotors).

Größe, Leuchtkraft, Masse, Masse-Leuchtkraft-Beziehung, Häufigkeit der schweren Elemente – das sind einige der wichtigen Parameter, die zur Beschreibung von Galaxien dienen. Wesentliche Fortschritte in unserem Verständnis der Galaxien verdanken wir der Entdeckung, daß es bestimmte Korrelationen zwischen diesen Parametern gibt. Beispielsweise wissen wir, daß massereichere Galaxien größer sind, heller leuchten und rascher bewegliche Sterne und Gase besitzen als kleinere Galaxien. Wir haben in Erfahrung gebracht, daß sie heller leuchten, weil sie mehr Sterne haben (und nicht eine gleiche Anzahl von Sternen mit größerer Leuchtkraft), daß die Größenzunahme von der Neigung der Natur zeugt, annähernd die gleiche Zahl von Sternen pro Volumeneinheit unterzubringen (statt eine größere Zahl von Sternen im gleichen Volumen zusammenzudrängen), und daß die Sterne und Gase größerer Galaxien sich rascher bewegen, weil bei größerer Masse auch die Gravitation größer ist. Das sind bereits interessante Erkenntnisse, aus denen sich Hinweise auf die Entstehung von Galaxien und Sternen entnehmen lassen, aber es gibt darüber hinaus weniger offensichtliche und wahrscheinlich aufschlußreichere Beziehungen, die noch nicht so gut erforscht worden sind und deren Bedeutung wir erst unzulänglich verstehen. So fragen wir uns beispielsweise, ob größere Galaxien im Laufe ihrer Lebenszeit Sterne mit dem gleichen Tempo gebildet haben wie kleinere Galaxien – oder ob das schneller oder langsamer geschah. Hat dies mit der Beobachtung zu tun, daß größere Galaxien einen höheren Anteil an schweren chemischen Elementen (beispielsweise Eisen, Magnesium und Kohlenstoff) aufweisen? Die Antworten auf solche Fragen werden zum Verständnis der Geburtsprozesse und Lebenszyklen von Galaxien beitragen und die Bedingungen erhellen, unter denen die Galaxienbildung im frühen Universum begann.

1980 waren die Mitglieder unserer Gruppe der Meinung, elliptische Galaxien seien wahrscheinlich die einfachsten Vertreter ihrer

Art und deshalb die geeignetsten Objekte, um nach solchen Korrelationen zu suchen. Elliptische Galaxien bestehen nur aus einem einheitlich strukturierten Element, einem rundlichen Sternenhaufen, den die Astronomen als *Spheroid* bezeichnen, während Spiralgalaxien daneben noch eine flache Scheibe besitzen. Die Sterne in der Scheibe einer Spiralgalaxie bewegen sich auf mehr oder minder kreisförmigen Umlaufbahnen in einer flachen Ebene, während Sterne in einem Spheroid sich auf Kreisbahnen befinden, die eher *isotrop* sind – gleichmäßiger nach allen Richtungen hin verlaufen. Insofern ist die elliptische Galaxie einfacher: Sie besteht nur aus Sternen, die sich auf länglichen, zufällig ausgerichteten Kreisbahnen bewegen. Noch eine weitere Eigenschaft scheint elliptische Galaxien zu einfacheren Systemen zu machen: Sie bilden keine Sterne mehr. Offenbar sind die meisten ihrer Sterne sogar in der Frühgeschichte des Universums entstanden. Auch darin legen sie, wie gesagt, ein einfacheres Verhalten an den Tag als Spiralgalaxien, die eine große Bandbreite von Sternenbildungsraten erkennen lassen und auf eine komplexe Geschichte der Sternenentstehung zurückblicken. Deshalb sprach einiges für die Annahme, wir könnten das Rätsel der Galaxienentwicklung am ehesten lösen, wenn wir uns an diese einfachsten Galaxien hielten. Das war unser Ausgangspunkt.

Mitten in einer kühlen Sommernacht war der fünfzehnjährige Roger Llewelyn Davies noch wach und starrte mit einer Mischung aus Faszination und Ungläubigkeit auf einen kleinen Schwarzweißfernseher. Er befand sich mit seinen Eltern in einer bescheidenen Pension des englischen Seebads Southsea, wo sie Ferien machten, 300 Kilometer von ihrem Heimatort Scunthorpe in Lincolnshire entfernt, 150 Kilometer nördlich von London und nahe der Nordsee. Weiter war Roger noch nie von zu Hause fort gewesen. Doch in dieser Nacht, als die anderen schliefen, stahl sich Roger davon und machte sich auf die weiteste Reise, die je ein Mensch unternommen hat – er begab sich auf den Mond.

In der Nacht des 20. Juli 1969 blieb Roger an Neil Armstrongs Seite, als dieser sich von der Mondlandefähre des Raumschiffs *Apollo 11* abstieß, um weich und lautlos auf der pulvrigen Oberfläche des Mare Tranquillitatis zu landen. Wer vermochte sich damals dem Eindruck zu entziehen, die Menschheit habe eine Schwelle überschritten, sei in ein neues Zeitalter eingetreten? Ganz gewiß nicht Roger, der sich dieser Nacht als des Augenblicks entsinnt, da seine jungenhafte Begeisterung für die Astronomie zu einer festen Größe in seinem Leben wurde.

An sich ist es nicht ungewöhnlich, daß die Geheimnisse des Alls einen jungen Menschen gefangennehmen. Bei uns fassen überraschend viele Kinder den festen Entschluß, die Astronomie zu ihrem Beruf zu machen – zumindest ein oder zwei Wochen lang. Doch für Roger waren solche Zukunftspläne überaus ungewöhnlich. In einem kleinen Ort mitten im ländlichen England wurde er als einziges Kind seiner Eltern geboren und wuchs dort auf. Wie jedes männliche Familienmitglied arbeitete der Vater im Stahlwerk, und Roger konnte allenfalls hoffen, dort eine Anstellung als Chemiker zu finden. Obgleich auch das noch sehr hoch gegriffen war – denn noch nie hatte jemand aus der Familie die Universität besucht.

Scunthorpe war eine Hochburg der Labour Party, die nach dem Zweiten Weltkrieg in Großbritannien an die Regierung kam. Die Verstaatlichung der Stahlindustrie in den sechziger Jahren und ihr anschließender Aufschwung waren ein Triumph der linken Regierung. Ironischerweise lag diese Labour-Insel inmitten eines konservativen Meeres – die Landwirte in der Umgebung mit ihren reichlichen Ernten an Weizen, Hafer, Gerste, Kartoffeln und Zuckerrüben hatten wenig übrig für progressive Politik. Doch Rogers Scunthorper Welt war geprägt von sozialistischen Prinzipien: Der Labour-Stadtrat sorgte dafür, daß die Schulen und Parks dieser Arbeiterfamilien in vorzüglichem Zustand waren, und in der Stadt herrschte ein Gefühl von Gemeinschaft und Sicherheit. Zufrieden spielte Roger mit seinen «Genossen», verstand sich gut mit seinen Eltern, sang im Schulchor und reiste mit ihm zu Musikwettbewerben in ganz Nordengland umher. Er war ein vernünftiger, selbstbewußter, bescheidener, gutgerzogener und gutgelaunter junger Mann.

Aber ein Wissenschaftler? Schließlich war Scunthorpe kein Utopia, es blieb eine Arbeitergemeinde, wo der Staub von Eisenerz die Wäsche auf der Leine grau färbte, sobald der Wind aus der falschen Richtung blies, wo harte Arbeit und einfache Werte – nicht Träume vom Ursprung des Universums – das Leben bestimmten. Und doch brachte Scunthorpe nicht nur einen, sondern *zwei* Menschen hervor, die ihr Leben solch esoterischen Zielen verschrieben. Als Roger heranwuchs, hörte er wieder und wieder den Namen von Wallace Sargent, dem ersten Schüler der John Leggot Grammar School, der eine Universität besucht hatte. Als Roger zur Schule kam, war Sargent bereits ein namhafter Professor am California Institute of Technology, Entdecker ferner Galaxien und Quasare, der mit dem größten Teleskop der Welt arbeitete, dem 508-Zentimeter-Spiegel des Mount-Palomar-Observatoriums. Dabei war Sargent Sohn eines Gärtners und einer Putzfrau. Sein Vater hatte es nicht weiter als zum «Schlossergehilfen» im Stahlwerk gebracht. Eine akademische Laufbahn lag in ebenso weiter Ferne wie der Sessel des Premierministers. Wie hatte er es trotzdem geschafft?

Dank dieser Schulen. Was die Arbeitergemeinde zu bieten hatte, war Bildung, die Chance für jeden, seinen Horizont zu erweitern und über den Rand von Scunthorpe hinauszublicken. Das gehörte zu jener sozialen Umwälzung, die gegen Ende des Zweiten Weltkriegs eingesetzt hatte, als die verantwortlichen Politiker erkannten, daß die heimkehrenden Soldaten nicht bereit waren, das Klassensystem länger hinzunehmen, das die englische Gesellschaft jahrhundertelang beherrscht hatte. Während bislang die Vorzüge eines gut funktionierenden Gesundheits- und Erziehungssystems nur den Privilegierten und Wohlhabenden zur Verfügung gestanden hatten, wurden jetzt Gesetze verabschiedet und Gelder bereitgestellt, die dafür sorgten, daß erstmals alle englischen Bürger in den Genuß dieser so wichtigen Dienstleistungen kamen. Das Ergebnis der sozialistischen Revolution und des Krieges war ein frischer Wind, der Sargent und, fünfzehn Jahre später, Roger Davies zu bis dahin unerreichbaren Zielen trug.

Gern erinnert sich Roger an die erste Schulzeit: «In der Grundschule war man weit mehr darum bemüht, uns die Freude am Lernen und Denken zu vermitteln, als uns mit Tatsachen und Zahlen vollzustopfen. Auf lange Sicht hat sich das für mich als großer Vorteil erwiesen, und in der Grundschule wurde durch entsprechende Unterrichtsprojekte auch mein Interesse an der Astronomie geweckt – besonders ein Projekt über Planeten ist mir in Erinnerung geblieben.

Mein Jahrgang gehörte zu den letzten in Scunthorpe, die sich der Eignungsprüfung 11+ unterziehen mußten, bei der für alle Elfjährigen der weitere Schulweg festgelegt wurde: Entweder man kam auf die Grammar School, eine Art Gymnasium, oder auf die Secondary Modern School (eine Haupt- und Realschule mit besonderer Betonung der berufsbildenden Fächer). Glücklicherweise bestand ich die Prüfung.»

Wer an das heutige Bildungssystem gewöhnt ist, dem werden Rogers frühe Schulerlebnisse ziemlich streng erscheinen. «An der John Leggot Grammar School wurde hart gearbeitet. In den fünf Jahren von elf bis sechzehn hatten wir zehn Fächer, in denen wir zweimal im Jahr geprüft wurden – wobei jede Prüfung aus zwei zwei- bis dreistündigen Examen bestand ... das macht ungefähr zweihundert Examen in fünf Jahren.

Es stellte sich heraus, daß ich eine Neigung für die Mathematik hatte, und mein Interesse an der Astronomie nahm weiter zu. Meine Eltern schenkten mir ein kleines Teleskop, und ich leitete die Astronomiegruppe der Schule. Diese Veranstaltung fand neben den üblichen musischen Fächern wie Kunst, Werken und Sport statt. Im letzten Schuljahr (1968/69) nahm ich an den sogenannten Duke of Edinburgh Awards für Schüler teil, einem freiwilligen Programm, zu dem eine Vielzahl von Freizeitaktivitäten wie Sport, Wandern und Zelten gehörten. Auch ein wissenschaftliches Projekt war darunter, und ich entschied mich für die Apollomissionen 8 bis 11, die von Weihnachten 1968 bis Sommer 1969 durchgeführt wurden. Diese Weltraummissionen machten riesigen Eindruck auf mich, jede Einzelheit protokollierte ich für mein Projekt. Die Mondlandung fand während unseres jährlichen Familienurlaubs statt. Ich weiß noch, daß ich in den frühen Morgenstunden aufstand und ganz allein im Fernsehraum der kleinen Pension saß, um das Geschehen live zu verfolgen. Mit der Mondlandung war ich endgültig der Astronomie verfallen.»

1969 trat Roger seinen ersten Ferienjob in den Stahlwerken an: im Labor für Qualitätskontrolle der Kokerei, in der sein Vater als Wartungstechniker arbeitete. Aber ihm wurde allmählich klar, daß ihm seine Begabung für Mathematik und Physik möglicherweise einen ganz anderen Weg vorzeichnete, ein Studium, vielleicht sogar der Astronomie, die ihn so faszinierte. Anfang der siebziger Jahre geriet die Stahlindustrie in die Krise, und die Wahrscheinlichkeit, dort eine sichere und befriedigende Stellung zu finden, wurde immer geringer. Wie den meisten seiner Freunde wurde Roger klar, daß seine Zukunft nicht in der vertrauten Stadt seiner Kinderjahre lag. Zwei Universitäten mit einem sehr guten physikalischen Fachbereich und astronomischen Forschungsgruppen zog er in die engere Wahl – Manchester University und University College London (UCL); schließlich entschied er sich für letzteres.

«Mein erstes Trimester in London war eine Katastrophe, zuviel Ablenkung, zuviel faszinierende Angebote. Nach den Weihnachtsferien führte der Fachbereich Prüfungen durch, um die Leistungen der Studienanfänger zu erfassen. Ich weiß noch, wie mein Tutor meine Leistungen mit mir besprach. Es war entsetzlich – er hielt mir eine Strafpredigt, und sie wirkte. Ich hatte viel aufzuholen – ein Trimester zurück und das volle Vorlesungsprogramm des zweiten und dritten Trimesters. So mußte ich mich in der ersten Hälfte des Jahres 1973 mächtig ins Zeug legen, und es machte mir Spaß. Physik an der Uni ist etwas ganz anderes als der Unterricht in der Schule. Ich fand das Studium interessant und reizvoll.»

Roger schloß sein Grundstudium mit erstklassigen Noten ab, und nachdem er im Sommer am Royal-Greenwich-Observatorium in Herstmonceux gearbeitet hatte, nahm das Luftschloß, Astronom zu werden, plötzlich konkrete Gestalt an, denn man bot ihm ein Promotionsstipendium am UCL und an der Cambridge University an. Er entschied sich für Cambridge, zum einen, weil es einen ausgezeichneten Ruf hatte, und zum anderen, weil er nach dem hektischen Londoner Leben das Bedürfnis nach der Stille und der ländlichen Umgebung einer kleinen Universitätsstadt empfand. Er bekam einen sehr praktisch veranlagten Doktorvater, der einige Zusatzgeräte für die Teleskope selbst baute – Zusatzgeräte, mit denen man kosmologische Fragestellungen angehen kann, indem man ferne Galaxien beobachtet, die starke Radiowellen aussenden. Für seine Dissertation entschloß sich Roger zur Untersuchung von elliptischen Galaxien; wie viele junge Astronomen der Zeit hoffte er, man könne herausfinden, wie sich diese einfachsten Galaxien (zumindest hielt man sie dafür) gebildet und entwickelt haben, um so eine Vorstellung von der Galaxienentwicklung überhaupt zu bekommen. Er hatte sich vorgenommen, die Sternenbewegungen in den Galaxien zu messen, vom Zentrum bis zur Peripherie. So wollte er herausfinden, wieviel Masse die Galaxie besaß und wie die Verteilung der Masse innerhalb der Galaxie ursprünglich zustande gekommen sein mochte.

Das war ein ehrgeiziges Vorhaben, und Roger hatte Glück, daß Don Morton, der neue Direktor des Angloaustralischen Vier-Meter-Teleskops, seine Begeisterung für das Projekt teilte, ihn einlud und ihm anbot, mit einem neuen, von Joe Wampler gebauten Spektrographen zu arbeiten. In sechs Monaten gelang es Roger, ausgezeichnete Daten für sein Projekt zusammenzutragen und seinen Horizont abermals zu erweitern – so daß dieser nun auch die Jazzclubs von Sydney, die herrlichen Strände der Nordküste und die unberührten Landstriche und Berge des Landesinneren umfaßte.

Nach England zurückgekehrt, schloß Roger seine Dissertation im Dezember 1978 ab. Wieder lag er im Trend – es herrschte reges Interesse an der Struktur und Sternenpopulation von elliptischen Galaxien, so daß Roger ohne Mühe zahlreiche Angebote für Postgraduierten-Stipendien bekam. Er entschloß sich für das Lindeman-Stipendium, das ihm einen einjährigen Aufenthalt in Santa Cruz ermöglichte, wo er mit Sandy Faber arbeiten konnte, bevor er nach Cambridge zurückkehrte, um seinen Forschungsauftrag zu beenden.

«Alle wichtigen Astronomen schienen damals dort zu sein. Als ich in Santa Cruz eintraf, nahm ich den Bus zum herrlichen Campus in den Redwoods. Dort fragte ich mich zum Gebäudekomplex Natural Sciences II durch und platzte mit dem Koffer in der Hand in Sandy

Fabers Büro. Natürlich war ich ihr noch nie begegnet. Selten bin ich so erleichtert gewesen – ein freundliches Gesicht mit achteckiger Brille und eine Fahrt im bequemen Kombi zu einem Collegezimmer, wo ich eine Zeitlang wohnen konnte.»

Bald darauf kam Roberto Terlevich zu Besuch. Da war mit Sandy, Dave, Roger und Roberto unser Projekt geboren. Seine Reise hatte Roger schrittweise immer weitere Horizonte erschlossen. Und sein Traum von einem Leben für die und mit der Astronomie hatte sich erfüllt. Obwohl er sich weit von Scunthorpe entfernt hatte, blieb es doch ein unverlierbarer Teil seiner persönlichen Geschichte und war verantwortlich für das, was er erreicht hatte. Die Schulen der kleinen Industriestadt hatten die Voraussetzungen geschaffen. Mit Energie und Fleiß hatte er es zum Entdecker kosmischer Räume gebracht. Wie viele solche Begabungen werden nicht gefördert? Wie könnten sie die Welt verändern?

Galaxien sind die größten Wunder des großräumigen Universums. Strahlend heben sie sich von der Dunkelheit des Alls ab. Die Konzentration der Materie in diesen Giganten ist erstaunlich. Dort hat sich Masse, die einst in Form dünner Gase vorlag, in Sterne verwandelt, im Durchschnitt hundert Milliarden pro Galaxie, so daß auf jeden Erdbewohner ungefähr ein Dutzend Sterne kommen. Obwohl die Galaxien nur ein hundertstel Prozent des Universumvolumens einnehmen, gehen alle Aktivitäten im All von ihnen aus, sind sie die Schmelztiegel der Sternenentwicklung und -veränderung. Im Vergleich dazu sind die Lücken, die sich zwischen ihnen auftun, leer und still.

Fast ebenso auffällig wie die extreme Konzentration der sichtbaren Materie in den Galaxien ist ihre bemerkenswerte Gleichförmigkeit. Galaxienformen variieren zwar, aber sie bleiben im Rahmen von Familienähnlichkeiten – wie die Unterschiede zwischen einer Giraffe und einem Pferd, nicht wie die zwischen einer Giraffe und einer Qualle. Sie treten in vielen Größen und Helligkeiten auf, doch im Grunde sind das nur abgestufte Spielarten einer Spezies. Diese einfachen Muster wiederholen sich über ungeheure Entfernungen (und damit auch über weit in der Zeit zurückreichende Perioden): ein paar Grundformen, über eine große Bandbreite von Größenabstufungen verteilt, hier und da eine einsame Galaxie, viele doppelt und dreifach, einige Gruppen aus mehreren großen und vielen kleineren Galaxien, vielleicht ein dichtbesiedelter Haufen. Diesen Anblick bietet uns das Universum in seinen Wohnvierteln, die einen Durchmesser von hundert Millionen Lichtjahren haben.

Zu den wichtigsten Anliegen der gegenwärtigen astronomischen Forschung gehört der Wunsch, die Gründe für diese bemerkenswerte Regelmäßigkeit zu entdecken. Wie so häufig in der Wissenschaft war die Taxonomie der erste Schritt: Man ordnet Objekte, die bestimmte Merkmale gemeinsam haben, zu Klassen an und hofft, Hinweise auf den physikalischen Prozeß zu finden, der für die Eigenschaft verantwortlich ist. Beispielsweise war die Klassifizierung von Nebeln nach regelmäßigem und unregelmäßigem Typus der erste Anhaltspunkt dafür, daß man es mit zwei verschiedenen Phänomenen zu tun hatte. Die seltneren scheibenförmigen Nebel waren, wie sich später herausstellte, externe Galaxien – sehr massereiche, alte Systeme, von der Gravitation mit einer bestimmten Ordnung versehen. Dagegen verriet das unregelmäßige Erscheinungsbild der häufiger vorkommenden amorphen Nebel ihre relative Jugend und das chaotische Wechselspiel von Kräften, die sich nicht im Gleichgewicht befinden; am Ende bestätigte sich die Vermutung, daß es sich hier um kleinere Sternen- und Gaswolken in unserer eigenen Galaxie handelt.

Ein Teil der frühen Arbeiten zur Galaxienklassifizierung wurde wiederum durch Hubble geleistet. Drei Hauptarten unterschied er: spiralförmige, elliptische und linsenförmige – eine Unterscheidung nach Form und Morphologie, nicht nach Größe oder Helligkeit. Spiralgalaxien wie unsere Milchstraße repräsentieren die häufigste Art. In der Regel sind sie am Himmel als längliche Ovale mit spiraligen Streifen an den Rändern zu sehen. Schon bald erkannten die Astronomen, daß eine Spiralgalaxie im Grunde aus einer flachen Scheibe besteht – sieht man sie von der Seite, mißt sie lediglich ein Zwanzigstel bis ein Dreißigstel des Querschnitts, während jene, die man von oben oder unten sieht, fast vollkommene Kreisform haben.

Spiral- und elliptische Galaxien

Nicht alle Spiralgalaxien sind völlig flach; viele weisen in der Mitte eine Schwellung auf. Von diesem *Kern* weiß man, daß er mehr oder minder kugelförmig ist, denn die Zentralregionen erscheinen rund, ganz gleich, aus welchem Winkel wir die Galaxie betrachten. (Nur eine Kugel sieht aus jeder Perspektive rund aus.) Obwohl wir lediglich einen verschwommenen Blick auf unsere Galaxis haben, da wir uns in ihrer staubdurchsetzten Scheibe befinden, können wir beide Merkmale erkennen: die dünne Scheibenform, ersichtlich als das schmale Band, das den Himmel ringförmig umgibt und das wir Milchstraße nennen, und der runde Kern unserer Galaxis, der sich als auffällige Verbreiterung dieses Bandes in Richtung des Sternbilds Schütze zeigt.

Dagegen sind elliptische Galaxien ziemlich regelmäßige Kugeln aus Milliarden Sternen. Nach vielen Jahren der Forschung ist immer noch unklar, ob sie alle eiförmig (länglich) oder zwiebelförmig (abgeplattet) sind oder ob beide Formen vorkommen. Diese Frage ist schwer zu klären, weil wir den Kosmos nur aus einem Blickwinkel sehen. Eine solche Galaxie erblicken wir immer nur aus einer Richtung: Während unserer Lebensspanne, nach kosmischem Maß nur ein winziger Augenblick, haben wir keine Möglichkeit, an einen Ort zu reisen, von dem aus sich uns ein «besserer Blick» auf die Galaxie eröffnet, und nicht genügend Zeit, um zu warten, bis sie sich bewegt hat und sich unter einem anderen Blickwinkel darbietet. Statt dessen müssen wir versuchen, die wirkliche Form dieser Leuchtsilhouetten mit List und Verstand zu erraten. Auf diese Weise sind wir zu dem Schluß gelangt, daß Spiralgalaxien flache, kreisförmige Scheiben sind: Wir haben nämlich beobachtet, daß sie rund erscheinen, wenn

Verschiedene Galaxienarten – von der flachen Scheibe der Spiralgalaxien oben bis zur runden elliptischen Galaxie unten. Spiralgalaxien sind voller Gas und Staub, dem Rohmaterial fortdauernder Sternenbildung, während elliptische (E) (unten links) und S0-Galaxien (unten rechts) im Vergleich dazu fast gasfrei sind. *(Fotos mit freundlicher Genehmigung der Carnegie Observatories.)*

man sie von oben sieht, flach, wenn man sie von der Seite sieht, und nahezu elliptisch, wenn man sie aus anderen Blickwinkeln wahrnimmt. Bei den runden, elliptischen Galaxien bleibt jedoch offen, ob sie ei- oder zwiebelförmig sind.

Galaxien der S0-(S-Null-)Klasse (Hubble nannte sie linsenförmig) sehen aus wie eine Kreuzung zwischen einer linsenförmigen und einer Spiralgalaxie von dünner Scheibenform. Der runde Kern in der Mitte überstrahlt das Licht der leuchtschwächeren Scheibe, die ihn umgibt, und die Scheibe läßt kein Spiralmuster erkennen.* Dank der Spiralmuster, die das Bild so vieler Galaxien bestimmen, vermochten die Astronomen von der Taxonomie zu einem rudimentären Verständnis jener physikalischen Prozesse zu gelangen, die der Entstehung der verschiedenen Galaxienarten zugrunde liegen. Als sie tieferen Einblick in die Lebenszyklen der Sterne gewannen, erkannten sie, daß für das Spiralmuster junge Sterne verantwortlich sind, die sich in den dünnen Scheiben bilden, und daß dieses Spiralmuster, die Dünne der Scheibe und die Bildung neuer Sterne in engem Zusammenhang stehen.

Über die Grundzüge des Bildes herrscht heute Einigkeit: Die Scheiben der Spiralgalaxien bestehen zur Hauptsache aus Sternen, die sich auf fast kreisförmigen Bahnen um das Zentrum der Galaxie bewegen. Umgeben sind die Sterne von einer geringeren Masse des Gases, aus dem sie sich selbst gebildet haben. Größtenteils besteht dieses Gas aus Wasserstoffatomen. Den Rest bilden im wesentlichen Heliumatome, doch ungefähr ein Prozent besteht aus den so wichtigen schweren Atomen, darunter Kohlenstoff, Stickstoff, Wasserstoff, Silizium, Magnesium und Eisen. Die meisten der schweren Atome haben sich zu winzigen Körnern aus Kohlenwasserstoffen, Silikaten und Eiskri-

---

* Es gibt auch eine Klasse, die als «unregelmäßig» bezeichnet wird – wie der Name vermuten läßt, eine Restkategorie für die wenigen Prozent, die weder spiralförmig noch elliptisch, noch S0-Galaxien sind. Einige scheinen zu klein zu sein, um ein stabiles, gut organisiertes Gleichgewicht aufrechterhalten zu können; andere sind offenbar die galaktischen Entsprechungen zu Eisenbahnwracks – die Überreste verheerender Zusammenstöße.

Galaxien: die Entwicklung von Sternen   95

stallen verbunden – ein dünner Nebel aus dem gleichen Stoff, aus dem die Erde und wir selbst bestehen. Die durchschnittliche Dichte dieses Gas- und Staubgemischs zwischen den Sternen beträgt nur ein Atom pro Kubikzentimeter, ein reineres Vakuum, als jemals auf der Erde hergestellt worden ist, aber hunderttausendmal dichter als das Gas *zwischen* den Galaxien und dicht genug, um als Ausgangspunkt für die Sternenbildung dienen zu können.

An den Spiralarmen einer Galaxie befinden sich dickere Gaswolken, an denen neue Sterne kondensieren und ihre nuklearen Feuer entzünden. Zumindest in einigen Fällen ist das Spiralmuster selbst das verursachende Element dieses Geschehens. Ein Spiralarm ist eine Druckwelle, die ständig um die Galaxie herumschwenkt, wie eine Wasserwelle, die in einer Badewanne hin und her schwappt. Vorüberrauschend, quetscht die Welle das kalte, ruhende Gas zusammen, wobei sie dessen Volumen so weit verringert, daß die Zugkraft der Gravitation überhandnimmt und einen lawinenartigen Kollaps auslöst. Wenn sich eine solche Gaswolke zusammenzieht, steigt ihre Temperatur; das läßt sie heller leuchten, und der Verlust der Strahlungsenergie führt zu einer weiteren Kontraktion. Nur die Aufsplitterung in Kügelchen von Sternengröße kann den unausweichlichen Kollaps aufhalten, denn in dieser neuen Gestalt steigen die Zentraltemperaturen auf Millionen Grade an, wodurch die gewaltige Energiequelle der Kernfusion entzündet wird. Die Energie, die vom nuklearen Feuer im Inneren eines Sterns freigesetzt wird, erzeugt eine gewaltige Hitze – in einem Gas übersetzt diese sich in Druck, genügend Druck, um dem gewaltigen Gewicht standzuhalten, das die Gravitation hervorruft.

Solche Sterne, die in kleinen Haufen von einigen hundert oder tausend entstehen, treten schließlich in eine stabile Erwachsenenphase von zig Millionen oder gar Milliarden Jahren ein. Während dieser Zeit verwandeln sie ständig die Wasserstoffatome ihrer Kerne in Heliumatome. Im Herbst ihres Lebens verschmelzen sie das Helium zu Kohlenstoff-, Stickstoff- und Sauerstoffatomen, während die massereichsten Sterne die Kernbrennöfen in ihrem Inneren auf zig Millionen Grad erhitzen, Temperaturen, die ausreichen, um diese leichteren Elemente zu Schwermetall wie Kobalt, Nickel und Eisen zu verschmelzen. Alle diese Maßnahmen dienen dem vergeblichen Versuch, dem pausenlosen, zermalmenden Druck der Gravitation entgegenzuwirken – letztlich sind alle diese Bemühungen zum Scheitern verurteilt. Irgendwann hat der Stern seinen Kernbrennstoff verbraucht, und die Gravitation diktiert das Geschehen wieder.

Allerdings entgehen Sterne von bescheidener Masse wie die Sonne der Zerstörung, indem sie ihre Außenhüllen sanft ins All abstoßen (wo sie eine der Nebelarten bilden), um dann, vom übermächtigen Gewicht befreit, still zu einem jener diamantähnlichen Sterne abzukühlen, die man als Weiße Zwerge bezeichnet. Dagegen besitzen massereichere Sterne Außenhüllen von zu großem Gewicht. Am Ende bricht der Kern unter kataklysmischen Begleitumständen in sich zusammen, was Augenblicke später eine heftige Explosion auslöst, eine sogenannte Supernova. Im Zuge dieses chaotischen Geschehens werden alle schweren Elemente, die durch Kernfusion entstanden sind, ins All geschleudert. Die Trümmer solcher Explosionen sind der alleinige Ursprung aller Atome – Wasserstoff und Helium ausgenommen. Sie treiben durchs All, um sich eines Tages vielleicht mit anderen treibenden Gaswolken zu mischen. Schließlich wird auch dieses Material zum Kollaps gebracht und bildet neue Sterne, von Planeten umkreist. Damit ist eine weitere Generation des stellaren Lebenszyklus abgeschlossen.

Die Moral dieser Geschichte: Neunzig Prozent unseres Körpergewichtes, alles bis auf die Wasserstoffatome, befanden sich im Inneren eines massiven Sterns, der als Supernova explodierte. Die zehn Prozent, die als Wasserstoff vorliegen, stammen direkt aus dem Urknall. Einen edleren Stammbaum könnten Sie auch nicht haben, wenn Sie aus einem uralten Adelsgeschlecht stammten.

Wie auf dem Schnappschuß eines Hochspringers, der gerade die Latte überquert, ist der Prozeß von Geburt und Wiedergeburt eingefroren in dem Bild, das Spiralgalaxien unserem Blick darbieten. Vor langer Zeit müssen wirbelnde Wolken leuchtender Gase, animiert von der Energie der Sternenbildung, auch das Erscheinungsbild von ellipti-

Elliptische und S0-Galaxien: sterbende Sterne

schen und S0-Galaxien bestimmt haben, doch heute sind diese Galaxien fast vollkommen zur Ruhe gekommen. Das Gas, das ihre sterbenden Sterne ausstoßen, wird erwärmt und in den Weltraum gejagt. Ohne die dünne Schicht, in der sich dieses Gas zu dichten Wolken sammelt und konzentriert, werden keine neuen Sterne geboren. Offenbar haben elliptische und S0-Galaxien – überhaupt alle Galaxien mit großen Kernen – die meisten ihrer Milliarden Sterne schon vor langer Zeit in einer Phase glühenden Schöpfungseifers gebildet. Nun welken sie langsam dahin, während die aufeinanderfolgenden Generationen ihrer sterbenden Sterne immer schwächer und röter werden. Die Galaxien mit großen Kernen sind am weitesten auf dem Pfad des Vergessens vorangeschritten, der allen Galaxien vorherbestimmt ist, auch den heute noch jugendlichen Spiralgalaxien mit ihren dünnen Scheiben.

Lange haben die Astronomen nach dem Ursprung der verschiedenen Galaxientypen gesucht, wobei sie von der Überlegung ausgingen, die unterschiedlichen Formen seien eine direkte Folge der Art und Weise, wie sich die Galaxien gebildet und entwickelt hätten. Um einen Eindruck von diesen Ideen zu bekommen, müssen wir uns zumindest ein ungefähres Bild vom sehr jungen Universum machen – als es sich im zarten Alter von etwa einer Milliarde Jahren befand. Im Zuge seiner Expansion breitete das Universum gleichmäßig gekühltes und in große Wolken aufgeteiltes Gas aus. Zunächst langsam und schließlich sehr rasch wurden diese Gebilde von der Gravitation zu vergleichsweise kleinen, dichten Wolken zusammengezogen – eine großräumige Spielart dessen, was heute in Regionen der Sternenbildung geschieht. Bislang wissen wir nicht, ob diese Wolken aus einzelnen großen Gebilden kollabierten oder ob sie aus dem Zusammenschluß kleinerer Einheiten erwuchsen. Allerdings gibt dieser einfache Entwurf keine Auskunft darüber, aus welchen Gründen es zur Ausdifferenzierung von Spiral-, S0- und elliptischen Galaxien kam. Hinweise auf das «Was und Wann» der beteiligten Prozesse ergeben sich vielleicht aus einem Galaxienvergleich – ihrer Größe, Form und Sternenbildungsaktivität – in bezug auf die Bedingungen, unter denen man sie heute antrifft.

Noch hat sich kein klares Bild herausgeschält, doch wir wissen mittlerweile schon einiges über die Prozesse, die entweder zur Zeit der Galaxienentstehung oder in späteren Phasen ihres Lebens eine wichtige Rolle gespielt haben. Meist wird die Dikussion dabei von Begriffen bestimmt, die ursprünglich aus dem Bereich der Sozialarbeit stammen: Verdanken Galaxien ihre Eigenschaften der *Kultur* oder der *Natur*? Unter astronomischen Vorzeichen heißt das: Haben unterschiedliche *Anfangsbedingungen* dafür gesorgt, daß einige Protogalaxien sich entweder rasch zu Spiralgalaxien mit dünnen Scheiben oder zu elliptischen Galaxien mit großen Kernen beziehungsweise zu S0-Galaxien entwickelt haben, oder entstanden die Galaxien anfangs nur in einer einzigen Form, um sich dann allmählich zu den Arten zu entwickeln, die wir heute sehen, vielleicht durch den Einfluß der verschiedenen Umwelten, in denen sie leben?

Offenbar ist die Antwort nicht einfach, so wenig wie in der «Natur-Kultur-Debatte» der Verhaltenspsychologie. Es gibt Anhaltspunkte dafür, daß sowohl Bedingungen der Geburt wie der Umwelt eine Rolle spielen. Während meines Studiums in den siebziger Jahren war es üblich, die Umweltbedingungen höher zu bewerten als die Anfangsbedingungen. Dabei ging man im Grunde von einer Überlegung aus, die der Astrophysiker Jim Peebles in Princeton angestellt hatte: Die Bedingungen im gesamten Universum müssen zur Zeit der Galaxienentstehung sehr gleichförmig gewesen sein – wie aus entsprechenden Berechnungen hervorgeht, dürften über einen Zeitraum von vielen hundert Millionen Jahren nach dem Urknall die Dichte und Temperatur in dem immer noch gasförmigen Universum kaum Unterschiede von einem Ort zum anderen aufgewiesen haben. Peebles' Modell beruhte auf der Annahme, daß sich die großen Dichtekontraste – zwischen den gewaltigen Galaxienhaufen und den ungeheuren leeren Zwischenräumen – langsam und erst vor relativ kurzer Zeit entwickelt haben. Danach ist die Gravitation die Kraft gewesen, welche die vom Urknall zurückgebliebenen, leichten Dichteschwankungen verstärkt hat, indem sie dichtere Regionen noch weiter zusammenzog, so daß sie noch dichter wurden. Entsprechend haben sich dabei Regionen, die anfangs nur ein bißchen weniger Masse aufwiesen, vollständig geleert. Vergleichen lassen sich diese Dichtefluktuationen mit den wetterbestimmenden Hoch- und Tiefdrucksystemen. Allerdings lösen sich in unserer Atmosphäre solche Regionen nach anfänglichem Wachstum auf, während sich die Gravitation im Universum ungehemmt entfalten kann, so daß sich die Fluktuationen immer stärker ausprägen. Der Gedanke, daß sich die Struktur durch gravitationelle Verstärkung leichter Dichteschwankungen in einer ursprünglich gleichmäßigen Materieverteilung ausbildet, ist immer noch der Ausgangspunkt für die meisten Strukturbildungsmodelle.

Peebles' Lieblingsversion dieses Modells, die sogenannte *hierarchische Haufenbildung*, war von unten nach oben angelegt: Zunächst haben sich Sternenhaufen gebildet. Diese klumpten zu Galaxien zusammen, und die Galaxien haben sich schließlich (unter Beibehaltung ihrer individuellen Identität) zu Haufen und die Haufen zu Superhaufen zusammengeschlossen, die durch Riesenlücken getrennt sind. Nach diesem Entwurf haben die Anfangsbedingungen keine große Rolle bei der Festlegung der Galaxienart gespielt, da zu dem Zeitpunkt, als sich die Galaxien bildeten, alle eine ähnliche Umwelt gemeinsam hatten. Andererseits wissen wir, daß die Ausdifferenzierung in verschiedene Arten nicht zufällig erfolgt – elliptische und S0-Galaxien findet man heute häufiger in dichtbesiedelten Regionen, Spiralgalaxien dagegen eher in den Vorstädten. Daraus folgt, daß sich Galaxien nicht beliebig, das heißt nicht ohne Rücksicht auf ihre Umgebung, gebildet haben können; deshalb gelangten die Vertreter des hierarchischen Modells zu dem Schluß, die Umwelt müsse – zu einem späteren Zeitpunkt – an der Ausdifferenzierung zu verschiedenen Galaxienarten mitgewirkt haben.

Es gab einen ziemlich umfangreichen Datenbestand, der diese Auffassung unterstützte. Einen kleinen Beitrag dazu hat auch meine eigene Dissertation geliefert. Dabei ging es um die Verteilung der «Galaxiengröße», ein Maß, das sehr allgemein gefaßt ist: Es gibt nicht nur die physikalischen Ausmaße von Galaxien an, sondern auch ihre Leuchtkraft und ihre Masse – Größen, die in engem Zusammenhang miteinander stehen. Laut George Abell, damals Astronom an der University of California in Los Angeles, schwankt die Verteilung

Galaxienhelligkeit

der Galaxienhelligkeit wenig von einem Ort im Universum zum anderen. Sie sei, so Abell, von *universeller Form*. Zu diesem Ergebnis war Abell gekommen, nachdem er die Population von Galaxienhaufen verglichen hatte, dichte Gruppierungen von mehreren hundert Galaxien, die durch die Gravitation zusammengeschlossen sind. Mit der Entscheidung, Haufen zu untersuchen, konnte Abell bei der günstigen volumenbegrenzten Stichprobe bleiben, indem er einfach relativ kleine Raumregionen abgrenzte. Bei den Galaxien in diesen Haufen maß er sowohl den gesamten Helligkeitsbereich als auch die Galaxienzahl in jedem Helligkeitsintervall. Diese Verteilung, die sogenannte *Leuchtkraftfunktion*, entspricht in etwa der Verteilung, die die Mitglieder einer Kirchengemeinde nach Größe und Gewicht aufweisen.

Durch die Arbeit mit Haufen hatte Abell einen zusätzlichen Vorteil: Alle Galaxien in einem Haufen haben ungefähr den gleichen Abstand von unserer Galaxis. Deshalb konnte er die relative Helligkeit als ein Maß für die Leuchtkraft verwenden – die wirkliche Helligkeit. Auf diese Weise ließ sich die zusätzliche Ungewißheit vermeiden, die durch unterschiedliche Entfernungen ins Spiel kommt.

Das soll nicht heißen, daß Abells Aufgabe leicht war. Auch die scheinbare Helligkeit von Galaxien zu messen ist kein Kinderspiel. Relativ einfach ist es, die Größenklassen von Sternen zu bestimmen, denn sie sind punktartig – nahezu all ihr Licht befindet sich in einem Umkreis, der mehrere Male größer ist als die durch Turbulenzen in der Erdatmosphäre verursachten Verzerrungen. So leicht lassen sich Galaxien nicht erfassen, weil sie ausgedehnter sind – im allgemeinen haben sie keine klaren Grenzen. Zwar geht die *Flächenhelligkeit* einer Galaxie stetig zurück, wenn man den Blick vom Zentrum zur

Der Herkules-Galaxienhaufen. Bei allen ausgedehnten Objekten handelt es sich um Galaxien. Die scharfen, runden Punkte sind Sterne im Vordergrund, in der Milchstraße. (Mit freundlicher Genehmigung der Carnegie Observatories.)

Peripherie wandern läßt, doch da die Fläche um so größer wird, je weiter man zu den Rändern vordringt, trägt auch das schwächere Leuchten der Peripherie einen beträchtlichen Teil zum Gesamtlicht bei. Die Entscheidung, wann man alles erfaßt hat, hat sich als ein schwieriges astronomisches Problem erwiesen.

Als ich damit begann, die Größenklassen von Galaxien zu messen, gab es computergesteuerte Geräte, mit denen man eine fotografische Platte abtastete, um die Helligkeit an jedem Punkt des Bildes zu messen. Für mein Promotionsprojekt habe ich an der Entwicklung eines solchen Gerätes mitgewirkt: Wir haben einen alten Meßapparat mit einem neuen Computer verbunden – einem Riesenrechner nach heutigen Maßstäben. Mit der Intensitätskarte, die ein solches Gerät produzierte, ließ sich das gesamte Licht eines Galaxienbildes summieren – zumindest konnte man zuverlässige Verfahren finden, um einen großen Bruchteil davon zu erfassen. Diese Scannertechnik bedeutete eine ausreichende Verbesserung gegenüber der Methode, die Abell zehn Jahre früher benutzt hatte, um seine Schlußfolgerung, daß die Verteilung der Galaxienhelligkeit in reich bevölkerten Haufen universell ist, einer erneuten Überprüfung zu unterziehen. Zwölf der «reichsten» Haufen wählte ich aus einem Katalog aus, den Abell selbst für *seine* Dissertation zusammengestellt hatte, als er jede neue Fotografie, die aus der Dunkelkammer des Palomar-Sky-Atlas auftauchte, mit bloßem Auge untersuchte – ein umfangreiches Projekt, das sein ganzes Beobachtungsgeschick forderte. Dieser Katalog, aus dem gleichen fotografischen Atlas zusammengestellt, den unsere Gruppe jetzt benutzte, um elliptische Galaxien auszuwählen und zu untersuchen, bildete noch immer die wichtigste Quelle für die Untersuchung von Haufensystemen.

Abells Experiment, das ich jetzt mit einer verbesserten Technik wiederholte, entsprach dem Versuch, eine zufällige Stichprobe von Menschen aus verschiedenen Ländern in aller Welt zusammenzustellen, um zu prüfen, ob es signifikante Unterschiede in der Verteilung von Größe und Gewicht gibt, die sich beispielsweise auf Unterschiede in der Vererbung oder Ernährungsweise (Natur oder Kultur) zurückführen ließen. Nach dreijähriger Arbeit gelangte ich schließlich zu dem Schluß, daß Abell recht hatte – die Varianz war erstaunlich gering. Damals war ich ziemlich enttäuscht, daß sich nur bestätigte, was bereits bekannt war, doch die Erkenntnis, daß die Überprüfung vorhandener Ideen mit besseren Daten entscheidend für den wissenschaftlichen Prozeß ist, erwies sich letztlich als ein wichtiger Aspekt meiner Ausbildung.

Zwar entdeckte ich von Haufen zu Haufen gewisse Unterschiede in der Leuchtkraft der durchschnittlichen Galaxie, aber die Schwankung der Leuchtkraftverteilung überschritt nie einen Faktor von zwei, ein geringer Wert, bedenkt man, daß die Gesamtstreuung mehrere hundert beträgt. Wir müssen uns das so vorstellen, als fände man in der Körpergröße von Menschen eine Streuung von einem halben bis zu zweieinhalb Metern, während die durchschnittliche Größe von Land zu Land jedoch nur eine Schwankung von weniger als einem halben Zentimeter aufwiese. Eine so geringe Abweichung bei einer derartigen Streuung spräche beispielsweise gegen jede Hypothese, die von einem Zusammenhang mit der Ernährungsweise oder dem Klima ausginge. Für die Galaxien schien das Ergebnis eine ähnliche Bedeutung zu haben: Von Ort zu Ort haben Galaxien die gleiche Verteilung in Größe und Helligkeit, als seien sie alle auf sehr ähnliche Weise entstanden – was der damals vorherrschenden Ansicht entsprach, die Peebles und andere vertraten.

Allerdings ist diese Beständigkeit etwas irreführend. Zwar mag die Abweichung in Größe oder Leuchtkraft gering sein, doch die relativen Anteile der verschiedenen morphologischen *Typen* weisen erhebliche Unterschiede von Ort zu Ort auf. In bevölkerten Regionen, etwa den dicht besetzten Haufen, herrschen elliptische und S0-Galaxien vor, während Spiralgalaxien selten sind; dagegen trifft man in den dünnbesiedelten Gebieten zwischen Gruppen und Haufen am häufigsten Spiralgalaxien an. Alles in allem verhält es sich mit der Universalität der Leuchtkraftfunktion und der Schwankung der morphologischen Typen, als untersuche man die Größenverteilung und stelle fest, daß das Verhältnis (Zahl der Frauen) / (Zahl der Männer) erhebliche Schwankungen zeigt, während die Größenverteilungen unverändert bleiben.

Diesen Zusammenhang zwischen Galaxientypus und Umwelt hatte

man bereits in den dreißiger Jahren erkannt, und in den fünfziger Jahren führten ihn einige Astronomen als Beleg für das Argument an, daß die Kultur und nicht die Natur entscheidend für das Zustandekommen verschiedener Galaxienarten sei. In diesen extrem dicht besiedelten Regionen käme es, so meinten sie, zu seitlichen oder sogar frontalen Kollisionen zwischen Galaxien, die ihr Erscheinungsbild dauerhaft verändern würden. Später entdeckte man, daß sich die Galaxien reich besiedelter Haufen in einem Meer von extrem heißem Gas bewegen, das im Kern des Haufens eine relativ hohe Dichte annimmt. Daraufhin entwickelte man die Hypothese, dieser heftige, heiße Wind habe tiefgreifende Folgen für Spiralgalaxien, er entreiße ihren Scheiben nämlich das Gas und den Staub, die für die Fortdauer der Sternenbildung erforderlich seien.

Im Kontext dieser Beziehung zwischen Galaxienart und Umwelt erlebte ich erstmals jene Entdeckerlust, die einen Wissenschaftler für Jahre mühseliger Beschäftigung mit Ideen und Messungen entschädigen kann. Ich fand einen neuen und unerwartet engen Zusammenhang zwischen der Mischung von Galaxienarten und der Besiedelungsdichte ihrer unmittelbaren Umgebung. Diese Entdeckung rief in mir eine Freude, Begeisterung und Befriedigung hervor, wie ich sie nur ganz selten erlebt habe. Von der Energie, die ich daraus für meine wissenschaftliche Arbeit gewann, zehre ich noch heute.

Begonnen hatte die Arbeit 1976, als ich an die Carnegie Institution kam, die damals zusammen mit dem Fachbereich Astronomie des California Institute of Technology (Caltech) die Hale Observatories betrieb. Ich hatte ein zweijähriges Postgraduierten-Stipendium der Carnegie Institution, für das ein nachdrückliches Empfehlungsschreiben von Sandy Faber, deren wissenschaftlicher Stern gerade im Aufgehen war, offenbar den Ausschlag gegeben hatte – ein unglaublicher Glücksfall, wie ich fand. Schon als Kind hatte ich von den Observatorien auf dem Mount Wilson und dem Mount Palomar gehört; daß ich eines Tages mit den Wissenschaftlern zusammenarbeiten würde, die am vermutlich wichtigsten Zentrum der beobachtenden Astronomie tätig waren, um vielleicht sogar Instrumente

Forschung an der Carnegie Institution 105

wie das riesige 508-Zentimeter-Teleskop vom Mount Palomar zu bedienen, hatte ich mir nie träumen lassen, geschweige denn in meinen beruflichen Plänen berücksichtigt.

Bewerber für Carnegie-Stipendien müssen Entwürfe ihrer beabsichtigten Beobachtungsprojekte einreichen. Für die anderen Stipendien, um die ich mich beworben hatte, war das nicht erforderlich, und mir grauste vor der Aufgabe. Wenn sich Studenten jahrelang auf ihre Dissertationen konzentriert haben, leiden sie manchmal unter einer starken Einengung ihres Blickfeldes. In dem Bemühen, in einem sehr begrenzten Bereich zum Experten zu werden, verliert man sehr leicht den Überblick auf seinem Fachgebiet, den man in Dutzenden von Seminaren und Vorlesungen mühsam erworben hat. Zwar ist dieser wissenschaftliche Gedächtnisverlust nur von vorübergehender Dauer, doch ich hatte ihn noch nicht überwunden, als ich aufgefordert wurde, ein neues Projekt für das Carnegie-Stipendium vorzuschlagen. Die erforderliche Therapie verabreichte mir Sandy. Eines Nachmittags ging ich nervös in ihrem winzigen Büro auf und ab, während sie mir eine Reihe von einfachen, aber präzisen Fragen stellte, die mich veranlaßten, Revue passieren zu lassen, was in der Forschung über Galaxienhaufen hinreichend bekannt und was noch unzulänglich untersucht war. Überrascht nahm ich zur Kenntnis, wie schnell unser Gespräch sich den wesentlichen Aspekten zuwandte: den spärlichen Informationen, die über die morphologischen Typen von Galaxien in Haufen vorlagen, und der Erkenntnis, daß das neue Irénée-du-Pont-Teleskop der Carnegie Institution, das scharfe Weitwinkelaufnahmen lieferte, genau das richtige Instrument war, um die erforderlichen Daten zu sammeln. Dieses Gespräch habe ich nicht vergessen. Seither habe ich nie wieder unter einem Mangel an Projektideen gelitten, sondern mich immer nur der weit angenehmeren Aufgabe gegenüber gesehen, die interessantesten und aussichtsreichsten Probleme auszuwählen und die übrigen zu verwerfen.

Mein Forschungsprojekt bestand darin, große Himmelsregionen zu fotografieren, die Haufen enthalten, und die Galaxien nach ihrem Typ zu klassifizieren. Damit fand das neue Instrument eine ideale Anwendung, was bei der Vergabe des Stipendiums sicherlich eine

Rolle gespielt hat. Als ich im August 1977 begann, war das Du-Pont-Teleskop gerade in Betrieb genommen worden, und noch waren nicht alle seine Instrumente und Detektoren einsatzbereit. Wer also wie ich das Teleskop als Kamera verwenden wollte, indem er riesige fotografische «Glasplatten» von 58 × 58 Zentimetern im Fokus montierte, dem wurden großzügige Nutzungszeiten zur Verfügung gestellt. Nach zweieinhalb Jahren und ungefähr dreißig Beobachtungsnächten hatte ich gute Platten von fünfundfünfzig dichtbesiedelten Haufen. Es handelte sich um Tiefenfotografien von Galaxienhaufen, wie die Platten, die ich für mein Promotionsprojekt belichtet hatte; doch jedes Foto erfaßte eine viermal so große Himmelsfläche, und vor allem waren die Bilder dreifach vergrößert. So war ich in der Lage, die Spiralarme, Scheiben und Kerne zu erkennen, anhand deren sich die Galaxien in verschiedene morphologische Typen unterteilen lassen.

Wieder in meinem Büro in Pasadena, starrte ich bis zur Bewußtlosigkeit – sechs bis acht Stunden pro Tag, fast ein halbes Jahr lang – durch ein Okular, bis ich etwa 6000 Galaxien in diesen Haufen kartiert, einem morphologischen Typ zugeordnet und nach geschätzter Größenklasse eingeordnet hatte. Die Resultate wurden (mittels der inzwischen in Vergessenheit geratenen Lochkarten) in den Computer eingegeben, so daß sich große Datenmengen rasch miteinander vergleichen und bearbeiten ließen, um mögliche Muster oder Korrelationen zu erkennen.

Schon ein paar Tage Arbeit mit den Platten überzeugten mich davon, daß meine Vorgänger mit ihrer Vermutung recht hatten: Elliptische und S0-Galaxien sind zahlreicher in Haufen, vor allem in ihren dichten Zentralkernen. Allerdings hatte ich mir das Ziel gesetzt, nach spezifischeren Beziehungen zu suchen, die möglicherweise darüber Aufschluß gaben, warum dies so war. Bei kleineren Stichproben mit Daten von geringerer Qualität hatten einige Kollegen faszinierende Hinweise gefunden. So hatte Gus Oemler 1976 in einer Dissertation am Caltech die Hypothese aufgestellt, verschiedene Galaxienarten träten in nahezu festen Verhältnissen in verschiedenen Haufen auf – beispielsweise bei einem Haufentyp die Spiral-, elliptischen und S0-Galaxien im Verhältnis 2:1:2, wobei zwei andere Haufentypen angeblich andere feste Verhältnisse aufwiesen. Eine derartige Regelmäßigkeit vermochte ich in meiner Stichprobe zwar nicht festzustellen, fragte mich aber, ob es daran liegen könnte, daß diese Verhältniszahlen in hohem Maße von der Festlegung der Haufenaußengrenzen abhängig sind. Wie die Galaxien selbst sind Haufen im Zentrum sehr dicht, weiter vom Kern entfernt jedoch dünn, bis sie unmerklich in den Galaxienhintergrund des allgemeinen Feldes übergehen. Tatsächlich haben der Caltech-Astronom Wallace Sargent und sein damaliger Student Jorge Melnick für die Population einen «Radialgradienten» festgestellt: In Haufenzentren sind elliptische und S0-Galaxien am häufigsten, während mit wachsendem Abstand vom Kern die Spiralgalaxien langsam, aber stetig überhandnehmen, bis sie das Bild fast ebenso beherrschen wie im allgemeinen Feld. Deshalb hängen Oemlers Verhältniszahlen, die die «globale» Populationsmischung beschreiben, davon ab, wo man die äußere Grenze zieht, aber die Unregelmäßigkeit vieler Haufen bedeutete, daß jede Festlegung einerseits wichtig und andererseits ziemlich willkürlich sein mußte. Auch konnte ich nicht feststellen, daß das Modell des Radialgradienten von Melnick und Sargent konsistent war. In manchen Haufen, besonders in solchen mit runden, symmetrischen Strukturen – riesigen Galaxienkugeln –, zeigten sich ausgeprägte Gradienten, während sie in weniger organisierten Haufen nicht so deutlich zutage traten. Diese und andere Versuche verliefen also enttäuschend für mich, so daß ich mich fragte, ob es überhaupt eine starke, wiederholbare Korrelation eines Galaxientyps mit einer bestimmten Position, Lokalisierung oder Umgebung gab.

Es gab sie. Als entscheidend erwies sich, die Parameter zu verlassen, die mit den *globalen* Eigenschaften des Haufens zu tun hatten, also mit den Verhältnissen der Gesamtpopulation oder der Entfernung vom Haufenzentrum, und statt dessen nach *lokalen* Parametern zu suchen. Während der Monate, in denen ich die Platten musterte, war mir häufig aufgefallen, daß in dichten Klumpen stets elliptische und S0-Galaxien vorherrschten, mochte die Verteilung der Haufengalaxien ansonsten noch so chaotisch sein. Das galt auch, wenn nur ein paar Galaxien betroffen waren, und zwar unabhängig von globalen Parametern wie der Entfernung vom Haufenzentrum oder der Gesamtzahl der Galaxien im Haufen. Ich begann mich zu fragen, ob die rein lokale Umgebung der entscheidende Faktor sein könnte, war mir allerdings sehr wohl bewußt, daß ich da mit einem ziemlich ketzerischen Standpunkt liebäugelte. Erst als ich jeden anderen Ansatz, der mir einfiel, erwogen hatte und auf keine überzeugende Lösung gestoßen war, kehrte ich zu dieser Überlegung zurück.

So berichtete ich meinem Kollegen Stephen Shectman von dem Plan, ein Computerprogramm zu schreiben, das die Dichte der unmittelbaren Umgebung jeder Galaxie bestimmen sollte, um zu sehen, ob sich dabei bessere Korrelationen mit dem morphologischen Typ ergaben. Er war der Meinung, die Suche nach einer solchen Korrelation sei vermutlich Zeitverschwendung. Daß Shectman von meiner Idee nichts hielt, entmutigte mich – ich schätzte seine Meinung, denn er ist sehr intelligent. Nachdem ich einen Tag lang gezögert hatte, beschloß ich, es dennoch zu versuchen – vor allem, weil mir einfach nichts anderes mehr einfiel.

Einige Tage später begann der Rechner kurz vor Mitternacht die Ergebnisse für die Hälfte der Daten auszuspucken. Ich hatte den Computer so programmiert, daß er berechnete, wie nah jede Galaxie sich an ihren zehn nächsten Nachbarn befand, um dann festzustellen, wie häufig verschiedene Galaxienarten bei verschiedenen «Dichteniveaus» zu finden waren. 1979 steckte die Computergraphik noch in den Kinderschuhen, deshalb begann ich die Zahlenreihen auf dem Ausdruck in ein Diagramm zu übertragen. Der erste Punkt stellte die geringste Dichte dar – im Durchschnitt nur eine Galaxie in einem imaginären Würfel mit einer Kantenlänge von drei Millionen Lichtjahren. In so dünn besiedelten Gegenden weisen ungefähr 80 Prozent der Galaxien Spiralform auf, etwa 10 Prozent elliptische Gestalt, und weitere 10 Prozent gehören zur S0-Gattung. Als ich anschließend Punkte für immer dichter besiedelte Umgebungen eintrug, zeichnete sich ein starker Rückgang im Prozentsatz der Spiralgalaxien ab – auf 50 Prozent bei einer Dichte von zehn Galaxien im Würfel, auf 20 Prozent bei hundert Galaxien im Würfel und auf null bei noch höheren Dichten. Mit dem prozentualen Rückgang der Spiralgalaxien

Die Morphologie-Dichte-Beziehung 109

steigt zunächst der Prozentsatz des S0-Typus an, dem bei höheren Dichten der der elliptischen Galaxien folgt, bis die beiden letzteren Arten in etwa gleich verteilt sind und jeweils ungefähr 45 Prozent der Population stellen. Diese Prozentsätze werden bei sehr dichter Besiedlung erreicht, wenn die Galaxien nur noch durch das Ein- bis Zweifache ihrer Größe getrennt sind.

Ich war begeistert von dieser vorzüglichen Korrelation – die Abhängigkeit der Morphologie von der *lokalen* Dichte war weit größer als bei irgendeinem der zuvor ausprobierten globalen Parameter, und sie war das bei weitem sauberste Resultat, das ich je in einem meiner Projekte erzielt hatte. Am nächsten Tag hatte ich das Gefühl zu schweben; ich befand mich in einem Zustand höchster Euphorie, während ich ungeduldig das Urteil des Computers über die zweite Hälfte der Daten erwartete. Die bekam ich noch am gleichen Abend, und ich konnte ein Zittern kaum unterdrücken, als ich die neuen Punkte ins Diagramm eintrug. Fast exakt deckten sie sich mit den anderen. Nun vermochte ich mit meiner Freude über dieses deutliche und bisher unbemerkte Muster der Natur nicht mehr an mich zu halten, und zwei Tage lang trug ich die Neuigkeit durch alle Büros des Fachbereichs Astronomie am Caltech. Dabei stieß ich auf Interesse und Ermutigung bei meinen Kollegen, die ebenso überrascht und erfreut zu sein schienen wie ich.

Das Resultat, das zur Befriedigung meiner Eitelkeit gelegentlich Dressler-Effekt genannt wird, war ein wichtiger Beitrag zur Kultur-Natur-Debatte, konnte sie allerdings keineswegs entscheiden. Ich vertrat die für viele Kollegen überzeugende Auffassung, daß in diesen Populationsunterschieden die außerordentliche Empfindlichkeit der Galaxienbildung für die Dichte der *frühen* Umgebung zum Ausdruck komme. Man könnte meinen, das spräche für die Kultur-These, doch für die Galaxien bedeuteten Umgebungsunterschiede zur Zeit ihrer Entstehung genau das, was wir unter «Natur» verstehen. Diese Empfindlichkeit gegenüber der frühen Umgebung hat wahrscheinlich etwas damit zu tun, welchen Drehimpuls eine Galaxie erwirbt und inwiefern dieser von der Nähe der Nachbarn abhängt (Spiralgalaxien erhalten einen starken *Drehimpuls*, elliptische Galaxien dagegen nur

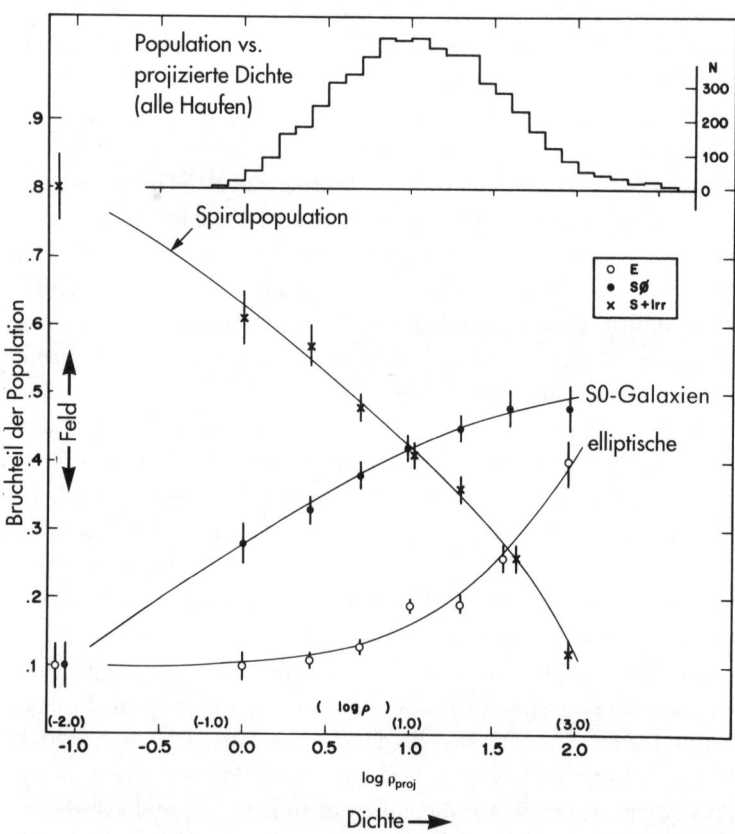

Die Korrelation zwischen Galaxientyp und Umgebung, die «Morphologie-Dichte-Beziehung». Mit zunehmender Besiedlung der Region sinkt der Prozentsatz der Spiralgalaxien, während die Prozentsätze für den elliptischen und den S0-Typus ansteigen. (*Astrophysical Journal*, Bd. 236, 1980, S. 351.)

einen sehr geringen) oder wie schnell der Kollaps der ursprünglichen Gaswolke in einer Region von größerer Dichte stattfindet (elliptische Galaxien stürzen rascher in sich zusammen und verwandelten ihr Gas deshalb früher in Sterne) oder mit beidem. Unlängst haben vielversprechende Computersimulationen der Galaxienentstehung gezeigt, daß ein geschlossener Kollaps der Gaswolke eine rotierende Spiralgalaxie hervorruft. Doch wenn die Kontraktion chaotisch ist und viele Untereinheiten erzeugt, dann heben sich die Drehmomente dieser Einheiten bei ihrer sukzessiven Verschmelzung gegenseitig auf, so daß es zur Geburt einer langsam rotierenden elliptischen Galaxie kommt.

Meine Entdeckung, daß es eine enge Korrelation zwischen Galaxientyp und der Besiedelungsdichte der Umgebung gibt, konnte die Frage «Natur oder Kultur?» allein nicht beantworten, doch sie entschlüsselte ein weiteres Wort in diesem kosmischen *Jeopardy*-Spiel. In nicht allzu ferner Zukunft wird sich uns die Formel für die Galaxienbildung ganz erschließen.

Roberto Terlevich meinte, er habe ein weiteres entscheidendes Stück für das Puzzle der Galaxienentstehung gefunden. Merkwürdigerweise stammte es nicht aus einer Studie, die sich mit einem Objekt von wenigstens den Ausmaßen einer elliptischen Galaxie beschäftigte, sondern aus einer Untersuchung, die die vergleichsweise winzigen Sternensysteme zum Gegenstand hatte – Systeme, die noch dazu häufig weit von jeder größeren Galaxie entfernt sind. Diese Minigalaxien sind Regionen intensiver Sternenbildung – wie der Orionnebel, aber hundert- bis tausendmal größer. Der Name *H-II-Galaxien* sagte Terlevich zu: H-II ist die Bezeichnung für ionisiertes Wasserstoffgas, und die Emissionslinien von leuchtendem Wasserstoffgas sind die auffälligsten Merkmale im Spektrum einer Region, die von jungen Sternen erwärmt wird. Nach Terlevichs Ansicht waren möglicherweise diese Galaxien und nicht die des elliptischen Typus die einfachsten Beispiele für die Galaxienbildung – Miniaturgalaxien, beobachtet bei der Bildung ihrer ersten und vielleicht einzigen Sternengeneration.

Seiner Arbeit war Terlevich so leidenschaftlich zugetan wie allen anderen Bereichen seines Lebens. Bis er sich mit der Geburt von Galaxien beschäftigen konnte, hatte er mehr und schwierigere Hindernisse überwinden müssen als irgendein anderer Astronom, den ich kenne, Erfahrungen, die bei ihm eine merkwürdige Mischung aus Freundlichkeit und Rebellion hinterlassen haben. In unserer Gruppe war kaum jemand so aufmerksam und hilfsbereit wie er. Vielleicht hat Roberto, weil er selbst eine Menge durchgemacht hat, so viel Verständnis für die Schwächen seiner Freunde, vielleicht paßt er sich deshalb so gut an und läßt sich nicht unterkriegen. Mit einem gewinnenden Lächeln begrüßt er einen mit festem Händedruck und läßt bei dem geringsten Zeichen der Ermutigung eine südländische Umarmung folgen. Es fällt einem wahrlich nicht schwer, ihn zu mögen.

Doch Roberto ist auch ein Bilderstürmer. In wissenschaftlichen oder politischen Diskussionen bekommt er feurige Augen und kann sich über viele Themen ereifern. Dabei scheinen ihn «angepaßte» Erklärungen zu langweilen. Nie sind seine Ideen konventionell, und das Weltbild eines anderen zu bestätigen oder zu unterstützen findet er offensichtlich lange nicht so interessant wie Neuland zu beschreiben. Es ist kein Zufall, daß Roberto den entscheidenden Anstoß zu unserem Projekt gab. Es liegt in seinem Temperament, eigene Wege zu beschreiten und andere dazu anzustiften, ihm zu folgen.

«Beide Eltern waren von sehr bescheidener Herkunft», sagt Roberto. «Mein Vater wurde kurz vor dem großen Krieg in San Lorenzo geboren, einem sehr alten, sehr kleinen Dorf auf der Halbinsel Istrien – ein italienischer Ort, obwohl er damals zu Österreich gehörte. 1929, nachdem er sich viele Jahre vergeblich bemüht hatte, für seinen Lebensunterhalt selbst aufzukommen, wanderte er nach Argentinien aus, wo er meiner Mutter begegnete, einer mittellosen Witwe mit zwei Kindern, die aus Portugal eingewandert war.

1942 wurde ich geboren und verbrachte meine gesamte Kindheit in einem Arbeiterviertel. Mein Vater war Taxifahrer und meine Mutter Hausfrau. Die Grundschulzeit war äußerst langweilig, und ich wurde eine Art Rebell. Als Teenager entwickelte ich eine Vorliebe für Physik und Astronomie. Doch erst auf der Universität fand ich Freude an der Arbeit.

Große Bedeutung hatte damals ein Mathematiklehrer für mich, der meine Einstellung zur Wissenschaft völlig veränderte. Vierzehn war ich damals und begann mich gerade für Astronomie zu interessieren. Ich trat in die Gesellschaft für Amateurastronomie in Buenos Aires ein, baute schon bald darauf mein erstes Teleskop und verschlang alle astronomischen Bücher, die ich in die Finger bekam. Ein Riesenproblem waren meine schlechten Englischkenntnisse. So war ich auf Übersetzungen anderer Amateurastronomen angewiesen, um mich über neuere Entwicklungen zu informieren.

Als ich die Schule beendet hatte, wußte ich nicht so recht, was ich tun sollte. Einerseits war ich sehr interessiert an Astronomie. Doch die konnte man in Buenos Aires nicht studieren. Das ging nur in La Plata [sechzig Kilometer östlich von Buenos Aires] und Córdoba [sechshundert Kilometer westlich], und ich war finanziell darauf angewiesen, bei meinen Eltern zu leben. Gleichzeitig drängten sie mich, Maschinenbau oder Wirtschaft zu studieren, obwohl ich dazu keine Lust hatte.

Ein Jahr lang arbeitete ich in einer Versicherungsgesellschaft. Das war interessant, und ich verdiente viel Geld. Doch im folgenden Jahr mußte ich meinen Wehrdienst ableisten, was in der Eliteeinheit Granaderos, der Präsidentengarde, geschah. Dort erlebte ich einen Staatsstreich, kämpfte auf seiten des rechtmäßigen Präsidenten, wurde von der argentinischen Luftwaffe bombardiert und verwundet. Wir verloren, und der Präsident mußte gehen, aber wir blieben. Damals wurde mir klar, wie unsicher das Leben ist, und ich beschloß, meiner Berufung zu folgen und Astronomie zu studieren.

Daß ich an die Universität ging und Astronom wurde, hatte ich in erster Linie dem Einfluß Nobertos, meines ältesten Schwagers, zu verdanken. Ich glaube, er hat als einziger erkannt, was in mir steckte. Wahrscheinlich liegt das daran, das er von allen meinen Verwandten, auch den entfernten, als einziger die Universität besucht hat. Er war ein sehr erfolgreicher Topmanager bei einer großen Finanzgesellschaft, und er drängte mich stets, etwas aus meinen geistigen Fähigkeiten zu machen. Noberto nahm großen Anteil an meinen schulischen Leistungen und war immer bereit, auf vielerlei Weise zu helfen. An der Universität hatte ich zum erstenmal das Gefühl, etwas zu tun, was schwierig war und die Mühe lohnte.

Nachdem ich den Wehrdienst hinter mir hatte, nahm ich also an den Einführungskursen an der Universität La Plata teil und bestand die Zulassungsprüfungen. Das erste Jahr war eine Offenbarung für mich. Es war aufregend – der neue Wissensstoff und das Empfinden, daß das Gehirn auf Hochtouren lief. Die große Überraschung kam, als ich alle Prüfungen nach Abschluß des ersten Studienjahrs mit Auszeichnungen bestand – das hatte ich nicht erwartet. Nach dem ersten Jahr war ich aber auch pleite, und ich bekam eine Stellung als Teleskoptechniker am La-Plata-Observatorium. Dafür erhielt ich ein Gehalt und, vielleicht noch wichtiger, ein Zimmer für mich (bisher war ich jeden Tag als Pendler zwischen Buenos Aires und La Plata hin und her gefahren). Ich baute technische Geräte der verschiedensten Art – von photoelektrischen Systemen bis hin zu Kuppeln für Teleskope. Es war eine schöne Zeit.

Nach dem ersten Examen bot man mir eine befristete Stellung am neugegründeten Instituto de Astronomía y Física del Espacio, IAFE [Institut für Astronomie und Weltraumphysik], in Buenos Aires an. Das Gehalt war eher bescheiden, die Forschungsgruppe aber ausgezeichnet. Deshalb nahm ich das Angebot an, obwohl ich mit meiner Frau Elena in La Plata lebte, sechzig Kilometer östlich von Buenos Aires, was zur Folge hatte, daß ich jeden Tag ungefähr vier Stunden unterwegs war, um zur Arbeit und zurück zu kommen. Den größten Teil der Zeit war ich damit beschäftigt, neue Instrumente zu entwickeln. Mein erstes Projekt war der Entwurf und Bau eines automatischen Zweikanal-Photometers.»

Roberto und Elena, die ebenfalls Astronomie in La Plata studierte, hatten mit äußeren Schwierigkeiten zu kämpfen, fanden aber Erfüllung in ihrer Tätigkeit. Politisch war es eine schwierige Zeit für Argentinien: Nachdem das Land in dreißig Jahren zwölf verschiedene Regierungen erlebt hatte, die meisten durch Militärputsche an die Macht gekommen, war der Populist Juan Perón aus dem Exil zurückgekehrt, um den Streit zwischen Stadt- und Agrarpartei zu schlichten. Auch Roberto und Elena beteiligten sich an den Auseinandersetzungen. Empört über die unzumutbaren Bedingungen, unter denen junge Wissenschaftler arbeiten mußten, wurden sie gewerkschaftlich aktiv, um Abhilfe zu schaffen.

Wie andere Versöhnungsversuche zuvor war auch diesem nur kurze Dauer beschieden. «Mit dem Junta-Putsch im März 1976», erinnert Roberto sich, «wurden Leute wie ich zum Freiwild für paramilitärische Gruppen, die das Land durchkämmten. Elena, die eine feste Anstellung als Dozentin am La-Plata-Observatorium hatte, wurde ohne Erklärung entlassen. Wenige Monate später verlor auch ich meine Stellung; wieder gab es keine Erklärung. Wir sollten aufhören, nach Erklärungen zu verlangen, teilte man uns mit – andernfalls könne man nicht für unsere Sicherheit garantieren. Gleichzeitig begannen viele unserer Freunde zu ‹verschwinden›.

Also beschlossen wir, das Land zu verlassen und unsere Arbeit im Ausland fortzusetzen. Viele Universitäten schrieben wir an und baten um Hilfe. Die einzige Antwort erhielten wir von Martin Rees, der uns zu einem Besuch nach Cambridge einlud. [Rees ist ein renommierter theoretischer Astrophysiker, der sich für die verschiedensten astronomischen Themen interessiert.] Er war durch einen seiner Studenten – Juhan Frank, der mit mir am IAFE gearbeitet hatte, bevor er nach Cambridge gegangen war, um zu promovieren – über die schwierigen Verhältnisse in Argentinien informiert.»

Aus der Heimat geflohen, im ungewissen über das Schicksal ihrer weniger glücklichen *desaparecido* Freunde, waren sich Roberto und Elena darüber im klaren, daß sie wahrscheinlich nie wieder nach Argentinien zurückkehren würden. Die ersten Monate in Cambridge waren eine Zeit schwierigster Anpassung für sie und ihre beiden Kinder, doch die akademische Gemeinschaft in Cambridge nahm sie freundlich auf und bot ihnen eine sichere neue Heimat. Nach kurzer Zeit hatten sie beide einen Platz in den Promotionskursen gefunden. Im ersten Jahr mußten sie sich das Geld für die Gebühren noch von ihren Verwandten zusammenborgen, doch schließlich erhielten Roberto wie Elena Stipendien. Beide machten sie ihren Doktor, bekamen anschließend Forschungsaufträge und schließlich feste Anstellungen in England.

Roberto wählte sich Jorge Melnick, einen jungen chilenischen Astronom, der am Caltech bei Wallace Sargent promoviert hatte, als Doktorvater. Gemeinsam suchten sie nach Regelmäßigkeiten in den Eigenschaften sehr junger und sehr alter Sternensysteme, um Hinweise auf ihre Entstehung zu finden. Terlevich hatte sich vor allem auf drei Parameter konzentriert, die er im Spektrum dieser Systeme gemessen hatte: die Geschwindigkeit der Galaxie im Rahmen der Hubble-Expansion (ihre Rotverschiebung), die charakteristischen Geschwindigkeiten von Sternen und Gasen *in* der Galaxie (was Astronomen als *Geschwindigkeitsdispersion* bezeichnen) und den anteiligen Gehalt an schweren Elementen (das *Metallvorkommen*). Dabei maß er die Helligkeit jedes Objekts mit einem Photometer, den er im Brennpunkt eines Teleskops angebracht hatte. Mit Hilfe der gemessenen Helligkeit errechnete er dann die Leuchtkraft (die wahre Energieabgabe), indem er sie mit einer Entfernungsschätzung kombinierte, die er erhielt, indem er die Hubble-Beziehung zwischen Rotverschiebung und Entfernung zugrunde legte.

Die interessantesten Ergebnisse lieferten die sehr jungen Systeme, die H-II-Galaxien. Zunächst entdeckte Roberto eine grobe Korrelation der Leuchtkraft sowohl mit der Geschwindigkeitsdispersion als auch der Metallhäufigkeit. Daß es eine solche Korrelation zwischen Leuchtkraft und Geschwindigkeitsdispersion gab, war nicht sonderlich überraschend, weil man – das lag nahe – davon ausging, daß ein leuchtkräftigeres System mehr Gas und Sterne enthält. Die größere Gravitation, die durch diese größere Masse ausgeübt wurde, mußte logischerweise dafür sorgen, daß sich Sterne und Gase rascher bewegten. Wie bei einer so vereinfachten Argumentationsweise nicht anders zu erwarten, war die Korrelation, die Roberto tatsächlich zwischen Geschwindigkeitsdispersion und Leuchtkraft entdeckte, nicht sehr hoch. Zwar hatte die Beziehung, die sich zwischen Leuchtkraft und Metallvorkommen ergab, eine größere Streuung, aber es zeigte sich zumindest eine erkennbare Tendenz. Überrascht war Roberto über eine Korrelation zwischen den Abweichungen von den beiden Beziehungen – jede einzelne H-II-Galaxie wich in beiden Beziehungen auf die gleiche Weise ab.

Von Streuung sprechen wir, wenn Datenpunkte von einer idealen Beziehung wie einer geraden Linie oder einer einfachen Kurve abweichen. Ursache ist ein Meßfehler oder das Unvermögen einer Variablen allein, eine andere vollständig vorherzusagen (so wie die Größe eines Menschen allein kein ausreichender Vorhersagefaktor für sein Gewicht ist). In diesem Falle wußte Roberto, daß die Meßfehler erheblich geringer als die Streuung waren – sie waren nicht verantwortlich zu machen. Wenn er also die Beziehung zwischen Leuchtkraft und Geschwindigkeitsdispersion idealisierte, indem er eine gerade Linie durch die weitgestreuten Datenpunkte zog (und so bei jedem Leuchtkraftwert einen einzigen Wert für die Geschwindigkeitsdispersion vorhersagte), dann schrieb er die Abweichungen von dieser einfachen Linie realen physikalischen Unterschieden der H-II-Galaxien zu. Genauso verfuhr er mit der Beziehung zwischen Metallvorkommen und Leuchtkraft. Aufmerksam war Roberto durch folgenden Umstand geworden: Wenn die Geschwindigkeitsdispersion einer H-II-Galaxie höher war als durch die einfache Gerade vorhergesagt, dann war auch ihr Metallvorkommen größer als durch die Gerade vorhergesagt, die der Beziehung zwischen Metallvorkommen und Leuchtkraft entsprach. Natürlich galt auch das Umgekehrte: War die Geschwindigkeitsdispersion geringer als erwartet, galt dies auch für das Metallvorkommen.

Roberto versuchte zu erklären, warum sich das so verhielt. Aus einer überdurchschnittlichen Geschwindigkeitsdispersion gehe hervor, so seine Hypothese, daß die betreffende H-II-Galaxie eine geringere Größe aufweise, als es bei Objekten dieser Leuchtkraft in der Regel der Fall sei, woraus man schließen könne, daß die Sterne in einem System, in dem sie dichter zusammengedrängt seien, auch größere Gravitationskräfte aufeinander ausübten, was sie wiederum veranlasse, sich rascher zu bewegen. In solchen Fällen sagen Astronomen, die Sternensysteme seien «enger verbunden». Liegt das höhere Metallvorkommen solcher Systeme vielleicht daran, daß infolge der größeren Gravitation das angereicherte Gas aus Supernovaexplosionen besser festgehalten wird?

Tatsächlich war dieser Gedanke nicht ganz neu. Das Metallvorkommen sehr kleiner Galaxien – man nennt sie Zwerggalaxien* – ist außerordentlich niedrig im Vergleich zu Riesensystemen wie der Milchstraße oder Andromeda. Da es sich um spärlich besiedelte Sternensysteme mit einer sehr geringen Materiedichte handelt, ist ihre Gravitation möglicherweise zu schwach, um das Gas von Supernovä zu halten – das Gas, das den Anteil an schweren Elementen, Metallen, steigern würde. Besonders interessant waren Robertos Beobachtungen, weil sie diese Idee direkt zu belegen schienen: Wenn alle anderen Bedingungen gleich waren, schienen enger verbundene Systeme besser in der Lage zu sein als weniger eng gebundene, ausgestoßene Gase festzuhalten.

Obwohl es sich in dieser Hinsicht nur um eine Erweiterung des konventionellen Denkens handelte, enthielt Robertos Interpretation ein radikales Element, das typisch für ihn war. Er äußerte die Hypothese, daß H-II-Galaxien gravitationsgebundene Systeme seien – das war erforderlich, wenn die Geschwindigkeiten der Sterne eng mit der Gesamtmasse des Systems korrelieren sollten. Diese Vermutung stieß auf weitverbreitete Skepsis, da sie dem Gedanken widersprach, Regionen intensiver Sternenbildung sprengten sich gewöhnlich mit der Energie auseinander, die durch neue Sternengenerationen freigesetzt würde.

Als Roberto im Sommer 1979 nach Santa Cruz kam, um Roger Davies zu besuchen, stellte er fest, daß Roger, Sandy Faber und Dave Burstein über alle Daten verfügten, die notwendig waren, um herauszufinden, ob auch elliptische Galaxien solche Korrelationen aufwei-

---

* Zwerggalaxien sind sogar noch zahlreicher als die Riesengalaxien, die in die Typenklassen elliptisch, S0, spiralförmig oder unregelmäßig fallen. Doch im Vergleich zu diesen ist die Masse der Zwerggalaxien so winzig – mehrere hundert- oder tausendmal so gering wie die der Riesengalaxien –, daß ihr Beitrag zur Gesamtmasse aller Galaxien kaum ins Gewicht fällt. Zu dieser Gruppe gehören keine Spiral- oder S0-Galaxien, nur chaotisch aussehende unregelmäßige Systeme und kugelförmige Systeme mit extrem geringer Sternendichte. Da Zwerggalaxien kleiner und einfacher sind als riesenhafte Spiralgalaxien, messen viele Astronomen ihrer Untersuchung entscheidende Bedeutung für das Verständnis der Entwicklung von Riesengalaxien zu.

sen. Vor allem Roger hatte in seinem Promotionsprojekt besondere Aufmerksamkeit darauf verwandt, verläßliche Geschwindigkeitsdispersionen von elliptischen Galaxien abzuleiten – die Eigengeschwindigkeiten der Sterne –, indem er die besten Werte mehrerer Forscher, darunter auch seine eigenen, miteinander verglich. Von vielen dieser elliptischen Galaxien hatten Sandy und Dave die Spektren erfaßt. In den Farbspektren hatten sie bestimmte Absorptionsmerkmale bestimmt – durch Magnesiumatome hervorgerufene dunkle Banden bei bestimmten Farben –, mit deren Hilfe sich die Metallvorkommen der Sterne in den Galaxien messen ließen. Schließlich verfügten sie noch über die Galaxien-Größenklassen, die sich zusammen mit den Entfernungsschätzungen anhand der Hubble-Beziehung zur Berechnung der Leuchtkraft verwenden ließen. Damit war die Parallele zu Robertos Untersuchung der H-II-Galaxien komplett, und Robertos Drang und Eifer, seine radikal neuen Ergebnisse auf eine noch globalere Klasse von Objekten zu übertragen, veranlaßte die drei, die Daten für elliptische Galaxien zu untersuchen. Wie Sandy freimütig berichtet, fand sie es ziemlich peinlich, daß es erst eines Anstoßes von Roberto bedurfte, die Tragweite der Daten zu erkennen, die sie schon so lange «im Kasten» hatte.

Die vier trugen eine Stichprobe von vierundzwanzig Galaxien mit zuverlässigen Messungen zusammen. Wie Robertos H-II-Galaxien weisen auch diese elliptischen Riesenobjekte eine Korrelation zwischen Leuchtkraft und Geschwindigkeitsdispersion auf, eine Tendenz, die sich recht gut durch eine einfache gerade Linie darstellen ließ. Vier Jahre zuvor hatten Sandy und ihr Doktorand Bob Jackson diese Beziehung entdeckt, was ihr den Namen Faber-Jackson-Beziehung eingetragen hatte. Auch diese Korrelation war keineswegs vollkommen – bei einer gegebenen Leuchtkraft wies die Geschwindigkeitsdispersion eine Schwankungsbreite von ungefähr 20 Prozent auf. Wie in den Systemen, die Roberto untersucht hatte, korrelierte auch hier das Metallvorkommen mit der Leuchtkraft, allerdings schwächer als die Geschwindigkeitsdispersion, was ebenfalls seinen Ergebnissen entsprach. Auch diese Daten wurden durch eine gerade Linie dargestellt. Es ergab sich eine weitere Übereinstimmung mit den H-II-Galaxien, die wichtigste: Die Abweichungen von den beiden geraden Linien, die diese beiden Beziehungen darstellten, waren nicht zufällig. Bei einer gegebenen Leuchtkraft trat eine überdurchschnittliche Dispersion (über der zugeordneten Geraden liegend) gewöhnlich zusammen mit einem überdurchschnittlichen Metallvorkommen auf, wobei «Durchschnitt» abermals durch den Wert auf der Geraden vorhergesagt wurde, die der Leuchtkraft zugeordnet war. Natürlich galt auch das Umgekehrte: Bei elliptischen Galaxien mit Geschwindigkeitsdispersionen, die, gemessen an ihren Leuchtkraftwerten, «zu niedrig» waren, entdeckte man in der Regel auch ein zu niedriges Metallvorkommen.

In dem Artikel, den die vier schließlich schrieben und veröffentlichten, sprachen sie in diesem Zusammenhang von «Delta-Delta-Beziehung», womit sie sich auf den griechischen Buchstaben bezogen, der in Mathematik und Physik zur Bezeichnung der Differenz zwischen zwei Größen dient. Im vorliegenden Falle war «Delta» die *Abweichung* zwischen dem erwarteten und dem beobachteten Wert. Die Delta-Delta-Beziehung bedeutete, daß bei einer positiven Abweichung der Geschwindigkeitsdispersion – der beobachtete Wert ist größer als der erwartete – auch eine positive Abweichung im Metallvorkommen, «beobachtet» minus «erwartet», vorliegt. Häufig werden solche Abweichungen auch als «Reste» bezeichnet. Bei der Delta-Delta-Beziehung handelt es sich um einen Fall von *korrelierten Resten*.

Aus der Korrelation der Reste ging hervor, daß die Eigenschaften der elliptischen Galaxien nicht nur von der Gesamtleuchtkraft abhing, wenn auch klar war, daß sie den «ersten Parameter» darstellte – das heißt, eine Veränderung der Leuchtkraft sagte die größte Veränderung der anderen meßbaren Größen vorher: Geschwindigkeitsdispersion und Metallvorkommen. Allerdings ließ die verbleibende Streuung noch auf einen «zweiten Parameter» schließen, einen, von dem Geschwindigkeitsdispersion und Metallvorkommen ebenfalls abhingen, wenn auch in geringerem Maße. Das war die Botschaft des Delta-Delta-Diagramms. Als Terlevich, Davies, Faber und Burstein ihren Artikel vorbereiteten, bemühten sie sich, diesen zweiten Parameter

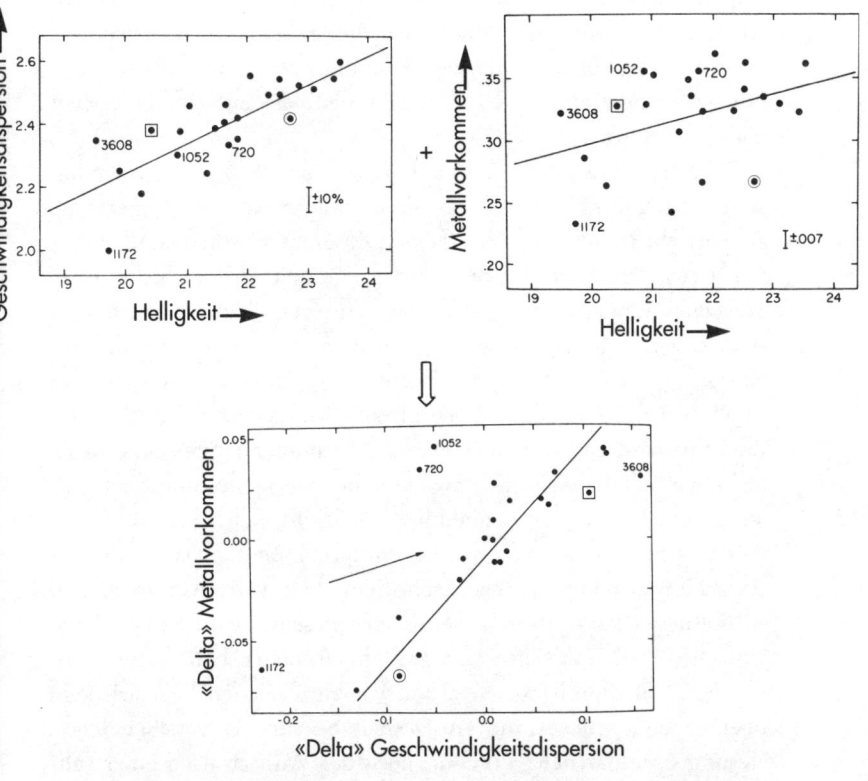

Die Beziehungen, die Terlevich, Davies, Faber und Burstein zwischen Geschwindigkeitsdispersion und Helligkeit sowie zwischen Metallvorkommen und Helligkeit gefunden haben. Aus den beiden oberen Diagrammen ist das untere gebildet, das zeigt, daß die Abweichungen von diesen Beziehungen, in Annäherung als gerade Linien dargestellt, ihrerseits korrelieren. Der von einem Kreis umgebene Punkt steht für eine Galaxie, die für beide Beziehungen einen geringen Wert aufweist; der Punkt im Quadrat zeigt eine Galaxie mit hohem Wert. Bei den vier Punkten mit Zahlen handelt es sich um Fälle, die sich nicht sehr gut in die Delta-Delta-Beziehung einfügten. Man maß ihnen damals keinen großen Wert bei, doch sie sollten sich noch als wichtig erweisen.

auf ihrer Liste der gemessenen Größen zu identifizieren. Dabei gelangten sie zu dem Schluß, daß die Elongation – das Verhältnis zwischen der langen und der kurzen Achse einer elliptischen Galaxie mit ihrer typischen Eiform – der beste Kandidat sei, obwohl die Korrelation der Elongation mit den Resten aus den Beziehungen keineswegs vollkommen war.

Die Möglichkeit einer Korrelation zwischen «Rest»-Geschwindigkeitsdispersion und «Rest»-Metallvorkommen war möglicherweise ein Fortschritt, ließ sie doch auf einen Zusammenhang schließen zwischen der Populationsdichte einer Galaxie und der Geschichte ihrer Sternenbildung, in deren Verlauf die schweren Elemente entstanden sind. Die Gleichsetzung des zweiten Parameters mit der Galaxienelongation war ein zusätzlicher, vielversprechender Hinweis, denn es stand zu vermuten, daß die Form einer Galaxie mit der Art ihres Zusammensturzes aus einer Gaswolke zusammenhängt – ein Prozeß, der sowohl die Endgeschwindigkeiten der Sterne bestimmt als auch die Geschichte der Sternenbildung beeinflußt haben könnte. Dabei stützte sich diese aussichtsreiche Interpretation auf Daten, die auf einfachen Korrelationen beruhten. Bemerkenswerterweise schienen sie für diese Riesengalaxien ebenso hoch zu sein wie für die winzigen, einfachen H-II-Galaxien. Das war mehr, als man erhofft hatte. Doch mit einer Stichprobe von vierundzwanzig Galaxien ließ sich kein überzeugender Beweis führen. Deshalb begann sich bei aller Begeisterung über das neue Ergebnis doch der Wunsch nach einer sehr großen Stichprobe zu regen.

Bezeichnenderweise sind vielleicht beide Anfangsschritte falsch gewesen. Ein paar Jahre später wurden Terlevichs ursprüngliche Resultate über H-II-Galaxien immer öfter kritisiert: Viele Forscher bezweifelten auch weiterhin seine Hypothese, bei H-II-Galaxien handle es sich um gebundene Systeme, und sie lieferten Gegenbeweise. So wuchsen die Zweifel, ob man diese jungen Sternensysteme tatsächlich mit den älteren elliptischen Galaxien vergleichen könne, die zweifellos eng gebundene Systeme waren.

Doch schon damals gab es auch Befürchtungen, die Delta-Delta-Beziehung der vierundzwanzig elliptischen Galaxien könnte nicht ganz richtig interpretiert worden sein, wobei die Zweifel diesmal aus einer ganz anderen Richtung kamen. Für die Korrelation der Reste gab es eine einfachere Interpretation, bei der die Frage, wie dicht die Systeme gebunden sind, die Entwicklung der Sternenbildung und die Fähigkeit, das von Supernovä ausgestoßene Gas festzuhalten, keine Rolle spielten. Wenn die Entfernungsschätzungen für viele dieser Galaxien einen signifikanten Fehler enthielten, dann mußten auch die Leuchtkraftbestimmungen für die betreffenden Galaxien falsch sein. Hatte man beispielsweise die Leuchtkraft einer bestimmten Galaxie unterschätzt, weil man die Entfernung unterschätzt hatte, dann mußte die Geschwindigkeitsdispersion für diese Leuchtkraft zu hoch erscheinen, und das gleiche galt für das Metallvorkommen. Das heißt, diese Größen hätten Werte gehabt, die der wahren, höheren Leuchtkraft entsprochen hätten, derjenigen, die man ermittelt hätte, wenn man die Entfernung *richtig* bestimmt hätte. So betrachtet, hätte die Delta-Delta-Beziehung lediglich die Fehler der Entfernungsschätzungen wiedergegeben; sie hätte dann nicht das geringste mit der Sternenbildung zu tun gehabt.

In ihrem Artikel gingen Terlevich, Davies, Faber und Burstein auch auf diese Möglichkeit ein. Sie erwogen sie, verwarfen sie dann aber, weil sie zu dem Schluß gelangten, die beiden Restgruppen seien nicht gleichermaßen betroffen, was sie hätten sein müssen, wenn der Fehler in einer anderen Größe, der Leuchtkraft, gelegen hätte. Damit nannten sie einen Grund, der voraussetzte, daß man den Ursprung und die Größe aller Fehler in den Daten genau kannte. In der Rückschau sollte sich herausstellen, daß dies keineswegs der Fall war. Die Widerlegung der alternativen Erklärung, Fehler in den Entfernungsschätzungen könnten für die Delta-Delta-Beziehung verantwortlich sein, erwies sich als nicht stichhaltig. Vor allem aber lehnten Terlevich und seine Koautoren diese Erklärung ab, weil sie einen wissenschaftlichen Sprengsatz enthielt, mit dem sie sich auf keinen Fall abfinden mochten. Zur Entfernungsschätzung hatten sie sich der Standardmethode bedient: der Hubble-Beziehung zwischen Rotverschiebung und Entfernung, die in einem gleichförmig expandierenden Universum zu erwarten ist. Um für die Delta-Delta-Beziehung verantwortlich sein zu können, hätte der Fehler bei der Entfernungsschätzung dieser nahen Galaxien 30 Prozent betragen müssen.

Na und? Warum war das so schwer zu glauben? Schließlich wiesen auch die engsten Hubble-Beziehungen zwischen Expansionsgeschwindigkeit und Entfernung ein gerüttelt Maß an Streuung auf; konnten sich in dieser Streuung nicht beträchtliche Entfernungsschwankungen bei einer gegebenen Fluchtgeschwindigkeit «verbergen»? Vielleicht, doch seit Hubble führte man die Streuung in seiner Beziehung generell auf die Schwierigkeiten zurück, die man mit der genauen Messung der Entfernung von Galaxien hatte – die üblichen Methoden lieferten Schätzungen mit einem Unsicherheitsfaktor von zwei –, statt eine echte Streuung in der Entsprechung zwischen Entfernungen und Geschwindigkeiten anzunehmen. Mit anderen Worten, man glaubte, sobald man in der Lage sei, die Entfernung von nahegelegenen Galaxien wirklich genau zu messen, würde die Streuung in der gemessenen Hubble-Beziehung erheblich zurückgehen, vielleicht auf 10 Prozent oder noch weniger. Man zog nicht ernsthaft in Betracht, daß die Rotverschiebung möglicherweise kein exakter Entfernungsindex sein könnte – was beispielsweise der Fall wäre, wenn die Galaxien noch andere größere Geschwindigkeiten hätten, *zusätzlich* zu derjenigen, die sich durch eine gleichförmige, universelle Expansion ergibt. Wenn solche Bewegungen von vergleichbarer Größe wären, sagen wir ein- oder zweitausend Kilometer bei dieser Stichprobe, dann würden einem gravierende Fehler bei der Entfernungsschätzung für nahe Galaxien unterlaufen, falls man die Geschwindigkeiten der Galaxien ausschließlich der Expansion des Universums zuschriebe.

Verständlicherweise hielt man diese Möglichkeit für zu phantastisch, um sie ernsthaft in Betracht zu ziehen. Was hätte ganze Galaxien auf so gewaltige Geschwindigkeiten beschleunigen können? Das war, wie sich herausstellen sollte, in der Tat die Frage.

EINE NACHT AUF LAS CAMPANAS

An der alten Inkastraße in den nordchilenischen Anden liegt das Las-Campanas-Observatorium, ein irdisches Tor zu intergalaktischen Räumen. Dort war ich am 26. Februar 1981 eingetroffen, um mit der Beobachtung der elliptischen Galaxien zu beginnen, die unsere Gruppe ausgewählt hatte. Es war nicht gerade ein verheißungsvoller Anfang – normalerweise ist der Sommerhimmel über Las Campanas klar, aber in dieser Nacht lag eine wellige Wolkendecke auf den Gipfeln der Anden. Wenn die Wolken sich einmal teilten und einen Blick auf den Himmel freigaben, dann zeigte das Teleskop verschwommene Flecken statt scharfer Punkte – die Luft dort oben schäumte und kochte. Es war keine gute Nacht.

Wie gewöhnlich war ich schon einen Tag früher im Observatorium eingetroffen, um mich von der langen Reise nach Chile zu erholen. Wohl jeder dürfte die Fahrt von Kalifornien nach Chile als anstrengend empfinden. Fast achtzehn Stunden meines Lebens hatte mich der Flug von Los Angeles über Miami und Buenos Aires nach Santiago de Chile gekostet, und fast alle hatte ich eingezwängt auf Flugzeugsitzen oder eingesperrt in Warteräumen von Flughäfen verbracht.

Allerdings sind diese Reisen auch nicht ohne einen gewissen ästhetischen Reiz. Nachdem das Flugzeug mitten in der Nacht den Äquator überquert hat, nimmt es Kurs auf die südlichen Tropen und gleitet über den dampfenden Amazonasdschungel, häufig durch tobende Gewitterstürme. Unregelmäßige Lichter zucken durch die Kabine, so daß man das Gefühl hat, in eine Episode aus *Twilight Zone* geraten zu sein. Es sind zwar heftige Stürme, doch ein Jumbo-Jet gerät dadurch nur in leichtes Schlingern – eine Unannehmlichkeit, die man gern in Kauf nimmt, wenn man dafür der wütend rasenden Natur ins Auge schauen darf. Es ist ein Durchgangsritus, der dem Übertritt in die südliche Hemisphäre würdig ist, und er kommt am nächsten Morgen zu seinem Höhepunkt, wenn der Flieger die Anden überquert, bevor er nach Santiago hinunterschwebt. Diese schroffen, scharf modellierten Berge heben ihre breiten Gletscher kilometerhoch in den Himmel und erinnern den Betrachter an den Urzustand der Erde – und mich an den Grund dieser Reise: die Suche nach Hinweisen auf den Ursprung unserer Welt.

Solche Walhalla-Visionen verblassen im Laufe der siebenstündigen Busfahrt durch La Serena. Der Bus fährt aus Santiago hinaus, einer ausgedehnten Großstadt, die von einem Ring aufragender Andengipfel bewacht wird. Santiago hat etwa die Größe von Chicago, macht aber einen sehr viel europäischeren Eindruck: In weitläufigen Fußgängerzonen sehe ich Männer in korrekten blauen Anzügen dahineilen. Doch als vor einer U-Bahnstation langsam ein Pferdekarren vorbeizieht, gelenkt von einem Händler mit faltigem Gesicht, der wahrscheinlich noch keine fünfzig ist, werde ich daran erinnert, daß in dieser Kultur Gegenwart und Vergangenheit unmittelbar nebeneinander existieren.

Der Bus ist ein riesiger Mercedes mit gewaltigen Fenstern und weichen, großzügigen Sitzen. Eine schlanke Stewardeß mit einem Gesicht, das von tiefschwarzem Haar eingerahmt ist und dessen leichte Tönung auf eingeborene Vorfahren schließen läßt, serviert Drinks und Sandwiches, während der Bus in nördlicher Richtung auf der Pan Americana unterwegs ist, dieser einzigartigen Autostraße zwischen dem kobaltblauen Pazifik und der Wand aus weißgekrönten Bergen, die das langgezogene, bohnenförmige Land begrenzen. Ein paar Autostunden nördlich der fruchtbaren, landwirtschaftlich genutzten Täler in der Umgebung Santiagos wird das Land so trocken wie die Wüste im Südwesten der Vereinigten Staaten. Wir nähern uns der Atacamawüste, einem der trockensten Orte der Erde. An ihrem Rand liegt das Observatorium, 160 Kilometer nördlich des fruchtbaren Elquitals. Diese Reise von 500 Kilometern führt durch weniger als ein Zehntel der Gesamtlänge Chiles, das sich, über Nordamerika gelegt, von Alaska bis zur Mitte Mexikos erstrecken würde und das einen entsprechenden Reichtum an Klimaten und Landschaftsformen aufweist.

Reise zum Observatorium

Bei Sonnenuntergang erreiche ich die Observatoriumsbüros auf dem Hügel El Pino, benannt nach der einsamen Kiefer auf dem Felsvorsprung über der halbmondförmigen Bucht von La Serena. Nach einem angeregten, aber wie üblich viel zu späten Abendessen mit meinen Freunden, die am Cerro-Tololo-Observatorium – einem US-amerikanischen Astronomieinstitut – arbeiten, kann ich endlich meinem dringenden Schlafbedürfnis nachgeben.

Am nächsten Morgen folgt die zweistündige Fahrt zum Observatorium. Ich sitze vorn beim Fahrer Leonardo Peralta, während mein Koffer das Bett in der Fahrerkabine des Lastwagens mit Fisch, Brot und Obst für die Verpflegungsstelle und einer gerade aus Pasadena eingetroffenen Lattenkiste voller Elektronik von der Größe und dem Gewicht eines Safes teilt. Leonardo ist herzlich und freundlich, doch leider sind seine Englischkenntnisse so spärlich wie meine Spanischkenntnisse, so daß die Unterhaltung bald einschläft. So fahren wir stumm dahin, bis wir an der nächsten Steigung wieder in einer Schlange von Bussen festsitzen, die sich hinter einem überladenen, ölspeienden Laster stauen.

Die Fahrt führt uns viele Kilometer durch felsige Gebirgsausläufer, bedeckt von Kakteen und Büschen, die grün sind vom ständigen Nebel. Von einem heruntergekommenen Fischerdorf aus, das den etwas rätselhaften Namen Caleta Hornos – «Ofenbai» – trägt, eröffnet sich uns noch einmal ein Blick auf die kühle See. Dann geht es die steile Straße Cuesta Buenos Aires empor, die uns auf ein verlassenes Plateau zur Minenstadt Incahuasi («Inkahaus» in der Inkasprache) führt. Zur Zeit des Kupferabbaus war sie eine blühende Ortschaft, jetzt besteht sie nur noch aus ein paar armseligen Hütten, deren naturbelassene Fußböden aber von den stolzen Chilenen blitzsauber gefegt sind. Von hier aus durchschneidet die Straße Pajonales das Gebirge, das aussieht wie ein geologischer Geburtstagskuchen, reichlich mit italienischer Eiskrem übergossen: Felstrümmer, durchzogen von pastellfarbenen Streifen in Purpur, Gelb, Orange und Graugrün, dazu rote Risse, die von einem heute verschmähten Reichtum an Bodenschätzen zeugen. Schließlich kommt das Observatorium in Sicht, und wir verlassen die Pan Americana, um die sechsundzwanzig Kilometer lange Schotterstraße zu erklimmen, die auf den 2500 Meter hohen Gipfel von Las Campanas, «den Glocken», führt. Wir vermuten, daß der Eingeborenenstamm der Aquitas den Berg so getauft hat, weil die riesigen, kantigen Felsblöcke glockenartig erklingen, wenn sie von Steinen getroffen oder vom Wind erschüttert werden.

Wir treffen rechtzeitig ein, um mit einigen meiner unter Schlafmangel leidenden, hohläugigen Kollegen zu Mittag zu essen. In der Blütezeit des Mount-Wilson-Observatoriums haben Edwin Hubble und seine Kollegen in Schlips und Kragen diniert – damals die übliche Kluft für nächtliche Beobachtungen. Für die Tischordnung sorgten mit Namen versehene Serviettenringe, die die Hackordnung widerspiegelten – nach Teleskopgröße: Mit dem Auftragen wurde erst begonnen, nachdem der Astronom, der in der betreffenden Nacht seine Beobachtungen mit dem legendären Zweieinhalb-Meter-Teleskop durchführen durfte, die Tischglocke geläutet hatte. Die Situation hat sich gewandelt. Locker und ungezwungen hocken meine Freunde bei Tisch. Sie tragen Bluejeans und Shorts, T-Shirts und Sweater. Diese Generation scheint entschlossen zu sein, sich vom steifen Stereotyp ihrer illustren wissenschaftlichen Ahnen zu distanzieren. Schon bald wendet sich das Gespräch einem beliebten, aber auch häufig gefürchteten Thema zu: *dem Wetter*. In den ersten Nächten ihrer *Beobachtungsreihe* ist das Wetter klar gewesen, hat sich aber seit zwei Nächten deutlich verschlechtert mit hoher Luftfeuchtigkeit, stürmischen Winden und – die Crux aller Astronomen – Wolken. Die heutige Nacht verspricht nicht viel besser zu werden; sie machen keinen Hehl aus ihrer Enttäuschung.

Zu Fuß gehe ich die zweieinhalb Kilometer vom Wohnhaus, einem hübschen hüttenartigen Bau aus einheimischen Steinen und knotigem Kiefernholz, das aus den üppigen Wäldern Südchiles stammt, zu dem langen Kamm, auf dem die Teleskope unter ihren Kuppeln still auf den Anbruch der Nacht warten. Ein Felsvorsprung, Manquis heißt er, ragt wie der Bug eines Schiffes nach Norden: Oft füllen sich die darunter gelegenen Täler am Morgen mit Nebel, so daß der Kamm auf einem Meer von duftigen, grauweißen Wolken schwimmt. Gegenüber der Spätnachmittagssonne ist der Himmel tiefblau, fast indigofarben – ein lebhafter Kontrast zu den schroffen, scharfkantigen Flächen der Felsblöcke, die vom Grat aufragen, den staubigen, rosigen Hängen der nahen Gipfel und dem fernen östlichen Horizont mit dem Sägezahnmuster seiner dreieinhalb- bis viereinhalbtausend Meter hohen, schiefergrauen Gipfel, die die Grenze zwischen Chile und Argentinien säumen. Dabei ist diese Bergwand, die den ganzen Horizont umfaßt, nur ein Wirbelknochen im Rückgrat Südamerikas – der *Cordillera de los Andes*. Die Schneelast des Winters ist schon fast verschwunden, Tropfen um Tropfen durch die Spalten des massiven Gesteins gesickert. Mehrere Jahre werden vergehen, bevor ein winziger Bruchteil dieses letzten Schneefalls aus *Las Brisas* (die Brisen) hervorsprudeln wird, der Quelle am Fuße von Las Campanas, die unsere Bergkolonie mit Wasser versorgt.

Auf Las Campanas gibt es überhaupt keine Bäume, nur Unmengen von Geröll und Sträuchern, ein Eldorado für Tausende von Vögeln. Die Pflanzenwelt bezeugt die Entschlossenheit des Lebens, sich auch unter kärgsten Bedingungen zu behaupten. Aus Rissen, die in reinem Felsgestein zu klaffen scheinen, wachsen prachtvolle gelbe und purpurfarbene Blumen hervor. Selbst die wenigen etwas höheren Sträucher sind kaum in der Lage, den Füchsen und Eseln Deckung zu geben, die über den Kamm streifen, und den frei laufenden Ziegen Schatten zu spenden, die häufig aus den jetzt ausgedörrten Tälern die steilen, von Steinen übersäten Hänge emporklettern. Heute ist es auf dem Manquis, vom Geflatter und Gezwitscher der Vögel abgesehen, außerordentlich still. Die Berge sind geschliffene Klingen, die die Welt dahinter abschneiden – man könnte auf einem anderen Planeten sein.

Als die Nacht sich senkt, ist sie wolkig und pechschwarz – kein Stern leuchtet mir bei meinem Gang durchs Gelände. Ich mache mich früh auf den Heimweg. Die nächste Nacht ist die erste der mir zugestandenen sieben Beobachtungsnächte, und der Schlaf wird während dieser Zeit zu kurz kommen.

Fernando Peralta, Leonardos älterer Bruder, drückt die Steuerknöpfe, groß wie Vierteldollarstücke, woraufhin das hundert Tonnen schwere Du-Pont-Teleskop herumschwenkt, bis es den Punkt am Himmel an-

Manquis-Kamm, Las-Campanas-Observatorium.
(Foto des Autors.)

visiert, wo nach den Koordinaten, die ich dem Operator gegeben habe, unsere erste elliptische Galaxie zu finden sein müßte. Wir sitzen im Bedienungsraum, der uns gegen die geöffnete Kuppel abschirmt und vor dem ungehindert um das Teleskop spielenden Nachtwind schützt. Fernando sitzt am Bedienungspult, wo an Zifferblättern und leuchtenden Zahlenreihen Informationen über das Teleskop abzulesen sind, während ich vor einem Computerterminal hocke, der ein Instrument zur Lichtsammlung im Brennpunkt des Teleskops steuert. Während das Teleskop in die gewünschte Position schwenkt, hören wir das Surren von Elektromotoren und -geräten. Fernando ist tief in seine Arbeit versunken und starrt konzentriert auf die rasch wechselnden Zahlen des Computerausdrucks. Er erinnert in vielen Zügen an die Eingeborenen Südamerikas. Sein Gesicht hat große Ähnlichkeit mit einer toltekischen Statue, die ich einmal im mexikanischen Nationalmuseum bewundert habe.

Fernando gehört seit den Anfängen des Observatoriums dazu. Auf einer Maultierexpedition bei der ersten Besichtigung des Standortes hat er 1967 mit dem Observatoriumsgründer Horace Babcock Kisten voller Geräte den Berg heraufgeschafft. Heute sind er und sein Kollege Angel Guerra allein mit der Bedienung des wertvollsten Gerätes hier betraut, des Du-Pont-Teleskops, das den Namen der Großindustriellen Irénée du Pont trägt, weil sein Bau durch die großzügige Stiftung der Familie ermöglicht wurde. Fernandos Geschichte erinnert an die Biographie von Milton Humason, einem Maultiertreiber, der in den Jahren 1912 bis 1918 am Bau des Zweieinhalb-Meter-Teleskops vom Mount Wilson mitwirkte, dann als Hubbles Assistent arbeitete und schließlich selbst ein sehr produktiver Astronom wurde. Allerdings beschränkt sich Fernandos Ehrgeiz auf die technische Ausrüstung. Dank seiner intimen Kenntnis aller technischen Systeme des Teleskops gelingt es uns, so manche unvorhergesehene Krise zu überstehen, während er an der astronomischen Arbeit nur ein flüchtiges, höfliches Interesse zeigt.

Als das Teleskop innehält, tanzen Fernandos Finger auf den grünleuchtenden Tasten, um die Feinabstimmung der Position vorzunehmen. Die angegebenen Koordinaten, *Rektaszension*, das Himmelsäquivalent zur Länge, und *Deklination*, die Himmelsbreite, tauchen auf wie die Kirschen in einem Spielautomaten. Daraufhin dreht Fernando sich in seinem Stuhl zum Bedienungsbrett der Fernsehkamera, mit deren Hilfe wir durchs Teleskop schauen werden, und fährt die Empfindlichkeitsregler hoch. Die Bilder von ein paar Sternen tauchen auf, aber sie sind schwach und flackernd, nicht die scharfen, ruhigen Nadelspitzen, auf die wir hoffen.

Etwas links vom Mittelpunkt des Schirms erscheint ein großer, schwacher Fleck, wahrscheinlich die elliptische Galaxie, nach der wir suchen. Ich greife hinüber und schalte die Kamera auf «integrierten» Betrieb um, damit das Licht zwei Sekunden lang in einem digitalen Speicher gesammelt wird, bevor es auf dem Bildschirm erscheint. Ganz gewiß handelt es sich um eine Galaxie: Sie füllt die Mitte des inzwischen tiefer gewordenen Bildes mit diffusem Leuchten. Um sicherzugehen, nehme ich meine «Suchkarte» vor und vergleiche das Sternenmuster und die Lage der Galaxie. Kein Zweifel: Es ist die elliptische Galaxie E019-G013.

Beide haben wir schon früher Galaxien gesehen, unzählige Male, trotzdem empfinden wir jedesmal Befriedigung, wenn die erste auftaucht. Wir haben eine Galaxie vom Himmel gepflückt.

Seit 100 Millionen Jahren ist das Licht, das soeben auf den Zweieinhalb-Meter-Spiegel des Du-Pont-Teleskops gefallen ist, ununterbrochen unterwegs. Merkwürdig, daß gestern nacht, nach einer ebenso langen, abenteuerlichen Reise *Photonen* wie diese von einer Wolke in der Erdatmosphäre verschluckt wurden, den lächerlichen fünfzigtausendsten Teil einer Sekunde, bevor sie vom Teleskop aufgefangen worden wären. Heute erfüllen sie – wie ich finde – die Bestimmung ihrer Reise, während andere Photonen, die E019-G013 in der gleichen Sekunde (vor etwa 100 Millionen Jahren) verlassen haben, nutzlos auf die Kuppel, den Parkplatz, die Anden, das Meer treffen. Sie werden ausgelöscht. Nur den Millionen Lichtpunkten, die in jeder Sekunde vom Zweieinhalb-Meter-Spiegel aufgefangen werden, wird man «zuhören». Soweit wir wissen, wird das Licht von E019-G013, das in diesem Augenblick eine imaginäre kugelförmige Schale von

200 Lichtjahren Durchmesser durchquert, nur von dieser zweieinhalb Meter großen Glasscheibe aufgefangen. Wenn wir einen größeren Spiegel hätten, dann könnten wir mehr Licht sammeln. Doch selbst der Bau eines Teleskops von der Größe des Du Pontschen ist kein Kinderspiel.

Das Licht ferner Objekte (in der Astronomie gehören alle Objekte in diese Kategorie) gelangt in nahezu parallelen Bündeln zu uns. Dabei mischt sich das Licht verschiedener Objekte, doch in diesem scheinbaren Durcheinander kommt jeder Strahl unter einem etwas anderen Winkel an. Ich weiß noch, wie ich mit drei Jahren staunte, als uns der Mond auf dem Rückweg von Dayton den ganzen Weg bis Cincinnati folgte. Deshalb fragte ich meine Eltern, warum der Mond nicht zurückblieb, aber ich weiß nicht mehr, ob sie mir die richtige Erklärung liefern konnten: Der Mond ist so weit entfernt, daß das Licht während der ganzen Strecke aus der gleichen Richtung kommt (man könnte einem Kind auch sagen, daß der Mond zu weit entfernt ist, um *herum*zufahren).*

Eine Linse oder ein Spiegel sortiert diese parallelen Strahlen und erzeugt für jedes Strahlenbündel einen fokussierten Fleck – die Linse ordnet verschiedenen Winkeln verschiedene Positionen zu. Durch Umformung dieses Informationsgemisches in eine räumliche Anordnung hat die Optik ein Bild erzeugt. Eine schlechte Optik, etwa Augen, deren Linsen nicht mehr zu Akkommodation fähig sind, können Strahlen aus verschiedenen Richtungen nicht mehr genau unterscheiden: Das Resultat ist ein verschwommenes Bild. Und genauso wie die Luft, die von einer heißen Wüstenstraße aufsteigt, die exakte Parallelität des Lichtes stört, so verderben Luftströmungen in der

---

* Auf jeden Fall erinnere ich mich daran, daß mir meine Eltern, ob sie nun die Antworten auf meine Fragen wußten oder nicht, stets den Eindruck vermittelten, meine Fragen seien willkommen – offenbar haben sie nie die Geduld verloren. Ganz bestimmt hat die Ermutigung, die ich auf diese Weise erfuhr, wesentlichen Anteil daran, daß ich Wissenschaftler wurde. Wenn die Neugier, die wir als Kinder verspüren, von den Eltern unterstützt wird, kann sie ein Leben lang vorhalten.

Das Du-Pont-Spiegelteleskop. *(Foto mit freundlicher Genehmigung von John Belke und der Carnegie Observatories.)*

Erdatmosphäre scharfe Bilder. Dieser Umstand war für die verschwommenen Sternenbilder in dieser Nacht verantwortlich – die Situation, die wir Astronomen als schlechte Sicht bezeichnen.

In den meisten Teleskopen fungieren heute Spiegel und nicht mehr Linsen als lichtsammelnde Elemente, weil das Licht, das durch eine Linse fällt, in die Farben des Regenbogens zerlegt wird, wobei jede Farbe einen etwas anderen Brennpunkt hat. Im Gegensatz zu diesem Durcheinander eines *chromatischen* Bildes ist die Reflexion aus einem Spiegel farbfrei und infolgedessen scharf. Die erforderliche Präzision ist nur möglich, wenn die Spiegelfläche eine außerordentlich exakte Krümmung aufweist. Um die Winkel mit absoluter Genauigkeit in Positionen umzuwandeln, dürfen die Unebenheiten der Spiegelfläche einen millionstel Zentimeter nicht überschreiten. Doch wie ich mit dreizehn Jahren herausfand, ist es überraschend einfach, eine derartige Präzision zu erreichen, zumindest bei einer kleinen Optik.

Zum Bar-Mizwa-Fest erhielt auch ich die üblichen Schlipse und Füller, doch dem geistlichen Lehrer, der mich auf das Fest vorbereitet hatte, war ein Geschenk eingefallen, das mir länger Freude bereiten sollte. Als Rabbi Stephen Forstein von meinem kindlichen Interesse an der Astronomie hörte, schenkte er mir nämlich ein Buch über die Herstellung von Teleskopen, eine Anregung, der meine Eltern folgten, indem sie mir einen Bausatz für einen Zehn-Zentimeter-Spiegel kauften. Wie in den Bastelkästen für Schiffe oder Flugzeuge, die eine Reihe von Plänen und flaches Balsaholz enthalten, befanden sich auch in diesem Kasten nur ein paar einfache Teile: eine zehn Zentimeter große Scheibe aus Pyrex, ungefähr zweieinhalb Zentimeter dick, eine Scheibe aus Flaschenglas von etwa gleicher Größe, ein Dutzend Flaschen mit sandartigem Grit und etwas Polierrot. Doch diese Dinge und das Buch genügten.

Glas hat außerordentliche Eigenschaften. Weder ist es ein einfacher Festkörper noch eine Flüssigkeit; seine Moleküle lassen sich leicht durch die Schleifwirkung feiner Teilchen entfernen, und ebensoleicht fügen sich mikroskopische Splitter des Materials an einem neuen Ort ein.

Zur Herstellung eines Spiegels werden zwei Glasscheiben übereinandergelegt, nur durch einen seifigen Gritbrei getrennt. Normalerweise sind die Flächen anfangs eben, doch das ändert sich rasch, wenn die obere Scheibe, die zum Spiegel werden soll, hin und her geschoben wird. Bei jeder Bewegung löst das Schmirgelmittel winzige Glassplitter, die von der Schwerkraft auf die untere Scheibe, das sogenannte Werkzeug, gezogen werden und dort haftenbleiben. Nach vielen Stunden Arbeit beginnt der Spiegel sich auszuhöhlen, während das Werkzeug konvex wird. Es bildet sich eine gleichmäßige Krümmung heraus, weil die Mitte der oberen Scheibe länger Kontakt mit dem Werkzeug hat als ihr Rand, so daß es von der Entfernung zum Mittelpunkt abhängt, wieviel Glas abgerieben wird. Da außerdem erhabene Stellen abgeschmirgelt und Löcher aufgefüllt werden, nähern sich beide Flächen ganz von allein der Kugelform an – zwei Kugelschnitte sind die einzigen Krümmungen, die sich vollkommen berühren können, wenn man sie übereinander bewegt.

Nach diesem *Grobschliff* hat die Spiegelfläche in etwa die richtige Form, ist aber noch übersät von winzigen Unebenheiten, die riesige Berge sind, gemessen an dem Ziel, eine Glätte von einem millionstel Zentimeter zu erreichen. Also setzt man den Schleifprozeß mit immer feineren Sänden fort, die immer feinere und feinere Schrunden zurücklassen, bis man das Glas mit einem pulverartigen Stoff – *Polierrot* beispielsweise –, der in eine wächserne Trägersubstanz eingebettet ist, glattpolieren kann. Mit diesem Arbeitsschritt bekommt das Glas seinen Glanz zurück, und man kann überprüfen, ob die Fläche glatt genug ist und die richtige Form besitzt.

An diesem ganzen Vorgang ist wohl am bemerkenswertesten, daß sich mit einem einfachen Test feststellen läßt, ob der Spiegel der gewünschten Kurve tatsächlich mit einer Genauigkeit von einem millionstel Zentimeter folgt. Ein Lichtstrahl, der sich durch ein stecknadelgroßes Loch zwängen muß, wird auf den Spiegel gelenkt und von dort auf einen Punkt zurückgeworfen, der ein oder zwei Zentimeter neben dem Loch liegt. Der Strahl beginnt vollkommen punktförmig, nimmt aber nur wieder exakte Punktform an, wenn die Gestalt des Spiegels es zuläßt. Wenn man auf den Rückstrahl blickt und mit einer

Messerklinge durch den Brennpunkt fährt, wird der Spiegel sich augenblicklich verdunkeln, falls die Strahlen alle vollkommen zusammenlaufen, doch falls nicht, werden sich die Unregelmäßigkeiten auf der Spiegelfläche deutlich abzeichnen, grob übertrieben, wie Bergschatten in der Spätnachmittagssonne. Mehrfaches Polieren mit speziellen Bewegungen und wiederholtes Überprüfen führen schließlich zu einer polierten Glasfläche von unglaublicher Präzision. In einer Vakuumkammer erhält diese Glasscheibe dann einen hauchdünnen Aluminiumüberzug.* Zwar verwenden Profis weit raffiniertere Techniken zur Herstellung ihrer größeren Optiken, doch im Prinzip ist der Prozeß der gleiche.

Mein Vater und ich suchten uns ein altes 200-Liter-Ölfaß als Schleifgestell. In einem kleinen Zimmer unseres eingerichteten Kellers stellten wir es auf und füllten es aus Stabilitätsgründen zu einem Viertel mit Wasser. (Viele Jahre später stellten wir fest, daß die Tonne einen tiefen Abdruck im Vinylfußboden hinterlassen und daß sich die Mischung aus Restöl und Wasser in eine mikrobische Brühe verwandelt hatte, deren Gestank mich in meinem Beschluß bestärkte, die biologische Forschung meinem älteren Bruder David zu überlassen.) Die Freizeit fast eines ganzen Jahres verbrachte ich nun damit, diese Tonne zu umkreisen und den Zehn-Zentimeter-Spiegel Stunde um Stunde über das Werkzeug zu führen, bis sich die glänzende Oberfläche in fast vollkommener Gestalt präsentierte. Die meisten anderen Teile des Teleskops bezog ich von einem Händler für wissenschaftliche Geräte: das Rohr, das die Optik umschloß, das zweiachsige Untergestell, mit dessen Hilfe sich das Teleskop auf jeden beliebigen Punkt des Himmels richten ließ, und die «Okulare» – kleine Linsen, die das durch meinen Spiegel fokussierte Licht auffingen und daraus wieder die parallelen Strahlenbündel machten, die die

---

* Haushaltsspiegel werden auf der Rückseite mit einer Silberschicht versehen, doch bei astronomischen Spiegeln muß das Licht von der präzis geschliffenen Vorderseite zurückgeworfen werden und darf nicht erst das Glas *durchqueren*. Silber trübt sich an der Luft, deshalb werden Oberflächenspiegel in der Regel mit Aluminium überzogen – einem Reflektor, der weniger gut, aber dauerhafter ist.

winzigen Linsen in meinen Augen brauchten. Tatsächlich war das ganze Teleskop eine Erweiterung meiner Augen: Es fing einen zehn Zentimeter breiten parallelen Lichtstrahl eines Objektes ein und verkleinerte ihn auf «Augengröße» – das, was das bloße Auge sehen konnte, wurde mehrere hundertmal verstärkt.

An einem frühen Winterabend meines dreizehnten Lebensjahrs richtete ich das Teleskop auf den Mond und nahm staunend zur Kenntnis, wie klar das Bild war, das ich der Arbeit meiner Hände verdankte. Es gab wirklich Berge auf dem Mond! Rasch zerrte ich meine Eltern ans Okular und beobachtete voller Freude, wie sie vor Stolz über das ganze Gesicht strahlten. Nicht weniger stolz, doch weit weniger begeistert waren sie, als ich sie um drei Uhr morgens weckte, um ihnen Saturn zu zeigen – acht Jahre war es her, daß wir zu viert das Observatorium am Hyde Park besucht hatten. Am nächsten Morgen hob mein Vater die geränderten Augen von seinem Drei-Minuten-Ei und gestand, daß er bei der nächtlichen Demonstration vergessen hatte, seine Brille aufzusetzen – er erinnerte sich nur an einen hellen Ball, flankiert von zwei kleineren Klecksen. Gestochen scharf hatte mein Teleskopspiegel das Bild der Saturnringe wiedergegeben, aber die Kurzsichtigkeit meines Vaters hatte er nicht überwinden können.

Die wunderbaren Gasnebel, die bei der Geburt und dem Tod von Sternen auftreten, waren jedoch nur schwach zu erkennen. So begann ich schon bald, einen Zwanzig-Zentimeter-Spiegel zu schleifen, der mir ein helleres Bild liefern sollte, da er ein viermal so großes Lichtbündel sammeln konnte. Dank der gewonnenen Erfahrung brauchte ich für diesen Spiegel nur noch drei Monate. Doch diesmal beschloß ich, das Gestell selbst zu bauen, eine schwierige Aufgabe, da es das Teleskop einerseits fest wie ein Schraubstock halten und sich andererseits mühelos drehen lassen mußte, um die beweglichen Himmelsziele völlig erschütterungsfrei verfolgen zu können.

Mit verschiedenen Kombinationen aus Rohrformstücken, maschinell bearbeiteten Stangen, Aluminiumträgern, Stahlwinkeln und Sperrholzrahmen versuchte ich, ein Gerät von der erforderlichen Reibungslosigkeit, Festigkeit und Präzision herzustellen, schaffte es

Bau eines Teleskops

aber nie, eine wirklich funktionsfähige Konstruktion zustande zu bringen. Ich scheiterte immer dann, wenn ich in irgendeiner Position ein exaktes Gleichgewicht erreicht hatte. Doch dabei lernte ich (auf die interessanteste Weise überhaupt: indem ich es selbst *ausprobierte*) einige Grundprinzipien der Mechanik – nämlich wie Konstruktionen aussehen, die einfach, leicht und dennoch stabil sind.

All das geschah, während ich Walnut Hills besuchte, eine High-School, die zur Vorbereitung aufs College diente und die sozial wie schulisch meine Zeit zunehmend in Anspruch nahm. So kam ich immer seltener dazu, an Teleskopen zu arbeiten. Nur einer Beschäftigung blieb ich treu, weil sie am meisten Spaß machte: der ständigen Verbesserung des Steuersystems, welches das Teleskop bewegte, ein Gebilde aus Getriebezügen, Motoren, elektrischen Kupplungen, Bremsen und Selsyn-Encoder. Dank diesem System war das Teleskop in der Lage, langsam zu einem Punkt am Himmel zu schwenken und sich dann präzise im Schneckentempo in 23 Stunden und 56 Minuten einmal um sich selbst zu drehen.* Ein solches merkwürdiges Verhältnis läßt sich annähernd erreichen, indem man Zahnräder mit großen, ungeradzahligen Zähnen zusammenbaut, wie sie in alten Bombenzielgeräten verwendet wurden und in den sechziger Jahren in Läden mit ausgedientem Militärgerät zu bekommen waren.

Mit Bruce Block, damals wie heute mein bester Freund, wühlte ich endlos in Kästen voller Geräte, die ich für zwanzig Cents das Pfund in einem Laden namens Gadgeteers erstanden hatte. Tief drangen wir in die praktisch unzerstörbaren Chassis ein, um irgendein besonderes Zahnrad herauszureißen, das im Räderwerk verborgen war. Diese Spielereien waren sehr wichtig für meine Entwicklung, trotzdem war es herrlich, daß sich Bruce' Interesse und Begabung auf das Theater und die Kunst richteten. Die Zeit, die wir damit zubrachten, solche

---

* Die Länge eines *siderischen* Tages, der auf die Sterne und nicht auf die Sonne bezogen wird, ist ungefähr vier Minuten kürzer als der *Sonnentag*. Der Grund: Während sich die Erde dreht, bewegt sie sich auf ihrer Kreisbahn um die Sonne, so daß die Sonne zusätzliche vier Minuten braucht, um wieder aufzutauchen.

technischen Konstruktionen zu bauen (und zu zerstören), fand eine Ergänzung in der Zeit, die wir damit zubrachten, Sketche zu schreiben und «Stegreifkomödien» aufzuführen. Eine Zeitlang war ich sogar Assistent in Bruce' Puppenspielgruppe, zuständig für Bühnenbild, Beleuchtung, Musik und Spezialeffekte. Allerdings wurde mir klar, daß ich mich dafür nicht besonders eignete, als wir eines Nachmittags auf der Geburtstagsfeier für einen Achtjährigen Hänsel und Gretel aufführten. In meiner Ungeschicklichkeit erfand ich einen neuen, aber etwas abrupten Schluß für das Märchen, indem ich der bösen Hexe die Griffe, mit denen sie gelenkt wurde, auf den Kopf fallen ließ. Doch für meinen Freund und mich waren die neuen Erfahrungshorizonte, die uns unsere Hobbys wechselseitig erschlossen, sehr wichtig.

Nach einiger Zeit gab es eine Plattform auf dem Dach der Terrasse im zweiten Stock unseres Hauses. Meine Eltern hatten sie mir als Geburtstagsgeschenk gebaut, und sie duldeten sogar, daß ich ihr Schlafzimmer gelegentlich mitten in der Nacht durchquerte, da es der einzige Zugang zum Dressler-Observatorium war. Von dort konnte ich über die meisten Bäume blicken, mitten hinein in den dunklen und geheimnisvollen Winterhimmel mit seiner Lightshow von Sternenhaufen, Nebeln und Planeten. Ich kann nicht behaupten, die Plattform sehr häufig benutzt zu haben – da waren die Basketballspiele, die Kumpel, die Mädchen, das Klavier, die schulischen Anforderungen und die Mädchen –, trotzdem glaube ich, daß ich sie gut genutzt habe.

Als Junge habe ich wohl nicht im Traum damit gerechnet, jemals mit einem so großen Teleskop wie dem Du-Pont zu arbeiten. Diese Maschine, so schwer wie ein Bus, gleitet mit einer Ruhe über den Himmel, die ich selbst bei meinem anderthalb Meter langen, hundert Pfund schweren Teleskop nie erreicht habe. Obwohl der Quarzspiegel des Du-Pont tausendmal schwerer ist als mein Zwanzig-Zentimeter-Spiegel, hält er, auf Dutzenden spannungsfreien Halterungen dahingleitend, den weitgereisten Lichtwellen von $E019$-$G013$ eine Oberfläche entgegen, deren Unebenheiten nicht mehr als einen millionstel Zentimeter betragen. Nachdem das Teleskop in dieser Nacht auf sein Ziel eingestellt war, folgte es ihm so mühelos, daß sich die Galaxie kaum auf dem Fernsehschirm bewegte. Es war an der Zeit, mit der Beobachtung zu beginnen. Im Schaltschrank des Spektrographen drückte ich einen Knopf, um den Verschluß zu öffnen, drehte mich dann zum Computerterminal und gab den Befehl ein, der dafür sorgte, daß das in den Spektrographen eindringende Licht aufgezeichnet wurde. «Doktor!» rief Fernando, das Wort auf der zweiten Silbe betonend, und deutete auf den Schaltschrank des Instruments. «*Espejo!*» In der ersten Nacht vergesse ich gewöhnlich, den *Hilfsspiegel* wegzudrehen, der den Strahl auf die Fernsehkamera lenkt. Im Augenblick wurden die armen Photonen immer noch vergeudet; kein einziges erreichte den Spektrographen. «Ob er es je lernt?» wird Fernando wohl gedacht haben.

Als der Hilfsspiegel schließlich aus dem Strahl zurückgezogen war, strömte das Licht von E019-G013 ungehindert durch den offenen Verschluß in den Spektrographen. Fernando nahm die Leitvorrichtung zur Hand, einen flachen Metallkasten mit kleinen Knöpfen zur Feineinstellung der Teleskopposition, und bediente sie von Zeit zu Zeit, um dafür zu sorgen, daß das Licht von E019-G013 auch genau durch den Schlitz fiel. Zum erstenmal zeichnete ein Mensch das Spektrum von E019-G013 auf.

Gewöhnlich stellen wir uns Teleskope als Instrumente vor, die weit entfernte Dinge nah erscheinen lassen. Doch die Vergrößerung ist nur ein kleiner Teil dessen, was ein Teleskop kann. Sehr viel leistungsfähiger ist die Kombination von Teleskop und Spektrograph, denn sie führt den Astronomen nicht nur näher an den fernen Stern oder die Galaxie heran, sondern bringt ihn direkt *dorthin*.

Durch Zerlegung des Lichts in Farben, manchmal sind es bis zu eine Million Farben von Violett bis Tiefrot, liefert ein Spektrograph detaillierte Informationen über die Bedingungen am Ursprungsort des Lichts oder an Orten, die es unterwegs passiert – wenn es durch dazwischentretende Materie gefiltert wird. Das ist mehr als ein Blick aus noch größerer Nähe: Der Astronom ist vor Ort und hat die Möglichkeit, eine Schaufel voll Material mitzunehmen und es einer Laboranalyse zu unterziehen, um seine chemischen und physikalischen Eigenschaften zu bestimmen. Ohne die Spektroskopie wäre die Astronomie wenig mehr als eine Art Weltraumzoologie. Dank dieses Instruments hat sie sich zur Biologie und Genetik der Himmelsbewohner entwickeln können.

Selbst bei sehr oberflächlicher Betrachtung enthält ein Spektrum Informationen von grundlegender Bedeutung – durch seine Form zum Beispiel, die Intensitätsgipfel bei einer bestimmten Farbe erreicht und zum Rot und Blau abfällt. So, wie die Astronomen sie gemeinhin abbilden, erinnert die Form an den Felsen von Gibraltar – auf der einen Seite steil ansteigend, auf der anderen sanft abfallend. Bei welcher Farbe die Intensitätsgipfel liegen, wird exakt durch die Temperatur des Materials bestimmt, welches das Licht abgibt. Wärmere Objekte, in denen die Atome rascher schwingen oder sich bewegen, können sozusagen mehr Energie loswerden; deshalb emittieren sie mehr Energiepakete – energiereichere Photonen. Diese Art von Strahlung bezeichnet man als *Wärmestrahlung*, weil die Menge und Farbe des Lichts in einfacher Beziehung zur Temperatur des emittierenden Materials steht.

Im Alltag sind wir an Licht gewöhnt, das aus Quellen mit Tausenden von Graden Celsius oder Kelvin* stammt – denken wir an die Sonne, die Fäden einer Glühlampe, den Brenner einer Heizung oder Feuer. Objekte mit Tausenden von Graden erzeugen Licht im sichtbaren Teil des Spektrums, das heißt Licht, das unser Auge wahrnehmen kann. Das ist kein Zufall: Die Augen haben sich entwickelt, um das Licht zu nutzen, in das unsere Welt getaucht ist.

Heißere Objekte von mehreren zehntausend oder hunderttausend Grad gehören nicht zu unserer normalen Erfahrungswelt, glücklicherweise, denn sie geben Photonen ab, die so energiereich sind, daß

---

* Die Kelvinskala hat die gleichen Einheiten wie die Celsiusskala, nur daß ihre Nulltemperatur bei − 273 Grad Celsius liegt. Das ist der noch nie erreichte «absolute Nullpunkt», in dem die Atome zu vollkommenem Stillstand eingefroren sind.

sie lebendes Gewebe zerreißen können. Unter anderem sind Kernwaffen deshalb so zerstörerisch, weil sie einen Teil ihrer ungeheuren Energie in Form von Gammastrahlen freisetzen, extrem hochenergetischen Photonen von wahrhaft tödlicher Wirkung. Anderseits kann derart starkes Licht auch lebensrettend sein. Der Röntgenapparat gibt eine außerordentlich geringe Dosis hochenergetisches Licht ab, das die Weichteile des Körpers durchdringt. Da Knochen, die größtenteils aus schweren Kalziumatomen bestehen, und andere härtere Gewebe Röntgenstrahlen absorbieren, werfen sie Schatten, die auf einem Film aufgezeichnet werden können. So steht uns ein Gerät zur Verfügung, das über den Zustand des Körperinneren Auskunft gibt.

Auf der kühleren und sicheren Seite des Spektrums befinden sich Objekte mit Temperaturen von einigen hundert Grad Kelvin; sie strahlen infrarotes Licht ab. Beispielsweise beträgt die Zimmertemperatur ungefähr 300 Grad Kelvin. Alle Objekte in unseren Wohnungen setzen große Zahlen von Photonen frei; deshalb könnten wir im Stockfinsteren sehen, wenn das menschliche Auge in der Lage wäre, diese schwachen Energiepakete zu erfassen. Das gelingt einigen Schlangen, die im Laufe unendlicher Zeiten ungewöhnliche Augen entwickelt haben. Da die Körpertemperatur von Lebewesen in der Regel etwas höher liegt als die Zimmertemperatur, heben mein Kater Andromedus und ich uns von Wänden und Möbeln durch ein infrarotes Leuchten ab, das ein wenig intensiver und wärmer («blauer») ist. Die Fähigkeit, die Beute auch in Abwesenheit sichtbaren Lichts zu «sehen», hat Schlangen einen erheblichen Überlebensvorteil verschafft, und auch die Menschen haben, in einer ihrer arttypischen Spielarten des Reptilienverhaltens, ähnliche Vorrichtungen erfunden, mit deren Hilfe sie jetzt auch bei Nacht Krieg führen können. Doch fast ist der Mensch auch so in der Lage, Infrarotlicht zu «sehen» – seine Haut ist ein empfindlicher Absorber dessen, was wir gewöhnlich *Wärme* nennen. Das Wärmeempfinden entsteht durch die Absorption von Infrarotlicht, das, sagen wir, aus der Glut eines erlöschenden Feuers oder eines leidenschaftlichen Partners stammt.

Kühlere Objekte, deren Temperaturen unter hundert Grad Kelvin liegen, emittieren das energieärmste Licht: Radiowellen. Da die Erde und alles auf ihr wesentlich wärmer ist, gibt es in unserer Welt keine *Wärmequellen*, die Radiowellen aussenden.*
Auch im Weltall ist die Wärmestrahlung am häufigsten vertreten. Deshalb braucht ein Astronom in der Regel nur ein grobes Maß für die Lichtintensität bei einigen wenigen Farben, um die Temperatur der Quelle zu bestimmen. Das Licht astronomischer Objekte umfaßt die gesamte Breite des *elektromagnetischen* Spektrums. (Der Name erklärt sich aus der Beschreibung von Photonen als schwingende elektrisch-magnetische Felder, deren Stärke wie Fahrradpedale steigt und sinkt.) Überwiegend leuchten Sterne im Bereich des sichtbaren Lichts, obwohl einige so kühl sind, daß sie im «unsichtbaren» Infrarotbereich sehr viel heller sind, oder so heiß, daß sie vorwiegend in ultraviolettem Licht leuchten. Die kalten Gaswolken, die zwischen den Sternen in den Scheiben von Spiralgalaxien schweben und deren Temperaturen nur dreißig oder vierzig Grad über dem absoluten Nullpunkt liegen, beobachtet man mit Radioteleskopen, riesigen Antennen, die dieses energiearme Licht elektronisch aufspüren. Auf der anderen Seite können die Temperaturen mehrere hunderttausend Grad erreichen – bei der Explosion eines Sterns oder im heißen Fleck, den ein Stern erwirbt, wenn sein Begleitstern gewaltige Materiemengen auf ihn ablädt, was durchaus geschieht. Die bei dieser Gelegenheit freigesetzten Röntgenstrahlen lassen sich mit speziellen «Satellitenteleskopen» entdecken, welche die Erde weit über

---

* Allerdings läßt sich Licht auch durch *nichtthermische* Prozesse erzeugen, so daß es im irdischen Bereich sowohl vom Menschen geschaffene als auch natürliche Radioenergiequellen gibt. Die rasche Elektronenbeschleunigung, wie sie in einem Blitzschlag oder in den die Erde umgebenden «Van-Allen-Gürteln» erfolgt, setzt gewaltige Mengen von Radioenergie frei. Unsere heutigen Nachrichtensysteme sind noch immer in hohem Maße auf Radiowellen angewiesen; die Photonen für Radio- und Fernsehsendungen werden dadurch erzeugt, daß man die Elektronen in einem Metallstab Millionen Male pro Sekunde auf und nieder hüpfen läßt. (Durch diese Methode läßt sich sichtbares Licht, dessen Schwingungsfrequenz einebilliardemal höher ist, nicht erzeugen.)

der Atmosphäre umkreisen, einem Schild, das Röntgenstrahlen und schädliches ultraviolettes Licht absorbiert, bevor sie den Erdboden erreichen.

Die Sonne, ein typischer Stern, ist ein besonders informatives Beispiel für die Beziehung zwischen der Temperatur und der Farbe des emittierten Lichts. Zunächst ist ein kleiner Exkurs über die enorme Energiequelle erforderlich, den Prozeß der Kernfusion, der im Sonneninneren stattfindet. Der gewaltige Druck, der durch die Tendenz der Schwerkraft entsteht, die Sonne zusammenzupressen, bewirkt eine Zentraltemperatur von Millionen Grad. Bei solchen extremen Temperaturen kommt es zu wütenden Kollisionen der Protonen – den Kernen von Wasserstoffatomen. Einige dieser Zusammenstöße enden mit einer *Fusion*, dem Aneinanderhaften von vier Protonen, die nun den Kern eines Heliumatoms bilden, und zwar nach der Gleichung: 4 Protonen = 2 Protonen + 2 Neutronen. Bei jeder «Kernreaktion», die nach diesem Muster verläuft, wird gemäß Einsteins berühmter Formel $E = mc^2$ ein kleiner Teil der Masse in eine gewaltige Energiemenge verwandelt. Die freigesetzte Energie reicht gerade aus, um dem Druck der Gravitation Widerstand zu leisten. Die Sonne bleibt stabil, weil der Prozeß selbstregulierend ist: Würde zuviel Energie erzeugt, würde die Sonne expandieren und abkühlen und dadurch die Fusionsrate reduzieren; wäre die erzeugte Energie zu gering, würde sich die Sonne zusammenziehen und sich erhitzen, wodurch die Rate in die Höhe getrieben würde. Der Prozeß korrigiert sich selbst und bleibt dadurch im Gleichgewicht.

Die Beziehung zwischen Lichtfarbe und Temperatur hat entscheidenden Anteil daran, daß wir in der Lage sind, so nahe an dieser phänomenalen Energiequelle zu leben. Da in Kernreaktionen extrem hohe Energien erzeugt werden, handelt die Natur sehr vernünftig, wenn sie sie in Gestalt der hochenergetischen Photonen ausschickt, die wir als Gammastrahlen bezeichnen. Und doch taucht die Sonne unsere Welt in ein warmes, gelbes Licht, nicht in Gammastrahlen. Wenn die Photonen der Gammastrahlen den Sonnenkern verlassen, werden sie von der fast eine Million Kilometer messenden Gaswolke, die den Kern umgibt, unzählige Male absorbiert und wieder ausgestrahlt. Jede Schicht ist kühler als die vorangehende, so daß die Photonenenergie langsam von Stufe zu Stufe absinkt – von der der Röntgenstrahlen zu der des ultravioletten und schließlich zu der des gutartigen sichtbaren Lichts. Die «Oberfläche» der Sonne, sofern eine Gasschicht als Oberfläche angesehen werden kann, ist einfach die Schicht, in der die Dichte so niedrig geworden ist, daß die Photonen endlich ohne weitere Absorption entweichen können. Dank der Beziehung zwischen Farbe und Temperatur schützen uns die äußeren Gasschichten vor dem Sonnenkern, indem sie als *Lichttransformator* fungieren, der die tödlichen Gammastrahlen so weit «heruntertransformiert», daß wir uns – wenn auch mit Bedacht – zum Bräunen in die Sonne legen können.

Schon eine derart grobe Analyse verrät uns eine Menge über die Temperatur der Strahlenquelle, aber weit mehr noch ist aus einer feineren Zerlegung des Lichts zu lernen. Das liegt daran, daß Atome, insbesondere die Elektronen, die den Kern des Atoms umkreisen, heftig auf alles Licht reagieren, dem sie begegnen, indem sie Licht von spezieller Farbe hinzufügen oder entfernen. Diese Modifikationen des Spektrums nennt man *Spektrallinien* (ein Spektrograph breitet die Farben des Regenbogens in einer Bande aus, und diese Veränderungen erscheinen als Einschnitte, die quer durch die Bande verlaufen), sie können hell sein wie die Buchstaben einer Neonreklame oder dunkel wie Spalten zwischen weißen Klaviertasten.

Leuchtendes Gas erzeugt helle Linien verschiedener Farbtönung, eine immer gleiche und einzigartige Kombination für jedes der häufigsten Elemente in der Gaswolke – Wasserstoff, Helium, Kohlenstoff, Stickstoff, Sauerstoff.* Jedes dieser Atome kann Energie aus einer Kollision mit einem anderen Atom aufnehmen, eine Energie, die es rasch in Form von diskreten, festgelegten Mengen abgibt – das

---

* Ein alltägliches Beispiel sind «Neonreklamen», in denen Röhren mit leuchtendem Gas durch Elektrizität angeregt werden. Mit Neon erzeugt man einen rotorangen Ton, während andere Gase wie Argon und Krypton die übrigen Farben liefern.

Spektral- und Absorptionslinien 147

sind die Photonen. Das exakte Maß an Energie bestimmt die Farbe des Lichts: blauer bei höherer Energie, röter bei niedrigerer Energie. Die Zahl der Linien und ihre Farben sind durch die individuelle Struktur jeder besonderen Atomart festgelegt – wie viele Elektronen den Atomkern umkreisen und wie fest sie durch die Anziehung entgegengesetzter elektrischer Ladungen an ihrem Platz gehalten werden. Durch genaue Messungen und die Anwendung allgemein bekannter physikalischer Gesetzmäßigkeiten lassen sich einige Eigenschaften ableiten: die Dichte des Gases (wie viele Atome pro Kubikzentimeter), seine Temperatur (die Geschwindigkeit der billardkugelähnlichen Atombewegungen) und die relativen Anteile der verschiedenen Atomarten.

Helle Emissionslinien sind die Regel, wenn Gas die Lichtquelle ist, doch liegt oft nur eine Gaswolke zwischen der Quelle und dem Beobachter. In diesem Falle wird ein Spektrum von kontinuierlichen Farben durch dunkle Linien unterbrochen, die die besonderen Farben bezeichnen, von denen Licht durch atomare Fremdeinflüsse *extrahiert* worden ist. Ausgezeichnete Beispiele für solche *Absorptionslinienspektren* sind Sterne. Das Farbkontinuum in der Sonne, das wir Regenbogen nennen (Sie sehen ihn, wenn ein Sprühregen von Wassertropfen das Sonnenlicht in seine Farben zerlegt), stammt beispielsweise aus einer Gasschicht mit einer Temperatur von ungefähr 5000 Grad. Deshalb ist nach den Gesetzen der Wärmestrahlung gelb-grünes Licht am intensivsten. Wenn dieses Licht die Sonne verläßt, muß es die kühlere Sonnenatmosphäre von geringerer Dichte durchqueren, wo Kohlenstoff-, Magnesium-, Calcium-, Natrium- und Eisenatome darauf warten, ihre Lieblingsfarben zu verschlucken. Auch einige Moleküle, Verbindungen wie Cyan (aus Kohlenstoff und Stickstoff), Magnesiumhydrid und Titanoxid, schweben in der Sonnenatmosphäre. Aufgrund ihrer komplexeren Elektronenkonfiguration haben sie einen gewaltigen Appetit und können enorme Farbstreifen aus dem Kontinuum verschlingen. Infolge dieses Vernichtungsprozesses bekommt das Spektrum eine Reihe von dunklen Linien oder Banden bei den Farben, von denen das meiste Licht extrahiert worden ist. Die Zahnlücken in diesem solaren Grinsen heißen Absorptionslinien.

Wie die Emissionslinien leuchtender Gase bieten sie unmittelbaren Zugang zur Analyse der chemischen Zusammensetzung, der Dichte und des Drucks einer Sternenatmosphäre.

Sowohl das Spektrum der Absorptions- wie das der Emissionslinien läßt Rückschlüsse auf die Bedingungen an der Quelle zu. Diese Fähigkeit, den Zustand von Materie zu untersuchen, die dem physischen Kontakt so weit entzogen ist, hat die Physiker des 19. Jahrhunderts in äußerste Verwunderung versetzt. Und selbst die Astronomen heutiger Zeit sind nicht frei von Staunen, wenn sie dank dieser Technik praktisch alles in Erfahrung bringen, was über das Universum bekannt ist.

Der Spektrograph des Du-Pont-Teleskops befindet sich an der Rückseite des Geräts, hinter dem Zweieinhalb-Meter-*Primärspiegel*. Wenn das Licht auf den Primärspiegel trifft, wird es in Richtung Himmel zurückgeworfen. Am oberen Ende des Teleskops lenkt es ein konvexer *Sekundärspiegel* von 96 Zentimetern Durchmesser in einem langen, dünnen Kegel durch ein neunzig Zentimeter großes Loch in der Mitte des Primärspiegels zum Spektrographen, wo es sich auf einer winzigen Metallplatte sammelt. Dort befinden sich zwei kleine rechteckige Öffnungen, den Bruchteil eines Millimeters groß. Ihre Aufgabe besteht darin, nur das Licht von zwei kleinen Himmelsregionen – wenige Bogensekunden umfassend – in das Gerät darunter zu lassen.

Gegenwärtig befindet sich die elliptische Galaxie E019-G013 über einem dieser Schlitze in der Metallplatte. Auf dem Fernsehschirm, der jetzt das Licht zeigt, das von der durchlöcherten Platte reflektiert wird, scheint aus dem Mittelpunkt der Galaxie ein rechteckiges Stück herausgeschnitten worden zu sein. Die zweite Öffnung ist so weit vom Mittelpunkt der Galaxie entfernt, daß sie größtenteils das Licht aus dem Nachthimmel auffängt. Wie in der Atmosphäre eines Sterns gibt es in der der Erde eine Fülle von absorbierenden und emittierenden Atomen, so daß der Nachthimmel sein eigenes Spektrum erzeugt, ein Spektrum, das zum Licht von E019-G013 hinzukommt. Zwar dürfte das Signal der Galaxie etwa zehnmal so stark sein, doch

Spektralanalyse 149

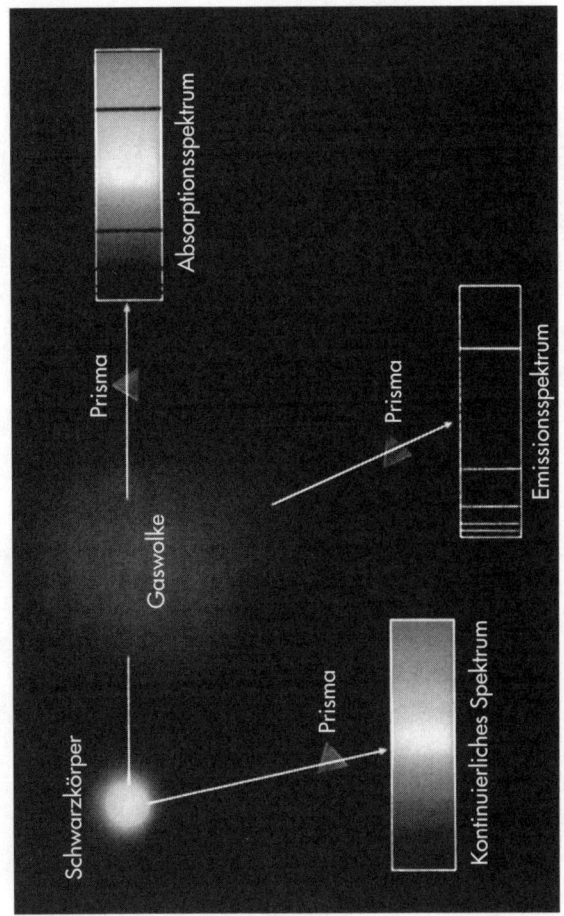

Die Erzeugung von Absorptionslinien- und Emissionslinienspektren durch Gas. Der «Schwarzkörper» ist eine Lichtquelle mit einem breiten, kontinuierlichen Farbspektrum. Die Atome in einer Gaswolke absorbieren das Licht bei bestimmten Farben und hinterlassen Lücken – *Absorptionslinien* – im kontinuierlichen Spektrum. Aus einem anderen Blickwinkel betrachtet, weit von der kontinuierlichen Quelle entfernt, kann man das Licht, das diese Atome absorbieren, als ein erneut emittiertes Spektrum heller Linien erkennen, die bei den gleichen Farben wie die Absorptionslinien liegen. (W. J. Kaufman, III, *Universe*, 3. Aufl., New York, W. H. Freeman, 1991, S. 94.)

reicht die Kontamination durch das Himmelslicht aus, um die Spektralanalyse zu beeinträchtigen; deshalb wird das Himmelslicht separat und gleichzeitig gesammelt, damit man es später vom Gesamtsignal abziehen kann, das die Summe von Galaxie und Himmel enthält.

Nachdem das Licht von E019-G013 und der angrenzenden Himmelsregion unter Ausschluß aller anderen Quellen aus diesem Bereich ausgewählt worden ist, erzeugt das Instrument zwei Spektren und zeichnet sie auf. Nach dem Zusammenlaufen im Brennpunkt des Teleskops fächert sich der Lichtstrahl, jetzt im Inneren des Spektrographen, wieder auf. Ungefähr einen Meter weiter trifft er auf einen *Kollimatorspiegel*, der den Strahl erneut zusammenfaßt, so daß er abermals ein paralleles Lichtbündel bildet. So wird er wieder dorthin zurückgeworfen, woher er gekommen ist, wobei er allerdings um einen kleinen Winkel vom Weg der eindringenden Strahlen abweicht.

Dieser Parallelstrahl ist eine Mischung aus allen Farben, doch ein Prisma – ein Glaskeil – kann diesen einen Strahl in einen Fächer aus parallelen Strahlen von verschiedenen Farben zerlegen, deren jeder in einem leicht abweichenden Winkel verläuft. Dieser besondere Spektrograph verwendet ein *Beugungsfilter* zur Zerlegung des Lichts. Die Vorrichtung sieht aus wie ein flacher Spiegel, doch bei näherem Hinsehen zeigt sich, daß die Fläche von feinen parallelen Furchen durchzogen ist, 1200 pro Millimeter. Gemeinsam sorgen diese Furchen dafür, daß das Licht nach Farben umgelenkt wird. Paralleles Licht erzeugt jedoch kein Bild. Um also diese Information in eine Form zu bringen, die sich aufzeichnen läßt, braucht man abermals eine Linse, die das aus verschiedenen Winkeln eintreffende parallele Licht fokussiert auf verschiedene Positionen dirigiert. Jede Farbe wird an einer besonderen Position fokussiert – und, *voilà*, das Bild eines Spektrums erscheint.

Zu Hubbles Zeiten zeichnete man das Spektralbild mittels einer fotografischen Platte auf, leider mit kläglichem Erfolg. Die meisten Photonen landeten mit einem dumpfen Schlag in der Filmemulsion, und man hörte nie wieder von ihnen. Nur etwa ein Prozent hinterließ eine Spur in Form von erkennbaren Silberkörnchen. Moderne Detektoren bedienen sich einer anderen Technik, die mit dem Fernsehen verwandt ist. Das vom Spektrographen hergestellte Bild – in die-

Spektralbilder 151

sem Falle zwei nach Farben geordnete Lichtbanden – wird in elektrische Signale verwandelt, das heißt, die Intensität des Lichts an jedem Punkt erzeugt einen winzigen elektrischen Strom, Spannung oder Ladung, der als Zahl aufgezeichnet wird. Eine bestimmte Anordnung dieser Zahlen, in einem Computer gespeichert, ist das «Bild», das der Astronom analysieren wird; das Bild gibt die Verhältnisse auf einfache, lineare Weise – «maßstabsgetreu» – wieder: Ist die Lichtintensität zweimal so groß, wird sie durch eine zweimal so große Zahl dargestellt. Das ist ein weiterer Vorteil gegenüber fotografischen Emulsionen, die nur von begrenzter Empfindlichkeit sind und absolut nichtlinear reagieren*, so daß es schwer oder sogar unmöglich ist, die wirklichen Intensitäten wiederzuentdecken.

Dieser besondere Detektor, von Steve Shectman, einem Kollegen am Observatorium, konstruiert, hat ungefähr den zwanzigfachen Nutzfaktor einer fotografischen Emulsion. Er besteht aus zwei Komponenten, einer Kette von vier *Bildröhren* – einer Art Lichtverstärker – und einer doppelten Anordnung von Fotodioden, die elektrische Signale erzeugen, wenn sie Licht auffangen. Den größten Teil des Gerätes nehmen die Bildröhren ein, Zylinder von ungefähr 15 Zentimetern Durchmesser und 75 Zentimetern Länge. An der Vorderseite jeder Bildröhre befindet sich eine Fotokathode, eine Glasscheibe von dreieinhalb Zentimetern, beschichtet mit einem Spezialstoff, der Elektronen an die Hinterwand sprüht, wenn er von Photonen getroffen wird. In einem Vakuum von elektrischen und/oder magnetischen Feldern beschleunigt, treffen die Elektronen – wie in einem Fernsehapparat – in rascher Bewegung auf einen Phosphorschirm an der Rückseite der Bildröhre, wo sie einen leuchtenden Lichtfleck erzeugen.

Die sorgfältige Kontrolle der Elektronen in diesen Röhren sorgt

---

* Nichtlinear heißt, daß die Ausgabe in keinem Verhältnis zur Eingabe steht, wie die Lawine, die Ihnen entgegenkommt, wenn Sie noch ein einziges Kästchen zusätzlich im Schrank verstauen wollen. Englisch sprechende Wissenschaftler übertragen diese Ausdrucksweise gern auf menschliches Verhalten; so reden sie von *going nonlinear*, wenn jemand wegen eines unbedeutenden Vorfalls explodiert.

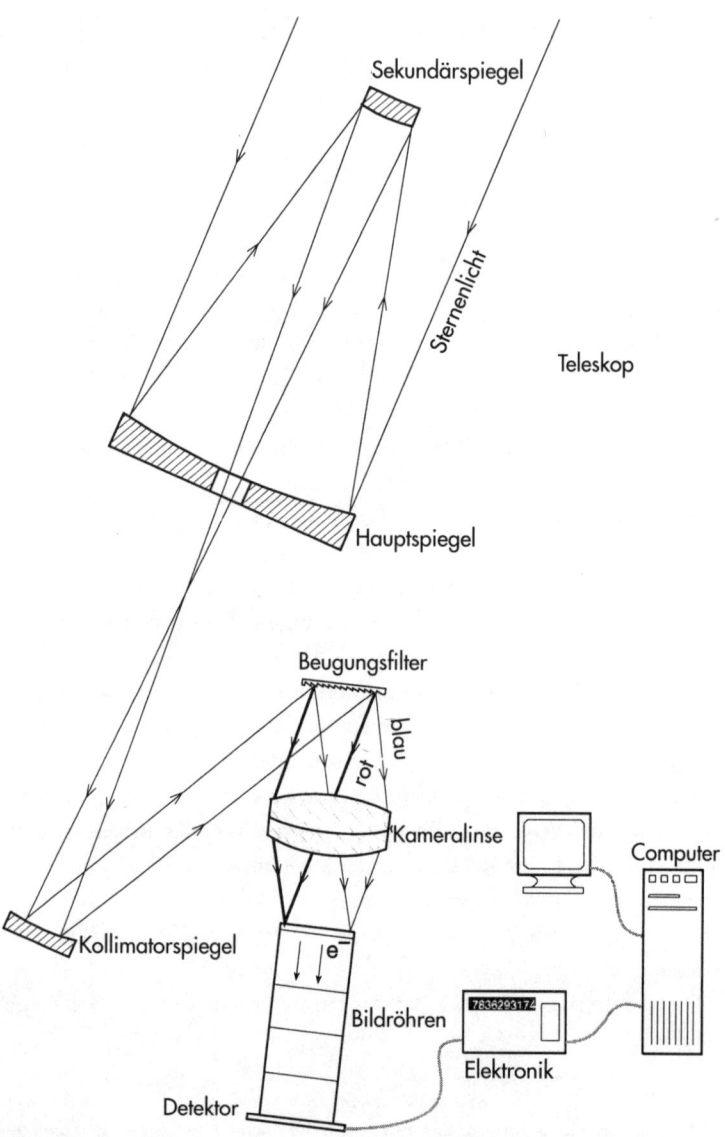

Schema eines optischen Spektrographen, wie er in einem Teleskop verwendet wird.

Spektralbilder 153

dafür, daß ein Bild herauskommt, daß dem Input-Bild entspricht, nur heller ist. Durch Zusammenschluß mehrerer Röhren, von denen jede ein Eingabe-Photon in eine Vielzahl von Ausgabe-Photonen verwandelt, wird das Signal millionenfach verstärkt. Zwar löst nur jedes fünfte Photon, das auf die Vorderseite der Fotokathode trifft, eine solche Lawine aus (leider hat der Prozeß keinen Nutzfaktor von 100 Prozent), trotzdem wird aus einem einzigen Photon am Ende ein Lichtblitz, der hell genug ist, um vom menschlichen Auge wahrgenommen zu werden.

In einer Linie entlang dem Regenbogen des Spektrums angeordnet, erzeugen die Fotodioden elektrische Signale, wenn sie die verstärkten Lichtimpulse empfangen. Zwei Diodenreihen, eine für jede der beiden Öffnungen, zeichnen das Spektrum der Galaxie plus Himmel und das des Himmels allein auf. Jeder Lichtblitz, den ein eintreffendes Photon erzeugt, wird «gezählt» – eine Zahl wird in einem Computerspeicher addiert, der über die Summen des Gesamtlichtes an jeder Position Buch führt. Feine Farbunterscheidungen können diese Dioden nicht vornehmen (wären sie dazu in der Lage, brauchten wir keinen Spektrographen), das heißt, die Farbe des Lichts erkennen wir nur, weil wir wissen, welche Diode es gesammelt hat; entscheidend ist also die Position im Spektrum. Zu den verschiedenen Eichungen, die während der Nacht vorgenommen werden, gehört auch das Spektrum einer Lampe, die Argongas enthält und entlang dem Detektor ein Emissionslinienspektrum mit diskreten, genau verzeichneten Farben projiziert. Die Farbe, die jeder Diode entspricht, wird mit großer Genauigkeit bestimmt.

Da die «Photonenzählungen» in einem Computerspeicher gesammelt werden, macht es überhaupt keine Schwierigkeiten, das Himmelssignal abzuziehen und das Spektrum der Galaxie abzubilden. Mit fortdauernder Belichtung baut sich die Zählung langsam auf. E019-G013 gibt jede Sekunde ungefähr ein gezähltes Photon an jedes der fast tausend Fächer des Detektors ab. Nach einer halben Minute weise ich den Computer an, das Spektrum abzubilden, woraufhin ein beweglicher Punkt eine schnörkelige Linie auf den Schirm malt. Die Linie besteht aus Punkten, deren Position sich nach der Farbe und nach der Intensität bei dieser Farbe richtet: Die Farbe wird horizontal auf dem Computerschirm eingezeichnet, während die Gesamtzahl von Zählungen die vertikale Position jedes Punktes bestimmt.

Zu diesem Zeitpunkt hat jedes Farbfach nur etwa fünfundzwanzig Zählungen gesammelt. So sind nur die grobe Form des Spektrums und einige wenige kräftige Absorptionslinien zu erkennen, doch die Linie auf dem Bildschirm hüpft auf und nieder wie Pinocchios Vielschreiber. Das sind statistische Fluktuationen – Astronomen bezeichnen sie als «Photonenrauschen». Es rührt daher, daß bei jeder Farbe nur eine geringe Zahl von Photonen entdeckt worden sind. Die Variation, die rein zufällig zu erwarten ist, errechnet sich aus der Quadratwurzel der Zählungen, in diesem Falle $\sqrt{25} = 5$ – folglich hat die Zahl in jedem Fach eine Ungewißheit von ungefähr $5/25 = 20$ Prozent. Bei so beträchtlichen Fluktuationen weist das Spektrum ein *Rauschen* auf – feinere Absorptions- oder Emissionslinien sind nicht zu erkennen. Doch das Signal wird deutlicher, wenn die Belichtung anhält und das Rauschen entsprechend abnimmt. Nach ungefähr fünfzehn Minuten befinden sich etwa tausend Zählungen in jedem Fach. Damit ist das Fluktuationsrauschen auf ungefähr drei Prozent zurückgegangen. Jetzt ist das feine Muster der Absorptionslinien, die durch Calcium-, Magnesium- und Eisenatome in der Atmosphäre der Sterne in E019-G013 hervorgerufen werden, deutlich sichtbar, und die Beobachtung ist abgeschlossen.

Die Ungewißheit, die mit der «Statistik der kleinen Zahlen» verknüpft ist, meiden die Astronomen mehr als die meisten anderen Wissenschaftler, weil die unbeantworteten Fragen im Bereich der schwachen Signale liegen. Obwohl solche Fluktuationen eigentlich nicht zur alltäglichen Welt gehören, ist unsere Intuition durch die Erfahrung doch hinlänglich gewappnet. Würde man uns beispielsweise auffordern zu prüfen, ob ein Roulette «präpariert» ist, würde wohl kaum einer erwarten, daß bei achtunddreißig Würfen die Kugel einmal und nur einmal in jedem der achtunddreißig numerierten Fächer landet. Wenn die Kugel 3800mal geworfen worden ist, würde man nur einen Durchschnitt von 100 Treffern pro Zahl erwarten – die Schwankungen von Fach zu Fach müßten immer noch ziemlich groß sein: $\sqrt{100}/100 = 10$ Prozent. Um die Präzision des Roulettes auf ein Prozent zu bringen, wären 380000 Würfe erforderlich. Angesichts des dafür erforderlichen Zeitaufwands wäre es wohl einfacher, das Roulette zu untersuchen. Leider bleibt uns bei Galaxien nichts als das Zählen.

Nun gebe ich dem Computer die Anweisung, die Zahlenanordnung auf einem Magnetband zu speichern und dann den Spiegel so zu drehen, daß das Licht der Argonlampe zur Farbeichung in den Spektrographen fällt. Währenddessen schwenkt Fernando das Teleskop zum nächsten Objekt, aber als wir die Fernsehkamera einschalten, sehen wir nur einen schwachen Stern und einen verschmierten Fleck, wo die nächste elliptische Galaxie sein müßte. «*Nubes*, Doktor!» ruft Fernando aus. Als ich den Kopf zur Tür hinausstrecke, die auf den die Kuppel umlaufenden Steg hinausgeht, sehe ich, daß er recht hat. Die Wolken haben sich mit Nachdruck zurückgemeldet.

Also reiche ich Fernando die Position eines Sterns aus der Milchstraße, der weit heller ist als unsere Zielgalaxien. Zur Eichung meiner Beobachtung brauche ich die Spektren von Sternen wie diesem. Es handelt sich um einen Riesen, ein Stadium, das alle Sterne in ihrem späteren Leben durchlaufen. Nach einem Zeitraum von zehn Milliarden Jahren hat die Kernfusion den Wasserstoffvorrat im Inneren des Sterns erschöpft, so daß die Gravitation wieder die Oberhand gewinnt, den Kern des Sterns schrumpfen läßt und ihn auf immer höhere Temperaturen erhitzt, bis die Fusion abermals genügend Energie erzeugen kann, um den Kollaps zu verhindern. Nun verschmelzen Heliumkerne, schwerere Kerne, die zwei Protonen und zwei Neutronen enthalten, zu Kohlenstoffkernen – der nächste Schritt im Entstehungsprozeß der schweren Elemente. Hundertmal heller als zuvor scheint der Stern, wird dazu aber nur sehr viel kürzere Zeit in der Lage sein, ungefähr hundert Millionen Jahre lang. Da bei der Heliumfusion größere Energie freigesetzt wird, werden die den Stern umgebenden Schichten weiter nach außen gestoßen und verlieren an Dichte. Paradoxerweise ist diese aufgeblähte Hülle kühler (und damit *röter*) als zuvor, obwohl das Zentrum des Sterns sehr viel dichter und heißer geworden ist. Solche Sterne sind wirklich riesig; wenn die Sonne diese Phase durchläuft, wird ihre «Oberfläche» über die Umlaufbahn der Erde hinausreichen und die drei inneren Planeten verschlingen. Doch keine Angst, uns bleiben noch gut fünf Milliarden Jahre, bevor das geschieht – Zeit genug, um in eine andere Gegend des Alls umzuziehen.

Fernando hat den Stern der neunten Größenklasse gefunden, und obwohl er mit dem Kommen und Gehen der Wolken ständig blasser und stärker zu werden scheint, bleibt er stets hell genug, um das Spektrum aufzuzeichnen. Diese unwillkommenen Wassergebilde fangen mehr Licht ein als das Teleskop, aber wenigstens ist die *Farbverteilung* davon nicht betroffen – das Licht aller Farben dringt gleich schlecht hindurch. Deshalb läßt sich die Spektroskopie auch in einer teilweise wolkigen Nacht durchführen, wenn viele andere Arten astronomischer Beobachtung unmöglich sind. Leider befinden sich die Objekte von Forschungsprogrammen häufig nahe an der Grenze dessen, was das Teleskop leisten kann (sonst sollte man mit einem kleineren Teleskop arbeiten), und oft macht die Beeinträchtigung durch Wolken aus einer schwierigen Aufgabe eine unmögliche. Glücklicherweise gab es in dieser ersten Nacht auch ein paar helle Sterne und Galaxien, unter denen ich wählen konnte.

Rote Riesensterne sind vergleichsweise selten (weil ihre Lebensdauer sehr viel kürzer ist), aber so hell, daß sie für das meiste Licht verantwortlich sind, daß uns von Galaxien erreicht. Aus diesem Grund erfaßt man bei einem zufälligen Blick in den Nachthimmel auch viele dieser rubinroten Objekte, etwa Beteigeuze im Sternbild Orion oder Antares im Sternbild Skorpion. Wie ferne Leuchtzeichen auf See sind sie aus weiter Entfernung zu sehen. Das verdeutlicht den Unterschied zwischen einer volumenbegrenzten und einer helligkeitsbegrenzten Stichprobe: In einem zufällig bestimmten Volumen des Alls ist nicht ein Stern unter hundert ein roter Riese, aber in einer Stichprobe, die durch die Größenklasse begrenzt wird, befindet sich ein weit höherer Prozentsatz dieser Kategorie, weil sie aus großen Entfernungen zu sehen sind.

Da dieser rote Riese denen sehr ähnelt, die das Licht in E019-G013 erzeugen, kann er als Maßstab für die Analyse des Galaxienspektrums dienen. Das Spektrum des Sterns hat die gleiche Form und die gleichen Absorptionslinien wie E019-G013 – die Ähnlichkeit ist verblüffend –, doch sobald er auf dem Computerschirm erscheint, treten auch zwei Unterschiede zutage. Zum einen sind die Spektrallinien des Sterns, verglichen mit ihren Positionen im Galaxienspektrum, alle nach links verschoben (zum Blau). Das belegt die Rotverschiebung der Galaxie. Während sich dieser Stern relativ zur Erde kaum bewegt – nur ein paar Kilometer pro Sekunde –, rast die Galaxie mit Tausenden von Kilometern pro Sekunde durchs All. Infolgedessen hat die Dopplerverschiebung jede Absorptionslinie im Spektrum der Galaxie zu einer röteren Farbe verschoben, eine Verschiebung, die sich für eine exakte Geschwindigkeitsbestimmung messen läßt.

Ein weiterer weniger auffälliger Unterschied wird eine entscheidende Rolle in unserer Untersuchung der elliptischen Galaxien spielen. Die Linien im Spektrum des Sterns erscheinen schärfer, deutlicher – im Vergleich dazu sieht das Galaxienspektrum verschwommen, fast unscharf aus. Der Grund: Die Absorptionslinien der Galaxie sind verbreitert. Dabei liefert der Grad der Verbreiterung ein direktes Maß dafür, wie rasch sich die Sterne im Inneren von E019–G013 bewegen. Selbstverständlich setzt sich das Licht der Galaxie aus dem Licht von Millionen roter Riesen zusammen, und die Geschwindigkeiten dieser Sterne erstrecken sich über mehrere hundert Kilometer pro Sekunde – die Bahngeschwindigkeiten, die die Sterne erworben haben, um der Anziehungskraft von E019-G013 entgegenzuwirken. Da jeder Stern infolgedessen eine leichte Rot- oder Blauverschiebung besitzt, fallen die Absorptionslinien aller Sterne nicht genau bei den gleichen Farben zusammen; deshalb ist die resultierende Linie breiter und schwächer. Je höher die Geschwindigkeiten, desto breiter die Streuung. Die *Geschwindigkeitsdispersion* (die Gesamtstreuung der Sternengeschwindigkeiten) in der Galaxie läßt sich aus dem Vergleich ihres Spektrums mit dem eines einzelnen Sterns gewinnen.

Es gelingt uns, noch einen weiteren Stern zu erfassen, bevor sich die Wolkendecke vollständig schließt. Daraufhin gehen Fernando und ich hinunter in die Küche, kochen Kaffee und essen unsere Sandwiches. Wir müssen warten, bis die Wolken wieder dünner werden.

Vielleicht verschwinden sie ganz, aber wetten würden wir nicht darauf. Gute Nächte beflügeln – dann geht die Arbeit wie von selbst, trägt einen vorwärts, reißt einen mit. Wirklich schlechte Nächte, mit Regen und Schnee oder Eis auf der Kuppel, sind auch nicht so übel – man kann wenigstens frühzeitig abbrechen. Am schlimmsten sind Nächte wie diese, nicht gut genug, um zu arbeiten, aber auch nicht hoffnungslos genug, um aufzuhören. In dieser Nacht erfassen wir noch eine weitere Galaxie, aber sie spielt mit uns hinter den Wolken Versteck. Verärgert und entmutigt, verstauen Fernando und ich schließlich das Teleskop und schalten die Geräte aus. Es ist drei Uhr morgens. Als wir aus der Kuppel in eine kalte, böige Dunkelheit hinaustreten, wünscht mir Fernando eine gute Nacht und fügt hinzu: «*Possiblemente mañana será mejor.*» Leider ist die folgende Nacht auch nicht besser.

Doch in der dritten Nacht reißt der Himmel auf und bleibt für den Rest der Beobachtungsreihe prachtvoll klar. Die Arbeit geht rasch und gut von der Hand; zwar wächst die Müdigkeit, während wir ununterbrochen von der Abenddämmerung bis zum Morgengrauen arbeiten, aber unsere Stimmung ist jetzt hervorragend – meine, weil ich die Daten erhalte, um derentwillen ich gekommen bin, Fernandos, weil er sich langweilt, wenn er seine Arbeit nicht tun kann.

Fünf Tage später ist die Beobachtungsreihe abgeschlossen. Ich habe gute Spektren von fünfundfünfzig elliptischen Galaxien für unser Projekt zusammengetragen, dazu noch hundert weniger genaue Spektren von anderen Galaxien, Daten für ein weiteres Projekt. Diese Beobachtungsreihe war ein Erfolg, aber noch viele solche Erkundungen werden auf unserer Reise erforderlich sein. Im November desselben Jahres werde ich nach Las Campanas zurückkehren, um die Spektren von elliptischen Galaxien auf der anderen Seite des Himmels zu erfassen, in jenem Teil, der im Februar von der gelben Sonne und ihrem blauen Tageslicht verdeckt wird. Zu einem späteren Zeitpunkt in diesem Jahr werden Roger Davies und Roberto Terlevich die gleiche Art von Spektroskopie mit dem Angloaustralischen Vier-Meter-Teleskop am Siding-Spring-Observatorium in Nordostaustralien vornehmen, während Sandy Faber und Dave Burstein am Lick-Ob-

Die Erfassung elliptischer Galaxien   159

servatorium Spektren elliptischer Galaxien auf der nördlichen Hemisphäre erfaßt werden. Bevor 1984 die spektroskopische Datensammlung abgeschlossen ist, hat es noch zwei weitere Beobachtungsreihen auf Las Campanas gegeben, dazu Beobachtungen durch andere Mitglieder der Gruppe am Lick-Observatorium und am Kitt Peak National Observatory in den USA, in Siding Spring in Australien, am Royal Greenwich Observatory in England und am South African Astrophysical Observatory.

Dave ist zuständig für Beobachtungen anderer Art, die für unser Projekt ebenso wichtig sind. Zusammen mit einigen Gruppenmitgliedern wird er mit kleineren Instrumenten, zum Beispiel dem 1,3-Meter-Teleskop am Kitt Peak National Observatory, die Helligkeit jeder Galaxie in der Stichprobe messen. Dabei werden die meisten Daten erfaßt, indem man das Licht auf einen *Photovervielfacher* lenkt, ein Gerät, das wie eine alte Radioröhre aussieht. Es erzeugt ein elektrisches Signal, dessen Stärke der auf einem kleinen Sammelschirm fokussierten Lichtmenge direkt proportional ist. Für jede Galaxie wird das Licht in kreisförmigen Öffnungen gesammelt, deren Größe von wenigen bis zu hundert Bogensekunden reicht. Auf diese Weise läßt sich nicht nur die Gesamtlichtmenge, sondern auch ihre Verteilung, das *Lichtprofil*, messen. In die Beobachtung einbezogen sind auch bestimmte Sterne, deren Helligkeit schon oft gemessen worden ist und die man deshalb zu «Eichmaßen» erkoren hat.

Im März 1981 verbrachten Dave und Sandy eine wolkige Nacht am Kitt Peak National Observatory bei Tucson in Arizona und warteten vergeblich auf den vollkommen klaren Himmel, der eine unabdingbare Voraussetzung für photometrische Messungen ist. Dort lernten sie Gary Wegner kennen, einen Astronomen vom Dartmouth College, dessen photometrisches Forschungsprogramm ihn ebenfalls in die Cafeteria geführt hatte. Gary hat die Photometrie zur hohen Kunst entwickelt. Die Sorgfalt und Geduld, die erforderlich sind, um eine Messung auf mindestens ein Prozent genau durchzuführen, und die Astronomen allzuhäufig vermissen lassen, sind ihm angeboren. In dieser Nacht – und in den enttäuschenden Wolkennächten, die folgten – sprachen Sandy und Dave mit Gary ausführlich über unser

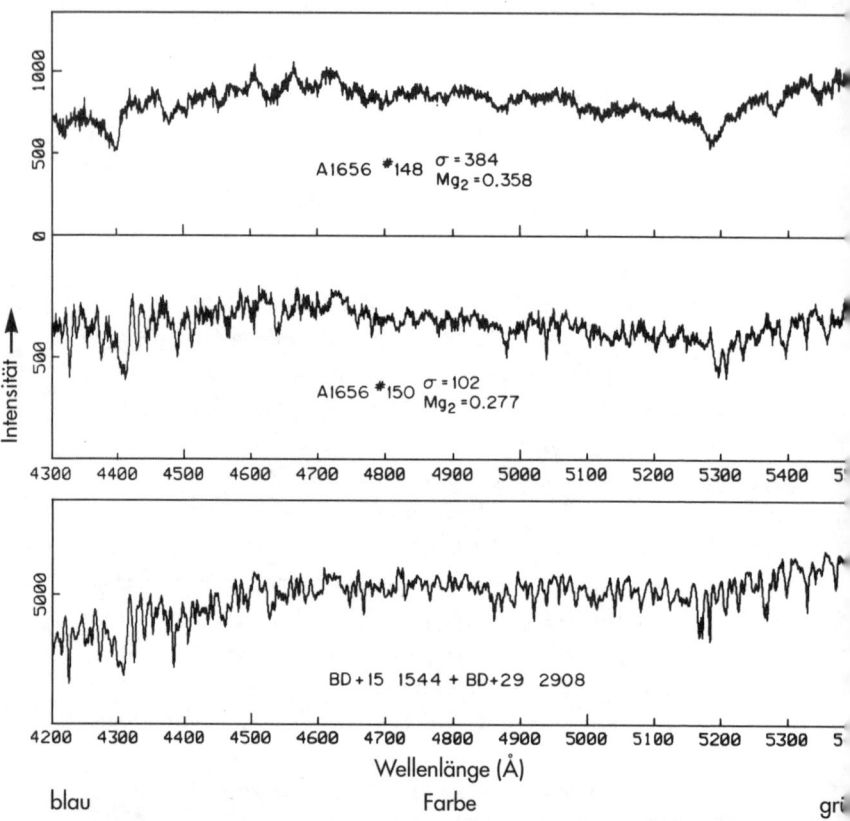

Spektren elliptischer Galaxien, die die Verbreiterung der Linien infolge wachsender *Geschwindigkeitsdispersion* zeigen. Das untere Spektrum ist das eines einzigen Sterns, das als Vergleichsmaßstab dient. Das mittlere Spektrum stammt von einer elliptischen Galaxie mit mäßiger Geschwindigkeitsdispersion – die charakteristischen Geschwindigkeiten der Sterne liegen bei ungefähr 100 km/s. Noch höher ist die Dispersion im oberen Spektrum, das zu einer Galaxie gehört, wo die mittlere Geschwindigkeit der Sterne erheblich höher ist, ungefähr 380 km/s. Die einzelnen Linien werden undeutlicher, wenn die Dispersion zunimmt, wie die auf Magnesiumatome zurückzuführenden Absorptionslinien zeigen – durch einen Pfeil gekennzeichnet. Außerdem ist zu erkennen, daß die Absorptionslinien der Galaxien gegenüber denen des Sterns *rotverschoben* sind. (A. Dressler, *Astrophysical Journal*, Bd. 281, 1984, S. 512.)

Projekt. Schließlich fragten sie ihn, ob er Lust habe mitzumachen. Die Aussicht auf schlechtes Wetter und die Größe der Aufgabe schienen Gary nicht zu entmutigen, denn er willigte ohne langes Bedenken ein.

Mit Gary hatte die Gruppe ihre endgültige Größe von sieben Mitgliedern erreicht. Alle waren wir intensiv damit beschäftigt, die erforderlichen Daten zu sammeln. In Kleingruppen von zwei oder drei setzten wir diese Arbeit bis 1983 fort, dann trafen wir uns erstmals alle sieben auf Einladung von Donald Lynden-Bell an der Cambridge University. Dort begannen wir das erste geschlossene Bild in Form einer Collage aus Tausenden von Messungen an nahezu 500 Galaxien zusammenzusetzen, ein Sammelsurium von Daten, die wir mit zehn verschiedenen Teleskopen an Observatorien auf fünf Erdteilen zusammengetragen hatten. Wir waren von ersten vereinzelten Erkundungsfahrten zurückgekehrt. Die wirkliche Reise in die Tiefen des Alls hatte noch kaum begonnen.

Gary Wegner ist vielleicht nicht gerade Superman, hat aber eine verblüffende Ähnlichkeit mit Clark Kent. Nach außen hin ist er ruhig, fast schüchtern; er kleidet sich konservativ, wählt seine Worte mit Bedacht und Sorgfalt, flucht nie und zeigt seine Gefühle selten, doch wenn er lacht, dann platzt er gewöhnlich schallend los.

Gary ist ein Familienmensch. Er stammt aus einer weitverzweigten Sippe, die sich trotzdem ein enges Zusammengehörigkeitsgefühl bewahrt hat. 1944 in Seattle geboren, wuchs er in dem Städtchen Bothell im Staate Washington auf, in jener ländlichen Umgebung, die heute schon fast der Vergangenheit angehört. Dort entwickelte er eine enge Beziehung zur Natur, lernte fischen, jagen und bergsteigen. Dieser Landschaft scheint er seine Interessen und seine Wertvorstellungen zu verdanken. Aus seiner fünfundzwanzigjährigen Ehe mit Cynthia Kay Goodfellow gingen fünf Kinder hervor. Das Haus der Wegners ist zwar neu, aber im Kolonialstil erbaut und liegt auf einem weitläufigen, baumbestandenen Grundstück vor den Toren von Hanover in New Hampshire, wo sie ihre Kinder großgezogen haben. Sie sind «uramerikanisch» und stolz darauf.

Doch wie Kent verbirgt auch Gary einige Überraschungen unter seiner Straßenkleidung. Er hat feste Überzeugungen, sehr klare Vorstellungen über Menschen und Ereignisse – wenn es auch manchmal etwas Mühe kostet, sie ihm zu entlocken.

«Meine Mutter hat gearbeitet, als ich klein war, und so wurde ich von verschiedenen Frauen betreut», berichtet er. «Eine dieser netten Damen war Ruth Bruzas, die mir immer aus der Enzyklopädie vorlas, wenn ich sie hervorholte und den Abschnitt über Astronomie aufschlug – ich war fasziniert von der Vorstellung, daß es noch andere Welten außer unserer eigenen geben könnte.

Als ich klein war, hat mich die Frage sehr beschäftigt, wer Gott ist und wie die Welt entstanden ist. Alle Leute habe ich damit belästigt. Ich möchte keineswegs den Eindruck erwecken, daß ich Atheist bin, aber ich habe bei dieser Gelegenheit doch festgestellt, daß der größte Teil des Hokuspokus, den die Leute mir erzählten, wenig überzeugend war und daß niemand die Antwort auf dieses Geheimnis kannte.

Ich arbeitete mit meinen Eltern viel in der freien Natur, und oft nahm mein Vater mich mit zum Jagen oder Fischen. So bekam ich einen lebhaften Eindruck von den Naturkräften. Bäume erblickte ich, die so groß waren, daß zehn oder mehr Männer erforderlich waren, sie zu umspannen. Ich war beeindruckt von der Gewalt des Meeres, wenn ich die Brandung betrachtete und die Wracks gestrandeter Schiffe oder wenn wir in kleinen Booten saßen, die in salziger Gischt auf den Wogen tanzten – den Walen so nah, daß wir die Rankenfußkrebse auf ihrer Haut und ihre ängstlichen Kuhaugen sehen konnten. Und dann die gewaltigen Berge, mit ihren Gipfeln aus Fels, Schnee und Eis, und die reißenden Flüsse, die aus den Höhen über große Wasserfälle zu Tal stürzten. Manchmal sahen wir so viele Enten und Gänse, daß wir das Gefühl hatten, über unseren Köpfen sei eine einzige schnatternde Wolke, die Stunden brauchte, um vorbeizuziehen. Mein Vater forderte mich auf, gut hinzuschauen, denn wenn ich erwachsen sei, so prophezeite er, werde es das alles nicht mehr geben. Leider hatte er recht.

Ich weiß noch, wie ich zum erstenmal von Atomen hörte – ich glaube, es war ein Gespräch über die A-Bombe. Doch ich kannte nie-

Donald Lynden-Bell

Sandy Faber

Alan Dressler

Roberto Terlevich

Dave Burstein

Gary Wegner

Roger Davies

manden, der Mathematiker oder Physiker war, so daß ich noch viele Jahre warten mußte, bevor ich mehr darüber und über die wissenschaftliche Arbeitsweise erfuhr.»

Eines Sommers, als Atombombentests im Pazifik durchgeführt worden waren, verlebte Garys Familie die Ferien auf Vancouver Island. Täglich hörten sie Berichte über den Weg, den die radioaktive Wolke nahm. Eine kanadische Frau stürzte aus ihrem Haus und schrie: «Ihr Amerikaner seid daran schuld!» Gary wuchs in der festen Überzeugung auf, daß der Krieg schrecklich und sinnlos sei, eine Überzeugung, die zu einer fast religiösen Gewißheit wurde, als er viele Jahre später Nagasaki besuchte.

«Meine Mutter hat immer sehr gern gelesen, und oft haben wir die Bücher geteilt, indem wir sie uns abwechselnd vorgelesen haben. Auch meine Grandma Gardner liebte Bücher. Sie schenkte mir Werke über Astronomie und Raumfahrt. Ich wurde ein unersättlicher Leser, obwohl ich kein besonderer Schüler war. Ich fand den Unterricht sehr langweilig und war nicht sehr gut im Rechnen.»

Gary war in seinem Lesestoff so weit vorausgeeilt, daß ihn die Schule unerträglich langweilen mußte: «Der Unterricht kam mir so kindisch vor – in der zweiten Klasse hatte ich mich in den *National Geographic* vertieft und las alles über die Antarktis, was ich in die Finger bekam, während meine Lehrerin uns mit der ‹Hasenschule› traktierte und herumhüpfte, als wäre sie ein kleines Häschen aus dem Buch.» Später machte ihm seine fast qualvolle Schüchternheit zu schaffen, so daß er wenig Freude an den sozialen Aspekten des High-School-Lebens fand. Obwohl er viele Schulkameraden hatte, machte er einen großen Bogen um die Clubs und Freizeitangebote, die die Schule in einen Ort der «Freude» verwandeln sollten. Was ihm dagegen Freude machte, das war die große, weite Welt und die Möglichkeit, sie sich «zusammenzureimen».

«1954 näherte sich der Mars der Erde; meine Cousins hatten ein kleines Teleskop, und wir starrten stundenlang auf den Mars. Zwar sahen wir gar nichts, doch war ich entschlossen, mir bis 1956, dem Jahr, in dem der rote Planet uns noch näher rücken sollte, selbst ein Teleskop anzuschaffen. Ich mähte Rasen, pflückte Beeren, ich tat einfach alles, um Geld für das Teleskop zusammenzusparen. Niemand konnte mir sagen, was für ein Gerät ich kaufen mußte, aber ich besorgte mir eins, und ich sah den Mars. Zu Weihnachten des gleichen Jahres informierten sich Vater und Mutter gründlicher über Teleskope und schenkten mir ein richtiges astronomisches Instrument. Damit war ich der Astronomie verfallen.

Nächtelang amüsierten meine Freunde und ich uns mit dem Teleskop, Sternenkarten, Kameras und Feldstechern. Wir beobachteten alles, was da oben vorbeizog. 1957 sahen wir Sputnik I und II und versuchten, eigene Raketen zu bauen. Dabei haben wir uns an einigen entsetzlich gefährlichen Experimenten versucht – mir läuft es heute noch kalt über den Rücken, wenn ich daran denke. Das galt nicht nur für unsere pyrotechnischen, sondern auch für unsere elektrischen Unternehmungen. Jedenfalls waren meine Eltern alles andere als erfreut, als eines Tages die Polizei vor der Tür stand – unsere ‹Raketen› zeigten eine verdächtige Ähnlichkeit mit Rohrbomben, und die Nachbarn beklagten sich über den Lärm.

Als ich mich für die Spektralanalyse zu interessieren begann, kaufte ich mir in einem Laden für ausgemustertes Kriegsgerät Prismen und Linsen. Das taten damals viele Jungen, aber was mich vor allem dazu bewegte, daraus einen Beruf zu machen, waren wohl die späteren Mathematikkurse an der High-School. Die lehrten mich folgerichtiges Denken und zeigten mir, daß ich *doch* mit der Mathematik zurechtkam, der, wie mir bereits klargeworden war, einzig angemessenen Weise, die Natur zu beschreiben.»

Von den sieben aus unserem Team scheint sich bei Gary der Wunsch, Astronom zu werden, am entschiedensten ausgeprägt zu haben. 1960 hielt er, damals sechzehn, in Eugene, Oregon, auf einer Tagung der Astronomischen Gesellschaft der Pazifikküste ein Referat. Er hatte Spektren des Mondes aufgezeichnet und sie mit Spektren verglichen, die er von irdischen Gesteinsproben aus seiner umfangreichen Sammlung genommen hatte. Aus ihren Farben und ihrem Reflexionsvermögen vermochte er einige plausible Rückschlüsse über die Zusammensetzung des Mondes zu ziehen. Bei dieser Tagung hörte Gary ein paar der besten Astronomen der Zeit. Die Diskussionen waren lebhaft und anregend. Als Gary heimfuhr, war er beflügelt und bestärkt in seinem Entschluß, Astronom zu werden. 1963, im Jahr seines High-School-Abschlusses, reiste er nach Washington, wo er den legendären Astronomen Harlow Shapley kennenlernte und bei dem Westinghouse Science Talent Search mit seinem Projekt über den Ursprung des Sonnensystems den dritten Rang belegte.

Im gleichen Jahr begann er sein Studium am Washington State College, wo man ihm ausgezeichnete Grundlagen in Physik und Mathematik vermittelte. Doch schon bald wurde ihm klar, daß er an eine Universität mit einem astronomischen Fachbereich wechseln mußte, wenn er sein Ziel erreichen wollte. Also schrieb er sich 1965 an der University of Arizona ein. Er hatte das Gefühl, dort ziemlich kühl aufgenommen zu werden (leider scheinen Professoren, die in ihre Forschung vertieft sind, selten Verwendung für Studenten im Grundstudium zu haben), doch wie sich herausstellte, kümmerten sich ein paar doch sehr aufmerksam um seine Ausbildung, und mit einem arbeitete er an einigen Projekten über die Sonne zusammen.

Für die Promotion ging Gary an die University of Washington. Dort erwarb er eingehende Kenntnisse im Bereich der allgemeinen Astronomie und wurde besonders von K. H. Böhm beeinflußt, einem Pionier auf dem Gebiet der Weißen Zwergsterne – den extrem dichten Überresten von gewöhnlichen Sternen wie der Sonne. Daraufhin beschloß Gary nicht nur, seine Dissertation über Weiße Zwerge zu schreiben, sondern blieb diesem Thema auch über Jahre seiner weiteren Forschung treu. Er bekam ein Fulbright-Stipendium für einen zweijährigen Forschungsauftrag am Mount-Stromlo-Observatorium in Australien. Dort führte er die ersten Untersuchungen Weißer Zwerge am südlichen Himmel durch. Später erhielt er einen Ruf nach Oxford und lernte auf Reisen zum Radcliffe-Observatorium in Südafrika Sir Richard Woolley kennen, den emeritierten Astronomer Royal of Great Britain. Woolley fand großen Gefallen an dem jungen Mann und bot ihm einen Posten am South African Astrophysical Observatory in Cape Town an. Also zog Gary mit seiner Familie nach Südafrika und blieb dort drei Jahre lang.

Schließlich ging Gary ans Dartmouth College, wo er heute der

Gary Wegner

Margaret Ann and Edward Leeded '49 Distinguished Professor für Physik und Astronomie und Direktor des Michigan-Dartmouth-MIT-Observatoriums ist. Es heißt, er sei das einzige Fakultätsmitglied, das von der Westküste nach Dartmouth gekommen sei, ohne das Land je durchquert zu haben. Dafür hat er seine Erfahrungen und sein freundliches Naturell mitgebracht.

Als nach der letzten Nacht meiner Beobachtungsreihe vom Februar 1981 der Morgen über Las Campanas dämmert, packe ich meine Papiere, Tabellen und Bänder zusammen und fahre zum hohen Gipfel des Manqui über den Manquikamm empor, um den Sonnenaufgang zu beobachten. Ich warte auf den blauen Lichtblitz, der in dem Augenblick aufflammt, da die Sonne über den messerscharfen Graten der Anden auftaucht. Bei Sonnenuntergängen ist manchmal ein grünes Aufflammen zu sehen. Da die Erdatmosphäre das Licht wie ein schwaches Prisma streut, wird die Sonne, wenn sie tief am Horizont steht, tatsächlich in ein Spektrum aufgefächert – wobei das blaue und das grüne Licht das rote hinter sich herschleppen und sich schließlich in einem flüchtigen grünen Fleck manifestieren. Eigentlich müßte das blaue und nicht das grüne Licht zuletzt verschwinden, doch wenn die Sonne den Horizont berührt, muß das Licht einen so weiten Weg durch die Luft zurücklegen, daß das blaue Licht bereits verloschen ist. Zwischen unserem Auge und dem Sonnenlicht befindet sich nämlich viel Staub in der Luft, und Staub absorbiert mehr blaues als rotes Licht (deshalb ist die untergehende Sonne deutlich röter als die Sonne am Mittagshimmel), und am Horizont gibt es genügend Staub, um das *ganze* blaue Licht zu verschlucken. Das «blaueste» Licht, das bleibt, ist grün; daher das grüne Aufblitzen.

Wenn die Sonne jedoch über den Anden aufgeht, steht sie bereits einige Grad «oben» am Himmel, so hoch, daß sich ein Großteil des blauen Lichts behaupten kann. Während auf den grünen Blitz kein Verlaß ist, weil der wirkliche Horizont häufig durch Wolken oder Nebel verdunkelt wird, die das Ereignis verdecken, kann man auf den blauen Lichtblitz zählen, solange der Himmel über den Bergen klar bleibt. Eine halbe Stunde warte ich, jeden Augenblick damit rechnend, daß die Sonne über dem Kamm auftaucht. Der immer heller werdende Himmel zeigt mir an, daß der Zeitpunkt unmittelbar bevorsteht und daß ich die Augen nicht abwenden darf. (Im Gegensatz zum Sonnenuntergang, bei dem man das langsame Verschwinden der Sonnenscheibe verfolgt, kommt hier der entscheidende Augenblick ganz plötzlich.) Als ich schließlich das Gefühl habe, daß der ganze Gebirgskamm unmittelbar vor einer gewaltigen Lichtexplosion steht, wird meine Geduld belohnt: ein intensiver, blendender Fleck, der im diamantenen blauen Schimmer eines gerade entzündeten Schweißapparates erstrahlt. Nur eine Sekunde dauert die Erscheinung – was mir lange vorkommt –, dann geht sie in ein alles überstrahlendes goldenes Feuer über, von dem ich die Augen abwenden muß. Bald ist der Kamm mit seiner jetzt schlafenden Schar von Teleskopkuppeln in warmes gelbes Licht getaucht.

So haben Millionen und Abermillionen Tage auf der Erde begonnen, doch diese Berge sind noch jung: Sie haben erst tausend Millionen Sonnenaufgänge gesehen. Und wir gar sind vollkommene Neulinge hier, erdgeschichtlich betrachtet, die reinsten Säuglinge. Noch keine Million Tage sind vergangen, seit Aristarchos und Aristoteles auf Erden wandelten.

ALAN IM WUNDERLAND

Wir neigen zu der Vorstellung, die meisten Europäer, die 1491 gelebt haben, hätten nicht gewußt, daß die Erde rund ist. Wahrscheinlich haben sie es gewußt, aber sich nicht darum gekümmert. Wer kein Kaufmann, Philosoph oder Seemann war, konnte in der Regel gut mit der Vorstellung leben, daß die Erde eine tellerförmige Scheibe sei, die Sonne, Mond und Sterne Tag für Tag überqueren – nur wenige Menschen waren auf eine kompliziertere Kosmologie angewiesen. Zwar hatten schon zwei Jahrtausende zuvor griechische Philosophen vermutet, daß die Erde eine Kugel sei, aber solche Fragen waren rein akademischer Natur, und die akademische Welt gehörte im 15. Jahrhundert noch weniger zum gesellschaftlichen Alltag als in unserer Zeit.*

Je näher wir dem 21. Jahrhundert kommen, desto schwieriger wird es, die wahre Geometrie der Erde zu ignorieren. Reisen, die weit um unseren Planeten herumführen, sind zu einer Selbstverständlichkeit geworden. Wir haben uns an den Gedanken gewöhnt, daß etwa ein Flug von Kalifornien nach Japan mit einem Kurs beginnt, der fast direkt nach Norden, nach Alaska, führt. Ein erheblicher Teil der Erdbevölkerung hat sich heute mit Zeitzonen auseinanderzusetzen – der

---

* Wir verehren Kolumbus, weil er den Mut gehabt hat, ein für allemal zu beweisen, daß die Erde rund ist, aber diese männliche Tat ging zumindest teilweise auf die starrsinnige Weigerung zurück, sehr überzeugende wissenschaftliche Hinweise auf die Größe der Erde zu akzeptieren. In den Unterlagen, die er Ferdinand und Isabella unterbreitete, um das Geld für die Expedition zu erhalten, unterschätzte er den Erddurchmesser um einen Faktor von drei, wodurch der Westweg nach China attraktiver erschien als die schwierige Fahrt nach Osten um das Kap der Guten Hoffnung herum.

Fehler, in Kalifornien nach dem Dinner zum Telefon zu greifen und Vetter Guido auf Sizilien aus tiefstem Schlaf zu wecken, ist eine kaum zu übersehende Konsequenz der Tatsache, daß wir auf einem runden Planeten leben. Und dann gibt es noch die Fotos der Erde, vom All aus aufgenommen – besonders jene, die ein erkennbares Stück der Terra firma zeigen, ein unspektakulärer, aber unauslöschlicher Eindruck. Obwohl die Krümmung der Erde nicht so stark ist, daß uns jeder Blick aus dem Fenster an sie erinnert (wie es der Fall wäre, wenn wir auf einem Himmelskörper lebten, der so klein wie der Mond oder kleiner wäre), gewöhnen wir uns in unserer Vorstellung an diese Tatsache.

Unser siebenköpfiges kosmisches Expeditionskorps wies gewisse Ähnlichkeiten mit jenen Seefahrern des 15. Jahrhunderts auf. Wie sie hatten wir das angeborene Empfinden, daß der Raum, in dem wir leben, flach ist, wenn wir auch begriffen hatten – zumindest intellektuell, durch unsere Bemühungen, das Universum zu kartieren und zu beschreiben –, daß es sich bei diesem Empfinden um eine Illusion handelt, die auf unsere begrenzte Perspektive zurückgeht. Scheinbar leben wir in einem dreidimensionalen *euklidischen* Raum, einem Bezugssystem aus drei rechtwinklig aufeinanderstehenden Achsen, in dem man nur drei Zahlen braucht, um die Position eines Objektes zu bezeichnen. Doch was ist mit der Zeit? Zwar können wir im Wohnzimmer die Zeitkoordinaten vernachlässigen – auf das Sofa können wir mit der Gewißheit zusteuern, daß es sich in der letzten hundertmillionstel Sekunde nicht weit fortbewegt hat (der Zeit, die das Licht braucht, um vom Sofa zurückgeworfen zu werden und unser Auge mit einer aktualisierten Position zu erreichen) –, doch dieses Gefühl der Gleichzeitigkeit, das wir in unserer wahrgenommenen Umgebung empfinden, verläßt uns im Bereich des großräumigen Alls. Galaxien, die viele hundert Millionen Lichtjahre entfernt sind, sehen wir an Positionen, die sie vor vielen hundert Millionen Jahren innehatten. Jede Galaxie erblicken wir in einer anderen Epoche – Zeiträume, die Jahrmillionen selbst für die nähesten Galaxien umfassen und Milliarden Jahre für riesige Abschnitte des Universums. Folglich sind in der großräumigeren Welt *vier* Zahlen erforderlich,

Die vierdimensionale Welt der Astronomen 171

um ein *Ereignis* zu beschreiben – wir müssen nicht nur wissen, wo etwas, sondern auch wann es «ist». Raum und Zeit verflechten sich zu einer Welt, die in Wirklichkeit vierdimensional ist.

Wie das Verschwinden eines Schiffes unter dem Horizont rätselhaft erscheint, wenn man die Erde fälschlicherweise für flach hält, führt die irrige Vorstellung, daß das Universum nur drei Dimensionen habe, zu scheinbaren Paradoxa über den Urknall und das expandierende Universum. Da beispielsweise alle Galaxien von der Milchstraße fortzustreben scheinen, könnte der Eindruck entstehen, daß wir den Mittelpunkt des Universums einnehmen, den Ort, an dem der Urknall stattgefunden hat. Nachdem man bewiesen hat, daß Geschöpfe in jeder anderen Galaxie die gleiche Beobachtung machen und zu dem gleichen Schluß gelangen würden, ist vielfach die Frage zu vernehmen: «Ja, aber an welchem Punkt im All hat sich dann der Urknall tatsächlich zugetragen?» Andere Leute interessiert weniger der Mittelpunkt des Universums als sein «Rand». Natürlich müsse es ein paar Galaxien geben, so sagen sie, die den anderen voraus seien, die die Außenhülle der vom Urknall in Bewegung gesetzten, expandierenden Kugel bildeten. Müßten nicht Lebewesen in diesen Galaxien bei einem Blick zurück andere Galaxien, nach vorn aber nichts als Leere wahrnehmen? Und ganz raffinierte Leute geben uns ein schier unlösbares Rätsel auf: Wie soll es gehen, daß man weiter ins All hinausblickt und damit in der Zeit zurück und dabei immer größere und größere Volumina wahrnimmt, während doch bekannt ist, daß das Universum in der Vergangenheit *kleiner* war?

Solche und ähnliche Probleme entstehen aus grundlegenden Mißverständnissen über die Beschaffenheit von Raum und Zeit, Mißverständnissen, die wir unserer *Intuition* verdanken, das heißt den Schaltkreisen in unserem Gehirn, die sich im Laufe der Evolution entwickelt haben, um die Erfahrung unserer unmittelbaren Welt zu verarbeiten. Um diese Probleme auch nur zu begreifen, müssen wir damit beginnen, die wahre Natur von Raum und Zeit zu akzeptieren, eine Wirklichkeit, die weit außerhalb unseres Erfahrungshorizontes liegt. Erstmals erkannte man diese Realität zu Beginn des 20. Jahrhunderts, zur gleichen Zeit, als die Astronomen sich über die Beschaffenheit der Nebel und die Ausmaße des Universums stritten und als sie sich den Kopf über die Energiequelle der Sterne zerbrachen. Über diese fundamentalen Begriffe, die zu den größten Leistungen des menschlichen Denkens gehören, sind viele kluge Bücher geschrieben worden, und die grobe Skizze, die ich auf den folgenden Seiten versuche, wird der Schönheit und Feinsinnigkeit dieser Ideen wenig Gerechtigkeit widerfahren lassen. Sie soll auch nur einen Eindruck von der umwälzenden Neuigkeit der Gedanken vermitteln, die uns einen Halt in einer verwirrenden, scheinbar weg- und richtungslosen Welt verschafften.

Ganz selbstverständlich stellen wir uns den Raum als ein festes Bezugssystem vor, geradlinig und statisch, und die Zeit denken wir uns als tickende Uhr, stetig und genau – absolute Maßstäbe, an denen sich alle Ereignisse messen lassen. Das war die Welt, die Newton so glänzend mit seiner «neuen Mathematik» beschrieben hat, eine Welt, in der sich die Bahnen von Äpfeln und Planeten mit gleicher Mühelosigkeit der *Infinitesimalrechnung* erschlossen. Newtons «Gesetze»* sind eine ausgezeichnete Beschreibung der Welt, die wir mit unseren Sinnen wahrnehmen, doch sein System ist nur eine Annäherung, wenn auch eine großartige, die an ihre Grenzen stößt, wenn wir es mit sehr großen Entfernungen und Geschwindigkeiten zu tun bekommen.

Als erster hat sich Albert Einstein mit diesem größeren Bereich erfolgreich auseinandergesetzt, als er zu verstehen trachtete, wie die physikalischen Gesetze verschiedenen Beobachtern erscheinen würden, die sich in relativer Bewegung zueinander befänden. Newtons Gesetze der *Mechanik* beschreiben, wie sich Objekte unter dem Einfluß von äußeren Kräften bewegen, und liefern einfache Regeln zur Transformation von einem Beobachter zum anderen. Nehmen wir beispielsweise einen Baseballwerfer, der den Ball mit normalen 80 Stundenkilometern nach vorn schleudert, während er auf dem

---

* «Gesetze» muß man sich in diesem Zusammenhang eher als Regeln oder Beziehungen einer allgemeineren Theorie denken, die einen umfassenden Bereich von Phänomenen erklärt.

Das Rätsel der Lichtgeschwindigkeit   173

Rücksitz eines Kabrios steht, das mit 100 Stundenkilometern fährt. Sicherlich nähme der Werfer ohne Überraschung zur Kenntnis, daß der Schlagmann auf dem Bürgersteig hilflos einen Ball passieren lassen müßte, der mit 180 Stundenkilometern vorbeizischte. Diese einfachen Regeln genügten allen Messungen, die man zweihundert Jahre lang durchführen konnte, doch gegen Ende des 19. Jahrhunderts traten einige verwirrende Widersprüche auf.

Einer war das überraschende Ergebnis eines Experiments, das der Physiker Albert Michelson und der Chemiker Edward Morley durchführten. Wie sie entdeckten, mißt man den gleichen Wert für die Geschwindigkeit des Lichts, egal ob der Beobachter sich auf die Lichtquelle zu- oder von ihr fortbewegt. Obwohl das Tempo eines Autos winzig im Vergleich zur Lichtgeschwindigkeit ist, würde man zumindest im Prinzip erwarten, daß sich eine Veränderung in der Geschwindigkeit des Lichts aus den Kabrioscheinwerfern messen ließe. Zweifellos würde unser Schlagmann auf dem Bürgersteig davon ausgehen, daß das Licht aus den Scheinwerfern des nahenden Kabrios etwas schneller hervorkommt als aus den Rücklichtern, nachdem das Auto vorbeigefahren ist, und beide Geschwindigkeiten, so möchte man meinen, müßten sich von der des Lichts eines parkenden Autos unterscheiden. Doch aus dem Experiment von Michelson und Morley ging hervor, daß dies nicht stimmt: In allen drei Fällen ist die Lichtgeschwindigkeit absolut gleich. Das Licht, das die Erde von der fast stationären Sonne erreicht, von einer Galaxie, die sich mit zehn Prozent der Lichtgeschwindigkeit entfernt, und selbst von einem Quasar, der mit neunzig Prozent der Lichtgeschwindigkeit dahinrast, wird stets mit exakt der gleichen Geschwindigkeit gemessen: rund 300 000 Kilometer pro Sekunde.

Dieses Rätsel bedeutete einen schweren Schlag für einige allzu selbstgewisse Physiker am Ende des 19. Jahrhunderts, die meinten, die wichtigsten Entdeckungen in der Physik seien getan, und alles, was noch erforderlich sei, seien ein paar Nachbesserungen. (Michelson selbst hat gesagt: «Die Zukunft der Physik liegt in der nächsten Dezimalstelle.») Einstein gehörte zu denen, die sich über diese Fragen den Kopf zerbrachen. Dabei ging es ihm nicht so sehr um das Michelson-Morley-Experiment, sondern vor allem um die grundsätzlichen Schwierigkeiten, auf die der Versuch stieß, mit dem wichtigsten physikalischen System der Zeit, den Maxwellschen Gleichungen, und Newtons einfacher Vorschrift eine Transformation von einem bewegten Bezugssystem auf ein anderes durchzuführen. 1873 hatte James Clerk Maxwell eine glänzende Synthese für die «Gesetze» der Elektrizität und des Magnetismus veröffentlicht, in der er die Bewegungen und Kräfte geladener Teilchen in einer aus vier eleganten mathematischen Gleichungen bestehenden Theorie zusammenfaßte, wobei die Lichtgeschwindigkeit eine fundamentale Konstante bildete. Wie Maxwells System zeigte, sind elektrische und magnetische «Felder» – mathematische Beschreibungen der Art, wie die Kraft sich mit dem Abstand und der Bewegung eines geladenen Teilchens verändert – in Wirklichkeit Manifestationen einer einzigen *elektromagnetischen* Kraft, der stärksten Kraft im Universum. Maxwells Triumph war die größte Leistung in der Physik seit Newtons Taten. Ihre Gültigkeit war unbestritten. Trotzdem waren seine Gleichungen anscheinend nur für Beobachter in einem bestimmten Bezugssystem gültig – für jeden anderen Beobachter, der mit einer konstanten Geschwindigkeit vorbeikam, mußten die Gleichungen ihre Gültigkeit verlieren. Das erschien unwahrscheinlich.

Deshalb hatte man vorgeschlagen, das «korrekte» Bezugssystem, das einzige, in dem Maxwells Gleichungen gültig seien, durch den *Äther* zu definieren, einen unendlich steifen, unsichtbaren, masselosen Stoff, der das Universum durchdringe (das, wie man damals meinte, nur aus dem Sternensystem der Milchstraße bestehe). Der Äther, so nahm man an, leite die Lichtwellen auf die gleiche Weise wie das Wasser Wasserwellen – eine Ad-hoc-Erklärung für die Fähigkeit des Lichts, ein Vakuum zu durchqueren. Doch Experimente zur Lichtgeschwindigkeit, wie das Michelson-Morley-Experiment, ließen bald ziemlich zweifelhaft erscheinen, daß es so etwas wie Äther gebe, denn sie zeigten, daß die Geschwindigkeit des Lichts gleich blieb, egal ob es sich «mit der Strömung» oder «gegen sie» bewegte.

Eine einfallsreichere Lösung schlug Einstein vor: Er entdeckte eine Möglichkeit, die Gültigkeit der Maxwellschen Gleichungen für alle

Einsteins Lösung: spezielle Relativitätstheorie

Beobachter zu bewahren, die sich relativ zueinander mit konstanter Geschwindigkeit bewegen. Dazu mußte Einstein Newtons wichtigsten Grundsatz – daß Raum und Zeit *absolut* sind – aufgeben und ihn durch die Vorstellung ersetzen, Raum und Zeit seien *relativ*, das heißt, sie hingen von der relativen Bewegung des Beobachters und der Quelle ab. Ferner legte er seinen Überlegungen die verwirrende Beobachtung, daß die Lichtgeschwindigkeit ungeachtet der relativen Bewegung von Quelle und Beobachter konstant ist, als bewiesen zugrunde. Auf diese Weise gelangte er zu seiner *speziellen Relativitätstheorie*, einem schlüssigen mathematischen System, aus dem hervorgeht, daß Längen und Zeiten von Beobachtern, die sich relativ zueinander bewegen, unterschiedlich gemessen werden.

Beispielsweise wird ein Außenstürmer das Fußballfeld als kürzer wahrnehmen (der Abstand zwischen Mittellinie und Eckfahne wird schrumpfen), wenn er an der Seitenlinie entlangrast – ein infinitesimaler Effekt bei einer Geschwindigkeit von elf Sekunden auf hundert Metern, der aber 25 Prozent ausmachen würde, könnte er die enorme Geschwindigkeit von 150 000 000 Metern pro Sekunde erreichen. Dieser wirklich blitzschnelle Außenstürmer (endlich einmal ein Fall, wo die Metapher eines Sportreporters der Wahrheit entspräche) sähe nicht nur ein kürzeres Feld als die Fans in der Kurve, sondern die Zuschauer und er könnten sich auch nicht darüber einigen, wann genau er die Mittellinie überquert und die Eckfahne erreicht. Das liegt einfach daran, daß die von der Stadionuhr abgelesene Zeit davon abhängt, wie weit man von der Uhr entfernt ist – das Licht, das die Position der Zeiger (oder die Zahlen auf dem digitalen Display) überträgt, breitet sich nur mit endlicher Geschwindigkeit aus. Beispielsweise wird ein Fan, der vom Außenstürmer und der Uhr gleich weit entfernt ist, einen etwas *späteren* Zeitpunkt ermitteln als der Stürmer. Wenn nämlich der Spieler die Mittellinie passiert, dann begibt sich sowohl das Licht seines Bildes als auch das des Bildes der Uhr auf den Weg zum Fan, während der Stürmer selbst ein Bild der Uhr sehen muß, daß sich schon früher auf den Weg gemacht hat, so daß es tatsächlich im Augenblick des Ereignisses bei ihm eintrifft. Wenn man ein bißchen darüber nachdenkt, wird klar, daß Synchronizität und

Gleichzeitigkeit Begriffe sind, die wenig Sinn machen, wenn sich Beobachter relativ zueinander bewegen. Die weitere Analyse zeigt, daß auch das Zeitintervall zwischen dem Überqueren der Mittellinie und dem Erreichen der Eckfahne für Stürmer und Fans unterschiedlich sein wird. Der Spieler wird zu dem Schluß gelangen, daß die Stadionuhr langsamer geht als seine Rolex, während ein Zuschauer paradoxerweise den Eindruck gewinnt, die Rolex gehe langsamer als die Stadionuhr. All das ergibt sich ganz von allein daraus, wie Zeit gemessen, wie Information übertragen und daß die Lichtgeschwindigkeit von allen Beobachtern gleich gemessen wird. Das ist natürlich nur ein imaginäres Beispiel für Forschungsergebnisse, die heute weitgehend gesichert sind: Jede Methode der Zeitnahme, ob durch Big Ben oder eine Atomuhr, wird sich scheinbar verlangsamen, wenn sie in einem rasch bewegten Bezugssystem beobachtet wird.

Einstein hat seine spezielle Relativitätstheorie mit mathematischen Regeln entwickelt, die von einem Beobachter zum anderen Entfernungen stauchen und Zeiten dehnen, und zwar dergestalt, daß Maxwells Gleichungen unverändert bleiben – *invariant* in jedem Bezugssystem, das sich mit konstanter Geschwindigkeit verlagert. Auf merkwürdige Weise setzte diese neue Wirklichkeitsbeschreibung die kopernikanische Tradition fort, indem sie unsere Welt aus einer privilegierten in eine weit unbedeutendere Stellung rückte. Trotzdem war es der entscheidende Schritt fort von der Vorstellung, der Raum sei ein riesiger, rechteckiger Schauplatz, dem Zeitmaß einer einzigen, ewigen Uhr unterworfen. Von nun an waren Raum und Zeit als relative Größen kenntlich. Doch diese Relativitätstheorie war in der Tat von «spezieller» Natur, anwendbar nur auf den Fall, daß ein Beobachter einen anderen mit konstanter Geschwindigkeit passiert. Der allgemeinere Fall von Beobachtern, die ihre relativen Geschwindigkeiten verändern – beschleunigen, indem sie entweder auf geraden Bahnen ihr Tempo erhöhen oder auf gekrümmten Wegen vorbeiziehen – wurde von der Theorie nicht erfaßt. Ferner gelang es der speziellen Relativitätstheorie zwar mit großem Erfolg, die Maxwellschen Gleichungen zu verallgemeinern, aber sie richtete die andere große Errungenschaft der Physik, Newtons Gravitationsgesetze,

Von der speziellen zur allgemeinen Relativitätstheorie 177

praktisch zugrunde, denn die verweigerten sich solchen Transformationen. Verschiedene Beobachter würden bei gleichförmig relativer Bewegung zueinander die Maxwellschen Gleichungen unverändert finden, müßten aber feststellen, daß die Gravitationsgesetze jetzt unterschiedlich wären.

Nach der Veröffentlichung des ersten Artikels über die spezielle Relativitätstheorie im Jahre 1905 brauchte Einstein noch zehn Jahre, um eine allgemeinere Theorie zu entwickeln, die die Gravitation einschloß – das war die größte wissenschaftliche Tat seiner legendären beruflichen Laufbahn. Das entscheidende Konzept hatte genau mit jener Frage zu tun, die von der speziellen Theorie nicht erfaßt wurde – was verschiedene Beobachter registrieren würden, wenn sie relativ zueinander *beschleunigen* würden. Und hier präsentierte Einstein eine verblüffende Einsicht: Die Gravitation läßt sich von anderen Formen der Beschleunigung nicht unterscheiden. Newtons berühmte Formel $F = ma$, Kraft gleich Masse mal Beschleunigung, in Verbindung mit seinem Gravitationsgesetz, das die Kraft zwischen zwei Körpern quantifiziert, führt direkt zu der Überlegung, daß die Gravitation eine Beschleunigung ist, die auf einen Körper mit Masse einwirkt. Diesen Gedanken entwickelte Einstein nun einen Schritt weiter, indem er sich überlegte, daß die Durchführung eines Experiments in Gegenwart eines Gravitationsfeldes, eines Experiments, wie es etwa Galilei anstellte, als er eine schwere und eine leichte Kugel von einem Turm fallen ließ, haargenau der Durchführung des Experiments in einem beschleunigenden Bezugssystem entspricht. An der Oberfläche der Erde sind wir beispielsweise einer Kraft unterworfen, die frei fallende Objekte in jeder Sekunde, die sie fallen, um einen Betrag von 9,8 Metern pro Sekunde beschleunigt (ihre Geschwindigkeit erhöht). In einem seiner berühmten «Gedankenexperimente» stellte Einstein sich vor, er befinde sich im freien Raum (der Anziehungskraft der Erde entzogen), eingeschlossen in einen Fahrstuhl, der mit der gleichen Geschwindigkeit beschleunige wie die Gravitation der Erde, also einem Geschwindigkeitszuwachs von 9,8 Metern pro Sekunde unterworfen sei. Dabei entwickelte er die Hypothese, daß es unmöglich sei, aus irgendeinem physikalischen Experiment zu schließen, ob die Gravitation der Erde oder reine Beschleunigung für die Kräfte verantwortlich seien, die auf die Objekte im Inneren des Fahrstuhls einwirkten. Die Experimente würden völlig gleich aussehen. Diese Hypothese, Einstein nannte sie *Äquivalenzprinzip*, entspricht in Newtons Gleichungen, physikalisch gesehen, der Gleichsetzung der schweren Masse eines Objekts (seines «Gewichts») mit seiner *trägen* Masse (dem Widerstand, den er einer Veränderung seiner gleichförmigen Bewegung entgegensetzt).

Aus dieser Prämisse ergab sich eine verblüffende, neue Eigenschaft: Der Raum selbst muß sich in Gegenwart von Gravitation und damit von Materie krümmen. Das ist eine direkte Folge des Äquivalenzprinzips – leicht zu beweisen, wenn auch schwer zu akzeptieren und zu glauben. Wir beginnen mit der Feststellung, daß ein Lichtstrahl die Mauerschnur der Natur ist – er definiert die Raumstruktur, indem er die denkbar geradeste Linie durch den Raum zieht. Nun fragen wir, was in Einsteins beschleunigendem Fahrstuhl geschieht, wenn ihn ein Lichtstrahl von einer Seite zur anderen durchquert. Aus dem Blickwinkel der Benutzer des Fahrstuhls legt der Strahl eine gekrümmte Bahn zurück, weil der Fahrstuhl, während der Lichtstrahl von einer Wand zur anderen gelangt, an Geschwindigkeit zunimmt. Wenn Lichtstrahlen den Raum definieren, dann folgt daraus, daß der Raum selbst in einem beschleunigenden Bezugssystem gekrümmt sein muß, und da dieser Umstand exakt der Gegenwart eines Gravitationsfeldes entspricht, muß der Raum auch in der Gegenwart von Materie gekrümmt sein. Mit der allgemeinen Relativitätstheorie sagte Einstein vorher, daß das Licht, das nahe an der Sonne vorbeistreiche, einem leicht gekrümmten Raum folgen müsse, was zur Folge habe, daß die Sonne die Positionen von Sternen zu verändern scheine, während sie sich vor ihnen vorbeischiebe, als sei sie, die Sonne, eine riesige, schwache Linse. In einer Expedition, die Sir Arthur Eddington anläßlich der vollständigen Sonnenfinsternis von 1919 unternahm, maß er Sternenpositionen nahe des Sonnenrandes mit der ausdrücklichen Absicht, Einsteins verblüffende Vorhersage zu überprüfen. Diese Beobachtungen bestätigten die allgemeine Relativitätstheorie in dem Rahmen, in dem damals exakte Messungen möglich waren. In den Jahren, die seither verstrichen sind, wurde die Theorie mit verblüffender Genauigkeit immer wieder erhärtet.

In seiner speziellen Relativitätstheorie hatte Einstein eine vierdimensionale Welt beschrieben, aber es war noch immer eine «flache» Welt, in der nach wie vor die Gesetze der euklidischen Geometrie galten, etwa daß die Winkelsumme im Dreieck 180 Grad beträgt oder daß der Umfang des Kreises gleich Pi mal dem Durchmesser ist. Doch die Verallgemeinerung der Relativität auf beschleunigende Bezugssysteme – die allgemeine Relativitätstheorie – führte zu der Erkenntnis, daß die Raumzeit gekrümmt ist, das heißt sich in der Nähe massereicher Objekte verwirft. Wären wir zu außerordentlich genauen geometrischen Messungen in der Lage, so würden wir sogar in der Nähe der relativ schwachen Schwerkraft der Erde feststellen, daß die Regeln der euklidischen Geometrie nicht ganz exakt sind. In Gegenwart des stärkeren Gravitationsfeldes der Sonne prägt sich dieser Effekt so deutlich aus, daß Abweichungen von flachen Geometrien gemessen worden sind. Es ist sogar ein Ort vorstellbar, wo sich Masse so dicht konzentriert, daß der Raum vollständig in sich gekrümmt ist – «Schwarze Löcher» nennt man solche Orte, weil selbst das Licht ihrer Anziehungskraft nicht entkommt. In der Nähe Schwarzer Löcher wären die Auswirkungen der gekrümmten Raumzeit sehr offenkundig, allerdings nicht offenkundiger als die Gefahr, die solche Beobachtungen für das Leben des Beobachters heraufbeschwören würden.

Einstein benutzte gern den Begriff des gekrümmten Raums, statt von Gravitation zu sprechen. Diese sei, sagte er, eine der Illusionen, die auf eine falsche geometrische Wahrnehmung zurückgingen. Wenn Objekte nicht in der Lage sind, sich auf kräftefreien Wegen fortzubewegen – *Geodätische* oder *geodätische Linien* genannt –, dann sind sie Beschleunigungen unterworfen. Beispielsweise sind wir nicht in der Lage, der natürlichen Krümmung unseres Raums folgend, zum Mittelpunkt der Erde zu fallen. Was wir «Gravitation» oder «Schwerkraft» nennen, ist die Gegenkraft, die die Erde auf unsere Füße ausübt und die uns daran hindert, gemäß der natürlichen Krümmung unseres Raums ungehindert in den Mittelpunkt der

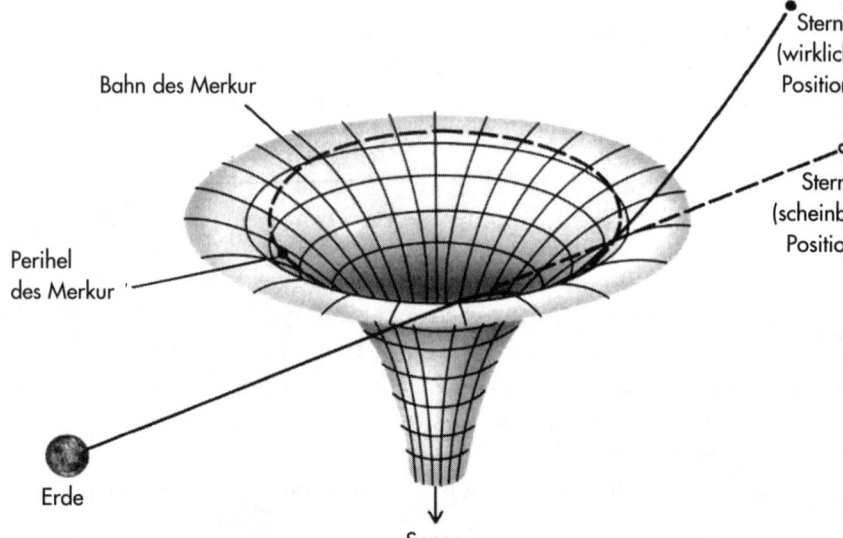

Lichtablenkung in einem Raumabschnitt, der durch die Gegenwart von Masse gekrümmt ist. Die Zeichnung zeigt das Licht eines Sterns, das auf seinem Weg zur Erde nahe der Sonne vorbeistreicht, doch der Raum ist eine zweidimensionale Fläche, die zur größeren Klarheit in drei Dimensionen abgebildet ist. Der Planet Merkur befindet sich so nahe an der Sonne, daß seine Bahn Effekte aufweist, die durch die allgemeine Relativitätstheorie beschrieben werden. Der Punkt, an dem Merkur auf seiner Bahn der Sonne am nächsten kommt – das *Perihel* –, rückt jedes Jahr um einen beobachtbaren Betrag näher, ein Umstand, den Newtons Bewegungsgesetze nicht vorhergesagt haben. (J. Pasachoff, *Astronomy: From the Earth to the Universe*, vierte Aufl., Philadelphia, Saunders College Publishing, 1991, S. 412.)

Geometrie der Gravitation 181

Erde zu fallen. Im Gegensatz dazu schwebt ein Astronaut, der die Erde – und mit ihr die Sonne – umkreist, gewichtslos entlang der geodätischen Linien der gekrümmten Raumzeit und spürt deshalb keine Kräfte. Wo ist in diesem Fall die Gravitation der Erde oder Sonne? Nirgends, sagt Einstein, sie ist eine Illusion.

Einsteins Gedanke, daß Gravitation keine geheimnisvolle Kraft, sondern eine geometrische Manifestation sei, ist eng mit der Vorstellung verknüpft, daß die Welt, in der wir leben, in Wahrheit mehr Dimensionen hat als die drei, die wir als die des «Raumes» wahrnehmen. Wir können uns das ganz gut vergegenwärtigen, indem wir uns eine zweidimensionale Welt vorstellen, in der wir, als dreidimensionale Wesen, eine gottähnliche Perspektive hätten. Betrachten wir beispielsweise Kugeln, die auf einem Billardtisch rollen – nicht auf der üblichen Art mit Filz über einer Holzplatte, sondern auf einer flexiblen Oberfläche, etwa einem straff gespannten Gummituch. Eine solche Membran ist eine zweidimensionale Fläche, mithin ein geeigneter Ausgangspunkt, uns eine zweidimensionale Welt vorzustellen. Während die Kugel über die biegsame Fläche rollt, sehen wir, wie sie sie dehnt und an der Stelle, wo sie zum Stillstand kommt, eine Vertiefung hervorruft. Stellen wir uns nun kleinere Kugeln vor, Murmeln zum Beispiel, die auf die Billardkugel zugerollt werden. Natürlich drücken auch sie die Membran etwas ein, doch entscheidend ist der Effekt der Billardkugel: Sie werden in das Tal gezogen, das die Billardkugel ausbeult. Dabei krümmt sich der Weg der Murmeln – sie folgen den beschleunigungsfreien geodätischen Linien. Wenn eine Murmel zu nahe vorbeikommt, kann ihre Bewegung in der Vertiefung der größeren Kugel enden; zunächst umkreist sie diese, bis sie ihre Energie durch Reibung einbüßt und sich spiralförmig auf den Mittelpunkt zubewegt.

Für uns, die dreidimensionalen Superwesen, ist das alles völlig offenkundig, aber wir schummeln schließlich, denn wir betrachten diese zweidimensionale Welt aus einer dreidimensionalen Perspektive und können so die Vertiefungen sehen, die die Kugeln in der Membran hervorrufen. Überlegen wir einmal, zu welchen Schlüssen wir kämen, wenn wir das Geschehen lediglich direkt von oben betrachten könnten, ohne Blick zur Seite, und die Bälle dann auf ihren eigenartig gekrümmten Bahnen rollen sähen. In der Erwartung, daß die Bahnen der Murmeln gerade blieben, wenn nicht eine *Kraft* auf sie einwirken würde (Newtons erstes «Gesetz»), würden wir ganz selbstverständlich zu dem Schluß gelangen, daß eine merkwürdige Kraft die Murmeln zur Billardkugel zöge. Vielleicht würden wir die Kraft sogar «Schwerkraft» oder «Gravitation» nennen. Was zuvor aus dreidimensionaler Sicht offenkundig war, wird nun in der zweidimensionalen *Projektion* der dreidimensionalen Welt geheimnisvoll. In seinem Gravitationskonzept gelangte Einstein zu der Annahme, daß die dreidimensionale Welt, die wir wahrnehmen, die Projektion eines Universums von höherer Dimensionalität ist. Von Geschöpfen betrachtet, die in der Lage sind, die zusätzliche(n) Dimension(en) wahrzunehmen, wäre das Geheimnis der Gravitation – daß wir an der Erdoberfläche festgehalten werden, der Mond in eine Kreisbahn um die Erde gezogen wird und die Planeten in ihren Umlaufbahnen um die Sonne fixiert sind – überhaupt kein Geheimnis mehr, sondern nur noch Geometrie.

Damit sind wir der Beantwortung jener Fragen schon ein Stück näher gekommen, mit denen wir dieses Kapitel begonnen haben: «Wo hat der Urknall stattgefunden?» und «Was ist hinter dem Rand des Universums?» Um ihr noch näher zu kommen, müssen wir die Billardkugeln und Murmeln in unserer «flachen Welt» durch intelligentere zweidimensionale Wesen ersetzen. In ihrer Welt nehmen die *«Flachländer»* links und rechts, vorn und hinten wahr, haben aber kein Empfinden für oben und unten, so, wie wir uns keine *vierte* Dimension in unserer Welt vorstellen können. Abermals nehmen wir eine gottähnliche Perspektive in der Welt der Flachländer ein und erkennen völlig zutreffend, daß es ein Oben und Unten gibt und daß sich ihre Welt krümmen kann. Diesmal geben wir den Flachländern sogar eine vollkommen gekrümmte Welt – eine Kugel – und erinnern uns daran, daß sie auf der Oberfläche dieser Kugel nur links und rechts wahrnehmen können. Nicht in der Lage, oben und unten zu erkennen, übersteigt die bildliche Vorstellung einer Kugel das Vermögen der Flachländer.

Geometrie der Gravitation 183

Wie mit der Billardtisch-Welt läßt sich auch mit dieser Phantasiewelt die Idee erläutern, daß die Gravitation lediglich eine Manifestation der Geometrie ist. Aufgrund ihrer begrenzten Perspektive glauben die Flachländer, daß sie auf einer Ebene leben und daß dort die Regeln der Geometrie Anwendung finden. Doch für *uns* ist klar, daß die Regeln der zweidimensionalen euklidischen Geometrie verletzt werden müssen, wenn die Flachländer sehr große Entfernungen in ihrer Welt zurücklegen. Stellen wir uns vor, zwei Flachländer entfernen sich zu weit voneinander, vielleicht sogar in völlig entgegengesetzte Richtungen. Sie versuchen, so gerade zu gehen, wie sie können – ohne Abweichung nach links oder rechts (geodätische Linie!) –, im Vertrauen darauf, daß sie sich nicht wieder begegnen werden, gemäß der Regel, daß sich Geraden auf einer Ebene nur in einem Punkt schneiden und von dort aus auseinanderlaufen. Dagegen sehen *wir*, daß die beiden Flachländer in Wirklichkeit große Kreise auf ihrer nicht wahrgenommenen sphärischen Welt beschreiben und sich zwangsläufig auf der anderen «Seite» begegnen müssen. Wenn sie ihre Reise auf einer Karte festhalten, stellen sie fest, daß ihre Wege geheimnisvoll gekrümmt waren – eine geheimnisvolle «Kraft» hat sie wieder zueinander gezogen. Die geheimnisvolle Kraft nennen sie *Gra* (schließlich ist es eine kürzere Welt).

Nun sind wir endlich bereit für die Fragen nach dem Urknall und dem expandierenden Universum. In dieser Phantasiewelt ist das wahrnehmbare Universum die Oberfläche einer Kugel, folglich muß ein *expandierendes* Universum durch eine Kugel dargestellt werden, die an Größe zunimmt, wie ein Luftballon, den wir aufblasen. Die Galaxien können wir uns als kleine Flitterstücke vorstellen, die an der Oberfläche des Ballons kleben. Wenn der Ballon expandiert, dann dehnt sich in Wirklichkeit der Raum selbst, und er führt die Galaxien mit sich, während er wächst. In Ausschnitten, die klein genug sind, wird der Raum flach erscheinen, da sich ein solcher Ausschnitt näherungsweise ganz gut durch eine Ebene darstellen läßt – aus diesem Grund haben ja unsere Vorfahren die Erde für flach gehalten.

Wo hat nun in dieser Welt der Urknall stattgefunden? Lassen wir die Luft aus dem Ballon, und beobachten wir, was passiert. Ganz offensichtlich hat er sich nicht bei irgendeiner Galaxie ereignet, sondern im Mittelpunkt des Ballons, zu einem Zeitpunkt, als dieser unendlich klein war. Nun wird uns klar, daß die Flachländer unmöglich richtig begreifen können, wo der Urknall stattgefunden hat – strenggenommen läßt er sich gar nicht «auf» der zweidimensionalen Fläche ihres Raums wahrnehmen, sondern nur in der Richtung «nach unten», im Mittelpunkt der Kugel. Doch wir dreidimensionalen Wesen verstehen noch mehr: Als der Ballon unendlich klein war, war der gesamte Raum in diesem imaginären Mittelpunkt konzentriert, so daß tatsächlich *jeder* Punkt auf der Oberfläche einst der Mittelpunkt war. Der Urknall hat überall stattgefunden.

Wer erblickt den Rand des Universums? Wem eröffnet sich eine Perspektive, von der aus keine Galaxien mehr zu sehen sind? Natürlich gibt es auf der Oberfläche einer Kugel keinen Rand – sie ist kontinuierlich in sich gekrümmt –, und jeder hat den gleichen Blick auf Galaxien, die sich erstrecken, so weit das Auge reicht. Wenn es überhaupt eine Grenze gibt, dann verläuft sie von oben nach unten, eine Richtung des Raumes, die die Flachländer mit ihren zweidimensionalen Sinnesorganen nicht direkt wahrnehmen können.

Interessant ist in diesem Zusammenhang, daß die Hubble-Expansion sich vollkommen schlüssig auf diese zweidimensionale Welt übertragen läßt. Während sich die Ballonhülle gleichförmig dehnt, wachsen die Entfernungen zwischen den Galaxien in direktem Verhältnis zu ihrem Abstand – Galaxien, die zweimal so weit auseinanderliegen, werden doppelt so weit getrennt wie Galaxien mit dem halben Abstand. Dabei zeigt sich auch, daß die Galaxien nicht *durch* den Raum strömen, sondern nur von ihm mitgeführt werden. Jede Galaxie ruht in ihrem Raum, wenn die Hubble-Expansion kontinuierlich und gleichmäßig verläuft.

Ebenso löst sich auch das Rätsel, daß man bei einem Blick zurück in die Zeit ein jüngeres Universum wahrnimmt, das anscheinend ein größeres Volumen besaß. Das Licht, das uns über weite Entfernungen aus der Vergangenheit erreicht, hat auf seiner Reise eine lange kreisförmige Route zurückgelegt, vielleicht zur Hälfte um die sphärische Welt des Flachländers herum, während diese wuchs und wuchs.

Dieses Licht aus der Vergangenheit, von einem einst kleineren Volumen, trifft auf seinen geodätischen Bahnen in der gekrümmten Raumzeit in einem breiten Fächer von Richtungen ein als erwartet. Wenn es eine der heutigen «Flitter»-Galaxien erreicht, scheint es aus einem sehr großen Raumvolumen zu stammen – so daß ein weit kleineres früheres Universum das größere heutige Universum zu umgeben scheint. In gewisser Weise sehen wir eine vergrößerte Version der Vergangenheit; aus entsprechend weiten Entfernungen gesehen, noch ganz am Anfang der Expansion stehend, müßten die Galaxien am Himmel tatsächlich sehr groß erscheinen, allerdings auch sehr leuchtschwach, weil ihr Licht sich über enorme Bereiche des Himmels verteilt.

Es mag merkwürdig erscheinen, doch Begriffe wie diese liefern eine weit bessere Beschreibung der wirklichen Welt als die unserer Intuition.

In unserem siebenköpfigen Forschungsteam nahm Donald Lynden-Bell eine Sonderstellung ein. Wie der große Einstein ist Donald ein theoretischer Physiker: Er führt keine Experimente durch und macht keine Beobachtungen, um der Natur anhand reichlich vorhandener, aber oft verwirrender Hinweise einige ihrer Geheimnisse zu entlocken. Vielmehr hat er wichtige Beiträge geleistet, indem er Daten untersucht hat, die empirisch orientierte Astronomen gesammelt haben. Doch noch wichtiger ist – und das macht ihn zu einem großen Theoretiker –, daß er auf neue Phänomene gestoßen ist, indem er sie mit seinem scharfen analytischen Verstand aus zuvor entdeckten Verhaltensmustern der Natur gefolgert hat.

Donald war der «Elder Statesman» unserer Gruppe, nicht nur dem Alter nach, sondern auch aufgrund seiner Erfahrung und Leistungen. Zunächst fühlte er sich nicht wohler als der sprichwörtliche Fisch auf dem Trockenen unter diesen Empirikern, die sich ständig den Kopf zerbrachen über defekte Geräte, «Sichtverhältnisse» und Wetter, Eichungen, Computerprogramme und Programmabstürze – jene hundert Einzelheiten, die den Unterschied zwischen guten und schlechten Daten ausmachen. Doch Donald nutzte diese Gelegenheit, sich auch mit diesen Aspekten des Projekts vertraut zu machen. Von einer abenteuerlichen Reise zum South Africa Astrophysical Observatory, wo er sich eigenhändig an schwierigen photometrischen Beobachtungen versuchte, bis zum mühsamen Editieren von Dateien verschaffte er sich einen Eindruck vom Handwerk der empirischen und beobachtenden Zunft. So lernte er, die wichtigsten Werkzeuge des theoretischen Physikers beiseite zu legen, sich in die Welt der numerischen Analyse hineinzuwagen und Computerprogramme zu schreiben, die Daten verarbeiteten und Simulationen physikalischer Systeme lieferten. Wir wußten alle, der Tag würde kommen, da uns Donald nicht nur beim Segelsetzen half, sondern selbst das Ruder übernähme auf unserem Weg zu neuen Ideen und zu den schwindelerregenden Konsequenzen unserer Arbeit.

Donald kam privat und beruflich aus einer ganz anderen Welt als wir anderen. Seine Familie hat einerseits sehr weit reichende Verbindungen zum Militär und andererseits zur Kirche von England, und in seiner Leidenschaft für die Wissenschaft spiegelt sich in mancherlei Hinsicht das Streben seiner Vorfahren nach Ehre und Wahrheit. Während sich das Leben vieler Menschen am ehesten durch Ereignisse, Tätigkeiten und Begegnungen beschreiben läßt, hält man sich bei Donalds Leben am besten an seine Ideen – seine lebenslange Suche nach Sinn in der physikalischen und der geistigen Welt.

1935 wurde er geboren. Seine Mutter stammte aus einer sehr gebildeten Familie. In Oxford hat sie Englisch studiert und mit großer Begeisterung musiziert. Sein Vater Lachlan Arthur Lynden-Bell zeigte großes Interesse an Kunst und Malerei, verließ aber die Schule mit siebzehn, um sich für den Ersten Weltkrieg zu melden. Als Kind hatte Lachlan Arthur ein schönes Neun-Zentimeter-Teleskop von seinem Großvater geerbt, der mit dem Astronomen Sir John Herschel befreundet gewesen war. So wurden eine Generation später dem kleinen Donald der Himmel und die Planeten gezeigt. Als er dreizehn war, begann er selbst mit der Beobachtung von Sternen, Planeten und Nebeln. Stets interessierte er sich für die Wirkungsweise der Dinge, und er weiß noch, daß er sich schon in sehr jungen Jahren den Kopf zerbrach, warum ein Kühlschrank seine Aufgabe erfüllen kann, ohne daß man ihm in irgendeiner Weise Kühle zuführt. Doch er war kein Wunderkind: Erst sehr spät (mit neun Jahren) lernte er lesen, und er tat sich in der Schule nur im Mathematikunterricht hervor.

In den letzten Schuljahren las Donald einige Bücher, die bestimmend für seine spätere Berufstätigkeit wurden. Insbesondere waren es die Werke von Sir Arthur Eddington, dem glänzenden Physiker und faszinierenden Lehrer. «Vor allem beeindruckten mich seine populärwissenschaftlichen Bücher *The Nature of the Physical World* und *Space-Time and Gravitation*. Die lebendige Erörterung zu Anfang des zweiten Buches weckte mein Interesse, während meine Aufmerksamkeit später immer wieder durch die eingestreuten philosophischen Reflexionen gefesselt wurde. Solche Gedanken finden sich überall in Eddingtons Werk, und die Naturphilosophie war sehr reizvoll. Ich weiß noch, wie schwer es ihm fiel, die Zeit als ein Phänomen zu begreifen, das für einen Beobachter relativ und nicht absolut ist. Auf eine vollständige Erklärung des ‹Zwillingsparadoxes›, dem zufolge ein eineiiger Zwilling von einer Reise jünger als sein Zwillingsbruder zurückkehrt, bin ich auch erst später in meinem Leben gestoßen.»

Die in diesem Kapitel erörterte spezielle Relativitätstheorie gehörte zu den Gegenständen, an denen Donald seine beträchtlichen Verstandeskräfte schärfte. Zu dem Zeitpunkt, als er begann, über das «Zwillingsparadox» nachzudenken, hatte man das Problem noch kaum verstanden. Das Paradox entsteht in der speziellen Relativitätstheorie, weil zwei Beobachter, die sich mit annähernder Lichtgeschwindigkeit aneinander vorbeibewegen, die Uhr des jeweils anderen langsamer gehen sehen. Ein Mensch, der erlebt, wie sein Zwillingsbruder mit solcher Geschwindigkeit ins All davonschießt, wird feststellen, daß dieser bei seiner Rückkehr jünger als er selber ist, doch der in den Weltraum aufgebrochene Bruder, der *seinen* Zwilling fast mit Lichtgeschwindigkeit entweichen sieht, würde zur gleichen Schlußfolgerung gelangen. Natürlich können sie nicht beide jünger sein. Die Auflösung dieses Paradoxes hat, wie Donald später entdeckte, etwas mit dem Zeitraum der *Beschleunigung* zu tun, in dessen Verlauf der bewegte Bruder wendet und die Rückreise antritt. Während dieser Zeit werden die Uhren wieder «richtig gestellt».

Seine weitere Ausbildung führte Donald nach Cambridge, wo er unter der Obhut so bedeutender Wissenschaftler wie Abdus Salam studierte, eines der Väter der quantenelektrodynamischen Theorie, die zu den Grundlagen der modernen Physik gehört. Salam bemerkte auch, wie sehr Donald sich für die physikalische Welt interessierte, und riet ihm vom Studium der reinen Mathematik ab, damit er von den Physikern selbst etwas über die realen Fakten der Naturwissenschaft erfahren könne. Fast sogleich vertiefte Donald sich in ein fundamentales, komplexes Problem, das die Natur absoluter und relativer Bewegung betraf. Wenn elektrische Ladungen sich in Ruhe befinden, wechselwirken sie, wie Maxwell entdeckt hatte, einfach durch die elektrische Kraft, die sich umgekehrt zum Quadrat der Entfernung verhält. Doch wenn Ladungen sich bewegen, gibt es eine zusätzliche, seitlich wirkende Kraft – den Magnetismus –, der dem *Strom*, dem Produkt aus Ladung und Bewegung, proportional ist. Donald entwickelte ein analoges Bild für die Gravitation, in dem es eine entsprechende «gravomagnetische Kraft» gibt, die den «Materieströmen» eine seitliche Bewegung verleiht. Laut Donald ist dies der eigentliche Ursprung dessen, was wir die Coriolis-Kraft nennen – jener Kraft, an der es beispielsweise liegt, daß man auf einem rotierenden Karussell so schwer auf geradem Weg von innen nach außen gehen kann. Das war echte Grundlagenforschung, die so fundamentale Fragen behandelte wie: «Gibt es im Universum ein absolutes Bezugssystem?» Die Ergebnisse seiner Arbeit über dieses Thema hat Donald dann auf ein Problem angewandt, das der bedeutende österreichische Physiker und Philosoph Ernst Mach aufgeworfen hatte. Wenn man einen Eimer voll Wasser an ein Tau hängt und dreht, so legte Mach dar, dann nimmt die Wasseroberfläche eine schüsselähnliche (parabolische) Form an. Machs Frage: Geschähe das gleiche, wenn der Eimer in Ruhe wäre und sich statt dessen das gesamte Universum um ihn drehte? Mach hat die Frage bejaht, aber diese Antwort ist seither – nebst der Frage selbst – ein Streitpunkt unter theoretischen Physikern. Das ist ein typisches Beispiel für die Art Fragen, die Donald herausfordern, unterhalten und nicht wieder loslassen.

Im Jahr darauf, seine Promotionsvorbereitungen hatten inzwischen begonnen, wendete sich Donald noch stärker der Astrophysik zu. Er schloß sich einem Professor an, der sich sehr für die Rolle des Magnetismus in der Astronomie interessierte. Allerdings berichtet er: «Nach einem vielversprechenden Anfang geriet die Sache ins Stocken. Als ich versuchte, mit einem sehr primitiven frühen Computerprogramm ein ziemlich unbedeutendes Problem zu lösen, kam ich einfach nicht weiter. Da rettete mich ein Seminar am Royal Observatory in Herstmonceux, wo ich Sir Richard Woolley, den Astronomer Royal, kennenlernte, der auf einige interessante Probleme in der Sternendynamik von Galaxien hinwies. Also wechselte ich das Thema und schrieb meine Dissertation 1960 über Sternendynamik von Galaxien – die Bildung ihrer Spiralarme und die Entwicklung von viskösen Scheiben. Wie die nächsten zwei Jahrzehnte zeigten, waren alle diese Themen reif für eine wissenschaftliche Behandlung.»

Sternendynamik – wie Sterne komplexe Mehrkörpersysteme, Galaxien zum Beispiel, bewegen – wurde zu Donalds Spezialgebiet und sollte bald zu einem seiner wichtigsten Beiträge führen. Nach der Promotion bekam Donald ein Harkness-Stipendium für einen Studienaufenthalt in den Vereinigten Staaten. Zusammen mit seiner zukünftigen Frau Ruth Trescott ging er ans Caltech (California Institute of Technology), wo Ruth ihre Dissertation in Chemie beendete und promovierte. Dort hatte Donald ersten näheren Kontakt zu optischen Astronomen, unter anderem zu Maarten Schmidt, der damals bemüht war, jene optischen Objekte zu entdecken, die starken Radioquellen entsprachen – eine Arbeit, die in der Folge dazu beitrug, daß man die Beschaffenheit von Quasaren enträtselte, den stärksten Lichtquellen im Universum. Später sollte Donald zu den ersten Astrophysikern gehören, die die Vermutung äußerten, die Energie, die diese extrem hellen Leuchtzeichen im All speise, werde in Form von Gravitationsenergie freigesetzt, wenn gewaltige Massen in riesige Schwarze Löcher, die dichtesten uns bekannten Materiekonzentrationen, gezogen würden.

Während der Jahre am Caltech knüpfte Donald wichtige wissenschaftliche Beziehungen und lernte viele neue Bereiche der Astrophysik kennen, doch nichts erwies sich als so produktiv wie seine

Zusammenarbeit mit Allan Sandage. «Auf Woolleys Rat», so Donald, «bot ich Allan Sandage meine Dienste für drei Monate an. Damals hatten Sandage und Olin Eggen ihre Erfassung der Schnelläufer in der Milchstraße fast abgeschlossen. Nachdem ich meine Kenntnisse der Sternendynamik eingebracht hatte, waren wir überraschenderweise zu der Schlußfolgerung fähig, daß sich die Schnelläuferkomponente in unserer Galaxis sehr rasch gebildet haben muß – im Bereich des freien Falls. Weiter gelangten wir zu dem Schluß, daß sich die Korrelationen zwischen der relativen Häufigkeit der chemischen Elemente in den Sternen und den Merkmalen ihrer Umlaufbahnen aus den Tagen ihrer Entstehungszeiten erhalten haben müßten. Diese ‹fossilen› Korrelationen verraten uns ein wenig darüber, wie die Galaxis [Milchstraße] entstanden ist.» Der Artikel, den Eggen, Lynden-Bell und Sandage daraufhin schrieben, gilt als Klassiker auf diesem Gebiet, weil in ihm erstmals eine Beziehung zwischen der Bewegung von Sternen und dem Prozentsatz der in ihnen enthaltenen schweren Elemente erkannt wurde. Und das ist wiederum sehr aufschlußreich für die Art und die Reihenfolge, in der sich die Sterne unserer Galaxis gebildet haben.

Donalds Wissen auf dem Gebiet der Sternendynamik sollte noch zu vielen wertvollen Beiträgen führen, so zu dem Mechanismus, den er und der Caltech-Physiker Peter Goldreich zur Erklärung des Spiralmusters vorschlugen, das so viele Galaxien aufweisen. Doch sein bekanntester Beitrag betrifft unmittelbar die Galaxienentstehung. Er trägt den merkwürdigen Namen «heftige Entspannung», eine Redewendung, die sich eher nach einem Oxymoron oder einem sehr unangenehmen Ferienklub anhört. Heftige Entspannung bezeichnet den Kollaps eines Systems von Massen, beispielsweise einer jungen Galaxie, die unter dem Einfluß der Schwerkraft in sich zusammenstürzt. In einer solchen Situation sind Kollisionen und sogar Fastzusammenstöße zwischen Sternen sehr selten – eine Galaxie ist nahezu nur leerer Raum. Man sollte denken, daß es keine generelle Formveränderung des Systems gibt, da keine Energie und kein Impuls zwischen den Teilchen ausgetauscht werden kann. Doch Donald hat nachgewiesen, daß das Gravitationsgesamtfeld, das durch diese ungeheure Vielzahl von Sternen erzeugt wird, während des Kollapses heftig schwanken und die in diesem Feld gespeicherte Energie von einigen Sternenumlaufbahnen auf andere übertragen würde. Auf diese Weise kann sich die Galaxie (heftig) entspannen und eine neue Form finden, die über längere Zeit stabil bliebe.

Nach ihrer Rückkehr verbrachte Donald einige Jahre am Royal Greenwich Observatory mit Hauptsitz in Herstmonceux Castle an der englischen Südküste. Anschließend kehrte er nach Cambridge zurück, wo er Direktor des Institute of Astronomy wurde. Auch Ruth bekam einen Lehrstuhl in Cambridge – für Chemie. Dort kauften sie «ein hübsches altes Haus», wie Donald sagt, um ihre Kinder Marion und Edward großzuziehen. Donald hat sich in der Folge noch wichtigeren Arbeiten in der Astrophysik zugewandt, während er sich gleichzeitig mit sehr esoterischen Problemen auseinandersetzte, etwa dem freien Willen in einem mechanischen Universum oder der grundsätzlichen Spannung zwischen Naturwissenschaft und Christentum. Er ist ein Mann des Denkens, einer, der sich unablässig mit den schwierigsten Problemen befaßt, die das Universum zu bieten hat, rastlos bemüht, den menschlichen Verstand für ihr Verständnis und ihre Lösung zu mobilisieren.

Erstaunlicherweise hatte Einstein bis 1915 die Theorien entwickelt, die immer noch die geeigneten Instrumente zur Beschreibung der Raumzeit zu sein scheinen, Jahre *bevor* Hubble bewies, daß Andromeda eine andere Galaxie ist und welche Bedeutung das für die großräumige Struktur des Universums hat. Dabei konnte Einstein auf eine neue, leistungsfähige Algebra zurückgreifen, die der deutsche Mathematiker Bernhard Riemann im 19. Jahrhundert entwickelt hatte. Damit ließ sich die allgemeine Relativitätstheorie auf elegante Weise ausdrücken – wobei viele Fachleute ihre Eleganz als Beweis ihrer Richtigkeit werteten. Doch als Einstein die Konsequenzen seiner Theorie zu untersuchen begann, stellte er zu seiner Enttäuschung fest, daß es für das Universum offenbar keine stabilen, statischen Lösungen gab – es mußte kontrahieren oder expandieren, konnte sich also nicht länger als einen Augenblick in Ruhe befinden.

Damals setzte man das Universum überwiegend mit unserer Galaxis, der Milchstraße, gleich. Man stellte sich eine riesige, vielleicht grenzenlose Menge von Sternen vor, die sich mischten und umeinander kreisten wie die Gäste auf einer Cocktailparty, aber grundsätzlich keine bestimmte Richtung verfolgten. Eine derart statische Situation ließ Einsteins allgemeine Relativitätstheorie nicht zu. Um die ihm weit angenehmere Idee eines statischen Universums zu retten, sah er sich deshalb veranlaßt, als Gegengewicht zur Gravitation eine willkürliche Abstoßungskraft einzuführen. Allerdings tat er das nur sehr widerstrebend, weil es im Unterschied zu den anderen Aspekten der Theorie eine reine Ad-hoc-Maßnahme war. Ironischerweise zeigten Hubbles Daten etwa fünfzehn Jahre später, daß das Universum nicht stationär ist, sondern expandiert. Darin sahen viele einen noch verblüffenderen Erfolg der allgemeinen Relativitätstheorie: Sie hatte wirklich und wahrhaftig die hervorstechende Eigenschaft des großräumigen Universums vorhergesagt – seine dynamische Bewegung. Wahrscheinlich ließ sich mit dieser Theorie dann auch die vollständige Geschichte der Raumzeit prognostizieren; Vergangenheit, Gegenwart und Zukunft des Universums schienen in Reichweite zu sein.

Daraufhin schickten sich die Physiker an, die Theorie ernsthaft auf das beobachtbare Universum anzuwenden. Zwei vollkommen verschiedene Zukunftsaussichten eröffneten die Lösungen der Einsteinschen Gleichungen für das Universum – ewige Expansion oder Endkollaps. Voller Kühnheit schrieben die Theoretiker dem gesamten Universum eine globale Geometrie zu und zerbrachen sich den Kopf über die Eigenschaften des Raums, die durch diese beiden spezifischen Alternativen nahegelegt wurden. Dabei ließen sie lokale Krümmungen des Raums um massereiche Objekte wie beispielsweise die Sonne oder Schwarze Löcher außer acht. Nur die Raumkrümmung, die sich im Durchschnitt über riesige Räume ergab, spielte eine Rolle in ihren Berechnungen, nicht spezifische Materieansammlungen in Galaxien oder Sternen. Im Prinzip ersetzten sie die plötzliche Krümmung, die ein Lichtstrahl auf seinem Weg im gekrümmten Raum einer Galaxie erfährt, durch die leichte, kontinuier-

Offenes oder geschlossenes Universum?

liche Krümmung, die sich ergeben würde, wäre die gleiche Materiemenge gleichmäßig über den Kosmos verteilt. Ganz ähnlich verfahren wir, wenn wir die Berge und Täler auf der Oberfläche der Erde vernachlässigen und sie als Kugel beschreiben.

So offenbarten Einsteins Gleichungen einen Zusammenhang zwischen der Geometrie des Raums und seinem dynamischen Zustand. Betrachten wir zwei Fälle eines expandierenden Universums wie des unsrigen. In dem einen Fall ist die Energieexpansion nicht groß genug, um die Anziehungskraft der gesamten Materie im Universum zu überwinden. Infolgedessen wird die Gravitation der Expansion irgendwann Einhalt gebieten und das Universum wieder in sich zusammenstürzen. Diesen Zustand bezeichnet man als *geschlossenes* Universum. Im anderen Falle ist die Expansionsenergie so groß, daß das Universum die Gravitation überwindet und endlos expandiert – das ist dann ein *offenes* Universum. In was für einem Universum wir leben, hängt also von der Materiedichte ab. Ist sie groß genug, dann schließt die Gravitation das Universum und sorgt am Ende für seinen Kollaps, ist die Dichte aber nicht groß genug, so ist das Universum offen und expandiert endlos.

Der von Einstein entdeckte Zusammenhang mit der Geometrie sieht wie folgt aus: In einem geschlossenen Universum ist der Raum *positiv gekrümmt* – wie die oben beschriebene sphärische Welt der Flachländer. In dieser Welt ist, was (in zwei Dimensionen) wie eine flache Scheibe erscheint, in Wirklichkeit eine «Kuppel», deren Oberfläche kleiner ist als der euklidische Wert von Pi mal dem Radius zum Quadrat.* Dieses geschlossene Universum hat ein endliches Volumen, aber keine Ränder – ein Lichtstrahl, in eine beliebige Richtung ausgesandt, wird am Ende zu seiner Quelle zurückkehren. Nachdem das Universum seine maximale Größe erreicht hat, wird sich seine Bewegung umkehren. Damals glaubte man vielfach, das Universum

---

* Im vierdimensionalen Fall, der unserem eigenen Universum eher entspricht, hieße dies, daß das Volumen einer Kugel kleiner wäre als 4/3 mal Pi mal dem Radius hoch drei.

werde nach dem Zusammensturz in einem «großen Endkollaps» den Urknall ständig wiederholen. (Indessen lassen neuere Arbeiten darauf schließen, daß ein «großer Endflop» wahrscheinlicher ist, aus dem kein neues Universum hervorgeht.) Tatsächlich ist ein geschlossenes Universum das absolute Schwarze Loch – nichts kann ihm entkommen. Daraus hat sich der Science-fiction-Mythos entwickelt, daß sich ein Universum unbemerkt in einem anderen verbergen könnte.

Auf der anderen Seite ist in einem offenen Universum, einem Universum, dessen Massedichte so gering ist, daß die Gravitation die Expansion nicht zum Stillstand bringen kann, die Raumkrümmung negativ. Um noch einmal auf die Welt der Flachländer zurückzukommen: Dort hätten wir in diesem Fall eine Sattelform – der Raum krümmt sich in der einen Richtung nach oben und in der anderen nach unten, das heißt, er «schließt» sich nie. Was die Flachländer als Scheibe bezeichnen, hat in einem offenen Universum in Wirklichkeit die Form eines Kartoffelchips, dessen Fläche größer ist als Pi mal dem Radius zum Quadrat. Im Gegensatz zum endlichen Volumen des geschlossenen Universums wäre das Volumen eines Universums vom Augenblick seiner Entstehung in der Singularität des Urknalls an unendlich – gelinde gesagt: eine beunruhigende Vorstellung.

Angesichts eines derart einfachen Zusammenhangs zwischen dem Schicksal des Universums und seiner Geometrie war die Versuchung unwiderstehlich, festzustellen, ob das Universum so einfachen Beschreibungen entspricht. In den sechziger Jahren begannen beobachtende Kosmologen, ihre Teleskope und Detektoren buchstäblich bis an ihre Grenzen zu beanspruchen. Allan Sandage schrieb einen wegweisenden Aufsatz, in dem er die Geltung von Weltmodellen darlegte und Beobachtungen vorschlug, mit denen sich die Raumgeometrie messen und damit das Schicksal des Universums bestimmen lassen sollte. Zwei konkurrierende Gruppen arbeiteten mit dem Fünf-Meter-Teleskop des Mount-Palomar-Observatoriums: Sandage, Jerome Kristian und James A. Westphal einerseits und Beverly Oke und James E. Gunn andererseits. In beiden Gruppen hoffte man, daß man anhand der Größe und Helligkeit außerordentlich ferner Galaxien entscheiden könne, ob der Raum des Universums positiv oder negativ gekrümmt

Negative oder positive Raumkrümmung? 195

sei, ob also das Universum seine Expansion endlos fortsetzen oder ob es zum Stillstand kommen und wieder in sich zusammenstürzen werde. Weniger streng, aber leichter zu begreifen ist die Vorstellung, daß die Forscher versuchten, die Expansionsrate des Universums in der fernen Vergangenheit zu messen und sie mit der heutigen Rate zu vergleichen, um zu erkennen, ob die Bremskraft der Gravitation die Expansion des Universums zum Stillstand bringen könne.*

Trotz intensiver Bemühungen und der Mitwirkung vieler hochbegabter Wissenschaftler drängte sich Ende der siebziger Jahre der Eindruck auf, daß diese Versuche, die Geometrie des Universums zu entdecken, gescheitert waren. Die Methoden beruhten auf dem Konzept der Normalkerze und/oder -größe – der Annahme, daß Objekte oder Ansammlungen von Objekten, die einer bestimmten Klasse angehörten, auch über ein größeres Raumvolumen die gleiche Helligkeit oder Größe besäßen. Doch wie sich allmählich herausstellte, hatten sich die Galaxien im fraglichen Zeitraum hinreichend entwickelt, um diese Annahme zu widerlegen. Mit anderen Worten, es reichte nicht, eine Normalkerze zu haben, die über ein größeres Raumvolumen konstant war – man brauchte auch eine Kerze, die zu allen Zeiten mit der gleichen Helligkeit leuchtete. Selbst die Richtung der erforderlichen Korrekturen ließ sich nicht genau vorhersagen: Waren die Galaxien in der Vergangenheit größer oder kleiner, heller oder schwächer gewesen, und in welchem Maße?

Doch war diese Suche tatsächlich ein Fehlschlag? Heute würden viele Wissenschaftler in der Rückschau sagen, daß sie ein glänzender Erfolg war. Gezeigt haben die Untersuchungen nämlich, daß das Universum einem Gleichgewicht zwischen kinetischer und gravitationeller Energie sehr nahe kommt, das heißt, daß es sehr nahe an der Trennungslinie zwischen offen und geschlossen liegt. «Nahe» wird hier in

---

* Wie oben dargelegt, war das Hubble-Diagramm, das die Rotverschiebung abhängig von der Entfernung abbildet, das wichtigste Instrument bei diesen Versuchen, denn die geradlinige Beziehung, die Hubble ursprünglich entdeckt hat, müßte sich in großen Entfernungen nach oben oder nach unten krümmen, je nachdem, ob das Universum «offen» oder «geschlossen» ist.

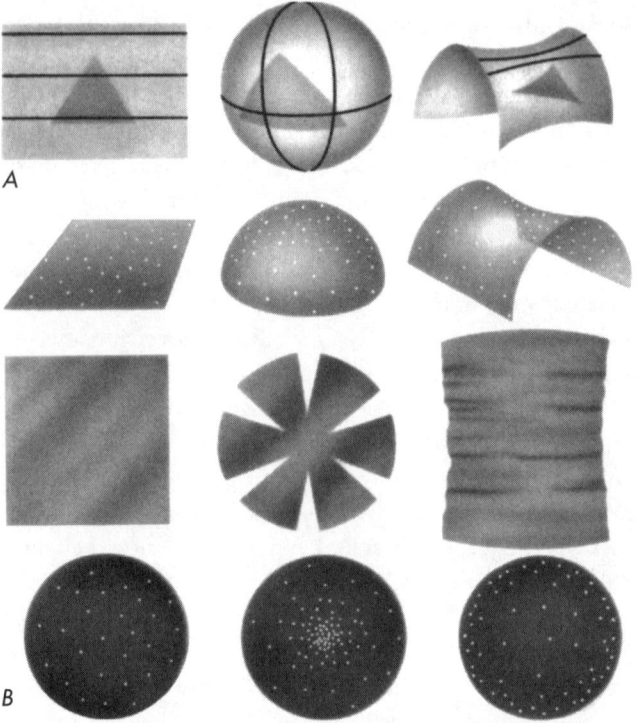

Zweidimensionale Analogien für den dreidimensionalen Raum. Die Ebene entspricht einem flachen Universum, die Kugel einem positiv gekrümmten («geschlossenen») und der Sattel einem negativ gekrümmten («offenen») Universum. Die fetten Linien in den Figuren der oberen Reihe zeigen, wie parallele Linien in diesen Räumen aussehen, und auch die Verzerrung eines einfachen Dreiecks ist dargestellt. In der zweiten Reihe sehen wir Spielzeuguniversen solcher Räume, wobei die Punkte Galaxien darstellen, während die untere Reihe zeigt, wie ein «Flachländer» die Galaxienpositionen kartieren würde, wenn er die Raumkrümmung unberücksichtigt ließe. Die Reihe dazwischen führt vor Augen, warum es zu diesen Verzerrungen kommt: Die Kuppel mit dem Abstand r vom Pol zum Äquator hat eine Fläche, die weniger beträgt als πr^2 (euklidische Geometrie) – die «Materialknappheit» wird durch die dreieckigen Lücken in der Scheibe wiedergegeben. Wenn ein Sattel zusammengedrückt wird, ist die dadurch erzeugte ebene Fläche größer als das Produkt aus Breite mal Länge – dieser «Materialüberschuß» wird durch die «Falten» dargestellt. (J. Pasachoff, Astronomy: From the Earth to the Universe, vierte Aufl., Philadelphia, Saunders College Publishing, 1991, S. 603.)

einem astronomischen Kontext verwendet, das heißt innerhalb eines Faktors von zehn. Im alltäglichen Leben gilt ein Faktor von zehn als entsetzlich ungenau, weit davon entfernt, irgendwelche Erfolge zu garantieren – die Direktoren von General Motors dürften wohl kaum lange auf ihren Stühlen bleiben, wenn sie Kosten und Erträge nur mit einer solchen Fehlertoleranz bilanzieren könnten. (Obwohl ich mir da doch nicht so ganz sicher bin.) Doch im kosmologischen Kontext ist sie ein so strahlender Triumph, daß sie schon wieder rätselhaft erscheint.

Die Beobachtung, daß das Universum, soweit wir es beurteilen können, nicht weit von der Grenzlinie zwischen «offen» und «geschlossen» entfernt ist, muß als großes Geheimnis angesehen werden, weil es ein außerordentlich unwahrscheinliches Ergebnis ist. Mit jedem Verhältnis zwischen gravitationeller und kinetischer Energie hätte das Universum beginnen können, von zehn Billionen bis zu einem *Milliardstel* und darüber hinaus – in beide Richtungen. Angesichts dieses enormen Spielraums erscheint es außerordentlich unwahrscheinlich, daß das Universum fast ein Gleichgewicht zwischen den beiden Möglichkeiten hält, was den Gedanken an ein Universum nahelegt, das gerade «offen» oder gerade «geschlossen» ist, nicht aber in extremer Weise das eine oder das andere, wie es eigentlich wahrscheinlich wäre. Einige Kosmologen wagen sich gefährlich weit auf das Gebiet der Philosophie und Anthropologie vor, wenn sie erklären, dies sei eine bloße Manifestation unseres Hierseins. Wäre das Universum «extrem geschlossen», führen sie aus, so hätte sich das Universum in wenig mehr als einem Augenblick aufgebläht, um sogleich wieder in sich zusammenzufallen. Kein Mensch wäre dagewesen, um zu fragen: «Warum gerade dieses Universum?» Entsprechend hätte sich ein extrem offenes Universum zu einem dünnen Gas verflüchtigt, formlosem Vergessen anheimgegeben, bevor irgendwelche Sterne oder Galaxien sich hätten bilden können. Abermals hätte die Menschheit sich nicht entwickeln können. Kurzum, die Erklärung dieser Kosmologen lautet: Das Universum muß sein, wie es ist, wenn wir dasein sollen, um es zu betrachten. Diese Argumentationsweise bezeichnet man als das *anthropische Prinzip*.

Andere haben sich an traditionellere wissenschaftliche Vorgehensweisen gehalten und sind trotzdem zu einer radikalen Erklärung gelangt. Das Universum ist, global betrachtet, weder negativ noch positiv gekrümmt, sondern, so sagen sie, lokal *flach*. (Sie meinen, nach dem ganzen Geschwätz über gekrümmten Raum stelle sich jetzt heraus, daß er in Wirklichkeit flach sei? Tatsächlich erweist sich nur der Raum als flach; die Raumzeit bleibt gekrümmt.) Ein Zustand nahe dem Gleichgewicht – innerhalb eines Faktors von zehn – könne unmöglich ein Zufall sein, erklären diese Wissenschaftler, da das Universum, um heute dem Gleichgewicht so nahe zu kommen, in sehr jungem Alter äußerst ausgewogen gewesen sein müßte, das heißt, in ferner Vergangenheit wäre die Abweichung vom vollkommenen Gleichgewicht infinitesimal gewesen.* Das Universum, so der Schluß dieser Theoretiker, befinde sich in *vollkommenem* Gleichgewicht (obwohl sie das empirisch nicht bestätigen können), und irgendein Prozeß im frühen Universum müsse dafür gesorgt haben.

Genau dieses Problem, die scheinbare «Flachheit» des Universums, das wir um uns her erblicken – die sehr wahrscheinliche Aussicht, daß der Raum weder im positiven noch im negativen Sinne wesentlich gekrümmt ist –, hat Alan Guth vom MIT veranlaßt, das Modell des *inflationären Universums* zu entwickeln. Davon wird noch ausführlicher die Rede sein, doch ein Schlüsselkonzept dieser Theorie kann

---

* Betrachten wir zum Vergleich, wie exakt die Geschwindigkeit eines Baseballs sein müßte, damit er, von der Erde aus geschlagen, auf Jupiter landete. Der Ball müßte mit einer Geschwindigkeit von fast 48 000 Metern pro Sekunde (173 000 Kilometer pro Stunde) abgeschlagen werden, um sein Ziel zu erreichen. Zwar hängt die genaue Zahl von den besonderen Umständen ab, aber entscheidend ist, daß ein Fehler von einem Prozent genügen würde, um den Ball etwa 64 Millionen Kilometer an Jupiter vorbeizuschicken. Um den Ball so nahe an den Planeten heranzubringen, daß man von einem «Treffer» sprechen könnte, müßte die Geschwindigkeit eine Präzision von einem tausendstel Prozent (eins zu hunderttausend) aufweisen. Da der Ball mit fast 200 000 Kilometern pro Stunde abgeschlagen wird, würde ein Fehler von nur zwei Kilometern pro Stunde – in der Geschwindigkeit, mit der der Schlagmann den Ball nach vorn treibt – genügen, um das Ziel zu verfehlen.

unsere Ausführungen über die Form des Universums sehr schön abrunden. Nach Guth ist das, was wir Universum nennen, keine globale Realität, sondern nur ein kleines Stück vom Gewebe der Raumzeit, das in frühester Jugend eine Phase unvorstellbar rascher Expansion erfuhr, in deren Verlauf ein mikroskopischer, gleichförmiger Fleck zu einem riesigen Gebiet vergrößert wurde. Zeitpunkt und Ausmaß dieses angenommenen Ereignisses waren 10^{-35} Sekunden nach dem Urknall (ein unvorstellbar winziger Sekundenbruchteil nach dem Schöpfungsaugenblick) und ein Expansionsfaktor von etwa 10^{50} (ungefähr hundert Größenverdopplungen, ein Vorgang, den man sich ebenfalls nicht ausmalen kann). Dem liegt der Gedanke zugrunde, daß die inflationäre Wachstumsphase das Universum, unabhängig von der Krümmung, die der ursprüngliche Fleck aufwies, vollkommen abgeflacht hätte. Abermals ist der Luftballon die einfachste Analogie. Solange der Ballon winzig ist, besitzt er eine sehr starke Krümmung, doch wenn man ihn aufbläst, nimmt seine Oberfläche immer mehr die Gestalt einer flachen Ebene an. Stellen wir uns vor, die Größe des Ballons verdopple sich hundertmal in Folge, dann bekommen wir eine Ahnung, warum das Universum tatsächlich sehr flach werden mußte, selbst wenn es zu Anfang der Inflation noch so stark gekrümmt war.

Für die verblüffende Beobachtung, daß der Raum um uns her zumindest annähernd flach ist, hat das inflationäre Modell eine Erklärung geliefert, indem es behauptet, er sei dies auf *exakte* Weise. Auch andere bemerkenswerte Eigenschaften des Universums kann das Modell erklären, nicht zuletzt die Frage, warum es überhaupt expandiert. Wahrscheinlich trudelt das Universum jetzt aus – eine Nachwirkung des gewaltigen Inflationsstoßes. Aber hat die Inflation tatsächlich stattgefunden, und ist der Raum um uns her wirklich flach? Diese Fragen sind noch offen und folglich Gegenstand intensiver Untersuchungen. Fest steht jedoch, daß die einfache Vorstellung, es gäbe ein globales Universum, das alles, was es gibt, enthalte und sich schlüssig aus einer einzigen Lösung der allgemeinen Relativitätstheorie ableiten lasse, der Geschichte angehört. Neuere Entwicklungen in unserem Verständnis haben dem Universum wieder ein gewisses Maß an Dauer verliehen und gehen davon aus, daß unser beobachtbares Universum nur ein kleiner Ausschnitt ist, der eine tiefgreifende Umgestaltung erfuhr. Es wäre sogar zu fragen, ob sich die Probleme, die unter der Überschrift «anthropisches Prinzip» gesammelt wurden, nicht reduzieren auf die Aussage: «Geschöpfe wie wir konnten sich nur in einem solch flachen Raum entwickeln» – aus Gründen der Zeit und der Homogenität.

Leider haben wir keinen Verstand entwickelt, der uns einen intuitiveren Zugang zu den komplizierten Verhältnissen der Raumzeit ermöglichte, denn er würde uns unsere Aufgabe und das Verständnis erleichtern. Zweifellos hätte die Evolution uns Menschen mit einer solchen Fähigkeit ausgestattet, wenn wir in der Lage wären, die Zeit auf einer Ebene von einer milliardstel Sekunde aufzulösen, weil die Lichtgeschwindigkeit unter diesen Umständen sogar in unserer kleinen Welt ein wichtiger Faktor wäre. Mühelos könnten wir dann im Rahmen der Raumzeit denken und handeln. Die Biologie hat eine solche Entwicklung nicht zugelassen. Unser Nervensystem mit seinen chemischen Leitungsbahnen ist nicht annähernd zu einer solchen Verarbeitungs- und Übertragungsgeschwindigkeit in der Lage, und im übrigen scheint in dieser Welt auch keine Notwendigkeit zu so schneller Reaktionsfähigkeit zu bestehen. Vielleicht hätten sich, wären wir Geschöpfe von weit größeren Ausmaßen, solche Fähigkeiten als nützlich oder erforderlich erwiesen, aber auch das übersteigt unsere Vorstellungskraft.

Wenn jedoch eine Notwendigkeit bestanden hätte, so wären solche Fähigkeiten wohl sicherlich entwickelt worden. Bei schwierigen Aufgaben wie dem Schlagen eines Baseballs oder der Arbeit auf dem Hochtrapez zeigt das Gehirn eine bemerkenswerte Fähigkeit, Neuronennetze herzustellen, die das Verhalten komplexer mathematischer Gleichungen approximativ bestimmen, statt sie analytisch zu lösen. Durch Erfahrung sind unsere Gehirne in der Lage, diese bemerkenswerten Netze zu knüpfen, die es uns und anderen Tieren ermöglichen, erstaunlich komplexe Manöver auszuführen, die Heerscharen von Mathematikern und Ingenieuren vor erhebliche Probleme stellen würden. Offenkundig können wir einen *Sinn* für die Raumzeit entwickeln.

Grenzen und Ausweitungen der Erkenntnis 201

Falls Ihnen das als müßige Spekulation erscheint, bedenken Sie, daß sich die Situation im 21. Jahrhundert wahrscheinlich radikal verändern wird. Seit Urzeiten ist unsere Art bestrebt, ihre angeborenen Fähigkeiten zu steigern. Im Prinzip sind Maschinen nur Erweiterungen unseres Körpers, die seine Kraft und Ausdauer erhöhen, das Sehvermögen und die Feinmotorik schärfen. Entsprechend haben wir auch einen Aspekt unserer Verstandeskräfte – das Gedächtnis – verstärkt, indem wir große Mengen von Erfahrungen, Ideen und Informationen in Büchern und Bildern aufgezeichnet haben. Diese Tätigkeit wird durch die Computerentwicklung ungeheuer vervielfältigt, doch die entscheidende Bedeutung des Computers dürfte in der Steigerung unserer kognitiven Kräfte liegen – die höchste Erweiterung unserer Fähigkeiten. Zugleich faszinierend und erschreckend erscheint der offenbar unausweichliche Gedanke, daß das menschliche Gehirn eines Tages an die Zentraleinheit eines Computers angeschlossen sein wird, die unendlich differenzierter und komplexer arbeiten wird als alles, was man heute entwickelt. Falls es zu einer solchen Synthese kommt, wird sie uns ganz gewiß helfen, die Grenzen unserer Biologie zu überwinden und eine direkte, sinnliche Wahrnehmung und Untersuchung der Welt jenseits unserer Welt in Angriff zu nehmen.

KARTENZEICHNER, KARTENZEICHNER ...

Eines Nachmittags im Spätsommer 1977 schritten Marc Davis und ich einen kleinen Teil der sündhaft teuren Strandgrundstücke in Santa Monica ab, um uns von dem staubigen Smog zu erholen, der sich allzuhäufig auf die Büroräume der Observatorien in Pasadena legt. Rasch vertrieb die kühle Meeresbrise alle Gedanken an Arbeit und Astronomie, und nach dem üblichen Klatsch über befreundete Astronomen und den unvermeidlichen Bemerkungen über Frauen und Sport, auf die Männer Ende zwanzig damals bekanntlich nicht verzichten konnten, genossen wir schweigend Sonne, See und Sand. Das waren greifbare Ergebnisse von Kernfusionen und Supernovaexplosionen, die merkwürdigerweise dazu geführt hatten, daß sich nun zwei menschliche Wesen mit der grundlegenden kosmischen Frage beschäftigten: Woher kommen wir? Doch für Marc, damals außerordentlicher Professor an der Harvard University, einer Institution, die dafür berüchtigt ist, solche Arbeitsverhältnisse nicht in feste Anstellungen umzuwandeln, und für mich, nach der Promotion mit einem zweijährigen Forschungsauftrag ausgestattet, hatte die Frage «Wohin gehen wir?» mindestens die gleiche Bedeutung.

Allerdings wußte Marc wenigstens für die Dauer dieses Sommers genau, wohin sein Weg ihn führte. Er war mit einem klar umrissenen Auftrag an die Observatorien gekommen: Sein Aufenthalt hier diente ausschließlich dem Zweck, ein *Instrument* zu bauen – unter Astronomen die Abkürzung für jedes Gerät, das am Ende eines Teleskops befestigt wird und Daten sammelt. Genauer, Marc wollte eine elektronische Kamera konstruieren, die das Licht aus dem Spektrographen am 1,5-Meter-Teleskop des Harvard-Smithsonian-Observatoriums auf dem Mount Hopkins in Arizona einfangen sollte. Offenbar war er unempfänglich für die Eitelkeit, unter der Instrumentenbauer häufig leiden – es nach *ihrer* Weise zu tun: Es hatte den Anschein, daß er völlig zufrieden damit war, eine sehr erfolgreiche Konstruktion nachzubauen, die der Carnegie-Astronom Stephen Shectman für das Fünf-Meter-Teleskop auf dem Mount Palomar entwickelt hatte. Gegenwärtig arbeitete Shectman an einer verbesserten Version dieser Kamera für das neue Du-Pont-Teleskop auf Las Campanas, und Marc kopierte sie bis hin zum letzten Draht, integrierten Schaltkreis und Widerstand. Shectmans Bemühungen um neue, kostengünstige und leistungsfähige Instrumente waren seine wissenschaftliche Leidenschaft. Dagegen war Marcs Interesse an Detektoren aus reinen Nützlichkeitserwägungen geboren: Er bediente sich dieser und jeder anderen Abkürzung, die zu seiner Leidenschaft führte, der *Wissenschaft*.

Warum suchte sich Marc nicht einfach ein Unternehmen in der freien Wirtschaft, das ihm eine derart hochempfindliche Kamera baute und von dem er sie dann kaufen konnte? Warum opferte er statt dessen Monate seiner eigenen Arbeitszeit und investierte Tausende von Dollars für Teile und Schaltelemente? Die Antwort liegt in der Leuchtschwäche astronomischer Objekte: Beispielsweise sind die fernen Galaxien, die Marc sich zum Ziel gewählt hatte, Tausende bis mehrere Zehntausende von Malen schwächer als die schwächsten Sterne, die man mit bloßem Auge sehen kann. Selbst beim Lichtsammlungsvermögen eines 1,5-Meter-Spiegels im Teleskop wäre das eingefangene Licht so spärlich, daß es, vom Spektrographen in feinste Farben zerlegt, nur Energiepaket um Energiepaket eintreffen würde. Jedes dieser *Photonen* müßte individuell entdeckt und aufgezeichnet werden. Im Vergleich zum schwachen Leuchten ferner Galaxien ist eine nächtliche Sportveranstaltung, die von einer Fernsehkamera aufgezeichnet wird, ein regelrechter Feuerball.

Im wesentlichen hatte Marcs Aufgabe mit elektronischen Schaltkreisen zu tun, einer Art Spezialcomputer, den Shectman entwickelt hatte, um diese eintreffenden Photonen zu entdecken und aufzuzeichnen. Angesichts der vereinfachten Beschreibung des Instruments, die ich oben unter Verzicht auf viele Feinheiten geliefert habe, könnte der Eindruck entstehen, auf diese Weise Licht zu entdecken sei so einfach wie Perlen auf einem Rechengerät von einer Seite zur anderen schieben. Leider verhindert die extreme Leuchtschwäche des Lichts eine so direkte Entdeckung. Die Reihe von elektronischen Verbindungsstellen, *Dioden* genannt, die Shectman verwendete, erzeugten einen winzigen elektrischen Strom, wenn sie von Licht getroffen wurden, waren dazu aber beileibe nicht in der Lage, falls es sich nur um ein einzelnes Photon handelte. Deshalb war es erforderlich, das Licht, aus dem das Spektrum bestand, zunächst durch eine Reihe von *Bildverstärkern* zu leiten, die das Licht intensivierten, so daß ein einziges schwaches Photon, das an einem Ende eintrat, am anderen zu einem strahlenden Blitz wurde, einem Blitz, der hell genug war, um von der Diode «gesehen» zu werden. Doch diese Kette von Verstärkern, jeder wie ein Mini-Fernsehschirm, sorgte auch für die erste Komplikation. Ebenso wie ein Fernsehapparat im Dunkeln leuchtet, nachdem er abgeschaltet worden ist, blieb jeder kleine helle Fleck noch eine Zeitlang erhalten, auch wenn das Signal, das ihn ausgelöst hatte, schon lange erloschen war. Nun wußte Shectman natürlich, daß es entscheidend war, jedes Photon einmal und nur einmal zu zählen, deshalb hatte er ein primitives Gehirn in die Elektronik eingebaut, welches ein Photon nur registrierte, wenn das Signal einen Wechsel von dunkel zu hell erkennen ließ, jedoch einen langsam verlöschenden Fleck außer acht ließ. Mehrere hundert Male pro Sekunde prüften diese elektronischen Perlenzähler das Signal in jeder der tausend Dioden, wobei sie die Spannungen mit den Daten des vorangehenden Aufzeichnungsdurchgangs verglichen. Wenn der Schaltkreis zu dem Ergebnis kam, er habe tatsächlich ein Photon «gesehen», betätigte er einen Schalter in den Mikroschaltkreisen, was soviel hieß wie: «Ich habe ein Signal. Lasse alle folgenden Signale an dieser Stelle während der nächsten hundert Takte außer acht.» Daraufhin berechnete der Spezialcomputer das durchschnittliche Signal angrenzender Dioden, um die Position, die der Lichtfarbe in dem betreffenden kleinen Ausschnitt des Spektrums entsprach, exakter zu bestimmen. Dank dieser Verbesserung konnte man nicht nur ermitteln, welche Diode im Zentrum des Lichtflecks lag, sondern auch, in welchem Viertel der Diode sich das Zentrum befand. Auf diese Weise arbeiteten die tausend aufgereihten Dioden in Wirklichkeit wie viertausend Sammelfächer. Und bei weitem besser als irgendein echter Abakus konnten die Schaltkreise diese Entscheidungen und Berechnungen Tausende von Malen in jeder Sekunde durchführen.

Möglich wurde all das durch die integrierten Schaltkreise, die kleinen Siliziumchips, die aussehen wie vielbeinige Käfer. Jeder besitzt Dutzende von Transistoren – winzige elektronische Schalter –, auf Plättchen von Papierschnitzelgröße eingeätzt. Wie ein mikroskopischer Rangierbahnhof lenkt dieses Netz aus Hunderten von kleinen Schaltern winzige Elektrizitätszüge mit schwindelerregender Geschwindigkeit, von winzigen Zugführern kontrolliert, die sich mit unglaublicher Genauigkeit an Regeln halten wie: «Wenn dies, dann tue das, aber wenn dies *und* das, dann tue jenes...» Das ist die ganze Aufgabe der *Logik-Schaltkreise*, jener miniaturisierten Entscheidungsträger, die die Bedingungen des modernen Lebens so tiefgreifend verändert und eine gewaltige Informations- und Datenlawine losgetreten haben, indem sie einfach die simplen Operationen ausführen, die ihnen die Menschen beigebracht haben, das allerdings nahezu vollkommen und millionenmal schneller.

Im Frühherbst hatte Marc seine Kopie von Shectmans «Photonenzähler» fertiggestellt und war mit ihr nach Harvard zurückgekehrt. Im Winter schloß sie der Harvard-Astronom Dave Latham an eine Kette von Bildverstärkern an, während Marcs Doktorand John Tonry die Computerprogramme, welche die Daten sammeln und verarbeiten sollten, schon fast abgeschlossen hatte. Vervollständigt wurde das Team durch John Huchra, einen der unermüdlichsten Beobachter unserer Zunft. Er trug die Hardware und Software für die Reise nach Arizona zusammen, was ihm auch nach einigen Monaten gelang, woraufhin die Arbeit am Teleskop aufgenommen wurde. Im Frühjahr hatten sie mehr Rotverschiebungen in den Spektren von Galaxien aufgezeichnet als alle Beobachter seit Vesto Slipher, dem Astronomen, der 1912 die ersten Untersuchungen dieser Art durchführte, als er das Spektrum von Andromeda und dreizehn weiteren nahegelegenen Galaxien erfaßte.

Selten geschieht es in den Naturwissenschaften, daß einem so fundamentalen Beobachtungsgegenstand wie den Galaxienrotverschiebungen, über deren entscheidende Bedeutung man sich bereits 1930 im klaren war, so lange so wenig Aufmerksamkeit geschenkt wird. Als Vera Rubin 1950 in ihrer Magisterarbeit der Frage nachging, ob das Universum als Ganzes rotiert, und damit den ersten ernsthaften Versuch unternahm, nach Abweichungen von einer vollkommen gleichförmigen Hubble-Expansion zu suchen, konnte sie auf kaum mehr als hundert erfaßte Rotverschiebungen zurückgreifen. Im weiteren Verlauf dieses Jahrzehnts veröffentlichten legendäre Astronomen wie Milton Humason, Nicholas Mayall und der junge Allan Sandage die Arbeit einer ganzen Generation – auch das nicht mehr als sechshundert Messungen von Rotverschiebungen.

Rotverschiebungen sind von entscheidender Bedeutung, wenn wir verstehen wollen, wie sich das Universum organisiert hat (wie es *erschaffen* wurde, falls Sie bereit sind, in solchen Kategorien zu denken), weil sie die einfachste verläßliche Methode bedeuten, eine dreidimensionale Karte der Galaxienpositionen anzufertigen. Galaxien bedecken die zweidimensionale Himmelskarte wie Tapetenblumen, aber sie sind beileibe nicht alle gleich weit entfernt. Wie Hubble nachgewiesen hat, befindet sich eine solche Rotverschiebung, die zeigt, wie schnell die Galaxie sich von uns entfernt, in einem direkten Verhältnis zur Entfernung der Galaxie von der Erde. Das war die Erwartung, die man an ein gleichmäßig expandierendes Universum stellte – eine Beschreibung, die man in den dreißiger Jahren grundsätzlich akzeptierte. Dabei war die Rotverschiebung nicht nur eine fundamentale Eigenschaft, sondern auch sehr einfach zu messen: Die Verschiebung der Spektrallinien liefert, wie die Doppler-Verschiebung in der Tonhöhe des Signalhorns bei Annäherung und Entfernung eines Zuges, ein direktes Maß für die Geschwindigkeit der Galaxie, ganz gleich, wie weit sie von uns entfernt ist.

Wenn also so entscheidende Informationen über die *dreidimensionale* Verteilung der Galaxien zu erwarten waren, warum waren dann in den vierzig Jahren seit Slipher so wenige Rotverschiebungsmessungen durchgeführt und veröffentlicht worden? Im wesentlichen lag es daran, daß in all diesen Jahrzehnten die Bestimmung der Rotverschiebungen ein mühsamer Prozeß geblieben war – die meisten Galaxien sind sehr schwach, und die fotografischen Platten, mit denen man ihre Spektren aufzeichnete, waren beklagenswert unzureichend. Nur wenige Teleskope besaßen Spiegel, die so groß waren, daß die Arbeit einigermaßen rasch voranging. Zwar zeichneten Astronomen, die Zugang zu diesen Teleskopen hatten, von Zeit zu Zeit die Spektren von Galaxien auf, die von besonderem Interesse für sie waren, aber keiner von ihnen war bereit, Jahrzehnte seines Arbeitslebens zu opfern, um viele tausend Rotverschiebungen zu erfassen.

Doch möglicherweise war der Aufwand, den solche Messungen verursachten, nicht der einzige Hinderungsgrund. Auch die Erwartung, daß die Ergebnisse wenig Überraschendes zeigen würden, scheint die wichtigen Vertreter der Zunft davon abgehalten zu haben, ihr Astronomenleben der Messung von Rotverschiebungen zu widmen. Man sollte meinen, die Aussicht, die erste wirklich dreidimensionale Karte von Teilen des Universums anzufertigen, müsse verlockend gewesen sein. Doch offenbar hat die nahezu dogmatische Überzeugung, das Universum sei sowohl isotrop, identisch in alle Richtungen, und homogen, gleichförmig in seiner Dichteverteilung, die Astronomen zu der Auffassung gebracht, eine solche Karte wäre einfach uninteressant: hier ein zufälliges Häufchen von Galaxien und dort, aber ohne die Struktur, nach denen ein Kartenzeichner Ausschau hält. Das Unterfangen stand einfach nicht, wie man fand, für die gewaltige Mühe, die es kosten mußte.

Dieses Vorurteil erwuchs aus der herrschenden Vorstellung, der Urknall habe die Materie sehr gleichmäßig nach allen Richtungen verteilt. So war die Beobachtung, daß der Himmel ziemlich gleichmäßig mit Galaxien bedeckt ist, eine der wichtigsten Erkenntnisse der frühen Kosmologie. Allerdings war dies eine Schlußfolgerung, die auf der *zweidimensionalen* Verteilung beruhte, das heißt, Hubble hatte gezeigt, daß Galaxien in jeder *Richtung* des Himmels zu finden sind. Doch praktisch wußte man nichts über die dreidimensionale Raumverteilung, auf die wohl kaum Rückschlüsse möglich sind, wenn man auf eine Himmelskarte blickt, aus der die Galaxienentfernungen keineswegs hervorgehen (infolge der großen Streuung, die Galaxien in bezug auf ihre wahre Größe und Helligkeit aufweisen).

Dennoch gibt es sogar in der zweidimensionalen Verteilung Hinweise darauf, daß die kosmische Landschaft möglicherweise kein gleichmäßiges Meer ist, sondern Inseln und Kontinente aufweist, wie sie das Herz eines Kartenzeichners entzücken. In seinem Galaxienkatalog aus den dreißiger Jahren hat der streitbare Astrophysiker Fritz Zwicky vom Caltech auffällige Ballungen verzeichnet, die bis zu mehrere hundert Galaxien umfassen – ein Befund, den der Doktorand George Abell in den fünfziger Jahren nachdrücklich bestätigen konnte, als er bei sorgfältiger Durchsicht des damals neuen Palomar-Sky-Atlas Tausende von sehr reich besiedelten, teilweise weit entfernten Haufen zusammenstellen konnte. Doch für die großräumige Struktur des Universums schienen diese Ansammlungen keine besondere Rolle zu spielen, so wenig wie die Kugelsternhaufen, die unsere Galaxis umkreisen: Zwar sind sie faszinierende und höchst aufschlußreiche Erscheinungen, haben aber im Vergleich zur Milchstraße nur untergeordnete Bedeutung. Für viele Astronomen waren diese großen Haufen nur statistische Zufälle, die seltenen Orte, wo eine ungewöhnlich hohe Materiedichte zur Entstehung zahlreicher Galaxien geführt hatte, die durch starke Gravitation aneinander gebunden waren. Reich besiedelte Haufen mochten interessant, vielleicht sogar nützlich sein, aber sie galten nicht als grundlegende Merkmale der Landschaft. Damals stellte man sich eine ländliche Gegend vor, mit Höfen, die über die Hügel und Täler verteilt waren, hin und wieder ein Dorf und ganz selten eine Großstadt.

Entschiedenen Widerspruch fand diese Auffassung bei zwei Kritikern: Fritz Zwicky und Gerard de Vaucouleurs von der University of Texas in Austin. Nichts zeigt die Bedeutung der Rotverschiebungen besser als die *Unfähigkeit* dieser beiden Männer, ihre Kollegen davon zu überzeugen, daß die Galaxienverteilung im All keineswegs gleichförmig ist. Beide sahen die tatsächliche Verteilung etwas anders und stritten untereinander ebenso heftig wie mit ihren Kollegen. Aber beide waren sie ihrer Zeit weit voraus in der Erkenntnis, daß die großräumige Struktur des Universums komplex und interessant ist und beileibe nicht das langweilige, gleichmäßige Expansionsmuster aufweist, das sich der Rest der Fachwelt vorstellte. Doch da sie nur über wenige Rotverschiebungsmessungen verfügten und sich folglich an zweidimensionale Himmelskarten halten mußten, konnten sie zur Darlegung ihrer Auffassung nur auf wenige Daten zurückgreifen.

Glänzende Weitsicht hatte der in der Schweiz geborene Fritz Zwicky mit der Vorhersage von Neutronensternen gezeigt, einem exotischen Endzustand, in dem der betreffende Stern zur Dichte eines Atomkerns kollabiert ist. Sein ganzes Berufsleben hindurch war er ein Bilderstürmer ersten Ranges. Dieser Umstand und seine etwas hochfahrende Art verscherzten ihm die Sympathien der traditionell ausgerichteten Astronomen, die über das Pasadena-Reich der großen optischen Teleskope walteten. Die Außenseiteransicht, die uns hier interessiert, war Zwickys hartnäckige Überzeugung, *alle* Galaxien würden zu Haufen gehören. Erstmals hat Zwicky einen großen Katalog leuchtschwacher Galaxien zusammengestellt, indem er ihre Positionen auf einer flachen Himmelskarte verzeichnete. Dabei hat er Tausende von Haufen eingetragen – überall, wo ihm die Dichte ungewöhnlich hoch erschien. Um solche starken Konzentrationen zog Zwicky Grenzen, die die meisten Astronomen für völlig absurd hielten – ausufernde, verschlungene Ränder, die bis zu den Ausläufern benachbarter Haufen reichten. In Zwickys Welt waren alle Höfe mit der einen oder anderen Stadt verbunden, ganz gleich, wie weit sie auch entfernt zu sein schienen. Es gab keine «Einzelgänger».

Auch de Vaucouleurs war der Meinung, das Universum sei in Einheiten organisiert, die größer seien als individuelle Galaxien. Ihn hatte Vera Rubins Bereitschaft beeindruckt, nach einer Rotation in der lokalen Galaxienverteilung Ausschau zu halten und zu untersuchen, ob sich möglicherweise das ganze Universum wie die Milchstraße dreht. Ermutigt behauptete de Vaucouleurs nun, unsere Galaxis sei Teil eines flachen *Superhaufens* – einer Galaxie aus Galaxien. Obwohl die empirischen Wurzeln dieser Vorstellung bis zu Humboldt und Herschel ins 18. Jahrhundert zurückreichen, hatte sich die Idee nie richtig durchgesetzt. De Vaucouleurs' Vorschlag stieß dann auch auf allgemeine Ablehnung, besonders in Pasadena, dem Mekka kosmologischer Forschung seit Hubbles Zeiten, wo man von der Gleichförmigkeit des Universums überzeugt war. Sogar Zwicky, der an Superhaufen glaubte, wandte sich heftig gegen Vaucouleurs' Begriff eines *Lokalen Superhaufens*, da Vaucouleurs den Superhaufen und nicht den Haufen als Grundeinheit ansah. Für de Vaucouleurs war das Vorhandensein eines dichten Knotens aus Hunderten von Galaxien, die Einheit, auf die sich Zwicky konzentrierte, von geringerer Bedeutung. Tatsächlich enthält auch der Lokale Superhaufen einen solchen dichten Knoten, den Virgo-Haufen, aber für de Vaucouleurs war das bloßer Zufall – der Superhaufen selbst, so de Vaucouleurs, sei die entscheidende Organisationsstruktur. In de Vaucouleurs' Welt waren riesige Bezirke mit Bauernhöfen die primäre Struktur. Das Vorkommen von größeren oder kleineren Städten hatte bloßen Zufallscharakter.

In der Rückschau erscheint der Streit um diese Begriffe fast trivial; aus heutiger Sicht ist klar, daß beide Vorstellungen einander (und der Wirklichkeit) viel näher standen als dem Rest der astronomischen Welt. Ohne Galaxienrotverschiebungen als Grundlage für die Entwicklung einer dreidimensionalen Karte des Alls hatten Zwicky und de Vaucouleurs wenig Erfolg mit dem Versuch, ihre Kollegen davon zu überzeugen, daß es die von ihnen beschriebenen Superhaufen tatsächlich gab. Statt dessen glaubten die meisten Astronomen, sie sähen nur das zufällige Nebeneinander von Galaxien, die völlig unterschiedliche Entfernungen aufwiesen, ganz ähnlich den Sternbildern – zufällige Häufungen von Sternen mit einer großen Streuung von Entfernungen, dergestalt, daß sich ihr scheinbarer Zusammenschluß zu größeren Einheiten als Illusion entpuppt, sobald man sie aus einer anderen Perspektive in der Milchstraße betrachtet.

Einen Höhepunkt erreichte die Debatte über die Frage, ob es Superhaufen wirklich gebe oder nicht, in den siebziger Jahren, als Jim Peebles eine Karte mit den Positionen von einer *Million* Galaxien zusammenstellte. Gezählt hatten sie Astronomen des Lick-Observatoriums, die den Himmel mit Hilfe von fotografischen Platten durchgemustert hatten. In Peebles' Himmelskarte wurde einer prächtigen Galaxie mit ihrer enormen Energie und Vielfalt noch nicht einmal ein armseliger Punkt zugestanden – so repressiv ist die Kosmologie. Statt dessen wurde der Himmel in Hunderttausende von winzigen Quadraten unterteilt, und jedes dieser Quadrate wurde heller oder schwächer dargestellt, je nachdem, wie viele Galaxien in dieser winzigen Zone gezählt wurden. Dieses Bild, das erste, das einen wirklich großen Bereich erfaßte, immerhin den größten Teil des Himmels, zeigte ein verblüffendes Spinnengewebe von Galaxienketten. Doch abermals glaubten nur wenige Astronomen, daß es sich um wirkliche Eigenschaften handle. Selbst Peebles, dessen Arbeit doch für die Hypothese sprach, daß es großräumige Galaxienhäufungen gebe, bezweifelte die Realität der klar erkennbaren Merkmale auf der Karte, an deren Herstellung er selbst mitgewirkt hatte. Es war an der Zeit, neue Messungen von Galaxienrotverschiebungen vorzunehmen, um diese Merkmale noch deutlicher herauszuarbeiten und die wirkliche Struktur des Universums zu ergründen.

Mitte der siebziger Jahre verfügte die Astronomie über die Mittel, eine große Anzahl neuer Rotverschiebungen aufzuzeichnen. Lichtdetektoren mit weit größerer Empfindlichkeit als fotografische Platten und eine neue Generation von optischen Teleskopen erleichterten es, ehrgeizige Projekte wie die Kartierung der Galaxienverteilung vorzuschlagen. Der Rückblick zeigt uns hier ein klassisches Beispiel für ein Muster, das sich in der wissenschaftlichen Arbeit ständig wiederholt: den Kontrast zwischen der spezifischen, auf einen Punkt konzentrierten Suche und der allgemeinen, statistischen Erhebung. Beide Ansätze können zur gleichen Entdeckung führen – und taten es auch in diesem Fall –, aber die Unterschiede in Methode und Programm können verblüffend sein.

Beide Ansätze hatten zum Ziel, viele neue Galaxienrotverschiebungen aufzuzeichnen und eine dreidimensionale Karte von einer Himmelsregion zu entwickeln. So wollte man feststellen, ob die scheinbare Struktur der flachen Himmelskarten der Wirklichkeit entspricht. Einige Forscher richteten ihre Aufmerksamkeit auf Einzelfälle und untersuchten, ob bestimmte «Filamente» in Peebles' Lick-Galaxienkarte tatsächlich Zusammenschlüsse waren – also auch

Häufungen in drei Dimensionen. Andere folgten der Auffassung, es sei besser, eine repräsentative Stichprobe zu untersuchen – eine große, zufällig ausgewählte Region –, statt allgemeine Schlüsse aus Bedingungen abzuleiten, die möglicherweise Sonderfälle waren. Nur wenn man das allgemeine Ausmaß der Haufenbildung bestimmen könne, so meinten sie, lasse sich auch die Bedeutung der extremen Beispiele verstehen. In der Wissenschaft sind diese beiden unterschiedlichen Richtungen häufig zu beobachten: Die einen konzentrieren sich auf pathologische Phänomene, um allgemeine Regeln aufzustellen, während andere lieber die generellen Erscheinungen eingrenzen, um einen Rahmen für die Extremfälle zu erhalten.

Zunächst trug der «spezifische» Ansatz Früchte. Einige Astronomen richteten ihre Aufmerksamkeit auf die dichten Knoten und Filamente, die aussahen, als könnten sie Superhaufen sein. 1976 waren viele der 2700 Rotverschiebungen, die man inzwischen gemessen hatte, auf diese «interessanten» Regionen konzentriert. Mehrere Forschungsgruppen bemerkten, daß sie nur für ein knappes Dutzend sorgfältig ausgewählter Galaxien die Rotverschiebungen ermitteln mußten, um zeigen zu können, ob diese sehr kontrastreichen Regionen zufällige Aneinanderreihungen oder echte Zusammenschlüsse waren. Das verblüffendste Resultat legten 1978 Stephen Gregory von der State University New York und Laird Thompson vom Kitt-Peak-Observatorium vor, die Galaxienrotverschiebungen in der Region um den außerordentlich dicht besiedelten Galaxienhaufen in Richtung des Sternbilds Haar der Berenike (Coma Berenices) maßen. Wie sie feststellten, führt eine fortlaufende Galaxienkette von der dichten Population des Comahaufens zu einem anderen Abell-Haufen, der volle zwanzig Grad am Himmel entfernt liegt. Obwohl seit langem bekannt war, daß dieser zweite Haufen ungefähr die gleiche Distanz aufweist wie der Comahaufen (die durchschnittliche Galaxienrotverschiebung ist für beide Haufen gleich), hatte man angenommen, die beiden Haufen seien viel zu weit voneinander entfernt, um eine physikalische Verbindung aufzuweisen. Die verbindende Galaxienbrücke bewies das Gegenteil. Von de Vaucouleurs' Begriff des Superhaufens ausgehend, entwarfen Gregory und Thompson ein neues

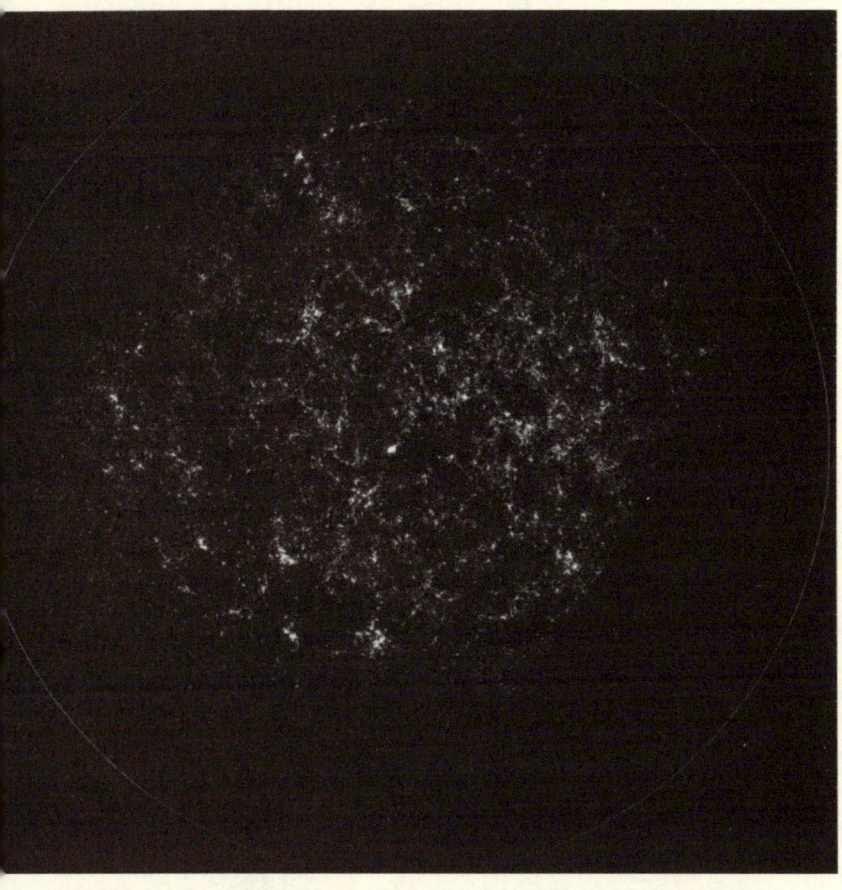

Die Karte mit den Positionen von einer Million Galaxien, angefertigt von Jim Peebles anhand des Lick-Sky-Atlas. Das filamentreiche Erscheinungsbild läßt auf eine vielfältig gegliederte Struktur schließen. Der dunkle Bereich rechts zeigt die Grenzen der Durchmusterung, die nicht weit in den südlichen Himmel hineinreichte.

Bild: Danach sind der Comahaufen und sein «verbandelter» Begleiter nur besonders gut sichtbare Juwelen in einem breiten Halsband, das sich über eine große Himmelsregion erstreckt – einem Superhaufen. Anschließend wiesen sie auf eine offenkundige logische Folge ihres Superhaufenkonzeptes hin: Wie es riesige Regionen gibt, in denen sich Galaxien gesammelt haben, so existieren auch riesige Lücken, Raumregionen, in denen, wenn überhaupt, nur wenige Galaxien zu entdecken sind.

Die ersten Beweise, daß bestimmte Superhaufen echte physikalische Zusammenschlüsse sind und daß sie häufig in der Nachbarschaft von großen Lücken zu finden sind, verursachte einen Riß in der Fassade des sehr gleichförmigen Universums, vermochte aber die Gemeinschaft der Astronomen in ihrer Gänze noch nicht zu überzeugen. Schließlich handelte es sich um besondere Regionen, die man ausgewählt hatte, weil sie auf den zweidimensionalen Galaxienkarten so deutlich hervortraten. Möglicherweise wies das durchschnittliche Raumvolumen eine sehr viel gleichmäßigere Galaxienverteilung auf, so daß der Begriff eines gleichförmigen Universums doch gewahrt blieb. Schließlich würde eine Erhebung, die nur die Wohnungen in Manhattan Midtown erfaßte, auch ein sehr schiefes Bild von der durchschnittlichen amerikanischen Wohnsituation vermitteln. Ergab sich aus diesen Studien wirklich ein angemessener Eindruck vom Habitat einer typischen Galaxie?

Eine Antwort auf diese Frage konnten nur umfassende, repräsentative Rotverschiebungserhebungen liefern. 1981 veröffentlichten der Schweizer Astronom Gustav Tammann und Allan Sandage ein umfangreiches neues Nachschlagewerk, einen Rotverschiebungskatalog für 1246 nahegelegene Galaxien, die über den ganzen Himmel verteilt sind. Als man mit Hilfe dieses Katalogs eine Karte des Weltalls zeichnete, schwanden alle Zweifel, daß de Vaucouleurs recht hatte: Der Lokale Superhaufen ist eine Realität, keine illusionäre Projektion. Es handelt sich um eine zusammenhängende Galaxienhäufung, die die Form eines dicken Pfannkuchens von kolossalen Ausmaßen besitzt.

Im gleichen Jahr legten Robert Kirshner von der University of Mi-

Lokaler Superhaufen und Riesenlücke

chigan, Augustus Oemler von der Yale University, Paul Schechter vom Kitt-Peak-Observatorium und Stephen Shectman von der Carnegie Institution die Ergebnisse einer weiteren repräsentativen Untersuchung vor. Mit Shectmans Photonenzähldetektor maßen sie die Rotverschiebungen von 133 Galaxien in den drei Ecken eines riesigen dreieckigen Himmelsausschnitts hinter dem Sternbild Bootes und entdeckten ein riesiges gähnendes Loch, in dem überhaupt keine Galaxien zu finden waren. Wenn diese drei zur Stichprobe gehörenden Regionen typisch waren, schlossen sie ein kolossales Raumvolumen ein, das völlig leer von Galaxien war. Zwar fand die Forschungsgruppe Galaxien in dieser Himmelsrichtung, aber ihre Rotverschiebungen lagen in der Regel über oder unter einem bestimmten Wert, so daß dazwischen eine gähnende Lücke klaffte. Allerdings handelte es sich um eine kleine Erhebung. Es bestand also die nicht unbeträchtliche Möglichkeit, daß die Gruppe auf ein «Zufallsloch» gestoßen war; deshalb untersuchte sie in den folgenden Jahren den gesamten Bereich, nicht vollständig (dazu gab es zu viele Ziele), sondern punktuell, indem sie jeweils eine repräsentative Stichprobe von einigen Galaxien aus den mehreren hundert Flecken auswählten, die diese riesige Region bedeckten. Nach Beendigung dieser Untersuchung gelangten sie zu dem Schluß, die Region enthalte zwar doch Galaxien, aber in bemerkenswert geringer Zahl, so daß sie nur ungefähr ein Zehntel der durchschnittlichen Dichte des Universums aufweise. Zwar hatte man zu dieser Zeit auch schon andere Lücken lokalisiert, aber diese *Riesenlücke*, wie man sie bald nannte, war zufällig entdeckt worden, in einer «blinden Suchaktion», und sie war zehnmal größer als die größte Lücke, die Gregory und Thompson entdeckt hatten. Die Riesenlücke erstreckte sich über die außerordentliche Entfernung von 200 Millionen Lichtjahren.

Nun geriet das langgehegte Paradigma des gleichförmigen Universums doch ins Wanken. Es folgte eine Episode, die sehr typisch für die Wissenschaft ist: Sie hangelt sich von Modell zu Modell vorwärts, wobei sie Schwierigkeiten hat, aber nicht umhin kann, liebgewonnene Ideen aufzugeben. Viele Astronomen hatten sich jetzt zu der Auffassung durchgerungen, daß das Universum nicht gleichförmig sei. Doch wie sollte man das Bild beschreiben, das sich da herauskristallisierte? Und welche Bedeutung hatte es für die Entstehung des Universums?

Als die überraschenden, neuen Beobachtungen auf Tagungen und in wissenschaftlichen Zeitschriften publik gemacht wurden, entbrannte eine heftige Kontroverse, und wer sich mit dem Gegenstand beschäftigte, begann Partei zu ergreifen. Seltsamerweise spielte sogar der Kalte Krieg eine gewisse Rolle. Seit vielen Jahren hatten sich die Kosmologen in der Sowjetunion geschlossen hinter der Ideologie des namhaften russischen Physikers Jakow Seldowitsch formiert, nach dessen Modell des frühen Universums die Materie zuerst zu großen Flächen und Filamenten kondensiert ist, die dann viel später in einzelne Galaxien zerbrachen. Lange vertraten diese Astrophysiker die Auffassung, das Universum müsse klumpig, nicht gleichförmig sein. Ihr Bild bezeichnete man als das «Top-down-Modell» (Von-oben-nach-unten-Modell), weil es von großen Strukturen ausging, die sich in kleinere auflösten. Dagegen stellte man sich die Strukturbildung im Westen ganz anders vor, wo man sich an Peebles' «Bottom-up-Modell» (Von-unten-nach-oben-Modell) hielt. Danach hat sich die Struktur hierarchisch aufgebaut, indem sich zunächst Galaxien zu Gruppen, dann Gruppen zu Haufen und diese schließlich zu Superhaufen zusammenschlossen. Hinter dem Eisernen Vorhang galten die Superhaufen als die Grundbausteine, die Elemente, aus denen alle anderen Strukturen folgten, während das westliche Modell von Galaxien ausging, aus denen nach und nach die größeren Einheiten entstanden waren. Als der israelische Astrophysiker Avishai Dekel versuchte, eine Art Entspannung zu erreichen, indem er einen kosmologischen «Ost-West-Kompromiß» vorschlug, der die besten Eigenschaften beider Seiten vereinte, fand er, wie es typisch für die Zeit war, wenig Sympathien in beiden Lagern.

Wer das Top-down-Modell mit seiner Priorität großräumiger Strukturen vorzog – oder wer andere gern mit ihren Theorien Schiffbruch erleiden sah –, freute sich über die neuen Hinweise auf umfangreiche Gebilde in der Galaxienverteilung. Das, so lautete die Schlußfolgerung dann, sei der endgültige Beweis dafür, daß das Uni-

Haufenbildung: «bottom-up» oder «top-down»?

versum in großräumigen Strukturen organisiert sei: riesige Flächen und Ketten von Galaxien, die ein sonst vollkommen leeres All durchzögen. Nach ihrer Auffassung unterstrich das sich langsam herauskristallisierende Bild eines Universums mit starken Dichtekontrasten zwischen Galaxienhabitaten und großen Lücken die Auffassung, daß großräumige Strukturen und nicht die Galaxien selbst die Bausteine des Universums seien. War es denkbar, daß so kontrastreiche Merkmale aus der gelegentlichen, gravitationsbedingten Verklumpung zufällig verstreuter Galaxien entstanden waren? Vielen Astronomen erschien Seldowitschs Vorstellung wahrscheinlicher: Zuerst gab es die Superhaufen, Gasteppiche, aus denen die Galaxien wie mit einer Keksform, die man in ausgerollten Teig preßt, herausgeschnitten wurden.

Allerdings waren die Befürworter des Peeblesschen Bottom-up-Modells keineswegs zu dem Eingeständnis bereit, daß man die westliche Vorstellung im Lichte der neuen Daten aufgeben müsse. Nach ihrer Ansicht beruhten die neuen Daten auf Stichproben, die entweder zu klein oder nicht repräsentativ waren. In jedem Fall, so diese

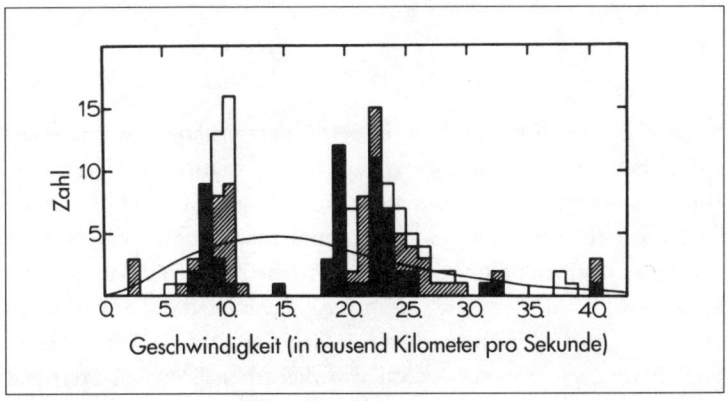

Die Entdeckung von Robert Kirshner und seinen Mitarbeitern: eine «Riesenlücke» in der Galaxienverteilung, hier als Lücke in einem Histogramm der Rotverschiebung aus ihrer Erhebung. (*Astrophysical Journal Letters*, Bd. 248, 1981, S. 47.)

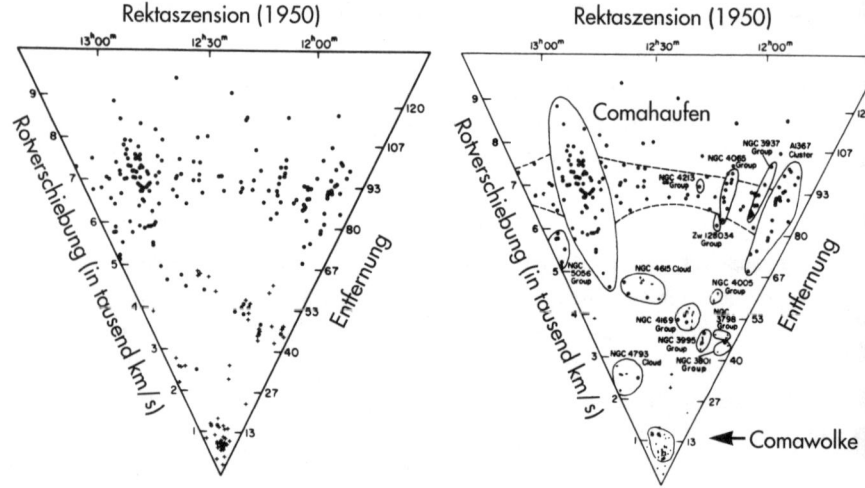

Die Karte der Galaxienpositionen von Stephen Gregory und Laird Thompson, die Lücken und eine Galaxienkette zeigt, die den Comahaufen und den Haufen A 1367 verbindet. Der Blick von unserer Galaxis aus entspricht dem unteren Punkt der beiden Dreiecke. In diesem «Raumkeil» ist die Rotverschiebung jeder Galaxie (ungefähre Entfernung) und «Himmelslänge» (Position am Himmel) durch einen Punkt dargestellt. (*Astrophysical Journal*, Bd. 222, 1978, S. 784.)

Seite, ergebe sich ein falsches Bild von der Situation, wie in einer politischen Umfrage, in der man sich mit zu wenigen Wählern oder einer Sondergruppe zufriedengibt. Diese Argumentation bildete die Grundlage für einen Gegenangriff, der an zwei Fronten vorgetragen wurde. Zum einen nahm man die statistische Zuverlässigkeit der Daten aufs Korn. Mittlerweile war man sich generell darüber einig, daß es eine höhere Organisationsform als Galaxien gab. Die Frage lautete nur, in welchem Ausmaß. Zwar war die große Leere im Sternbild Bootes eindrucksvoll, aber wie ungewöhnlich war sie? In einem Universum, in dem sich die Galaxien völlig zufällig ausbreiteten, wäre eine so große leere Region gewiß extrem unwahrscheinlich, so daß schon die Entdeckung eines einzigen solchen Leerraums die Arbeitshypothese arg in Bedrängnis bringen konnte. Andererseits war zu diesem Zeitpunkt jedem klar, daß Galaxien von der Gravitation in gewissem Umfang zusammengeklumpt werden und daß in einer ungleichförmigen Verteilung die Wahrscheinlichkeit eines großen Loches wesentlich größer ist. Um ein Beispiel für diesen Effekt zu finden, brauchen Sie nur die Druckseite zu betrachten, die Sie vor sich haben. Wenn Sie das Bild vor Ihren Augen verschwimmen lassen, werden Sie sehen, daß sich weiße Streifen die Seite hinabschlängeln – Flüsse aus den Lücken zwischen den Wörtern. Solche zusammenhängenden, langen Pfade wären sehr selten auf einer Seite voller zufällig verteilter *Buchstaben*, aber die Verbindung von Buchstaben zu Wörtern macht ihr Auftreten eben viel wahrscheinlicher. Um wirklich zu beurteilen, wie außergewöhnlich die Bootes-Leere ist, muß man also genauer verstehen, wie stark die Galaxienhäufung in kleinerem Maßstab ist. Ferner läßt sich von der besonderen und eigenartig spärlichen Stichprobenbestimmung, die Kirshner, Oemler, Schechter und Shectman für ihre Erhebung verwendet haben, nur schwer auf andere Muster großräumiger Haufenbildung schließen. So schloß sich eine hartnäckige, nicht zu entscheidende Debatte über die Bedeutung der Riesenlücke an.

Der zweite Angriff erfolgte in Gestalt von neuen Beobachtungen, die zeigen sollten, daß diese großräumigen Strukturen einfach Glückstreffer waren. In diesem Zusammenhang sollte das Bemühen von Marc Davis, einen besseren Detektor zur Bestimmung von Galaxienrotverschiebungen zu bauen, eine entscheidende Rolle spielen. Marc gehörte zu den Astronomen, die nicht bereit waren, das Bottom-up-Modell der Haufenbildung aufzugeben. Er arbeitete auch weiterhin mit Peebles zusammen. 1982, fünf Jahre nach unserem Strandspaziergang, hatten Marc und seine Mitarbeiter Huchra, Latham und Tonry ihre Erfassung von Rotverschiebungen abgeschlossen, die CfA-Survey (CfA: Harvard-Smithsonian Center for Astrophysics). Zwar offenbarte die CfA-Survey ein gewisses Maß an großräumiger Organisation, aber eine dreidimensionale Karte zeigte, daß die Anordnung dieser 2400 Galaxien aus der «repräsentativen Stichprobe» keine außergewöhnliche Klumpenbildung erkennen ließ.

Es hatte den Anschein, als ob ein relativ geringes Maß an Gravitation, das die Galaxien aufeinander zu zog und dergestalt die zufällige Verteilung zerstörte, zur Erklärung ausreichte. Davis, der inzwischen an der University of California in Berkeley war, bemühte sich, seine Auffassung quantitativ zu belegen, indem er ein Computerprogramm entwickelte, das das Bottom-up-Modell der Haufenbildung simulieren und Vergleiche mit der CfA-Survey ermöglichen sollte.

Einige Jahre später führte das Team mit der Unterstützung des brasilianischen Astronomen Luiz da Costa eine zweite CfA-Survey auf der südlichen Hemisphäre durch. Anhand dieser beiden Stichproben und des Weltallmodells, das Marc in einem Rechner hatte laufen lassen, gelangte er zu der Überzeugung, daß die Argumente für ein sehr ungleichförmiges Universum stark übertrieben waren. Zu diesem Zeitpunkt war jedoch bereits eine Bombe in diesem Krieg gezündet worden, und ironischerweise hatte Marc Davis selbst die Zündschnur gelegt.

Unsere Siebenergruppe, entschlossener denn je zur Expedition in die Welt der elliptischen Galaxien, verfolgte die Auseinandersetzung über die Beschaffenheit des kosmischen Geländes mit großer Aufmerksamkeit. Die Frage, ob das Universum klumpig oder gleichförmig ist, war von großer Bedeutung für das, was wir zu tun gedachten, und obwohl es nicht geplant war, sollte dieses Problem sogar zum Kernstück unserer Bemühungen werden. Wir wußten, daß die elliptischen Galaxien, die wir für unsere Untersuchungen ausgewählt hatten, gute Indizes für die Knoten, Filamente und Flächen mit hoher Dichte waren, die unsere astronomischen Kollegen entdeckten – von allen Galaxienarten neigen die elliptischen am stärksten zur Haufenbildung. Als Dave Burstein 1980 half, die Stichprobe der elliptischen Galaxien zusammenzustellen, schickte er den übrigen Mitgliedern der Gruppe einen Brief und wies darin explizit auf seinen Eindruck hin, daß die elliptischen Galaxien offenbar in großen Teppichen angeordnet sind, die sich kreuz und quer über den Himmel ziehen. Doch unser Interesse ging weit über das Bestreben hinaus, die *Positionen* dieser Galaxien zu kartieren – etwas, was die anderen Gruppen

Galaxienbewegung: Eigengeschwindigkeit 221

sehr gründlich betrieben. Unser Ziel war es, die *Bewegungen* dieser Galaxien im Raum zu messen. Das war eine andere Möglichkeit, die Ungleichförmigkeit des Universums zu beurteilen – eine Untersuchung, von der wir uns zusätzliche, entscheidende Informationen versprachen.

Das ist ein ganz wichtiger Punkt. Wäre das Universum vollkommen gleichförmig, würde es auch absolut gleichmäßig expandieren: Jede Galaxie wiche mit dem Raum zurück, während dieser sich zu immer größeren Volumina aufblähte. Doch ein Universum mit dem geringsten Ansatz zur Klumpenbildung müßte von dieser gleichförmigen Expansion abweichen. Das hat einen einfachen Grund. Regionen, in denen die Materiedichte überdurchschnittlich groß ist, beispielsweise ein Superhaufen, werden eine stärkere Gravitation enthalten – die kombinierte Anziehungskraft, die alle Galaxien aufeinander ausüben – als eine Lücke. Mit anderen Worten, in überdurchschnittlich dichten Regionen arbeitet die Gravitation *gegen* die allgemeine Expansion, und infolgedessen wird die Region langsamer als eine Region von durchschnittlicher Dichte expandieren. Wenn es also gelingt, die Galaxienbewegungen in einer Raumregion zu messen und mit dem erwarteten Wert für eine gleichförmige Expansion zu vergleichen, muß im Muster der Geschwindigkeiten eine übermäßige Materiekonzentration oder ein Materiemangel zutage treten. In den dichteren Regionen werden die Galaxien «Zusatzgeschwindigkeiten» haben, *auf* das Zentrum der Extramasse *zu*, während Galaxien in der Nähe von Lücken anscheinend Geschwindigkeiten *von* ihren Zentren *fort* aufweisen werden. Für diese Zusatzgeschwindigkeit haben Astronomen den Ausdruck *Pekuliar-* oder *Eigengeschwindigkeit* gefunden. Sie unterscheiden also zwischen den «normalen» Geschwindigkeiten, die die Galaxien infolge der Raumexpansion besitzen – Hubbles Entdeckung –, und den zusätzlichen, eigenen Geschwindigkeiten, die auftreten, wenn das Universum ungleichförmig ist. Fortan sollten Sie, wenn Ihnen das Wort *Eigengeschwindigkeit* begegnet, was häufig der Fall sein wird, an eine *Zusatzgeschwindigkeit* denken – zusätzlich zur normalen Hubble-Expansion –, die durch eine ungleichförmige Verteilung der Materie hervorgerufen wird.

Als wir anfingen, konzentrierten wir uns vor allem auf die besonderen Eigenschaften von elliptischen Galaxien und auf die Aufschlüsse, die sie möglicherweise über ihre eigene Entstehung und die anderer Galaxien gaben. Im Laufe der nächsten drei Jahre sollte die Situation sich jedoch ändern. Wir lernten, mit den Dingen, die wir über elliptische Galaxien in Erfahrung brachten, ihre Bewegungen im Raum zu ermitteln, und waren bald völlig in die Messungen der Eigengeschwindigkeiten vertieft. Auf diese Weise sahen wir uns bald verstrickt in das allgemeine Bemühen, das Universum zu erfassen und zu kartieren, und konnten uns schließlich auch den darum entbrannten Kontroversen nicht mehr entziehen. Wir waren im Begriff, weit von unserem ursprünglichen Weg abzukommen.

Der Versuch, die Ungleichförmigkeit des Universums zu ermitteln, indem man die Zusatzbewegung mißt, die eine Galaxie möglicherweise neben dem Wert aufweist, den sie in einem gleichförmig expandierenden Universum besäße, gehört zu jenen Fällen, bei denen man leicht entscheiden kann, was zu tun ist, diese Entscheidungen aber keineswegs mit gleicher Leichtigkeit in die Tat umzusetzen vermag. Wenn ein Astronom die Geschwindigkeit einer Galaxie mißt, indem er ein Spektrum erfaßt, das die Dopplerverschiebung der Spektrallinien zeigt, dann hat er die *Gesamtbewegung*, das heißt die Summe aus der Geschwindigkeit, die die Galaxie durch die allgemeine Raumexpansion erhält, und aus der zusätzlichen, der Eigengeschwindigkeit. Das Problem liegt darin, die «normale» Expansionsgeschwindigkeit von der zusätzlichen «Eigenbewegung» zu trennen, besonders wenn, wie in diesem Fall, die Eigengeschwindigkeit nur einen kleinen Bruchteil der Gesamtgeschwindigkeit ausmacht. Die entscheidende Information in diesem Zusammenhang ist die Entfernung der Galaxie von der Erde. Damit können wir nämlich vorhersagen, wie groß für diese Galaxie die Expansionsgeschwindigkeit allein sein müßte. Dazu müssen wir nur die Hubble-Beziehung zugrunde legen, nach der diese Geschwindigkeit der Entfernung der Galaxie direkt proportional ist. Nun läßt sich die erwartete Expansionsgeschwindigkeit, die im Fall eines gleichförmig expandierenden Universums der Gesamtgeschwindigkeit der Galaxie entspräche, von der tat-

Galaxien: Gesamt- und Eigenbewegung 223

sächlich gemessenen Geschwindigkeit abziehen. Was man erhält, ist die Zusatzgeschwindigkeit, die Eigengeschwindigkeit, die der Galaxie möglicherweise durch die Gravitationskraft einer ungleichförmigen Materieverteilung in ihrer Nachbarschaft verliehen wird.

Nun hatten sich Messungen der Galaxienentfernung unabhängig von der Rotverschiebung der Galaxie (aus der sich die korrekte Entfernung nur in einem gleichförmig expandierenden Universum ergäbe) als problematisch erwiesen. Infolgedessen wußte man nur wenig über die Eigengeschwindigkeiten von Galaxien, als unsere Siebenergruppe ihre Reise antrat. Obwohl es uns nicht in erster Linie um die Entfernungsmessung der elliptischen Galaxien ging, wußten wir von Anfang an, daß wir auf diesem weitgehend unerforschten Gelände einen neuen Weg bahnen könnten, wenn es uns gelänge, hier einen Durchbruch zu erzielen. Und genau das geschah.

Erste Versuche, diese kaum merklichen Abweichungen von einer gleichförmigen Hubble-Expansion zu entdecken – die Eigenbewegungen, die eine ungleichförmige Masseverteilung hervorriefe –, hatten sich zwar als interessant, aber auch schwierig und kontrovers erwiesen. 1975 wagten Vera Rubin und Kent Ford als erste nach Hubble, dieses Problem anzugehen. Wie gesehen, hatte Hubble untersucht, ob sich die Kreisbewegung der Sonne um die Milchstraße in den Geschwindigkeiten benachbarter Galaxien manifestiert, statt dessen aber einen weit größeren Effekt gefunden: Alle Galaxien entfernen sich. Damit hatte er die Expansion des Universums entdeckt. Rubin und Ford stellten eine Stichprobe von Galaxien zusammen, die weiter entfernt waren als die Galaxien, die Hubble in seiner Untersuchung berücksichtigt hatte. In ihre Stichprobe bezogen die beiden Forscher nur Galaxien ein, die ungefähr die gleiche Entfernung zu unserer Galaxis aufwiesen, das heißt, die in einer sphärischen Schale mit unserer Galaxis als Mittelpunkt lagen.* Wenn die Hubble-Ex-

---

* Dabei bezogen sie nur eine bestimmte Spielart der Spiralgalaxien ein, die, wie sie glaubten, stets ungefähr die gleiche wirkliche Größe besitzt. Sie maßen die scheinbare Größe am Himmel, um schätzen zu können, wie weit jede Galaxie

pansion vollkommen gleichförmig sei, so argumentierten sie, hätte jede Galaxie ungefähr die gleiche Fluchtgeschwindigkeit. Wie sie jedoch herausfanden, schienen die Galaxien auf der einen Seite des Himmels schneller zurückzuweichen als auf der anderen Seite – eine asymmetrische Hubble-Expansion. Vorausgesetzt, Rubin und Ford hatten tatsächlich eine Stichprobe von Galaxien mit gleicher Entfernung zusammengestellt, dann konnte ihr Ergebnis nur eines bedeuten: Die Hubble-Expansion ist nicht vollkommen gleichförmig. Entweder drückte sich darin eine sehr hohe Eigengeschwindigkeit unserer Galaxis aus – das heißt, die Milchstraße bewegte sich mit ungefähr 500 km/s in eine bestimmte Richtung –, oder es lagen entsprechende Eigengeschwindigkeiten der betreffenden Galaxien über riesige Himmelsregionen vor. In beiden Fällen ergäbe sich die gleiche Schlußfolgerung: Die Hubble-Expansion ist nicht gleichförmig.

Das war ein erstaunliches Ergebnis, das der herrschenden Meinung der Zeit widersprach, besonders einem scharfsinnigen Argument von Sandage. Er war der Meinung, daß die Eigengeschwindigkeiten weniger als 100 km/s betragen müßten, weil sonst viele benachbarte Galaxien durch Zufall *auf uns zu* getrieben und folglich Blauverschiebungen zeigen würden.* Das trifft nicht zu. Angesichts dieses

---

entfernt lag, und nahmen nur die auf, die etwa die gleiche Größe zu haben schienen. Dadurch stellten sie eine Stichprobe zusammen, in der alle Galaxien annähernd die gleiche Größe aufwiesen. Ihre Annahme hinsichtlich der Galaxiengröße löste später eine Debatte aus.

* Es gibt nur eine Handvoll Galaxien, die sich in so großer Nachbarschaft zu uns befinden, daß ihre Fluchtgeschwindigkeiten von uns fort in einem gleichförmig expandierenden Universum weniger als 100 km/s betrügen, und zwei von ihnen zeigen tatsächlich Blauverschiebungen. Wenn Galaxien zufällige Eigenbewegungen von, sagen wir, 500 km/s aufwiesen, wie aus den Daten von Rubin und Ford hervorgeht, würden Dutzende von Galaxien, deren Hubble-Expansionsgeschwindigkeiten unter 500 km/s lägen, diese durch eine Eigengeschwindigkeit in unsere Richtung aufheben und ebenfalls Blauverschiebungen zeigen. Da dies nicht zu beobachten ist, kann man schließen, daß die Eigengeschwindigkeiten nicht so groß sind. Doch wie wir sehen werden, versteckt sich in dieser Argumentation eine unzutreffende Annahme.

Gegenarguments und der potentiellen Fehlerquellen in der Methode von Rubin und Ford, auf die man hingewiesen hatte, nahmen nur wenige Wissenschaftler das Ergebnis ernst. Meist wurde kritisiert, es sei Rubin und Ford nicht gelungen, eine Stichprobe zusammenzustellen, in der die Galaxien in alle Richtungen eine gleiche Entfernung aufwiesen. Wenn die Galaxien, die in einem Teil des Himmels ausgesucht worden waren, durchschnittlich nur ein Stück weiter entfernt lagen, dann würde diese Seite der Stichprobe eine signifikant höhere Fluchtgeschwindigkeit von uns fort aufweisen als die andere Seite. Doch diese Anisotropie (mangelnde Gleichheit in alle Richtungen) wäre dann der Unfähigkeit zuzuschreiben, die gleichmäßige Hubble-Expansion angemessen in der Stichprobe zu erfassen, und nicht auf echte Eigengeschwindigkeiten der Galaxien zurückzuführen.

Der wirkliche Knalleffekt folgte ein Jahr später, als Forschungsgruppen in Berkeley und Princeton eine Anisotropie in der Intensität der Radiowellen maßen, die das Universum nach allen Richtungen hin durchdringen. Das Licht des «kosmischen Mikrowellenhintergrunds» (CMB nach englisch *cosmic microwave background*) war Ende der vierziger Jahre als blasses Leuchten des Urknalls vorhergesagt und 1965 zufällig von Wissenschaftlern der Bell Laboratories entdeckt worden. Was man gemeinhin Radiowellen nennt, ist eine andere Form von Licht, das sich vom sichtbaren Licht nur durch seine langsamere Schwingungsfrequenz und entsprechend größere Wellenlängen unterscheidet. Die Bell-Forscher suchten im sogenannten Mikrowellenbereich des Radiospektrums nach einem «Kanal», der so frei von natürlichem «Rauschen» war, daß sich Telefongespräche dort gut übertragen ließen. Zu ihrer Überraschung entdeckten sie dabei ein diffuses Meer von Radiophotonen, die aus allen Himmelsrichtungen eintrafen – wie sich herausstellte, eine verblüffende Bestätigung der Urknalltheorie und das erste bewußt wahrgenommene Signal aus dem frühen Universum.

Der CMB, der tatsächlich von dem kosmischen Feuerball stammt, ist für das großräumige Universum repräsentativ. Insofern eignet sich dieses Strahlenmeer hervorragend als Bezugssystem für die Messung der Eigengeschwindigkeiten. Galaxien, die sich in vollkommener Übereinstimmung mit der Hubble-Expansion befinden, müßten sich relativ zum CMB in Ruhe befinden, das heißt in diesem Strahlenfluß lediglich treiben, während Galaxien mit Eigengeschwindigkeiten in dem Photonenmeer schwämmen. 1976 entdeckten Physiker in Berkeley und Princeton, daß unsere eigene Galaxis tatsächlich durch diesen Mikrowellenozean schwimmt. Wie die empfindlichen Instrumente zeigten, die sie gebaut und auf hoch fliegende Ballons montiert hatten, ist die CMB-Strahlung in der einen Richtung des Himmels etwas wärmer und in der entgegengesetzten Richtung etwas kälter. Die natürliche Erklärung: Unsere Galaxis bewegt sich relativ zum kosmischen Hintergrund mit ungefähr 600 km/s *durch* den Raum (statt sich einfach von seiner Expansion treiben zu lassen). Damit lag ein unbestreitbarer Beweis für eine Eigengeschwindigkeit vor, die weit größer war, als man es für möglich gehalten hatte. Es stand also fest: Die Eigengeschwindigkeiten gab es tatsächlich, und sie waren groß.

Das kopernikanische Prinzip, nach dem polnischen Astronomen benannt, der den Mittelpunkt des Sonnensystems in die Sonne verlegte, dorthin, wohin er gehört, besagt, daß wir immer davon ausgehen müssen, einen normalen und keinen Sonderplatz im Universum einzunehmen. Danach hätte der erste unbestreitbare Beleg für eine Abweichung von der gleichförmigen Hubble-Expansion – die hohe Eigengeschwindigkeit unserer Milchstraße – die Gemeinschaft der Astronomen eigentlich zu der Annahme veranlassen müssen, daß solche hohen «Zusatzgeschwindigkeiten» häufig sind, das heißt, daß die Hubble-Expansion doch nicht so gleichförmig ist und daß dieser Umstand auf großräumige Unregelmäßigkeiten in der Materieverteilung schließen läßt. Bezeichnenderweise waren damals nur wenige Astronomen kühn genug, so weit zu gehen.

Statt dessen verlagerte sich das Interesse an Eigengeschwindigkeiten jetzt ziemlich vorsichtig auf eine einzige Frage: Wo sind die Materieklumpen, die unsere Galaxis auf eine so hohe Geschwindigkeit beschleunigt haben? Blickt man in die Richtung des Himmels, die die Milchstraße einschlägt, so sind die größten Galaxienansammlungen der dichtbesiedelte Virgohaufen und die extrem dichte Umwelt des Lokalen Superhaufens, die Region, um die Gerard de Vaucouleurs so viel Aufhebens machte. Doch dieses galaxienreiche Gebiet befindet sich kaum auf einer Linie mit der Eigengeschwindigkeit der Milchstraße – es entspricht dem Unterschied zwischen der linken und der rechten Eckfahne eines Fußballfelds. Trotzdem, der Virgohaufen und die ihn umgebenden Galaxien befinden sich *ungefähr* in der richtigen Richtung (der Schuß geht zumindest in Richtung des Tores), folglich lag es nahe zu untersuchen, ob diese Materiekonzentration wenigstens teilweise für die ungeheure Anziehungskraft verantwortlich ist.

Als wir mit unserer Untersuchung der elliptischen Galaxien begannen, wurden gerade die ersten Versuche gemacht, die Eigengeschwindigkeiten einer großen Zahl von Galaxien zu messen. Dank einer neuen Methode zur Schätzung der Distanz von Spiralgalaxien konnten der Astronom Marc Aaronson von der University of Arizona und seine Mitarbeiter die Entfernungen von 306 Spiralgalaxien veröffentlichen, die alle Hubble-Expansionsgeschwindigkeiten von weniger als 3000 Kilometer pro Sekunde hatten. Mit diesen Daten legten sie die erste genaue Karte der lokalen Hubble-Strömung an, wobei sie jede Galaxie in die Entfernung setzten, die sie bestimmt hatten, und sie mit der aus der Dopplerverschiebung errechneten Geschwindigkeit versahen. Als das Team diese Karte mit der gleichförmigen Geschwindigkeitskarte verglich, die bei einer völlig *gleichmäßigen* Raumexpansion herausgekommen wäre, stellten sie Zusatzbewegungen fest – Eigengeschwindigkeiten, die auf eine unregelmäßige Materieverteilung über große Raumvolumina schließen ließen. Die Karte zeigte ein systematisches Muster von Eigengeschwindigkeiten: Nicht nur die Milchstraße, sondern auch alle anderen Galaxien in ihrer Umgebung treiben danach auf die Region höherer Dichte beim Virgohaufen zu. Ein Beweis dafür, daß sich die Bewegung unserer Galaxis durch den Raum zumindest teilweise auf die Anziehung dieser überdichten Region zurückführen läßt. Erwartungsgemäß führt die überdurchschnittliche Dichte des Lokalen Superhaufens zu einer überdurchschnittlichen Gravitation, die im

Endeffekt der Expansion des Universums entgegenwirkt, weil sie Abweichungen von der gleichförmigen Hubble-Strömung hervorruft.

Die Studie von Aaronson *et al.* war ein Durchbruch, die erste Karte, auf der abzulesen war, wie die Materie im Universum verteilt ist. Dabei hatten die beteiligten Forscher nicht, wie andere vor ihnen, Galaxien gezählt, sondern die Materieverteilung aus den Bewegungen der erfaßten Galaxien erschlossen. Da drängt sich natürlich die Frage auf, wozu ein so indirektes Verfahren nötig ist, wenn man doch einfach gucken und feststellen könnte, wo die Galaxien sich befinden. Die Antwort: Die Messung der Eigengeschwindigkeiten ist unabdingbar, weil die Galaxienbewegungen durch den kombinierten Gravitationseffekt der *gesamten Materie* in der Region hervorgerufen werden und nicht nur durch die Materie, die man im Sternenlicht der Galaxien sehen kann. Wie ich in einem der folgenden Kapitel darlegen werde, entwickelte man die Hypothese (von der heute viele Astronomen überzeugt sind), daß der Raum mehr Materie enthält, als in Form von Galaxien sichtbar ist. Aus diesem Grund war eine Überprüfung der Hubble-Expansion von entscheidender Bedeutung, mußte sie doch Auskunft über Unregelmäßigkeiten der *Masseverteilung* im Universum geben, und zwar in Hinblick auf jegliche Materie, ganz gleich ob sie Licht emittiert, wie die Sterne und Gase in Galaxien, oder nicht.

Abgesehen davon, daß Aaronson *et al.* zeigten, wie sich Informationen von so grundlegender Art gewinnen lassen, lieferten sie auch einen bemerkenswerten Hinweis darauf, daß die Konzentrationen in der Materieverteilung weit über den Rahmen des Lokalen Superhaufens hinausgehen. Ihre Arbeit machte nicht nur deutlich, daß die Reise unserer Galaxis durchs All nicht genau auf den Lokalen Superhaufen ausgerichtet ist, sondern auch, daß die Anziehungskraft, die dieser erkennbaren Überdichte zuzuschreiben ist, weniger als die Hälfte der 600 Kilometer pro Sekunde ausmacht, die die Milchstraße als Eigengeschwindigkeit erworben hat. Richtung und Geschwindigkeit weisen also erhebliche Abweichungen auf, folglich muß die Eigenbewegung der Milchstraße in wesentlichen Teilen auf eine andere Ursache zurückgehen – eine Ursache, die weiter draußen im All liegt, und das wiederum heißt, eine Ursache, die weit *größer* ist.

Weshalb hat die Milchstraße Eigenbewegung?

Bei der Suche nach anderen Materiekonzentrationen, die die Milchstraße möglicherweise anziehen, sollte sich unsere Untersuchung an elliptischen Galaxien als bedeutsam erweisen, weil unsere Stichprobe sich gleichmäßig über den Himmel verteilte und weit über den Lokalen Superhaufen hinausreichte. Am Ende entwickelten wir eine Methode, die Entfernung unserer elliptischen Galaxien zu bestimmen, und das erlaubte es uns, eine ähnliche Karte von der Hubble-Expansion anzufertigen wie Aaronson und seine Mitarbeiter, nur in größerem Maßstab. Allerdings lag dies noch in weiter Zukunft, als wir 1982 damit begannen, die ersten Daten zu untersuchen, die wir gesammelt hatten.

Die Anfangsetappen unserer Arbeit ließen sich gut an; Ende 1981 hatten wir von den ersten Beobachtungsreihen am Kitt-Peak-, am Angloaustralischen, am Lick-, Las-Campanas- und südafrikanischen Observatorium Spektren und photometrische Daten von etwa dreider vierhundert Zielorte unserer galaktischen Reise mitgebracht. Angesichts so reichhaltiger Informationen schienen wir nicht mehr weit von unserem ursprünglichen Ziel entfernt, jene bemerkenswerten Beziehungen zwischen Geschwindigkeitsdispersion, Leuchtkraft und Metallvorkommen zu überprüfen, die Terlevich, Davies, Faber und Burstein entdeckt hatten. Wir erinnern uns, daß die Forschungsgruppe wechselseitige Korrelationen dreier Größen entdeckt hatte: der durchschnittlichen Geschwindigkeit der Sterne in einer elliptischen Galaxie, der absoluten Galaxienhelligkeit und der Anreicherung mit «schweren» chemischen Elementen – Metallen – durch Generationen von Sternen. Wenn sich die Korrelationen bestätigten, ließen sich durch Messung dieser Größen die Entfernungen unserer Stichprobengalaxien bestimmen, und das würde uns in die Lage versetzen, die umfassendste je in Angriff genommene Karte der Hubble-Expansion anzulegen. Allerdings waren die meisten gesammelten Werte *Rohdaten*, das heißt eine bunte Mischung von Zahlen, die auf Computerdisks und -bändern gespeichert waren und die erst nach Verarbeitung und Eichung die erforderlichen Meßdaten preisgeben würden.

Die *Datenreduktion*, wie Astronomen dies nennen, war also unsere erste Hürde, doch ein größeres Problem würde es sein, alle diese Messungen miteinander zu vergleichen und uns selbst davon zu überzeugen, daß sich die mit so vielen verschiedenen Teleskopen und Instrumenten gesammelten Daten, die noch dazu mit unterschiedlichen Programmen an unseren jeweiligen Instituten verarbeitet wurden, zu einem einheitlichen Datensatz zusammenschließen ließen. Selbst wenn mehrere Datenquellen zur Verfügung standen, gab es selten genug Vergleichsmöglichkeiten, um zu prüfen, ob sich die Messungen in hinreichender Übereinstimmung befanden. Um diesen Schwierigkeiten vorzubeugen, einigten wir uns darauf, daß unsere Beobachtungsteams viele der Galaxien mehrfach erfaßten, um so zu prüfen, wie gut die Messungen übereinstimmten.

Während eine solche Datenerfassung einerseits Gewißheit bringt, führt sie andererseits auch zu unvermeidlichen Enttäuschungen. Deshalb gehen Wissenschaftler gern mit einer zynischen Maxime hausieren: «Willst du eine Größe genau erfassen, dann miß sie nur einmal!» Unser wachsender Datensatz mit seinen Hunderten von Messungen und seinen Dutzenden von Vergleichserfassungen brachte uns neue Erkenntnisse: die Erkenntnis, daß sich die verschiedenen Datensätze nicht so leicht kombinieren ließen, die Erkenntnis, daß die systematischen Fehler größer als erhofft waren, und die Erkenntnis, daß wir «realistische» Erwartungen an die Qualität unserer Messungen stellen mußten. Das waren wichtige, aber auch schmerzliche Lektionen – wie das eigene Bild in einem dieser Rasierspiegel mit Vergrößerungseffekt.

Ein anderes nicht unbeträchtliches Problem war ein Aspekt, den wir nicht bedacht hatten. Keiner von uns hatte je in einer so großen Gruppe gearbeitet, und wir lernten nun, wie schwierig es war, alle Kräfte zur Lösung dieser Aufgaben zusammenzuführen. Und das war erst der Anfang, denn nach Abschluß der Datenverarbeitung würden wir die Ergebnisse in Gruppenarbeit analysieren und interpretieren müssen. Vorausgesetzt, wir würden uns einigen können über das, was wir herausgefunden hatten, würden wir über die Resultate Veröffentlichungen schreiben und Vorträge auf Tagungen halten müssen. Angesichts unserer Streuung von England bis Kalifornien und unserer anderen wissenschaftlichen Projekte und Verpflichtungen (wie beispielsweise der Lehrtätigkeit) sollten uns diese Aufgaben weit mehr Schwierigkeiten bereiten, als wir uns vorgestellt hatten. Jahre gingen darüber ins Land.

Trotzdem kamen die Dinge in Bewegung. 1981 veröffentlichten John Tonry und Marc Davis einen Artikel, in dem sie die Geschwindigkeitsdispersion (die typische Sternengeschwindigkeit) und das Metallvorkommen (die relative Menge an schweren chemischen Elementen) für Hunderte von elliptischen und verwandten S0-Galaxien anhand der CfA-Rotverschiebungserhebung analysierten. Eine wesentliche Schlußfolgerung ihres Artikels lautete, daß die von Terlevich, Davies, Faber und Burstein entdeckten Korrelationen in einer neuen, größeren Galaxienstichprobe nicht entdeckt worden seien. Genau das hatten Terlevich *et al.* befürchtet, da sie sich ja nur auf eine winzige Stichprobe von vierundzwanzig Galaxien gestützt hatten. Doch wie gewöhnlich ließ sich nicht so leicht entscheiden, wer recht hatte. Als Tonry und Davis Geschwindigkeitsdispersion und Metallvorkommen maßen, war das nur ein Nebenprodukt, denn vor allem sollte in der CfA-Survey die Galaxienverteilung kartiert werden, und dazu waren nur Spektren von vergleichsweise geringer Qualität erforderlich. Zur Messung von Rotverschiebungen braucht man nur die dunklen Absorptionslinien in einem Spektrum zu *entdecken*, das heißt, die starken Ausfälle der Lichtintensität zu finden, die bei bestimmten Farben auftreten. Doch um die charakteristische Sternengeschwindigkeit in einer Galaxie (die Geschwindigkeitsdispersion) zu finden oder um die Tiefe der Absorptionslinien und damit die relative Menge schwerer chemischer Elemente (Metallvorkommen) zu bestimmen, sind detailliertere Daten erforderlich. Zur genauen Messung dieser Größen muß man mehr Licht sammeln. Zum Vergleich: Unter Umständen ist es leicht, einen Menschen im schwindenden Licht der Dämmerung zu sehen, doch um ihn zu identifizieren, braucht man möglicherweise mehr Licht, denn nur so lassen sich wichtige Einzelheiten erkennen.

Folglich hatten Tonry und Davis sehr viel mehr Galaxien gemessen als Terlevich und sein Team, aber jede Messung war erheblich ungenauer als die der früheren Untersuchung. Wie sie berichteten, hatten sie wenig Anhaltspunkte für die «Delta-Delta-Beziehung» von Terlevich *et al.* gefunden, das heißt für die ausgeprägte Tendenz, daß eine gegebene Galaxie mit einer (für ihre Leuchtkraft) ungewöhnlich hohen oder niedrigen Geschwindigkeitsdispersion auch ein entsprechend hohes oder geringes Metallvorkommen aufweist. Die Entdeckung dieser Korrelation hatte die Hoffnung beflügelt, es könnte einen «zweiten Parameter» für die Korrelationen der drei Größen geben. Das heißt, man glaubte, neben dem ersten Parameter – der Leuchtkraft –, der die Geschwindigkeitsdispersion und das Metallvorkommen nach oben und unten bewegt, könnte ein zweiter Parameter wie etwa die Form der Galaxie erklären, warum die Geschwindigkeitsdispersion und das Metallvorkommen beide zu hoch oder zu niedrig sind. Wie sich aus Größe und Taillenumfang das Gewicht eines Menschen genauer vorhersagen läßt als aus einer dieser Größen allein, würde man mit dem ersten und dem zweiten Parameter die Leuchtkraft der Galaxie, ihre wahre Helligkeit, vorhersagen können. Dann würde man ihre Entfernung bestimmen, indem man die wirkliche Helligkeit mit derjenigen vergliche, die sie scheinbar am Himmel besitzt. So könnte man mit Entfernungswerten von hinreichender Genauigkeit die Hubble-Expansion kartieren. Kein Wunder, daß die Mitglieder unserer Gruppe besorgt waren. Wenn Tonry und Davis recht hatten, war unserem Projekt die Basis entzogen: die Korrelationen, die uns über die Entstehung der elliptischen Galaxien und ihre Entfernungen von der Milchstraße Auskunft geben sollten. Damit hätten sich die intensiven Bemühungen unserer Siebenergruppe mehr oder weniger als Zeitverschwendung erwiesen.

Diese Sorge beherrschte auch unsere Gespräche, wenn sich zwei oder drei von uns auf gelegentlichen Konferenzen trafen oder mit dem Ziel zusammenkamen, die Arbeit voranzubringen. Beispielsweise besuchte ich im Juli 1982 eine Konferenz an der Cambridge University zum Thema der Galaxienentstehung. Dort präsentierten unsere Kollegen die neuesten Überlegungen zur Frage, wie Galaxien aus dem heißen Gas kondensiert sein könnten, das der Urknall zurückgelassen hatte, und welche Beobachtungen geeignet sind oder sein könnten, diese Ideen zu überprüfen. Auf dieser Konferenz erör-

Delta-Delta-Korrelation: ein Irrtum?

terten Roger Davies und ich viele Stunden lang die Fortschritte und Schwierigkeiten in unserem Großprojekt über elliptische Galaxien, wobei wir uns insbesondere mit der Kritik von Tonry und Davis beschäftigten. Übereinstimmend waren wir der Auffassung, unsere Gruppe habe genügend Daten, um die Delta-Delta-Korrelation noch einmal zu testen. Je nach dem Ergebnis konnten wir dann entweder Tonry und Davis widerlegen oder, falls wir zum gleichen Ergebnis kamen, einen Rückzieher unter Wahrung unseres Gesichtes machen und dem Projekt eine neue Richtung geben. Jedenfalls war uns klar, daß es besser war, in einem eigenen Artikel Farbe zu bekennen, falls der Ansatz unseres umfangreichen Programms einen entscheidenden Irrtum aufwies. Wenn sich dagegen die Delta-Delta-Korrelation bestätigen sollte, galt es, die Behauptung von Tonry und Davis zu widerlegen, bevor sie allgemein akzeptiert wurde.

Auch wenn wir beileibe noch nicht alle Beobachtungen für unsere den ganzen Himmel umfassende Stichprobe durchgeführt hatten, verfügten wir allem Anschein nach über genügend Daten, um diesen Test durchzuführen. Allerdings fehlten vielfach noch Datenreduktion und Quervergleiche. Deshalb gelangten Roger und ich zu dem Schluß, daß man sich auf eine sorgfältig zusammengestellte Datenauswahl beschränken könnte. Beispielsweise hatte ich bereits alle spektroskopischen Daten meiner beiden Beobachtungsreihen aus dem Jahr 1981 auf Las Campanas verarbeitet. Das war ein kohärenter Datensatz, denn er war mit einem Teleskop, einem Spektrographen und einer Detektorkombination ermittelt worden. Roger war mit der Reduktion einer ähnlich großen Stichprobe fast fertig, die Roberto Terlevich und er mit dem Angloaustralischen 3,75-Meter-Teleskop erfaßt hatten. Wie wir feststellten, verfügten wir bei vierundsiebzig dieser Galaxien über photometrische Messungen der Galaxien-Gesamthelligkeit. Diese Stichprobe, die ebenso genau war wie die ursprünglichen Daten von Terlevich *et al.*, aber dreimal so groß, reichte nach unserer Einschätzung zur Durchführung des Delta-Delta-Tests aus. Übereinstimmend hielten Roger und ich es für sehr dringlich, mit Hilfe dieser Daten oder einer ähnlichen Stichprobe die Delta-Delta-Beziehung zu überprüfen, damit ein Bericht über die Fortschritte und Ergebnisse unserer Gruppe als Antwort auf Tonrys und Davis' Artikel auf der kommenden Tagung der American Astronomical Society vorgelegt werden konnte.

Unsere Gespräche veranlaßten Roger auch, einen wichtigen Schritt zur Organisation unseres Projekts zu machen. Anfang August schrieb er einen Brief an Dave Burstein und gratulierte ihm zur Ernennung zum außerordentlichen Professor an der Arizona State University. In dem Brief beklagte Roger den inkompatiblen Zustand der Datensätze und erklärte sich bereit, die Kompilierung und Kombination der spektroskopischen Daten des Las-Campanas-, des Angloaustralischen und, sobald verfügbar, auch des Lick-Observatoriums zu koordinieren. Dadurch daß Roger einen der wesentlichen Teile des Projektes übernahm – den spektrographischen Beobachtungen eine verständliche Form zu geben –, brachte er praktisch zum Ausdruck, daß die gesamte Datensammlung und -organisation, eine Aufgabe, die nominell Dave übertragen war, zu umfangreich für eine Person war. Weiter schlug Roger in diesem Brief vor, Dave, der geradezu eine Passion für Struktur, Ordnung und Detail hat, möge seine Kräfte auf die Rolle als «Schiedsmann» in der Photometrie richten, dem größten und komplexesten Datensatz.

Die strukturelle Veränderung war klein, aber wichtig. Roger und ich waren besonders ungeduldig, die Dinge voranzubringen, und dieser erste Ansatz, die Verantwortung zu teilen, schien dazu beizutragen. Jetzt konnte Dave seine Zeit darauf konzentrieren, vorliegende photometrische Messungen zu kompilieren und neue einzugliedern, und als Roger ans Kitt Peak National Observatory zurückkehrte, an dem er seit neuestem eine Stellung bekleidete, widmete er sich seiner Aufgabe, das heißt, er verglich die Spektren, die ich ermittelt hatte, mit denen, die von ihm und Roberto stammten. Einige Monate zuvor hatte Donald Lynden-Bell Forschungsmittel bei der NATO beantragt (die den Gedankenaustausch von Wissenschaftlern aus NATO-Ländern förderte), und Ende des Jahres erfuhren wir, daß uns 5000 Dollar für ein Treffen in Cambridge im Sommer des folgenden Jahres zur Verfügung standen. Endlich begannen die Dinge in Bewegung zu kommen.

Die Korrelationen werden überprüft

Im Frühherbst 1982 besuchte ich Sandy Faber in Santa Cruz und stellte fest, daß sie unsere Sorge in bezug auf die Tonry-Davis-Kritik verstand und teilte. So beschlossen wir, möglichst sofort eine Stichprobe zusammenzustellen, mit deren Hilfe sich die Frage klären ließ. Mit dem Drei-Meter-Shane-Teleskop vom Lick-Observatorium hatte Sandy eine große Zahl von Spektren erfaßt und in ihnen die Intensität der Absorptionslinien im gelb-grünen Bereich, dem des chemischen Elements Magnesium, gemessen – diese «Magnesium-Linienintensitäten» waren unsere Indizes für das Metallvorkommen in den einzelnen Galaxien. Noch war es ihr nicht gelungen, die genauen Geschwindigkeitsdispersionen zu messen – die typische Geschwindigkeit der Sterne, wie sie sich in der Verbreiterung der Spektrallinien ausdrückt –, doch inzwischen hatten schon andere Astronomen für viele dieser Galaxien Geschwindigkeitsdispersionen und photometrische Daten veröffentlicht.

Wir stellten eine Liste von etwas mehr als hundert Galaxien zusammen und fertigten zwei Diagramme an: Das eine zeigte die Beziehung zwischen Leuchtkraft und Geschwindigkeitsdispersion, das andere die Beziehung zwischen Leuchtkraft und der Intensität der Magnesium-Absorptionslinien. Jedes Diagramm ließ eine Korrelation erkennen, die wir vereinfacht darstellten, indem wir eine gerade Linie zeichneten, die in der Mitte der Punkteverteilung verlief. Sie beschrieb die durchschnittliche Beziehung in jedem Diagramm. Dann maßen wir die *Reste* der mittleren Beziehung, das heißt, wie weit jede Galaxie über oder unter der Geraden lag. Schließlich bildeten wir die Delta-Delta-Beziehung ab – die Beziehung zwischen den Resten in der Geschwindigkeitsdispersion und den Resten in der Magnesium-Linienintensität. Die gute Nachricht war, daß sich die von Terlevich *et al.* entdeckte Korrelation auch in der neuen, sehr viel größeren Stichprobe zeigte. Die nicht so gute Nachricht lautete, daß die Korrelation schwächer war – eine größere Streuung gegenüber der geraden Linie aufwies als in der früheren Studie.

Zumindest wußten wir jetzt, daß die Prämisse unseres Projekts nicht nachweislich falsch war, auch wenn deutlich wurde, daß die Korrelation der Reste nicht so erheblich war, wie die ersten zwanzig

Punkte von Terlevich *et al.* hatten vermuten lassen. Wir erinnerten uns, daß die anderen vier Punkte weit außerhalb der vorzüglichen Beziehung lagen und als «abweichend» ausgeklammert wurden. Dabei waren sich Terlevich und seine drei Kollegen, darunter auch Sandy, sehr wohl bewußt, welch riskanter Schritt dies war, und tatsächlich zeigte sich jetzt, daß diese vier Galaxien keineswegs völlig von der Beziehung abwichen, sondern nur ein bißchen schlechter als durchschnittlich waren. Ihre Ausklammerung hatte ein zu optimistisches Bild vom Delta-Delta-Diagramm erzeugt. Das sind eben die Gefahren, die die Statistik der kleinen Zahlen mit sich bringt.

Zwar war Sandy darüber erleichtert, daß die Delta-Delta-Beziehung sich bewährt hatte (egal, was sie bedeutete, sie ließ auf einen interessanten Aspekt schließen, den es anhand unserer größeren Stichprobe zu untersuchen galt), aber sie war doch sehr enttäuscht, als sie sah, daß angesichts der neuen Daten die Gleichsetzung des «zweiten Parameters» mit der Form des Galaxienbildes auf keinen Fall aufrechtzuerhalten war. In einem neuen Diagramm bildete sie die Beziehung zwischen den Resten (entweder in der Geschwindigkeitsdispersion oder in der Linienintensität) und der Elongation der Galaxie ab – eine kontinuierliche Skala von rund bis sehr länglich. In der ersten Stichprobe hatte sich eine konkrete Korrelation ergeben, woraus man schloß, daß Leuchtkraft und Elongation zusammen die Werte für Geschwindigkeitsdispersion und Magnesium-Linienintensität bestimmen könnten. Mit den neuen Daten ergab sich ein Bild, das sich am ehesten als «Streudiagramm» beschreiben läßt – eine Punktwolke, die wenig oder keine Beziehung zwischen den beiden Größen erkennen läßt. (Beispielsweise wird in einer Gruppe von 1000 zufällig ausgewählten Kindern ein Diagramm der Beziehung zwischen Alter und Gewicht eine deutliche, wenn auch keineswegs vollkommene Korrelation zeigen, während ein Diagramm, das die Beziehung zwischen Alter oder Gewicht und Geburtstag, ausgedrückt durch die Zahlen von 1 bis 365, die Gestalt eines Streudiagramms annähme.) Damit hatte sich die Hoffnung, die Delta-Delta-Korrelation mit dem Kollaps einer elliptischen Galaxie zu einer bestimmten Form in Zusammenhang bringen zu können, wohl endgültig zerschlagen, womit die Bestimmung des

Die Korrelationen werden überprüft 237

zweiten Parameters wieder problematisch geworden war. Abermals war die Statistik der kleinen Zahlen zum Zuge gekommen. Wir mußten in den neuen Daten nach einem anderen zweiten Parameter suchen, wenn wir wirklich die Genauigkeit der Entfernungsmessungen so weit verbessern wollten, daß wir mit Hilfe unserer Daten eine gute Karte der Hubble-Expansion anlegen konnten.

Bevor wir unseren Bericht für die anderen fünf Mitglieder der Gruppe zusammenstellten, fertigten wir noch eine Reihe weiterer Diagramme an, die eine erste Vorahnung von den Dingen, die da kommen sollten, vermittelten – verwirrenden und wichtigen Dingen. Es waren die gleichen Diagramme, das heißt, sie setzten Leuchtkraft, Geschwindigkeitsdispersion (typische Sternengeschwindigkeit) und Magnesium-Linienintensitäten (relative Häufigkeit der «Metalle») zueinander in Beziehung, bezogen sich diesmal aber nur auf die etwa vierzig Galaxien, die zum Virgo- und Comahaufen gehörten. Das hatten wir schon lange vorgehabt, weil eine solche Stichprobe relativ frei von Entfernungsfehlern sein mußte – alle elliptischen Galaxien in einem reichbesiedelten Haufen haben fast die gleiche Entfernung von der Milchstraße. Mit anderen Worten, wir konnten die relative Helligkeit dieser Galaxien als Maß für ihre *absolute* Helligkeit (Leuchtkraft) nutzen, die der wichtigste Parameter in den Korrelationen mit Geschwindigkeitsdispersion und Metallvorkommen ist. Bislang hatten wir nur sehr wenige Mitglieder aus diesen Galaxienhaufen erfaßt, doch Sandy hatte Daten zu einer beträchtlichen Zahl von Virgo-Galaxien zusammengetragen, und ich hatte im Februar 1982 auf Las Campanas mehrere Nächte damit verbracht, Daten über sechsundzwanzig Galaxien im Comahaufen zu erfassen, einem System, das reich an elliptischen Galaxien ist.

Als wir diese Daten in entsprechenden Diagrammen zusammenstellten, wartete eine Überraschung auf uns. Die Korrelationen zwischen Leuchtkraft und Geschwindigkeitsdispersion sowie zwischen Leuchtkraft und Linienintensität waren erheblich besser als für die Galaxien in unserer großen Stichprobe, die zumeist in kleinen Galaxiengruppen oder ziemlich isoliert lagen – wir nannten sie *Feldgalaxien*, um sie von Galaxien in dichtbesiedelten Haufen zu unterscheiden. Diese geringere Streuung war schon an sich ermutigend: Sie ließ darauf schließen, daß sich die Leuchtkraft einer elliptischen Galaxie in einem Haufen durch Messung der Geschwindigkeitsdispersion oder der Magnesium-Linienintensität ziemlich gut vorhersagen ließ. Die Entdeckung eines zweiten Parameters wäre natürlich die Krönung des Ganzen gewesen, doch für die Haufenstichprobe schien zu gelten, daß schon der erste Parameter, die Leuchtkraft, sehr gut mit den Eigenschaften korrelierte, die man in einem einzigen guten Spektrum messen konnte. Ferner waren, und das war der große Haken, die Abweichungen von den guten Korrelationen – die Reste – nicht mehr untereinander korreliert. Mit anderen Worten, in dieser ersten sorgfältig untersuchten Haufen-Stichprobe war die Delta-Delta-Beziehung so gut wie verschwunden, während wir wußten, daß sie der Tonry-Davis-Kritik in der vollständigen Stichprobe, also unter Einbeziehung von Galaxien außerhalb der Haufen, standgehalten hatte.

Die bessere Korrelation von Geschwindigkeitsdispersion und Linienintensität mit Leuchtkraft sowie das Verschwinden der Delta-Delta-Beziehung konnten bedeuten, daß sich elliptische Haufengalaxien etwas von elliptischen Feldgalaxien unterscheiden. Vielleicht haben sich die Haufengalaxien auf kohärentere Weise gebildet und sind deshalb enger verknüpft mit dem primären Merkmal einer Galaxie – ihrer Masse, die wir als Gesamtleuchtkraft ihrer Sterne maßen. Vielleicht hatten wir, wie Psychologen, die die Bedingungen der Lernfähigkeit untersuchen, eine Stichprobe von Kindern zusammengestellt, die alle in der gleichen Umwelt groß geworden waren, so daß wir sie mit Schulbesuch und Lehrern korrelieren konnten, aber wir kannten die störenden sekundären Variablen nicht, wie etwa Ernährung, häusliche Erziehung und Ruhe der familiären Umgebung, die jeden Versuch vereitelten, auf einfache Weise zu erklären, warum die einen leichter lernten als die anderen.

Natürlich gefiel uns diese Deutung, und wir kamen immer wieder auf sie zurück. Sie nährte nämlich unsere Hoffnung, wir könnten herausfinden, wie sich die Galaxien gebildet und welche Einflüsse auf ihre Entwicklung eingewirkt hatten. Abermals verwarfen wir die

Die Korrelationen werden überprüft

nächstliegende Interpretation: daß die Delta-Delta-Beziehung durch Fehler in der Leuchtkraftfestsetzung zustande gekommen sei, eine direkte Folge von Fehlern in den für die Galaxien ermittelten *Entfernungen*. Bei Feldgalaxien wurden Entfernungen herkömmlicherweise aufgrund der Rotverschiebungen ermittelt – durch Anwendung der Hubble-Beziehung für gleichförmige Expansion. Im Gegensatz dazu befinden sich Galaxien eines gegebenen Haufens alle in der gleichen Entfernung, also brauchten wir dort die Hubble-Beziehung nicht. Um zu erklären, was wir entdeckt hatten, hätten wir uns nur zu der Schlußfolgerung aufraffen müssen, daß die Hubble-Beziehung doch nicht so zuverlässig ist, weil die Expansion eben *nicht* sehr gleichmäßig verläuft (was sie auch nicht kann, wenn das Universum sehr klumpig ist). Und genau das schien der Fortfall der Delta-Delta-Beziehung in der Haufen-Stichprobe zu bedeuten. Der Gedanke war vollkommen schlüssig und die einleuchtendste Erklärung, aber wir konnten und wollten ihn nicht akzeptieren. Noch nicht.

Nach meinem Besuch bei Roger in Cambridge und der Arbeit mit Sandy in Santa Cruz wurde mir klar, wie viele Schwierigkeiten noch auf unsere Siebenergruppe warteten. Obwohl wir alle auch so schon eine Fülle von beruflichen Verpflichtungen hatten, wollten wir eine der größten und homogensten Datensammlungen zusammentragen, die man auf diesem Gebiet jemals geplant hatte: Es würde viel Zeit vergehen, bevor wir unsere Ziele erreichten. Noch nie hatte ich an einem Projekt wie diesem gearbeitet – kein Ende war in Sicht. Ich verspürte regelrechte Angst, wie in einem jener Träume, in denen man gegen den Wind ankämpft, aber keinen Schritt vorankommt.

Nach siebenjähriger Berufstätigkeit wußte ich, daß ich ein ausgesprochener «Stein-auf-Stein-Mensch» war. Ich unterteilte meine Projekte in Abschnitte, die sich in höchstens zwei Jahren bewältigen ließen, selbst wenn sie Teile längerfristiger Studien waren. Und genau darin lag mein Unbehagen an unserem Projekt begründet. Immer wieder hatte ich in der Gruppe die Auffassung vertreten, daß eine kleinere Stichprobe von, sagen wir, hundert Galaxien zusammengestellt werden sollte, um die Schlußfolgerungen von Terlevich *et al.* –

die Delta-Delta-Beziehung und die Bestimmung des zweiten Parameters – zu überprüfen, bevor wir uns an der weit größeren und schwierigeren Stichprobe des gesamten Himmels versuchten. Aber es war nicht mein Projekt: Ich hatte es nicht ins Leben gerufen, ich war nicht an der Anfangsplanung beteiligt gewesen, und zum erstenmal in meiner Berufstätigkeit war ich nicht für den Löwenanteil der Arbeit verantwortlich. Mir wurde klar, daß es in diesem Forschungsvorhaben keine «Steine» gab, die wir auf dem Weg hätten einsetzen und festklopfen können, um vorsichtig auszuprobieren, ob sie uns trugen, und den neuen Ausblick zu bewundern. Dieses Projekt hatte mehr Ähnlichkeit mit dem Bau eines Flugzeugs: Man kann erst fliegen, wenn alle Teile montiert sind.

Da sich die Siebenergruppe so intensiv auf die Stichprobe des ganzen Himmels warf, beschloß ich, mein Heil bei den elliptischen Galaxien in dichtbesiedelten Haufen zu suchen, wo Sandy und ich erheblich bessere Korrelationen und das bemerkenswerte Verschwinden der Delta-Delta-Beziehung entdeckt hatten. Schließlich waren Galaxienhaufen seit der Promotion mein Spezialgebiet. Ich wußte einiges über sie und schätzte an ihnen besonders, daß jede eine exakt definierte, geschlossene Stichprobe von Galaxien liefert, die alle die *gleiche Entfernung* von unserer Galaxis aufweisen. Im übrigen warfen diese Haufen aus elliptischen Galaxien ein interessantes Problem auf, weil sie leuchtschwächer waren als die meisten der Galaxien in der Stichprobe des gesamten Himmels. Ihre Spektren aufzuzeichnen erforderte viel Zeit. Projekte dieser Art gehörten zum traditionellen Aufgabenbereich der Astronomen an den Carnegie-Observatorien. So hoffte ich, daß ich mich von der Gruppe ein bißchen absetzen konnte, ohne ihren Unwillen zu erregen, und vielleicht sogar einen wichtigen Beitrag leistete, der ihre Billigung fände. Wenn alles nach Wunsch verlief, konnte ich sogar einen Artikel veröffentlichen. Einen Artikel für eine wissenschaftliche Zeitschrift zu schreiben bedeutet für mich die Krönung und den befriedigenden Abschluß eines Projekts. Danach hätte ich mich ein bißchen entspannen und mich daran freuen können, einen Teilaspekt unserer Aufgabe dem Verständnis erschlossen zu haben. Ein Stein mehr.

Weitere Messungen: elliptische Galaxien 241

Im März 1983 fuhr ich wieder nach Las Campanas und unterzog alle jene elliptischen Coma-Galaxien einer erneuten Beobachtung, deren Spektren ich 1982 gemessen hatte. Außerdem erfaßte ich vier neue, um auf eine Gesamtzahl von dreißig zu kommen. Bei so vielen Wiederholungsmessungen konnte ich nicht nur die Genauigkeit der Daten verbessern, sondern auch die Meßfehler bestimmen. Ferner erfaßte ich die Spektren von dreiundzwanzig elliptischen Galaxien des Virgohaufens. Da dieser Haufen näher an unserer Galaxis liegt, waren die Galaxien heller und beanspruchten weniger Beobachtungszeit.

Begeistert kam ich aus Chile zurück und ging die Daten mit leidenschaftlichem Interesse durch. Das war ein weiterer großer Vorteil meiner Stellung bei Carnegie. Ich konnte mich völlig in ein Forschungsprojekt vertiefen, weil wir Carnegie-Wissenschaftler freier über unsere Zeit verfügen können als unsere Kollegen an Universitäten und in der Industrie mit ihren vielen Verpflichtungen. In weniger als einem Monat hatte ich die spektrographischen Beobachtungen verarbeitet und analysiert, außerdem hatte ich die photometrischen Messungen lokalisiert, die andere Forscher ermittelt hatten. Damit lagen mir die Daten über Größenklasse (Leuchtkraft), Geschwindigkeitsdispersion und Magnesium-Linienintensität von vierundfünfzig Galaxien in zwei Haufen vor.

Die Ergebnisse, auf die Sandy und ich gestoßen waren, bestätigten sich. Geschwindigkeitsdispersion wie Linienintensität korrelierten eng mit Galaxienhelligkeit. (Wie gesagt, da es sich um *Haufen*-Galaxien handelte, war es trivial, sie nach ihrer relativen Helligkeit zu ordnen – die übliche Unsicherheit bei der Berechnung der absoluten Helligkeit jeder Galaxie, für die eine Entfernungsschätzung erforderlich ist, entfiel.) Vor allem bestätigte sich der Eindruck, den wir im Vorjahr gewonnen hatten: Die Korrelation der Reste schmolz fast auf null zusammen.

Wiederum legte das Verschwinden der Delta-Delta-Beziehung für elliptische Galaxien in Haufen eine einfache, aber sehr schlüssige Deutung nahe: Die aus Rotverschiebungen abgeleiteten Entfernungen von elliptischen Galaxien, die *nicht* in Haufen liegen, sind beträchtlichen Fehlern unterworfen. In der Tat hatten Terlevich *et al.* in ihrem Artikel darauf hingewiesen, daß die einfachste Erklärung für die von ihnen entdeckte Delta-Delta-Beziehung – die elliptischen Galaxien ihrer Stichprobe befanden sich fast alle außerhalb von Haufen – in der Annahme läge, die Entfernungen dieser Galaxien ließen sich aus der Hubble-Beziehung zwischen Rotverschiebung und Entfernung nicht exakt ableiten. Ungenaue Entfernungsvorhersagen müssen zu Fehlern in der für jede Galaxie berechneten Leuchtkraft führen, und Fehler in diesem primären Parameter rufen eine Korrelation zwischen allen von ihm abhängenden Größen hervor. Wenn man beispielsweise einer Galaxie irrtümlich eine zu große Leuchtkraft zuschreibt, dann müssen ihre Geschwindigkeitsdispersion und ihre Magnesium-Linienintensität zu klein erscheinen, weil beide die korrekten Werte für eine elliptische Galaxie mit geringerer Leuchtkraft sind. Eine solche «Fehlerkorrelation» konnte dem Delta-Delta-Diagramm zugrunde liegen.

Diese Erklärung hatten Terlevich *et al.* verworfen, doch das Verschwinden der Delta-Delta-Beziehung in Haufen, in denen alle Galaxien die gleiche Entfernung haben, wies unübersehbar darauf hin, daß es sich doch um die richtige Erklärung handelte. Doch genau wie meine Kollegen konnte ich mir kaum vorstellen, daß die Hubble-Beziehung so gründlich falsch sein sollte. Um die Beobachtungen zu erklären, hätten die Galaxien Eigengeschwindigkeiten – Bewegungen zusätzlich zur gleichförmigen Hubble-Expansion – von 1000 km/s aufwärts aufweisen müssen. Schwer zu glauben, lautete meine Schlußfolgerung. Wahrscheinlicher war die Annahme, daß sich elliptische Galaxien in Haufen einfach anders verhielten – gesitteter – und daß dies ein wichtiger Hinweis sei, aus dem man schließen könne, wie sich Galaxien innerhalb und außerhalb von Haufen gebildet hätten. Wieder und wieder gelangten die anderen Gruppenmitglieder und ich zu dieser Schlußfolgerung und verwarfen die einfache Erklärung in der Hoffnung, wir könnten auf diese Weise etwas über die Galaxienentstehung lernen. Es war ein Irrtum, aber einer, der uns am Ende helfen sollte.

Wenn ich mich auch in diesem Punkt irrte, in einem anderen traf ich ins Schwarze. Es ging um die Eigengeschwindigkeit unserer Galaxis, der Milchstraße, insbesondere um die entscheidende Frage: In welcher Entfernung befinden sich die Materiekonzentrationen, die unsere Galaxis auf ihre Geschwindigkeit von 600 km/s beschleunigen (die Eigengeschwindigkeit, die man aus den warmen und kalten Flecken im kosmischen Mikrowellenhintergrund abgeleitet hat)? Ich verfügte über eine neue und genaue Messung der Entfernung des Virgohaufens relativ zum Comahaufen, einem Haufen, der in der gleichen Richtung, aber in größerer Distanz liegt: Die Hubble-Expansionsgeschwindigkeit für den Virgohaufen beträgt ungefähr 1000 km/s und die des Comahaufens etwa 7000 km/s. Nun ließen aber meine neuen Messungen darauf schließen, daß die Entfernung nur etwa sechsmal größer ist, nicht siebenmal, wie es *bei gleichförmiger Hubble-Expansion* das Geschwindigkeitsverhältnis eigentlich verlangt.

Zu dieser neuen Bestimmung der relativen Entfernung von Coma- und Virgohaufen gelangte ich, indem ich die Beziehungen zwischen Galaxienhelligkeit und Geschwindigkeitsdispersion beziehungsweise Magnesium-Linienintensität verglich.* So ergab für jeden Haufen die Korrelation zwischen Galaxienhelligkeit und Geschwindigkeits-

---

* Der entscheidende Aspekt dieser Technik, mit der wir wieder und wieder zu tun bekommen werden, liegt darin, daß sich eine Größe, die Geschwindigkeitsdispersion, unabhängig von der Entfernung der Galaxie messen läßt, während die andere Größe, in diesem Fall die Galaxienhelligkeit, von der Entfernung abhängt. Es geht also darum, durch die Korrelation mit einer Größe, die nicht von der Entfernung abhängt, den Wert derjenigen Größe abzuleiten, die entfernungsabhängig ist.

Verwirrung kann entstehen, wenn man nicht säuberlich trennt zwischen der allgemeinen Rotverschiebung der ganzen Galaxie, verursacht durch ihre Bewegung im Rahmen der Hubble-Expansion, und den kleinen diffusen Rotverschiebungen, die auf die verschiedenen Geschwindigkeiten der Sterne *im Inneren* der Galaxie zurückgehen. Erstere verschiebt das gesamte Spektrum zu größeren Wellenlängen, letztere führen dazu, daß sich die einzelnen Spektrallinien verbreitern (im Falle der Geschwindigkeitsdispersion) oder daß sich, falls die Galaxie rotiert, die Spektrallinien von einer Seite der Galaxie zur anderen verschieben.

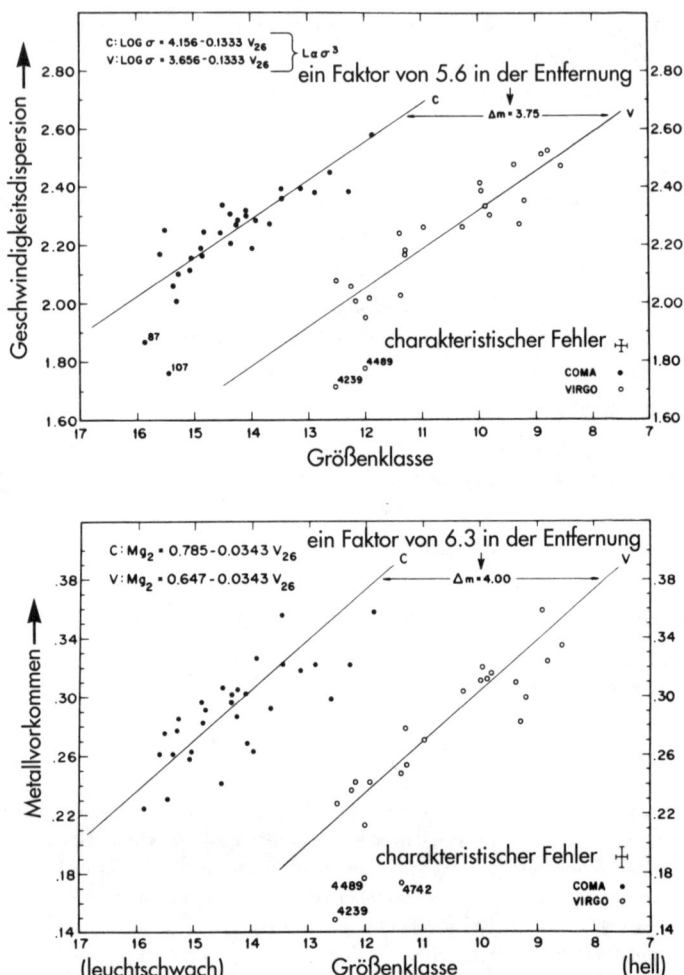

Die Beziehung zwischen Galaxienhelligkeit und Geschwindigkeitsdispersion (charakteristischer Sternengeschwindigkeit) sowie zwischen Galaxienhelligkeit und Metallvorkommen für Galaxien im Coma- und im Virgohaufen. Die gleichen Beziehungen scheinen für die Galaxien beider Stichproben zu gelten, und sie sind bemerkenswert eng, aber es gibt eine Helligkeitsabweichung, die einem Faktor von sechs in der Entfernung entspricht. (*Astrophysical Journal*, Bd. 281, 1984, S. 512.)

dispersion (die Faber-Jackson-Beziehung) eine gerade Linie mit gemäßigter Streuung. In beiden Haufen wies die Beziehung die gleiche Steigung auf, aber die beiden Linien waren voneinander abgesetzt – Galaxien im Comahaufen waren bei gleichen Werten für Geschwindigkeitsdispersion und Linienintensität sechsunddreißigmal so leuchtschwach. Wenn die elliptischen Galaxien in Virgo und Coma der gleichen Kategorie angehörten – eine vernünftige Annahme –, dann mußte der Unterschied gänzlich auf die größere Entfernung des Comahaufens zurückzuführen sein. Nach der Art zu urteilen, in der die Lichtintensität abnimmt – nämlich im Quadrat der Entfernung –, mußte der Comahaufen sechsmal so weit entfernt sein wie der Virgohaufen; nur so ließ sich erklären, daß die Galaxien sechsunddreißigmal – das heißt 6^2mal – so leuchtschwach waren. Wie war dieses Resultat mit dem Verhältnis von sieben für die Hubble-Expansionsgeschwindigkeiten zu vereinbaren, das darauf schließen ließ, daß das Entfernungsverhältnis sieben und nicht sechs betrug? Leicht, wenn sich unsere eigene Galaxie mit 200 km/s in Richtung der beiden Haufen bewegen würde. Diese Eigenbewegung unserer Galaxis käme zu den Geschwindigkeiten der beiden Haufen in einer gleichförmigen Hubble-Expansion hinzu – die Milchstraße liefe ihnen gewissermaßen hinterher. Um unsere «Blickwinkel» zu korrigieren, mußten wir zu jeder Geschwindigkeit 200 km/s addieren, kamen also auf wahre Geschwindigkeiten von $1000 + 200 = 1200$ km/s und $7000 + 200 = 7200$ km/s. Die derart korrigierten Expansionsgeschwindigkeiten, nunmehr im Verhältnis sechs zu eins, deckten sich mit der relativen Entfernung, die ich aus dem Vergleich anderer Eigenschaften der Galaxien abgeleitet hatte – scheinbarer Helligkeit, Geschwindigkeitsdispersion und Magnesium-Linienintensität.

Wie Aaronson *et al.* in ihrer Untersuchung an Spiralgalaxien war also auch ich in meiner Studie an elliptischen Galaxien auf eine Eigenbewegung unserer Galaxis in Richtung des Virgohaufens gestoßen. Und wie meine Kollegen hatte ich einen relativ kleinen Wert ermittelt – ungefähr 200 km/s. Klein insofern, als er weit geringer war als die 600 km/s Eigengeschwindigkeit, auf die die Intensitätsschwankungen im kosmischen Mikrowellenhintergrund am ganzen Himmel schließen ließen. Bereits 1980 hatte Paul Schechter ein ähnliches Resultat erzielt, als er die Faber-Jackson-Beziehung auf elliptische Galaxien anwandte, die sich um den Lokalen Superhaufen verteilen. Paul, der sich von keinem astronomischen Lager ganz vereinnahmen ließ, besitzt außergewöhnliche analytische Fähigkeiten, die es ihm gestatteten, als erster jene Technik zu verwenden, mit der wir heute die Geschwindigkeitsdispersionen im Spektrum einer Galaxie messen. Aus theoretischen Gründen erwartete Paul einen höheren Wert für die Bewegung unserer Galaxis in Richtung des Virgohaufens, und so zeigte er sich von seinem Beobachtungsergebnis enttäuscht. In seinem Artikel sprach er sich für eine größere Galaxienstichprobe und Verbesserung der Technik aus (genauere Entfernungen, aus denen sich bessere Eigengeschwindigkeiten ableiten ließen) – das, was auch Terlevich *et al.* in ihrem Papier dargelegt hatten, und genau das, worum sich unsere Siebenergruppe derzeit bemühte.

Messungen, die die Eigengeschwindigkeit der Milchstraße innerhalb des Lokalen Superhaufens erfaßten – beispielsweise ihr «Nachgeben» in Richtung des Virgohaufens –, bedeuteten einen wichtigen ersten Schritt in dem Bemühen, die Abweichungen von einer gleichförmigen Hubble-Expansion zu ermitteln. Neuere Messungen hatten mit großer Genauigkeit bestätigt, daß sich die Milchstraße mit 600 km/s relativ zum Mikrowellenhintergrund bewegt, einem extrem weit entfernten Bezugssystem. Wie Marc Davis und Jim Peebles in ihrem wichtigen Forschungsüberblick von 1983 unterstrichen hatten, mußte ein Vergleich dieser Zahl mit Werten für die Eigengeschwindigkeit unserer Galaxis, relativ zu *nähergelegenen* Bezugssystemen gemessen, die Ungleichförmigkeit der Masseverteilung im lokalen Universum zeigen.

Dabei sah ihre Überlegung etwa folgendermaßen aus: Stellen wir uns viele Boote vor, die in einem Fluß schwimmen. Nehmen wir an, der Steuermann eines Bootes mißt zehn Knoten relativ zum Ufer, aber praktisch keine Bewegung in Hinblick auf die Boote in seiner Nähe. Aus dieser Beobachtung könnte er schließen, sein Boot gehöre zu einer Flotille, die mit dem Strom flußabwärts treibe. Mäße er hingegen zehn Knoten relativ zum Ufer, aber acht oder neun Knoten

Was verursacht die Eigenbewegung? 247

relativ zu den anderen Booten, würde er mit Recht zu dem Schluß gelangen, daß seine Bewegung auf einen lokalen Effekt zurückgehe, das heißt, daß *sein* Boot für den Löwenanteil der Bewegung verantwortlich sei und daß die anderen sich nahezu in Ruhe befänden. In diesem Vergleich entspricht die Messung relativ zum Ufer der Ermittlung der Milchstraßen-Geschwindigkeit relativ zum fernen kosmischen Mikrowellenhintergrund, und die Messung in Hinblick auf die anderen Boote der Ermittlung der Geschwindigkeit relativ zu nahegelegenen Galaxien. Befinden sich Ihre Geschwindigkeiten relativ zum nahen und zum fernen Bezugssystem in Übereinstimmung, spricht die Wahrscheinlichkeit dafür, daß Ihre Geschwindigkeit eine sehr lokale Ursache hat, doch wenn umgekehrt die Geschwindigkeit relativ zum fernen Bezugssystem groß ist, relativ zum lokalen System jedoch klein, so folgt daraus, daß Sie und andere in Ihrer Umgebung sich gemeinsam bewegen; folglich gibt es großräumigere Ursachen für die Bewegung. Im Falle der Galaxienbewegungen können wir daraus schließen, wie groß die Unregelmäßigkeiten in der Masseverteilung sind, die die gleichförmige Hubble-Expansion stören.

Um ihre Überlegung zu verdeutlichen, sahen Davis und Peebles die verschiedenen veröffentlichten Studien durch, in denen man versucht hatte, die Eigengeschwindigkeit der Milchstraße in Richtung des Virgohaufens relativ zu lokalen Bezugssystemen zu messen. Dabei gelangten sie zu dem Schluß, die verläßlichsten Messungen ergäben Werte von ungefähr 400 km/s. Das war ein erheblicher Bruchteil der Eigengeschwindigkeit der Milchstraße, die in Hinblick auf das ferne «Ufer», den kosmischen Mikrowellenhintergrund, ermittelt worden war. (Tatsächlich war sie es ganz und gar, betrachtete man nur den Anteil der Bewegung, der in diese Richtung verläuft.) Wie im Boot-Vergleich gelangten Davis und Peebles zu dem Schluß, daß die Eigengeschwindigkeit unserer Galaxis *lokale* – innerhalb des Lokalen Superhaufens gelegene – Ursachen habe, da die Geschwindigkeiten relativ zum nahen und fernen Bezugssystem von vergleichbarer Größe seien. Mit anderen Worten, sie waren der Überzeugung, daß die Eigengeschwindigkeit von 600 km/s größtenteils oder ganz auf eine Massenanziehung innerhalb des Lokalen Superhaufens zurückzuführen sei.

Vielleicht standen Davis und Peebles zu sehr unter dem Einfluß ihrer theoretischen Erwartungen, als sie sich für die höheren Werte als die besseren entschieden. Und vielleicht war ich zu sehr von den Ergebnissen meiner eigenen Arbeit bestimmt und neigte deshalb zu dem niedrigeren Wert von ungefähr 200 km/s für die Eigengeschwindigkeit unserer Galaxis in Richtung des Virgohaufens – ein Wert, auf den auch Schechter sowie Aaronson und Mitarbeiter gestoßen waren. So ungewiß die Entscheidung auch war, sie war von großer Bedeutung. Ein Wert von 200 km/s für die «lokal ermittelte» Bewegung war so viel kleiner als die 600 km/s der «kosmisch ermittelten» Bewegung, daß nur die entgegengesetzte Schlußfolgerung in Frage zu kommen schien: Die Eigengeschwindigkeit unserer Galaxis mußte aus einer Ungleichförmigkeit der Masseverteilung erwachsen, die erheblich größer als der Lokale Superhaufen war. Förmlich, wie der Stil wissenschaftlicher Veröffentlichungen leider zu sein hat, zog ich die Schlußfolgerung von Davis und Peebles in meinem Artikel in Zweifel:

Betrachtet man diese Möglichkeit zusammen mit der großen Komponente [der Eigengeschwindigkeit unserer Galaxis] senkrecht zum Flächenschwerpunkt des Lokalen Superhaufens, so scheint die Massenanziehung dieser nahegelegenen Verdichtung keinen großen Anteil der Komponente [des kosmischen Mikrowellenhintergrunds] zu erklären. Daraus würde wiederum folgen, daß die Dichtefluktuationen, die [die Milchstraße] und den Lokalen Superhaufen beschleunigen, weiter entfernt und großräumiger sind.

Mit anderen Worten, wir bewegen uns langsamer in Hinblick auf nahe Boote und schneller relativ zum Ufer, folglich bewegen wir und die anderen Boote uns gemeinsam auf irgendeinen fernen Punkt zu. Vermutlich hätte ich es auch im *Astrophysical Journal* auf diese Weise formulieren sollen.

Mit der Behauptung, die Ungleichförmigkeit des Universums, zum erstenmal in der Verteilung *aller* Masse gemessen, der sichtbaren wie unsichtbaren, erstrecke sich über sehr große Entfernungen, hatte ich mich weit aus dem Fenster gehängt. Doch auch Davis und Peebles hatten sich mit der entgegengesetzten Schlußfolgerung exponiert. Glücklicherweise zeigte sich, daß ich recht hatte, und den Beweis dafür sollte die Arbeit unserer Siebenergruppe erbringen. Natürlich waren wir noch Jahre davon entfernt, aber ich fuhr mit einer veränderten Einstellung zu unserem ersten Gruppentreffen nach Cambridge, der Einstellung, daß die Kartierung der Hubble-Expansion in Wirklichkeit das eigentliche Anliegen unseres Projektes sei – und diese Auffassung wurde, wie ich feststellte, von Donald Lynden-Bell geteilt.

Ich war erfreut und sehr zufrieden mit meinem Beitrag. Die Niederschrift dieses Artikels hatte mich erheblich beruhigt. Nun machte mir das langsame Tempo, mit dem unser Projekt vorankam, weit weniger Sorgen. Doch obwohl ich darauf brannte, Abweichungen von der gleichförmigen Hubble-Expansion zu kartieren, war ich mir nicht mehr so sicher, daß wir es mit hinreichender Genauigkeit leisten könnten – nach meiner Meinung zeigte die starke Delta-Delta-Beziehung bei elliptischen Feldgalaxien, daß sie sich nicht so berechenbar verhielten wie Haufengalaxien. Die Schlußfolgerung, die ich hätte ziehen können, aber nicht zog, lautet, daß die starke Delta-Delta-Korrelation auf hohe Eigengeschwindigkeiten schließen läßt, die die Entfernungsberechnungen aus der Hubble-Beziehung beeinträchtigen – eben jener Effekt, den ich in meinem Artikel beschrieben hatte, aber jetzt übersah, da ich ihn direkt vor Augen hatte.

Von Marc Davis hatten Margaret Geller und John Huchra die sogenannte «Z-Maschine» übernommen, das 1,5-Meter-Teleskop auf dem Mount Hopkins mit dem Photonenzähler von Shectman, eine Kombination, mit der mehr Rotverschiebungen – «Zs», wie sie genannt wurden – gemessen worden waren als in allen anderen Beobachtungen zusammen. Geller und Huchra hatten beschlossen, die Z-Maschine auf Galaxien in Zwickys umfangreichem Katalog zu richten und damit tiefer ins All vorzudringen, als Marc es in der ersten CfA-

Erhebung getan hatte. Sie wußten sehr genau, warum sie das taten: Sie wollten ein für allemal Schluß machen mit diesen abenteuerlichen Behauptungen von der ungeheuren Klumpigkeit in der Galaxienverteilung – so der Riesenlücke im Sternbild Bootes, wo die Galaxien über ein Gebiet von hundert Millionen Lichtjahren nur ganz spärlich gesät sein sollten, oder dem Coma-Superhaufen, in dem sich angeblich eine dichte Galaxienbrücke ebensoweit erstreckte. Geller und Huchra glaubten nicht an die Mär von der «großräumigen Inhomogenität». Das Universum, das man an der ehrwürdigen Harvard University untersucht hatte, war viel ordentlicher und gesitteter. Mit der großen Kanone bewaffnet, waren Geller und Huchra entschlossen, auch im All Gesetz und Ordnung wiederherzustellen.

Die Suche nach einer Struktur von der Ausdehnung der Riesenlücke bedeutete, daß sie das Netz weiter auswerfen mußten. Es galt, eine Region zu kartieren, die groß genug war, um eine so umfangreiche Schwankung in der Galaxienverteilung zu erfassen. Wenn sie sich weiter ins All hinausbegaben, mußten sie leuchtschwächere Galaxien erfassen. Damit wuchs aber die Galaxienzahl so rasch an, daß an eine Erfassung des Gesamthimmels nicht mehr zu denken war.[*] Um das Projekt in einem überschaubaren Rahmen zu halten, grenzten sie den Bereich auf eine Reihe von sechs Grad breiten *Scheiben* ein, die sich über ein Drittel des Himmels erstreckten. Da Huchra und Geller sich sicher waren, daß das Ergebnis ihrer tieferen Kartierung letztlich uninteressant sein würde – lediglich eine Widerlegung abenteuerlicher Thesen, zu denen andere Studien gelangt waren –, erkoren sie zu ihrer ersten Region einen Streifen, in dem bereits viele Galaxienrotverschiebungen gemessen worden waren, jenen Streifen, der den sehr dicht besiedelten, eingehend untersuchten Comahaufen

---

[*] Die Zahl der Objekte wächst ungefähr an wie das Volumen, dessen Expansion der Entfernungszunahme hoch drei entspricht. Dreimal so tief ins All vorzudringen wie in der ersten CfA-Survey, die ungefähr 2500 Galaxien erfaßt hatte, hätte also bedeutet, siebenundzwanzigmal so viele Rotverschiebungen, mehr als 60000, zu messen. Bei dem «Eine-zur-Zeit-Verfahren» von Geller und Huchra hätte das Unternehmen viele Jahrzehnte in Anspruch genommen.

enthielt. Nur etwa 600 neue Rotverschiebungen mußten sie ermitteln, um die Gesamtzahl der erfaßten Galaxien auf mehr als 1100 zu erhöhen und damit die tiefste komplette Stichprobe aller Raumregionen vorzulegen. Sie hofften, die Gegenwart des Comahaufens würde ihnen wenigstens *ein paar* interessante wissenschaftliche Daten im Rahmen eines ansonsten langweiligen Projektes liefern. Durch die Geschwindigkeiten vieler Galaxien in der Nachbarschaft des Comahaufens erwarteten sie, das Verhaltensmuster aufeinander zu fallender Galaxien erkennen zu können – wie sich ein dichter Haufen aus dem gleichförmigen Hintergrund von Feldgalaxien bildet. Das war ein wichtiges Phänomen im Kontext des «hierarchischen» Universums von Peebles, des Bottom-up-Modells, das seine Gestalt, wie der Name sagt, von unten nach oben aufbaut – ein Phänomen, für das sich Huchra und Geller zunehmend interessierten.

Diese Zusammenarbeit entstand und entwickelte sich auf dem Nährboden einer engen Freundschaft. Margarets wachsende Beschäftigung mit der beobachtenden Astronomie – eine Abkehr von ihrer wissenschaftlichen Herkunft, der theoretischen Astrophysik – ging unmittelbar darauf zurück, daß sie und John sich so gut verstanden. Dazu war es eine symbiotische Beziehung. Einige Theoretiker (jene, die den Beobachtern offenbar am liebsten sind) gedeihen am besten in einem Medium frischer Daten, und ein Beobachter wie John, der gewöhnlich mehr als hundert Nächte pro Jahr am Teleskop verbringt, verwendet zuviel Zeit und Energie auf die Ermittlung und Verarbeitung der Daten, um sich noch viele Gedanken über ihre Bedeutung machen zu können.

1985 war Valerie de Lapparent Doktorandin an der Harvard University. Ihre Entscheidung, die Dissertation in der beobachtenden und nicht in der theoretischen Astrophysik zu schreiben, hatte ihren Doktorvater an der École Supérieur J. F. in Paris veranlaßt, sie an das Center for Astrophysics zu schicken. Auf der Suche nach einem vernünftigen Projekt für Valerie hatten sich Margaret und John dafür entschieden, sie die Rotverschiebungsverteilung in der «Scheibe» analysieren zu lassen. Sie konnte einen kleinen Teil der Beobachtungsarbeit leisten – John übernahm den Löwenanteil selbst –, und sie konnte sich mit der Datenreduktion vertraut machen, obwohl die regulären CfA-Mitarbeiter die Analyse der Spektren und die Erfassung der Galaxienrotverschiebungen größtenteils im Rahmen ihrer Routineaufgaben erledigen würden. So war Valerie in der angenehmen Situation, sich nur um die Ergebnisse kümmern zu müssen – ihr oblag es, die Computerprogramme zu schreiben, mit denen sich die Verteilung dieser großen Galaxienstichprobe abbilden und darstellen ließ, und herauszufinden, was eine solche Karte über die großräumige Struktur verriet. Dabei waren sich Margaret und John ziemlich sicher, daß Valeries Analyse nur bestätigen würde, wie langweilig die Galaxienverteilung war. In Sorge, die Untersuchung könnte möglicherweise keinen Stoff für eine interessante Doktorarbeit liefern, ermutigten sie ihren Schützling, an anderen Projekten zu arbeiten, während die Daten für dieses zusammengetragen wurden.

So kam es, daß von der ersten Scheibe keine Karten angefertigt wurden, bis alle 600 neuen Rotverschiebungen vorlagen. Eines Tages im Herbst 1985 waren Valeries Computerprogramme dann so weit, daß sie die Ergebnisse auswerfen konnten, in der mittlerweile traditionellen Form eines «Tortendiagramms»: Die Richtung der Galaxien wurde entlang eines Kreisbogens angegeben, der 120 Grad des Himmels erfaßte, während die Galaxienentfernung – in diesem Falle einfach die Rotverschiebung – als Geschwindigkeit der einzelnen Galaxien in der Hubble-Expansion dargestellt wurde. Als das Diagramm sich aus dem Drucker schob, beschlich John ein scheußliches Unbehagen: Irgend etwas an den Rotverschiebungen war entsetzlich falsch. Die Scheibe wies große, leere Zonen ohne Galaxien auf, eingefaßt von dünnen, anmutig geschwungenen Girlanden, die dicht mit Galaxien besetzt waren, als wäre man mit einer scharfen Klinge durch eine Badewanne voller Seifenblasen gefahren. Das konnte nicht wahr sein! Es war einfach nicht zu glauben. Aber was hatten sie falsch gemacht?

Wieder und wieder gingen die drei die Daten durch, prüften, stellten Vergleiche und Quervergleiche an und suchten nach merkwürdigen Korrelationen, aus denen möglicherweise hervorging, welche Fehler sie bei der Beobachtung, der Verarbeitung oder der Darstel-

Großräumige Verteilung: «Tortendiagramm» 253

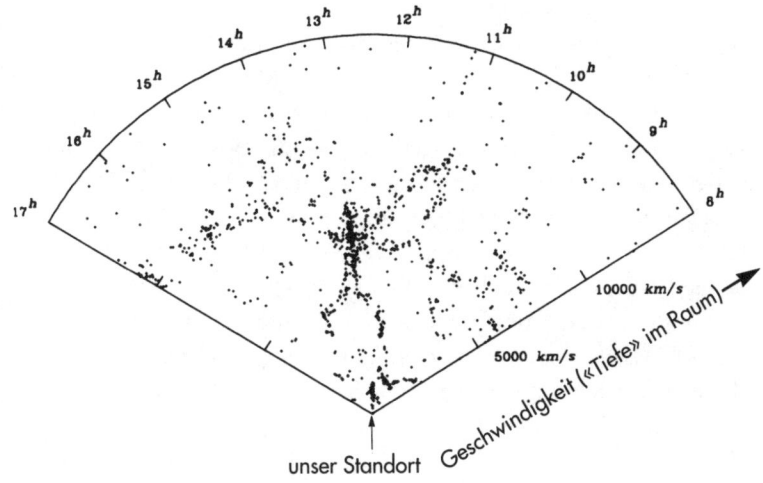

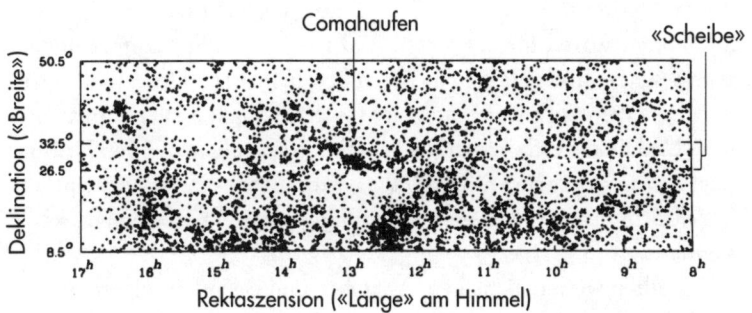

Die erste «Scheibe des Universums» der CfA-Studie. Die Scheibe des Himmelsabschnitts unten, auf der jede Galaxie als Punkt abgebildet ist, entspricht dem fächerförmigen Diagramm oben, wobei der Abstand jeder Galaxie durch ihre Geschwindigkeit (Rotverschiebung) bestimmt ist. Die deutlich erkennbare Struktur, die alles andere als gleichförmig ist, läßt sich auf dem unteren Bild nur andeutungsweise erkennen, tritt aber in dem Tortendiagramm sehr deutlich hervor. (Lapparent, Geller und Huchra, *Astrophysical Journal*, Bd. 302, 1986, Brief 1.)

lung der Daten gemacht hatten. Am folgenden Tag wußten sie die Antwort: Nichts hatten sie falsch gemacht. Das Universum ist so aufgebaut. Vermutlich waren sie die ersten Menschen, die das Muster so eindeutig, so unverkennbar erblickten. Fortan gab es keinen Weg zurück zum gleichförmigen Universum. Was sie ursprünglich hatten retten wollen, hatten sie unwiderruflich zerstört.

Sicherlich darf man nicht sagen, Lapparent, Geller und Huchra hätten *entdeckt*, daß sich die Galaxien auf außerordentlich nichtzufällige Weise anordnen, das heißt, sich in sehr großen Flächen und Ketten durch den Raum ziehen und dabei große Leerräume öffnen und schließen. Die Arbeit vieler Astronomen, vor allem Untersuchungen aus den zehn Jahren zuvor, hatten Ähnliches immer wieder angedeutet. Doch die Untersuchung von Lapparent, Geller und Huchra bedeutete einen Wendepunkt, weil sie ein eindeutiges Bild lieferte, an dem niemand mehr vorbeikonnte – die erste «Scheibe des Universums» zeigte das vielbeschworene Bild, das tausend Worte aufwiegt. Damit hatte die Forschung eine neue Ebene erreicht, und die Fragen mußten neu gefaßt und neu ausgerichtet werden: Wie ausgeprägt waren diese Muster, und wiesen andere Raumregionen von gleicher Größe die gleiche Beschaffenheit auf? Würden noch größere Scheiben noch weiträumigere Gesetzmäßigkeiten erkennen lassen? Und ließen sich so starke Dichtekontraste allein auf den Einfluß der Gravitation zurückführen? Wie hatte sich aus einem vermeintlich gleichförmigen Urknall eine so klumpige Verteilung ergeben können?

Es sollten weitere Scheiben, Analysen und Debatten folgen. So abgedroschen es auch klingen mag, das Ende dieser Auseinandersetzung war ein neuer Anfang. Wir alle, die wir in unserer Arbeit bemüht waren, die großräumige Struktur des Universums zu verstehen, waren uns nun sicher, daß wir uns dem richtigen Gebiet widmeten und daß noch weitere aufregende Entdeckungen vor uns lagen.

DIE SIEBEN SAMURAI

Am 7. August 1983 fand an der Cambridge University das erste Treffen unserer Siebenergruppe statt. Von diesem einstmals verschlafenen englischen Dorf am Fluß Cam war Isaac Newton seinen Gedanken in den Himmel gefolgt und mit einem Universum zurückgekehrt, das nicht nur zu beschreiben, sondern auch zu verstehen war. In einigen wenigen Symbolen und einem einfachen mathematischen Ausdruck für ihre Beziehung hatte er die umfassende kosmische Kraft der Gravitation eingefangen. Die in ihren Bewegungen bis dahin so geheimnisvollen Objekte der gegenständlichen Welt waren unversehens zu Sklaven der Newtonschen «Gesetze» geworden – ob Steine oder Planeten, sie bewegten sich entlang der Bahnen, die er vorhersagte. Newton veränderte die Beziehung der Menschen zum Universum. Mit seiner brillanten Formulierung der Naturregeln schlug er eine Brücke von der Erde zum Himmel und eröffnete den Menschen einen Weg, auf dem sie in ein Reich vordringen konnten, das einst nur den Göttern vorbehalten war.

Mit unseren Bemühungen standen wir sieben in der Tradition jener Wissenschaftler, die seit Generationen versuchten, das Universum in immer größerem und größerem Maßstab zu verstehen. Newton hatte seinem universellen Gravitationsgesetz bis zum Mond und darüber hinaus Geltung verschafft und dabei herausgefunden, daß er mit einem einzigen theoretischen System die Beobachtungen von Galilei, Kopernikus und Kepler erklären konnte: die genauen Umlaufbahnen der Planeten um die Sonne und der vielen Monde, die Jupiter und Saturn umkreisen. Jahrhunderte später überprüfte man die gleichen Regeln für immer größere Systeme und stellte fest, daß sie auch die Sternenbahnen innerhalb der Milchstraße und die kreisförmigen Wege ganzer Galaxien innerhalb riesiger Haufen exakt beschreiben. Zu unseren Lebzeiten hatte man die newtonsche Gravitation auf das gewaltige Gebiet des Lokalen Superhaufens angewandt, und im Zuge unserer eigenen Reise sollten wir sieben ihr über eine Entfernung Geltung verschaffen, die noch zehnmal größer war – eine halbe Millarde Lichtjahre. Was Newton im 17. Jahrhundert entdeckt hatte, bewährte sich auch in Räumen, die weit größer waren, als er es sich vorstellen konnte. Seine Leistung war ein wirklicher Triumph des Geistes.

Doch, wie man in Abwandlung von Konfuzius sagen könnte: Die Reise zu Andromeda beginnt mit einem einzigen Lichtjahr. Und es hatte den Anschein, als wären wir zumindest so weit von unserem Ziel entfernt, als wir 1983 begannen, unseren Weg durch die Superhaufen, das Habitat der elliptischen Galaxien, zu bestimmen. Viele Messungen hatten wir gemacht, um sicherzugehen, aber nicht alle so verarbeitet, daß wir ihnen entnehmen konnten, was wir wissen wollten. Als wir uns eingehender mit ihnen beschäftigten, stießen wir auf viele Einzelheiten und mit ihnen zusammenhängende Probleme, die wir noch nicht bedacht hatten. Und wir sollten auch entdecken, daß es persönliche Aspekte gab, die unserem Unternehmen nützten und schadeten.

Donald Lynden-Bell, unser Gastgeber in Cambridge und Direktor der Observatorien, die dem Institute of Astronomy unterstanden, war neunundvierzig, meist fröhlich und nur gelegentlich etwas unduldsam. Hager und eckig, wie er war, kahlköpfig – mit einem Kranz dünnem weißem Haar, das ihm tief in die Stirn fiel –, hätte er leicht ein Landpfarrer aus einer Dickens-Erzählung sein können. Und tatsächlich hatten viele seiner Vorfahren eine wichtige Rolle in der anglikanischen Kirche gespielt. Durch den vierzehnjährigen Edward, seinen Sohn, kam er nun mit moderneren gesellschaftlichen Gepflogenheiten in Berührung, die ihn häufig verärgerten. Um ganz ehrlich zu sein, Donald war prüde und schämte sich dessen nicht im mindesten. Zu seinen Gunsten ist anzumerken, daß er auf eine ungewöhnlich tolerante Weise prüde war. Meist äußerte sich sein Mißfallen über grobe Redensarten und ungebührliches Verhalten in einem unbehaglichen Stirnrunzeln.

Treffen in Cambridge

Doch an dem strahlenden, sonnigen Tag, an dem Donald uns begrüßte, lächelte er über das ganze Gesicht, denn vor uns lagen zwei produktive Wochen in diesem Land der saftigen grünen Wiesen und der Colleges, die wie Kathedralen aussehen. Gary Wegner, Roger Davies und mich brachte Donald im eigenen Heim unter, wo wir vier und Edward die, wie ich fand, ziemlich spartanische Lebensweise teilten – was vor allem auf die Mahlzeiten zutraf –, doch ich sollte rasch lernen, daß diese Treffen stets viel Arbeit und wenig Annehmlichkeit brachten. Trotzdem begann der erste dieser «um acht im Institut, um Mitternacht zu Hause»-Tage mit einem gewissen Knalleffekt. Einige von uns hatten wohl gemeint, daß wir, wenn wir nur hartnäckig genug sein würden, in zwei Wochen die ersten Ergebnisse unseres nunmehr zweijährigen Projektes vorliegen haben würden. Doch da hatten wir uns gewaltig geirrt. Schon am ersten Tag erfuhren wir, daß eine Riesenlücke in unserem Datenbestand klaffte: Die Spektren, die Sandy Faber mit dem Drei-Meter-Teleskop am Lick-Observatorium ermittelt hatte, waren noch nicht analysiert. In diesem Jahr hatte Sandy unter schweren Rückenproblemen gelitten – vom 1. März bis 15. Juni 1983 war sie bettlägrig gewesen, und auch jetzt konnte sie sich nur mühsam und unter Schmerzen bewegen. Alle Energie, die sie unter diesen Umständen noch aufzubringen vermochte, hatte sie in die Installation des Zehn-Meter-Teleskops auf dem Mauna Kea investiert, dem erloschenen Vulkan auf der großen Insel von Hawaii. So war das Programm unserer elliptischen Galaxien in den Hintergrund gerückt, und wenig war geschehen seit meinem Besuch in Santa Cruz vor fast einem Jahr. Der Umstand, daß ein Drittel der entscheidenden Daten für Geschwindigkeitsdispersionen fehlte, machte alle Hoffnungen, die Daten in eine brauchbare Form zu bringen, augenblicklich zunichte.

Und es zeigte sich bald, daß Sandys Rückenprobleme auch Dave Burstein stark beansprucht hatten. Zwei Monate zuvor waren Dave und Gary nach Santa Cruz gegangen, um mit Sandy zu arbeiten. Leider war Sandy so beeinträchtigt, daß sie nicht mehr tun konnte, als Gary beim Messen der Galaxiendurchmesser auf $7,5 \times 12,5$ Zentimeter großen Polaroidaufnahmen zu helfen – und selbst das erwies sich als äußerst schmerzhaft. Dave hatte eine Aufgabe übernommen, die eigentlich für zwei Leute bestimmt war: In einer Marathon-Computersitzung versuchte er Tausende von inkohärenten Messungen der Galaxienhelligkeit – die Resultate der *Photometrie* – zu einer Stichprobe von vergleichbaren Daten zusammenzufassen. Nachdem er den Umgang mit einem neuen Computersystem gelernt hatte, arbeitete Dave zwölf Stunden an sieben Tagen in der Woche, in dem verzweifelten Versuch, alle diese photometrischen Daten so weit aufzubereiten, daß unsere Gruppe sie in Cambridge analysieren könnte. Eine Atempause hätte er gebraucht, als er nach Cambridge kam, statt dessen wurden ihm neue Pflichten aufgeladen. Donald, Roger, Roberto Terlevich und ich wußten nicht, daß Dave bis an die Grenze seiner Leistungsfähigkeit gegangen war. So waren alle Voraussetzungen für einen gewaltigen Zusammenstoß gegeben.

Bestimmte Probleme zeigten sich augenblicklich. Die Liste der photometrischen Daten, an der Dave in Santa Cruz so lange und so intensiv gearbeitet hatte, sollte in den Mittelpunkt unserer Überlegungen zum weiteren Vorgehen rücken. Dave hatte alle diese Informationen auf Magnetbändern gespeichert und verbrachte nun mehrere Tage in einem anderen Gebäude der Cambridger Observatorien mit dem Versuch, die Daten und die Programme zu übertragen, die er geschrieben hatte. Daß so etwas überhaupt möglich war, war neu für uns und ein mittleres Wunder, aber dazu war zunächst ein ziemlicher Arbeitsaufwand nötig. Dave verschwand.

Währenddessen verliehen Sandy und Gary ihrer Sorge über die Gleichförmigkeit der ausgewählten elliptischen Galaxien Ausdruck – ein Umstand, den sie bei der Arbeit mit den kleinen Polaroidaufnahmen in Santa Cruz entdeckt hatten. Sie und Roberto sollten nun in der Stichprobe, die wir aus den elliptischen Galaxien des südlichen Himmels zusammengestellt hatten, einige störende Trends entdecken und sich der Aufgabe widmen, Abhilfe zu schaffen. Derweilen nahmen Roger und ich unsere gemeinsame Arbeit wieder auf: den Vergleich der Messungen für die Geschwindigkeitsdispersionen – die charakteristischen Sternengeschwindigkeiten – von Galaxien, deren Spektren verarbeitet und analysiert waren. Je eingehender wir uns mit dieser Aufgabe beschäftigten, desto umfangreicher schien sie zu werden und desto weiter schienen wir von einer endgültigen Lösung entfernt. So widmeten wir uns alle unseren Spezialaufgaben und überließen es Donald, sich den Kopf über die «großen Probleme» zu zerbrechen, was ihn zusehends ungeduldig machte. Er war daran gewöhnt, seine Arbeit mit aufbereiteten, veröffentlichten Daten zu beginnen. Zum erstenmal war er nun mit einem Projekt beschäftigt, bei dem die Beobachter noch alle Hände voll zu tun hatten, die Datensätze zu evaluieren, zusammenzustellen und zu validieren. Donald saß ungeduldig in den Startlöchern und wußte genau, wie er vorgehen wollte. Wir waren nur noch nicht fertig.

Ohne einige Beispiele zu liefern, läßt sich kaum klarmachen, wie schwierig diese Aufgaben waren, die zwar nur der Vorbereitung dienten, aber doch von entscheidender Bedeutung waren. Roger und ich versuchten, die Daten über die Geschwindigkeitsdispersionen zu vergleichen, die sich aus den Spektren ergeben hatten. Wie beschrieben, läßt sich die typische Geschwindigkeit der Sterne in einer elliptischen Galaxie – die *Geschwindigkeitsdispersion* – dadurch messen, daß man ermittelt, wie sehr die dunklen Absorptionslinien im Spektrum durch die Dopplerverschiebung verbreitert werden: Höhere Geschwindigkeiten führen zu breiteren Spektrallinien. Absichtlich hatten wir einige Galaxien mit mehr als einem Teleskop gemessen, jedes mit einem eigenen Spektrographen und Detektorsystem ausgerüstet. Die Spektren dieser verschiedenen Beobachtungsinstrumente waren auch durch verschiedene Computerprogramme verarbeitet worden. Nun stellten wir fest, daß zwar einige Daten über Geschwindigkeitsdispersionen sehr gut übereinstimmten, andere jedoch nicht. Waren diese Unterschiede einfach darauf zurückzuführen, daß einige Messungen weniger genau waren (beispielsweise weniger Licht gesammelt worden war), oder lagen sie an konkreten Unterschieden der Instrumente, die die Daten ermittelt hatten, beziehungsweise an der Art, wie unsere Computerprogramme die Breite der Spektrallinien herausgearbeitet hatten? Das versuchten Roger und ich durch Quervergleiche von Beobachtungen gleicher Galaxien durch verschiedene Beobachter an verschiedenen Teleskopen herauszufinden.

Ferner arbeiteten wir an einem weiteren Problem, einem widerborstigen, winzigen Detail, das nun wahrlich nebensächlich erschien, von dem wir aber annahmen, es habe einen zwar kleinen, aber nicht zu vernachlässigenden Effekt. Wir wußten, wir durften nicht zulassen, daß es ungehindert sein Unwesen im Datensatz trieb; sonst mußte es früher oder später wieder zutage treten und uns Kopfschmerzen bereiten. Das Problem erscheint von so belangloser Natur, daß seine Beschreibung Ihnen vielleicht auf die Nerven geht, doch wir mußten verhindern, daß es uns auf die Nerven ging. Um ein Spektrum zu erfassen, läßt man das Licht einer Galaxie zunächst durch eine charakteristische Öffnung fallen. Nun zeigte sich aber, daß die Spektrographen verschiedener Teleskope Öffnungen von verschiedener Größe aufwiesen. Infolgedessen fanden unterschiedliche Bruchteile des Zentrallichts der einzelnen Galaxien in die einzelnen Spektren Eingang. In seiner Dissertation hatte Roger gezeigt, daß die charakteristische Sternengeschwindigkeit einer elliptischen Galaxie, gemessen an dem vermengten Licht von Millionen Sternen, langsam, aber stetig zurückgeht, je weiter man sich vom Zentrum der Galaxie entfernt. Das war nicht unbedingt überraschend – die Planeten, die weiter von der Sonne entfernt sind, kreisen langsamer um das Zentralgestirn als die Planeten, die näher sind –, doch anders als im Falle des Sonnensystems, wo fast die gesamte Masse in der Sonne konzentriert ist, läßt sich das Maß der Verlangsamung bei wachsender Entfernung für elliptische Galaxien nicht so einfach vorhersagen. Wir mußten in Erfahrung bringen, wie groß dieser Effekt ist, erstens, weil wir versuchten, verschiedene Beobachtungen derselben Galaxie zu vergleichen, die mit Öffnungen verschiedener Größe vorgenommen worden waren, und zweitens, was noch wichtiger war, weil unsere Stichprobe Galaxien in höchst unterschiedlichen Entfernungen enthielt. Daraus folgte, daß eine Öffnung von bestimmter Größe bei einer weiter entfernten Galaxie das Licht einer sehr viel größeren Region einließ als bei einer nähergelegenen Galaxie. (Denken Sie an Ihre Versuche, ein Familienfoto zu schießen – wie weit Sie zurückgehen müssen, damit auch Klein-Barbara draufkommt, die an Onkel Arthurs Ärmeln zupft.)

Datensichtung in Cambridge 261

Wenn wir diesen Effekt nicht berücksichtigen, mußten zwei gleiche Galaxien, in höchst unterschiedlichen Entfernungen beobachtet, in unseren Daten zu Unrecht mit deutlich verschiedenen Geschwindigkeitsdispersionen erscheinen.

All das wäre kein Problem gewesen, wenn wir an das Teleskop hätten gehen und die gewünschte Öffnungsgröße hätten eingeben können, so daß wir beispielsweise für eine Galaxie, die viermal so weit entfernt war, eine Öffnung verwendet hätten, die nur ein Viertel so groß wäre. Auf diese Weise hätten wir sicher sein können, den gleichen Bereich zu erfassen. Doch Spektrographen haben nur einige wenige Öffnungsgrößen zu bieten, so wie die Fertigrahmen in Kunstläden: Wer 20 × 25 oder 28 × 35 braucht, der kann sich glücklich schätzen, aber wehe, man hat ein Meisterwerk von 18 × 42 Zentimetern! Entsprechend mußten wir mit der Öffnung beobachten, die unserem Wunschwert am nächsten kam, und manchmal kam sie ihm ganz und gar nicht nahe.

Sorgfältig gingen Roger und ich einige Daten durch, aus denen möglicherweise das zu gewinnen war, was wir eine «Öffnungskorrektur» nannten. Die wollten wir dann im nachhinein auf alle zusammengetragenen Daten anwenden. Für etwa zwanzig Galaxien hatten Roger und Roberto Spektren von Regionen ermittelt, die sich immer mehr vom Galaxienzentrum entfernten, während ich bei einigen Dutzend elliptischen und S0-Galaxien Spektren durch kleine und große quadratische Öffnungen erfaßt hatte. Nach eintägiger Arbeit hatten wir eine ungefähre Verfahrensregel, nach der wir jede gemessene Geschwindigkeitsdispersion um einen bestimmten Betrag, meist fünf bis zehn Prozent, verkleinern oder vergrößern konnten, um den Wert zu erhalten, den wir bei einer Öffnung von angemessener Größe bekommen hätten.

Einen Großteil unserer Zeit mußten wir darauf verwenden, diese kleinen Unstimmigkeiten zu beseitigen, die, wären sie unbeachtet geblieben, unseren Versuch, einen wirklich vergleichbaren Datensatz zusammenzustellen, zunichte gemacht hätten. Doch während Roger und ich Abhilfe für kleinere Beeinträchtigungen der Daten ersannen, stießen Sandy, Gary und Roberto auf weit schwerwiegendere Probleme. Eine ganz entscheidende Voraussetzung unseres Projekts war der Versuch, eine repräsentative Stichprobe elliptischer Galaxien des gesamten Himmels bis zu einer bestimmten Helligkeitsgrenze zu erfassen. Alle unsere Beobachtungen hatten wir in der Überzeugung gemacht, die Kandidaten nach geeigneten Kriterien aufgenommen und ausgeschlossen zu haben. In Cambridge stellten die drei nun fest, daß der Versuch, eine «größenklassenbegrenzte Stichprobe» zusammenzustellen – alle Galaxien, die heller als ein bestimmter Grenzwert waren –, nicht sehr zufriedenstellend ausgegangen war. Zum einen hatten wir uns bislang nicht darum gekümmert, daß unsere Stichprobe einen breiten Himmelsstreifen überhaupt nicht erfaßte. Der nördliche und der südliche Katalog, aus denen wir unsere Galaxien ausgewählt hatten, überschnitten sich nicht, sondern ließen ein fünfzehn Grad breites Band der Himmelsbreite (*Deklination* in astronomischer Ausdrucksweise) unberücksichtigt. Stellen Sie sich eine Weltkarte vor, die innerhalb eines Streifens, der sich vom Äquator ungefähr 1500 Kilometer südwärts einmal um den ganzen Globus zieht, keinerlei Auskunft über die Lage von Kontinenten und Inseln gibt. Uns ging ohnehin ein anderer Himmelsstreifen verloren, in dessen Verlauf der Staub der Milchstraße das Licht ferner Galaxien verschluckt. Dagegen konnten wir wenig tun, aber wir erkannten immer deutlicher, daß wir nicht auch noch den Verlust eines weiteren Himmelsstreifens verschmerzen konnten. Mit Hilfe eines dritten Katalogs mußten Sandy und Roberto also mehrere Tage damit zubringen, die Fotografien der Himmelserfassungen durchzublättern, um weitere Galaxien herauszufinden und zu überprüfen, ob sie innerhalb der Helligkeits-(Größenklassen-)Grenze unserer Stichprobe lagen. Schon bald wußten wir, daß noch nicht einmal die Reisen zu den Teleskopen vorüber waren – es galt noch mehr Galaxien zu beobachten.

Das war zwar niederschmetternd, aber immerhin war klar, was wir dagegen tun konnten. Weniger auffällig, aber möglicherweise weit schlimmer war ein anderes Problem, auf das Sandy und Gary gestoßen waren: Selbst in den katalogisierten Regionen hatte sich die gleichförmige Anwendung der Helligkeitsgrenze auf den gesamten

Datensichtung in Cambridge

Himmel als nicht so erfolgreich wie erhofft erwiesen. Der Katalog des nördlichen Himmels, der Uppsala-Generalkatalog, enthielt Größenklassen-Schätzwerte, die von dem sehr produktiven, reizbaren Caltech-Astrophysiker Fritz Zwicky stammten. Seine ziemlich groben Schätzwerte waren nicht unumstritten; systematische Schwankungen, die sich über den Himmel verteilten, konnten die Stichprobe erheblich verzerren. Allerdings gab es noch eine größere Schwierigkeit: Der Katalog der Südsternwarte (European Southern Observatory – ESO) verzeichnete nicht einmal Größenklassen, sondern führte nur die *Durchmesser* der Galaxien, die auf fotografischen Platten gemessen worden waren. Zwar läßt sich die Galaxienhelligkeit aus dem Durchmesser errechnen: Mit einer leichten Streuung entspricht sie dem Quadrat des Durchmessers, das heißt, eine Galaxie, die beispielsweise zweimal größer ist, strahlt etwa viermal so hell. Doch da die beiden Kataloge sich nicht überschnitten, enthielten sie keine gemeinsamen Galaxien, so daß es keine direkte Methode gab, den einen Katalog dem anderen anzugleichen. So war es keine Überraschung, als Sandy und Gary feststellten, daß Roger und Roberto 1980 bei der Auswahl der südlichen Galaxien mit Hilfe des ESO-Katalogs von nicht ganz zutreffenden Voraussetzungen ausgegangen waren: Die südliche Stichprobe enthielt Galaxien, die etwas kleiner und damit leuchtschwächer waren als die schwächsten am nördlichen Himmel. Unerklärlicherweise hatten sie auch einige der größten Galaxien des südlichen Himmels nicht erfaßt.

Wie Sandy erkannte, konnte dieses Problem all unsere Pläne über den Haufen werfen. Ihr war klar, daß es am Ende darauf ankommen würde, genau zu wissen, wie die Galaxien der Stichprobe ausgewählt und wie konstant die Auswahlkriterien auf den ganzen Himmel angewandt worden waren – dann nämlich, wenn wir mit unseren Daten eine Karte des Universums anfertigen und die Verteilung und Bewegung der Galaxien mit den «Modelluniversen» unserer Computersimulationen vergleichen würden. Nur zu gut erinnerte sich Sandy an die gestrenge Kritik, auf die ihre Mentorin Vera Rubin und Kent Ford mit ihrer Studie gestoßen waren – und zwar aus den gleichen Gründen, die dazu geführt hatten, daß ihr bemerkenswerter Bericht über große Eigengeschwindigkeiten noch immer in der wissenschaftlichen Vorhölle schmorte. Aus diesem Grund hatten Sandy und Gary noch in Santa Cruz Fotografien jeder nördlichen Galaxie in unserer Erhebung untersucht, wobei sie Polaroidkopien benutzt hatten, die ihr Doktorand Jesus Gonzales (die nervtötenden Arbeiten bleiben unvermeidlich an Studenten hängen) aus dem Palomar-Sky-Atlas angefertigt hatte. Unabhängig voneinander hatten sie die Durchmesser jeder Galaxie sorgfältig «von Hand» vermessen, wobei sie sich von der Verläßlichkeit dieser Schätzwerte durch Vergleiche ihrer unabhängigen Messungen überzeugten. Angesichts der Fragen, die sich hinsichtlich der südlichen Stichprobe stellten, beschlossen sie, den Prozeß für jede Galaxie des südlichen Himmels zu wiederholen, wobei sie Roberto baten, ihnen bei der langwierigen Arbeit zu helfen, indem er einen einheitlichen Satz von Polaroidkopien aus dem ESO-Atlas des südlichen Himmels anfertigte. Damit konnten sie zum erstenmal die südliche und nördliche Stichprobe verknüpfen: Sie wiederholten die Messungen für einige nördliche Galaxien, die vom australischen Sky-Survey-Teleskop aufgenommen worden waren (die nördlichen und südlichen Fotografien überschneiden sich durchaus, nur die Kataloge nicht, die aus ihnen zusammengestellt worden sind).

In den nächsten Tagen bekamen wir Gary, Sandy und Roberto kaum zu Gesicht. Viel später berichtete Sandy uns, die Schmerzen, die sie empfunden habe, als sie sich über die Karten beugte und sie untersuchte, «haben mich fast umgebracht». Doch am Ende hatten die drei in sich schlüssige Werte für die Durchmesser aller elliptischen Galaxien, des nördlichen wie des südlichen Himmels. Jetzt ließ sich für die südliche Stichprobe eine Durchmessergrenze bestimmen, mit deren Hilfe wir Galaxien auswählten, die ebensoschwach wie die elliptischen Galaxien im Norden waren. Da leuchtschwächere Galaxien im Durchschnitt weiter entfernt sind, bedeutete dies, daß es uns endlich gelungen war, nach allen Richtungen hin gleich tief ins All einzudringen.

Im Fortgang unserer Aufgaben hatte Dave alle Hände voll zu tun mit seiner photometrischen Datensammlung, einem buntgemischten Bestand, in dem die Hälfte der Messungen von unserer Gruppe

Datensichtung in Cambridge

stammte, die andere Hälfte jedoch über Jahre von Dutzenden anderer Astronomen zusammengetragen worden war. Einige der älteren Daten waren schlecht geeicht und unzuverlässig. Die Zeit in Santa Cruz eingerechnet, hatte Dave Wochen mit dem Versuch zugebracht, die guten von den schlechten zu trennen, und er war noch immer nicht fertig.

So ging es Tag um Tag: Zu zweit oder in Dreiergruppen arbeiteten wir die wachsende Liste von Fragen ab, die geklärt werden mußten, bevor wir uns an eine weiter gehende Datenanalyse machen konnten. Mittlerweile war uns klargeworden, daß wir uns glücklich schätzen durften, wenn es uns gelingen sollte, die Probleme der Datenauswahl, -qualität und -korrektur zu lösen, bevor wir Cambridge verließen. Doch im Verlauf dieser Arbeit begann sich ein konkreteres Ziel abzuzeichnen, das dann in den Mittelpunkt unserer zweiten Woche rückte. Es zeigte sich nämlich, daß mehr erforderlich war, als nur all die verschiedenen Messungen durch entsprechende Korrekturen anzugleichen. Wir mußten so bald wie möglich entscheiden, welche Messungen für die Untersuchung der elliptischen Galaxien besonders wichtig waren. Um diese Frage ging es dann auch beim täglichen Gruppentreffen in Donalds Büro. Wir hatten bereits beschlossen, aus jedem Spektrum die Geschwindigkeitsdispersion und die Magnesium-Linienintensität herauszuziehen, letztere als Indikator für die relative Häufigkeit der «Metalle» in den Sternen der einzelnen Galaxien. Hier ließ sich wenig mehr tun, als sicherzustellen, daß diese Messungen zuverlässig und in sich schlüssig waren. Doch die photometrischen Daten, die Messungen, die die Helligkeit jeder Galaxie festgehalten hatten und mit einer Vielzahl verschiedener Öffnungen vorgenommen worden waren, ließen in dieser Hinsicht eine Fülle von Möglichkeiten offen, und wir waren uns noch nicht schlüssig, wie wir derart komplexe Daten so beschreiben wollten, daß sie Aufschluß über die Beschaffenheit von elliptischen Galaxien gaben. Mehr und mehr konzentrierte sich die Diskussion deshalb auf die photometrischen Daten, an denen Dave arbeitete.

Dave hatte die Magnetbänder mitgebracht, auf denen er die in Santa Cruz geschriebenen Daten und Programme gespeichert hatte.

Damals waren die Computersysteme noch so verschieden von Institut zu Institut, daß man kaum versuchte, die Daten zu übertragen, sondern sie einfach auf Papierbögen mitbrachte. Brauchte man einen Computer, schrieb man neue Programme auf dem System, das gerade zur Hand war. Doch nun breiteten sich überall in der Welt der Astronomen die VAX-Computer der Digital Corporation aus. Wenn es Dave gelang, die Daten, die er auf dem VAX-Computer am astronomischen Fachbereich in Santa Cruz festgehalten und bearbeitet hatte, auf das VAX-System hier in Cambridge zu übertragen, bedeutete das eine Arbeitsersparnis von mehreren Wochen. So vertiefte er sich in den Computer, wobei er häufig die Hilfe von Systembetreuern oder anderen Astronomen in Anspruch nahm, während er sich bemühte, den Cambridger Computer dazu zu bringen, die Daten aus Santa Cruz zu lesen und die dort entwickelten Programme auszuführen. Obwohl er auch dazu mehrere Tage brauchte, empfanden wir alle es als Wunder, daß es überhaupt möglich war, und freuten uns mit Dave, wie sich die Welt der Computer zu unseren Gunsten veränderte.

Doch als Dave seine eremitenhafte Abgeschiedenheit am Computer verließ, mußte er feststellen, daß Donald Lynden-Bell seine Bemühungen keineswegs zu schätzen wußte. Ganz im Gegenteil, er war unzufrieden mit dem, was Dave geleistet hatte, und zeigte sich immer noch verärgert darüber, daß die Daten nicht *augenblicklich* für die endgültige Analyse zur Verfügung gestanden hatten, vom ersten Tag unseres Cambridger Aufenthaltes an. Dave wurde wütend. Er hatte sich unglaublich abgerackert, um so weit zu kommen, und war dabei fast bis an die Grenze seiner Leistungsfähigkeit gegangen. Dafür hatte ihm die Gruppe wenig Dankbarkeit bezeigt, wie er fand, und nun äußerte Donald sogar noch offene Kritik an ihm.

Hauptsächlich hatte Dave Computerprogramme geschrieben, die verschiedene Helligkeitsmessungen einer Galaxie kombinierten und die Beziehung zwischen aufgezeichnetem Licht und Öffnungsgröße für die einzelnen Observatorien berechneten. Da Galaxien keine Punktquellen sind wie Sterne, hängt das gesammelte Licht von der Größe der Öffnung ab: Wenn die Öffnung nicht viel größer als die

Galaxie ist, wird um so mehr Licht gesammelt, je größer die verwendete Öffnung ist, das heißt, je mehr man von der gesamten Lichtmenge der Galaxie einbezieht. Ein Diagramm, das den Zusammenhang zwischen dem Zuwachs an gemessener Helligkeit und Öffnungsgröße zeigt, bezeichnet man als «Wachstumskurve». Daves Programm setzte den Computer in die Lage, die Parameter der Kurve zu finden, die diesen Datenpunkten am besten entsprachen, wobei er eine mathematische Formel verwendete, die Jahre zuvor von Gerard de Vaucouleurs vorgeschlagen worden war. Nach Wochen harter Arbeit in Santa Cruz und hier in Cambridge war Dave besonders stolz auf die Art und Weise, wie er die Daten miteinander in Einklang gebracht hatte, ihre Zuverlässigkeit und Schwächen herausgefunden hatte und einen optimalen Schätzwert für den Gesamtradius und die Gesamtleuchtkraft jeder Galaxie liefern konnte.

Und ausgerechnet an diesen «Gesamtparametern» machte Donald nun seine Unzufriedenheit mit der Methode fest. Zur Abwechslung lag der Fehler diesmal bei den Sternen und nicht bei uns. Mit großer Genauigkeit können wir das Licht eines einzigen Sterns messen, aber das Licht aus einer dieser zusammengesetzten elliptischen Galaxien sickert so langsam nach draußen, daß wir nie sicher sein können, «alles eingefangen» zu haben. In größerer Entfernung vom Zentrum wird das Licht so schwach, daß es vom Leuchten des Nachthimmels übertroffen wird, was Messungen natürlich außerordentlich erschwert. Dieses Problem hatte Dave durch Vaucouleurs' «Wachstumskurve» gelöst, die ihm ermöglichte, die Parameter des Gesamtlichts und der vollständigen Größe zu schätzen – Werte, die jenseits der tatsächlichen Messungen lagen. Nachdem er die Wachstumskurve an den genau gemessenen Daten der inneren Region ausgerichtet hatte, *extrapolierte* er das Gesamtlicht und die Gesamtgröße der betreffenden Galaxie in der Annahme, daß die Kurve die abnehmende Intensität bei wachsender Entfernung vom Zentrum exakt vorhersage.

Es war eine religiöse Frage. Für Donald war die Extrapolation das Böse schlechthin – der wahrscheinliche Grund für einen Großteil der Streuungen, die die grundlegenden Beziehungen zwischen Galaxienhelligkeit einerseits und Geschwindigkeitsdispersion und Magnesium-Linienintensität auf der anderen Seite aufwiesen. Deshalb verlangte er von Dave Größen- und Helligkeitsdaten, die *Interpolationen* waren, Durchschnittswerte zwischen gemessenen Datenpunkten. So veranlaßte Donald die Gruppe zur Suche nach neuen Parametern, die auf keine Extrapolationen angewiesen waren. Etwa eine Stunde am Tag veranstalteten wir in seinem Büro ein Brainstorming zur Frage, welche interpolierten Größen von Interesse für das Problem der elliptischen Galaxien sein könnten. Unsere Ideen übersetzten wir in Aufgaben für Dave: Er sollte Computerprogramme schreiben, die bestimmte Größen extrahierten, miteinander verglichen, sie kombinierten und für Hunderte von Galaxien der Stichproben abriefen. Diese ständigen Revisionen und Vorschläge trugen nicht gerade dazu bei, Daves ohnehin schon erhebliche Arbeitsbelastung zu reduzieren.

Der letzte Parameter, den wir in diesen Sitzungen entwickelten, sollte sich als der wichtigste erweisen. Donald hatte ihn erfunden, ein besonderer Durchmesser, den wir folgendermaßen definierten: «Der Durchmesser, bei dem die Galaxie die durchschnittliche Flächenhelligkeit [Licht pro Flächeneinheit] eines vorher festgelegten Werts aufweist.» Natürlich nimmt die Flächenhelligkeit eines Galaxienbildes ab, je mehr man von der Galaxie erfaßt, wird sie doch nach außen hin rasch leuchtschwächer. Also stellten wir zu jeder Galaxie die Frage: Bei welchem Radius erreicht sie eine bestimmte Durchschnittshelligkeit? Der Wert, für den wir uns entschieden, betrug 20,75 Größenklassen pro Quadratbogensekunde – was ungefähr doppelt so hell ist wie der Nachthimmel selbst. Auf diese besondere Weise definiert, enthielt Donalds neues Maß für den Durchmesser sowohl Informationen über die Größe wie über die Helligkeit einer Galaxie, mit dem zusätzlichen Vorteil, daß es sich aus den Messungen interpolieren ließ – also keine der von Donald so verabscheuten Extrapolationen erforderte.

Viel zu viel hatten wir auf Dave abgeladen: Er allein hatte sich mit dem Computer vertraut gemacht, und statt es selbst zu versuchen, fanden wir es bequemer, ihn zu bitten, ein kleines Programm

Datensichtung in Cambridge

zu schreiben oder zwei, drei Diagramme zu entwickeln, um uns unsere Aufgaben zu erleichtern. Jeden Tag sah Dave etwas erschöpfter und angespannter aus, doch keiner von uns schien es zur Kenntnis zu nehmen. Donalds letzte Bitte – es ging um den besonderen durch die Flächenhelligkeit definierten Durchmesser – war der sprichwörtliche Tropfen, der das Faß zum Überlaufen brachte. Dave explodierte und schrie uns an, wir hätten keine Ahnung, was er leiste, und er hätte es satt, sich «ausnutzen» zu lassen. Wir sollten uns gefälligst ein bißchen Mühe geben und den Umgang mit dem Computer lernen. Wütend erklärte er uns, er sei nicht unser Sklave, sondern unser Partner.

Wir waren bestürzt. Angesichts der körperlichen und geistigen Anforderungen, die diese zwei Wochen äußerst intensiver Arbeit an uns gestellt hatten, war ein solcher Zusammenstoß eigentlich zu erwarten gewesen. Dennoch erlebten wir alle zum erstenmal, daß sich Gefühle so deutlich und nachdrücklich in einem wissenschaftlichen Projekt zu Wort meldeten. Auch Sandy litt: Ihre Rückenprobleme bedrückten sie sehr, es war ihr peinlich, daß sie ohne ihre Daten nach Cambridge gekommen war, und den größten Teil der Zeit verbrachte sie auf einem Feldbett in Donalds Büro. Donald war gereizt und wartete ebenso ungeduldig auf erste Resultate wie Roger und ich. Allmählich begriffen wir, daß dieses Projekt anstrengend und schwierig werden würde. Andere Gruppenmitglieder würden die Nerven verlieren, und es würde zu weiteren Zusammenstößen kommen. Die persönlichen Beziehungen gewannen eine Bedeutung, wie wir es in unserer Arbeit noch nie erlebt hatten. Zweifellos mußte das die Aufgabe erschweren, die vor uns lag, es gab uns aber auch die Möglichkeit, die anderen nicht nur als Kollegen, sondern auch als Menschen kennenzulernen.

Die Gemüter beruhigten sich wieder, und wir kehrten an unsere Arbeit zurück. Allerdings hielten wir es für angebracht, einmal auszuspannen, uns etwas zu erholen und den Zauber dieses altehrwürdigen Horts der Studien und der Kontemplation zu genießen. Wir nahmen uns einen Nachmittag zum «Puntfahren» frei. Dazu mieteten wir uns zwei der kleinen, flachen Boote und schoben sie den Cam

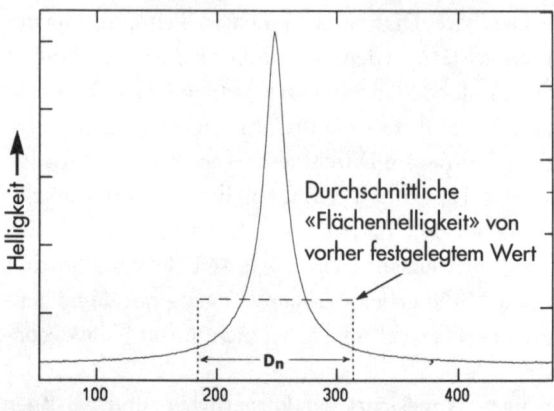

Die Helligkeitskonturen einer elliptischen Galaxie (unten). In einem Querschnitt des «Intensitätsprofils» (oben) ist der «Donald-Durchmesser» D_n schematisch dargestellt.

hinauf, indem wir sechs Meter lange Stangen in den schlammigen Flußgrund stießen. Unser Ziel war das Nachbardorf Grantschester, wo ein Picknick vorgesehen war. Jeder versuchte sich an dieser unbeholfenen, aber merkwürdig befriedigenden Fortbewegungsart. Ich war außerordentlich stolz, daß ich die Fertigkeit so rasch beherrschte, als plötzlich der Modder des Flußbodens meine Stange fest umklammerte und nicht wieder hergab. Heimtückisch trieb das Boot weiter, während ich, mich hartnäckig weigernd, die Stange loszulassen, zum Heck des Bootes stolperte. Kurz davor, ein unfreiwilliges Bad im Schlammwasser zu nehmen, wurde ich von einem Mitinsassen im letzten Augenblick ins Boot zurückgerissen. Rasch entschwand die Stange und führte uns als fester Bezugspunkt vor Augen, welch erstaunliche Geschwindigkeit wir erreicht hatten. Unter einigen Mühen gelang es unseren beiden Bootsbesatzungen mit vereinten Kräften, die Boote zu wenden und der Stange wieder habhaft zu werden, so daß wir unseren Weg fortsetzen konnten. In mehr als einer Hinsicht war das eine Metapher für die andere Reise, die wir gemeinsam unternahmen.

Cambridge verließen wir mit dem Empfinden, von unserem Ziel weiter entfernt zu sein als am Tag unserer Ankunft, tatsächlich aber hatten wir viel erreicht. Wir waren mit unseren gesammelten Indizien und Beweisen angereist. Naiv hatten wir erwartet, mit ein bißchen detektivischer Arbeit den «Fall rasch zu lösen», das heißt, Hinweise auf das Wie und Warum elliptischer Galaxien zu finden. Statt dessen hatten wir die «Polizeiakte» unserer Verdächtigen vervollständigt. Dabei handelte es sich nicht mehr nur um die Angaben im Personalausweis – Größe, Augen- und Haarfarbe –, sondern auch um die des Schneiders: Kleidergröße, Ärmellänge, Saumlänge, Taille und Hosenlänge, möglicherweise sogar Hut- und Schuhgröße.

Wir wollten herausfinden, wie elliptische Galaxien zusammengesetzt sind, aber wir hatten noch keine klare Vorstellung, welches die wichtigen Beweisstücke waren. Wie Detektive setzten wir Einzelheiten zusammen, alle, die uns in die Hände fielen, und hofften, daß sich einige Stücke, wenn nur genügend Fakten zusammenkämen, ineinanderfügen würden und ein Bild ergäben. Um einen Eindruck von dem zu vermitteln, was wir 1983 taten, will ich noch einen Augenblick bei diesem Vergleich mit der Anatomie des Menschen verweilen. Begrenzen wir aus Gründen der Einfachheit unsere Studien auf die Anatomie des Mannes – indem wir nur elliptische Galaxien in die Stichprobe aufgenommen hatten, war so etwas wie eine Auswahl nach Geschlecht erfolgt. Nehmen wir an, wir möchten die Größenunterschiede von Männern verstehen und wählen deshalb als primären Parameter die Größe – ein recht fundamentales Maß, um zu entscheiden, mit «wieviel Mensch» wir es zu tun haben. Es liegt auf der Hand, daß die Größe ziemlich eng mit dem Körpergewicht verknüpft ist – größere Menschen wiegen im allgemeinen mehr. Aber natürlich ist auch klar, daß diese Korrelation keineswegs vollkommen ist: Einige Menschen sind dünn und andere nicht. Aus der Größe allein läßt sich also das Gewicht eines Mannes nicht genau vorhersagen. Doch nehmen wir an, wir fügen die Information hinzu, ob der Mann «Masse» hat, um einen höflichen Ausdruck zu verwenden. In den «Schneiderangaben» über jede Versuchsperson entdecken wir, daß eines der Maße, der Taillenumfang, ein guter Kandidat für diesen *zweiten* Parameter ist. Mit anderen Worten, die «Reste» der Beziehung zwischen Größe und Gewicht (ob ein Mann schwerer oder leichter ist als der Durchschnitt bei seiner Größe) korrelieren mit dem Taillenumfang: Überdurchschnittliches Gewicht bei einer bestimmten Größe tritt zusammen mit einem größeren Taillenumfang auf. Wenn wir den ersten Parameter, die Größe, und den zweiten Parameter, den Taillenumfang, als Eingabedaten verwenden, können wir weit genauere Vorhersagen zum Gewicht machen als mit der Größe allein. Zweifellos würden wir bei einem Geschöpf, das so kompliziert wie der Mensch ist, ohne Überraschung zur Kenntnis nehmen, daß auch zwei Parameter nicht ausreichen, um das Gewicht exakt vorherzusagen. So wären beispielsweise Körper*proportionen*, etwa die Beinlänge als Bruchteil der Gesamtgröße, ein weiteres Schneidermaß, das, in unsere Gleichung aufgenommen, zu einer noch besseren Vorhersage führen könnte.

Erster Parameter: Leuchtkraft 273

Man könnte sich auf Informationen wie diese beschränken, um die Beschaffenheit von Menschen zu verstehen, oder sie zur Klärung einer Reihe von praktischen Fragen heranziehen. So würde ein Mediziner über den «Masseparameter» hinausgehen und entdecken, daß der Taillenumfang eng mit der Zahl der Fettzellen im Körper korreliert und daß diese wiederum von der Erbanlage und dem Verhalten des betreffenden Menschen abhängt. Hier würde sich also zeigen, daß der Taillenumfang nur die Manifestation eines fundamentaleren Parameters ist, der mit der Biologie – und letztlich mit der Biochemie – zu tun hat. So hätte uns also dieser einfache wissenschaftliche Ansatz, an dessen Anfang eine Liste mit ein paar grundlegenden Maßen für eine Gruppe von Versuchspersonen stand, zu wichtigen Schlußfolgerungen über die menschliche Entwicklung und sogar das Zellwachstum geführt. Diese Information läßt sich aber auch für rein nützliche Zwecke verwenden: Beispielsweise könnte ein Möbeldesigner unter Berücksichtigung von Größe, Gewicht, Masse und anderen Parametern einen bequemeren Sessel entwerfen oder sein böser Zwilling einen Flugzeugsitz der Touristenklasse ersinnen, der sich über alle Bedürfnisse des Menschen hinwegsetzt und die Grenzen seiner Duldungsfähigkeit auslotet.

Um zu verstehen, welchen Nutzen zusätzliche Parameter für die Messung von Galaxienentfernungen haben, wollen wir uns an einen oben verwendeten Vergleich erinnern: Dort haben wir uns vorgestellt, wir würden die Entfernung zu den Nachbarhäusern durch einen Vergleich der scheinbaren Größe ihrer Bewohner bestimmen. Zusätzliche Informationen könnten uns bei dieser Aufgabe helfen, etwa die Erkenntnis, daß Menschen, deren Beinlänge einen größeren Bruchteil ihrer Körperlänge ausmacht, im Durchschnitt größer sind. Ganz ähnlich verhielt es sich in unserer Untersuchung. Der primäre Parameter für elliptische Galaxien war bereits aus Sandy Fabers Dissertation bekannt. Dieser «erste Parameter» ist die Gesamtleuchtkraft der Galaxie und steht in enger Beziehung zu ihrer Masse. Genau wie bei Menschen verändern sich die Merkmale von elliptischen Galaxien – Dinge wie Größe, Geschwindigkeitsdispersion und Metallvorkommen – auf höchst bemerkenswerte Weise mit dem einfachen Maß, das darüber Auskunft gibt, wieviel Galaxie vorhanden ist: leuchtstärkere Galaxien sind größer, haben höhere Geschwindigkeitsdispersionen und größere Metallvorkommen. Aber ganz offenkundig hatten wir es hier nicht mit einer Ein-Parameter-Familie (wie wir es nannten) zu tun, weil weder die Geschwindigkeitsdispersion noch die Magnesium-Linienintensität, das Maß für das Metallvorkommen, *exakt* mit der Leuchtkraft korrelierten. Wie Terlevich, Davies, Faber und Burstein in ihrer Studie festgestellt hatten, wiesen beide Größen bei einer gegebenen Leuchtkraft ziemliche Schwankungen auf: Das ließ mindestens auf einen Parameter mehr schließen. Sie hatten die Form der Galaxie – wie länglich sie war – zum Kandidaten für den zweiten Parameter erkoren, so, wie im obigen Beispiel der Taillenumfang als Manifestation eines zweiten Parameters diente (wenn auch nicht unbedingt als der Parameter selbst, die eigentliche Ursache). Doch wie wir 1983 bereits wußten, lieferten unsere neuen Daten keine Bestätigung dafür.

Wenn es uns nicht gelang, einen neuen zweiten Parameter zu entdecken, konnten wir kaum hoffen, mehr über die Besonderheiten von elliptischen Galaxien zu erfahren. Wenn wir hingegen Erfolg damit hatten, die wirkliche Helligkeit (Leuchtkraft) jeder elliptischen Galaxie durch ein Maß ihrer Geschwindigkeitsdispersion und irgendeinen «zweiten Parameter» exakt vorherzusagen – so, wie sich das Gewicht aus Größe und Taillenumfang vorhersagen läßt –, dann hätten wir weit besser sagen können, wie elliptische Galaxien entstanden sind und wie sie sich entwickelt haben. Weiter wären wir mit einer exakten Vorhersage der Leuchtkraft besser in der Lage gewesen, die genaue Entfernung der Galaxie anzugeben und dergestalt Galaxie um Galaxie die Hubble-Expansion zu kartieren. Unter dem Druck der Notwendigkeit, einen zweiten und vielleicht sogar dritten Parameter zu finden, bemühten wir uns, jeden meßbaren Parameter zu berücksichtigen, der uns einfiel.

Das sollte sich auszahlen. Im Laufe des nächsten Jahres arbeiteten die meisten von uns sporadisch an dem Projekt, doch im Winter 1984 erzielte Donald Lynden-Bell den erforderlichen Durchbruch. Als er

Der «Donald-Durchmesser» 275

aufs Geratewohl mögliche Zusammenhänge zwischen den Parameter-Tabellen überprüfte, die Dave so mühsam zusammengestellt hatte, entdeckte Donald eine ausgezeichnete Korrelation zwischen Geschwindigkeitsdispersion und einem der neuen Parameter. Es war der, den er selbst ersonnen hatte, derjenige, der Dave endgültig seine Fassung geraubt hatte. Spaßeshalber hatte Dave ihn «Donald-Durchmesser» getauft. (Im Jahr darauf wurde er häufig nur als «Donald» bezeichnet, was einige Verwirrung und eine Reihe sehr komischer Sätze produzierte.)

Wie Donald entdeckte, war die Korrelation zwischen Geschwindigkeitsdispersion und «seinem» Durchmesser, dem Durchmesser, innerhalb dessen die durchschnittliche Helligkeit pro Flächeneinheit einen vorher festgelegten Wert erreichte, die bei weitem engste Beziehung, die man bei diesen Galaxien bisher beobachtet hatte. Für die elliptischen Galaxien im Virgo- und Comahaufen bildeten die Daten eine schmalere Linie als selbst die Beziehung zwischen Leuchtkraft und Geschwindigkeitsdispersion, die der Eckpfeiler unserer Studie gewesen war. Als er die Leuchtkraft als ersten Parameter durch den «Donald-Durchmesser» ersetzte, hatte er damit eine Möglichkeit gefunden, mit Hilfe der Geschwindigkeitsdispersion – eines Maßes, das unabhängig von der Entfernung der Galaxie ist – die Galaxiengröße, die *direkt* von der Entfernung abhängt, mit ziemlicher Genauigkeit vorherzusagen. Und genau das brauchten wir, um eine Karte von der Hubble-Strömung anzufertigen: eine Entfernung für jede Galaxie in unserer Stichprobe.

Von Donald brieflich über diese Entdeckung in Kenntnis gesetzt, schrieb Dave am 1. April 1984 einen Bericht für die Gruppe, in dem er schilderte, wie erstaunlich eng die Beziehung zwischen Donald-Durchmesser und Geschwindigkeitsdispersion war. Die komplizierte Erörterung in Daves Brief, die noch weitere Korrelationen mit anderen Parametern erfaßte, machte deutlich, daß wir keineswegs verstanden, warum diese besondere Korrelation so gut war. Es war jedoch klar, daß es die beste war, die wir entdeckt hatten – zweifellos ein wichtiger Schritt in Richtung unseres Ziels.

Nicht lange danach begannen wir zu verstehen, warum sich der

Donald-Durchmesser so gut bewährte. Zufällig hatte Donald eine Größe definiert, die den ersten Parameter, Galaxienleuchtkraft, mit dem Parameter verband, der sich wirklich als der zweite herausstellen sollte, mit der Flächenhelligkeit (Helligkeit pro Flächeneinheit). Der australische Astronom Ken Freeman, stets ein unkonventioneller und provozierender Freidenker in Sachen Galaxienentstehung, hatte schon Jahre zuvor, als Gutachter für den Artikel von Terlevich *et al.**, die Flächenhelligkeit als den besten Kandidaten für einen zweiten Parameter bezeichnet. In seinem Bericht hatte Freeman erläutert, warum er die These der Autoren, die Galaxien-*elongation* sei der zweite Parameter, für falsch hielt und statt dessen meinte, die Flächenhelligkeit, die durchschnittliche Helligkeit pro Flächeneinheit innerhalb eines bestimmten Radius, sei ein weit aussichtsreicherer Parameter. Um seine Auffassung zu belegen, schickte er ein Diagramm über die Beziehung zwischen Flächenhelligkeit und Abweichungen von der Korrelation zwischen Leuchtkraft und Geschwindigkeitsdispersion mit. Dort zeigte sich eine starke Tendenz oder – anders gesagt – in den meisten Fällen, daß eine Galaxie, wenn sie für ihre Leuchtkraft eine ungewöhnlich hohe Geschwindigkeitsdispersion aufwies, auch eine große Flächenhelligkeit hatte – und umgekehrt bei einer zu niedrigen Geschwindigkeitsdispersion eine geringe Flächenhelligkeit besaß. Für die Flächenhelligkeit sprach tatsächlich sehr viel, von vier sehr abweichenden Punkten abgesehen. Dazu meinte Freeman ironisch, man dürfe die vier unliebsamen Galaxien getrost vernachlässigen. Damit spielte er auf den zur Diskussion stehenden Artikel an, in dem sich die Autoren, wie erwähnt, dazu entschlossen hatten, vier abweichende Punkte außer acht zu lassen, die sich nicht in die vorgeschlagene Delta-Delta-Beziehung einfügten. Empört schrieb Roberto Terlevich den Mitautoren Faber, Burstein und Davies, er

---

* Die meisten wissenschaftlichen Zeitschriften schicken eingereichte Artikel an einen oder mehrere Gutachter, die – anonym, wenn sie möchten – ihr Urteil über Wert, Richtigkeit und Publikationswürdigkeit der Aufsätze abgeben.

Zweiter Parameter: Flächenhelligkeit 277

habe die Möglichkeit, daß die Flächenhelligkeit der zweite Parameter sei, gleich zu Anfang untersucht – sie biete sich schließlich an –, sie jedoch verworfen, als er gesehen habe, wie schwach die Korrelation sei. Er frage sich, mit welchem Recht Freeman diese vier völlig aus dem Rahmen fallenden Galaxien ausklammere. Freemans ironische Spitze war Roberto völlig entgangen.

Doch in den folgenden Jahren war die Bedeutung der Flächenhelligkeit als Parameter zunehmend erkannt worden. Natürlich war die grundlegende Korrelation zwischen Leuchtkraft und Geschwindigkeitsdispersion leicht einzusehen: Mehr Masse bedeutete eine größere Gravitationskraft und infolgedessen höhere Geschwindigkeiten der Sterne in der Galaxie. Doch hängt die Gravitationskraft noch stärker von der Entfernung zwischen den sich anziehenden Körpern als von der Gesamtmasse ab. So leuchtete gleichfalls ein, daß im Vergleich zweier elliptischer Galaxien mit gleicher Leuchtkraft (und damit vermutlich der gleichen Sternenmasse) das kleinere, kompaktere System eine höhere Geschwindigkeitsdispersion aufwiese, weil die Sterne näher beieinander wären und sich, da sie stärkeren Gravitationskräften ausgesetzt wären, rascher bewegen würden. Bei gleicher Leuchtkraft müßte eine kompaktere elliptische Galaxie mithin (gleiche Leuchtkraft bei geringerer Größe bedeutet größere Flächenhelligkeit) auch eine höhere Geschwindigkeitsdispersion besitzen. Tatsächlich ist die Korrelation aller drei Parameter in der Physik unter dem Namen *Virialsatz* durchaus bekannt.

Zufällig hatten wir eine Ein-Schritt-Messung entdeckt, die zwei Eigenschaften von elliptischen Galaxien, Größe und Helligkeit, zu einer zusammenfaßte – dem Donald-Durchmesser. Das vereinfachte die Dinge, denn es reduzierte die Drei-Parameter-Korrelation zu einer Zweierbeziehung. Alle diese Zusammenhänge verdeutlichte Sandy Faber ein Jahr später, als sie die Eigenschaften von elliptischen Galaxien in einem dreidimensionalen «räumlichen» Diagramm darstellte, das die Beziehung zwischen Leuchtkraft, Größe und Geschwindigkeitsdispersion erfaßte. Wie sie feststellte, häuften sich die Punkte in einer flachen Verteilung, die sie als «fundamentale Ebene» bezeichnete.* Doch aus dem richtigen Blickwinkel betrachtet, entlang der Ebene, sah sie wie eine gerade Linie aus (etwa so, als wenn Sie sich eine Tischplatte entlang der Kante anschauen). Durch die Zusammenfassung von Leuchtkraft und Größe im Donald-Durchmesser hatten wir diesen besonderen Blickwinkel zur Ebene eingenommen, so daß uns die Beziehung zwischen drei Variablen nur als Korrelation von zweien erschien – eine gerade Linie aus unserer Perspektive.

Dave begann mit Donalds neuem Spielzeug zu spielen. So prüfte er, ob sich die Korrelation zwischen Größe und Geschwindigkeitsdispersion beim Rest unserer Stichprobe als ebensoeng erwies wie bei den elliptischen Galaxien des Virgo- und Comahaufens, die Donald untersucht hatte. Natürlich handelte es sich um die Beziehung zwischen *wirklicher* Größe und Geschwindigkeitsdispersion, was bei Galaxien in einem Haufen leicht zu untersuchen ist, weil dort die Galaxien, wie oben erwähnt, alle ungefähr die gleiche Entfernung von unserer Galaxis aufweisen, das heißt, die wirkliche Größe stand in einem direkten Verhältnis zur scheinbaren (relativen) Größe. Das galt indessen nicht für die Galaxien im «Feld», deren Entfernungen erheblich schwankten. Bei der Feldstichprobe mußte Dave also zusätzlich die Entfernung jeder Galaxie schätzen, damit er den scheinbaren Donald-Durchmesser in echte Größenmaße verwandeln konnte – von Bogensekunden am Himmel in eine bestimmte Anzahl von Lichtjahren. Dabei verlegte er die einzelnen elliptischen Galaxien dorthin, wo sie sich bei vollkommen gleichförmiger Hubble-Expansion befunden hätten, das heißt in eine Entfernung, die einfach ihrer Rotverschiebung (Geschwindigkeit) proportional war. Dann beobachtete er den Bildschirm seines Terminals, während der Computer in rhythmischen Abständen die Punkte für die Galaxien setzte: auf der waagerechten Achse den Wert des Donald-Durchmessers und auf

---

* Wie so häufig, wenn die Zeit für eine bestimmte Idee reif geworden ist, wurde auch diese unabhängig von S. «George» Djorgovski entdeckt, der an der University of California in Berkeley bei Marc Davis an seiner Dissertation arbeitete.

der senkrechten den für die Geschwindigkeitsdispersion. Zu seiner Enttäuschung mußte Dave feststellen, daß die Beziehung bei diesen Galaxien nicht annähernd so eng war wie bei denen der Haufenstichprobe. Abermals hatte es den Anschein, daß die Feldgalaxien sich weniger gesittet verhielten als ihre in Haufen auftretenden Verwandten.

Doch da gab es noch etwas anderes, etwas sehr Seltsames. Mehrfach hatte Dave auf dem Bildschirm beobachtet, wie der Computer sich langsam durch die Galaxienliste hindurcharbeitete, die nach «Himmelslänge» (*Rektaszension* sagen die Astronomen) geordnet war. Bald begann er zu bemerken, daß sich die Streuung der Punkte nicht zufällig, sondern systematisch entfaltete. Im Laufe der Minute, die das Gerät zur Herstellung des Diagramms brauchte, fielen Dave Intervalle von ungefähr zehn Sekunden auf, in denen die Punkte im Vergleich zur Streuung um eine gerade Linie alle zu hoch oder zu niedrig gesetzt wurden. Da lag der Gedanke nahe, daß die Korrelation in manchen Richtungen des Himmels zwar sehr eng war, so wie in der Haufenstichprobe, sich aber über und unter die Linie verlagerte, so daß sie im fertigen Diagramm für den gesamten Himmel den Eindruck einer bunt verteilten Punktmenge vermittelte.

Dave isolierte eine derartige Himmelszone, den Bereich, der die flache Galaxienebene enthält, die wir Lokalen Superhaufen nennen, und ihr Juwel, den Virgohaufen. Hier entdeckte Dave eine solche Verlagerung, und er glaubte zu verstehen, warum. In seinem Brief an die Gruppenmitglieder erläuterte er seine Überlegungen und fügte Diagramme bei, die seine Deutung belegten. Von den Galaxien auf der uns zugewandten Seite des Virgohaufens war bekannt, daß sie in Richtung des Haufens «fortfallen» – neben der Hubble-Strömung eine zusätzliche Geschwindigkeit von uns fort haben –, während Galaxien auf der uns abgewandten Seite «rückfallen». Diese Eigenschaft hatten Marc Aaronson und Mitarbeiter in einer wegweisenden Untersuchung entdeckt: die *Eigengeschwindigkeiten* – Geschwindigkeiten zusätzlich zur Hubble-Expansion – der Spiralgalaxien im Lokalen Superhaufen.

Wenn es diese hohen Eigengeschwindigkeiten gab, mußten Daves

Entfernungsschätzungen anhand der Galaxienrotverschiebungen einen systematischen Fehler enthalten, denn die Geschwindigkeiten der fortfallenden Galaxien setzten sich danach aus zwei Komponenten zusammen: der gleichförmigen Hubble-Expansion und einer zusätzlichen, nicht unbeträchtlichen Eigengeschwindigkeit. Unter diesen Umständen hätte Dave die Entfernung der auf Virgo zufallenden Galaxien überschätzt, weil er fälschlicherweise ihre Eigengeschwindigkeiten zur Hubble-Expansion hinzugerechnet hätte. Wenn er einfach die Hubble-Beziehung zwischen Entfernung und Geschwindigkeit zugrunde legte, mußten diese Galaxien weiter entfernt erscheinen, als sie es tatsächlich waren. Dadurch, daß er jeder eine zu große Entfernung zuwies, berechnete er einen zu großen Donald-Durchmesser für sie. Als Gruppe lagen sie deshalb systematisch rechts, das heißt unterhalb der Linie, die die durchschnittliche Korrelation bezeichnete. Auf der von uns abgewandten Seite des Virgohaufens mußte es sich umgekehrt verhalten: unterschätzte Hubble-Geschwindigkeiten und Entfernungen, unterschätzte Größen. Dank dieser Überlegungen konnte Dave zumindest für den Virgobereich feststellen, daß die Eigengeschwindigkeiten das systematische Verhalten erklären konnten, das er gesehen hatte, als die Punkte abgebildet wurden. Laut Dave ergab sich also folgendes Bild: Wenn große Eigengeschwindigkeiten der Galaxien in einer Raumregion vorliegen und diese bei der Entfernungsschätzung anhand der Hubble-Beziehung außer acht gelassen werden, sieht die Streuung in der Beziehung zwischen Donald-Durchmesser und Geschwindigkeitsdispersion schlimmer aus, als sie tatsächlich ist.

Damit stand Dave am Rande einer großen Entdeckung, gesellte sich aber der wachsenden Zahl jener Forscher zu, die den Sprung nicht schafften. Der Logik seiner Überlegungen folgend, hätte er zu der These gelangen müssen, daß das *gesamte* systematische Verhalten, das er beobachtete, während sein Graphikprogramm nach und nach den ganzen Himmel darstellte, auf Eigengeschwindigkeiten zurückzuführen war: Galaxien in einer Region bewegten sich rascher als die gleichförmige Hubble-Strömung, deshalb verlagerte sich ihre Beziehung nach rechts, während sich in einer anderen Region die

Das EGALSOUTH-Problem 281

Galaxien zu langsam bewegten und deshalb eine nach links verlagerte Korrelation zeigten. Mehr als andere Regionen war ein bestimmtes Himmelsstück dafür verantwortlich, daß Dave der entscheidende Schritt nicht gelang – ein riesiger Ausschnitt des südlichen Himmels, der die größte Diskrepanz zeigte. Um ihn in Übereinstimmung mit der mittleren Beziehung zu bringen, hätte Dave die Entfernung zu diesen Galaxien um mehr als dreißig Prozent verändern müssen, was gewaltige Eigengeschwindigkeiten von ungefähr 1000 km/s vorausgesetzt hätte. Dieser Wert lag drei- bis viermal höher als die größten bekannten Eigengeschwindigkeiten – die Bewegungen zum Virgohaufen hin.

Leider war Dave jetzt, im Jahre 1984, nicht geneigter, diese gewagte Erklärung anzubieten, als ich es 1983 in meinem Artikel über den Coma- und Virgohaufen gewesen war. Außergewöhnliche Behauptungen verlangen außergewöhnliche Beweise, und in diesem Falle wußte Dave, daß mindestens noch zwei weitere, weit weniger radikale Erklärungen für das Phänomen zur Verfügung standen, das er «EGALSOUTH-Problem» nannte (manchmal war Dave in seiner Nomenklatur etwas dunkel und umständlich). Zum einen waren die Daten aus verschiedenen Beobachtungen noch nicht in ein Standardsystem gebracht worden. Spektren der südlichen Galaxien hatten Roberto und Roger mit dem Angloaustralischen Teleskop und ich auf Las Campanas ermittelt, während die nördlichen Galaxien vor allem vom Lick-Observatorium beobachtet worden waren. Es war davon auszugehen, daß Nord-Süd-Vergleiche systematische Meßprobleme zutage fördern und Korrekturen erforderlich machen würden (was sie auch taten). Selbst wenn diese Korrekturen nicht groß genug waren, um den gesamten Nord-Süd-Unterschied in der Beziehung zwischen Größe und Geschwindigkeitsdispersion zu erklären, war Dave, wie wir anderen, grundsätzlich bereit, an *intrinsische*, das heißt naturgegebene Unterschiede zwischen Galaxien in verschiedenen Raumregionen zu glauben. Schließlich waren wir auf der Suche nach exakt solchen Schwankungen, um mehr über die Entwicklungsgeschichte von elliptischen Galaxien in Erfahrung zu bringen.

So wurde die Zusammenfassung aller Daten in einem gemeinsa-

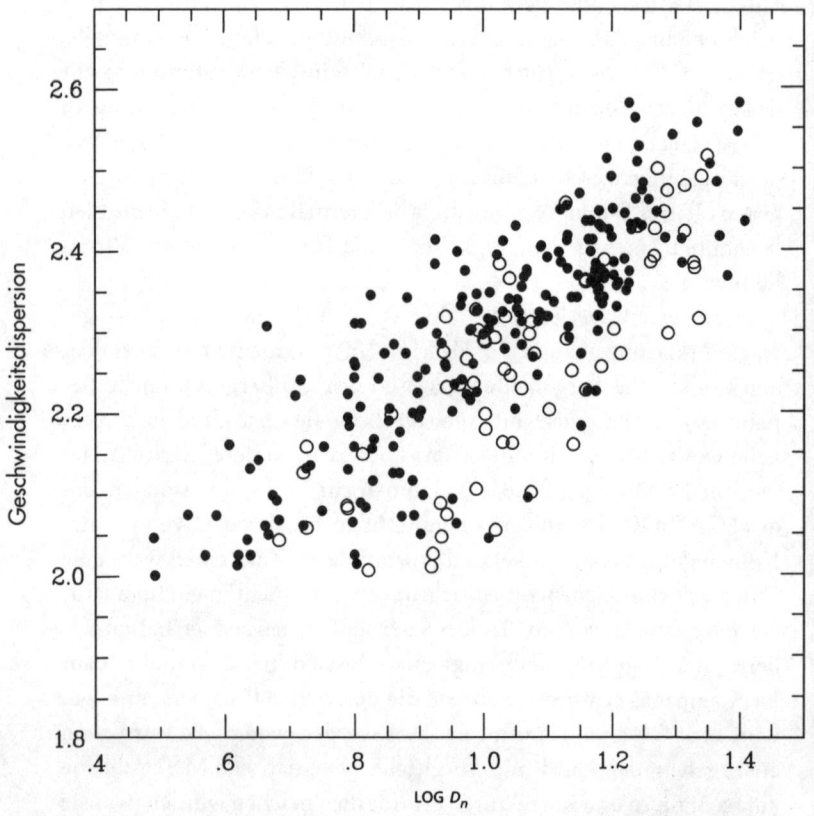

Eine Wiedergabe der Daten, die Dave Burstein sah, als er sich die Beziehung zwischen Donald-Durchmesser D_n und Geschwindigkeitsdispersion für Galaxien am gesamten Himmel in einem Schaubild ausdrucken ließ. Eine bestimmte Gruppe von elliptischen Galaxien in einer südlichen Zone des Himmels, als offene Kreise abgebildet, setzte der Computer systematisch rechts von der mittleren Beziehung für die meisten elliptischen Galaxien, durch schwarze Punkte wiedergegeben. Das nannte Dave das «EGALSOUTH-Problem».

men System zur Hauptaufgabe des nächsten Gruppentreffens – drei Wochen in Santa Cruz Ende Juli 1984. Sandy war die Gastgeberin dieses Treffens, das sie aus ihrer Sicht als den Tiefpunkt unseres Projekts empfand. Ihre Lendenwirbelprobleme hatten sich noch weiter verschlechtert, und eine Myelographie hatte gezeigt, daß eine Operation wenig Sinn hatte. Deshalb hatte man sie von den Achselhöhlen bis zu den Hüften in ein Gipskorsett gesteckt. Sie konnte nur noch unter ständigen Schmerzen arbeiten, und zum erstenmal im Laufe ihrer glänzenden Karriere wurde sie von Depressionen heimgesucht. Daß Sandy nicht in der Lage war, längere Zeit an einem Computerterminal zu sitzen, wurde zu einem ernstlichen Handikap unserer Arbeit, weil die Computer im Fortgang unseres Projekts eine nahezu entscheidende Rolle für die Verarbeitung und Analyse der Daten gewonnen hatten. Ohne Dave Burstein sowie die Hilfe von Jesus Gonzales und Christina Dalle Ore, zwei Doktoranden von Sandy, hätten wir wohl kaum irgendwelche Fortschritte erzielt. Und auch so war die Analyse der Lick-Spektren immer noch unvollständig: Die Spektren waren verarbeitet und für die Analyse vorbereitet, aber es lagen noch keine Messungen der Geschwindigkeitsdispersion vor. Sandy machte sich auf harsche Kritik der anderen Gruppenmitglieder gefaßt, die ihr vorwerfen würden, daß sie die Arbeit aufhielt. Niemand von uns ahnte, wie schwerwiegend ihre Rückenprobleme waren – es liegt ihr nicht, nach Entschuldigungen zu suchen.

Viel schöner als der Sommer in Santa Cruz kann auch der Himmel nicht sein, aber wie schon in Cambridge stand «Naturgenuß» auch hier ganz unten auf der Tagesordnung. Dennoch setzten wir den Prozeß des gegenseitigen Kennenlernens mit einer denkwürdigen Party bei Sandy zu Hause fort, bei der wir uns die mitreißende Eröffnungsfeier der Olympischen Sommerspiele ansahen. Und es gab gelegentliche Ablenkungen: die Fußwege zum und vom Institut durch stille Wälder mit hochaufragenden Redwoodbäumen, Mittagsmahlzeiten auf sonnenüberflutetem Rasen und die zwei Stunden, die ich mir nahm, um zu sehen, ob ich den Seabright Beach joggenderweise immer noch so schnell schaffte wie als Student. Doch meistens war uns dieses irdische Paradies ebenso verschlossen wie sein überirdisches

Original. Von innen betrachtet weisen unverputzte Betongebäude in aller Welt große Ähnlichkeit auf.

Dieses Mal sollte ich den anderen gewaltig auf die Nerven gehen. Ich war mit einer Fülle neuer Daten über Haufengalaxien und einer hübschen Portion Selbstgefälligkeit angereist. Wie zuvor für den Coma- und Virgohaufen hatte ich für zwei weitere Haufen festgestellt, daß die elliptischen Galaxien enge Beziehungen zwischen Galaxienleuchtkraft (Helligkeit), Geschwindigkeitsdispersion (charakteristische Geschwindigkeit der Sterne) und Magnesium-Linienintensität (Häufigkeit schwerer Elemente – *Metalle*) aufwiesen. Für diese Galaxien waren die Donald-Durchmesser noch nicht gemessen worden, deshalb arbeitete ich noch mit den ursprünglichen Variablen, die auch im Mittelpunkt der Studie von Terlevich *et al.* gestanden hatten. Besonders hatte mich beeindruckt, daß die Korrelation zwischen Leuchtkraft und Magnesium-Linienintensität bei den von mir ermittelten Daten weit besser war als bei unserer größeren Stichprobe.

Am ersten Nachmittag heftete ich meine Diagramme an die Tafel in Sandys gemütlichem Büro und dozierte, während wir zu siebt zwischen Bücher- und Zeitschriftenstapeln hockten, über die Vorzüge von homogenen Datensätzen (meinen zumal). Inhaltlich war sicherlich vieles von dem, was ich sagte, nützlich und notwendig, aber von der Form her war es eher überflüssig und schädlich.

An diesem Nachmittag bekam ich eine Nachhilfestunde in Bescheidenheit. In knapp einer Stunde brachten mich meine Kollegen wieder auf den Boden der Tatsachen zurück – oder sogar etwas darunter. Andere Diagramme erschienen an der Tafel, die andere Teilbereiche der Daten zeigten, insbesondere viele Lick-Messungen der Magnesium-Linienintensität, und Punkt für Punkt verglichen sie die Galaxien, die meinen und anderen Datensätzen gemeinsam waren. Rasch zeigte sich, daß meine Daten für elliptische Feldgalaxien keineswegs besser waren als andere; allerdings konnten wir, wie befürchtet, systematische Unterschiede zwischen einzelnen Datensätzen erkennen, die der Korrektur bedurften. Hinsichtlich der Haufenstichprobe waren sich alle einig, daß diese engeren Beziehungen in der Tat ermutigend waren – vielleicht würden sie noch besser werden, wenn man den Donald-Durchmesser anstelle der Leuchtkraft verwendete. Also beschlossen wir, unsere Aufmerksamkeit künftig stärker auf die dichtbesiedelten Haufen und die kleineren Galaxiengruppen der Feldstichprobe zu richten.

Ganz oben auf unserer Prioritätenliste stand jetzt die Verschmelzung der Datensätze. Sandy, Roger und ich entwickelten Verfahren und Computerprogramme, die alle Vergleiche durchspielten und uns mitteilten, welche Korrekturen vorzunehmen waren. Die ersten Korrekturen brachten die Verlagerung, die die Beziehung zwischen Donald-Durchmesser und Geschwindigkeitsdispersion von Nord nach Süd zeigte, nicht zum Verschwinden. Daraus folgte, daß die Erklärung des EGALSOUTH-Problems durch die Eigengeschwindigkeit noch nicht vom Tisch war. Dave begann andere Parameter in den Dateien zu betrachten, um zu sehen, ob sich irgendwelche Anhaltspunkte dafür finden ließen, daß diese Galaxien im Süden in irgendeiner Hinsicht «anders» waren als diejenigen im Norden. Solche Anhaltspunkte ließen sich finden, vor allem in Diagrammen, die die Beziehung zwischen Geschwindigkeitsdispersion und Magnesium-Linienintensität zeigten, zwei Meßwerten, die *entfernungsunabhängig* sind und deshalb unbeeinflußt durch Abweichungen von der gleichförmigen Hubble-Strömung. Die Verschiebung zwischen den Daten weit im Norden und weit im Süden bestärkte Dave in seiner Überzeugung, er habe wirklich intrinsische Unterschiede gefunden, das heißt Unterschiede, die auf Abweichungen in Art und Zahl der Sterne – die Sternenpopulation – zurückzuführen seien. Solange intrinsische Unterschiede noch eine mögliche Erklärung darstellten, ließen sich die Zweifel an großen Eigengeschwindigkeiten nicht zerstreuen.

Doch je sorgfältiger wir die Daten aufarbeiteten, desto zuversichtlicher wurden wir. Allmählich wuchsen die Datensätze zusammen, und wir konnten daran denken, endgültige Zahlentabellen zusammenzustellen und in der Analyse zu klären, was das alles zu bedeuten hatte. Sandy hatte die Rolle des Gruppenkoordinators übernommen: Zwar hatte die Gruppe ihre eigene Dynamik und viel zu tun, aber sie brauchte jemanden, der ihre Aktivitäten von Zeit zu Zeit organisierte. Ursprünglich hatte Sandy die Leitung der Gruppe übernehmen wollen, doch es gab zwei Faktoren, die dagegen sprachen. Erstens widerstrebte es ihr, gegenüber Donald Lynden-Bell eine dominierende Rolle zu beanspruchen, weil er, wie sie später bekannte, «so berühmt, würdig und klug war». Und es gab noch ein weiteres Problem.

«Unter normalen Umständen hätte ich im Mittelpunkt gestanden, die Kreide in der Hand und vor der Tafel, um das Geschehen zu lenken und auf Schlüsselentscheidungen einzuwirken. Doch damals [in Cambridge] waren meine Rückenprobleme auf einem Tiefpunkt angekommen, so daß ich statt dessen der Länge nach auf einem Feldbett in Donalds Büro lag. Es ist äußerst schwierig, eine Gruppe aus liegender Stellung zu führen – haben Sie es je versucht? –, und meine Tatkraft hatte ohnehin ziemlich gelitten. So empfand ich es als sehr angenehm, mich zurücklehnen zu können und nicht die Hauptverantwortung übernehmen zu müssen.

Etwas besseres hätte uns gar nicht passieren können. Das dadurch entstehende Machtvakuum gestattete jedem, in aller Ruhe herauszufinden, auf welche Weise er am besten zum Gelingen des Ganzen beitragen konnte. Diese Lehre ist mir seither gut zustatten gekommen. Heute bin ich der Meinung, daß man in kleinen Gruppen aus fähigen und motivierten Leuten darauf verzichten sollte, Anordnungen zu erteilen oder klare Hierarchien festzulegen. Das bringt mehr Probleme als Nutzen. Ist der Teamgeist gut, kann die Teamleitung weitgehend diffus bleiben.»

So wuchs Sandy in eine andere Rolle hinein – «Leim» nannte sie sie. Dazu gehörte, daß sie an jenem Tag in Santa Cruz zwar an die Tafel trat, doch statt Aufträge zu vergeben, eine Diskussion eröffnete, in der es um die Frage ging, was als nächstes zu tun sei und wer bereit sei, es zu übernehmen. Wir kamen überein, daß Dave auch weiterhin die photometrischen Daten sammeln und vereinheitlichen sollte. Außerdem wollte er in einem Artikel erläutern, wie die Daten zusammengetragen, reduziert und analysiert worden waren, während Roger sich bereit erklärte, gleiches für die spektroskopischen

Messungen zu leisten. Weiterhin beschlossen wir, daß wir nicht nur Datentabellen veröffentlichen, sondern anderen Forschern auch den Zugang zu unseren Messungen und ihrer Analyse erleichtern wollten, indem wir alle Daten in festem Format aufzeichneten, so daß sie auf Band oder per E-Mail an jeden Wissenschaftler in der Welt geschickt werden konnten.

Die beruhigende Wirkung meines Artikels aus dem Jahr 1983, in dem es, wie erwähnt, um elliptische Galaxien im Coma- und Virgohaufen gegangen war, hatte sich unter dem Eindruck dieses Treffens in Santa Cruz so gut wie verflüchtigt, und so war mein erneutes Drängen, wenigstens ein paar Ergebnisse zu veröffentlichen, teilweise für die neue Bereitschaft zur Abfassung von Artikeln verantwortlich. Sandy unterstützte meinen Vorschlag, die Daten über elliptische Galaxien in dichtbesiedelten Haufen zu bearbeiten – Daten, die ich größtenteils selbst gesammelt hatte – und mich dabei auf die Korrelationen zwischen Geschwindigkeitsdispersion und Magnesium-Linienintensität auf der einen Seite und dem neuen Donald-Durchmesser auf der anderen zu stützen, von denen wir erwarteten, sie würden noch besser sein als die deutlichen Korrelationen mit der Leuchtkraft, die ich am ersten Tag dargelegt hatte. In einem Artikel wollte ich erläutern, wie nützlich der neue Parameter war und wie sich mit dieser Korrelation die Entfernungen der Galaxienhaufen genauer bestimmen ließen. (Immer noch widerstrebte es uns, die Methode auf einzelne Feldgalaxien anzuwenden, weil wir meinten, sie könnten weitere intrinsische Unterschiede offenbaren, Unterschiede, wie sie Dave anscheinend gerade entdeckte.) Donald war bereit, sich wesentlich an diesem Artikel zu beteiligen, und wie bei allen anderen Papieren sollten wir alle als Autoren genannt werden. Wir verließen Santa Cruz mit neuem Mut, zwar wiederum ohne konkrete Ergebnisse, aber doch mit einer klaren Vorstellung davon, welchen Weg es einzuschlagen galt, und mit großer Begeisterung für die Aufgaben, die vor uns lagen.

Im Februar 1985 besuchten Roger, Sandy und ich Dave an der Arizona State University in Tempe, um letzte Hand an die Vereinheitlichung der Datensätze zu legen. Endlich konnten alle Daten in ein gemeinsames System gebracht und auch die kleineren Korrekturen für Öffnungsgrößen und geometrische Effekte von Einsteins relativistischer Raumzeit vorgenommen werden. Sandy war schon eine Woche früher angereist, um die photometrischen Daten durchzusehen – sie suchte nach offenkundig schlechten Datenpunkten und sortierte sie aus. Manchmal waren Transkriptionsfehler dafür verantwortlich. Gelegentlich trugen schlechte Beobachtungen an den Teleskopen die Schuld, etwa ein Detektor, dessen Empfindlichkeit schwankte, oder eine Nacht, die klar zu sein schien, tatsächlich aber mit schwer zu entdeckenden Zirruswolken einen Teil des Lichts schluckte. Doch in anderen Fällen waren die Fehler weniger offensichtlich und niemand vorzuwerfen, dann etwa, wenn eine andere Galaxie oder ein Stern im Vordergrund dicht an der Sichtlinie zu einer unserer Galaxien lag: In diesem Falle wurde nämlich die Messung der Galaxienhelligkeit verfälscht. Diese abschließende Durchsicht der Daten klärte einige der bislang befremdlichen Fälle.

In dem nunmehr korrigierten, bereinigten Datensatz hielt Dave erneut Ausschau nach den «intrinsischen Unterschieden», die er zwischen den elliptischen Galaxien des nördlichen und südlichen Himmels ausgemacht hatte, und *voilà*, sie waren verschwunden! Es gab keinen Anhaltspunkt mehr dafür, daß die nördlichen und südlichen Galaxien grundsätzlich anders waren. Endlich begannen wir uns mit der wahrscheinlichsten Erklärung für das EGALSOUTH-Problem anzufreunden: Wir hatten die Entfernungen dieser Galaxien von der Milchstraße erheblich überschätzt, weil sie neben den Geschwindigkeiten der Hubble-Expansion große *Eigengeschwindigkeiten* aufweisen. Da dämmerte uns vieren, daß wir einer großen Sache auf der Spur waren. In Sandys Worten: «Als ich Tempe verließ, war ich mir ziemlich sicher, daß wir vor *irgendeiner* Entdeckung standen.»

Im Mai 1985 war ich wieder in Pasadena und arbeitete an den Daten für den «Haufen-Artikel». Ohne es selbst zu wissen, war ich im Begriff, mich von der realen Existenz großer Eigengeschwindigkeiten zu überzeugen. Dank zusätzlicher Beobachtungen, die ich Ende 1984 mit dem Fünf-Meter-Hale-Teleskop am Palomar-Observatorium vorgenommen hatte, lagen uns jetzt für sechs Haufen Messungen der

Geschwindigkeitsdispersion und des Donald-Durchmessers vor. Im großen und ganzen waren diese Galaxien weiter fort und leuchtschwächer als unsere Hauptstichprobe. Trotz beträchtlicher Anstrengungen besaßen wir Daten für nur ungefähr hundert Galaxien in dichtbesiedelten Haufen – eine geringe Zahl im Vergleich zu unserer Gesamtstichprobe. Die größere Entfernung bedeutete, daß auch die Fehler bei der Entfernungsbestimmung entsprechend größer ausfallen mußten. Doch für jeden Haufen konnte ich die Daten von einem Dutzend oder mehr Galaxien mitteln, so daß die endgültige Entfernungsbestimmung sehr gut war. Wie bei einzelnen Galaxien ließ sich nun die vorhergesagte Entfernung des Haufens mit dem Wert vergleichen, den ich erhielt, wenn ich seine Entfernung anhand der Rotverschiebung für eine gleichförmige Hubble-Expansion berechnete. Jede Diskrepanz in diesen Entfernungen mußte einer Eigengeschwindigkeit des gesamten Haufens zugeschrieben werden. Genau dies hatte ich ein Jahr zuvor mit dem Coma- und Virgohaufen getan.

Eines Morgens hatte ich endlich alle Einzelheiten zusammen und war nun in der Lage, die Entfernungen auszurechnen, die durch die Korrelation von Geschwindigkeitsdispersion und Donald-Durchmesser vorhergesagt wurden. Erfreut konnte ich feststellen, daß bei jedem Haufen dieser Wert innerhalb der Fehlergrenzen recht gut mit der Entfernung übereinstimmte, von der bei gleichmäßiger Hubble-Expansion auszugehen war. Mit anderen Worten, es gab *keinen* Anhaltspunkt für große Eigengeschwindigkeiten. Obwohl uns in Tempe die Möglichkeit, daß es so große Eigengeschwindigkeiten gibt, in große Aufregung versetzt hatte, lag es durchaus in meiner Natur, auf eine Rückkehr zu diesem konventionelleren Bild zu hoffen – in wissenschaftlichen Fragen bin ich ziemlich konservativ.

Beim Mittagessen fragte ich mich, ob die Ergebnisse der Feldstichprobe, vor allem das vielbeschworene EGALSOUTH-Problem, nicht einfach ein Haufen Unsinn seien. Vielleicht war so etwas unausweichlich, wenn man in einer größeren Gruppe arbeitete. Hatten all die Schwierigkeiten und Verwirrungen zu einem großen Fehler geführt? Tatsächlich aber hatte ich den Fehler begangen, und obwohl er nur klein war, erwies er sich als tödlich. Als ich die Berechnungen am

Nachmittag noch einmal durchging, stellte ich fest, daß ich bei einem der Haufen einen «Vorzeichenfehler» gemacht – addiert statt subtrahiert – hatte. Anstelle einer Eigengeschwindigkeit von nahezu null, die ich bei der Subtraktion der beiden Zahlen von ungefähr 500 km/s erhalten hatte, ergab die korrekte Rechnung eine Eigengeschwindigkeit von etwa 1000 km/s. Ich war verblüfft. Ungläubig wiederholte ich die Rechnung ein ums andere Mal, als hätte ich bei der Prüfung meines Kontos einen großen Fehler zu meinen Gunsten entdeckt. Schließlich hatte ich keinen Zweifel mehr daran, daß der Centaurushaufen, mitten in der EGALSOUTH-Region gelegen, eine gewaltige Eigenbewegung aufwies. Dabei handelte es sich nicht um eine einzelne Galaxie, sondern um einen Haufen von mehreren hundert Galaxien, die sich alle mit hoher Geschwindigkeit bewegten. Jetzt war ich überzeugt und rief rasch Dave, Sandy und Roger an, um es ihnen mitzuteilen.

Unsere Arbeit entwickelte eine immer größere Eigendynamik. Als wir im Juli 1985 wieder zusammenkamen, diesmal in Hanover, New Hampshire, war die Marschrichtung klar: Wir wollten die Entfernungen aller Galaxien in der Stichprobe berechnen, die Eigengeschwindigkeiten bestimmen und herausfinden, wohin, wie schnell und, wenn möglich, *warum* sie sich bewegten. Gary Wegner, unsere Antwort auf den sanften Clark Kent, war Gastgeber dieses Treffens. Als ich sein Haus betrat, begann ich, ihn besser zu verstehen – ein hundertjähriges Gebäude im klassischen Neuenglandstil mit schlichter, eleganter Yankee-Einrichtung. Der Typ, hinter dem die Demoskopen her sind: solide, mit einer freundlichen, pflichtbewußten Frau und aufgeweckten, ausgelassenen Kindern – eine wahrhaft *intakte* Familie. Kein Wunder, daß sie die erste Vorwahl zur Nominierung des Präsidentschaftskandidaten in New Hampshire durchgeführt hatten, dachte ich.

Dieses Treffen, sicherlich das erfreulichste von allen, fand am Dartmouth College statt, das zu den ältesten und ansprechendsten Bildungsstätten Nordamerikas gehört. Mit der Vorahnung, daß unsere langen Mühen nun doch belohnt werden sollten, war die Stimmung gut und die Beziehung in der Gruppe offenbar besser denn je. An einem glühend heißen 4. Juli, dem amerikanischen Nationalfeiertag, grillten wir am Lake Mascoma und vergnügten uns mit einer Frisbeescheibe, bis sie im See landete. Donald organisierte eine gemeinsame Unternehmung – mittlerweile verstanden wir uns gut darauf – zur Rettung der Scheibe aus den schlammigen, träge plätschernden Fluten, um sie gleich darauf wieder hineinzuwerfen, wo sie endgültig verlorenging. Verblüfft erlebten wir, wie Donald auftaute und kurze Zeit spielte wie das Kind, das er einmal gewesen ist. Der krönende Augenblick kam bei einem der denkwürdigen Abendessen, die Kay, Garys Frau, für uns gab. Nach zwei Bieren erhob sich Donald, ungewöhnlich ausgelassen für seine Verhältnisse, und haspelte ein fünf Minuten langes, zungenbrechendes Gedicht herunter, das wie folgt begann:

> I had a duck-billed platypus when I was up at Trinity
>   with whom I soon discovered a remarkable affinity.
> He used to live in lodgings with myself and Arthur Purvis
> and we all went up together for the Diplomatic service ... *

Wir anderen waren verblüfft und entzückt. Was kamen da für Seiten zum Vorschein!

Aber es war auch eine hektische Zeit. Gary kam zu spät, weil er gerade erst von einer Beobachtungsreise zurückkehrte, Roger mußte früher fort, und Roberto blieb aus Mangel an Reisemitteln am Royal Greenwich Observatory. Doch vielleicht zum erstenmal, seit wir uns aufgemacht hatten, unsere Daten zusammenzutragen, orientierten wir uns in die gleiche Richtung, herrschte wirkliche Kameradschaft und war eine Gruppenenergie zu spüren, die uns dem zutrieb, was zu

---

* Am Trinity-College hatte ich ein entengeschnäbeltes Schnabeltier, zu dem ich rasch eine bemerkenswerte Seelenverwandtschaft entwickelte. Es lebte mit mir und Arthur Purvis zusammen, und wir gingen alle in den diplomatischen Dienst ...

unserem gemeinsamen Ziel geworden war: der Gemeinschaft der Astronomen überzeugend darzulegen, daß Galaxien in riesigen Himmelsregionen mit Geschwindigkeiten bis zu 1000 km/s von der gleichförmigen Hubble-Expansion abweichen. Nur mit überzeugenden und schlüssigen Daten ließ sich beweisen, daß andere Erklärungen auszuschließen oder unwahrscheinlich waren. Wir wußten, daß unsere Kollegen die Behauptung einer ungleichförmigen Hubble-Expansion nur schwer schlucken würden, obwohl viele Galaxienkarten die überraschende Klumpigkeit des Universums immer deutlicher belegten.

Inzwischen waren wir uns sicher, die Entfernung einer elliptischen Galaxie mit Hilfe der Korrelation von Geschwindigkeitsdispersion und Donald-Durchmesser vorhersagen zu können – jenem Durchmesser, der vor kurzem in D_n umgetauft worden war.* Das Verfahren hatte Ähnlichkeit mit der Verwendung der *Tully-Fisher*-Beziehung zwischen der Rotationsgeschwindigkeit von Spiralgalaxien und ihrer Leuchtkraft, einer Methode, die Aaronson und seine Mitarbeiter verwendeten, um im Lokalen Superhaufen Entfernungen zu kartieren und Eigengeschwindigkeiten abzuleiten. Wie die Geschwindigkeitsdispersion läßt sich die Rotationsgeschwindigkeit unabhängig von der Entfernung einer Spiralgalaxie messen und zur Vorhersage der Helligkeit verwenden, die abhängig von der Entfernung ist.**

Es war einfach, Entfernungen mit Hilfe von D_n vorherzusagen. Den Anfang machten wir mit den dreiunddreißig elliptischen Galaxien

---

* Die neue Nomenklatur entstand, nachdem Scott Tremaine auf der Princeton-Konferenz über dunkle Materie Zeuge einer längeren, lebhaften Diskussion zwischen Donald und Dave geworden war, in der Donald wiederholt davon sprach, sich selbst zu vermessen und zu korrelieren. Woraufhin Scott die Besorgnis äußerte, einer von ihnen oder beide brauchten möglicherweise «therapeutische Hilfe».
** Wie im Falle elliptischer Galaxien leuchtet auch bei Spiralgalaxien ein, daß hellere, massivere Exemplare schneller rotieren. Um genau zu sein, ihre Sterne bewegen sich grundsätzlich auf ihren kreisförmigen Umlaufbahnen mit Geschwindigkeiten, die der Quadratwurzel der von den Bahnen eingeschlossenen Masse entspricht.

im Comahaufen: Sie zeigten eine enge, geradlinige Beziehung zwischen Geschwindigkeitsdispersion und D_n. Für jede andere Galaxie ließ sich jetzt die relative Entfernung (um wieviel näher oder ferner sie lag als der Comahaufen) durch einen Vergleich des gemessenen D_n-Durchmessers und jenem Wert bestimmen, den die Coma-Standardbeziehung *für den entsprechenden Wert der Geschwindigkeitsdispersion* ergab. In der Mathematik ist das leichter, als es in der Sprache erscheint. Wenn eine Galaxie beispielsweise die gleiche Geschwindigkeitsdispersion hatte wie eine Galaxie im Comahaufen, ihr D_n-Durchmesser aber 2,5mal größer war, schrieben wir ihr eine Entfernung zu, die 2,5mal kürzer als die von Coma war. Natürlich waren alle derartig errechneten Entfernungen relativ zu diesem Haufen, aber das reichte, um die Hubble-Expansion darzustellen. Die Methode hatte für jede Galaxie einen mittleren Fehler von 22 Prozent – nicht sehr gut auf den ersten Blick, aber weit besser, als es uns vorher gelungen war, und fast so gut wie die beste Technik, die Tully-Fisher-Beziehung.

Uns war klar, daß Skepsis vor allem bei der Frage zu erwarten war, ob elliptische Galaxien in verschiedenen Umgebungen – dichtbesiedelten Haufen, kleinen Gruppen und isolierten Galaxien – unterschiedlichen Beziehungen zwischen Geschwindigkeitsdispersion und D_n gehorchten. Wir hatten selbst erwartet, solche Effekte zu finden. Deshalb bestimmten wir Entfernungen und Eigengeschwindigkeiten getrennt für drei Untergruppen, die für die unterschiedlichen Umgebungen standen, und verglichen anschließend die Ergebnisse. Dazu mußten wir Computerprogramme schreiben, die diese Untergruppen der Stichprobe in verschiedenen Teilen des Himmels isolierten und dann anhand der Korrelationen von D_n mit der Geschwindigkeitsdispersion und der Magnesium-Linienintensität (einer zweiten unabhängigen Größe) die Galaxienentfernungen bestimmten.

Donald und Sandy hatten mit großem Arbeitsaufwand jene elliptischen Galaxien in unserer Stichprobe gekennzeichnet, die in Gruppen auftraten. Als besonders nützlich erwies sich dabei ein Katalog, den Margaret Geller und John Huchra extra für uns zusammengestellt hatten und der neben den elliptischen auch andere Galaxienarten enthielt. Er hatte die Aufgabe, Galaxien zusammenzufassen, die am Himmel benachbart waren und die gleiche Rotverschiebung aufwiesen. Elliptische Galaxien in Gruppen waren nicht nur deshalb wichtig, weil sie für eine bestimmte Umgebung sorgten, sondern auch, weil sie, wie die umfangreicheren Haufen, eine genauere Messung der Entfernung (und der Eigengeschwindigkeit) erlaubten. Dazu mußten wir nur die Einzelmessungen für mehrere Galaxien mitteln. Sandy und Dave übernahmen die Aufgabe, die Entfernungen und Eigengeschwindigkeiten in diesen Gruppen zu bestimmen, in denen sich ungefähr ein Drittel der mehr als 500 elliptischen Galaxien unserer Stichprobe befand. Roger und ich konzentrierten uns auf die Haufenstichprobe, die ebenfalls etwa ein Drittel umfaßte, während Gary und Donald sich mit den Entfernungen der isolierten Galaxien befaßten.

Es war Mitternacht, und der physikalische Fachbereich von Dartmouth lag verlassen, als die drei Teams wieder zusammenkamen und, zu unserer großen Erleichterung, feststellten, daß alle zu sehr ähnlichen Ergebnissen gekommen waren. In allen drei Stichproben fanden wir sehr hohe Eigengeschwindigkeiten in einem Bereich des südlichen Himmels, der EGALSOUTH-Region, die ziemlich weit entfernt ist – ungefähr 100 Millionen Lichtjahre. Bislang hatte noch niemand Eigengeschwindigkeiten in diesem Teil des Himmels gemessen. In anderen Regionen entdeckten wir ebenfalls Anhaltspunkte für Abweichungen von der gleichförmigen Hubble-Expansion, vielleicht nicht ganz so ausgeprägt und eindeutig, dennoch stimmten die Ergebnisse der drei Analysen überein. Daraus ging hervor, daß die von uns beobachteten Effekte nicht das Ergebnis intrinsischer Unterschiede in den umgebungsabhängigen Eigenschaften von elliptischen Galaxien waren. Wir gerieten in ziemliche Aufregung, denn das war eine wirkliche Entdeckung: Nicht alle Galaxien befinden sich in der Entfernung, auf die ihre Hubble-Geschwindigkeit schließen läßt, und viele bewegen sich parallel zu ihren Nachbarn mit bemerkenswerten Geschwindigkeiten.

Das Empfinden, das eine solche Entdeckung auslöst, ist ganz außergewöhnlich. In der Kindheit erleben wir es alle hin und wieder,

Was treibt die Eigenbewegung an? 295

wenn wir uns voller Kühnheit aufmachen, die geheimnisvolle Welt zu verstehen, auf die es uns verschlagen hat. Da genügt es, daß wir etwas entdecken, das nur für uns selbst neu ist – einen unbekannten Pfad durch den Wald, ein Versteck, ein seltsames Insekt, einen schönen Stein –, wobei es nicht um Anerkennung geht, sondern nur um die Sache selbst. Sicherlich können Sie sich vorstellen, wieviel größer das Vergnügen ist, etwas zu entdecken, was noch niemand zuvor erblickt hat.

Schon als Fünfjähriger wußte ich, daß die Erde vollständig «entdeckt» war – es gab keine weißen Flecken mehr, die noch niemand betreten hatte. Wahrscheinlich war ich aus diesem Grund in jener Nacht so beeindruckt, als ich Saturn zum erstenmal durch das Teleskop erblickte. Eine Welt, die so riesig und so fern war, mußte noch Raum für Entdeckungen bieten. Wissenschaftler und Künstler können sich dieses kindliche Staunen erhalten. Dann bleibt die Entdeckerlust unter Umständen ein Leben lang erhalten. Leider gehen den meisten Erwachsenen diese Möglichkeiten verloren – und mit ihnen die Freude an der Entdeckung. Wir müssen wieder lernen, anderen solche Entdeckungen zu vermitteln, nicht nur denen, deren Leben dem Lernen und der Erkenntnis gewidmet ist, sondern auch denen, die dieses Geschehen aus der Ferne verfolgen. In unseren Schulen müssen wir die Erkenntnis vermitteln, daß Lernen ein lebenslanger Prozeß ist und daß die Entdeckungen unserer Zeit uns allen gehören.

Wir waren wie elektrisiert von unserer Entdeckung – und begierig, unsere Kollegen so bald wie möglich von ihr in Kenntnis zu setzen. Doch dann meldeten sich wieder Fragen und Zweifel zu Wort und mahnten uns zur Vorsicht. Es wäre mehr als peinlich, wenn wir derartige Behauptungen wieder würden zurücknehmen müssen. War unsere These wirklich überzeugend? Warum bewegten sich die Galaxien? Gab es ein konsistentes Muster, das uns den Schlüssel liefern konnte? Wir besaßen lediglich Bogen mit Diagrammen und Zahlen. Doch wir hatten nichts, was uns eine bildliche Vorstellung von dem vermittelt hätte, was wir entdeckt hatten. Gary und Donald hatten die erste Version von OURV (*our velocity* – «unsere Geschwindigkeit») geschrieben, einem raffinierten Computerprogramm, das uns die durchschnittliche Eigengeschwindigkeit in jedem beliebigen Teil des Himmels liefern sollte. Sogar ein Diagramm der Bewegungen in dieser Region lieferte es uns. Doch die Zeit in Dartmouth ging zu Ende, und so konnten wir nur ein erstes Diagramm auf dem Bildschirm bewundern. Als wir aufbrachen, hatte sich noch kein klares Gesamtbild ergeben, nur die vage Vorstellung, daß von hohen Eigengeschwindigkeiten auszugehen war.

Beunruhigend waren in den letzten Tagen auch zwei andere Probleme, die uns möglicherweise in die Irre führten. Das eine betraf systematische Fehler, die unter Umständen die Entfernungsbestimmungen in verschiedenen Himmelsregionen verzerrten und möglicherweise für den von uns entdeckten Effekt verantwortlich waren. In jedem Forschungsprojekt muß man Fehler der gemessenen Größen sorgfältig abwägen, um festzustellen, ob die Ergebnisse statistisch signifikant sind. Meist handelt es sich um *Zufallsfehler* – so konnten wir beispielsweise die Geschwindigkeitsdispersion nur mit einer mittleren Genauigkeit von plus/minus fünf Prozent messen –, gefährlich aber sind die *systematischen* Fehler, die durch Zufallsfehler erzeugt werden können. Anfällig für einen solchen systematischen Fehler, die sogenannte *Malmquist-Verzerrung (Malmquist bias)*, war unsere Stichprobe der isolierten elliptischen Galaxien und, in geringerem Maße, die der Galaxien in kleinen Gruppen.

Die Malmquist-Verzerrung ergab sich aus der unvollkommenen Korrelation zwischen D_n und Geschwindigkeitsdispersion. Da immer noch beträchtliche Abweichungen von einer geraden Linie, der «vollkommenen» Korrelation, zu beobachten waren, legte ein gemessener Wert der Geschwindigkeitsdispersion nicht eine bestimmte Helligkeit (oder Größe) fest, sondern eine Anzahl möglicher Werte, die sich um einen Mittelwert verteilten. Das war an sich ein Zufallsfehler – ein Wert, der genausogut zu groß oder zu klein sein konnte –, aber er rief einen systematischen Fehler hervor. Die Stichprobe mußte zugunsten von Galaxien verzerrt sein, die heller und größer waren, weil sie über größere Entfernungen, das heißt über ein größeres Raum-

Die Malmquist-Verzerrung

volumen, zu sehen waren. Sandy erkannte, daß wir infolge der Malmquist-Verzerrung die Entfernungen unserer Stichprobengalaxien am gesamten Himmel im Durchschnitt unterschätzten, daß dieser Effekt aber in einigen Regionen sehr klein und in anderen sehr viel größer sein könnte. So begann sie darüber nachzudenken, wie groß dieser Fehler wohl sei und wie er sich korrigieren lasse. Ziemlich sicher war sie sich indessen, daß die Auswirkung der Malmquist-Verzerrung nicht gänzlich verantwortlich für die von uns entdeckten Eigengeschwindigkeiten war. Allerdings wußte sie nicht, wieviel Anteil sie daran hatte.

Noch eine weitere wichtige Idee kristallisierte sich in den letzten Tagen von Dartmouth heraus und verursachte uns einiges Kopfzerbrechen. Mit welchem Bezugssystem sollten wir die Galaxienbewegungen in unserer Stichprobe messen? Schon lange gilt die Erde nicht mehr als feste Orientierungsgröße. Galilei hatte es unmißverständlich zum Ausdruck gebracht – *si muove* (Und sie bewegt sich doch). So fand er sich in einem katholischen Kerker wieder, weil er behauptet hatte, die Erde drehe sich und umkreise die Sonne. Es gehört zur astronomischen Routine, die gemessenen Geschwindigkeiten um den Betrag dieser Bewegungen zu korrigieren – ungefähr 30 km/s. So kann man von der Annahme ausgehen, die Beobachtungen seien von der Sonne aus gemacht worden – die korrigierten Messungen bezeichnet man deshalb als *heliozentrische* Geschwindigkeiten. Doch wie man zu Beginn dieses Jahrhunderts festgestellt hat, bewegt sich die Sonne mit dem weit höheren Tempo von 200 km/s um die Milchstraße herum. Deshalb hatte unsere Gruppe die gemessenen Eigengeschwindigkeiten so korrigiert, als wären sie vom Zentrum unserer Galaxis aus gemessen, und schließlich noch eine weitere kleine Korrektur hinzugefügt, die Beobachtungen vom Zentrum der Lokalen Galaxiengruppe – Milchstraße, Andromeda und noch ein paar andere – simulierte, immer in dem Bemühen, ein weiter gefaßtes Bezugssystem zu erhalten.

Nun erkannten wir jedoch, daß auch die Galaxien um uns her sich bewegen – für viele hatten wir große Eigengeschwindigkeiten gemessen. Gab es, da alles in Bewegung war, kein besseres Bezugssystem, anhand dessen wir entscheiden konnten, was sich wohin bewegte? Glücklicherweise gab es das: den kosmischen Mikrowellenhintergrund.

Wie oben dargelegt, sind die Milchstraße und die Galaxien in ihrer Umgebung wie Boote auf einem See. Zunächst hatten wir die Geschwindigkeiten anderer Boote relativ zu unserem eigenen gemessen, später relativ zu einer kleinen Gruppe von Booten in unserer Nähe. Tatsächlich interessiert waren wir jedoch an den Bewegungen aller dieser Boote im Vergleich zu etwas Beständigerem – dem Ufer beispielsweise. An einer Straßenecke in Hanover, auf dem Weg zum Mittagessen, drehte sich Donald plötzlich zu Sandy um und rief aus: «Wissen Sie, wir sollten alle diese Galaxienbewegungen in Beziehung zum kosmischen Mikrowellenhintergrund abbilden, nicht in Beziehung zu unserer Galaxis.» Donald hatte recht. Es gab eine wunderbare Möglichkeit, die Bewegung unserer Galaxis relativ zum «Ufer» zu messen. Wir brauchten nur ins Wasser zu blicken.

Das Universum ist mit Radiowellen gefüllt, die sich in alle Richtungen ausbreiten, mit Licht, das in der heißeren, früheren Phase des Urknalls entstanden ist – es füllt den Raum wie Wasser den See. Wenn sich ein Boot durch das Wasser bewegt, ruft es vorn und hinten eine Welle hervor. Messungen des kosmischen Mikrowellenlichts haben genau diesen Effekt nachgewiesen: Der CMB (*cosmic microwave background* – kosmischer Mikrowellenhintergrund) ist «blauer» (wärmer) in einer bestimmten Richtung und «röter» (kälter) in entgegengesetzter Richtung. Unsere Galaxis bewegt sich gegenüber dem ruhigen Wasser; deshalb ist das Licht rot- und blauverschoben – um einen Betrag, der einer Geschwindigkeit von 600 km/s entspricht. Nachdem wir auf diese Weise die Bewegung unserer Galaxis relativ zu einem fundamentaleren Bezugssystem gemessen hatten (im Grunde war das gesamte Universum zu einem solchen System geworden), war es ein Kinderspiel, die Geschwindigkeiten aller anderen Galaxien so umzuformen, daß ihre Geschwindigkeiten in Beziehung zum See selbst und nicht zu irgendwelchen anderen Booten gemessen wurden. Wie an dem Tag, an dem wir in Cambridge «gestakt» hatten, hatten wir eine Stange in den Schlamm gerammt und konnten nun sehen, wie rasch wir und alle anderen Galaxien uns bewegten.*

Wie Sandy später berichtete, wurde ihr schlagartig klar, daß Hunderte von elliptischen Galaxien und Tausende von Galaxien anderer Art, die sich in ihrer Nachbarschaft befinden, gemeinsam mit der Milchstraße durch den Raum rasen. Bei mehr als hundert Galaxien in der Nachbarschaft unserer Galaxis hatten wir nur kleine Eigengeschwindigkeiten gemessen, so, wie ein Bootsführer möglicherweise nur geringe Unterschiede zwischen sich und anderen Booten in seiner Nähe findet. Doch wenn der Bootsführer weiß, daß sich sein Boot rasch durchs Wasser bewegt, wie es bei der Milchstraße der Fall ist, dann müssen sich auch die anderen Boote bewegen – von der gleichen Strömung getrieben oder aus eigener Kraft in diese Richtung strebend. Damit war plötzlich klar, warum Allan Sandage bei den Nachbargalaxien keine Eigengeschwindigkeiten beobachtet hatte und zu dem Trugschluß gelangt war, die Hubble-Expansion sei fast vollkommen gleichförmig: Zwar bewegen sich die Galaxien und noch rasch dazu, aber sie tun es sehr großräumig und geschlossen – gemeinsam und nicht zufällig. Aus diesem Grund weisen nur wenige Galaxien

---

* Der Vergleich ist nicht ganz richtig, denn das Universum expandiert, während der See seine Ausmaße nicht verändert. Durch die Expansion des Universums wird der kosmische Mikrowellenhintergrund immer kühler (einst war er so «warm» wie sichtbares Licht, während er nun so «kalt» wie Radiowellen ist), füllt aber nach wie vor den Raum gleichmäßig aus und gleicht deshalb noch immer dem bewegungslosen Wasser im See. So gesehen, läßt sich leichter verstehen, warum die Geschwindigkeiten der Hubble-Expansion keine Geschwindigkeiten im engeren Sinne des Wortes sind: Galaxien nehmen einen festen Ort im Raum ein, wie Knoten in einem Gummiband, und entfernen sich nur deshalb voneinander, weil sich der Raum, wie ein Gummiband, dehnt. Dagegen sind Eigengeschwindigkeiten echte Bewegungen *durch* den Raum. Eine Galaxie, die der gleichförmigen Hubble-Expansion folgt, ohne die geringste Eigenbewegung, befindet sich inmitten eines gleichförmigen kosmischen Mikrowellenhintergrunds von konstanter Temperatur – inmitten ruhigen Wassers. Das Licht zeigt weder Rot- noch Blauverschiebungen. Doch von einer Galaxie, die sich durch den Raum bewegt, wird man solche Verschiebungen messen, weil ihre Eigengeschwindigkeit eine echte Bewegung ist.

Blauverschiebungen auf – nur hin und wieder eine kleine Bewegung auf uns zu, während die gewaltige Flotille vorwärtsrauscht.

Erstaunlicherweise bewegte sich die EGALSOUTH-Region, in der wir die größten von uns fort gerichteten Eigengeschwindigkeiten entdeckt hatten, in die gleiche Richtung wie die Milchstraße und ihre Nachbarn. Folglich mußten wir 600 km/s *hinzurechnen*, um die Eigengeschwindigkeiten zu erhalten, die diese Galaxien relativ zum kosmischen Bezugssystem aufweisen, wodurch ihre Geschwindigkeiten noch rasanter und verblüffender wurden.

Am Morgen unseres letzten Tages in Dartmouth trafen wir uns in der freudigen Gewißheit unseres Triumphes, bis Sandy unserer kindlichen Begeisterung erneut einen Dämpfer versetzte. Sie erinnerte uns daran, daß man diese Ergebnisse als Ketzerei betrachten würde und daß wir deshalb alle Anstrengungen unternehmen müßten, um auszuschließen, daß die Daten auf systematische Schwankungen der Galaxieneigenschaften oder die Malmquist-Verzerrung zurückgeführt werden könnten, die uns veranlaßt hatte, die Entfernungen systematisch zu unterschätzen. Deshalb drängte sie uns, Vorsicht walten zu lassen und in den nächsten Monaten ein weiteres Mal alle Eigenschaften zu vergleichen, die sich unabhängig von der Galaxienentfernung messen lassen. Wir sollten die Farben, Geschwindigkeitsdispersionen, Magnesium-Linienintensitäten und die Verhältnisse verschiedener Durchmesser oder Helligkeiten vergleichen, um sicherzugehen, daß sich die elliptischen Galaxien in einem Teil des Himmels von denen in einem anderen nicht unterscheiden.

Vor unserem nächsten Treffen in Pasadena wollten wir uns davon überzeugen, daß diese Effekte wirklich vorhanden waren. Danach mußten wir die Eigengeschwindigkeit relativ zum CMB, unserem kosmischen Bezugssystem, berechnen. Außerdem brauchten wir Computerprogramme wie OURV, um die Ergebnisse zu quantifizieren und Karten sowie Diagramme anzufertigen, die die unübersehbare Fülle von Kurven und Zahlen ersetzen konnten, denn die vermittelten kein klares Bild, dem zu entnehmen war, wie groß die generelle Abweichung von einer gleichförmigen Hubble-Expansion war. Ein solches Bild brauchten wir aber, wenn wir den *Grund* für die Eigengeschwindigkeiten verstehen wollten, ein Problem, über das wir uns noch kaum Gedanken gemacht hatten. So verließen wir Dartmouth mit dem Schwur, Schweigen zu bewahren: Niemandem konnten wir von unseren Ergebnissen berichten, bevor diese Aufgaben erledigt waren.

Dave kehrte mit Sandy nach Santa Cruz zurück, wo die beiden ein weiteres halbes Jahr lang den Datensatz auf Fehler hin durchsahen und Quervergleiche vornahmen, um sich von seiner Stimmigkeit zu überzeugen. Erst als Dave eine weitere Testbatterie mit entfernungsunabhängigen Parametern durchgeführt hatte, war er überzeugt davon, daß es keine erkennbaren Unterschiede in den Eigenschaften von elliptischen Galaxien gab, die sich rasch und die sich langsam bewegten. Im nachhinein erwies es sich als Segen, daß das ganze Projekt stark auf intrinsische Unterschiede ausgerichtet war. So fanden wir ausgezeichnete Voraussetzungen vor, um nach solchen Effekten zu suchen, und liefen keine Gefahr, die Hinweise auf große Eigengeschwindigkeiten zu akzeptieren, bevor wir alle anderen Möglichkeiten ausgeschöpft hatten.

Am 2. August 1985 legte Dave in einem Brief an die anderen Gruppenmitglieder folgende Auffassung dar: «Das lokale Geschwindigkeitsfeld ... ist in keiner [Position oder Entfernung] am Himmel gleichförmig. In großen Himmelsregionen ... sind erhebliche Geschwindigkeitsabweichungen von der gleichförmigen [Hubble-] Strömung zu beobachten – und zwar in einer Größenordnung von 1000 Kilometern pro Sekunde.» Da Dave wußte, daß einige dieser Regionen in den Untersuchungen von Aaronson *et al.* sowie von Rubin und Ford erfaßt worden waren, begann er deren Daten durchzumustern, um festzustellen, ob sie unsere Resultate bestätigten. Damit hatte er sich eine umfangreiche und komplizierte Aufgabe vorgenommen, aber die ersten Hinweise waren ermutigend: Wo sich die Untersuchungen überschnitten, stimmten die Ergebnisse überein.

Abgesehen davon, daß Daves Ansatz, alle verfügbaren Daten zu nutzen, uns viel Mut machte, sollte er auch entscheidend zur Durchsetzung unserer Auffassung beitragen, denn dadurch kamen wir in eine unangreifbare Position, waren wir doch die einzigen Forscher, die über ein «umfassendes Bild» verfügten.

In der letzten Septemberwoche fuhr Sandy zu einer «abschließenden Datenprüfung» nach Tempe. Galaxie um Galaxie gingen Dave und Sandy den gesamten Datensatz durch und nahmen für jeden von uns gemessenen photometrischen und spektroskopischen Parameter eine Qualitätsbewertung vor. Das diente zur Vorbereitung des nächsten Schritts, der «endgültigen Datenanalyse», der wir seit zwei Jahren entgegenfieberten. Glücklicherweise nahm Sandy ein Magnetband mit allen Daten nach Santa Cruz mit, denn bald nach ihrer Abreise gab Daves Festplatte ihren Geist auf, so daß die Arbeit von Wochen verloren gewesen wäre.

Während Dave und Sandy dem Datensatz die endgültige Gestalt gaben, untersuchte Donald eifrig den alten Datensatz mit OURV, dem Computerprogramm, das wir in Dartmouth entwickelt hatten. Zunächst gab er einen nach Richtung und Tiefe spezifizierten Himmelsbereich ein. Daraufhin rief das Programm die Daten der Galaxien in dieser Region ab, nahm alle Korrekturen vor und errechnete dann die Entfernungen der Galaxien, wie sie von der Geschwindigkeitsdispersion und D_n, unserer besten Korrelation, vorhergesagt wurden. Mit der Entfernung für jede Galaxie in der Region errechnete OURV nun die Geschwindigkeit, die bei einer gleichförmigen Hubble-Expansion zu erwarten wäre, zog die erwartete Geschwindigkeit von der beobachteten Geschwindigkeit ab und erhielt so die Eigengeschwindigkeit. Der Output bestand also in der Eigengeschwindigkeit jeder Galaxie und der mittleren Eigengeschwindigkeit für *alle* Galaxien in der betreffenden Region.

In der Zwischenzeit hatte Donald das Programm beträchtlich erweitert. Leider war er ein Computerneuling, deshalb wimmelte es von Fehlern. Wie oft bei solchen improvisierten Programmerweiterungen handelte es sich um kleine, aber entscheidende Fehler, die schwer aufzuspüren waren. Wunderbarerweise war Donald in der Lage, mit seinem intelligenten, aber fehlerhaften Programm aus dem alten Datensatz die Eigengeschwindigkeiten in verschiedenen Him-

Weltkartenprojektion

melsregionen zu gewinnen und, vor allem, eine Methode zu entwickeln, mit deren Hilfe sich die Zuverlässigkeit der Ergebnisse berechnen ließ.

Im November 1985 kamen wir an den Carnegie-Observatorien in Pasadena zusammen. Von Gary abgesehen, den unaufschiebbare Lehr- und Beobachtungsverpflichtungen festhielten, fanden sich alle ein. Als Gastgeber erinnerte ich mich daran, wieviel Mühe sich Donald, Sandy, Gary und Dave bei unseren Besuchen gegeben hatten, und ich versuchte meinen Beitrag zu leisten, indem ich für Donald, Roberto und Roger einen Thanksgiving-Truthahn mit allen Beilagen zubereitete. Sandy und Dave fuhren kurz zu ihren Familien. Das war die einzige Pause, die wir während dieses Treffens machten. So begeistert waren wir von dem, was wir taten, daß an andere «extracurriculare Aktivitäten» gar nicht zu denken war. Pasadenas Charme, der Indian Summer, das hochaufragende San-Gabriel-Gebirge, selbst Mount Wilson – mit seiner fast mythischen Bedeutung für uns – waren nicht mehr als eine malerische Kulisse für unser spannendstes Treffen.

Dank der intensiven Bemühungen von Sandy und Dave waren auch die letzten Zweifel an den Daten ausgeräumt. Jetzt waren wir in der Lage, die Korrektur für die Malmquist-Verzerrung einzusetzen und die Eigengeschwindigkeiten relativ zum «Ufer» des kosmischen Mikrowellenhintergrunds umzuwandeln. Es war an der Zeit, umfassende Himmelskarten der Hubble-Strömung anzulegen und das «Wie-hoch und Wohin» der Eigengeschwindigkeiten quantitativ zu erfassen. Auf der Suche nach neuen Methoden zur Darstellung der Daten in Karten, Tabellen oder Diagrammen, die unsere Ergebnisse rasch und deutlich vor Augen führten – also wiederum dem Bild, das tausend Worte ersetzte –, hatte ich einfachere, selbst geschriebene Analyseprogramme ausprobiert. Seit jeher gehört dieser Aspekt zu meinen Lieblingsaufgaben im Rahmen eines wissenschaftlichen Projekts. Jetzt schrieb ich ein Computerprogramm, das den Himmel nach Art der klassischen «Weltkartenprojektion» abbildete, wobei es Galaxien mit Eigengeschwindigkeiten, die von uns fortwiesen, durch X bezeichnete und Galaxien, die auf uns zukamen, durch O. Bei einer

Darstellung relativ zum CBM-Bezugssystem sahen wir, daß die Galaxien auf der einen Seite des Himmels auf uns zukamen, während die Galaxien sich auf der anderen Seite von uns fortbewegten – genau das Muster, das zu erwarten war, wenn diese anderen Galaxien sich mit uns in gemeinsamer Bewegung befanden. Es war wirklich erregend, dieses «Kommen und Gehen» so eindeutig auf einer Karte des ganzen Himmels zu sehen. Auf dieser Karte erkannten wir auch die erstaunliche Vorherrschaft sehr großer X in der Centaurusregion des Himmels – diese Galaxien waren wahrhaftig in Bewegung. Die Massenbewegung so vieler Galaxien, von denen in der Umgebung der Milchstraße bis hin zu den in rascher Bewegung befindlichen Centaurusgalaxien, bezeichneten wir als «großräumige Galaxienströmung».

Das mittlerweile mit Zusätzen entsetzlich überfrachtete und äußerst komplexe Programm OURV bildete die Grundlage für die Erörterung der quantitativen Frage: Wie stark ist die Strömung, und wohin geht sie? Daves Programmierfähigkeiten waren von entscheidender Bedeutung, als er sich anschickte, die Fehler zu beseitigen, die sich eingeschlichen hatten, seit sich Donald des Programms angenommen hatte. Dabei schrieb er es größtenteils um – eine Aufgabe, die ihn mehrere Tage hindurch völlig absorbierte. Währenddessen arbeiteten Donald und Sandy die endgültige mathematische Form der Malmquist-Korrektur aus: Bei der Art von Messungen, die wir durchgeführt hatten, reduzierte sie sich auf die ziemlich einfache Vorschrift, die vorhergesagte Entfernung jeder isolierten Galaxie um 17 Prozent zu erhöhen. Dadurch verringerten sich die Eigengeschwindigkeiten der EGALSOUTH-Galaxien um fast genau den Betrag, um den der Wechsel zum kosmischen Bezugssystem sie erhöht hatte, so daß der endgültige Wert in dieser Region unverändert bei etwa 1000 km/s blieb. Endlich konnten wir also die Eigengeschwindigkeit von Galaxien in jedem Himmelsbereich zuverlässig bestimmen.

Mit Hilfe des OURV-Programms legte Donald eine Karte anderer Art an: Während meine Karte jede Galaxie durch ihre Richtung am Himmel charakterisierte, teilte Donald den Raum in scheibenartige

Großräumige Galaxienströmung 305

Volumenteile auf und kennzeichnete jede Galaxie durch einen Pfeil, dessen Richtung angab, ob sich die Galaxie auf uns zu- oder von uns fortbewegte, und dessen Länge zeigte, wie schnell die Eigengeschwindigkeit war. Sandy fertigte auch weiterhin Hubble-Diagramme an, Darstellungen der Beziehung zwischen Entfernung und Entweichgeschwindigkeit in verschiedenen Teilen des Himmels, in denen die Eigengeschwindigkeiten als Abweichungen von der geraden Linie der gleichförmigen Hubble-Expansion erschienen.

Jede Diagrammart hatte ihre Vor- und Nachteile. So zeigte meine den ganzen Himmel, ließ aber nicht die Entfernung der Galaxien erkennen. Eine unglückliche Eigenschaft von Donalds Diagramm lag darin, daß alle Pfeile direkt auf unsere Galaxie oder von ihr fort zeigten – Uneingeweihte wurden durch diesen «Strahleneffekt» stets abgelenkt. Natürlich war das nur ein Artefakt – die unvermeidliche Konsequenz des Umstands, daß sich mit der Doppler-Verschiebung nur Geschwindigkeiten auf unsere Galaxis zu oder von ihr fort messen lassen. Zweifellos gab es auch Bewegungen quer zu unserer Blicklinie, doch die konnten wir nicht abbilden, weil wir nicht in der Lage waren, sie zu messen.

Am Ende erwies sich Donalds Karte jedoch als Krönung unserer jahrelangen Bemühungen. Einen ganzen Nachmittag lang erörterten wir eine der ersten Versionen. Sie ließ unsere beiden wichtigsten Entdeckungen erkennen: Die hohe Eigengeschwindigkeit unserer Galaxis von 600 km/s wird von den meisten anderen Galaxien in unserer Untersuchung geteilt – die sogenannte großräumige Strömung –, und die Galaxien im Centaurus-Superhaufen bewegen sich noch schneller als wir. Wie wir in Dartmouth bereits vermutet hatten, zeigte sich durch die Wahl des kosmischen Mikrowellenhintergrunds zum neuen Bezugssystem, daß sich alle Galaxien mehr oder weniger in dieselbe Richtung wie die Milchstraße bewegen und auch – mit Ausnahme der Centaurusgalaxien – die gleiche Geschwindigkeit haben. Ganz offensichtlich war es uns gelungen, die Eigengeschwindigkeiten zu messen, denn es zeigten sich kohärente Regionen mit einigen hundert Kilometern pro Sekunde schnellerer Bewegung – auf uns zu und von uns fort. Doch die meisten Eigengeschwindigkeiten er-

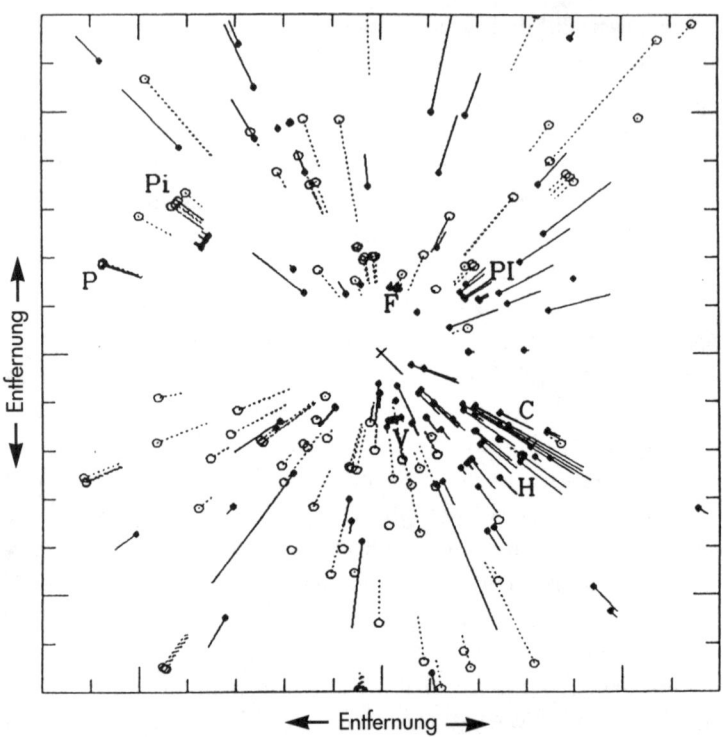

Donald Lynden-Bells Diagramm zeigt die Eigengeschwindigkeiten der Galaxien, indem es einen Punkt auf die Position der Galaxie setzt und einen Pfeil in Richtung seiner Bewegung zeichnet. Das kleine Kreuz im Mittelpunkt gibt die Position und Eigengeschwindigkeit der Milchstraße wieder; durchgezogene Linien stehen für Galaxien, die sich von uns fortbewegen, gepunktete Linien für Bewegungen auf uns zu. Entfernungen werden als Expansionsgeschwindigkeiten ausgedrückt, in Kilometern pro Sekunde. Obwohl es in bezug auf jeden Punkt erhebliche Ungewißheiten gibt, ist doch klar, daß die Bewegung unserer Galaxis im Durchschnitt von den elliptischen Galaxien der Stichprobe geteilt wird. Mit anderen Worten, die meisten Galaxien bewegen sich von links nach rechts, ausgenommen jene, die sich über oder unter dem Kreuz befinden – bei denen läßt sich die Links-rechts-Bewegung nicht feststellen (die Doppler-Verschiebung mißt nur Geschwindigkeiten, die sich in einer Linie mit unserer Galaxis befinden). Besonders groß sind die Eigengeschwindigkeiten rechts vom Zentrum – also bei den Galaxien, die zu den Superhaufen Hydra-Centaurus (H)(C) und Pavo-Indus (PI) gehören.

Großräumige Galaxienströmung — 307

wiesen sich *relativ zur Milchstraße* als gering, und das heißt, daß wir uns alle in der gleichen Strömung befinden.*

Noch bemerkenswerter war dieser Punkt für die Region, in der wir hohe Eigengeschwindigkeiten entdeckten, die vielzitierte EGAL-SOUTH-Region, die den Centaurushaufen enthält: Die Geschwindigkeiten dort haben die gleiche Richtung, der auch die Milchstraße folgt. Diese Galaxien sind uns weit voraus und streben immer noch von uns fort, das heißt, ihre Geschwindigkeit beträgt mehr als 1000 km/s, ein ungewöhnlich hoher Wert. Dieser Umstand sollte sich noch als sehr bedeutsam erweisen, was wir damals aber noch nicht erkennen konnten.

Die nächsten Tage beschäftigten wir uns mit der Frage, wie sich das Ergebnis am besten beschreiben ließe und welche Diagramme am besten darstellen könnten, was wir herausgefunden hatten. Wir waren uns einig, daß die einfachste Beschreibung am ehesten von unseren Kollegen akzeptiert werden würde. Mit Hilfe des OURV-Programms errechneten wir deshalb die einfache mittlere Eigengeschwindigkeit relativ zum CMB – wie hoch und in welche Richtung – innerhalb einer großen Kugel, in deren Mittelpunkt die Milchstraße lag, einer Kugel mit einem Durchmesser von ungefähr 500 Millionen Lichtjahren, die Hunderte von elliptischen Galaxien einschloß. Diese *mittlere* Eigengeschwindigkeit nannten wir «Volumenströmung». Laut unserem Programm hatten die elliptischen Galaxien innerhalb dieses gewaltigen Volumens (und damit vermutlich auch die Tausende von

---

* Das ist ein schwieriger Punkt, der selbst unseren Kollegen nicht leicht zu verdeutlichen war: Geringe Eigenbewegungen *relativ zu unserer Galaxis* wären das am wenigsten wahrscheinliche Ergebnis gewesen, wenn wir nicht gewußt hätten, was wir taten, oder unsere Methoden fehlerhaft gewesen wären. Einem Experiment, das ein «Nullresultat» mißt (einen Wert, der, innerhalb der Fehlergrenzen, verschwindend klein ist), wohnt von vornherein eine gewisse Glaubwürdigkeit inne, denn in unzulänglichen Experimenten gelangt man gewöhnlich zu «deutlichen» Ergebnissen – eben infolge der Fehler. Es wäre nahezu unmöglich gewesen, die Hubble-Expansion zu erfassen und nur kleine Abweichungen von ihr festzustellen, wenn wir nicht wirklich die exakten Galaxienentfernungen ermittelt hätten.

Galaxien anderer Art, die sich mit ihnen mischten) eine gemeinsame Bewegung von 600 km/s (mit einem wahrscheinlichen Fehler von 150 km/s) in Richtung jener Himmelsregion, in der man das Kreuz des Südens erblickt. (Dabei handelt es sich natürlich um ein Sternbild *innerhalb* unserer Galaxis; es soll hier nur die Richtung angeben.)

Nachdem wir das Konzept der Volumenströmung entwickelt hatten, galt es nun, über den Grund für alle diese Eigengeschwindigkeiten nachzudenken – die Abweichungen von der gleichförmigen Hubble-Expansion. Wir schlossen uns der herkömmlichen Auffassung an, daß diese Bewegungen durch Gravitation hervorgerufen sein müßten – die Anziehungskraft einer gewaltigen Materiemenge, die sich irgendwo im All befindet. Unser Ergebnis, dem zufolge es eine gewaltige kohärente Strömung von 600 km/s gibt, war insofern radikal, als es den Schluß nahelegte, daß die Gravitationsanziehung sehr weit entfernt ist. Befände sich die Ursache für die Gravitation beispielsweise im Mittelpunkt dieser Kugel, nahe unserer eigenen Position, dann würden sich alle Galaxien am Himmel auf uns zubewegen. Wenn der Ursprung der Gravitation woanders wäre, aber immer noch innerhalb der von uns kartierten Region, dann wäre zu erwarten, daß die Pfeile der Eigengeschwindigkeiten auf diese Region gerichtet wären – etwas, das wir ansatzweise in den Abweichungen in Richtung des Virgohaufens sahen. Statt dessen ergaben unsere Daten ein noch einfacheres Bild: Alle Galaxien unserer Stichprobe bewegten sich zusammen mit der Milchstraße in die gleiche Richtung. Wenn sich dies tatsächlich so verhielt, dann mußte sich die Gravitationsquelle zumindest so weit weg wie die fernsten in unserer Stichprobe erfaßten Galaxien befinden, wahrscheinlich noch sehr viel weiter entfernt. Andere Astronomen hatten angenommen, der Centaurushaufen sei Mittelpunkt einer solchen Gravitationsbewegung, doch unsere Ergebnisse ließen erkennen, daß die Galaxien in dieser Region sich in die gleiche Richtung wie wir bewegen, nur noch viel schneller. Würde Centaurus uns «anziehen», hätten unsere Messungen eine Annäherung ergeben, tatsächlich aber entfernen sich die Galaxien dieser Region. Die Vermutung, die ich vor fast drei Jahren in dem Coma-Virgo-Artikel veröffentlicht hatte, erwies sich also als richtig. Dort hatte ich geschrieben, die Verwerfungen in der Masseverteilung, die Eigengeschwindigkeiten wie etwa die 600 km/s der Milchstraße hervorrufen könnten, müßten von enormer Größenordnung sein. Ich war hoch erfreut.

Wir kamen überein, unsere Ergebnisse im Januar bekanntzugeben, zunächst durch Sandy Faber auf der nationalen Tagung der American Astronomical Society, wo Sandy bei der Entgegennahme des Daniel-Heineman-Preises eine Dankesrede zu halten hatte, und dann durch Donald Lynden-Bell bei der Tagung der Royal Astronomical Society, auf der er als Präsident die Eröffnungsworte sprechen würde. Roger und Dave flogen nach Houston, um Sandys Vortrag zu hören. Nach der Aufregung, die uns in den letzten Monaten erfüllt hatte, waren die drei enttäuscht, aber nicht wirklich überrascht, als ihre «Bekanntmachung» nahezu gleichgültig aufgenommen wurde. Sie wußten, daß nur wenige Astronomen im Zuhörerraum mit dieser komplizierten, relativ neuen Meßmethode vertraut waren, und später erfuhren wir, daß fast alle Kollegen, die sich mit Eigengeschwindigkeiten und ihren Bedeutungen auskannten, einen Kosmologie-Workshop in Aspen, Colorado, besuchten. Eine vorbereitete Presseverlautbarung in Houston interessierte nicht einen einzigen Journalisten – sie hatten nur Augen und Ohren für das Aufsehen, das die offizielle Vorstellung der CfA-Survey, die «Scheibe des Universums», erregte. Verglichen mit der Unmittelbarkeit dieser verblüffenden Galaxienkarte, war die großräumige Galaxienströmung eine vage, schwer greifbare Abstraktion. Wenn astronomische Ereignisse Schlagzeilen hervorbringen könnten, hätte unsere wohl gelautet: GROSSRÄUMIGE STRÖMUNG KEIN RENNER!

Obwohl sich die erste öffentliche Bekanntgabe der großräumigen Galaxienströmung als Blindgänger erwiesen hatte, sollte sie sich doch noch zu einem richtigen Kanonenschlag mausern. Dave flog nach Kona auf Hawaii, um auf einer von Brent Tully organisierten Konferenz zu sprechen. Viele wichtige Leute waren angereist, unter anderem jene, die damals in Aspen mit Denken und Skilaufen beschäftigt gewesen waren. Alles wartete auf einen Schwergewichtskampf zwischen drei Kontrahenten – Allan Sandage, Gerard de Vaucouleurs und

Marc Aaronson –, in dem es um die Expansionsrate des Universums gehen sollte, die schwer zu bestimmende Hubble-Konstante, über die nun schon seit so vielen Jahren heftig debattiert wurde. Doch die wirkliche Sensation war dann etwas ganz anderes – die Eröffnung, daß die Hubble-Expansion noch nicht einmal sehr gleichförmig sei, mit allen Konsequenzen, die das für die großräumige Struktur des Universums hatte. In der Sorge, daß sich am Ende doch noch irgendein schrecklicher Fehler in unserer Analyse herausstellen würde, hatten wir die Ergebnisse strikt für uns behalten, und unser Debüt in Houston war ein solcher Flop gewesen, daß wir unser Geheimnis mühelos hatten bewahren können. Aus diesem Grund war Daves Rede die erste vor einer Zuhörerschaft, die in der Lage war, die Bedeutung unserer Ergebnisse zu würdigen. Die Überraschung bei den Wissenschaftlern, die sich mit dem Thema beschäftigten, war groß.

Wie Dave später berichtete, wurde sein Vortrag mit verblüfftem Schweigen aufgenommen – er spürte eine gespannte Aufmerksamkeit, die er noch nie erlebt hatte, obwohl er solche Referate schon seit Jahren hielt. Förmlich erstarrt sei die Zuhörerschaft gewesen, so Dave, als er ausgeführt habe, wie hoch die Eigengeschwindigkeit des Centaurushaufens und des ihn umgebenden Superhaufens sei und daß wir erwartet hätten, er müsse auf uns zukommen (uns an sich ziehen), tatsächlich aber zu dem Ergebnis gekommen seien, daß er sich rapide von uns entferne. Nach Beendigung seines Vortrags wurde er mit Fragen aus der Zuhörerschaft bestürmt, und als nach fünfzehn Minuten Gerard de Vaucouleurs, der Leiter der Sitzung, versuchte, die Diskussion zu beenden, protestierten die Anwesenden. Es wurden weitere Fragen gestellt, bis Daves Referat die vorgesehene Zeit um fünfundvierzig Minuten überschritten hatte, ein unerhörtes Geschehen bei einer solchen Tagung. In den verbleibenden zwei Tagen war unser Bericht über großräumige hohe Eigengeschwindigkeiten das Gesprächsthema des Treffens. Kollegen, die dabei waren, haben uns später bestätigt, daß Daves Vortrag trotz seiner melodramatischen, bedeutungsschwangeren Pausen *das* Ereignis der Veranstaltung gewesen sei.

Auch spätere Vorträge anderer Gruppenmitglieder fanden eine

Die großräumige Strömung in der Diskussion 311

ähnliche Aufnahme, so daß sich in der Gemeinschaft der Astronomen unsere neuen und überraschenden Ergebnisse bald herumgesprochen hatten. Wir schrieben eine zweite Presseverlautbarung. Diesmal wurde sie von einem Dutzend Zeitungen gebracht, und viele von uns versuchten in langen Stunden Journalisten das Konzept der Eigengeschwindigkeiten und der großräumigen Galaxienströmung zu erläutern. Das war wahrlich keine leichte Aufgabe, weil nur wenige die Hubble-Expansion verstanden, von möglichen Abweichungen und ihrer Bedeutung ganz zu schweigen. Doch bei aller Aufmerksamkeit von Kollegen und Medien, unsere Arbeit spielte nur «die zweite Geige» neben der «Scheibe des Universums», der verblüffenden Karte, die die blasenartige Struktur des Universums so deutlich zeigte: Kein Zweifel, das Universum war weit komplexer, als man es sich vorgestellt hatte. Damit lagen zwei wichtige neue Resultate zur großräumigen Struktur des Universums vor – das eine visuell beeindruckend und unmittelbar verständlich, das andere komplex und schwer zu vermitteln. Kein Wunder, daß die Scheibe des Universums im Mittelpunkt der Aufmerksamkeit blieb.

Doch wir waren nicht übermäßig enttäuscht. Immerhin hatten wir eines der größten astronomischen Gemeinschaftsunternehmen zustande gebracht, die jemals in Angriff genommen worden waren, und wir hatten etwas Grundlegendes entdeckt – das war Befriedigung genug. Außerdem begannen wir zu spüren, daß sich unsere Arbeit auf die Untersuchung großräumiger Strukturen möglicherweise längerfristig auswirken würde, weil sie sich quantitativ beschreiben ließ – sie lieferte viel mehr als nur ein Bild. Schon hatten Marc Davis und Michael Strauss in Berkeley sowie Amos Yahil am SUNY in Stony Brook behauptet, die großräumige Strömung stehe im Widerspruch zu den Erkenntnissen aus ihrer Karte über die Galaxienverteilung am gesamten Himmel. Andere Astrophysiker, die theoretische Modelle über die Entstehung großräumiger Strukturen entwickelt hatten, meldeten ebenfalls empörten Widerspruch an. Nach ihrer Auffassung konnte es die hohen, großräumigen Eigengeschwindigkeiten in dieser Form nicht geben.

Als Dave, Donald, Roger und ich im Juli 1986 das von Sandy in

Santa Cruz organisierte Seminar «Nearly Normal Galaxies» («Fast normale Galaxien») aufsuchten, sahen wir uns rasch im Mittelpunkt einer lebhaften Debatte über die großräumige Struktur des Universums. Wir hatten mit allen herkömmlichen Auffassungen zum Thema gebrochen, so spärlich sie auch waren, und den gesitteten Diskurs, den geordneten Marsch zur Wahrheit gestört. Yahil brachte es wohl auf den Punkt, als er zum Podium ging und unserer Gruppe ihren mangelnden Sinn für Autorität vorwarf. «Was sollen wir denn», zürnte er, «mit diesen sieben, diesen, diesen... sieben Samurai machen?»

HERZ DER FINSTERNIS

In Sprichwörter sind viele menschliche Erwartungen und Erfahrungen eingeflossen. «Der Augenschein trügt» ist eine alte Spruchweisheit, die uns Hütchenspieler und Zauberkünstler gern vergessen machen möchten. Da wir uns alle das eine oder andere Mal von der Wahrheit dieses Sprichworts haben überzeugen können, hätte es eigentlich keine Überraschung sein dürfen, daß der größte Teil des Universums unsichtbar ist. Und doch war genau dies der Fall.

Diese größte aller Täuschungen wurde erstmals 1936 von Fritz Zwicky aufgedeckt, dessen Schicksal es offenbar war, unpopuläre Entdeckungen zu machen. Zwicky ermittelte damals Rotverschiebungen im Spektrum von Galaxien des Comahaufens. Da diese Galaxien nahe beieinander liegen – die gleiche Entfernung haben –, hätten sie die gleiche auf die Hubble-Expansion zurückgehende Rotverschiebung aufweisen müssen, doch Zwicky entdeckte erhebliche Unterschiede in ihren Geschwindigkeiten. So gelangte er zu dem zutreffenden Schluß, daß die Rotverschiebungen dieser Galaxien nicht nur die Flucht des Comahaufens im Rahmen der Hubble-Expansion widerspiegeln, sondern auch Zusatzbewegungen *innerhalb* des Haufens, den Einfluß der kombinierten Gravitationsanziehung anderer Galaxien auf einzelne Galaxien des Haufens. In gewissem Sinne nahm er damit frühe Messungen der Eigengeschwindigkeiten vor – Abweichungen von der Hubble-Beziehung zwischen Rotverschiebung und Entfernung, die durch die starke Gravitation eines Haufens hervorgerufen werden.

Zwicky hatte erwartet, einen solchen Effekt zu entdecken, er hatte sogar ausgerechnet, wie groß die Streuung der Geschwindigkeiten sein müßte: Er kannte den Abstand zwischen diesen Galaxien* und hatte eine ungefähre Vorstellung davon, wieviel (Sternen-) Masse jede Galaxie enthielt. Aus diesen Größen und Newtons Gravitations- und Bewegungsgesetzen errechnete er, daß die mittleren Galaxiengeschwindigkeiten im Comahaufen (die Geschwindigkeitsdispersion) ein paar hundert Kilometer pro Sekunde betragen müßten.

Aber das stimmt nicht. Wie Zwicky feststellte, liegen die mittleren Galaxiengeschwindigkeiten in Haufen bei 1000 km/s. Da die kinetische Energie im *Quadrat* der Geschwindigkeit anwächst, belief sich die Bewegungsenergie also auf den zehnfachen Wert dessen, was zum Ausgleich der Gravitation erforderlich gewesen wäre. Zwicky hätte, wie es der armenische Astronom V. A. Ambartsumyan nach ihm tat, die Auffassung vertreten können, daß Haufen wie Coma auseinanderfliegen – daß er Zeuge der kataklysmischen Geburt und explosiven Austreibung von Galaxien geworden sei. Statt dessen vertrat er die kaum weniger radikale Auffassung, die Gesamtmasse des Comahaufens sei mindestens zehnmal größer als das, was in Form leuchtender Sterne in Galaxien zu sehen sei. Damit wäre also der größte Teil der Materie unsichtbar.

In den folgenden Jahrzehnten wurden andere Haufen untersucht. Stets entdeckte man hohe Geschwindigkeiten. Als man Galaxienpaare unter die Lupe nahm, die einander umkreisen, eine ungewöhnliche, aber nicht seltene Erscheinung, stellte man auch in diesen Fällen fest, daß sie sich mit größeren Kräften anziehen, als die in den Sternen versammelte Masse allein aufbieten kann. Beobachtungen dieser kosmischen Paare beseitigten auch die letzten Anhaltspunkte für das Modell der «explosiven Entstehung», und ganz allmählich rangen sich die Astronomen zu der Einsicht durch, daß ein Großteil der Materie im

---

* Die Entfernung zwischen Galaxien ergab sich für ihn aus dem Winkel, durch den sie am Himmel getrennt sind, und aus einer Schätzung der Distanz des Haufens in Lichtjahren. Letztere lieferte die Hubble-Konstante, die für jeden Kilometer pro Sekunde Expansionsgeschwindigkeit eine bestimmte Zahl von Lichtjahren einsetzt. Obwohl die Hubble-Konstante damals weit von ihrem modernen Wert abwich, war Zwickys Entdeckung im Prinzip doch richtig.

Universum *unsichtbar* ist – dunkle Materie, die sich entweder in den Galaxien befindet oder die Räume zwischen ihnen füllt.

Wie konnte man die Masse einer Galaxie messen, um festzustellen, ob sie mehr Materie enthält, als man in Sternen sah, oder ob sich die unsichtbare Materie vielmehr *außerhalb* der Galaxie befindet? Man mußte die Bewegungen der Sterne oder des Gases in den Galaxien selbst ermitteln. 1916 und 1918 griff der Mount-Wilson-Astronom F. G. Pease eine frühere Arbeit von Vesto Slipher wieder auf und ermittelte Spektren zweier großer «Spiralnebel» (so hießen sie, bevor man erkannte, daß es sich um außerhalb der Milchstraße gelegene Galaxien handelt). Dabei stellte er fest, daß sie rotieren, und zwar mit der unglaublichen Frequenz von einer Umdrehung etwa alle hundert Millionen Jahre. (Das ist unglaublich langsam für unsere Wahrnehmung und unglaublich schnell, wenn man bedenkt, wie groß eine Galaxie ist.) Peases fotografische Platten waren so unempfindlich, daß eine einzige Messung achtzig Stunden Belichtungszeit erforderte, über drei Monate verteilt. Ende der fünfziger Jahre erkannten Geoffrey und Margaret Burbidge, daß Beobachtungen wie diese eine Galaxie «wiegen» könnten – ihre Masse messen, so, wie Zwicky einen Galaxienhaufen gewogen hatte. Inzwischen gab es bessere Spektrographen, empfindlichere Fotoemulsionen und größere Teleskope – die Burbidges konnten genauere Arbeit leisten. Mit der Peaseschen Technik – durch eine schlitzartige Öffnung läßt man Licht einfallen – sammelten sie verschiedene Lichtproben, wobei sie im Mittelpunkt der Galaxie begannen und die ganze Fläche bis nach außen erfaßten. Um die Doppler-Verschiebung an verschiedenen Punkten der Galaxie zu messen, konzentrierten sich die Burbidges auf das rotorangefarbene Licht des glühenden Wasserstoffgases, das von neugebildeten Sternen erwärmt wird – die H_α-Emissionslinie. Wie Pease und Slipher stellten sie fest, daß das Spektrum auf der einen Seite jeder Galaxie im Vergleich zum Spektrum des Zentrums eine zusätzliche kleine Rotverschiebung zeigte, während auf der anderen Seite eine kleine Blauverschiebung zu erkennen war. Die Rotverschiebung im Mittelpunkt der Galaxie entsprach der Geschwindigkeit der Galaxie im Rahmen der Hubble-Expansion. Die weit kleineren Rot- und Blauverschiebungen auf beiden Seiten offenbarten, daß die Galaxie rotiert: Aus unserer Sicht nähern sich die Sterne der einen Seite und entfernen sich die der anderen Seite. Für alle Punkte auf der Galaxienfläche zeichneten die Burbidges die Geschwindigkeit ein und gewannen auf diese Weise eine sogenannte *Rotationskurve*.

Wiederum machte es keine Schwierigkeiten, die Masse, die erforderlich war, um die Umlaufgeschwindigkeiten in verschiedenen Entfernungen vom Galaxienzentrum zu erklären, mit Newtons Gesetzen zu berechnen. Dabei stellten die Burbidges fest, daß die von ihnen so berechneten Massen nicht größer waren als die Gesamtmasse aller Sterne – mit anderen Worten, es gab keinen Anhaltspunkt für die Existenz «dunkler Materie». Allerdings waren sie, trotz besserer Instrumente, in ihren Galaxien nicht sehr weit nach außen gedrungen. Ein Jahrzehnt später war Vera Rubin in der Lage, sehr viel weiter auszugreifen, weil ihr ein noch leistungsfähigerer Spektrograph am neuen Vier-Meter-Mayall-Teleskop des Kitt Peak National Observatory zur Verfügung stand. Rubin, die mit den Burbidges zusammengearbeitet hatte, bevor sie an den Fachbereich für Erdmagnetismus der Carnegie Institution ging, vermaß die Rotationskurven von Spiralgalaxien bis zu ihren äußersten Rändern. Wie sie feststellte, erreichte die Rotationsgeschwindigkeit ihr Maximum nahe des Galaxienzentrums, um sich auf dem Weg zum sichtbaren Rand auf dieser Höhe einzupendeln.* Doch wie ihre einfachen Berechnungen zeigten, hätte die Rotationsgeschwindigkeit *abnehmen* müssen, wenn sich die gesamte Masse in normalen Sternen zusammengeballt hätte. Auf diese Daten

---

* Im Interesse der historischen Genauigkeit sei angemerkt, daß Horace Babcock, der Carnegie-Direktor, unter dessen Leitung das Las-Campanas-Observatorium erbaut worden ist, 1938 für seine Dissertation die Rotationskurve der Andromedagalaxie gemessen hat. Er hat als erster gezeigt, daß die Rotationskurve nicht wie erwartet abfällt, sondern ihre Höhe bis zu den Grenzen der sichtbaren Scheibe beibehält. Doch das Ergebnis wurde im *Lick Observatory Bulletin* «begraben» und fand so gut wie keine Aufmerksamkeit in der Gemeinschaft der Astronomen, die sich damals wohl auch genauso schwer wie Babcock selbst getan hätte, die Bedeutung dieses Ergebnisses zu erfassen.

gestützt, vertrat Rubin die Auffassung, es müsse zusätzliche unsichtbare Materie geben, die für die Gravitation sorge, die erforderlich sei, um die Rotationsgeschwindigkeit weit ab vom Galaxienzentrum so hoch zu halten. Wie sich zeigen sollte, waren ihre Modellberechnungen zu einfach, aber sie befand sich auf dem richtigen Weg.

Den endgültigen Beweis lieferten Albert Bosma von der Universität Leiden und Mort Roberts von der University of Virginia mit ihren radioteleskopischen Beobachtungen. Ihnen standen riesige Radiofrequenzantennen zur Verfügung, um das Radiolicht zu empfangen, dessen Quelle keine Sterne, sondern die kalten Wasserstoffgase in Spiralgalaxien sind. Wie Rubin hatten auch Bosma und Roberts die Doppler-Verschiebungen der Emissionslinien von Wasserstoffatomen gemessen, doch diesmal stammte das Signal von neutralem (nichtionisiertem) H-I-Gas mit einer Wellenlänge von 21 Zentimetern. Weit über die sichtbare Grenze vieler Spiralgalaxien *hinaus* ermittelten beide die Rotation kalter Gase (in einigen Fällen bis zu der bemerkenswerten Entfernung von 100000 Lichtjahren) und stellten übereinstimmend fest, daß die Rotationskurven «flach» blieben – was Rubin bereits für den sichtbaren Teil der Galaxie, aber weit über die sichtbare Grenze des Sternenlichts hinaus ermittelt hatte.

Die radioteleskopischen Beobachtungen hatten schlüssig bewiesen, daß es große Materiemengen außerhalb normaler leuchtender Sterne geben muß. Dabei ging man von folgender Überlegung aus: Jenseits des Punktes, wo das Licht scharf abfällt – auf einer Fotografie sieht es wie der Rand der Galaxie aus –, kann es nur noch sehr wenige leuchtende Sterne und damit sehr wenig weitere Masse geben. Infolgedessen müßte die Rotationsgeschwindigkeit, bedingt durch die Abnahme der Gravitationskraft, zurückgehen. (Das beobachten wir beispielsweise im Sonnensystem, wo fast alle Masse im Mittelpunkt, in der Sonne, konzentriert ist: Die Bahngeschwindigkeit der Planeten nimmt mit der Quadratwurzel ihrer Entfernung von der Sonne ab.) Aber – und das war das Bemerkenswerte daran – die mit Radioteleskopen ermittelten Rotationskurven zeigten, daß die Geschwindigkeiten am Rand der Spiralgalaxien nicht zurückgehen. Gas, das die Galaxie umkreist, bewegt sich, auch jenseits ihrer sichtbaren Grenze, mit der gleichen Geschwindigkeit wie Material weiter im Inneren. Das führte zu der unabweisbaren Schlußfolgerung, daß sich ein Großteil der Masse einer Spiralgalaxie außerhalb ihrer sichtbaren Grenze befindet, denn nur so kann die Gravitationskraft ihre Wirksamkeit behalten und verhindern, daß die Bahngeschwindigkeiten abnehmen. Wie Zwickys Beobachtungen belegten auch diese die Existenz einer zusätzlichen, unsichtbaren Masse – dunkler Materie.

Damit gab es nicht nur Anhaltspunkte für die Existenz dunkler Materie, sondern auch für den Ort ihres Vorkommens. Zumindest teilweise tritt sie in Verbindung mit Galaxien auf, aber kaum oder gar nicht in den Grenzen ihrer leuchtenden Bereiche. So müssen wir uns riesige Kugeln aus dunkler Materie vorstellen, in denen die leuchtenden Galaxien liegen, wobei ihre Sterne nur den Mittelbereich eines weit größeren Gebildes ausleuchten. Interessanterweise war dieses Modell auch von Peebles und Jeremiah P. Ostriker, einem anderen Astrophysiker aus Princeton, vorgeschlagen worden, wenn auch aus ganz anderen Gründen. Ihrer Meinung nach würden sich die dünnen Scheiben der Spiralgalaxien wie Kartoffelchips verwerfen und in Stücke zerbrechen, wenn sie nicht durch die Gravitation einer größeren, sie umhüllenden Masse stabilisiert würden. Da nun aber die Scheiben solcher Galaxien einen durchaus glatten und stabilen Eindruck erwecken, sind Ostriker und Peebles zu dem Schluß gelangt, daß es Halos aus dunkler Materie geben müsse, die für das ruhige Erscheinungsbild der Scheiben verantwortlich seien.

Anfang der achtziger Jahre hatte sich die Suche nach dunkler Materie auf das Reich der Superhaufen ausgedehnt. Für den Lokalen Superhaufen haben Aaronson und seine Mitarbeiter einen allgemeinen «Einfall» von Galaxien, einschließlich der Milchstraße, in Richtung des Virgohaufens beobachtet.* Mit Hilfe dieser Information haben

---

* Einfall ist eine wirklich irreführende Bezeichnung, weil in den meisten Fällen die Expansion des Universums die Galaxien im Lokalen Superhaufen rascher voneinander entfernt, als die Gravitation sie zurückziehen kann. Von den Galaxien

dann Amos Yahil, Allan Sandage und Gustav Tammann den Superhaufen «gewogen». Hier ist die Anwendung der Newtonschen Gesetze mit mehr Unsicherheitsfaktoren verknüpft, denn im Gegensatz zu dichtbesiedelten Haufen oder Einzelgalaxien sind die Grenzen eines Superhaufens unscharf und Größe sowie Form der Galaxienverteilung verändern sich noch – ein stabiles Gleichgewicht von Gravitation und Bewegung ist bislang nicht erreicht. Trotzdem, man hat bei Galaxien im Lokalen Superhaufen Eigengeschwindigkeiten von einigen hundert Kilometern pro Sekunde gemessen, so daß kein Zweifel am Vorhandensein dunkler Materie bestehen kann, und zwar von mindestens zehnmal so viel Materie, wie in den leuchtenden Galaxien selbst zu sehen ist. 1986 hatten die *sieben Samurai* – den Namen, den Yahil uns gegeben hatte, wurden wir nicht mehr los – noch höhere Eigengeschwindigkeiten über eine Raumregion gemessen, die fünfmal so groß war wie der Lokale Superhaufen. Wiederum blieb kein anderer Schluß, als daß der größte Teil der Materie in diesem Volumen unsichtbar ist.

Zwar haben sich in allen diesen Untersuchungen solide Beweise für dunkle Materie ergeben, aber wir dürfen darüber nicht vergessen, daß es in unserem Sonnensystem *keine Hinweise* auf dunkle Materie gibt und nur wenige oder keine Hinweise (je nachdem, welchen Untersuchungen man Glauben schenkt) auf dunkle Materie in den zentralen, leuchtenden Bereichen der Galaxien existieren. In diesem Teil einer Galaxie läßt sich die Gravitationskraft vollständig durch die Masse der beobachteten Sterne und Gase erklären. Andererseits ist man bei *jeder* Messung, die man vom Rand einer Galaxie und darüber hinaus in den intergalaktischen Raum vorgenommen hat, zum gleichen Schluß gekommen: Es gibt mindestens zehn-, vielleicht sogar hundertmal mehr unsichtbare Masse, als innerhalb der Galaxien zu beobachten ist. Das hat sich ausnahmslos bestätigt. Und ein Großteil

im Zentrum abgesehen, die tatsächlich einfallen, müßte man richtiger davon sprechen, daß die Expansion des Lokalen Superhaufens durch die Gravitationsanziehung in dieser überdichten Region verlangsamt wird.

dieser Masse, vielleicht alle, umgibt die sichtbaren Galaxien in Form unsichtbarer Hüllen.

Die Behauptung, der größte Teil der Materie im Universum sei «unsichtbar», ist starker Tobak und muß deshalb mit äußerster Skepsis und sehr kritisch geprüft werden. Keineswegs unberechtigt haben deshalb einige Astrophysiker die Möglichkeit untersucht, ob die Anhaltspunkte für die Existenz dunkler Materie eine Fiktion sein könnten, hervorgerufen durch das Versagen des Newtonschen Gravitationsgesetzes bei riesigen Entfernungen: Nach diesen Modellen sinkt die Gravitationskraft, wenn sie sehr schwach ist, langsamer als «im Quadrat der Entfernung», wie es das Gesetz verlangt. Leider ist es diesen Modellen nicht gelungen, eine wirklich schlüssige Beschreibung der klein- und großräumigen Eigenschaften des Universums zu liefern, und ihre Vertreter waren außerstande, für ihr revidiertes Universum ein Pendant zu Einsteins allgemeiner Relativitätstheorie zu konstruieren. Ferner konnten keine strengen Tests vorgeschlagen werden, mit denen sich die Hypothese, daß Newtons Gravitationsgesetz in kosmischen Größenordnungen seine Gültigkeit verliere, hätte widerlegen lassen. Nun ist aber die Möglichkeit, eine gegebene Hypothese zu *falsifizieren*, von entscheidender Bedeutung für die wissenschaftliche Methode: Ohne die Vorhersage neuer Phänomene ist eine Hypothese nur eine Beschreibung dessen, was bereits bekannt ist, und damit eine Sackgasse.

Deshalb neigen die meisten Forscher, die auf diesem Gebiet arbeiten, zu der Annahme, die einfache Anwendung des Gravitationsgesetzes habe einen der wichtigsten Befunde zutage gefördert, die wir je über das Universum in Erfahrung gebracht haben: Wir sehen nur sehr wenig von dem, was vorhanden ist. Insofern ist leicht einzusehen, warum viele Astronomen die Suche nach der *dunklen Materie* heute für die wohl wichtigste Frage der Kosmologie halten.

Eine außergewöhnliche Situation: Wir Menschen sind zu der Schlußfolgerung fähig, daß unser Universum größtenteils unsichtbar ist, obwohl wir keinen direkten Kontakt zu dieser größeren Welt haben. Und noch bemerkenswerter ist, daß es damit noch nicht sein Bewenden hat. Ein schönes Beispiel dafür, wie sich mit Kühnheit und

Phantasie unglaubliche Einzelheiten über ein Universum entdecken lassen, das sich unserem Zugriff scheinbar entzieht. Wir können Fragen stellen, Tests vornehmen, Beweise und Gegenbeweise sammeln, bis sich Stück um Stück offenbart, was anfangs ein völlig unzugängliches Geheimnis zu sein schien: Was *ist* dunkle Materie?

Die Diskussion konzentriert sich auf zwei Alternativen: (1) Dunkle Materie ist ganz normale Materie, von gleicher Beschaffenheit wie unsere Sonne (oder der Mond oder der Wellensittich...), die aber im Gegensatz zur Sonne wenig oder kein Licht abgibt; oder aber (2) dunkle Materie ist ein ganz anderes Material, etwa ein noch unentdeckter Verwandter eines der exotischen Teilchen, die entstehen, wenn man Atome mit außerordentlich hoher Energie aufeinanderprallen läßt.

Dunkle Materie von normaler Form nennt man «baryonische Materie», wobei *Baryon* die kollektive Bezeichnung für Protonen und Neutronen ist, die schweren Teilchen, aus denen die Kerne aller Atome bestehen.* Vor der Erfindung von Teleskopen, mit denen man ein breiteres Spektrum von elektromagnetischen Wellen «sehen» kann – Radiowellen, infrarotes und ultraviolettes Licht, Röntgenstrahlen –, ließ sich leicht die Auffassung vertreten, es gebe riesige Mengen unsichtbarer baryonischer Materie. Hätten sie wenig *sichtbares* Licht erzeugt, dann wären sogar riesige Zahlen von Baryonen durch konventionelle optische Teleskope nicht zu entdecken gewesen. So hat man beispielsweise angenommen, dunkle Materie könnte als fein verteiltes, kaltes Gas zwischen Galaxien vorkommen. Doch solches Gas gäbe größere Energiemengen in Form von Radiowellen ab und würde das Licht ferner Galaxien in erheblichem Maße absorbieren. Weder für den einen noch für den anderen Effekt haben sich Anhaltspunkte entdecken lassen. Eine andere Hypothese be-

---

* Wenn von baryonischer Materie die Rede ist, so sind unausgesprochen die Elektronen mit gemeint, die negativ geladenen Teilchen, die den positiv geladenen baryonischen Kern umkreisen. Strenggenommen gehören Elektronen jedoch einer anderen Teilchenklasse, den *Leptonen*, an, sind aber so leicht, daß sie nur für $1/2000$ der Gesamtmasse verantwortlich sind – nicht der Rede wert.

sagte, die zusätzliche Materie könne in Form von fein verteiltem, extrem heißem Gas vorliegen – als *ionisierter* (in Protonen und Elektronen zerlegter) Wasserstoff. Doch auch in diesem Falle müßte dieses Gas das Licht extrem weit entfernter Quasare absorbieren und einen meßbaren, gleichförmigen Strom von Röntgenstrahlen emittieren. Auch diese Möglichkeit hat man mit modernen Beobachtungsmitteln ausschließen können.

Bei der Erwähnung von dunkler Materie assoziieren die meisten Menschen sogleich «Schwarzes Loch», das klassische Beispiel für eine große Masse, die praktisch kein Licht abgibt. Wir wissen, daß ein Schwarzes Loch entsteht, wenn der Kern eines sehr massereichen Sterns in sich zusammenstürzt und sein «Äußeres» ins All absprengt. Das Gravitationsfeld des kollabierten Sterns ist so stark, daß es den Raum, wie in Einsteins allgemeiner Relativitätstheorie vorhergesagt, vollständig krümmt. Versucht das Licht zu entweichen, sieht es sich gezwungen, diesem verzerrten Raum zu folgen, und kann nicht entweichen; folglich ist das Loch «schwarz». Auf diese Weise läßt sich eine große baryonische Masse konzentrieren, ohne Licht zu erzeugen, das ihre Existenz verraten könnte.

Könnten solche Schwarzen Löcher die dunkle Materie sein? Einige Astrophysiker haben die Hypothese vorgeschlagen, das frühe Universum habe den größten Teil der baryonischen Materie in massiven Sternen konzentriert, so daß der überwiegende Anteil dieses Materials in Schwarzen Löchern gelandet sei, als die Sterne in Supernovä untergingen. Ein interessanter Gedanke, aber wie sollen wir in Erfahrung bringen, ob er stimmt oder nicht? Ganz leicht. Entsprechende Berechnungen haben nämlich gezeigt, daß die Gesamtsumme aller schweren chemischen Elemente, die durch solche Supernova-Explosionen freigesetzt worden wären, vor allem in Form von Atomen wie Silizium, Nickel und Eisen, das Vorkommen schwerer Elemente, das wir heute in Galaxien beobachten, bei weitem übertroffen hätte. Mithin ist diese denkbare Form dunkler Materie ebenfalls auszuschließen. Allerdings hält man noch an dem Gedanken fest, daß dunkle Materie in Form von noch massereicheren Schwarzen Löchern vorliegen könnte, jedes mit einer Masse von tausend oder sogar einer

Million Sonnen. Dabei nimmt man an, es handle sich um Schwarze Urlöcher – kurz nach dem Urknall entstanden, bevor die normalen Sterne sich bildeten. Derart massereiche Objekte wären vollständig in sich zusammengestürzt – ohne Supernova-Explosionen, die schwere chemische Elemente ins All hätten schleudern können –, so daß sich diese Möglichkeit mit obigem Argument nicht ausräumen läßt. Mag dieses Modell auch unwahrscheinlich und konstruiert erscheinen, so ist es doch eine nähere Untersuchung wert. Deshalb werden gegenwärtig Experimente durchgeführt, die anhand der Raumverwerfung, des Effekts, der ein Schwarzes Loch zu dem macht, was es ist, die Möglichkeit überprüfen sollen, ob es solche Monstergebilde gibt, um sie aller Wahrscheinlichkeit nach auszuschließen.

Wenn schon nicht in Form von Gasen oder Schwarzen Löchern, könnte dunkle Materie baryonischer Art dann nicht in anderen kompakten Objekten wie Sternen verborgen sein? Schließlich sind sie ja das, was wir vorwiegend am Himmel erblicken. Nein, gerade aus diesem Grund kann dunkle Materie nicht in «normalen» Sternen vorkommen. Sie sind viel zu hell, um sich als «dunkle Materie» verbergen zu können. Doch Sterne, die weit weniger Masse als unsere Sonne haben, geben nur ein schwaches Leuchten von infrarotem Licht ab und wären deshalb *unsichtbar* in der ursprünglichen Bedeutung des Wortes. Verzweifelt haben Astronomen mit empfindlichen Infrarotdetektoren an Teleskopen, die auf der Erde und im Weltraum stationiert sind, nach solchen kaum leuchtenden Sternen von geringer Masse gesucht («Braune Zwerge» genannt). Man hat viel zu wenige gefunden, um die dunkle Materie zu erklären, die in der Umgebung von Galaxien entdeckt worden ist, aber die überzeugten Anhänger dieses Lösungsvorschlags für das «Problem» der dunklen Materie vertreten hartnäckig die Auffassung, es gäbe noch unerhörte Mengen unterhalb der Beobachtungsschwelle und wir würden sie entdecken, sobald die nächste Generation von Infrarotteleskopen in Erdumlaufbahnen gebracht wäre. Mit solchen Infrarotdetektoren hat man bereits extrem kleine Körper, wie Staubkörner, als dunkle Materie ausgeschlossen, denn die würden eine meßbare Strahlung erzeugen. So bleibt nur ein sehr kleiner Ausschnitt aus dem Spektrum denkbarer Größen, von Körpern ungefähr zehnmal so groß wie Jupiter – ein kosmisches Objekt, das es nicht zum Stern gebracht hat (oder gerade eben, je nach Standpunkt) – bis hin zu Gesteinsbrocken. Die These, daß die dunkle Materie in solchen Körpern konzentriert ist, hat ihre Fürsprecher, obwohl die meisten Forscher es für unwahrscheinlich halten, daß die Natur, der eine gewaltige Bandbreite an möglichen Größen zur Verfügung steht, sich darauf festgelegt haben sollte, fast die gesamte Masse des Universums in Objekten eines relativ begrenzten Größenspektrums unterzubringen.

Der Einfallsreichtum, mit dem die Suche nach der dunklen Materie betrieben wird, ist beeindruckend. Mit einem Beobachtungsprogramm neuer Art könnte man durchaus herausfinden, wieviel von der Masse unserer Galaxis in solchen kompakten Objekten enthalten ist, vor allem in Objekten so klein wie Jupiter oder so «groß» wie die winzigen Braunen Zwergsterne, die minimale Lichtmengen abgeben. In seiner allgemeinen Relativitätstheorie hat Einstein gezeigt, daß alle kompakten Körper durch ihre Masse Verwerfungen im Raum erzeugen, die Sternenlicht ablenken können. So scheint das Licht fernerer Sterne etwas zu flackern, wenn es auf seinem Weg zwischen uns und dem Hintergrundstern durch den verworfenen Raum in der Nähe von Materiekonzentrationen aus seiner Bahn abgelenkt wird. Dieser schwache Effekt müßte zu entdecken sein, wenn der größte Teil der dunklen Materie im Universum in so kompakter Form vorläge. Tatsächlich sind in den ersten Experimenten dieser Art mehrere «Ereignisse» beobachtet worden – Sterne, deren Helligkeit man registrierte, schienen sich im Laufe mehrerer Tage erst aufzuhellen und dann zu verdunkeln. Dieses Flackern zeigt an, daß ein kompakter Körper vor dem Stern vorbeizieht, und wenn die Aufhellung nur einmal auftritt, ist damit die Möglichkeit ausgeschlossen, daß der fragliche Stern in seiner Helligkeit von Natur aus schwankend ist. Diese frühen Berichte lieferten überzeugende Hinweise darauf, daß es kompakte Körper von geringer Masse gibt. Doch bleibt die Frage, ob genügend vorhanden sind, um die dunkle Materie zu erklären, auf die die Bewegungen von Sternen in Galaxien oder von Galaxien selbst schließen lassen. Noch ist diese wichtige Entscheidung nicht getroffen, doch es sollte bald möglich sein, die verbleibenden «Verstecke» aufzuspüren und die Möglichkeit, daß riesige Mengen von dunkler Materie in kompakter baryonischer Form vorliegen, entweder zu bestätigen oder zu widerlegen.

Bei Unterfangen wie diesem ist es wichtig, mehrgleisig vorzugehen. Während man durch direkte Beobachtung die Hypothese überprüfte, dunkle Materie bestehe aus normalen Baryonen, die auf irgendeine Weise dem Blick entzogen seien, ist man mittels einer ganz anderen Methode der Vermutung nachgegangen, daß dunkle Materie keineswegs von baryonischer Natur sei. Dem lag die Beobachtung zugrunde, daß sich das Universum, soweit unsere Messungen zeigen, in einem fast vollkommenen Gleichgewicht zwischen kinetischer Energie – der Energie der Hubble-Expansion – und der Gravitationsenergie, der wechselseitigen Anziehungskraft aller Materie, befindet. Die Beobachtung, daß die Hubble-Beziehung zwischen Rotverschiebung und Leuchtklasse für sehr ferne Galaxien einer geraden Linie folgt, zeigt, wie andere Tests auch, daß sich diese beiden Energien annähernd im Gleichgewicht befinden. Da ein *Ungleichgewicht* unendlich wahrscheinlicher wäre, ist es kaum vorstellbar, daß diese Ausgewogenheit zufällig zustande gekommen ist.* So sahen sich viele Astrophysiker zu der Schlußfolgerung veranlaßt, daß die Gesetze der Physik, die im Urknall gewirkt haben, zwangsläufig zu einem *exakten* Gleichgewicht geführt hätten. Wie oben erörtert, läßt sich für den Gleichgewichtszustand zwischen Gravitations- und Bewegungsenergie die durchschnittliche Materiedichte im Universum genau angeben, ein Wert, den man als *kritische* Dichte bezeichnet. Das Verhältnis zwischen der tatsächlichen Dichte des Universums (Messungen, die noch immer einen Unsicherheitsfaktor von zehn aufweisen) und dieser kritischen Dichte bezeichnet man mit

---

* Erinnern wir uns nur an die Argumente, die uns vor Augen führten, wie unglaublich schwer es wäre, einen Baseball von der Erde aus exakt mit der Energie zu schlagen, die er brauchte, um in einer Umlaufbahn um Jupiter zur Ruhe zu kommen.

dem griechischen Buchstaben Ω (Omega): $\Omega = 1$ gibt die Bedingung an, unter der die Gravitation die Energie der Hubble-Expansion exakt aufwiegt.

Wenn wir wissen, wie rasch das Universum expandiert, können wir berechnen, welche kritische Dichte die Materie besitzen muß, damit ein solcher Gleichgewichtszustand vorliegen kann. Dieser Wert läßt sich dann mit der Materiemenge vergleichen, die wir tatsächlich sehen oder in anderer Weise registrieren können. Nach Abschluß dieser Berechnungen stellen wir fest, daß leuchtende Sterne ungefähr ein Prozent der kritischen Dichte erklären, das heißt, $\Omega_{Sterne} \approx$ (ungefähr gleich) $0{,}01$. Deshalb reicht die Gravitation der Sterne allein nicht aus, um die Hubble-Expansion aufzuwiegen. Die dunkle Materie in der Umgebung und in den Zwischenräumen von Galaxien, auf die die Untersuchungen über die Rotation von Spiralgalaxien schließen lassen, die Bewegungen von Galaxien in dichtbesiedelten Haufen und der Einfall von Galaxien in Richtung des Lokalen Superhaufens – das alles ergibt eine Masse, die zehn oder zwanzigmal so groß ist. Einschließlich dieser «unsichtbaren» Masse in der Umgebung von Galaxien, die möglicherweise in baryonischer Form vorliegt, etwa als leuchtschwache Zwerge oder gescheiterte Sterne*, erhalten wir $\Omega_{Galaxien} \approx 0{,}1$ bis $0{,}2$. Das ist immer noch erheblich weniger als die kritische Dichte von $\Omega = 1$ und darüber hinaus die *absolute Grenze* dessen, was in baryonischer Form vorliegen kann.

Die verblüffende Gewißheit, mit der die Behauptung vorgebracht werden kann, daß nicht mehr als 10 bis 20 Prozent der kritischen Dichte in Form von baryonischer Materie existiert, ergibt sich aus einem Vergleich der Vorhersagen des Urknallmodells mit der relativen Häufigkeit der leichtesten Elemente – Wasserstoff und Deuterium, Helium und Lithium. Neben der kosmischen Hintergrundstrahlung sagt das Urknallmodell mit ebenso verblüffender Ge-

---

* Gemeint sind große Planeten, deren Masse nicht ausreicht, um die Kernfusionsprozesse von Sternen auszulösen (A. d. Ü.).

nauigkeit die *ursprüngliche* Häufigkeit dieser Elemente vorher, das heißt die relative Zahl der einfachen Atome, bevor die ersten Sterne auf der Bildfläche erschienen. Später veränderten die Sterne die chemische Zusammensetzung der Welt durch ihre alchemistische Magie der Kernfusion, durch die sie große Mengen von Helium und schwereren Elementen herstellten. Doch lange zuvor hatte es die Kernfusion nur *im Großen* gegeben, da das gesamte Universum dem Inneren eines Sterns glich. In den ersten drei Minuten nach dem Urknall war das rasch expandierende Universum heiß und dicht genug, um Protonen zu Deuterium (Wasserstoff mit einem zusätzlichen Neutron), Helium 4 (gewöhnlichem Helium), Helium 3 (seltenem Helium mit einem Neutron weniger) und Lithium 7 zu verschmelzen. Nach sehr genauen Berechnungen sind ungefähr 24 Prozent der Protonen zu Helium-4-Kernen (zwei Protonen mit zwei Neutronen) verschmolzen worden. Die vorhergesagten Bruchteile an ursprünglichem Deuterium, Helium 3 und Lithium 7 sind vergleichsweise winzig, aber signifikant und meßbar. Nach den ersten drei Minuten war das Universum so weit abgekühlt und ausgedünnt, daß die Kernfusion zum Stillstand kam und diese relative Häufigkeit der leichten Elemente «eingefroren» wurde.

Der Helium-4-Bruchteil ist in sehr kleinen Galaxien gemessen worden, wo die Wolken des Urgases von Supernova-Explosionen praktisch «unberührt» geblieben sind. Lithium-Anteile hat man in Sternen der ersten Generation in unserer Galaxis gemessen, während die Prozentsätze für Deuterium und Helium 3 im *Sonnenwind* bestimmt wurden – den Teilchenströmen, die von der Sonne ausgehen. Bei allen diesen Messungen zeigt sich eine verblüffende Übereinstimmung mit den Urknallvorhersagen, allerdings nur, wenn die Gesamtmenge der baryonischen Materie im Weltall deutlich *unter* der kritischen Dichte bleibt, das heißt, wenn $\Omega_{Baryon} < 0{,}1$ ist. Läge die Dichte der baryonischen Materie nur ein bißchen höher, dann wären die Kollisionen zwischen Protonen in den ersten drei Minuten nach dem Urknall so häufig gewesen, daß sie größere Mengen von ursprünglichem Helium und anderen leichten Elementen produziert hätten. Obwohl in diesem Bereich die Beobachtungen und theoretische Schlüsse schwierig sind, stimmen alle Experten darin überein, daß der Wert von $\Omega_{Baryon} < 0{,}1$ kaum zu überschreiten ist.

Zählen wir jetzt eins und eins zusammen: Wenn wir davon überzeugt sind, daß das Universum die kritische Dichte von $\Omega = 1$ hat (weil sich das Universum in *vollkommenem* Gleichgewicht befinden muß, wenn unsere Messungen ein annäherndes Gleichgewicht zeigen), und wenn wir weiterhin aus der Häufigkeit der leichten Elemente schließen, daß $\Omega_{Baryon} < 0{,}1$ ist, dann können wir uns der Annahme nicht verschließen, daß der größte Teil der Materie des Universums nicht in baryonischer Form vorliegt.

Rekapitulieren wir noch einmal: Zwei Anhaltspunkte sprechen für die Auffassung, daß dunkle Materie nicht die Form von Baryonen besitzt. Zum einen hat man größere Mengen von «unsichtbaren» Baryonen in anderen Wellenbereichen des elektromagnetischen Spektrums nicht entdecken können – erstaunliche Kunstgriffe wären erforderlich, um solche Vorkommen von baryonischer Materie zu verstecken, was einige Forscher indessen nicht daran hindert, es weiterhin zu behaupten. Das zweite Argument stützt sich auf die gemessene Häufigkeit leichter Elemente und den Vergleich mit dem, was im Urknall erzeugt werden konnte (Nukleosynthese) – ein Vergleich, der nur den Schluß zuläßt, daß $\Omega_{Baryon} < 0{,}1$ ist. Wenn wir glauben, das Universum habe die kritische Materiedichte $\Omega = 1$, eine Auffassung, die viele theoretische Astrophysiker (und eine geringere Zahl von beobachtenden Astronomen) schlüssig finden, dann muß nichtbaryonische Materie im Weltall vorherrschen.

Da sich beide Argumente nicht leicht widerlegen lassen, waren die Astronomen dazu gezwungen, sich ernsthaft mit der erstaunlichen These auseinanderzusetzen, daß der größte Teil der Materie im Universum von anderer Beschaffenheit ist als die Materie, aus der wir und unsere Welt bestehen – daß die Galaxien mit ihren Sternen und Planeten sehr dichte Baryonenzusammenballungen sind, die in einem Meer von anderem «Stoff» schwimmen. Diese phantastische Idee hat die Vorstellungskraft der Entdeckungsreisenden im Reich der kleinsten und der größten Dinge beflügelt – der Kosmologen und der Teilchenphysiker –, denn sie hoffen, daß die Eigenschaften des großräumigen Universums die Existenz höchst unterschiedlicher Materieformen bestätigen und Hinweise auf ihre Entstehung liefern können. Nach Ansicht mancher Wissenschaftler hat sich damit eine Schatzkiste geöffnet, nach Auffassung anderer die Büchse der Pandora.

Atome bestehen aus Mitgliedern des «Teilchenzoos», dem Gegenstandsbereich der *Teilchenphysik*, die den Bausteinen der Natur auf die Spur zu kommen trachtet. Von diesen Teilchen kommen Protonen, Neutronen, Elektronen und Photonen (Lichtstrahlen) am häufigsten vor. In der atomaren Materie sind positiv geladene Protonen mit negativ geladenen Elektronen durch die elektromagnetische Kraft verbunden, die durch das masselose Photon übertragen wird. Im Atomkern sind Protonen und Neutronen durch die sogenannte starke (Kern-)Kraft eng miteinander verkettet.

Neben diesen drei Arten sind jedoch noch eine Vielzahl anderer Teilchen entdeckt worden. Die meisten statten unserer Welt nur einen kurzen Besuch ab – ihre Lebenszeit umfaßt einen unvorstellbar winzigen Sekundenbruchteil. Andere sind langlebig – *stabil*, wie der Physiker sagt –, so das Proton, aber sie wechselwirken weder durch die starke noch die elektromagnetische Kraft, sondern durch die sehr zarte «schwache» Kraft. Ein solches stabiles, schwach wechselwirkendes Teilchen ist das *Neutrino*, ein Gebilde von geringer oder keiner Masse, das in der Lage ist, große Energiemengen mit Lichtgeschwindigkeit – oder fast mit Lichtgeschwindigkeit – zu transportieren. Ein Großteil der Energie, die die Kernfusionsprozesse im Zentrum von Sternen freisetzen, wird von Neutrinos und nicht von Photonen fortgetragen.

Neutrinos und Photonen verhalten sich sehr unterschiedlich. Photonen wechselwirken so stark mit gewöhnlicher baryonischer Materie, daß sie vielfach absorbiert und reemittiert werden, bevor sie den Stern verlassen, während Neutrinos so schwach wechselwirken, daß diejenigen, die im Zentrum eines Sterns entstehen, ungehindert mit Lichtgeschwindigkeit zur Oberfläche und darüber hinaus gelangen. Jede Sekunde wird Ihr Körper von ungefähr einer Billion Neutrinos durchquert, die aus dem Sonneninneren stammen, das heißt, daß sich in diesem und jedem Augenblick fast einhunderttausend dieser Teilchen in Ihrem Körper befinden, was die Zahl der Zuschauer bei einem Länderspiel übertrifft. Während Sie schlafen, dringen die Neutrinos von unten durch Ihr Bett, nachdem sie auf der Sonnenseite in die Erde eingetreten sind und sie mühelos durchquert haben. Sie sind einfach überall.

1931 hat der österreichische Physiker Wolfgang Pauli die Neutrinos durch bloße *Gedankenarbeit* «entdeckt». Pauli untersuchte, wie sich bestimmte Atome plötzlich in eng verwandte, aber doch unterschiedliche Atome verwandeln, ein Prozeß, den man als radioaktiven Zerfall bezeichnet. Wie er bemerkte, fehlte eine wichtige Komponente im Prozeß des «Beta-Zerfalls», dem Vorgang, in dessen Verlauf sich eines der Neutronen im Atomkern spontan in ein Proton verwandelt. Gleichzeitig geht ein Elektron aus dem Kern hervor, so daß das System eine positive und eine negative Ladung verliert – Physiker sprechen in diesem Falle von einer *Erhaltung* der Ladung. Doch Pauli erkannte, daß noch ein weiteres Teilchen emittiert werden muß, wenn der *Impuls* – Masse mal Geschwindigkeit – gleichfalls erhalten bleiben soll. Da sich die Ladung bereits im Gleichgewicht befinde, könne, so Pauli, das geheimnisvolle Teilchen keine Ladung besitzen – es müsse *neutral* sein. Später gab Enrico Fermi dem schwer zu entdeckenden Teilchen seinen Namen: *Neutrino* – das kleine Neutrale.

Obwohl sich die Beschreibung der Neutrinos phantastisch und exotisch anhört, sind sie real. Heute ist ihre Entdeckung ein Routinevorgang: Aufgrund ihrer schwachen Wechselwirkung mit baryonischer Materie ist es zwar außerordentlich schwierig, auf sie zu stoßen, aber nicht unmöglich. (Weiter wissen wir inzwischen, daß es drei Arten von Neutrinos gibt: Neben dem, das Fermi beschrieben hat, einem Partner des Elektrons, kommen noch zwei weitere vor, und zwar als Partner des Tau beziehungsweise des Myons, der anderen Mitglieder der Leptonenfamilie.) Als 1987 das Licht einer Supernova in der Großen Magellan-Wolke bei uns eintraf (ungefähr 160000 Lichtjahre entfernt und doch das näheste Ereignis dieser Art in den letzten vier Jahrhunderten), erreichten uns gleichzeitig Neutrinos, die bei der Explosion freigesetzt worden waren. Die Entdeckung dieser Geistteilchen in riesigen unterirdischen Wasserbehältern (eigentlich zu einem anderen Zweck erbaut – nämlich um einen winzigen Prozentsatz der aus dem Sonneninneren stammenden Neutrinos einzufangen) lieferte eine bemerkenswerte Bestätigung der Vorhersage, daß die Energie einer Supernova größtenteils von Neutrinos davongetragen wird.

Der Umstand, daß wir und unser Planet aus Protonen, Neutronen und Elektronen bestehen, hat zu einer überaus chauvinistischen Einstellung hinsichtlich der Zusammensetzung des Universums im Großen geführt. Wie sollte das Universum weiträumig aus etwas anderem bestehen? Tatsächlich wissen wir jedoch, daß dies zumindest in einer Hinsicht der Fall ist. Rein zahlenmäßig werden die Bestandteile normaler Atome – Baryonen und Elektronen – von anderen Teilchen in den Schatten gestellt. Beispielsweise kommen auf jedes Baryon im Universum ungefähr eine Milliarde Photonen. Größtenteils stammen sie aus dem kosmischen Mikrowellenhintergrund, von dem oben die Rede war, aber selbst die Zahl der von Sternen emittierten Photonen übertrifft die der Baryonen bei weitem. Mit Gewißheit gibt es auch mehr Neutrinos als Baryonen, und wenn sie die unsichtbare Materie im Universum stellen (was wir nicht wissen), kommen sie in ungeheurer Zahl vor, nicht weniger verschwenderisch als die Photonen im CMB. So fremdartig uns der Gedanke auch erscheinen mag, daß das Universum überwiegend aus «anderem Stoff» besteht, wir müssen ihn wohl akzeptieren, zumindest was die *Zahl* der Baryonen im Vergleich zu der anderer Teilchen wie Photonen und Neutrinos angeht. Wenn wir uns mit dieser Realität abfinden, fällt es uns vielleicht leichter, auch die Möglichkeit in Betracht zu ziehen, daß eines dieser «anderen Teilchen» im Universum nicht nur der Zahl nach, sondern auch *der Masse nach* vorherrschen könnte.

Das Neutrino ist einer der vielversprechendsten Kandidaten für die dunkle Materie, die im Universum vorherrscht. Doch um *wirklich* die dunkle Materie zu sein, müßte jedes Neutrino zumindest eine geringe Masse haben, so daß sich Teilchen um Teilchen die zusätzliche Masse ergäbe, deren Gravitation sich in den Bewegungen von

Sternen und Galaxien offenbart. Lange Zeit war man der Meinung, Neutrinos seien absolut masselos, wie die Photonen – lediglich Energiepakete, die sich mit Lichtgeschwindigkeit ausbreiten. Wenn das stimmt, scheiden sie als Kandidaten aus. Doch wenn Neutrinos auch nur eine winzige Masse besitzen, könnten sie nach den Theorien, die die Entstehung der Elementarteilchen im Urknall beschreiben, für den größten Teil der Masse im Universum verantwortlich sein. Direkte Labormessungen der Masse des Neutrinos (in «Teilchenbeschleunigern», in denen Protonen oder Elektronen dazu gebracht werden, mit enormen Energien zu kollidieren) haben eindeutig gezeigt, daß das Neutrino keine große Masse wie das Proton oder Elektron hat. Doch um für die dunkle Materie zu sorgen, brauchte das Neutrino nur eine winzige Masse – etwa den dreißigtausendstel Teil eines Elektrons. Das konnten die Experimente nicht ausschließen. Wenn Neutrinos einzeln betrachtet nur eine so geringe Masse besitzen, ist natürlich leicht einzusehen, daß sie die Zahl der Baryonen weit in den Schatten stellen müssen, um den weit überwiegenden Anteil an der Gesamtmasse des Universums zu stellen.

Aus den Untersuchungen der Teilchenphysiker haben sich noch andere Kandidaten für die dunkle Materie ergeben. So sagt beispielsweise eine neue und sehr spekulative Theorie der hochenergetischen Teilchen, die sogenannte *Supersymmetrie*, vorher, daß genauso, wie das Elektron einen «Partner», das Neutrino, besitzt, auch das Photon einen noch unentdeckten Partner haben könnte, das Photino. Im supersymmetrischen Modell gibt es viele solcher Möglichkeiten für neue Teilchen, aber das Modell ringt noch um allgemeine Anerkennung, und bislang weiß man nicht, ob eines dieser Teilchen überhaupt existiert (obwohl man gegenwärtig Experimente entwickelt, die dazu dienen sollen, einige dieser Teilchen zu entdecken). Trotzdem schließt man diese Möglichkeit nicht aus, denn einige der Teilchen *könnte* es geben, und im Gegensatz zum Neutrino könnte die eine oder andere Art *so massereich* wie das Proton sein. Das ist ein wichtiger Gesichtspunkt, weil, wie wir sehen werden, die Modelle, die davon ausgehen, daß die dunkle Materie aus solchen schwach wechselwirkenden, exotischen Teilchen besteht, Universen vorhersa-

Die Suche nach dunkler Materie 333

gen, die je nachdem, ob die Teilchen leicht wie Neutrinos oder massereich wie Protonen sind, höchst unterschiedlich aussehen.

Es ist gut und schön, über ein Universum zu spekulieren, das mit einem unsichtbaren «Gas» von schwach wechselwirkenden Teilchen gefüllt ist, doch wie läßt sich diese Idee überprüfen? Die beste Methode wäre natürlich ein direktes Verfahren: Laborexperimente auf der Erde zu entwerfen, mit denen man tatsächlich einen winzigen Bruchteil dieser Teilchen auf ihrem Weg durch unsere Welt einfangen könnte. Die ersten Experimente dieser Art sind gegenwärtig im Gange, doch es ist unwahrscheinlich, daß sie so bald gelingen, nicht nur weil diese Teilchen von Natur aus außerordentlich schwer einzufangen sind, sondern auch, weil das Netz sehr weit ausgeworfen werden muß, um die ganze Vielfalt der Kandidaten mit ihren verschiedenen Eigenschaften zu erfassen. Dennoch können wir Glück haben. Vielleicht entdeckt ja einer der riesigen *Beschleuniger*, die durch die Konzentration enormer Energie exotische Teilchen erzeugen, einen der Kandidaten für die dunkle Materie oder weist nach, daß das Neutrino tatsächlich die erforderliche minimale Masse besitzt. Leider ist ein solches Ereignis selbst angesichts der neuen, noch leistungsfähigeren Anlagen, die gegenwärtig im Bau sind, zu unwahrscheinlich, um fest eingeplant werden zu können.

Da direkte Beweise schwer zu beschaffen sind, ist es nur vernünftig, nach anderen Anhaltspunkten zu suchen. Kann uns das Universum selbst durch das definitive Experiment in der Hochenergiephysik – den Urknall – verraten, aus was für Teilchen es besteht? Teilen uns die Leerräume und Superhaufen selbst mit, wie und woraus das Universum entstanden ist? Bedenken wir: Wenn das Universum als fast gleichförmiges Meer solcher Teilchen begonnen hat und im Laufe der Zeit unter dem konzentrierenden Einfluß der Gravitation immer ungleichförmiger wurde, dann könnte sein Erscheinungsbild von der Menge dieser Materie und, ansatzweise, auch von ihren Eigenschaften nachdrücklich geprägt sein. Diese Idee überprüft man mit einem «Modelluniversum» im Computer, indem man es aus baryonischen und/oder exotischen Materieteilchen zusammensetzt und seine sich herausbildenden Strukturen einer simulierten Gravitationseinwirkung unterwirft. In den achtziger Jahren, als die Ideen und Techniken, das heißt die Computer, sich den Anforderungen solcher Modelluniversen zunehmend gewachsen zeigten, wurde diese Forschungsrichtung zu einer regelrechten Wachstumsindustrie.

Um ein Universum zu modellieren, das sich aus winzigen Dichteschwankungen entwickelt hat, brauchen wir ein Inputmuster von repräsentativen Fluktuationen und einen Computer, der die Wirkung der Gravitation nachbilden kann. Wir nehmen an, daß das Universum aus einer sehr gleichförmigen, aber nicht ganz bruchlosen Materieverteilung entstanden ist – die Gleichförmigkeit des kosmischen Mikrowellenhintergrunds ist ein ausgezeichneter Beleg dafür. Bei diesen Modellen gehen wir davon aus, daß der größte Teil der Masse nicht von Baryonen, sondern von schwach wechselwirkenden Teilchen transportiert wird: Sie ziehen sich gegenseitig durch Gravitation an, können sich aber nicht zu einem Stern oder einem ähnlichen Objekt zusammenschließen. Ein kleinerer Bruchteil der Gesamtmasse liegt in Form von Baryonen vor, die zu diesem Zeitpunkt zu heiß sind, um sich zu Sternen zu verbinden, das aber tun werden, sobald das Universum hinreichend abgekühlt ist. Da alle Materie auf Gravitation reagiert, werden alle Abweichungen von einer vollkommen gleichförmigen Dichte, etwa wellenförmige Verwerfungen, die vom Urknall zurückgeblieben sind, anwachsen. Regionen mit einer etwas über dem Durchschnitt liegenden Materiedichte werden der Expansion des Universums widerstehen und dicht bleiben, während Regionen mit einer unterdurchschnittlichen Dichte noch materieärmer werden. Die Wirkung der Gravitation muß unausweichlich dazu führen, daß sich dieser Gegensatz verstärkt.

Was wäre die allgemeinste Form für das Inputmuster der Fluktuationen? Zum einen müßte die Zufälligkeit hinreichend berücksichtigt sein. Auch wenn Galaxien dicht zusammengeklumpt sind, zeigen sie keine regelmäßige Anordnung in Reihen, Kreisen oder Schachbrettmustern. Weiterhin wissen wir, daß sich die ursprünglichen Dichtefluktuationen über ein breites Größenspektrum erstrecken müssen, da wir Strukturen beobachten, deren Größe einerseits noch nicht ein-

Dichteschwankungen – 1/f-Rauschen

mal die Größe einer Galaxie erreicht (zum Beispiel kleinere Sternenhaufen und Sterne selbst) und andererseits über die Ausdehnungen von Galaxiensuperhaufen hinausgehen. Natürlich sind ein hohes Maß an Zufälligkeit und eine umfangreiche Schwankungsbreite in der Größe bevorzugte Muster der Natur. Beispielsweise enthält jeder Gebirgszug eine Mischung von mächtigen und schmächtigen, hohen und niedrigen Gipfeln. Und auch die größeren Berge für sich genommen sind nicht glatt, sondern mit kleineren und immer kleineren Hügeln und Tälern bedeckt.

Jede Bergkette läßt sich mathematisch als Beziehung zwischen der relativen Zahl von Gipfeln und Tälern einerseits und ihrer Größe andererseits beschreiben. Einer dieser mathematischen Ausdrücke, der in der Natur durchgehend zu beobachten ist, besagt, daß in einer Fluktuation die Gesamtmenge des «Materials» ihrer Größe direkt proportional ist. Wenn Sie beispielsweise eine Bergkette zerlegen (versuchen Sie es nicht zu Hause), würden Sie feststellen, daß in Bergen von 3000 Metern Höhe zweimal soviel Masse vorhanden ist wie in Bergen von 1500 Metern Höhe. Hätten Sie die Aufgabe, das realistische Modell einer Gebirgskette aus, sagen wir, Steinbrocken zu erbauen, würden Sie feststellen, daß ein guter Bausatz vier Tonnen Vier-Fuß-Brocken, drei Tonnen Drei-Fuß-Brocken, zwei Tonnen Zwei-Fuß-Brocken enthielte und so fort.* Dieses verbreitete Muster in der Vorgehensweise der Natur bezeichnet man als *1/f-Rauschen*, ein Name, den man wählte, weil man zuerst entdeckte, daß die Stärke in einem zufälligen elektrischen Signal, etwa dem «Zischen» eines Radios, diese Form besitzt. Mit «Rauschen» bezeichnen wir gewöhnlich ein Durcheinander von Signalen, während f für Frequenz steht (folglich bedeutet $1/f$ die Wellenlänge und entspricht dem, was wir «Größenordnung» oder einfach Größe genannt haben). Verkehrs-

---

* Es sei angemerkt, daß das *Gewicht* jedes Gesteinsbrockens in der *dritten Potenz* seiner Größe anwächst oder abnimmt, da das Volumen eine dreidimensionale Eigenschaft ist. Im Vergleich zu einem Zwei-Fuß-Block würde jeder Vier-Fuß-Block $(4/2)^3 = 2^3 = 8$mal soviel wiegen, folglich hätten Sie mit viermal so vielen Zwei-Fuß-Blöcken zu arbeiten, die allerdings insgesamt nur halb soviel wögen.

lärm und Meereswellen sind andere, wenn auch nicht so reine Beispiele für 1/f-Rauschen. Ein weiteres Muster, das sich häufig zeigt, ist das «weiße Rauschen», bei dem die Stärke für alle Frequenzen gleich wäre – beispielsweise enthielte ein Gebirgsbausatz von allen Gesteinsbrocken, gleich welcher Größe, vier Tonnen. Im Vergleich zum 1/f-Rauschen umfaßt weißes Rauschen also mehr kleine Blöcke. Würden Sie Ihr Gebirge nach dem Muster des weißen Rauschens konstruieren, würden Sie feststellen, daß Ihre Modell-Gebirgskette nicht sehr realistisch aussähe, so, als wäre sie nicht von dieser Welt.

So ist es vielleicht nicht überraschend, daß die großräumige Struktur des Universums offenbar auch aus Urfluktuationen erwachsen ist, die ihrer Form nach dem 1/f-Rauschen sehr ähnlich waren. Darüber hinaus wissen wir heute, daß sich dieses Fluktuationsmuster von selbst aus detaillierten Urknallmodellen entwickelt. Legt man hingegen den Computersimulationen das Muster des weißen Rauschens zugrunde – Peebles' Ausgangspunkt, als er erstmals das Strukturwachstum durch Gravitation erörterte –, so erhält man eine schlechtere Entsprechung zur tatsächlichen Verteilung von Galaxien und Haufen, das heißt zu wenige kleine Gipfel im Verhältnis zu den großen.

Natürlich waren die Fluktuationen im frühen Universum keine massiven Gebilde wie Felsen, sondern leichte Verwerfungen in der ursprünglichen Materiedichte. Wellen sind da ein besserer Vergleich. Was wir *Schall* nennen, ist eine Ausbreitungswelle in der Dichte und dem Druck der Luft. Natürlich läßt sich Luft schwer «betrachten», und Schallwellen bewegen sich sehr rasch, aber wenn wir eine solche Welle bei ihrer Bewegung durchs Zimmer beobachten könnten, sähen wir, daß der Schall nicht von einer *Luftbewegung* transportiert wird, sondern von einer Welle, die auf ihrem Weg die Gas- oder Luftmoleküle zusammenpreßt. Der vielstimmige Lärm, der den Raum kurz vor dem Höhepunkt einer Silvesterparty füllt, ist nichts anderes als eine Mischung von leichten Schwankungen der Luftdichte. Kein Wunder, daß unsere Ohren Mühe haben, etwas zu verstehen.

Frühes Universum: Dichtefluktuationen 337

Dieses Schallwellenmodell liefert eine ausgezeichnete Analogie zu den ursprünglichen Dichtefluktuationen im frühen Universum; leider ist es unserer alltäglichen Erfahrung so weit entzogen, daß es sich nur schwer vorstellen läßt. Ein Bild, das dem frühen Universum weniger gerecht wird (weil die Fluktuationen nicht die Dichte betreffen), sich aber weiter ausspinnen läßt (weil es der visuellen Vorstellungskraft weit besser entgegenkommt), ist das der Meereswellen. Wie die meisten von uns aus eigener Anschauung wissen, liegt die größte «Stärke» in den gewaltigen Wogen. Unter Umständen sind sie nicht sehr hoch, aber sie transportieren viel Wasser. Kürzere Wellen mögen sich höher auftürmen und in weit größerer Zahl auftreten, aber die größere Energie wohnt den lang anrollenden Wogen inne.

Eine Momentaufnahme des Ozeans, weit entfernt von der Küste mit ihren Brechern, wird uns helfen, eine visuelle Vorstellung vom Muster der ursprünglichen Schwankungen in der Materiedichte des frühen Universums zu gewinnen, dem Ausgangspunkt für die Computermodelle vom Strukturwachstum. Wir entscheiden uns für ein zufälliges Muster – kein gewaltiger Strudel im Kielwasser eines gerade vorübergezogenen Supertankers. Festgehalten in dieser Momentaufnahme sind jähe Gipfel, die sich zwischen den großen Bergen und Tälern der Wogen aufgeworfen haben. Während sich das Muster des Meeres im Kommen und Gehen der Wellen ständig verändert, sorgt die Gravitation in unserem Modell des frühen Universums dafür, daß das Grundmuster beibehalten wird und sich im Laufe der Zeit immer stärker ausprägt. So wird die Amplitude der Dichtewellen ansteigen, das heißt, die Wellenberge und -gipfel werden höher wachsen und die Täler sich tiefer eingraben. Die schärfsten Gipfel (jene, die auf dem Meer mit weißen Schaumkronen bedeckt sind) bezeichnen die Orte, an denen die Gravitation am stärksten ist; sie wachsen am raschesten an und werden immer dichter, während die Gravitation das Material zusammenzieht. Diese scharfen, kleinen Fluktuationen sind dazu bestimmt, sich zu Galaxien auszuwachsen oder zu riesigen Sternenhaufen, den späteren Bausteinen von Galaxien. Sie könnten auf einer größeren Welle von mittlerer Höhe sitzen, die sich allmählich zu einem Galaxienhaufen ausweitet, während sich der ganze Haufen, mit vielen anderen *Protogalaxien* und *Protohaufen*, auf einer riesigen Woge von geringer Amplitude befindet, die dazu bestimmt ist, ein Superhaufen zu werden. Dabei leert sich der Raum zwischen den Galaxien, da die Materie den Gipfeln zuströmt. In den Wellentälern, die nun keine Gipfel von Galaxiengröße mehr enthalten, bilden sich riesige Lücken.

Das ist eine lediglich qualitative Beschreibung. Um ein quantitatives Modell zu erhalten, müssen wir in einen Hochleistungscomputer ein spezifisches dreidimensionales Muster von Dichtefluktuationen eingeben, etwa das Muster des 1/f-Rauschens. Auf dem Computer läuft ein Programm, das die Entwicklung einer solchen Dichteverteilung unter dem Einfluß Newtonscher Gravitation in einem expandierenden System wie dem Universum simuliert. Schon das allein hört sich nicht leicht an, richtig kompliziert wird die Aufgabe aber erst durch das äußerst schwierige *n-Körper-Problem*. Die Gravitationskraft zwischen zwei Körpern zu berechnen ist trivial – es gibt nur eine einzige Wechselwirkung, und auch die Bahnen, denen die beiden Körper unter dem Einfluß der Gravitation folgen, sind ohne Mühe zu ermitteln. Auch die gegenseitige Anziehung von drei Körpern ist ein Kinderspiel – es gibt nur drei Wechselwirkungen –, allerdings sind in diesem Fall die Bahnen schon schwieriger zu berechnen. Bei vier Körpern sind es sechs gravitationelle Wechselwirkungen, bei fünf Körpern zehn, und bei 1000 Körpern müssen 499 500 Kräfte berücksichtigt werden. Die Bahnen sind außerordentlich komplex geworden, und ihre Entwicklung läßt sich im einzelnen nicht mehr vorhersagen, weil wir dazu den Anfangszustand des Systems mit einem unrealistischen Maß an Genauigkeit kennen müßten (das ist ein Beispiel für jene Systeme, die man *chaotisch* nennt). Kurzum, wenn die Zahl von massereichen Körpern anwächst, läuft das Problem rasch aus dem Ruder – selbst Hochleistungscomputer haben große Schwierigkeiten, den gravitationellen Wechselwirkungen und Bewegungen von *n* Körpern zu folgen, wenn *n* eine große Zahl ist.

In den siebziger Jahren setzte sich der Cambridger Astrophysiker Sverre Aarseth mit einem solchen *n*-Körper-Problem auseinander – dem Kollaps einer «Materiewolke» zu einer Galaxie. Aarseth gelan-

Frühes Universum: Galaxienbildung 339

gen große Fortschritte, weil er sich die rasch wachsenden Computerleistungen zunutze machte. Mit Hilfe intelligenter Rechenstrategien und Vereinfachungen vermochte er, der zeitlichen Entwicklung eines Systems von mehreren tausend «Massepunkten» zu folgen, dem äußersten Minimum, das erforderlich ist, um eine Galaxie zu modellieren. Ein Jahrzehnt später hatten Aarseths Bemühungen zu noch komplizierteren Computerprogrammen geführt, die auf noch leistungsfähigeren Rechnern liefen. Sie konnten die Masseverteilung in einem ganzen Abschnitt des Universums mit Millionen Massepunkten darstellen und ihrer Entwicklung folgen.

Als sehr erfolgreich erwies sich damals die Zusammenarbeit von Marc Davis und drei in Cambridge ausgebildeten Astrophysikern – Carlos Frenk, George Efstathiou und Simon White. Die vier nutzten die neuen Möglichkeiten, um die Modelle eines Universums zu testen, in dem schwach wechselwirkende, exotische Teilchen vorherrschen, wobei sie mit einem Inputspektrum der 1/f-Form begannen und ein aktualisiertes n-Körper-Computerprogramm verwendeten. Vor allem lieferten ihre Modelle detaillierte Vorhersagen, ausgehend von Ideen, die George Blumenthal, Joel Primack und Sandy Faber aus Santa Cruz sowie Martin Rees aus Cambridge in einem einflußreichen Artikel dargelegt hatten. Dort hatten sie die Frage erörtert, wie sich Galaxien und Galaxienhaufen in einem Universum bilden und entwickeln könnten, dessen Masse von schwach wechselwirkenden Teilchen beherrscht wird – jenen Teilchen, die nicht der elektromagnetischen Kraft unterworfen sind und die deshalb mit gewöhnlicher baryonischer Materie kaum etwas zu tun haben.

Eines der Probleme, mit denen sich Blumenthal und seine Koautoren auseinandersetzten, war der Unterschied, der bei der Verteilung ursprünglicher Fluktuationen zu erwarten ist, je nachdem, ob die schwach wechselwirkenden Teilchen Masse haben oder nicht. Die Verhaltensvariationen treten auf, weil sich die Teilchen mit unterschiedlichen Geschwindigkeiten bewegen: Ein im Urknall entstandenes Teilchen mit geringer Masse, etwa das hypothetische Neutrino, das wir oben betrachtet haben, würde sich fast mit Lichtgeschwindigkeit bewegen. Andererseits führt die Erzeugung eines massereichen Teilchens, vielleicht eines der supersymmetrischen Kandidaten, zu einer Geschwindigkeit, die weit unter der des Lichtes bleibt. Das Modell für «Teilchen mit geringer Masse» bezeichnet man als *heiße dunkle Materie*, das Modell für «Teilchen mit großer Masse» als *kalte dunkle Materie*, wobei die Begriffe *heiß* und *kalt* der Beschreibung von normalen Gasen entlehnt sind, wo die Temperatur ein Maß für die Geschwindigkeiten der Teilchen liefert. «Heiße dunkle Materie» bezeichnet ein Meer von dunklen Materieteilchen, die sich fast mit Lichtgeschwindigkeit bewegen, «kalte dunkle Materie» bezieht sich auf Teilchen, die sehr viel langsamer vorankommen.

Die vereinfachte Unterteilung in «kalte» und «heiße» dunkle Materie ist von grundlegender Bedeutung, weil die wesentlichen Merkmale der großräumigen Struktur, wie Blumenthal *et al.* dargelegt haben, fast ausschließlich von dieser einfachen, an der Teilchengeschwindigkeit orientierten Unterscheidung abhängen und nicht von irgendwelchen spezifischen Eigenschaften der Teilchen selbst. In einem Meer von heißer dunkler Materie verschwänden kleine Fluktuationen: Die enorme Geschwindigkeit der Teilchen würde es ihnen einfach gestatten, sich aus dem Staube zu machen, bevor es der Gravitation gelänge, sie zusammenzuschließen. (Im nicht ganz stimmigen Vergleich mit Meereswellen: Diese kleineren Gipfel würden eingeebnet.) Schlechter stünden die Chancen, größeren Fluktuationen zu entkommen: Die umfangreichsten wüchsen so an, daß selbst Teilchen nahe der Lichtgeschwindigkeit nicht rechtzeitig «fortströmen» könnten, um den Kollpas zu vermeiden – die Gravitation behielte die Oberhand.

Dagegen setzt sich die Gravitation gegen kalte dunkle Materie (CDM – nach englisch *cold dark matter*) *stets* durch. Diese Teilchen bewegen sich so langsam, daß sie sich nicht einmal den kleinsten Verwerfungen in der Materiedichte entziehen könnten. Deshalb überlebten und wüchsen noch die geringfügigsten Fluktuationen – als Galaxienkeime. Ferner hätten diese kleineren Verklumpungen infolge ihrer höheren Amplituden im Vergleich zu den ausgedehnteren Fluktuationen von Haufen und Superhaufen (denken wir an den Vergleich mit Meereswogen) den besseren Start und würden am raschesten zulegen. Infolgedessen wären Galaxien (oder die Stücke, aus denen sich Galaxien bildeten) die ersten erkennbaren Strukturen in einem CDM-Universum. Das hatte Peebles bei seinem «Bottom-up-Universum» vor Augen: kleine Systeme, die sich zunächst bilden, um sich später zu größeren Gebilden zusammenzuschließen. Das Universum aus «heißer dunkler Materie» müßte eine entgegengesetzte Entwicklung nehmen: Während sich die Fluktuationen von geringer Größe einebneten, träten die übrigbleibenden großen Fluktuationen – künftige Haufen und Superhaufen – als erste Strukturen in Erscheinung, um sich erst später aufzuteilen und Galaxien zu bilden – ein Prozeß, der *top-down* verliefe, von oben nach unten. Diese Idee lag dem in der Sowjetunion vertretenen Modell der Strukturbildung zugrunde.

Diese Information fügten Davis, Frenk, Efstathiou und White ihren Computermodellen vom Strukturwachstum hinzu. Dabei ergaben ihre frühen Simulationen vor allem ein auffälliges Resultat: Wenn sie die Fluktuationsmuster verwendeten, die heißer dunkler Materie entsprachen – eine $1/f$-Verteilung, aber mit Einebnung geringfügiger Verwerfungen –, dann zeigte das von ihrem n-Körper-Programm entwickelte Universum wenig Ähnlichkeit mit dem wirklichen Universum. Die größten Strukturen in diesem Modelluniversum, Superhaufen und Haufen, waren zu auffällig – ihr Kontrast zu den Lücken mit geringer Dichte erschien zu ausgeprägt im Vergleich zur realen Galaxienverteilung, wie sie die CfA-Rotverschiebungskarte zeigte. Hingegen schnitt das Modell, das von kalter dunkler Materie ausging, weit besser ab. Bei vollständiger $1/f$-Verteilung der Fluktuationen, die die CDM hervorruft, erzeugte der Computer Modelluniversen, die große Ähnlichkeit mit dem Original aufwiesen.

Tatsächlich gab es dabei einen Haken. Die n-Körper-Simulation zeigte, wie die dunkle Materie selbst verteilt war, aber um sie mit dem wirklichen Universum zu vergleichen, mußte man wissen, wie die *Galaxien* in den Modellen verteilt waren. Denn schließlich war das die einzige Vergleichsgrundlage: eine Karte der Galaxienverteilung. Die Gruppe mußte einen Algorithmus entwickeln, der vernünftige

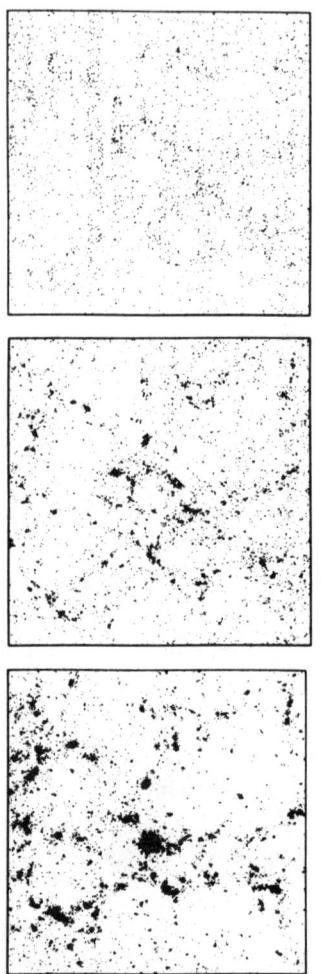

Eine n-Körper-Computersimulation, die zeigt, wie ein gleichförmiges Modelluniversum unter dem Einfluß der Gravitation allmählich eine klumpige Gestalt annimmt. Im Laufe der Zeit (von oben nach unten) wird das Muster immer kontrastreicher, da die Gravitation die Expansion des Universums in Regionen von hoher Dichte verlangsamt. Die Expansion ist auf dem Diagramm nicht zu erkennen, weil jedes nachfolgende Quadrat um den Betrag vergrößert wurde, um den das Modelluniversum angewachsen ist. (Davis et al., *Astrophysical Journal*, Bd. 292, 1985, S. 371.)

(wenn auch etwas willkürliche) Vermutungen darüber anstellte, wie sich die Baryonen anordnen könnten, die die leuchtenden Galaxien bilden. Natürlich wäre es am einfachsten gewesen, die Baryonen in dem gleichen Muster wie die dunkle Materie anzuordnen und davon auszugehen, daß sich Galaxien an den dichtesten Orten bilden. Das hatte nicht geklappt. Davis und sein Team hatten es versucht, indem sie die Entwicklung des Modelluniversums auf dem Computer simulierten, bis es so ungleichförmig wie das wirkliche Universum aussah. Zu diesem Zeitpunkt aber hatten sich die «Galaxien» auf Geschwindigkeiten von ungefähr 500 km/s beschleunigt und bewegten sich in einer Art rasender Unordnung durcheinander. Das deckte sich nicht mit den Beobachtungen. Erinnern wir uns, daß die sieben Samurai für die Galaxien nur geringfügige Eigengeschwindigkeiten relativ zueinander feststellten – benachbarte Boote bewegen sich langsam in Relation zueinander. Eigengeschwindigkeiten in Größenordnungen von 500 km/s entstehen nur sehr großräumig. Wären Galaxien genauso verteilt wie dunkle Materie, käme das CDM-Modell nicht in Frage.

Einen Ausweg zeigte ihnen eine Überlegung des englischen Astrophysikers Nick Kaiser, der damals in Berkeley arbeitete. Davis und seine Mitarbeiter entwickelten ein Schema, das für die Galaxien eine ungleichförmigere Verteilung erzeugte als für die dunkle Materie. Diese Galaxienverteilung «verzerrten» sie noch – sie verlegten noch mehr Galaxien in die dichten Regionen und noch weniger in weniger dichte Regionen mit dunkler Materie. Ein «Verzerrungsfaktor» von 2,5 erwies sich als der geeignetste: Wenn beispielsweise die dunkle Materie in einer Raumregion um 10 Prozent über der durchschnittlichen Dichte lag, wurde die Zahl der dort angetroffenen *Galaxien* um 25 Prozent über den Durchschnitt angehoben. In diesem stark «verzerrten» Modell wurden die Galaxien stärker zusammengezogen als die dunkle Materie, deshalb zeigte sich die Ähnlichkeit mit dem Erscheinungsbild «früher» – in kürzerer (simulierter) kosmischer Zeit. Infolgedessen blieb den Galaxien weniger Zeit, an Geschwindigkeit zu gewinnen, und geringere Geschwindigkeiten bedeuteten bessere Übereinstimmung mit dem wirklichen Universum. Nachdem auf diese Weise «das Licht installiert» worden war, zeigte sich eine beeindruckende Übereinstimmung zwischen dem CDM-Modelluniversum und der CfA-Durchmusterung – einer Karte der tatsächlichen Galaxienverteilung: Die Häufung der Galaxien und ihre geringen Eigengeschwindigkeiten relativ zueinander waren deutlich erkennbar.

Davis, Frenk, White und Efstathiou wurden zu begeisterten (um nicht zu sagen, eifernden) Vertretern des CDM-Modells mit starker Verzerrung. In ihren Artikeln legten sie dar, das Modell gebe nicht nur die großräumige Verteilung von Galaxien und Haufen wieder, sondern bilde auch genau die richtige Zahl von kleinen Taschen, in denen sich Baryonen sammeln könnten, um sich zu Galaxien von der richtigen Größe und Masse zusammenzuschließen. Wenn man ihnen Glauben schenken durfte, war für das CDM-Modell mit Verzerrung nichts unmöglich – weder die «flachen Rotationskurven» noch die «Morphologie-Dichte-Beziehung» (die Beziehung zwischen Galaxienart und Umwelt). Mehr noch, es waren nur wenige Annahmen erforderlich – sobald sie die 1/f-Form der Fluktuationen gewählt hatte, brauchte Davis' Gruppe nur noch den Verzerrungsparameter anzugleichen. Ihre Ergebnisse schienen über ein breites Spektrum von Größenordnungen ein sehr brauchbares Abbild des wirklichen Universums zu liefern. War das Universum tatsächlich so einfach: massereiche, schwach wechselwirkende Teilchen, gemischt mit einem kleinen Bruchteil von Baryonen, die sich zur kritischen Materiedichte von $\Omega = 1$ addierten? War damit das entscheidende Element des kosmologischen Puzzles gefunden?

Das wäre natürlich schön gewesen, doch 1986 begann dieses Bild Risse zu zeigen. Den ersten ernsthaften Einwand gegen das verzerrte CDM-Modell lieferte die Entdeckung der Riesenlücke in Bootes durch Kirshner, Oemler, Schechter und Shectman. In den n-Körper-Simulationen von Davis und seinen Mitarbeitern tauchte keine vollkommen leere Region von dieser Größe auf. Allerdings zeigten weitere Beobachtungen von Kirshners Team, daß die Riesenlücke nicht völlig leer ist – nur eine Region von sehr geringer Dichte. Das schwächte die Einwände gegen das Modell ab, vor allem da das Aus-

Das CDM-Modell mit Verzerrungsfaktor 345

maß der Meinungsverschiedenheit wesentlich von der *Form* der Riesenlücke abhing, die sich als sehr unregelmäßig und schwer beschreibbar erwies, vom unzulänglichen Kenntnisstand ganz zu schweigen. Eine leere Raumkugel von der zunächst verkündeten Größe wäre ein tödlicher Schlag für das verzerrte CDM-Modell gewesen, dagegen ließ sich eine überdurchschnittlich leere Lücke mit unregelmäßigen Grenzen forterklären.

Eine ähnliche Diskrepanz zwischen Modell und Wirklichkeit schien die CfA-Scheibe des Universums erkennen zu lassen – die Karte, die von de Lapparent, Geller und Huchra anhand ihrer Durchmusterung angefertigt worden war, eine Arbeit, die Davis selbst angeregt hatte. Die dünnen Galaxienbögen, die die großen leeren Zwischenräume der CfA-Scheibe umgaben, hatten wenig Ähnlichkeit mit den verzerrten CDM-Simulationen (oder mit irgendwelchen anderen Simulationen). Keiner der Leerräume in der Scheibe war so ausgedehnt wie die Große Lücke, aber es gab sie in großer Zahl. Die Lücken schienen ein grundlegendes Organisationsmerkmal zu sein. Zwar war nicht klar, ob das verzerrte CDM-Modell sie reproduzieren konnte oder nicht, aber ganz gewiß hatte es dieses fast «schaumige» Erscheinungsbild der Galaxienverteilung nicht *vorhergesagt*.

Schließlich veröffentlichten Davis und seine Mitarbeiter einen Artikel, der «Scheiben» aus einem computersimulierten CDM-Universum zeigte. Sie offenbarten zumindest eine gewisse Ähnlichkeit mit den wirklichen Daten, doch die beobachtenden und theoretischen Astronomen stritten weiter, ob die Ähnlichkeit groß genug sei – viele meinten, die Simulationen sähen zerrissener, weniger zusammenhängend aus. Erstaunlicherweise ließ sich die Frage auch nicht klären, als die Beobachter neue «Scheiben» lieferten und die Modelluniversen in ähnlicher Weise aufgeschnitten wurden – in erster Linie, weil die Vergleiche *qualitativ* und nicht *quantitativ* waren.

Weder die Große Lücke noch die CfA-Scheibe ließen ein Urteil über Wert oder Unwert des verzerrten CDM-Modells zu, vor allem wegen des Mangels an quantitativen mathematischen Werkzeugen zum Vergleich unregelmäßiger oder *amorpher* Verteilungen. Die alte englische Redensart *a square peg in a round hole* («ein Vierkantholz in einem runden Loch» – normalerweise verstanden als: «ein Mensch am falschen Platz») führt vor Augen, daß sich regelmäßige Formen ziemlich leicht unterscheiden lassen. Während wir uns leicht darauf einigen könnten, daß die Gipfel des Grand Teton mit ihren dreieckigen Seitenflächen wie Pyramiden aussehen, wäre es eine ganz andere Sache, eine konsensfähige Beschreibung eines wirklich unregelmäßigen Phänomens zu liefern, selbst die einer relativ einfachen geographischen Gegebenheit wie den Großen Seen im Norden der USA. Der Michigan-, Erie- und Ontariosee sind mehr oder minder oval – einander ziemlich ähnlich und einigermaßen regelmäßig –, aber wie soll man den Huron- und den Oberen See beschreiben? Ähnelt Nebraska in seiner Form eher Kansas oder Oklahoma? Welcher Fluß ist verschlungener, der Colorado oder der Mississippi, und welcher hat größere Ähnlichkeit mit dem Rio Grande? Sind die Seen in Minnesota regelmäßig verteilt, oder lassen sie ein Muster erkennen? Solche Bemühungen erweisen sich rasch als Experiment, das über die menschliche Wahrnehmung und Persönlichkeit Auskunft gibt – die Grundlage des bekannten Rorschachtests –, aber nicht als objektive Klassifikationsmethode.*

Was man brauchte, waren mathematische Werkzeuge, die aus scheinbar unregelmäßigen Formen *quantitative* Information gewinnen können. Eines, das bei aller Einfachheit überraschend robust ist, verdanken wir Peebles: Die *Korrelationsfunktion* gibt an, in welchem

---

* Ein interessantes Beispiel für diese Art der Analyse ist die *Topologie*, die die Form einer gleichmäßigen, kontinuierlichen Fläche – etwa die Falten einer Decke oder einen Knoten in einem Seil – durch das Maß ihrer Faltung beschreibt. Mit einer topologischen Analyse können wir beispielsweise drei Papierknäuel untersuchen und entscheiden, welche sich am ähnlichsten sind. Dazu könnte man etwa die gesamte zusammengeknüllte Fläche (die Größe des Papiers) mit dem Volumen vergleichen, auf das es zusammengequetscht worden ist. Man könnte mit dieser Methode aber auch die Frage angehen, wie regelmäßig die verschiedenen Seen oder Staaten der USA sind: Beispielsweise könnte man eine einzige Zahl für jeden Staat oder See ausrechnen, indem man seine Gesamtfläche durch die Uferlänge teilt, und hätte damit einen Index für seine «Regelmäßigkeit».

Maße Punkte (hier Galaxien) sich im Vergleich zu einem völlig zufällig verteilten Punktestaub zusammenballen. Je stärker die Korrelation, desto verklumpter die Punkte, das heißt desto größer die Wahrscheinlichkeit, in der Nähe einen weiteren Punkt zu finden. Die Korrelationsfunktion für Galaxien spielte eine wichtige Rolle beim «Testen» von CDM-Simulationen. Durch Anwendung dieses Diagnoseinstruments auf n-Körper-Modelle und die wirkliche Galaxienverteilung ließ sich das Maß an Ähnlichkeit quantifizieren. Allerdings wendeten einige Forscher ein, das verzerrte CDM-Modell könne den Test bestehen und doch nicht der Struktur des wirklichen Universums entsprechen – wissenschaftlich gesprochen, eine notwendige, aber keine hinreichende Bedingung. Wie sie zeigten, könnte man die Galaxien in der CfA-Scheibe anders anordnen – die großen Lücken und dünnen Bänder aufheben –, ohne die Korrelationsfunktion zu verändern. So kam man zu dem Ergebnis, die Korrelationsfunktion werde der Komplexität der Struktur nicht ganz gerecht.*

---

* Einige Wissenschaftler arbeiteten an topologischen Beschreibungen, die diese komplexe Struktur besser erfaßten. Bei der Galaxienverteilung handelt es sich nicht um eine kontinuierliche Fläche, sondern um eine Reihe diskreter Punkte, deshalb ist eine gewisse «Glättung» erforderlich. Ein Computer kann die Galaxien künstlich verbreitern, so daß ihre Materie ineinander verläuft wie schmelzendes Wachs, und dann den Raum in Regionen mit über- und unterdurchschnittlicher Dichte unterteilen. So lassen sich unter Umständen einfache topologische Beschreibungen anwenden. Den Fall, wo alle Regionen mit geringer Dichte voneinander isoliert sind, das heißt, wo man sich durch eine Region hoher Dichte bewegen muß, um von einem «Loch» in das nächste zu gelangen, bezeichnet man als «blasenartige» oder «Schweizerkäse»-Topologie. Mit einer «Fleischklößchen»-Topologie haben wir es zu tun, wenn Regionen hoher Dichte isoliert sind.
   De Lapparent, Geller und Huchra hatten die Vermutung geäußert, die Galaxienverteilung sei blasenartig, doch Richard Gott, theoretischer Physiker aus Princeton, vertrat die These, bei einem Universum, das aus Fluktuationen der Art erwachsen sei, wie sie das CDM-Modell zeige, seien weder Blasen- noch Fleischklößchen-Topologien zu erwarten. Ausgehend von einem wissenschaftlichen Projekt, das er für eine High-School-Ausstellung entwickelt hatte, legte Gott dar, daß ein solches Universum die Topologie eines gewöhnlichen Schwammes hätte –

Folglich war die Korrelationsfunktion für Galaxien allein nicht in der Lage, die verzerrten CDM-Modelle zu validieren. Noch schlimmer, einige Astrophysiker verwendeten die Korrelationsfunktion, um das Modell anzugreifen. Als man die Korrelation der dichtbesiedelten Galaxien maß, die Abell katalogisiert hatte, zeigte sich, daß ihre Häufung viel stärker war, als die CDM-Simulationen reproduzieren konnten. Dieser Test war direkt, quantitativ und objektiv, deshalb konzentrierten sich die CDM-Anhänger in ihrem Gegenangriff auf die Fehler, mit denen Abells Katalog behaftet ist. (Abell selbst hatte schon dreißig Jahre zuvor warnend darauf hingewiesen, daß sein Katalog eine zweifelhafte Quelle für statistische Analysen dieser Art sei.)

1986 war noch offen, ob die verzerrten CDM-Modelle für das Strukturwachstum unseres Universums der an ihnen geübten Kritik standhielten oder nicht. Deshalb befanden sich die CDM-Anhänger in der Defensive, als wir in Santa Cruz zusammenkamen, um neue Beobachtungen der großräumigen Struktur zu diskutieren, unter anderem auch die hohen Eigengeschwindigkeiten – die großräumige Strömung –, die die sieben Samurai entdeckt hatten. In zweifacher Hinsicht stellte unser Ergebnis das verzerrte CDM-Modell auf die bislang radikalste Weise in Frage. Erstens lieferte unsere Untersuchung als einzige eine direkte Karte von der Verteilung der dunklen Materie, und um die Masseverteilungen ging es ja in den Simulationen der n-Körper-Modelle. Die anderen Gefahren drohten von den Karten, die die Galaxienpositionen zeigten; der Vergleich mit dem CDM-Modell verlangte weitere Annahmen über die Lokalisierung dieser Galaxien in bezug auf die dunkle Materie – ein Aspekt, dem

sowohl der «Körper» mit hoher Dichte (die Schwammzellen) als auch die Löcher von geringer Dichte (durch die das Wasser dringt) sind benachbart und verbunden. Wie Gott zeigte, könnte die dünne Scheibe eines Schwammes eine blasenartige Struktur zeigen. Noch hat sich Gotts Analyse zwar nicht endgültig bestätigt, aber die schwammartige Topologie gilt bei vielen Astrophysikern als die Beschreibung, die der Galaxienverteilung, soweit sie uns bislang bekannt ist, am ehesten entspricht.

Probleme des CDM-Modells 349

Davis und seine Mitarbeiter durch Einführung des Verzerrungsparameters Rechnung getragen hatten. Wenn man dagegen die *Eigengeschwindigkeiten* der Galaxien mißt, erfaßt man die *Masseverteilung* direkt, und zwar sowohl der leuchtenden als auch der dunklen Materie. So ließ der Vergleich zwischen Modellen und Messungen wenig Raum für Ungewißheit.

Unser Resultat wies noch eine zweite wichtige Eigenschaft auf: Es ließ sich quantitativ beschreiben, denn für jede Galaxie in unserer Stichprobe kannten wir die (Eigen-)Geschwindigkeit in eine Richtung. Statt uns an die äußerst schwierige Aufgabe machen zu müssen, eine unregelmäßige Galaxienverteilung im dreidimensionalen Raum zu beschreiben, konnten wir etwas sehr viel Einfacheres tun: eine Raumregion abteilen und die durchschnittliche Eigengeschwindigkeit für alle in ihr enthaltenen Galaxien berechnen. Und genau das hatten wir getan – wir hatten eine durchschnittliche Geschwindigkeit und Richtung für ein großes Raumvolumen berechnet und sie zur einfachsten und voraussetzungsfreiesten Beschreibung unserer Daten erklärt. Um die Milchstraße herum hatten wir eine riesige vorgestellte Raumkugel gebildet, die rund vierhundert der von uns untersuchten elliptischen Galaxien enthielt, und ausgerechnet, daß sich diese Galaxien durchschnittlich mit ungefähr 600 km/s in eine bestimmte Richtung bewegten. Dem gleichen Test ließen sich die vom Computer erzeugten Modelluniversen unterziehen: Man konnte ein Volumen von gleicher Größe auswählen und die durchschnittliche Eigengeschwindigkeit berechnen, die die Ungleichförmigkeit der Masseverteilung hervorrief. Und genau das hatten Davis und sein Team getan – sie hatten Tausende solcher Modelluniversen generiert und für diese eine vernünftige statistische Schätzung der Durchschnittsgeschwindigkeit nebst der wahrscheinlichen Streuung aufgestellt. Dabei hatten sie festgestellt, daß für ein Raumvolumen, wie es die sieben Samurai durchmustert hatten, nach dem CDM-Modell eine Eigengeschwindigkeit von lediglich 150 km/s zu erwarten war, weit weniger als die von uns gemessenen 600 km/s. Schlimmer noch, statistisch zeigte diese Zahl nur eine geringfügige Streuung. War das CDM-Modell richtig, so stand die Wahrscheinlichkeit, daß wir in einer Region mit einer so raschen großräumigen Strömung lebten, eins zu einer Million.

Nach dem Seminar in Santa Cruz erklärte Nick Kaiser, die sieben Samurai hätten die Situation überzeichnet. Wir hätten angenommen, so Kaiser, unser Ergebnis von 600 km/s «durchschnittlicher Eigengeschwindigkeit» gelte für ein Volumen, das bis zu Hubble-Expansionsgeschwindigkeiten von 6000 km/s reiche, also einen Durchmesser von grob gerechnet 500 Millionen Lichtjahren aufweise. Doch tatsächlich hätten nur wenige elliptische Galaxien in unserer Stichprobe eine derartige Entfernung gehabt, und denjenigen, die so weit weg waren, hätten wir weniger Gewicht geben müssen, weil ihre Eigengeschwindigkeiten weniger genau bekannt seien. Wenn wir die durchschnittliche Eigengeschwindigkeit korrekt berechnet hätten, so legte Kaiser dar, dann wäre uns nicht entgangen, daß der Wert von 600 km/s nur auf ein weit kleineres Raumvolumen von 200 Lichtjahren Durchmesser zutreffe. Und für eine halb so große Raumkugel sei das verzerrte CDM-Modell immerhin in der Lage, eine «durchschnittliche Eigenbewegung» von 600 km/s zu reproduzieren. Mochte das verzerrte CDM-Modell auch in Schwierigkeiten stecken, so wollte Kaiser doch zeigen, daß der Widerspruch zwischen Messungen und Vorhersagen nicht so gravierend war, wie behauptet wurde. Wie es nun aussah, erhöhte sich, falls das CDM-Modell richtig war, die Wahrscheinlichkeit, daß wir in einem Volumen mit einer solch raschen großräumigen Strömung leben, auf rund 1 zu 500 – womit man am Spieltisch immer noch schlechte Karten hätte, aber in einem so großen Universum, wer weiß?

Es ist merkwürdig, daß die Arbeit der sieben Samurai vielfach als Angriff gegen das Modell der kalten dunklen Materie aufgefaßt wurde. Bis zu diesem Zeitpunkt waren wir noch mit keinem Wort auf die Bedeutung unserer Arbeit für das CDM-Modell eingegangen. Sandy Faber konnte für sich sogar in Anspruch nehmen, durch ihre Zusammenarbeit mit Blumenthals Gruppe an der Entwicklung dieses Modells beteiligt gewesen zu sein, und sie blieb eine Parteigängerin. Trotzdem ernteten die sieben Samurai beim Seminar in Santa Cruz eine recht feindselige Reaktion von seiten der überzeugten Anhänger des CDM-Modells. Fast alle waren sie *theoretische* Astrophysiker, die nicht gewillt waren, ein elegantes, vielversprechendes Konzept aufzugeben, nur weil einige *Beobachtungsdaten* dagegen sprachen. (Gern spöttelten Mitglieder dieser Gruppe, halb im Ernst, man dürfe keiner Beobachtung Glauben schenken, bevor sie nicht von der Theorie bestätigt sei, ein berühmtes Paradoxon des legendären Physikers Sir Arthur Eddington.) Überwiegend neigten sie dazu, unsere Messungen und Analysen in Frage zu stellen, statt ihr theoretisches Modell einmal genauer zu betrachten. So sahen sich die sieben Samurai bald in der Defensive, das heißt, wir standen vor der schier unlösbaren Aufgabe zu *beweisen,* daß wir nichts Unrechtes getan hatten. Glücklicherweise hatte uns unsere lang andauernde Skepsis gegen die eigenen Ergebnisse auf diese schwere Prüfung vorbereitet. Am Ende konnte uns niemand eine peinliche Unterlassung oder einen Fehler nachweisen, der unser Ergebnis – die großräumige Strömung von elliptischen Galaxien – beeinträchtigt hätte. Erwartungsgemäß und richtigerweise mußten wir uns in den folgenden Monaten noch mancher Kritik stellen. Die Tests, die Kollegen durchführten, und die Tatsache, daß kein Außenstehender ein Problem fand, an das wir nicht schon selbst gedacht hatten, stärkten natürlich unsere Zuversicht.

Wir konnten unsere Position verteidigen. Im Laufe der nächsten Jahre vertiefte sich das Verständnis für die Modelle wie für die Daten, bis klar wurde, daß im günstigsten Fall etwas schwer Greifbares, aber Wichtiges in den Simulationen der CDM-Universen fehlte und im schlimmsten Fall die ganze Idee völlig falsch war. Das verzerrte CDM-Modell, wie es 1986 entwickelt worden war, litt an einer Art Anämie: Aufgrund zu geringer «Energie» in weiträumigen Fluktuationen von Superhaufengröße konnte es nicht genügend Riesenlücken erzeugen, keine Galaxienketten oder -flächen produzieren, die lang oder ausgedehnt genug waren, und keine ausreichende Zusammenballung der Galaxienhaufen hervorbringen. Vor allem vermochte es keinen Großen Attraktor zu produzieren.

DER GROSSE ATTRAKTOR

«Sieh mal, Dave, du kannst doch nicht leugnen, daß die Eigengeschwindigkeiten hier in Centaurus und Pavo [Pfau] weit größer sind als an irgendeiner anderen Stelle des Himmels. Mein Gott, einige von ihnen haben 2000 km/s! Das ist nicht einfach eine Volumenströmung, das ist Beschleunigung – etwas zieht diese Galaxien an. Wir sollten darauf hinweisen, bevor es jemand anders tut.»

Dave Burstein und ich saßen uns gegenüber und wurden immer lauter. Häufig hatte es solche Zusammenstöße zwischen uns gegeben – und einige von ihnen waren ziemlich heftig –, seit wir uns vor fünfzehn Jahren hier in Santa Cruz als Doktoranden begegnet waren. Doch dies war vielleicht das interessanteste Problem, über das wir je gestritten hatten. Jahrelange Praxis sorgte dafür, daß wir das Beste daraus machten.

Eine Stunde zuvor hatten wir auf der Tagung «Fast normale Galaxien» den Namen «sieben Samurai» erhalten und eine zweite große Anhörung zu unserem radikalen Resultat überstanden. Im Namen der sieben Samurai hatte Sandy einen Vortrag über die intrinsischen Eigenschaften von elliptischen Galaxien gehalten, während ich dargelegt hatte, was wir über die überraschend hohen Eigengeschwindigkeiten und die gemeinsame Strömung dieser Galaxien herausgefunden hatten.

Ich entwickelte die Parteilinie – die offizielle Marschrichtung unserer Siebenerpartei –, und darin lag das Problem. Offenbar war ich als einziger der sieben Samurai nicht glücklich mit der Beschreibung unserer Ergebnisse als *Volumen*strömung der mehr als vierhundert Galaxien in unserer Erhebung. Auf dem Pasadena-Treffen im vorangegangen November hatte unsere Gruppe erkannt, daß diese Ergebnisse wahrscheinlich kontrovers aufgenommen würden und daß viel davon

Die Volumenströmung in der Diskussion 353

abhängen könnte, wie man sie präsentierte. Deshalb hatten wir uns für eine möglichst sachliche Vermittlung entschieden – nur die nackten Fakten. Die Daten sollten für sich selbst sprechen, die Interpretation möglichst kurz gehalten werden und eher beiläufig bleiben. Diese Überlegungen veranlaßten uns, eine «Minimalhypothese» zu vertreten: Die Galaxien der Stichprobe bewegen sich mit einer gemeinsamen Geschwindigkeit von rund 600 km/s, einer «Volumen»-Strömung, an der die Milchstraße beteiligt ist.

Das war in der Tat keine schlechte Beschreibung: Angesichts großer Fehlerspannen in der gemessenen Entfernung, etwa zwanzig Prozent, mußten wir die Eigengeschwindigkeiten über ziemlich ausgedehnte Himmelsregionen oder in Haufen mitteln, um eine genaue Messung der mittleren Geschwindigkeit und Richtung zu erhalten. Beispielsweise hatte Dave den Himmel mit Hilfe unserer Computerprogramme in Oktanten unterteilt (stellen Sie sich vor, Sie teilen einen Apfel in acht gleich große Stücke auf, indem Sie ihn in der Mitte dreimal im rechten Winkel durchschneiden) und festgestellt, daß die «Durchschnittsgeschwindigkeit» in jedem dieser großen Himmelsstücke ungefähr gleich war. Wenn man das Volumen «schälte», das heißt wie eine Zwiebel in viele ineinander verschachtelte sphärische Schalen zerlegte, gelangte man zum gleichen Resultat. Andererseits waren die sehr hohen Eigengeschwindigkeiten für Galaxien in der Centaurusregion und, in geringerem, aber immer noch signifikanten Maße, für Galaxien in Richtung der Sternbilder Pavo und Indus (Indianer), der Position eines anderen Superhaufens, nicht zu übersehen. Mittelte man sehr große Bereiche, etwa Oktanten oder kugelförmige Schalen, trugen diese speziellen Regionen zu dem Eindruck bei, die Galaxienströmung sei überall ungefähr gleich, doch für sich genommen, erschienen ihre höheren Eigengeschwindigkeiten als krasse Ausnahmen.

Nach unseren Präsentationen auf der Tagung zeigte sich nun, daß das, was wir für die vorsichtigste Beschreibung gehalten hatten, auch als die radikalste aller möglichen Interpretationen aufgefaßt werden konnte – die Auffassung, daß sich alles in dem riesigen Beobachtungsvolumen bewege. Dadurch daß wir von einer «Volumenströmung» ausgingen, erweckten wir den Eindruck, die Gravitations*quelle*, die für diese hohen Eigengeschwindigkeiten verantwortlich war, müsse sehr weit entfernt sein – außerhalb des riesigen Beobachtungsvolumens –, hätten wir doch sonst eine Konvergenz der Strömung in Richtung der Region von hoher Dichte sehen müssen, die die Anziehungskraft ausübte. Wenn jedoch die Fluktuation in der Masseverteilung so weit entfernt war, dann mußte sie sehr groß sein, um die Galaxien in dieser riesigen Region in ihre Richtung zu ziehen – so groß, daß ihre Existenz *alle* vorgeschlagenen Modelle der Strukturbildung widerlegt hätte. Das war eine Sorge, die in zwei Referaten auf der Tagung in Santa Cruz zum Ausdruck kam – das eine von dem kanadischen Physiker Dick Bond und das andere von Niccola Vittorio aus Italien sowie Roman Juskiewicz aus Polen.

Schlimmer noch, unsere Interpretation der Volumenströmung konnte als Beleg für eine noch größere Ketzerei angesehen werden – als die These nämlich, daß die Eigengeschwindigkeiten nicht das Ergebnis der altvertrauten Gravitation seien, sondern auf irgendeine geheimnisvolle Eigenschaft des Universums zurückgingen, die den *Eindruck* erwecke, daß sich alle Galaxien bewegten. Schließlich heißt Volumenströmung ja nur, daß sich alles zusammen bewegt. Das gibt uns an sich noch keine Auskunft über die Geschwindigkeit. Wie Autos auf einer Straße möchten sie alle mit hundert, vierzig oder null Stundenkilometern vorankommen – das alles sähe gleich aus. Die mit diesem Konvoi verbundene Geschwindigkeit liegt genau bei einem *absoluten* Maß: der Geschwindigkeit von 600 km/s, mit der unsere Milchstraße sich in Relation zum kosmischen Mikrowellenhintergrund (CMB) bewegt. An dieser Erklärung, warum der CMB auf der einen Seite wärmer und auf der anderen kühler ist, zweifelten nur wenige – andere Erklärungen erschienen weit hergeholt. Wenn sich nun aber keine Gravitationsquelle als Ursache dieser großen Eigengeschwindigkeiten ausmachen ließ, waren wir dann nicht gezwungen, einen Eckpfeiler der Kosmologie aufzugeben – den CMB als kosmisches Bezugssystem?

Deshalb hatte ich im privaten Rahmen unserer Gruppe mit einigem Nachdruck auf die größeren Eigengeschwindigkeiten in den Re-

Galaxienbeschleunigung und Gravitationsquelle 355

gionen Centaurus und Pavo-Indus hingewiesen und behauptet, die Galaxien seien in dieser Richtung einer *Beschleunigung* unterworfen – es handle sich nicht einfach um eine Volumenströmung. Eine große Masse ganz am Rand unseres Untersuchungsbereiches könne, so meine Interpretation, die Ursache dieser Beschleunigung sein, denn Galaxien in größerer Nähe zur Gravitationsquelle müßten eine noch größere Anziehungskraft verspüren. Nach meiner Auffassung war diese Beschleunigung auf der Centaurus-Seite eine aufschlußreiche Wegmarkierung, wie wir sie auf unserem Treck durch den intergalaktischen Raum erwarten durften. Allerdings schien ich der einzige Samurai zu sein, der von ihrer Zuverlässigkeit überzeugt war, und so bestürmte ich die anderen, diese Interpretation in unsere Referate aufzunehmen. Die anderen zweifelten an der statistischen Signifikanz der Beschleunigung und fürchteten, diese Idee könnte unsere Glaubwürdigkeit beeinträchtigen.

Seit mehr als einem Monat beschäftigte ich mich mit einem «Brief» (*Letter* – einem kurzen, zur raschen Veröffentlichung bestimmten Aufsatz) an das *Astrophysical Journal*; das sollte die erste offizielle Darstellung unserer Ergebnisse für die wissenschaftliche Gemeinschaft sein. Daneben war ein weit ausführlicheres Papier geplant, eine Arbeit, in der wir detailliert darlegen wollten, wie wir unsere Analysen durchgeführt hatten, doch bis zum Abschluß dieser enorm umfangreichen Arbeit würde sicherlich noch ein Jahr vergehen. Wie üblich von dem Wunsch nach einer möglichst raschen Veröffentlichung getrieben, hatte ich meine sechs Kollegen davon überzeugt, daß eine Zusammenfassung mit den wichtigsten Ergebnissen erforderlich sei, untermauert durch die drei Artikel, in denen wir bereits die Technik der Entfernungsschätzung beschrieben und die neuesten Daten aufgeführt hatten. Wie nicht anders zu erwarten, meinten die anderen, wenn mir an dem Artikel so viel läge, solle ich ihn selbst schreiben. Aber natürlich mußten ihn alle mit ihrem Namen absegnen. Kurz vor Beendigung des «Briefes» entdeckten wir nun, daß wir in einem wichtigen Punkt keine Übereinstimmung erzielten – in der Frage nämlich, ob die Galaxienströmung nur eine einfache Volumenströmung oder eine Beschleunigung in der Centaurus-Region darstelle. Ironischerweise war es der erste Autor – ich –, der als einziger den vermeintlich konservativen Ansatz durch eine kompliziertere Interpretation ergänzen wollte.

In Santa Cruz hatte ich in meinem Referat pflichtgemäß das Samurai-Mantra heruntergebetet – Volumenströmung, Volumenströmung, Volumenströmung –, hatte aber an den Fragen, die mir während des Vortrags und danach gestellt wurden, erkannt, daß die Volumenströmung durchaus nicht als konservative Interpretation angesehen wurde. Am nachhaltigsten beeindruckte mich Jim Gunn, ein sehr geschätzter Kollege und brillanter Wissenschaftler. Nach meinem Referat begab er sich frohgemut ans Rednerpult: «Als ich das erstemal von Ihrer großräumigen Strömung hörte, mochte ich nicht an sie glauben, zumal Sie sie als Volumenströmung bezeichneten. Doch jetzt sehe ich, daß es da ein offenkundiges Beschleunigungsmuster gibt. Die Masse, die Sie brauchen, um alle diese Galaxien in Bewegung zu setzen, befindet sich genau hier.» Mit diesen Worten legte er seinen Finger auf den Dokumentenprojektor und zeigte auf eine Region am Rand unseres Beobachtungsbereiches, kurz hinter Centaurus. «Das ist wirklich erstaunlich», schloß er und *lächelte* dabei.

Nun reichte es mir. Nach der Sitzung zog ich Dave, Sandy und Donald in einen angrenzenden Übungsraum. Durch die vorangegangenen Ereignisse ermutigt, bestürmte ich sie erneut, die Idee einer für die Anziehung verantwortlichen Masse in unsere Analyse aufzunehmen. Ohne Erfolg. Donald und Sandy blickten vorwiegend ins Leere, während Dave und ich uns in die Haare gerieten. Schließlich wedelte Dave mir mit dem Computerausdruck von Donalds OURV-Programm vor der Nase herum und behauptete, er beweise eindeutig, daß die scheinbare Beschleunigung der Galaxien in den Regionen von Centaurus und Pavo-Indus statistisch nicht signifikant sei. Ich war entwaffnet. Damals war ich mit OURV einfach nicht vertraut genug, um es in all seinen Verästelungen zu verstehen. So schien es keine Möglichkeit zu geben, Daves Behauptung in Frage zu stellen. Vom bloßen *Augenschein* abgesehen, hatte ich nichts in der Hand, um meine Auffassung von einer großen anzie-

Die Suche nach der Gravitationsquelle

henden Masse zu belegen. So mußte ich sie aufgeben. Der Artikel sollte wie geplant erscheinen. Volumenströmung.

Im Grunde geht es in der Wissenschaft zu wie in einem guten Kriminalroman. Vor allem die Astronomie hätte Hercule Poirot gut gefallen. Man prüft, ob einer Reihe von «Tatsachen» eine gemeinsame Ursache zugrunde liegt, und versucht ein Ereignis zu rekonstruieren, das sich unserem direkten Zugriff in Zeit und Raum entzieht. In der Regel sind die Hinweise spärlich, oft verschwommen und manchmal sogar widersprüchlich. Wenn man Glück hat, deuten einige in die gleiche Richtung. Das ermutigt uns, eine Hypothese zu entwickeln, die das meiste dessen, was wir beobachtet haben, erklären könnte. Doch jeder gute Detektiv weiß, daß die Angelegenheit damit noch nicht abgeschlossen ist: Es ist sehr leicht, eine Reihe von Beobachtungen *im nachhinein* zu erklären – wobei leicht der Falsche in Verdacht geraten kann. (Denken wir nur an die traurige Rolle, zu der Hamilton Burger und Lieutenant Tragg jahrelang als Prozeßgegner von Perry Mason verurteilt waren, indem sie plausible und logische Tathergänge entwarfen und sich dabei doch stets gründlich irrten.) Der entscheidende Schritt besteht darin, anhand der Theorie auf eine noch nicht ermittelte Information zu schließen, ein Prozeß, der in der Regel scheitert, wenn der Hypothese nicht eine gewisse Wahrheit innewohnt. Dann muß man sich dem Fall wieder zuwenden und nach weiteren Hinweisen suchen, die eine bestimmte Erklärung unter Ausschluß aller anderen stützen.

Im Herbst des Jahres 1986, nach dem Seminar in Santa Cruz, saß ich also wieder an dem Fall und suchte nach neuen Anhaltspunkten, die meine Kollegen davon überzeugen konnten, daß die Bewegungen der elliptischen Galaxien in unserer Stichprobe auf die Anziehungskraft eines Objekts jenseits der Centaurus-Haufen zurückgingen. Zunächst hielt ich Ausschau nach einem Supergalaxienhaufen, der in Richtung der allgemeinen Strömung lag, wobei ich davon ausging, daß die Galaxien, wie die Lichter einer Stadt, die Anwesenheit einer riesigen Metropolis von dunkler Materie verraten würden. Falls kein derartiger Galaxienüberschuß zu entdecken war, hatten wir es möglicherweise mit einer noch größeren Neuheit zu tun – der Entdeckung einer riesigen unsichtbaren Masse.

Also entwickelte ich meine Pläne zur Erfassung der Galaxien in dieser Region: erstens eine Rotverschiebungsanalyse, um die Karte der Galaxienverteilung durch die dritte Dimension zu ergänzen, später Entfernungsmessungen in einigen Fällen, um die Eigengeschwindigkeiten zu bestimmen. Den Weg zeigten die kleinen Pfeile auf der Karte der sieben Samurai – und zwar zu einem Himmelsbereich der südlichen Hemisphäre, der die uns inzwischen geläufige EGAL-SOUTH-Region umfaßt. Das war einer der zugleich am wenigsten und am meisten untersuchten Teile des Himmels. Die Richtung, in die sich die elliptischen Galaxien bewegen, liegt nur 10 Grad über der *Ebene* der Milchstraße, jenes Bandes aus Sternen, Gas und Staub, aus dem unsere Galaxis besteht. Das ist ein großartiger Ort, um auch die Inhalte der Milchstraße selbst zu untersuchen: Nur 50 Längengrade vom Zentrum unserer Galaxis entfernt befindet sich eine Galapagosregion der Sternenbildung, gefüllt mit leuchtendem Gas und dunklen, kalten Wolken sowie den von ihnen hervorgebrachten jungen und alten Sternenhaufen.

Dieser Tummelplatz für Astronomen, die sich mit der Milchstraße beschäftigen, wird zum Ärgernis, sobald man extragalaktischen Interessen nachgeht. Noch zwanzig Grad von der galaktischen Ebene entfernt sind die Sterne so dicht, daß ferne Galaxien sich verbergen wie Tiger im Dickicht des Dschungels. Bis zu 10 Grad von der Ebene entfernt, verschwinden sie vollständig hinter dem Staub der Milchstraße. Verständlicherweise hat es also keine umfassenden Rotverschiebungserhebungen in der Nähe der galaktischen Ebene gegeben: Die CfA-Durchmusterung und ihr Gegenstück in der südlichen Hemisphäre sparten die Ebene aus und konzentrierten sich auf die vergleichsweise sternen- und staubfreien «Pole», um die beschriebenen Probleme zu vermeiden. Glücklicherweise hatten die Astronomen an der Südsternwarte (ESO) wenigstens die «Tiger in dem Bild» gezählt, so daß ihr Katalog eine Liste potentieller Ziele lieferte. Es war außerordentlich unwahrscheinlich, wie ich fand, daß sich ein riesiger Superhaufen vollständig hinter dem dünnen Staubband verbergen konnte. Also warf ich die Netze weit aus und markierte eine quadratische Region, die fast zehn Prozent des Himmels umfaßte. Ausgehend von den Ergebnissen der Rotverschiebungserhebung am südlichen Himmel, die von dem brasilianischen Astronomen Luiz da Costa, von Marc Davis und ihren Kollegen durchgeführt worden war, brauchte ich nur ihrem Verfahren zu folgen und alle Galaxien im ESO-Katalog auszuwählen, die größer als 72 Bogensekunden waren, um zu wissen, daß die «typische Galaxie» in der Erhebung eine Hubble-Expansionsgeschwindigkeit von ungefähr 5000 km/s aufwies. Das entsprach der Entfernung, in der die für die Anziehung verantwortliche Masse liegen mochte, nahe den Grenzen, die die sieben Samurai in ihrer Untersuchung gezogen hatten. In dem von mir gewählten Bereich befanden sich 1403 Galaxien, und nur für einige hundert der näher gelegenen waren die Rotverschiebungen gemessen worden. Es gab also eine Menge zu tun.

Im Januar 1987 traf ich mit zehn Kilo Suchkarten auf Las Campanas ein. Basil Katem, der schon seit ewigen Zeiten an den Carnegie-Observatorien beschäftigt ist, hatte mir freundlicherweise die mühevolle Arbeit abgenommen, 1403 Polaroidvergrößerungen von Fotografien des Himmelsatlas anzufertigen. Währenddessen trafen sich die anderen sechs Samurai in Südengland, in Herstmonceux Castle, dem Sitz des Royal Greenwich Observatory. Beim letzten Treffen der Samuraigruppe befand ich mich buchstäblich am anderen Ende der Welt, und um ehrlich zu sein, ich hatte nur einen halbherzigen Versuch gemacht, die mir zugewiesene Beobachtungszeit zu tauschen, um an dem Treffen teilnehmen zu können. Ich hätte mich ohnehin verspätet, da ich im selben Monat die nationale Tagung der American Astronomical Society in Pasadena organisieren mußte. Nach dieser Strapaze und mit der Aussicht auf eine Woche intensivster Arbeit sowie auf weitere Zänkereien über die Hypothese der «Gravitationsmasse» entschied ich mich für den Frieden und die Erhabenheit der Las-Campanas-Gipfel. Wir brauchten neue Daten und keine weiteren Diskussionen, wie ich fand, und für diese Daten konnte ich sorgen.

Am 22. Januar, der ersten Nacht der Beobachtungsreihe, konnten wir die Rotverschiebungen im Fünf-Minuten-Rhythmus abhaken – Spektren, an denen sich eine Rotverschiebungsbestimmung vornehmen läßt, sind sehr viel leichter zu beschaffen als die Spektren, die die Samurai für die Messung der Geschwindigkeitsdispersionen benötigt hatten. Noch besser, man erhält die «Antwort» fast sofort: Ich konnte die Rotverschiebung abschätzen, indem ich einfach ein Lineal auf den Computerschirm legte, sobald das Spektrum abgebildet wurde, und dann die Positionen der Absorptionslinien ermittelte – die dunklen Streifen bei festgelegten Farben, die durch bestimmte chemische Elemente in den Sternen der einzelnen Galaxien hervorgerufen werden. Fernando Peralta und ich, das Teleskop und der Computer, wir wirbelten durcheinander wie eine infernalische Maschine; Karteikarten flogen durch die Gegend, Motoren surrten, Computer piepten, und mitten darin zwei menschliche Piloten, die mit irrwitzigem Tempo durch die Tiefen des Alls sausten. Mir fällt dabei immer Toad und sein Auto in dem Disney-Zeichentrickfilm nach Kenneth Grahames *The Wind in the Willows* ein – Augen so groß wie Scheinwerfer, hüpfend, fröhlich, jauchzend, auf dem Weg nach «weiß nicht, wohin».

Jedesmal wenn das massive Stahlgestell des Teleskops in die nächste Position drehte, hatte ich gerade genug Zeit, um die neue Rotverschiebung aufzuzeichnen. Die «Karte», die ich dabei anfertigte, war ein roher, eindimensionaler Entwurf: eine gerade Linie mit Markierungen für die Geschwindigkeit von 0 bis 10000 Kilometer pro Sekunde. Sobald die Geschwindigkeit einer Galaxie – zum erstenmal überhaupt – bestimmt war, zeichnete ich am entsprechenden Ort auf der Achse einen winzigen Balken ein. Langsam entstand ein *Histogramm*, das aussah wie die Skyline einer Großstadt, und parallel dazu wuchs auch meine Aufregung: Hier zeichnete sich etwas Neues ab. Gewiß, die Mehrheit der Galaxien hatte, wie vorhergesagt, die Geschwindigkeit (die Doppler- oder Rotverschiebung) der Centaurushaufen – ungefähr 3000 km/s. Man nahm an, daß besagte Haufen dieses Volumen des Universums beherrschen. Doch zusätzlich wuchs weiter draußen noch ein zweiter Gipfel auf. Ein Balken nach dem anderen endete im Intervall zwischen 4000 und 5000 km/s, so daß ein

Die Suche nach der Gravitationsquelle

zweiter Wolkenkratzer entstand. Der zweite Gipfel sah nicht ganz so eindrucksvoll aus wie der Centaurus-Gipfel, tatsächlich sind aber Galaxien, die sich in so viel größerer Entfernung befinden, erheblich benachteiligt, weil sie leuchtschwächer sind als die näheren Centaurus-Galaxien. Bei Berücksichtigung der Verzerrung wurde klar, daß die weiter entfernte Konzentration viel bedeutender war – das urbane Zentrum eines riesigen Ballungsgebietes von Galaxien.

Immer deutlicher zeichnete sich das Muster ab. Am Ende der dritten Nacht war ich mir sicher, daß ich mit meiner Vermutung, es gäbe jenseits der Centaurus-Haufen noch eine größere Masse, richtig lag. Zunächst begriff ich nicht, warum die Samurai-Erhebung diese gewaltige Konzentration nicht erfaßt hatte. Viele Galaxien in den Centaurushaufen hatten Geschwindigkeiten von ungefähr 4500 km/s; das hatten die englischen Astronomen John Lucey, Malcolm Currie und R. J. Dickens festgestellt. Plötzlich erinnerte ich mich, daß die Samurai bei den Centaurus-Galaxien natürlich auf sehr hohe Eigengeschwindigkeiten gestoßen waren. Das hieß, sie waren nicht so weit entfernt, wie ihre Geschwindigkeiten anzeigten, weil zur Hubble-Expansion eine hohe Eigengeschwindigkeit hinzutrat. Nach Abzug der Eigengeschwindigkeit blieb nur die Expansionsgeschwindigkeit, und die ließ gemäß der Hubble-Beziehung auf eine sehr viel geringere Entfernung schließen.

Also sind die Centaurus-Galaxien, so folgerte ich, weit näher, als man auf den ersten Blick denken könnte. Doch nehmen wir an, die Galaxien in meinem zweiten Gipfel, jene, bei denen wir eine Geschwindigkeit von 4500 km/s gemessen hatten, hätten nur eine geringe oder keine Eigengeschwindigkeit – was nach dem Modell der «Gravitationsmasse» nur plausibel wäre, weil sie sich im *Zentrum* einer konvergierenden Strömung befänden und die umliegenden Galaxien anzögen. Das ergab ein schlüssiges Bild. Galaxien, bei denen Geschwindigkeiten zwischen 3000 und 4500 km/s gemessen wurden, konnten eine große Vielfalt von Entfernungen aufweisen, je nachdem, welche Anteile dieser Geschwindigkeit auf die Eigengeschwindigkeit und welche auf die Hubble-Expansion zurückzuführen waren. Der weiter entfernte Gipfel, wahrscheinlich ein Superhaufen, dessen Gravitation andere Galaxien ansaugte, war danach *doppelt* so weit entfernt, wie die Stichprobe der sieben Samurai gereicht hatte. So gesehen waren die dichtbesiedelten Centaurushaufen und ihre Umgebung nur bevölkerungsreiche Vororte einer weit größeren, viel weiter entfernt liegenden Großstadt, die mit ihrer zusätzlichen Masse und der daraus resultierenden Gravitation wahrscheinlich für die höheren Eigengeschwindigkeiten verantwortlich war.

Nach fünf Beobachtungsnächten hatten mehr als dreihundert neue Rotverschiebungen meine ersten Eindrücke bestätigt. So beschloß ich, den Hauptteil des Projekts auf eine bevorstehende Beobachtungsreihe in drei Monaten zu verschieben, war ich doch überzeugt, schon jetzt über die Daten zu verfügen, die ich brauchte, um die anderen Samurai davon zu überzeugen, daß die Gravitationsanziehung eines riesigen Superhaufens jenseits der Centaurushaufen Hauptursache für die großräumige Galaxienströmung sei. Mit fieberhafter Begeisterung berechnete ich den Gravitationseffekt, der von einer solchen riesigen Galaxienmauer ausgehen müßte – dieses Bild machte ich mir nämlich von dem fernen Superhaufen. Anhand dieses Modells schätzte ich, wie viele Galaxien (und sie begleitende Gefolge von dunkler Materie – dunkle und leuchtende Materie im Verhältnis 10 : 1) erforderlich wären, um die von uns gemessenen Eigengeschwindigkeiten hervorzurufen. Nach meinen Berechnungen waren einige zehntausend Galaxien nebst dunkler Gefolgschaft nötig, um eine Gravitationsanziehung zu erklären, die sich vom Zentrum des Superhaufens, etwa 200 Millionen Lichtjahre entfernt, bis zu unserer Galaxis erstreckte – Architektur in kosmischem Maßstab.

Anfang Februar kehrte ich nach Pasadena zurück, bewaffnet mit Daten, aber wichtiger noch, mit einem Artikel. Während der letzten Tage in Pasadena hatte ich in aller Eile einen kurzen «Brief» für die Zeitschrift *Nature* aufgesetzt, weil mir sehr daran gelegen war, die von mir seit mehr als einem Jahr vertretene Idee für uns zu reklamieren. Natürlich war es eine Sache des guten Stils und der wissenschaftlichen Usancen, die anderen einzubeziehen; deshalb rief ich Sandy an, um ihr mitzuteilen, daß ich eine Kopie des Artikels an sie abgeschickt hatte. Verblüfft erfuhr ich, daß die anderen Samurai, während ich in

Die Entdeckung einer Galaxienmauer

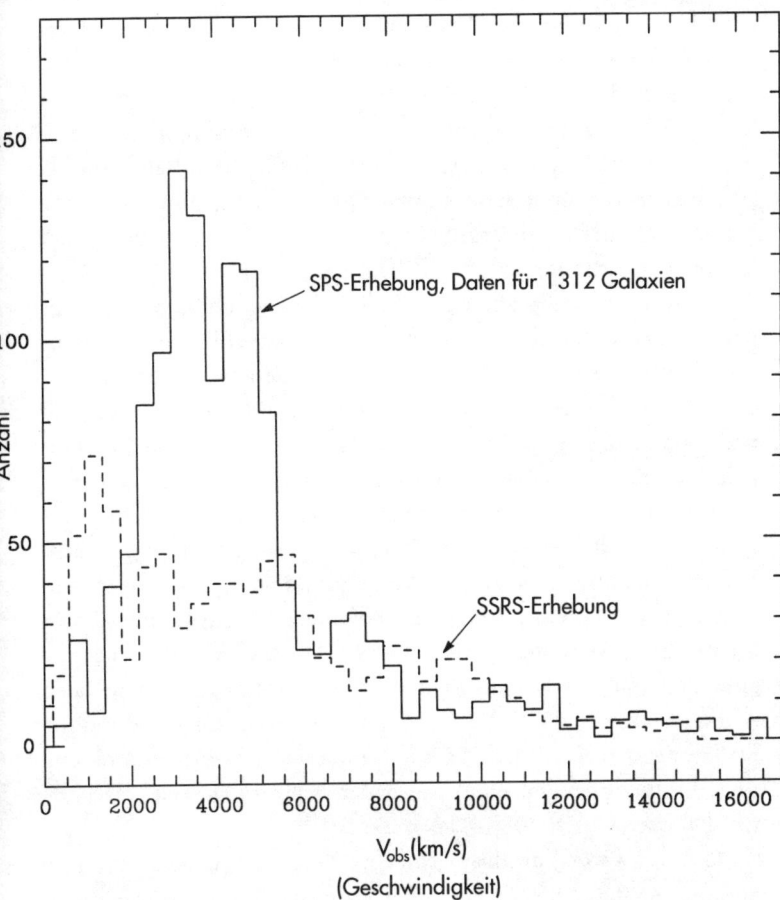

Die von den sieben Samurai gefundene Galaxienverteilung in Richtung der großräumigen Strömung. Meine Stichprobe nannte ich Supergalactic Plane Survey (SPS). Im Vergleich zur Southern Sky Redshift Survey (SSRS) von da Costa und Mitarbeitern, die als Maßstab für eine gleichmäßige Galaxienverteilung im All dient, zeigt diese Region eine große «Überdichte» – eine überdurchschnittliche Galaxienzahl pro Volumeneinheit. (*Astrophysical Journal Supplement Series*, Bd. 75, 1991, S. 241.)

der Abgeschiedenheit von Las Campanas geschuftet hatte, am Ende zur gleichen Schlußfolgerung gelangt waren.

Sie hatten diesen Schritt auf gewundenen Wegen vollzogen. Sandy war mit neuen grundsätzlichen Zweifeln an der großräumigen Strömung nach England gekommen, und Donald Lynden-Bell bestärkte sie schon bald in ihren Befürchtungen und Ahnungen. In Santa Cruz hatte Sandy kurz vor ihrer Abreise nach England den Himmel wieder in kleine Abschnitte aufgeteilt. Trotz aller Hinweise des OURV-Computerprogramms auf eine gleichmäßige «Volumenströmung» hatte sie sich außerstande gesehen, ein schlüssiges Bild zusammenzufügen. Im Oktober war ein Fehler in dem Programm gefunden worden. Das war einer der Gründe, warum das OURV uns mitgeteilt hatte, kein Gradient in der Strömung (die Abweichung von der Volumenströmung, die ich so leidenschaftlich propagierte) sei statistisch signifikant. Da mich dieses Argument im Sommer zuvor davon abgehalten hatte, über die Hypothese von der Volumenströmung hinauszugehen, kann man sich meine Verärgerung vorstellen, als ich nun erfuhr, daß mich ein paar falsche Befehle in einem Computerprogramm daran gehindert hatten. Der Fehler war jetzt beseitigt, und außerdem hatte Dave einige wichtige Veränderungen an den Daten zu ungefähr zwanzig Galaxien in der entscheidenden Richtung der Strömung vorgenommen: Er hatte entdeckt, daß die Verdunklung ihres Lichts durch den Staub der Milchstraße zunächst überschätzt worden war.

Doch das waren harmlose Fehler im Vergleich zu dem, was noch kommen sollte. Sandys neue und verwirrende Ergebnisse veranlaßten die sechs Samurai, noch einmal all die alten Fragen aufzugreifen. In Herstmonceux entdeckten sie einen weit grundsätzlicheren Fehler im Ablauf von OURV, den wir bisher alle übersehen hatten. Bei der Festlegung der Grenzen, innerhalb deren das Programm die Eigengeschwindigkeiten untersuchte, hatten wir uns darauf geeinigt, den Himmel in zwei Volumina aufzuteilen, die durch die Entfernungen der Galaxien zur Milchstraße definiert wurden: Eines war die Kugel, die alle Galaxien mit einer gemessenen Geschwindigkeit von weniger als 3200 km/s einschloß, das andere Volumen eine dicke Schale, die

Die Entdeckung einer Galaxienmauer

diese Kugel umgab und in der die Geschwindigkeiten zwischen 3200 und 6000 km/s lagen. Bei dieser Unterteilung hatten wir festgestellt, daß die mittlere Eigengeschwindigkeit in beiden Volumina ungefähr gleich war, was den klarsten Beweis für die Hypothese der «Volumenströmung» lieferte.

Falsch! Als wir die gemessene Geschwindigkeit unmittelbar als Entfernungsindikator verwendeten, «vergaßen» wir dabei unser Hauptergebnis – daß in diesen Geschwindigkeiten nämlich neben der Hubble-Expansion auch große Eigengeschwindigkeiten enthalten sind. Unsere Kugeln waren mitnichten Kugeln, sondern unregelmäßige Gebilde, deren Abmessungen von den Eigengeschwindigkeiten beeinflußt wurden. Folglich brauchten wir die wahren Abstände und nicht nur die Rotverschiebungen, um unsere Volumina zu definieren. Da wir die wirklichen Entfernungen zu diesen Galaxien gemessen hatten – diesem Zweck diente ja die Korrelation zwischen Geschwindigkeitsdispersion und Donald-Durchmesser D_n – verfügten wir über das Mittel, das erforderlich war, um unseren Kugeln wieder eine runde Gestalt zu verleihen. Als die sechs Samurai so verfuhren, wanderten die meisten der Galaxien in der Centaurus-Region, die aufgrund ihrer hohen Geschwindigkeiten in der äußeren Schale gelandet waren, nun in die innere Kugel – wegen ihrer hohen Eigengeschwindigkeiten hatte OURV sie (gemäß unserer Anweisung) zu Unrecht der äußeren Schale zugewiesen.* Nach dieser Berichtigung zeigte die Computeranalyse, daß die durchschnittliche Eigengeschwindigkeit der Galaxien in der inneren Kugel unverändert bei un-

---

* Es war ziemlich peinlich, daß uns ein solch elementarer Fehler unterlaufen war. Aber er zeigte nur, daß wir in der Wissenschaft, wie in allen anderen Lebensbereichen, schwer abschütteln können, «was wir auf dem Schoß der Mutter gelernt haben» (wie Allan Sandage einmal gesagt hat). So tief verwurzelt war die Vorstellung, die Expansionsgeschwindigkeit (Rotverschiebung) gebe Auskunft über die Entfernung – die gleichmäßige Hubble-Expansion –, daß wir praktisch auch dann noch nach dieser Weisheit verfuhren, als wir sie theoretisch schon widerlegt hatten. Das war nun für immer vorbei. Fortan würde die Rotverschiebung nur als *annähernder* Entfernungsindikator dienen.

gefähr 600 km/s lag, daß aber der Durchschnittswert in der Außenschale deutlich gesunken war. Es gab also einen unübersehbaren Unterschied, womit das Modell der Volumenströmung einen empfindlichen Riß erhalten hatte.

Nun unterteilten die Samurai den Himmel mit Hilfe des Computerprogramms in kegelartige Volumina – auch das war zuvor auf unzulässige Weise geschehen. Wie sie feststellten, wies die mittlere Eigengeschwindigkeit erhebliche Unterschiede von Region zu Region auf – von 1000 km/s im Centaurusbereich bis zu praktisch null in einigen Teilen des Himmels. Auch das war ein ganz neues Ergebnis und ein weiterer harter Schlag für die Hypothese von der Volumenströmung. Entsetzt darüber, daß sie zu einem so späten Zeitpunkt noch zu derart grundsätzlichen Revisionen gezwungen waren, zeigten sich die sechs Samurai zunächst uneins darüber, was für Schlüsse aus dieser Entwicklung zu ziehen und welche Ziele als nächstes anzustreben seien.

Zum Abschluß des Herstmonceux-Treffens hatte Roberto Terlevich ein Seminar vorbereitet, auf dem die Samurai ihre Ergebnisse mit eingeladenen Fachkollegen diskutieren wollten. Weder er noch die anderen Samurai hatten damit rechnen können, daß sich die Gruppe am Tag vor der ersten Sitzung in einem Zustand tiefster Entmutigung und Zerstrittenheit befinden würde. Donald war bereit, das Modell der Volumenströmung aufzugeben und die Strömung als chaotisch zu beschreiben. Dave hielt hartnäckig an der Vorstellung fest, daß die Volumenströmung, mit deutlichen Abweichungen von Region zu Region, eine angemessene Beschreibung sei, während Sandy meinte, man solle vielleicht überhaupt keine Interpretation anbieten.

Sie setzten ihre Auseinandersetzung fort, bis sich ein Kompromiß abzeichnete: Während des Seminars sollte jeder ein Referat halten, die Daten beschreiben und die Interpretation auf ein Minimum beschränken. Am Ende sollte Sandy einen zusammenfassenden Überblick geben. Sie legte dar, daß das Modell der Volumenströmung bis zu einem bestimmten Punkt gültig war, daß aber signifikante Bewegungen übrigblieben und daß diese systematisch, nicht zufällig, über

Modell der Volumenströmung in der Krise

den Himmel verteilt zu sein schienen. Ohne genauere Angaben über das Warum und Wie machen zu können, äußerte sie die Vermutung, daß sich diese Abweichungen durch ein weiteres einfaches Modell erklären ließen.

Nach dem Seminar überraschte ein ungewöhnlicher Schneesturm von zweitägiger Dauer die Teilnehmer und durchkreuzte alle Pläne für weitere Arbeiten. Dave und Roberto hatten vorgehabt, einige Tage an einem Samurai-Artikel über die Eigenschaften elliptischer Galaxien zu arbeiten – dem ursprünglichen Ziel des Projekts im Jahr 1981 –, doch Robertos großer weißer Lieferwagen überschlug sich im Schnee, ein Unfall, bei dem sich Robertos Frau verletzte und der die beiden ohne fahrbaren Untersatz zurückließ. So wurde die Untersuchung der intrinsischen Eigenschaften der elliptischen Galaxien erst einmal auf die lange Bank geschoben – wo sie sich heute noch befindet. Die Zusammenarbeit der sieben Samurai war auf ihrem Tiefpunkt angelangt.

Während Dave enttäuscht nach Phoenix (ein Omen?) zurückkehrte, schickte sich das Samurai-Universum an, aus *seiner* Asche aufzuerstehen. Die Samurai waren im Begriff, ein besseres Modell zu entdecken, eines, das überzeugender war als die Hypothese von der Volumenströmung – das Modell einer großen, für die Anziehung verantwortlichen Masse. Als die Straßen geräumt waren, kämpften sich Sandy und Roger nach Cambridge durch. Die nächsten beiden Wochen hatten sich Sandy und Donald reserviert, um den Hauptartikel der Gruppe auszuarbeiten, der die Ergebnisse im einzelnen darlegen sollte. Doch die Erschütterungen des Volumenströmungsmodells waren nicht spurlos an den Beteiligten vorübergegangen; sie waren wieder offen für Neues, und wie sich herausstellte, gab es nur einen neuen Aspekt, der sich rasch und leicht überprüfen ließ.

Er ergab sich aus dem OURV. Als Scout unseres Trecks hatte uns Donalds Computerprogramm auf dem Schlachtfeld der Volumenströmung in einen kleinen Hinterhalt geführt, doch zu guter Letzt gelang es dem Gebilde aus ungefähr zweitausend Computersätzen, seine Reputation auf eindrucksvolle Weise wiederherzustellen. Donald hatte das Programm nämlich mit der Fähigkeit ausgestattet, die Eigengeschwindigkeiten zu modellieren, die sich aus einer weiteren Gravitationsmasse neben dem Lokalen Superhaufen ergäben. Von dieser Option hatte bisher niemand Gebrauch gemacht, doch nachdem die anderen Samurai bereits aufgebrochen waren, hatte Sandy den glücklichen Einfall, diesen Programmteil zu aktivieren. Sie gab dem Computer plausible Werte für die Menge der Masse, ihre Richtung und ihre Entfernung ein – Werte, die für ein solches Strömungsmuster verantwortlich sein konnten –, führte einen Versuch nach dem anderen durch und veränderte dabei die Parameter von Hand, immer in der Hoffnung, ein besseres Modell zu entdecken. Nach einigen Wiederholungen stellte sich heraus, daß neben der Massekonzentration im Lokalen Superhaufen lediglich ein weiteres Massezentrum angenommen werden mußte, um eine *erstaunliche* Übereinstimmung mit dem gemessenen Muster von Eigengeschwindigkeiten zu erzielen, einschließlich der außergewöhnlich starken Strömungen der Superhaufen von Centaurus und Pavo-Indus sowie einer Anzahl schwächerer Strömungen in anderen Teilen des Himmels. Die gewaltige Materieansammlung, die diese Leistung vollbrachte, verteilte sich über einen Bereich von mindestens 200 Lichtjahren; seinen Mittelpunkt verlegte das Computerprogramm auf eine Entfernung, die einer Hubble-Expansionsgeschwindigkeit von ungefähr 4500 km/s entsprach, genau dorthin, wo der zweite Gipfel in meiner Galaxienkarte aufgetreten war. Ferner handelte es sich um eine Masse, die mit den größten bekannten Superhaufen vergleichbar war, eine Zahl, die mehreren Zehntausenden von Galaxien nebst der sie begleitenden dunklen Materie entsprach und die sich weitgehend mit meiner groben Schätzung auf Las Campanas deckte.

Donald und Sandy vermochten kaum zu glauben, daß sie eine derart einfache Erklärung für die Abweichungen vom Modell der Volumenströmung übersehen hatten. Aber sie waren verwirrt. Zu einer derart starken Massekonzentration mußte mit Sicherheit eine große Ansammlung von Galaxien gehören, die kaum zu übersehen war – warum war uns dieser Superhaufen also nicht vertraut? Dringend brauchten sie die Gewißheit, daß es etwas Sichtbares am Himmel gab, das mit der gewaltigen, vom OURV ausgewiesenen Gravitationsmasse übereinstimmte.

Der Zufall wollte es, daß sich genau zu diesem Zeitpunkt die richtige Person in Cambridge aufhielt. Ofer Lahav, einer von Donalds Studenten, arbeitete über Galaxienkataloge und die Erstellung von Himmelskarten, deshalb baten Donald und Sandy Lahav, eine Galaxienkarte des Himmelsbereiches anzufertigen, die in Richtung der Strömung *zentriert* war. Durch Verschmelzung dreier Galaxienkataloge brachte Lahav das größte bis dahin jemals vorgelegte Bild zustande. Seine Karte zeigte die Hälfte des Himmels als schwarze Scheibe, auf dem jede der vielen tausend Galaxien durch einen weißen Punkt wiedergegeben war – also wieder die bemerkenswerte Abstraktion, die eine *Galaxie* durch einen Punkt ersetzt. Noch verblüffender wurde das Bild durch den gewaltigen «Licht»-Streifen, der sich fast über die gesamte Hemisphäre erstreckte und der hier zum erstenmal deutlich zu erkennen war – ein Leuchten, das sich aus den «Punkten» vieler hundert Galaxien ergab. Die Galaxienhaufen in den Sternbildern Hydra und Centaurus, von denen man die Region bislang beherrscht wähnte, verblaßten gegen den nächtlichen Glanz dieser Megalopolis zu bloßen Vorstädten. Wie ich auf andere Weise – durch Rotverschiebungsmessungen – herausgefunden hatte, war die Hauptkonzentration bislang übersehen worden, wahrscheinlich weil niemand je über ein Bild verfügt hatte, das groß genug gewesen war, um dieses breite Galaxienband, das fast ein Viertel des Himmels durchquerte, zur Gänze zu erfassen. Die Haufen mit ihren dichten Konzentrationen waren leichter auszumachen als dieser diffuse Hintergrund, der aber, wie deutlich zu erkennen, weit zahlreicher besiedelt war.

Sandy und Donald waren also bekehrt. Dave zögerte anfangs noch, doch als er das Programm selbst laufen ließ, war auch er davon überzeugt, daß eine enorme Anziehungsmasse sich weit besser als Modell für die großräumigen Strömungsgeschwindigkeiten der elliptischen Galaxien eignete. In der Zwischenzeit war meine Überzeugung in diesem Punkt noch gefestigt worden durch die Rotverschiebungserfassung der Galaxien, die in Richtung der Strömung liegen. Auf unterschiedlichen Wegen hatte uns unsere Reise zum gleichen Aussichtspunkt geführt, von dem aus wir, wie wir hofften, die Quelle der kosmischen Strömung erblicken würden. Es war der entscheidende Augenblick unseres Unternehmens.

Ich nahm die Nachricht von der Bekehrung der Samurai mit gemischten Gefühlen auf. Eine Woche lang hatte ich mich in der Gewißheit gesonnt, die ganze Zeit über recht gehabt und nun auch als erster den Beweis dafür erbracht zu haben. Nun erfuhr ich plötzlich, daß auch die anderen an den Punkt gelangt waren, den ich aus eigenem Antrieb erreicht hatte, und ich konnte mir lebhaft vorstellen, wie sich Scott und Amundsen gefühlt haben mochten, als sie gleichzeitig am Südpol eintrafen. (Gewiß ein vermessener Vergleich, aber solche Streiche spielt uns nun einmal die Eitelkeit.) Andererseits waren es *meine* Kollegen, die an *unserem* Projekt arbeiteten – und so konnte ich meine Arbeit, obwohl ich zu meinem Bedauern bei den aufregenden Ereignissen des letzten Samurai-Treffens nicht dabeigewesen war, als Teil unserer gemeinsamen Bemühungen sehen.

Nun wußte ich nicht, was ich mit dem von mir verfaßten «Brief» an *Nature* anfangen sollte. Sandy hatte Anmerkungen gemacht, die erheblich zur Verbesserung des Aufsatzes beitrugen, und so ging er nun den anderen Samurai zu. Mir lag daran, daß wir die Revision der Hypothese von der Volumenströmung möglichst rasch unter die Leute brachten. Mehr denn je bedauerte ich, daß wir in dem ersten «Brief» ans *Astrophysical Journal*, in dem ich als erster Autor genannt wurde, auf jede Erwähnung dieser «Anziehungsmasse» verzichtet hatten. Nun war Gelegenheit, fand ich, dieses Versäumnis wiedergutzumachen, und natürlich war es mir sehr recht, auch in dem Papier, das den Bruch mit der verhaßten Volumenströmung vollzog, als erster Autor genannt zu werden. Keine Frage, daß Sandy als Koautorin fungierte, und auch wenn die anderen Samurai keinen unmittelbaren Beitrag geleistet hatten, so war doch ebenso klar, daß die neue Erhebung direkt aus unseren gemeinsamen Anstrengungen hervorgegangen war. Inzwischen hatte ich aber auch erfahren, daß der Hauptbericht über unsere gemeinsame Arbeit, der unter Feder-

Lahavs Karte enthüllt die Anziehungsmasse

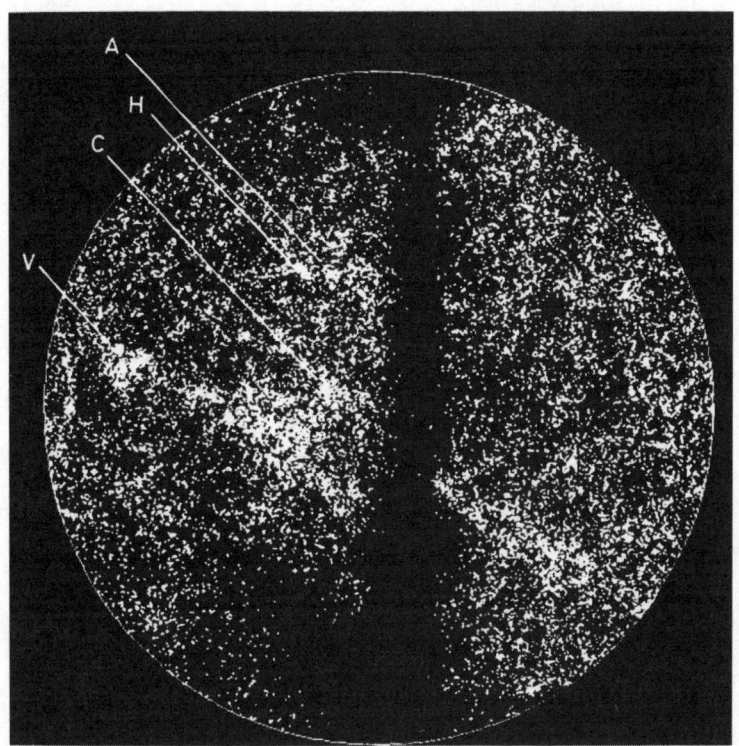

Ofer Lahavs Karte, die die Galaxienkonzentration in Richtung der von den sieben Samurai entdeckten großräumigen Strömung zeigt. Die Karte gibt die Hälfte des Himmels wieder, wobei jede Galaxie durch einen Punkt gekennzeichnet ist. (Der senkrechte schwarze Streifen bezeichnet die Abwesenheit von Galaxien, die durch die Absorption ihres Lichts in der Ebene der Milchstraße zustande kommt.) Die Haufen von Virgo (V), Hydra (H), Centaurus (C) und Antlia (A) sind kleine Galaxienkonzentrationen im Vergleich zu dem Lichtstreifen, der den Himmel von Virgo aus nach rechts unten durchschneidet.

führung von Donald Lynden-Bell Gestalt annahm, eine eingehende Untersuchung dieser wichtigen Idee enthalten würde. Ich hatte gehofft, die beiden Artikel würden sich ergänzen, doch leider warteten neue Konflikte auf uns.

Wie ich fand, hatte mein «Brief» nur Sinn, wenn er rasch erschien, lange vor der ausführlichen Darstellung von Lynden-Bell und uns anderen. Deshalb schickte ich den anderen Samurai am 25. Februar eine Kopie zu und bot ihnen an, alle sieben Namen zu nennen, ließ aber auch keinen Zweifel daran, daß Eile geboten war. Im Gedächtnis daran, wie mühsam und langsam die Veröffentlichung früherer Aufsätze vonstatten gegangen war, machte ich deutlich, daß «schon sehr überzeugende Argumente» vonnöten sein würden, um mich zu «grundsätzlichen Veränderungen oder Erweiterungen» zu bewegen. Wie ich rasch feststellen mußte, empfanden meine Kollegen den Ton des Schreibens als beleidigend, ja, als ultimativ. Lynden-Bell war nicht nur beleidigt – er war knallwütend. Er glaubte, ich sei bestrebt, aus durchsichtigen, eigennützigen Motiven dem Hauptartikel vorzugreifen, und obwohl Sandy versucht hatte, ihm die Umstände zu erklären, brachte Donald wenig Sympathie für meinen Versuch auf, mich von dem ungeliebten Modell der Volumenströmung zu distanzieren. Nach mehr als einem Monat antwortete er mit einer kurzen Notiz, in der er mich aufforderte, doch «etwas Großzügigkeit zu beweisen» und Sandy in dem *Nature*-«Brief» bei der Autorennennung den Vortritt zu lassen. Meine spontane Reaktion auf diesen (mir völlig unangemessen erscheinenden) Vorschlag war ein wütender, verletzter Brief, in dem ich Donald sarkastisch unterstellte, seine eigenen Motive seien weit selbstsüchtiger als meine. Mein erster Fehler war, daß ich den Brief nicht eine Woche lang in der Schublade ließ und wartete, bis ich mich beruhigt hatte, mein zweiter, daß ich meine Vorwürfe nicht direkt an Donald richtete, sondern meine Unreife vor allen Samurai auslebte. Doch leider war das die Art, wie ich dem Frust Ausdruck verlieh, der sich bei dem Versuch aufgestaut hatte, meinen unabhängigen Forschungsstil jener Disziplin zu unterwerfen, die ein so breit angelegtes, kooperatives Unterfangen verlangt. Am Ende des Briefes dankte ich den anderen Samurai für eine Erfahrung, die mich

Gerangel um Veröffentlichungen

zweifellos bereichert hatte, schloß dann aber doch mit den Worten: «Ich bin wohl kein besonderer Verfechter der ‹Team-Astronomie› ... sie entspricht einfach nicht meinem Naturell. Ihnen allen die besten Wünsche, aber auch Sayonara.»

Natürlich führen Wutanfälle selten zu befriedigenden Ergebnissen; dieser verstimmte meine Kollegen noch gründlicher, als der vorangegangene, etwas gereizte Brief. Ausgerechnet daraufhin erhielt ich kurze Zeit später eine außerordentlich freundliche Entschuldigung von Donald – einen der liebenswürdigsten und großherzigsten Briefe, die ich je bekommen habe. Ich antwortete ihm im gleichen Tenor, und schrieb schließlich auch an die anderen Samurai, wobei ich zum Ausdruck zu bringen suchte, daß mir das Ganze aufrichtig leid tat. Doch auch wenn sich das zerschlagene Porzellan kitten ließ, die Risse blieben sichtbar. Mochten mir die anderen vergeben haben, vergessen konnten sie es nicht. Als sich die ganze Aufregung endlich gelegt hatte, war es zu spät, um den «Brief» noch bei *Nature* einzureichen; also vergaß ich ihn und versuchte meinen Stolz zu zähmen, so gut es ging. Der Artikel von Lynden-Bell und uns anderen war ein Meisterwerk; das schrieb ich Donald und teilte ihm auch mit, wie stolz und dankbar ich sei, an einer Arbeit beteiligt zu sein, die eines Tages sicherlich als bahnbrechend gelten werde.

Die Zusammenarbeit der sieben Samurai hatte sich als Erfolg erwiesen. In dem Projekt hatten sich die verschiedenen Talente von sieben Wissenschaftlern miteinander verbunden – was an sich schon ein Experiment war und höchst unterschiedliche Aspekte offenbart hatte: vom Gleichtakt eines Ruderachters bis hin zur Tolpatschigkeit des Sackhüpfens. Es hatte Schwierigkeiten logistischer und persönlicher Art gegeben – so hatte das Phänomen der «vielen Köche» bei mir mehr als einmal den Wunsch nach einem ehrenvollen Ausstieg geweckt. Wie Sandy selbst zugab, hatte sie sich hin und wieder als etwas uneinsichtig erwiesen: zunächst als sie nicht bereit war, Daves wiederholte Behauptung «Das bewegt sich alles» zu akzeptieren, und dann, als sie meine hartnäckige Behauptung «Da zieht etwas» zurückwies, bis sie diese Einsichten langsam selbst gewann. Doch unabhängig von diesen Schwierigkeiten zeigte sich der Nutzen unserer

Zusammenarbeit nirgends deutlicher als in dem Artikel von Lynden-Bell *et al.*, dem Hauptresultat siebenjähriger Bemühungen. Über die Frage, welchen Beitrag jeder von uns sieben geleistet hatte, herrschte völlige Klarheit – keiner von uns hatte je an einem astronomischen Forschungsvorhaben teilgenommen oder von einem solchen gehört, in dem die Aufgaben so gleichmäßig verteilt waren. Niemals hätten wir allein, zu zweit oder zu dritt leisten können, was wir gemeinsam geschafft haben. Später schrieb Sandy mir: «Dieser Artikel zeugt von Kooperation im besten Sinne. Die Gruppe sorgte für die zugleich förderliche und fordernde Atmosphäre, in der jeder von uns das Gefühl hatte, alle Ideen äußern und alle Fragen stellen zu können, denn er durfte davon ausgehen, daß sich unsere Kollegen die Zeit und die Mühe nehmen würden, jeden Gedanken zu prüfen und einer scharfsinnigen Kritik zu unterziehen. Diese Gruppendiskussionen und die besonderen Strategien, die jeder von uns entwickelte, um seine Überlegungen zu beweisen, bildeten die Grundlage des Lernprozesses. Auf diese Weise wurden unsere endgültigen Schlußfolgerungen nicht einmal, sondern viele Male bewiesen. Ein Beleg für unsere Gemeinsamkeit.»

Natürlich war die Arbeit von Lynden-Bell *et al.* eine Gruppenleistung, aber sie war auch ein besonderer Beleg für Sandys klare Urteilsfähigkeit und ihre außerordentliche wissenschaftliche Ausdauer sowie für Donalds physikalische Intuition und seine ungewöhnlichen Leistungen auf dem Gebiet der mathematischen Analyse. Gemeinsam sorgten die beiden für den intellektuellen Höhepunkt unserer Reise.

Man hatte mich aufgefordert, im Mai 1987 auf einer Konferenz der American Physical Society in Washington einen Vortrag über die großräumige Galaxienströmung und ihre Bedeutung für die Kosmologie zu halten. Zum Programm gehörte eine Pressekonferenz, auf der einige Forscher, die sich mit diesen Fragen beschäftigten, Wissenschaftsjournalisten über das Gebiet informieren sollten, auf das sich das astronomische Interesse vor allem zu konzentrieren schien. Während ich versuchte, die Ungeheuerlichkeit einer Superhaufenmasse zu verdeutlichen, die in der Lage ist, Galaxien über kosmische Distan-

Wie der Name «Großer Attraktor» entstand

zen anzuziehen, während ich also mit den Händen herumfuchtelte und nach Worten suchte, die gewaltig genug waren, um das Universum zu beschreiben, entschlüpfte mir die Bezeichnung «Großer Attraktor». Das Wort war sicherlich nicht gewaltig genug, aber die Presseleute freuten sich, einen Haken zu haben, an dem sie ihre Geschichte aufhängen konnten. Als am folgenden Tag Walter Sullivans Bericht in der *New York Times* erschien, war klar, daß die Bezeichnung haftenbleiben würde. Die anderen Samurai waren überrascht, als sie ihn vernahmen, und nicht alle begeistert. So glücklich sie waren, daß unsere Arbeit öffentliche Aufmerksamkeit fand, so besorgt waren sie andererseits, und das zu Recht, über die flotte Vokabel, die da einer ernsthaften wissenschaftlichen Arbeit angeheftet wurde, einer Arbeit, die sich einem Laienpublikum gewiß nicht mit ein paar griffigen Bezeichnungen vermitteln ließ. So hatte der «Große Attraktor» seine Vor- und Nachteile, und meine Mitstreiter überließen mir gern beides – den Ruhm und die Schande.

Angetreten, um die Eigenschaften elliptischer Galaxien zu ermitteln, und in der Hoffnung, mehr über die Galaxienbildung zu erfahren, hatten wir statt dessen herausgefunden, daß die Hubble-Expansion nicht gleichförmig, sondern verzerrt verläuft. Die Rotverschiebungserhebungen hatten ergeben, daß die Galaxien «klumpig» verteilt sind, und wir hatten festgestellt, daß die Expansion des Universums ziemlich «holprig» vonstatten geht. Die größten Abweichungen von einer gleichmäßigen Hubble-Expansion hatten wir einer gewaltigen Verdichtung der Materie zugeschrieben – dem Großen Attraktor. Dabei gingen wir davon aus, daß diese gewaltige Dichtekonzentration größtenteils aus der gleichen dunklen Materie besteht, auf die man jedesmal stößt, wenn man das Universum großräumig untersucht. Allerdings konnten wir dazu lediglich sagen, daß sich diese gewaltige Welle auf dem dunklen Meer in ihrem Zentrum zum Mehrfachen ihres «Normalwertes» auftürmt und bei Entfernungen, die zwischen uns und diesem Zentrum liegen – etwa 200 Millionen Lichtjahren –, fast zu Durchschnittswerten zurückkehrt.

Auch über die Beschaffenheit der dunklen Materie im Großen Attraktor ließ sich nicht viel sagen – viele der früher erörterten Kandidaten könnten für die Gravitation verantwortlich sein, die dieser «Extramasse» zugeschrieben wird –, doch vielleicht finden sich ja Hinweise in unserer Arbeit, die eines Tages auch eine Antwort auf diese grundlegende Frage liefern werden. Natürlich gibt es viele «Extragalaxien» in der Umgebung der Extramasse, doch unsere Daten reichten nicht aus, um zu entscheiden, ob diese Konzentration in der Materieverteilung mehr dunkle Materie enthält, als normalerweise in der Umgebung von Galaxien auftritt, oder ob es sich nur um eine Zusammenballung «normaler» Galaxiensuperhaufen handelt, deren dunkle Substanz sich zu dieser gewaltigen Masse verbindet. Zwar hatten wir nur einen Großen Attraktor entdeckt, doch nahmen wir an, solche großräumigen Strukturen müßten eine durchgehende Eigenschaft des Universums sein, so häufig, daß wir eine direkt vor unserer Tür entdeckt hatten.

So hatten wir nun unsere Reise beendet. Aus fernen kosmischen Landstrichen waren wir zurückgekehrt mit abenteuerlichen Geschichten von Bergen, so hoch und so gewaltig, wie sie keines Menschen Auge je erblickt hatte. Natürlich würden viele die Glaubwürdigkeit dieses phantastischen Berichts bezweifeln. Schon bald würde man neue Expeditionen planen, die bestätigende, überzeugende und unabweisbare Anhaltspunkte liefern oder das Ganze widerlegen würden. Doch eine Zeitlang war jetzt Gelegenheit, innezuhalten und die Bedeutung dieser Entdeckung für die Theorien zu untersuchen, die erklären, wie das Universum aus dem gleichförmigen Ozean heißer Materie, die der Urknall zurückließ, die komplexe Struktur entwickelt hat, die wir heute sehen.

Anfang 1986, als die sieben Samurai die Galaxienbewegung zunächst durch eine Volumenströmung zu erklären versuchten, gelang es dem Modell der kalten dunklen Materie mit Verzerrungsfaktor bei weitem am besten zu erklären, wie sich die Struktur des Universums herausgebildet hat. Dabei ging es von einem Universum aus, dessen Masse von schwach wechselwirkenden Teilchen beherrscht wird, in dem die Struktur unter dem Verstärkungseffekt der Gravitation langsam Gestalt annimmt und in dem die Galaxien die «Tendenz»

Kopplung und Entkopplung von Licht und Materie 377

haben, bevorzugt dichter besiedelte Orte aufzusuchen. Augenscheinlich gelang es diesem Modell, das grundlegende Problem zu lösen: Wie sich aus dem gleichförmigen, heißen Urknall das ungleichförmige, kalte Universum unserer Tage entwickelt hat.

Das war früheren Modellen, die nur von gewöhnlicher baryonischer Materie (Protonen, Neutronen und Elektronen) ausgingen, nicht gelungen. Die Schwierigkeit entsteht, weil gewöhnliche baryonische Materie heftig mit Licht wechselwirkt und weil während der ersten hunderttausend Jahre die Energie von blendendem Licht bestimmt war, das den Raum gleichförmig füllte. Sich selbst überlassen, hätte die baryonische Materie sich unter dem Einfluß der Gravitation nach und nach zusammengeklumpt und Strukturen gebildet, doch das intensive Licht stieß die Baryonen umher und verhinderte so das Wachstum von Fluktuationen in der Materiedichte. Diesen Vorgang beschreiben Astronomen, indem sie sagen, Materie und Strahlung seien *gekoppelt* gewesen. Einige hunderttausend Jahre lang blieb dieser Zustand bestehen, dann kühlte das Universum so weit ab, daß Licht und Materie sich *entkoppelten* – als sich Protonen und Elektronen zu neutralen Atomen zusammenschlossen, ließ ihre Wechselwirkung mit dem Licht erheblich nach. Von nun an konnte sich die Materie nach Belieben zusammenballen – die Gravitation machte sich ans Werk. Doch hätte eine solche Verzögerung bei der «Züchtung» der Urfluktuationen fatale Folgen gehabt: Wenn die Fluktuationen erst nach der Entkopplungsepoche hätten wachsen können, dann wären sie nicht groß genug geworden, um heute Galaxien und Haufen zu bilden.

Auftritt der dunklen Materie. Nichtbaryonische dunkle Materie von jener Art, die nur schwach mit gewöhnlicher Materie und Photonen wechselwirkt, wäre an diesen «Nullwachstums-Erlaß» nicht gebunden. Da schwach wechselwirkende Teilchen definitionsgemäß nicht auf die elektromagnetische Kraft reagieren, hätten sie die intensive Lichtenergie überhaupt nicht zur Kenntnis genommen. Infolgedessen hätten die Dichtefluktuationen der nichtbaryonischen dunklen Materie unter dem bindenden Einfluß der Gravitation vom Tag eins an wachsen können. Auf diese Weise hätte die dunkle Materie den Grundstein legen können: Einige hunderttausend Jahre lang bildete sie zunächst immer größere Zusammenballungen mit großen Taschen, in denen sich später die baryonische Materie einnistete, sobald sie von den Photonen freigegeben wurde. Wie die Computersimulationen zeigten, stellte dieser Anfang die Bedingung dar, die erforderlich war, um die Bildung der heutigen Galaxien und Haufen in der verfügbaren Zeit von ungefähr fünfzehn Milliarden Jahren plausibel zu machen.

Zwar wies diese begehrte Eigenschaft sowohl das Modell der kalten dunklen Materie (CDM) als auch das der heißen dunklen Materie (HDM) auf, doch das CDM-Modell entsprach dem beobachtbaren Universum in höherem Maße. Die leidenschaftlichsten Parteigänger des CDM-Modells – Davis, Frenk, White und Efstathiou, die sich zu einer Arbeitsgruppe zusammengeschlossen hatten – berichteten von einem Erfolg nach dem anderen; sie erklärten alle Arten von Haufenbildungen und sogar einige Aspekte der Galaxienentstehung. Dabei mußten sie das einfache Bild, das Blumenthal, Primak, Faber und Rees mit ihrer Hypothese entworfen hatten, die langsamen, schwach wechselwirkenden Teilchen seien sehr geeignete Keime für das Strukturwachstum, nur durch einen einzigen Faktor – die Verzerrung – ergänzen. Die Verzerrung bot eine Möglichkeit, auf dem dunklen Untergrund der Superstruktur Galaxien wie Lampen anzubringen. Das CDM-Modell siedelte sie vor allem dort an, wo die dunkle Materie am dichtesten war, und vermochte auf diese Weise, sowohl die vorhandenen Galaxienkarten in großen Zügen nachzubilden als auch die kleinen (relativen) Eigengeschwindigkeiten zu simulieren, die Arbeitsgruppen wie die sieben Samurai bei Galaxien in Hinblick auf ihre Nachbarn festgestellt hatten. Das unverzerrte Modell, in dem die Galaxien in direkter Entsprechung zur dunklen Superstruktur verteilt wurden, schien keinen der beiden Tests zu bestehen.

Vor der Arbeit der sieben Samurai hatten sich Einwände gegen das CDM-Modell mit Verzerrungsfaktor vor allem aus Beobachtungen über die Galaxienverteilung ergeben, die eine Anordnung in Flächen und Ketten zeigte, dazwischen weite Bereiche ohne Galaxien und eine

Diskussion der Ergebnisse 379

starke Konzentration von Galaxienhaufen. Es wurde vorgebracht, daß einige dieser Merkmale in den n-Körper-Simulationen nicht hinreichend reproduziert würden – das heißt, das Modell «leiste» großräumig nicht genug, es habe nicht die richtige Topologie. Doch ohne geeignete Tests für den Vergleich zwischen Modell und Beobachtungen hielt das CDM-Modell aller Kritik stand oder wurde zumindest nicht aufgegeben.

Das Resultat der sieben Samurai – hohe Eigengeschwindigkeiten, die zunächst als «Volumenströmung» in unserer Region des Universums beschrieben wurden – hatte die CDM-Welt in Aufregung versetzt. Dieses Ergebnis ließ sich quantitativ beschreiben, und es betraf die Häufung dunkler Materie, genau den Vorgang, den die n-Körper-Modelle nachbildeten. Dick Bond hatte erklärt, entweder das CDM-Modell mit Verzerrungsfaktor oder die Interpretation der großräumigen Strömung müsse falsch sein – eine friedliche Koexistenz sei nicht denkbar, weil das Modell keine Möglichkeit zu solchen umfangreichen, zusammenhängenden Abweichungen von der gleichförmigen Hubble-Strömung erkennen lasse. Dagegen hatte Nick Kaiser vorgebracht, der Konflikt sei gar nicht so grundlegend, wie die sieben Samurai meinten, denn es sei noch ziemlich ungewiß, ob die großräumige Strömung tatsächlich ein Volumen von der behaupteten Größe erfasse.

Die Herausforderung trat jetzt in neuer Gestalt auf – der des Großen Attraktors –, doch die Auseinandersetzung erwies sich als Neuauflage der alten Debatte. Nach dem verzerrten CDM-Modell können die größten zusammenhängenden Strukturen – Superhaufen oder Riesenlücken – allenfalls einen Durchmesser von 150 Lichtjahren erreichen. Dagegen schien der Große Attraktor mindestens dreimal so groß zu sein. Damit sah sich das CDM-Modell wieder der sattsam bekannten Kritik gegenüber: großräumig nicht «leistungsfähig» genug, um wirklich große Strukturen wachsen zu lassen. Ed Bertschinger, ein Physiker am MIT, der sich rasch für die Sache zu interessieren begann, und Juszkiewicz hatten das Modell des Großen Attraktors direkt mit den n-Körper-Simulationen verglichen, die sie nach dem CDM-Modell durchgeführt hatten, und waren zu dem

Schluß gekommen, die Chancen für die Entstehung einer so gewaltigen Dichtekonzentration wie des Großen Attraktors seien geringer als eins zu einer Million. Wären die CDM-Simulationen mit Verzerrungsfaktor ein gutes Modell, dürfte man im gesamten beobachtbaren Universum keine Struktur finden, die so ausgedehnt ist wie der Große Attraktor – und schon gar nicht unmittelbar vor unserer Tür. Doch abermals wandte Kaiser ein, man habe die Unterschiede zwischen Modell und Daten übertrieben.

Weiterhin gab es gewisse Zweifel an der Qualität der Daten, an den Methoden und Techniken, doch wir hatten große Sorgfalt walten lassen und wußten natürlich weit besser als unsere Kritiker, was wir getan hatten. Der Theoretiker Joe Silk aus Berkeley äußerte die Vermutung, die Eigenschaften elliptischer Galaxien in den verschiedenen Raumvolumen fielen möglicherweise unterschiedlich aus – eine Hypothese, die wir selbst lange Zeit zu beweisen versucht hatten, um sie schließlich zu verwerfen. Doch hier handelte es sich um eine willkürliche, nachträgliche Aktion, die großräumige Strömung als Illusion zu erklären. Sie fand bei anderen Theoretikern wenig Zustimmung. Solche Kritik und das gelegentliche Bemühen nachzuweisen, daß uns in unserer Analyse ein grundsätzlicher Fehler unterlaufen war, erwiesen sich als fruchtlos.

Der ernsthafteste Einwand gegen die Resultate der Samurai kam von Marc Davis und seinem Doktoranden Michael Strauss. Sie wählten einen ganz anderen Ansatz und versuchten nachzuweisen, daß die großräumige Strömung *nicht richtig sein konnte*, ganz gleich, welchen Fehler wir oder die Natur begangen hatten, und unabhängig von der Tatsache, ob jemand ihn entdecken konnte oder nicht. Die Grundlage für ihren Einwand bildete der wichtige neue Galaxienkatalog des in Erdumlaufbahn befindlichen Satellitenteleskops IRAS, das den Himmel im fernen Infrarotbereich erfaßt. Zwei Merkmale machten die Besonderheit der IRAS-Galaxiendurchmusterung aus: Sie war der Katalog kosmischer Objekte, bei dem der ganze Himmel mit einem einzigen Teleskop erfaßt worden war (im Unterschied zu einem auf der Erdoberfläche stationierten Teleskop ist ein Satellitenteleskop nicht auf eine Hemisphäre eingeschränkt). Weiterhin wird

Diskussion der Ergebnisse 381

fernes Infrarotlicht in weit geringerem Maße vom Staub der Milchstraße absorbiert, so daß sich die Galaxien bis hin zu «Breitengraden» entdecken lassen, die ganz nah an der unsere Galaxis definierenden Ebene von Sternen, Gas und Staub liegen. Dank dieser beiden Aspekte war es die einheitlichste, vollständigste Galaxien-Durchmusterung des gesamten Himmels, die bis dahin durchgeführt worden war. Natürlich hatte sie auch einen Haken. Nicht alle Galaxien sind starke Infrarotquellen, deshalb fand nur eine von drei Galaxien, die im sichtbaren Spektrum zu erkennen sind, Eingang in diesen Katalog. Man hoffte allerdings, diese «infrarot-hellen» Galaxien seien hinlänglich repräsentativ, um den Katalog zur besten bis dato verfügbaren Karte von der Verteilung *aller* Galaxien im lokalen Universum zu machen.

Zunächst war der neue Atlas eine flache Himmelskarte wie alle Galaxienkarten zuvor. Für einige der Galaxien waren schon Rotverschiebungen gemessen worden, so daß sich ihre Entfernungen schätzen ließen, doch viele waren unbekannt. Deshalb begaben sich Strauss und Davis zurück an die irdischen Teleskope und verbrachten zwei Jahre damit, ungefähr die Hälfte der 2500 Rotverschiebungen zusammenzutragen, die ihren Galaxienkatalog in eine dreidimensionale Karte verwandeln sollten.

Mit dieser dreidimensionalen Karte des ganzen Himmels (natürlich nur bis zu einer bestimmten Entfernung) konnten Strauss und Davis etwas leisten, was Marc mit seinen früheren Rotverschiebungserhebungen – CfA und Südlicher Himmel – nicht vermocht hatte, da sie nur die Polarregionen beider galaktischer Hemisphären erfaßten und wahrscheinlich nicht vollständig aufeinander abgestimmt waren. Mit dieser neuen Karte konnten sie *Eigengeschwindigkeiten vorhersagen*, und zwar folgendermaßen: Strauss und Davis gingen von der Annahme aus, die IRAS-Galaxien seien zuverlässige Indikatoren für alle vorkommende Materie, leuchtende und dunkle. Mit anderen Worten, sie setzten voraus, eine größere Dichte der IRAS-Galaxien deute auf einen Gipfel in der Dichte dunkler Materie hin, während ein Mangel dieser Galaxien auf eine Materielücke schließen lasse. Daraufhin berechneten sie die Gravitationsanziehung, die sich für jede IRAS-Galaxie ergab, wenn man den Einfluß aller in der Durchmusterung erfaßten Galaxien zugrunde legte (eine Kraft, die definitionsgemäß die Anziehung der gesamten Masse einschließlich der dunklen Materie repräsentierte). Auf diese Weise sagten die beiden Forscher vorher, wie und wie schnell sich jede Galaxie bewegen würde – ihre Eigengeschwindigkeit.

Nun schrieben Strauss und Davis ein Computerprogramm, das eine Karte der *vorhergesagten* Eigengeschwindigkeiten erzeugte, und verglichen die Ergebnisse mit den tatsächlichen Messungen von Aaronson und seinem Team sowie der sieben Samurai. Für die Stichprobe der Spiralgalaxien von Aaronson und Mitarbeitern, die im allgemeinen auf Galaxien mit einer Entfernung von höchstens 80 Millionen Lichtjahren beschränkt war, ergab sich eine zufriedenstellende Übereinstimmung zwischen Vorhersage und Beobachtung. Doch gegenüber der elliptischen Stichprobe der sieben Samurai, die dreimal so weit reichte (und damit ein Volumen erfaßte, das fast dreißigmal größer war), erwies sich die Übereinstimmung als unzulänglich. Beispielsweise sagte die Strauss-Davis-Karte nur eine geringe Strömung von höchstens 500 km/s in der Centaurus-Region voraus, ein Gipfel, der noch nicht einmal halb so hoch war wie der von uns entdeckte. Strauss und Davis meinten, der Große Attraktor sei nicht so groß, und die Beschleunigung, die unsere Galaxis durch ihn erfahre, werde durch die entgegengesetzte Anziehung eines anderen Superhaufens aufgehoben, der in Richtung der Sternbilder Perseus und Fische (Pisces) liege. Die Eigengeschwindigkeit unserer Galaxis von 600 km/s erwachse, so die beiden Forscher, nicht aus der Anziehung ferner Materiekonzentrationen wie des Großen Attraktors, sondern nähergelegener Materie. Nachdem Strauss und Davis den Einfluß der Gravitation dergestalt eingeschränkt hatten, befanden sich ihre *Vorhersagen* der Eigengeschwindigkeiten nicht mehr in großem Widerspruch zum verzerrten CDM-Modell, in das Marc Davis so vernarrt war.

Dieser Kritik war schlecht beizukommen, da sie nicht erklärte, warum unsere Ergebnisse möglicherweise falsch waren, sondern nur, daß sie falsch sein *müßten*. Eigengeschwindigkeiten waren ein relativ

Diskussion der Ergebnisse 383

neues Element in dem Versuch, die großräumige Struktur zu enträtseln, und wenige Kollegen wußten auch nur den Unterschied zu würdigen zwischen tatsächlichen Messungen von Eigengeschwindigkeiten und einer *Vorhersage* dieser Geschwindigkeiten, wie sie Strauss und Davis geliefert hatten. (Im Laufe des folgenden Jahres wurde ich immer wieder gefragt, wie zuverlässig denn Messungen von Eigengeschwindigkeiten seien, wenn zwei Quellen, Strauss/Davis und die Samurai, so grundlegend voneinander abwichen!) Meistens erwiderten wir einfach, wir hätten die Eigengeschwindigkeiten gemessen, wie sie sind, nicht wie sie *sein sollten*. Wenn die beiden voneinander abwichen, so läge das höchstwahrscheinlich an den Annahmen, von denen Strauss und Davis ausgegangen seien, etwa der, daß IRAS-Galaxien verläßliche Indikatoren für das Vorkommen dunkler Materie seien. Die Möglichkeit, daß IRAS-Galaxien möglicherweise kein genaues Abbild der Materieverteilung liefern, wäre natürlich auch eine wichtige Entdeckung gewesen.*

Alles in allem erwies sich nur eine Kritik als wirklich stichhaltig, nämlich Kaisers Einwand, wir hätten nicht die ganze Struktur «gesehen». Unsere Expedition hatte eine Reihe von Waggons einen steilen Abhang hinaufgezogen. Mit Sicherheit wußten wir nur, daß das Gelände vor uns anstieg und daß der Boden zur Rechten und zur Linken

---

* Später verflüchtigte sich diese vermeintliche Diskrepanz zwischen den Strauss-Davis-Vorhersagen der Eigengeschwindigkeiten und den Messungen der sieben Samurai weitgehend, als Amos Yahil in Zusammenarbeit mit Strauss und Davis die Achillesferse ihrer Methode entdeckte. Sie hatten übersehen, daß die Gravitation über weite Entfernungen wirkt. Man müßte die Schwankungen der Galaxienverteilungen über sehr große Entfernungen kennen, um exakt vorherzusagen, auf welche Weise und um welchen Betrag jede IRAS-Galaxie in Bewegung gesetzt würde. Der IRAS-Stichprobe ging ganz einfach die Luft aus, bevor sie weit genug ausgreifen konnte – in großer Entfernung dünnte sie zu sehr aus. Infolgedessen ließen sich nur «lokale Eigengeschwindigkeiten» genauer bestimmen, beispielsweise Galaxienbewegungen relativ zur Milchstraße; *absolute* Eigengeschwindigkeiten dagegen – bezogen auf die kosmische Hintergrundstrahlung, wie in der Untersuchung der sieben Samurai – müssen auf eine tiefer reichende, vollständigere Stichprobe warten.

eben war. Weit weniger sicher waren wir uns bei der Vermutung, wo das Zentrum des Berges lag und wie hoch er war. Jedenfalls hatten wir ihn bei unserer ersten Expedition noch nicht vollständig erklommen. Infolge der Vorentscheidungen, die wir bei unseren ersten Plänen getroffen hatten, mußten wir umkehren, bevor wir den Gipfel erreicht hatten. So hatte Nick Kaiser, der schon zuvor darauf hingewiesen hatte, daß die «Volumenströmung» möglicherweise ein kleineres Volumen beschreibe, als die Samurai ursprünglich vorgeschlagen hatten, sicherlich auch in diesem Fall recht, als er eine ähnliche Einschränkung in bezug auf den Großen Attraktor vornahm. Er stimmte uns insofern zu, daß eine riesige, kugelförmige Dichtekonzentration die *einfachste* Erklärung wäre, machte aber geltend, daß es nicht die *einzige* sei – die tatsächliche Beweislage *zwinge* uns nicht zu dem Schluß, so Kaiser, daß der Große Attraktor eine Riesenkugel sei. Um sicherzugehen, mußten wir uns noch einmal auf die Reise machen, den Gipfel erklimmen und auf der anderen Seite hinuntersteigen.

Der Große Attraktor liegt im Süden, sein Kern etwa 50 Grad unterhalb des Himmelsäquators – für Teleskope auf der nördlichen Hemisphäre nicht zu erreichen. Es war klar, daß ich von allen Samurai durch meinen Zugang zum Las-Campanas-Observatorium am ehesten in Frage kam, eine zweite Expedition in Angriff zu nehmen, um den Gipfel dieses majestätischen Bergriesens zu ersteigen. Ein erster Schritt war bereits getan – aus meiner Erfassung von 1403 Rotverschiebungen würde sich eine gute vorläufige Karte von der Galaxienverteilung in dieser Richtung anfertigen lassen. Dank gutem Wetter konnte ich in einer Beobachtungsreihe von zehn Nächten im April 1987 mehr als die Hälfte des ehrgeizigen Programms hinter mich bringen, rascher, als irgend jemand – selbst ich – erwartet hatte.

Die neuen Daten bestätigten, was ich im Januar entdeckt hatte – die große Galaxienkonzentration liegt *jenseits* des Centaurushaufens. Bob Kirshner, der vor kurzem nach Harvard zurückgegangen war, untersuchte die Riesenlücke mit dem Ein-Meter-Swope-Linsenteleskop, während ich die Galaxien des Großen Attraktors mit

Bestätigung

dem Du-Pont-Teleskop erfaßte. Bis zur ekstatischen Erschöpfung nutzten wir die lange Reihe klarer Nachthimmel.

Manchmal scheint das Schicksal allzu große Begeisterung nicht dulden zu wollen. Unsere Euphorie war mit einem Schlage fortgewischt, als uns der Astronom Ian Thompson von der Carnegie Institution über Kurzwellenfunk mitteilte, Marc Aaronson sei bei einem schrecklichen, sinnlosen Unfall am Kitt Peak National Observatory ums Leben gekommen. Marc war ein hochgeschätzter Kollege, der bahnbrechende Arbeit auf eben jenem Gebiet geleistet hatte, mit dem wir uns gerade so hingebungsvoll beschäftigten. Mehr noch, er war uns beiden ein guter Freund gewesen – jemand, dessen Gegenwart wir als selbstverständlich vorausgesetzt hatten. Die Lücke, die er hinterließ, war so groß wie nur irgendeine, die wir am Himmel finden konnten.

Im Sommer 1987 bearbeitete ich die Daten der Rotverschiebungserhebung, indem ich die am Teleskop gemachten Schätzungen durch genaue Geschwindigkeitsmessungen für jede Galaxie ersetzte. In dem Artikel, den ich schrieb, berücksichtigte ich die Rotverschiebungen für etwa 900 der 1400 Zielgalaxien, genug, um ein einigermaßen zutreffendes Bild von der Verdichtung der Galaxienzahl im Bannkreis des Großen Attraktors zu zeichnen. Die Hauptströmung des Lichtflusses, der sich quer über Lahavs Karte vom südlichen Himmel ergoß, lag in einer Entfernung, deren durchschnittliche Hubble-Expansionsgeschwindigkeit ungefähr 4500 km/s betrug – exakt die Entfernung, die das Modell des Großen Attraktors vorhersagte. Das war die erste Bestätigung für unsere Grundannahme über den Ursprung der Galaxienströmung.

Diese Karte sollte als Voraussetzung für die Planung einer noch ehrgeizigeren Reise dienen – entscheidender neuer Messungen von Eigengeschwindigkeiten zur Bestätigung der hohen Eigengeschwindigkeiten im Centaurus und der Konvergenz der Strömung im Zentrum des Großen Attraktors. Das wäre der Beweis gewesen, den die Theoretiker verlangten. Für die anspruchsvollere Aufgabe, die Eigengeschwindigkeiten von sehr viel mehr Galaxien in der Region des

Großen Attraktors zu ermitteln, bat ich Sandy um ihre Zusammenarbeit. In der ursprünglichen Samurai-Stichprobe waren ein paar Dutzend elliptische Galaxien dieser Region enthalten, doch schon nach kurzer Zeit hatten wir eine Kandidatenliste zusammengestellt, die fast einhundert Posten mehr umfaßte. Es mag überraschend erscheinen, daß die Samurai so viele Ziele in der Region übersehen haben sollten, doch wir hatten inzwischen festgestellt, daß trotz der gemeinsamen Anstrengung des Teams, am gesamten Himmel eine Stichprobe von gleichmäßiger Tiefe auszuwählen, die Erhebung im Süden erheblich flacher ausgefallen war als im Norden. Dieses Manko führten wir auf ein Problem des ESO-Katalogs zurück: Fälschlicherweise waren die leuchtschwächeren elliptischen Galaxien durchgehend als S0-Galaxien eingestuft worden. Aus diesem Grund hatten ferner gelegene elliptische Galaxien keinen Eingang in die Samurai-Stichprobe gefunden. Hätten wir das vier Jahre zuvor gewußt, wäre unsere erste Expedition tief genug ins All vorgedrungen, um das Zentrum des Großen Attraktors zu erreichen.

Zunächst unterzogen Sandy und ich uns der unumgänglichen Pflicht, jede Galaxie auf den Fotografien der Southern Sky Survey zu inspizieren. Doch dieses Mal nahmen wir auch S0-Galaxien auf, nahe Verwandte der elliptischen Galaxien, die ebenfalls Scheiben haben. Soeben hatte ich einen Artikel geschrieben, in dem ich unter Berücksichtigung der Daten für sechsunddreißig S0-Galaxien im Comahaufen darlegte, daß sich auch für sie mit Hilfe der Beziehung zwischen D_n und Geschwindigkeitsdispersion verläßliche Entfernungen errechnen lassen. Als wir uns im März 1988 auf den Weg nach Süden machten, hatten wir die Absicht, sowohl die Spektren dieser Galaxien mit Hilfe des Du-Pont-Teleskops zu ermitteln als auch die photometrischen Daten unter Verwendung eines CCD (einer Hochleistungsfernsehkamera) am Swope-Teleskop festzuhalten. Abermals war uns das Wetter günstig gesinnt. In zehn Nächten trugen wir die Daten von mehr als hundert Galaxien zusammen – ungefähr ein Viertel der gesamten Datenmenge, über die die sieben Samurai verfügt hatten.

Für Sandy war es die erste Reise nach Las Campanas und für mich,

Neue Beobachtungsdaten

ihren einstigen Schüler, ein besonderes Vergnügen, ihr mein Revier zu zeigen, diesen außergewöhnlichen Beobachtungsort, der sich als so wichtig für meine berufliche Laufbahn erwiesen hatte. Sandy, inzwischen eine Treuhänderin der Carnegie Institution, konnte sich aus eigener Anschauung vom Wert dieses weit vorgeschobenen Außenpostens überzeugen, dessen Einrichtung nur unter größten persönlichen Mühen und Opfern möglich gewesen war und eine hohe finanzielle Belastung für die Carnegie Institution bedeutet hatte, von dem Zwist ganz zu schweigen, der zur Auflösung der langjährigen wissenschaftlichen Ehe zwischen Carnegie und Caltech geführt hatte (aber das ist eine andere Geschichte). Es war wunderbar und irgendwie auch unglaublich, daß wir hier waren, um zu tun, was wir uns vorgenommen hatten, so ganz unserem Ziel hingegeben – zum Zentrum des Großen Attraktors zu gelangen und darüber hinaus –, während die Welt – irgendwo anders – ihrem üblichen, verrückten Gang folgte. Wir durften in den Nachthimmel blicken, zum großen Dach der Milchstraße empor, die uns so heimatlich anmutete, und wußten, daß wir das große Los gezogen hatten – wir hatten die Möglichkeit, in den Himmel zu blicken und zu staunen.

Erst im Spätherbst 1988 fand ich die Zeit, mich an die Auswertung der neuen Daten zu machen. Ein guter Monat Computerarbeit war erforderlich, um die Spektren vorzubereiten, die Messungen der Geschwindigkeitsdispersionen auszuwerten und die CCD-Bilder in verläßliche Karten umzuwandeln, die die Helligkeit jeder elliptischen Galaxie angaben. Bei der photometrischen Qualitätsbewertung hat mir Dave Burnstein sehr geholfen, außerdem lieferte er für jede elliptische Galaxie in der Stichprobe den wichtigen Schätzwert, der Auskunft über die Verdunklung durch Milchstraßenstaub gab. Die Arbeit mit den Samurai war eine gute Vorbereitung gewesen, und Daves Rat erwies sich als sehr wertvoll, aber ich war dennoch überrascht, wieviel Arbeit zu tun blieb, bevor sich verläßlich Rückschlüsse auf Galaxienentfernungen und Eigengeschwindigkeiten ziehen ließen.

Endlich kam – zwischen Weihnachten und Neujahr – der schicksalhafte Tag, an dem ich in der Stille der fast leeren Büroräume des

Observatoriums in der Santa Barbara Street die letzten Meßdaten für Geschwindigkeitsdispersionen, Geschwindigkeiten und D_n-Durchmesser in eine Computerdatei eingab. Das Programm, das diese Daten miteinander verbinden und die Entfernungen und Eigengeschwindigkeiten berechnen sollte, war längst geschrieben und getestet, aber ich hatte absichtlich darauf verzichtet, irgendwelche vorläufigen «Ergebnisse» zu ermitteln, um mich während der Datenverarbeitung nicht beeinflussen zu lassen. Da so viel auf dem Spiel stand, wollte ich soweit wie möglich die Bedingungen eines «Blindversuchs» erfüllen. Nun war der Zeitpunkt gekommen, um das Programm in Gang zu setzen, das zeigen sollte, ob die Daten für 136 elliptische und S0-Galaxien die Hypothese der Samurai bestätigten oder nicht. Ich atmete tief durch – zum erstenmal von der Furcht ergriffen, das wunderbare Abenteuer könnte ein böses Ende nehmen –, zuckte mit den Achseln, drückte die Return-Taste und saß angespannt in meinem Stuhl, während das Diagramm auf dem Bildschirm Punkt für Punkt Gestalt annahm.

Zwanzig Sekunden später ballte ich die Faust und stieß sie himmelwärts: «Ja!» Vor mir sah ich das Hubble-Diagramm, die einfache Beziehung zwischen Entfernung und Geschwindigkeit, aber mit einer Verwerfung, deren Hubble nie ansichtig geworden war – Punkte, die deutlich über der Linie für die regelmäßige, gleichförmige Hubble-Strömung verliefen, sie dann kreuzten und ihren Weg unter ihr fortsetzten. Auf der linken Seite, wo die näher gelegenen Galaxien abgebildet waren, lagen Dutzende von Punkten über der Linie – das heißt, sie hatten eine zu hohe Geschwindigkeit für ihre Entfernung. Das waren Galaxien, deren Strömung die gleiche hohe Geschwindigkeit aufwies, wie sie die Samurai für den Centaurushaufen ermittelt hatten, doch es waren diesmal viel mehr, und sie waren weit über die betreffende Himmelsregion verteilt. Damit war die großräumige Strömung bestätigt. Besser noch, wir waren über die von den sieben Samurai erreichte Grenze hinausgelangt, zu noch ferneren Galaxien, die sich wieder der Hubble-Linie näherten: Bei einer Entfernung, die einer Hubble-Expansionsgeschwindigkeit von ungefähr 4500 km/s entsprach, etwa im Zentrum des Diagramms, zeigten die elliptischen

Galaxien eine Durchschnittsgeschwindigkeit von 4500 km/s – also keine Eigengeschwindigkeit. Und genau das sagte das Modell des Großen Attraktors voraus: Das Zentrum der Riesenmasse sollte sich relativ zum kosmischen Mikrowellenhintergrund in Ruhe befinden. In dem Maße, wie der Große Attraktor die Hubble-Geschwindigkeit verlangsamt, so lautete die Vorhersage, treten Eigengeschwindigkeiten auf, die von allen Seiten auf das Zentrum zulaufen, doch das Zentrum, in das die Galaxien von allen Seiten streben, ist stationär. Auf der rechten Seite, jenseits des Zentrums des Großen Attraktors, sah ich schließlich auch die ersten Anzeichen für einen Einfall von der erdabgewandten Seite aus, wo die Galaxien zurückgezogen werden, das heißt sich in unsere Richtung bewegen. Das bewiesen ein paar

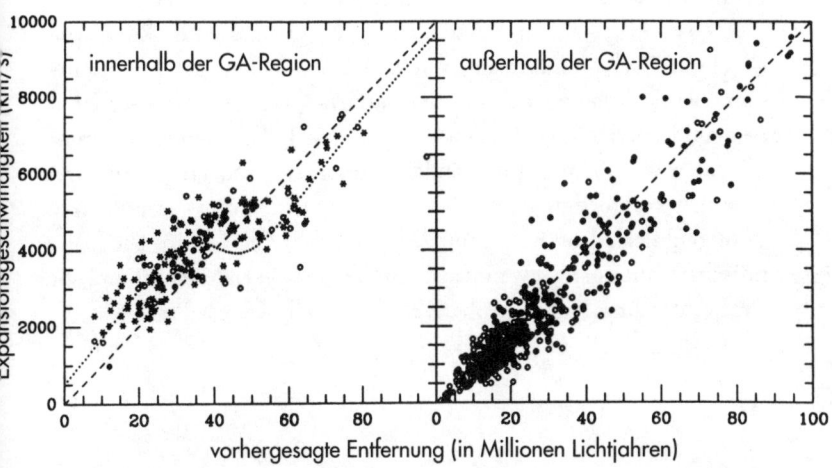

Hubble-Diagramme mit den Daten von Sandy Faber und dem Autor; die für die Region des Großen Attraktors (GA) vorhergesagte «S-Kurve» ist deutlich zu erkennen. Das Diagramm auf der rechten Seite zeigt die «durchschnittliche» Beziehung zwischen Entfernung und Geschwindigkeit, doch in der Region des Großen Attraktors bewirken die großen Eigengeschwindigkeiten, daß die Daten für die Spiral- und die elliptischen Galaxien zunächst über der durchschnittlichen Hubble-Beziehung liegen und dann darunter. (*Astrophysical Journal Letters*, Bd. 354, 1990, Brief 45.)

Punkte *unterhalb* der Hubble-Linie bei den Galaxien, die am weitesten entfernt waren.

Die neuen Anhaltspunkte für hohe Eigengeschwindigkeiten auf der erdzugewandten Seite des Großen Attraktors waren jetzt sehr überzeugend. Eine erhebliche Anzahl von Punkten zeigte den Rückgang der Eigengeschwindigkeiten im mutmaßlichen Zentrum des Großen Attraktors, auch wenn die wenigen Punkte auf der erdabgewandten Seite nur die Vermutung zuließen, daß es auch einen «rückwärtigen Einfall» gab. Doch der Triumph lag darin, daß die sieben Samurai genau dieses Muster *vorhergesagt* hatten und daß die neuen Daten diese Vorhersagen auf geradezu ideale Weise bestätigten. Im Vergleich zu anderen Wissenschaften ist die Astronomie nicht gerade reich gesegnet mit Gelegenheiten, Vorhersagen zu machen und sie anhand neu erhobener Daten zu überprüfen – wir leiden unter der Unmöglichkeit, unsere Forschungsgegenstände klassischen Experimenten zu unterwerfen. So müssen wir die uns gestellten Rätsel wie Detektive lösen und nach anderen Hinweisen suchen, die der unachtsame Verdächtige zurückgelassen hat. Dies war einer der seltenen Augenblicke, wo das gelungen war, ein Augenblick, den es zu genießen, aber vor allem mit den anderen zu teilen galt. Ich stürzte zum Laserdrucker, fertigte eine «Hardcopy» des Diagramms an und faxte sie augenblicklich an Sandy und Dave. Dann rief ich sie an. Die frohe Botschaft lautete: Wir waren auf dem Berg gewesen, und wir und der Große Attraktor hatten es überlebt!

GROLLEN AUS DER VERGANGENHEIT

Väter lieben es, ihre Geschichten mit den Worten «Als ich ein Junge war» zu beginnen, und noch bevor sie ausgesprochen sind, stöhnen wir gequält auf. Doch diesmal ist die Gelegenheit so günstig, daß ich einfach nicht widerstehen kann: «Als ich ein Junge war», so fängt meine Geschichte an, «da gab es zwei Universen.»

Das eine war das ewige Universum ohne Grenzen. Obwohl es expandierte, wurde es nicht leerer. Wie tausend Clowns, die aus einem winzigen Zirkuswagen purzeln, vollbrachte das «Steady-State-Universum» dieses kosmische Wunder, indem es ständig neue Atome erschuf, die sich zu neuen Galaxien zusammenfügten, und so die Lücken füllte, die durch die Expansionsbewegung entstanden. Das Universum gab es also seit ewigen Zeiten, und ewig würde es weiterexistieren. Sehr angenehm, daß es ohne Anfang und ohne Ende war.

Das andere Universum war eine große Zaubernummer – die größte Show aller Zeiten. Es begann mit einem großen Knall, dem *Urknall*, wie Fred Hoyle, der Erfinder der Steady-State-Theorie, ihn ironisch genannt hatte. Vor dem Urknall, da gab es ... wer wußte es schon? Gab es vor dem Urknall *Zeit*? Gab es überhaupt ein *Davor*? Auf jeden Fall war das Universum in seiner frühen Jugend unglaublich dicht und klein, ganz anders als heute, und in ferner Zukunft würde es wieder ganz anders sein – das war ein Universum der Veränderung, der Entwicklung.

Die Wahrscheinlichkeit sprach für «Knall», das Herz aber für «Steady-State». So wußten einige der klügsten Wissenschaftler der Welt zwar, daß die Daten den Urknall nahelegten, gaben aber unverhohlen zu, das Modell erscheine ihnen naiv und unattraktiv, ja sogar erschreckend – wem gefällt schon der Gedanke, daß er aus Gewalt und

Chaos oder gar aus dem vollkommenen Nichts hervorgegangen sein soll? Ihnen war das Steady-State-Universum viel sympathischer: Es hatte Stil und Raffinesse und ersparte ihnen im übrigen die lästigen Fragen nach dem Anfang und dem Ende – nach der *Schöpfung* mit all ihren Komplikationen. Die Journalisten konnten überhaupt nicht genug bekommen von diesem seltenen Fall einer wissenschaftlichen Kontroverse, während die Öffentlichkeit das Vergnügen genoß, einerseits dem Geheimnis des Kosmos so nahe zu kommen und andererseits einen spannenden Wettkampf zu erleben, bei dem sie sich einen Gewinner ausgucken konnte.

Heute ist die Situation sehr viel langweiliger. Seit mehr als zwanzig Jahren behauptet der Urknall nun schon das Feld. Allerdings hat der Meisterschaftspokal der Kosmologien nicht gehalten, was er versprochen hat, und merkwürdigerweise hat die Öffentlichkeit noch nicht begriffen, daß das Spiel schon vor langer Zeit von den meisten Wissenschaftlern abgepfiffen worden ist. Viele Einzelheiten sind zum Urknallmodell hinzugefügt worden – vor dreißig Jahren war es kaum mehr als ein begrifflicher Rahmen –, und vieles bleibt noch zu klären, dennoch sind die meisten Wissenschafter zu der Überzeugung gelangt, daß der Urknall ein bemerkenswert erfolgreiches Modell der Schöpfungsgeschichte sei – weit aufschlußreicher als die Steady-State-Theorie. Was hat sie zu dieser Auffassung gebracht?

Entscheidend war zweifellos die Entdeckung aus dem Jahr 1965, daß aus allen Richtungen Lichtwellen mit Radio- und Mikrowellenfrequenzen auf uns einströmen. Es ist eine herrliche Geschichte, denn die Entdeckung dieses *kosmischen Mikrowellenhintergrunds* war zufällig und völlig unabhängig von jenen Vorhersagen theoretischer Physiker, nach denen ein einst unvorstellbar heißes und dichtes Universum – der *urzeitliche Feuerball*, wie er manchmal genannt wird – eine elektromagnetische Strahlung als dauerhaftes Leuchtzeichen zurückgelassen habe. In diesem Falle wurde ganz offensichtlich nicht das Modell den Daten angepaßt; vielmehr hatte das Modell vorausgesagt, daß die größte Energie im Universum noch auf ihre Entdeckung warte. Aus solchem Vorhersagevermögen gewinnt eine wissenschaftliche Theorie ihr Gewicht und ihre Glaubwürdigkeit.

Urknall versus Steady-state

Die Geschichte der Entdeckung des kosmischen Mikrowellenhintergrunds beginnt in den vierziger Jahren. George Gamow, ein besonders phantasiebegabter Physiker, hatte den Gedanken des belgischen Mathematikers und Priesters Georges Lemaître aufgegriffen, dem zufolge ein expandierendes Universum ein «abkühlendes Universum» sei – folglich müßte es in einer fernen Vergangenheit viel dichter und heißer gewesen sein. Dank seiner profunden Kenntnisse vermochte Gamow dieser Idee in all ihren Verästelungen nachzugehen. Insbesondere fragte er sich, ob das frühe Universum heiß und dicht genug gewesen sei, um, wie das Innere eines Sterns, Wasserstoff zu Helium und zu jenen schwereren Elementen zu verschmelzen, die Astronomen kollektiv als «Metalle» bezeichnen. Hatte die Schöpfung alle «Teile» geliefert, aus denen unser Universum aufgebaut ist? Leider, so Gamows Schluß, konnte das nicht der Fall gewesen sein. Im Zuge seiner ungeheuren Expansionsbewegung wäre das Universum nur wenige Minuten in diesem extrem heißen und dichten Zustand geblieben. In dieser Zeit hätte es nur eine relative Heliumhäufigkeit von 24 Prozent erzeugen können – durch einen Prozeß, bei dem zwei Protonen zu einem Deuteron (einem mit einem Neutron verbundenen Proton) und zwei Deuteronen zu einem Heliumkern verschmolzen wären. Und tatsächlich ist genau dieser Heliumanteil in den ältesten Gaswolken – dem «Urgas» – gefunden worden. Mithin erwies sich diese Vorhersage als sehr erfolgreich. Doch da die Teilchenkollisionen an Energie verloren und seltener wurden, als das Universum abkühlte und sich ausdünnte, konnten andere häufige Elemente wie Kohlenstoff, Stickstoff, Sauerstoff und Eisen nicht mehr durch Fusion erzeugt werden.*

Nun kommt der phantastisch anmutende Teil der Geschichte. Im

---

* In den fünfziger Jahren lösten Geoffrey Burbidge, Margaret Burbidge, Willy Fowler und Fred Hoyle das Rätsel um den Ursprung der schweren Elemente. In einem der klassischen Artikel des 20. Jahrhunderts (B^2FH wird er voller Verehrung genannt) wiesen die Forscher in allen Einzelheiten nach, wie im Zentrum der Sterne, die im Gegensatz zum Urknall hohe Dichten und Temperaturen über außerordentlich lange Zeiträume beibehalten, die chemischen Elemente, die

Zuge ihrer Forschungsarbeiten stießen Gamows Kollegen Ralph Alpher und Robert Herman auf ein späteres Ereignis mit beobachtbaren Konsequenzen, eines, das nach ihren Berechnungen unendliche Zeiten nach den ersten Minuten der *Nukleosynthese* eintrat, über die sich Gamow den Kopf zerbrach. Wenn das Universum tatsächlich eine extrem heiße und dichte Phase durchlaufen hätte, so die beiden Wissenschaftler, dann müßten wir heute noch ein schwaches Leuchten – nichts anderes als den fernen Schimmer des Urknalls selbst – wahrnehmen können. Falls es gelang, das schwache Leuchten des Urknalls zu entdecken, wäre damit überzeugend bewiesen gewesen, daß das außerordentliche Ereignis tatsächlich stattgefunden hat.

Wie kamen Alpher und Herman zu dieser bemerkenswerten Vorhersage? Die beiden untersuchten die Wechselwirkung zwischen Licht und Materie im frühen Universum, eine Wechselwirkung, deren Charakter sich ein paar hunderttausend Jahre nach dem Urknall auf bemerkenswerte Weise veränderte. Vorher durchstreiften freie Elektronen und Protonen das Universum. Sie sind Bestandteile von gewöhnlichem Wasserstoffgas, doch bei einer Temperatur von mehr als 10 000 Kelvin* sind die Elektronen so angeregt, daß sie sich nicht in stabilen Umlaufbahnen um Protonen halten können. Zu diesem Zeitpunkt lagen die Bildung kalter Wasserstoffgaswolken und ihr Kollaps zu Sternen und Galaxien noch in ferner Zukunft.

Vermischt mit diesem brodelnden Meer von Protonen und Elektronen – einem *ionisierten* Wasserstoffgas – war ein intensives Licht, in dem sich die Energie des Urknalls hauptsächlich verkörperte. Während der ersten hunderttausend Jahre beherrschten diese Photonen den Energiegehalt des Universums. Die Materie war nur ein Nebenschauplatz, aber ein wichtiger, da Photonen – elektromagnetische

---

schwerer als Wasserstoff und Helium sind, im richtigen Verhältnis erzeugt werden.

* Bekanntlich entpricht die Kelvin-Gradeinteilung der Celsius-Skala, nur daß der Nullpunkt der Celsius-Einteilung gleich 273 Kelvin ist. Bei sehr hohen Temperaturen, etwa 10 000 Grad und mehr, wird dieser Unterschied so gering, daß man sich die beiden Skalen identisch denken kann.

Frühes Universum: Licht und Materie gekoppelt

Energiepakete – heftig mit Elektronen wechselwirken. Durch einen Vorgang, den Physiker als Compton-Streuung bezeichnen, wurden die Photonen ständig von ihren vorgezeichneten geraden Wegen abgelenkt, so daß sich ihre Bahnen und Energien leicht veränderten. Es ergab sich eine Situation ähnlich der des Lichts, das sich einen Weg aus der Sonne hinaus erkämpft, wo es, während es zunehmend kühlere Schichten durchquert, in immer längeren Wellenlängen absorbiert und wieder abgestrahlt wird. Wie in der Sonne war also auch die Lichtenergie des frühen Universums eng an die Temperatur des ionisierten Elektronen- und Protonengases gekoppelt: Als die Temperatur mehrere Milliarden Grad betrug, existierte das Licht in Form außerordentlich energiereicher Gammastrahlen; als das Universum auf mehrere Millionen Grad abgekühlt war, hatten sich die meisten Photonen durch Energieverlust in die – allerdings immer noch sehr energiereichen – Röntgenstrahlen verwandelt.

Infolge dieser engen Kopplung von Photonen und Elektronen konnte kein Photon größere Wege zurücklegen, ohne daß seine Richtung und Energie verändert wurden. Mit anderen Worten, das Universum war opak, das heißt lichtundurchlässig – hätte es damals jemanden gegeben, der einen Blick in die Runde hätte werfen können, ihm wäre das Universum wie ein Nebel erschienen. Keine Information ließ sich über nennenswerte Entfernung oder Zeit verbreiten. (In einem «echten» Nebel streuen Wassertröpfchen das Licht, so daß die Bilder von Lichtquellen oder Objekten, die sie beleuchten, völlig verschwommen erscheinen.) Doch da das Universum ständig kühler und dünner wurde, konnten die Photonen im Laufe der Zeit immer längere Wege ohne Störung zurücklegen.

Dann trat ein «Ereignis» ein. Als das All auf eine Temperatur unter 10 000 Kelvin abkühlte, begannen die Elektronen auf Kreisbahnen um die Protonen einzuschwenken, was ihre Fähigkeit, die allgegenwärtigen Photonen zu streuen, erheblich einschränkte. Plötzlich (aus astronomischer Sicht – tatsächlich waren es hunderttausend Jahre) wurde das Universum «transparent», und Photonen, die unzählige Male gestreut worden waren, konnten fortan ungehindert ihrer Wege ziehen. Unbehelligt durchquerten sie das Universum – es sei denn, sie trafen auf einen Gesteinsbrocken, einen Stern, einen steinigen Himmelskörper oder ein Radioteleskop. Sie sind noch immer unterwegs und künden durch ihre Farbe (Energie) von der Temperatur des Universums zu dem Zeitpunkt, da sie freigesetzt wurden.

Auf der Grundlage gesicherter physikalischer Erkenntnisse gelangten Alpher und Herman zu der Schätzung, daß die Temperatur zu dem Zeitpunkt, als das Universum den Wechsel von opak zu transparent erlebte, ungefähr 5000 Kelvin betragen hat. Bei dieser Temperatur strahlt Materie den größten Teil ihrer Energie in Form sichtbaren Lichts ab, zum Beispiel die Sonne, deren «Oberfläche» etwa die gleiche Temperatur aufweist. Nun fand aber diese *Entkopplung* von Materie und Licht statt, als das Universum tausendmal kleiner als heute war. Die rasche Expansion des Universums sorgte für eine tausendfache *Rotverschiebung* des Lichts. (Eine Möglichkeit, sich diesen Vorgang vorzustellen: Jedes der kosmischen Photonen, die zu uns gelangen, mußte sich durch den rasch expandierenden Raum zurückbewegen und war einem beträchtlichen Energieverlust unterworfen, da seine Wellenlänge um einen Faktor von 1000 gedehnt wurde.) Deshalb sagten Alpher und Herman voraus, das «Grollen» habe sich zu einem Flüstern abgeschwächt: Die Photonen, die den kalten Raum unserer Tage durchquerten, erweckten den Anschein, sie stammten von einem Gas, das eine Temperatur von 5 und nicht von 5000 Kelvin hätte. Vom sichtbaren Licht hätten sich ihre Photonen zu den weit energieärmeren Radiowellen rotverschoben.

Das war in den vierziger Jahren. Damals nahmen nur wenige Leute die Urknall-Idee so ernst, und ohnehin waren die von Alpher und Herman vorhergesagten Radiowellen viel zu schwach, um von den damaligen technischen Geräten erfaßt werden zu können. Aus welchen Gründen auch immer, die Arbeit von Alpher und Herman nebst dem von ihnen veröffentlichten Artikel war bald vergessen.

Wir überspringen in unserer Geschichte zwanzig Jahre und gelangen in das Jahr 1965, in dem Arno Penzias und Robert Wilson, zwei Physiker an den AT&T Bell Laboratories, durch Zufall den *kosmischen Mikrowellenhintergrund* (CMB nach englisch *cosmic microwave background*) entdeckten, den Alpher und Herman beschrieben

Die Entdeckung des Mikrowellenhintergrunds 397

hatten, eine Vorhersage, von der Penzias und Wilson nichts wußten. Berichte über ein «Rauschen» aus unbekannter Quelle – ein Störgeräusch, das die Nachrichtenübertragung mittels Mikrowellen beeinträchtigte – geisterten seit Jahren durch die Bell Labs. Ausgerüstet mit einer Radioantenne, die wie ein riesiges Hörrohr aussah, erhielten Penzias und Wilson den Auftrag, diese und andere Schwierigkeiten zu untersuchen, die bei der Signalübertragung mittels des neuen Telstar-Satelliten auftraten. Als Zugabe erhielten sie die Erlaubnis, einige radioastronomische Untersuchungen durchzuführen. Rasch fanden sie die lästigen Störungen und prüften monatelang, ob die Geräte selbst daran schuld waren (sogar eine mögliche Verschmutzung durch Taubenkot zogen sie in Erwägung). Sie fanden keinen Fehler, mochten das «Rauschen» aber immer noch nicht als *außerirdisch* bezeichnen. Wenn diese Energie aus dem All kam, warum traf sie dann aus allen Richtungen mit gleicher Intensität ein – *isotrop*, statt aus der Richtung einer bestimmten astronomischen Quelle wie der Sonne oder dem Mittelpunkt unserer Galaxis?

Erst ein Besuch aus der Nachbarschaft – eine Gruppe von Princeton-Physikern unter Leitung von Bob Dicke – vermochte Penzias und Wilson davon zu überzeugen, daß sie tatsächlich auf etwas Wichtiges gestoßen waren. Unabhängig von Alpher und Herman hatte das Princeton-Team deren Vorhersage hinsichtlich eines kosmischen Mikrowellenhintergrunds wiederentdeckt und weiter ausgearbeitet. Die Mitglieder des Teams waren mitten in den Vorbereitungen zu einer eigenen Suchaktion, als sie von Penzias' und Wilsons Ergebnis hörten.* Jim Peebles, damals ein junger Wissenschaftler mit einem Postgraduiertenstipendium, dem Dicke die Beschäftigung mit den Urknallkosmologien ans Herz gelegt hatte,

---

* Obwohl die Bell Laboratories keine fünfzig Kilometer von Princeton entfernt liegen, hatte Dickes Gruppe nie etwas von der Arbeit der beiden Bell-Forscher gehört, bis ein junger Radioastronom 1965 beide Gruppen besuchte und die Verbindung herstellte.

vernahm nun zu seinem Erstaunen, daß an diesen kühnen theoretischen Spekulationen womöglich mehr als nur ein Körnchen Wahrheit war.

Das war ein entscheidender Augenblick in der Geschichte des menschlichen Bemühens, das Universum zu begreifen. Was als wilde Spekulation begonnen hatte, wurde nun mit den Ergebnissen solider Laborphysik verknüpft, deren Entwicklung hundert Jahre gedauert hatte. Das Urknallmodell hatte in Verbindung mit vielfach bewährten Gesetzen, die das Verhalten von Materie auf atomarer Ebene beschreiben, zu der erstaunlichen Voraussage geführt, daß das Universum mit einem schwachen Schimmer von Radiolicht gefüllt sei. Und als die Menschen die Geräte entwickelten, um nach diesem Licht Ausschau zu halten, da entdeckten sie es tatsächlich.

Damit hatte sich ein neues Fenster zum Universum aufgetan, ein Fenster, das den Blick zurück in eine bislang unvorstellbar ferne Vergangenheit eröffnete. Und wiederum war diese Entdeckung kein Endpunkt, sondern der Auftakt zu noch komplizierteren und interessanteren Entdeckungen. Sie sollten die erste Messung einer Eigengeschwindigkeit ermöglichen – der der Milchstraße – und ein kosmisches Bezugssystem liefern. Und schließlich sollten im Leuchten dieses uralten Lichts auch die Keime erkennbar werden, aus denen Galaxien und Superhaufen erwachsen sind.

Alpher und Herman sagten nicht nur die *Existenz* des kosmischen Mikrowellenhintergrunds voraus, sie beschrieben auch sein *Spektrum* – die Lichtintensität über ein breites Spektrum von Radiofrequenzen. Dazu waren sie in der Lage, weil ihnen die elektromagnetische Wechselwirkung zwischen Licht und Materie sowie die Temperatur des Universums bei Emission des CMB bekannt war. Wenn sich Materie und Licht in einem Gleichgewichtszustand befinden – wenn die Materie die gleiche Lichtenergiemenge abstrahlt, die sie absorbiert –, dann variiert Lichtintensität mit «Farbe» in Übereinstimmung mit dem, was Physiker ein «Schwarzkörperspektrum» nennen. Das ist eine schiefe Glockenkurve, die genau beschreibt, bei welcher Wellenlänge (oder – gleichbedeutend – bei welcher Energie oder Farbe) der größte Teil des Lichts entsteht und wie die Intensität

Der Mikrowellenhintergrund wird gemessen

bei größeren und kleineren Wellenlängen abfällt.* 5 Kelvin, die Temperatur, die Alpher und Herman voraussagten, entspricht einem Schwarzkörperspektrum mit einer Gipfelintensität (höchstem Photonenvorkommen) bei Millimeter-Wellenlängen und abnehmender Intensität bei größeren und kleineren Wellenlängen.

In den Jahren nach der Entdeckung des Mikrowellenhintergrunds durch Penzias und Wilson konzentrierten sich die Physiker verstärkt auf die Messung des CMB-Spektrums, um zu sehen, ob es der Schwarzkörperform folgt. Dickes Forschungsgruppe hatte genauere Berechnungen durchgeführt und eine niedrigere Temperatur vorausgesagt: 2,7 Kelvin. Folglich hätte das heutige Universum noch kälter – dem absoluten Nullpunkt noch näher – sein müssen, und das Schwarzkörperspektrum wäre etwas stärker zu den langen Wellenlängen verschoben, als Alpher und Herman angenommen hatten. Anschließende, schwierige Messungen der CMB-Intensität bei anderen Radiowellenlängen durch das Princeton-Team und andere Gruppen ergaben nach und nach, daß das Spektrum tatsächlich die Schwarzkörperform bei der vorhergesagten Temperatur von 2,7 Kelvin aufwies. Das entscheidende Meßergebnis wurde 1990 erzielt, als die NASA den Cosmic Background Explorer Satellite, *COBE*, in seine Umlaufbahn schickte. Der *COBE*-Satellit konnte Messungen von bislang unerreichter Genauigkeit vornehmen und Radiowellenlängen erfassen, die sonst durch die Erdatmosphäre verschluckt werden.

---

* Der deutsche Physiker Max Planck entdeckte diese Form des Spektrums bei makroskopischen Körpern, die «schwarz» sind, das heißt, die alle auf sie einwirkende Energie absorbieren. Ein Beispiel ist ein Tontopf in einem Brennofen: Sobald der Topf die Ofentemperatur erreicht hat, erglüht er in der gleichen Farbe wie die Ofenwände. Sogar ein Körper, dessen Temperatur sich von der seiner Umgebung unterscheidet – etwa ein Eskimo, der in seinem Iglu sitzt, oder die Sonne, die ihre Strahlen ins kalte All entsendet –, besitzt ein Spektrum, das dem eines Schwarzkörpers sehr ähnlich ist. Nach dem Urknallmodell expandierte das frühe Universum so langsam, daß es die Gleichgewichtsbedingungen fast beibehalten hat; aus diesem Grund sagt die Theorie für die kosmische Hintergrundstrahlung ein (rotverschobenes) Schwarzkörperspektrum bei der Temperatur des Universums voraus, bei der sich Materie und Licht entkoppelten.

Schon wenige Tage nach seiner Inbetriebnahme zeigte der Satellit, daß das Spektrum die Schwarzkörperform geradezu in Vollendung besitzt – es folgt dem vorhergesagten Schwarzkörperspektrum auf ein Tausendstel genau und ist damit eine weitere verblüffende Bestätigung des Urknallmodells.

Angesichts dieser Voraussagen über den kosmischen Mikrowellenhintergrund läßt sich der Wert des Urknallmodells kaum überschätzen. Die CMB-Photonen bestimmen die Energiedichte des Universums – jeder Kubikzentimeter All enthält ungefähr vierhundert vom Urknall übriggebliebene Photonen.* Das Steady-State-Modell hat solche Voraussagen nicht gemacht. Zwar haben seine wenigen verbliebenen Vertreter andere Erklärungen des kosmischen Mikrowellenhintergrunds vorgeschlagen, doch es handelt sich, ob sie nun plausibel sind oder nicht, um nachträgliche Erklärungen – ein entscheidender Unterschied.

Wie oben erläutert, hat das Urknallmodell noch einen weiteren bemerkenswerten Erfolg zu verzeichnen, und zwar auf dem Gebiet der Nukleosynthese – der Erzeugung der chemischen Elemente. Zwanzig Jahre, nachdem Gamow nachgewiesen hatte, daß das ursprüngliche Heliumvorkommen im Urknall entstanden sein könnte (die meisten «Metalle» jedoch nicht), zeigten eingehendere Berechnungen, daß auch andere leichte Elemente, unter anderem Deuterium und Lithium, in den ersten Minuten gebildet worden sein dürften. Obwohl milliardenfach weniger häufig als Wasserstoff und Helium, sind diese seltenen Elemente in den Spektren von Sternen der «ersten Generation» gemessen worden, womit sich die theoretischen Voraussagen des Urknallmodells mit phänomenaler Genauigkeit bestätigten.

Schließlich belegt eine weitere Kategorie von Daten, daß auch die offenkundigste Folgerung aus dem Urknallmodell zutrifft, nämlich

---

* Früher konnte man den CMB ein wenig veranschaulichen, indem man darauf hinwies, daß ein Prozent der «Schneeflocken» eines leeren Fernsehkanals Urknallphotonen sind, doch heute ist ein leerer Kanal kaum noch zu finden.

Urknallmodell: Nukleosynthese, Weltalter

daß das Universum einem Entwicklungsprozeß unterworfen ist. Nach dem Urknallmodell ist das Universum in seiner Jugend ganz anders gewesen, und Elemente, Sterne und Galaxien müßten alle zu Beginn der Expansion entstanden sein. Die «nukleare Zeitskala» erklärt sich aus dem Umstand, daß einige der schwersten chemischen Elemente instabil sind – sie zerfallen außerordentlich langsam in leichtere Atome und bieten sich deshalb als «Atomuhren» an. Bei der Untersuchung dieser seltenen Elemente in unserem Sonnensystem hat sich herausgestellt, daß sie vor ungefähr zehn Milliarden Jahren entstanden sind. Die «stellare Zeitskala» gewinnt man aus Computermodellen der Sternenentwicklung und ihrem Vergleich mit Beobachtungen von Temperatur und Leuchtkraft. Diese Analyse ergibt für die Kugelhaufen – die ältesten Sternhaufen in der Milchstraße – ein Alter von ungefähr fünfzehn Milliarden Jahren. Das Expansionsalter des Universums bestimmt man, indem man «das Universum rückwärts ablaufen läßt»: Die Expansionsrate – die *Hubble-Konstante* – ist zwar immer noch ein Gegenstand von Kontroversen, doch fast alle Wissenschaftler, die auf diesem Gebiet tätig sind, stimmen darin überein, daß das Expansionsalter des Universums zwischen zehn und zwanzig Milliarden Jahren liegt.

Die Übereinstimmung dieser drei auf sehr verschiedene Weisen bestimmten Alter ist mehr als ermutigend. Natürlich sind die Astronomen, die die Auffassung vertreten, die Expansion sei nur zehn Milliarden Jahre alt, zu Recht darüber beunruhigt, daß die Altersschätzung für die ältesten Sterne eine Vordatierung der Expansion verlangt – diese beiden Altersangaben müssen miteinander in Einklang gebracht werden, wenn das Modell irgendeinen Sinn machen soll. Doch solche Probleme dürfen uns den Blick nicht auf den entscheidenden Punkt verstellen: Die weitgehende Übereinstimmung zwischen «Atomuhr-Alter», dem Alter der ältesten Sterne und dem Expansionsalter des Universums ist erstaunlich. Diese drei Zahlen könnten weit auseinanderklaffen: Der Umstand, daß sie voneinander höchstens um einen Faktor von zwei abweichen, spricht überzeugend für die Grundannahme des Urknallmodells – daß ein Schöpfungsereignis stattgefunden hat. Altersabweichungen um einen Faktor von zwei werden uns zu noch eingehenderen Beobachtungen und theoretischen Überlegungen zwingen, doch ganz gewiß können sie uns nicht veranlassen, den Urknall zugunsten eines Modells wie der Steady-State-Theorie aufzugeben, die keinerlei Aufschluß darüber gibt, warum diese Altersangaben so große Ähnlichkeit aufweisen.

Der Urknall scheint den richtigen Rahmen zur Modellierung des Universums zu bieten. Er sagt uns, daß wir weiter ins All hinausblikken müssen, um in eine Zeit zurückzuschauen, die der Geburt des Universums näher liegt. Das jüngere Universum müßte sich auf meßbare Weise unterscheiden. Und diese Vorhersage steht abermals in deutlichem Kontrast zum Steady-State-Modell. Natürlich ist der CMB das beste Beispiel: ein Blick zurück in eine Zeit, als das Universum gleichförmig mit heißem Gas gefüllt war. Doch wir können auch die jüngere Galaxienepoche betrachten, um Anzeichen für die kosmische Entwicklung wahrzunehmen. Das Licht ferner Galaxien trifft bei uns mit dem Bild einer weit zurückliegenden Vergangenheit ein (einfache Folge der Tatsache, daß die Lichtgeschwindigkeit endlich ist), deshalb können wir jüngere Galaxien direkt betrachten – wie lebende Fossilien. Als man die Spektren solcher Galaxien untersuchte – bei einem «Rückblick», der fünf bis zehn Milliarden Jahre überbrückte –, zeigte sich, daß der Sternbildungsprozeß dieser jungen Galaxien intensiver war und daß sie sich aus einer deutlich jüngeren Sternenpopulation zusammensetzten. Neuere Beobachtungen an weit entfernten, dicht besiedelten Haufen mit dem Hubble-Weltraumteleskop – durch eine Forschungsgruppe unter Leitung des Autors – belegen deutlich, daß diese sternbildenden Galaxien Spiralgalaxien sind, ein morphologischer Typ, den man heute in Haufen nicht mehr antrifft. Kein Zweifel: Die Galaxienpopulation ist einem Entwicklungsprozeß unterworfen.

Doch den verblüffendsten Beleg für diesen Entwicklungsprozeß liefert die Untersuchung von Quasaren, hellen Leuchtzeichen, die sich im Zentrum einiger weniger Galaxien befinden. Da sie außerordentlich leuchtstark sind, können wir Quasare über riesige Entfernungen wahrnehmen – ein Blick zurück, der das Alter des Universums zu 80 Prozent überspringt. Quasare werden vorwiegend bei hoher Rotverschiebung erfaßt, was davon zeugt, daß sie weit häufiger waren, als das Alter des Universums erst wenige Milliarden Jahre betrug. Offenbar sind diese Leuchtzeichen inzwischen erloschen oder mit fortschreitender Zeit seltener entstanden.

Der kosmische Mikrowellenhintergrund, die Übereinstimmung zwischen dem Expansionsalter, dem Alter der ältesten Sterne und dem Alter der chemischen Elemente, die relative Häufigkeit von Helium und anderen leichten Elementen im Kosmos und die Belege dafür, daß sich die Objekte im Universum entwickeln – all das beweist, wie erfolgreich der Urknall als Modell für die Geburt des Universums ist. Kein anderes Modell vermag ihm das Wasser zu reichen.

Schon allein die Existenz des kosmischen Mikrowellenhintergrunds bestätigt, daß das Universum in der Vergangenheit heißer und dichter war – das Grundprinzip des Urknallmodells –, doch genaue Messungen seines Spektrums und seiner Intensität liefern noch weit mehr Informationen über die ferne Vergangenheit und die Gegenwart. Allerdings ließ sich dieser Schatz erst heben, als die nötigen technischen Voraussetzungen dafür geschaffen worden waren, und das war erst in den letzten zehn Jahren der Fall. So ist uns erst in jüngster Zeit klargeworden, welchen enormen Wert dieses Signal aus frühester Zeit hat.

Das Schlüsselwort ist *Genauigkeit*. In Wissenschaft und Alltag werden Messungen mit einem gewissen Maß an Genauigkeit vorgenommen. Meist reicht es aus, die eigene Position auf ein paar Zentimeter genau zu bestimmen, wenn man durch eine Tür geht, doch bei der Arbeit mit einem Tranchiermesser kann eine derartige Fehlerspanne katastrophale Folgen haben. Wenn man das Holz für ein Baumhaus zurechtschneidet, kommt man mit wenig Genauigkeit aus; will man hingegen einen Eßzimmerstuhl bauen, ist schon sehr viel mehr Präzision erforderlich. Der Zollstock, den man bei der Herstellung des Stuhls verwendet, wäre völlig unzureichend für die Fertigung der Stahlteile, die für ein Auto bestimmt sind, und die Geräte, die in diesem Fertigungsprozeß verwendet werden, dürften kaum ausreichen, um die Größe der Turbinenschaufeln für einen Flugzeugmotor zu bestimmen. Jedes Gerät sorgt für eine Verbesserung der Meßgenauigkeit, die entscheidend für das beabsichtigte Ergebnis ist.

Nun sind nur wenige Menschen Konstrukteure, doch wir alle verlassen uns bei der Erledigung unserer täglichen Pflichten auf die Zeitmessung. In vielen Fällen ist es bedeutungslos, wenn man auf eine falsch gehende Uhr vertraut. Sie müssen nicht *genau* um acht Uhr auf einer Party erscheinen (es sei denn, es ist eine Überraschungsparty), doch der halbstündige Spielraum, den Sie bei dieser Gelegenheit haben, würde bei einem Musical dazu führen, daß Sie das Öffnen des Vorhangs versäumen, und die fünf- oder zehnminütige Genauigkeit, die Sie für dieses Ereignis einhalten müssen, reicht (hoffentlich) nicht aus, um die S-Bahn in die Stadt oder den Bus zum Flughafen zu erreichen. Die Leute, die für die Fernsehnachrichten verantwortlich sind, müssen auf die Sekunde genau sein, und der Konstrukteur, der Ihren Fernsehapparat entwickelt hat, muß die Zeit auf eine *millionstel* Sekunde genau messen können, denn so rasch wechselt der Elektronenstrahl in Ihrer Fernsehröhre seine Intensität, während er das Bild zusammensetzt. Obwohl wir im Alltag selten einen Gedanken an genaue Messungen verschwenden, gibt es sie.

Ich habe bei diesen Beispielen etwas verweilt, weil die Fähigkeit, Ereignisse genau zu messen, entscheidend für die wissenschaftliche Erkenntnismethode ist. In dem Bericht über unsere Forschungsreise durch den intergalaktischen Raum zu den elliptischen Galaxien gab es viele Beispiele dafür – etwa die Messung der Spektren. Die geringfügige Zerlegung des Sonnenlichts durch Wassertropfen – der Regenbogen – reicht aus, um festzustellen, daß die Gipfelintensität im Bereich des gelbgrünen Lichts liegt und daß die Intensität zum Rot und zum Blau hin abnimmt. Diese Messungen sind genau genug, um zu entscheiden, daß die Sonne das klassische «Schwarzkörperspektrum» aufweist und daß die Oberflächentemperatur ungefähr 5000 Kelvin beträgt. Aber das Licht muß noch in sehr viel feinere Farbunterteilungen zerlegt werden, wenn man jene dunklen Absorptionslinien sehen will – das Licht, das bei bestimmten Farben fehlt –, die durch Wasserstoff, Eisen, Kohlenstoff, Magnesium und andere Elemente in der Sonne hervorgerufen werden. Die Rotverschiebung einer Galaxie zu messen heißt, solche Absorptionslinien im vermischten Licht von Millionen Sternen in der Galaxie zu entdecken und herauszufinden, wie sehr sie aufgrund der von uns fortführenden Galaxiengeschwindigkeit in der Farbe verschoben sind. Doch um die Geschwindigkeitsdispersion zu messen – die charakteristische Geschwindigkeit der Sterne innerhalb der Galaxie –, müssen wir die Lichtintensität bei jeder Farbe noch genauer kennen, um messen zu können, wie breit die dunklen Linien (in der Farbe) sind. Was ausreicht, um die Linien zu *entdecken*, reicht möglicherweise nicht aus, um ihre Breite zu messen, so, wie man bei schwachem Licht schlecht lesen kann, obwohl man erkennt, daß man einen gedruckten Text vor Augen hat.

Beim kosmischen Mikrowellenhintergrund verhält es sich ganz genauso. Penzias und Wilson haben das Licht bei einer bestimmten Radiowellenlänge (Farbe) als erste *entdeckt*, doch sie und andere, die ihnen nachfolgten, hatten Schwierigkeiten, die Intensität dieses Lichts sehr genau zu messen, besonders bei anderen Radiowellenlängen, weil die Erdatmosphäre diese Radiowellen teilweise oder ganz abfängt, bevor sie die Oberfläche unseres Planeten erreichen. (So konnten bei der Wellenlänge der Gipfelintensität überhaupt keine Messungen vorgenommen werden.) Deshalb wußten die Physiker jahrelang nur, daß das Spektrum in etwa dem eines Schwarzkörpers bei ungefähr 2,7 Kelvin entsprach – und diese Erkenntnis befand sich in guter Übereinstimmung mit der theoretischen Temperaturvoraussage des Urknallmodells. Allerdings war es auch wichtig zu wissen, ob das Spektrum der Schwarzkörperform *genau* folgte, weil die einfachsten Modelle für die Entstehung dieses Lichts im Urknall eine exakte Übereinstimmung mit dem Schwarzkörperspektrum vorhersagten. Jede nennenswerte Abweichung hätte eine Revision des Modells erforderlich gemacht und die Wissenschaftler gezwungen, die Frage, was im Augenblick der Schöpfung tatsächlich geschah, noch einmal zu überdenken. Um diesen entscheidenden Punkt zu klären, waren die Messungen nicht genau genug: Fest stand nur, daß die Intensität zu den längeren und kürzeren Wellenlängen hin abfiel, aber ob das Spektrum der vorausgesagten Form folgte, ließ sich unmöglich entscheiden, weil jede Messung eine Fehlerspanne von einigen Prozent oder mehr aufwies.

Um eine der Einschränkungen zu überwinden – die Absorption der Radiowellen durch die Erdatmosphäre –, ließ man die Meßinstrumente mit Fesselballons aufsteigen oder von Raketen ins All tragen. Bei einer solchen Messung, einem gemeinschaftlichen Forschungsunternehmen von japanischen und US-amerikanischen Physikern Ende der achtziger Jahre, zeigte sich tatsächlich ein zweiter Intensitätsgipfel im Spektrum des kosmischen Mikrowellenhintergrunds. Das widersprach der Voraussage des Schwarzkörperspektrums. Die Entdeckung rief große Aufregung hervor und löste die Spekulation aus, man habe eine weitere Lichtquelle des frühen Universums – vielleicht die ersten Sterne, die sich bildeten – gefunden, die einen eigenen Anteil zum Leuchten des Urknalls *hinzufüge*.

Das war ein Irrtum. Die schwierigen Meßprobleme hatten den Forschern einen Streich gespielt. Als der *COBE*-Satellit 1990 schließlich die Intensität des Radiolichts über eine große Bandbreite von Wellenlängen exakt maß, stellte sich heraus, daß das Spektrum des kosmischen Mikrowellenhintergrunds dem eines Schwarzkörpers *genau* entsprach. Auf ein Prozent genau war die Intensität bei jeder Farbe die eines Schwarzkörpers bei einer Temperatur von 2,735 Kelvin – den zweiten «Buckel» im Spektrum vermochte *COBE* nirgends zu entdecken. Man nahm an, daß es im vorangegangenen Experiment Meßprobleme gegeben hatte, doch ungeachtet der Ursache war es keine Frage, in welchem der Experimente ein höheres Maß an Genauigkeit erreicht worden war.

Es ist ein großer Gewinn für uns, daß wir nun das Spektrum des kosmischen Mikrowellenhintergrunds kennen. Da sich (innerhalb der Grenzen von mittlerweile sehr geringen Meßfehlern) bestätigt hat, daß das Spektrum genau die Form eines Schwarzkörperspektrums besitzt, gehen wir mit großer Zuversicht davon aus, daß wir die Bedingungen verstehen, die ein paar hunderttausend Jahre nach dem Urknall herrschten. Ferner offenbaren diese weit genaueren Messungen kein stärkeres Signal durch die Galaxienbildung oder andere Prozesse, die in der Frühgeschichte des Universums größere Energiemengen freigesetzt haben könnten. Deshalb ist dieses negative Resultat schon an sich sehr wertvoll; es wird uns gestatten, das Urknallmodell weiter zu vervollkommnen, und zwingt uns, an anderer Stelle nach den ersten Anzeichen der Sternenbildung zu suchen.

Doch die genaueste Messung des kosmischen Mikrowellenhintergrunds, die schwierigste und die lohnendste, stand noch aus.

Der kosmische Mikrowellenhintergrund ist für den Forscher, der etwas über das frühe Universum erfahren möchte, Lust und Frust zugleich. Auf der Habenseite ist zu verbuchen, daß dieses allgegenwärtige Leuchten ein direktes Signal vom ganz frühen Universum ist. Auf der Sollseite steht, daß der CMB den Übergang von einem opaken zu einem transparenten Universum ein paar hunderttausend Jahre nach dem Urknall bezeichnet und daß deshalb der «Nebel» den direkten Blick auf noch frühere Zeiten auf immer verwehren wird.

Viel können wir dem «Bild» entnehmen, das das Universum bot, als es ein paar hunderttausend Jahre alt war. Jahrelang haben die Astrophysiker davon geträumt, die Keime der großen heute vorhandenen Strukturen betrachten zu können: Galaxien, Haufen und Superhaufen im embryonalen Zustand. Dem Urknallmodell entnehmen wir, daß das Universum in seinen Anfängen außerordentlich heiß und gleichförmig gewesen ist. Daraus entwickelten wir die Annahme, die Strukturen, die wir heute sehen, müßten schon damals vorhanden gewesen sein, in Gestalt außerordentlich feiner Verwerfungen in der Dichte von Materie und Energie – *Fluktuationen* genannt. Man kann sich das schwer vorstellen, aber es bedeutet, daß es in diesem gleichförmigen Teilchen- und Photonenmeer in einem gegebenen Volumen von Materie und Energie wellenförmige Verformungen gab. Wir wissen noch nicht genau, wie diese Fluktuationen entstanden sind, gewiß ist aber, daß die Gravitation sie schon bald verstärkte, das heißt ihre Kämme erhöhte und ihre Täler vertiefte. Dieser Prozeß hält noch immer an.

Heute erblicken wir Galaxien, und diese Galaxien sind von praktisch leerem Raum umgeben – der Kontrast zwischen den Kämmen und Tälern ist riesig geworden. Sogar der Kontrast in der Materiedichte zwischen einem Galaxiensuperhaufen und einer benachbarten Lücke ist beeindruckend. Unsere Computersimulationen zeigen uns, daß ein so starker Kontrast nur entstehen konnte, wenn die Materiekonzentration in diesen Strukturen zu dem Zeitpunkt, als das Licht des kosmischen Mikrowellenhintergrunds seine Reise in unsere Zeit begann, schon weit fortgeschritten war.

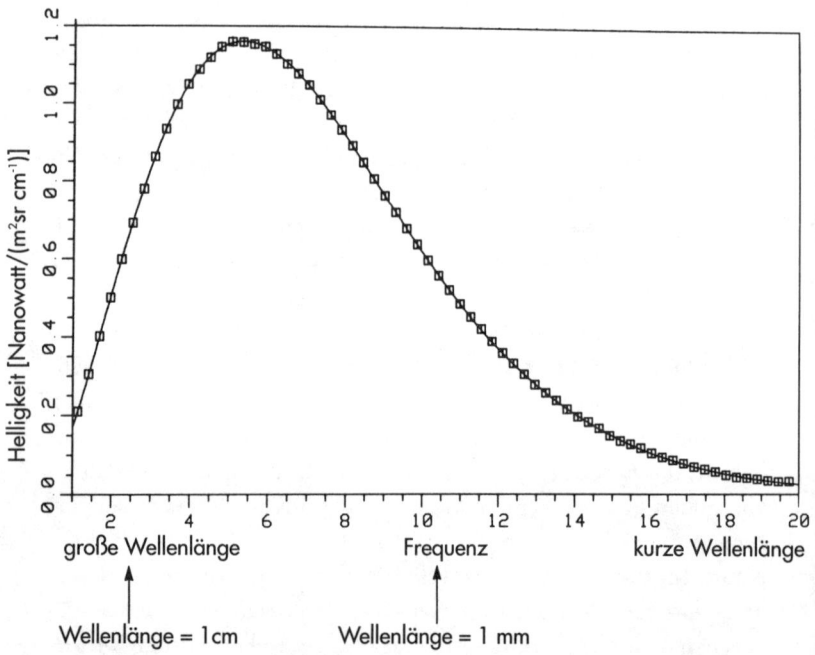

Das Spektrum des kosmischen Mikrowellenhintergrunds (CMB), vom COBE-Satelliten gemessen. Dargestellt ist die Beziehung zwischen Leuchtintensität (Helligkeit) und Frequenz, die der Farbe entspricht. Die gemessenen Daten (als leere Quadrate abgebildet) ordnen sich fast vollkommen auf dem vorhergesagten «Schwarzkörperspektrum» an, das als Kurvenlinie dargestellt ist. (J. Mather et al., Astrophysical Journal Letters, Bd. 354, 1990, Brief 37.)

Blick zurück zu den Galaxienkeimen

Der kosmische Mikrowellenhintergrund bietet uns die Möglichkeit, in der Zeit zurückzublicken, so daß wir diese embryonalen Strukturen «sehen» können, ganz so, wie wir in der Zeit zurückblicken, wenn wir ferne Galaxien betrachten. Erinnern wir uns, daß die ungeheure Lichtenergie – die Photonen – einige hunderttausend Jahre lang immer aufs neue von freien Elektronen gestreut wurde, Verhältnisse, die viel Ähnlichkeit mit Nebel hatten. Doch als sich das Universum hinreichend abgekühlt hatte, fügten sich die Elektronen mit den Protonen zu Wasserstoffatomen zusammen, woraufhin die Photonen freigesetzt wurden und ungehindert durchs All treiben konnten – das Universum war transparent geworden. Diese freigesetzten Photonen, die gleichen, die uns heute als kosmischer Mikrowellenhintergrund erreichen, führten das Muster der Dichtefluktuationen in der Region mit sich, in der sie zuletzt «gestreut» wurden. Photonen, die aus überdurchschnittlich dichten Regionen kamen, verloren nämlich einen geringen Energiebetrag, da sie sich gegen die Anziehungskraft der Gravitation «hinauskämpfen» mußten, während Photonen, die unterdurchschnittlich dichte Regionen verließen, einen «Stoß» zusätzlicher Energie erhielten. Da diese Photonen das Universum ohne weitere Kontakte durchquert haben, blieben ihre Energieunterschiede bis auf den heutigen Tag erhalten. Im Prinzip wußten die Astrophysiker schon vor Jahren, daß sie nur die Energien dieser kosmischen Mikrowellenphotonen zu messen brauchten, um ein genaues Bild von jenem Muster der Materie- und Energiefluktuationen zu erhalten, das vor 15 Milliarden Jahren herrschte.

Was für eine Kamera nimmt ein so bemerkenswertes Bild auf, und wohin müssen wir sie richten? Die Antworten lauten: ein Radio-(Mikrowellen-)Teleskop und auf einen beliebigen Punkt am Himmel. Erinnern wir uns: Als wir bestimmte Himmelsregionen fotografierten, gelang es uns, immer tiefer und tiefer ins All zu blicken. Unsere flachsten Fotografien zeigten Sterne in unserer eigenen Galaxie. Auch sie sind in gewissem Sinne Fluktuationen, denn es handelt sich um Orte, an denen die Materiedichte außerordentlich hoch ist und die von fast vollkommener Leere umgeben sind. Je tiefer wir blickten, desto mehr Galaxien sahen wir. Mit jedem Schritt betrachteten wir ein Bild, das den Weltraum zu einem früheren Zeitpunkt zeigte – vor drei Milliarden Jahren, vor fünf, vor zehn Milliarden Jahren. Im «Hintergrund» aller dieser sich einander überlagernden Bilder früherer Zeiten befindet sich ein «Urbild», das Bild von dem «Tag, als sich der Nebel hob», vor 15 Milliarden Jahren, doch wir müssen unser Foto mit Radiolicht aufnehmen, nicht mit sichtbarem Licht, weil das Licht dieser Zeit vom sichtbaren zum Radiospektrum rotverschoben wurde. Ganz gleich, in welche Richtung wir blicken, ein Bild mit Radiolicht wird uns die Orte zeigen, wo sich die Materie zu Galaxien, Haufen und Superhaufen zusammengeballt hat – die leichten wellenförmigen Verwerfungen in der Materiedichte, die von den Photonen des kosmischen Mikrowellenhintergrunds aufgezeichnet wurden, als sie zu ihrer Reise in unsere Welt aufbrachen.*

Allerdings ist dieses letzte Foto außerordentlich «verblaßt». Die Energieunterschiede, die den CMB-Photonen zuteil wurden, als sie sich aus diesen frühen Fluktuationen der Materiedichte «hinauskämpften» oder «hinausgestoßen» wurden, waren winzig – Veränderungen von einigen tausendstel Prozent. Stellen wir uns ein Bild vor,

---

* Vielleicht erscheint es Ihnen abermals rätselhaft, daß wir *hinaus* ins All blicken können, zurück in die Zeit, und trotzdem rund um uns her ein Universum sehen, das in einer fernen Vergangenheit viel *kleiner* war. Erinnern wir uns an die Antwort auf dieses Rätsel: Unser Universum hat mehr als drei Dimensionen. Oben wurde das Universum mit einem expandierenden Ballon in drei Dimensionen verglichen; da erscheint uns «Flachländern» der Himmel als Ring (und nicht als Kugel). Entsprechend ist auch die Region, aus der die Photonen des kosmischen Mikrowellenhintergrunds zu einem beliebigen Zeitpunkt zu kommen scheinen, ein Ring – nehmen wir aus Gründen der Einfachheit an, wir befänden uns am Nordpol dieser Kugel, dann träfe das Licht heute, sagen wir, vom 48. Breitenkreis ein (später vom 47. und so fort). Dieser Ring ist ein Horizont – die äußerste Begrenzung unseres Blicks. Das Licht hat den Ring verlassen, als er (und der Ballon) sehr viel kleiner war, trotzdem scheint er weiter entfernt zu sein als alle anderen Objekte, weil diese kosmischen Photonen, um uns zu erreichen, den gesamten dazwischen liegenden Raum (die Hülle des Ballons) überwinden mußten, wobei sie auf dem Weg zu uns und der Gegenwart zunächst an den jüngeren Galaxien und später an den älteren vorbeikamen.

Blick zurück zu den Galaxienkeimen 411

dessen Intensitätsstufen sich noch nicht einmal um ein Hunderttausendstel unterscheiden.* Um ein so blasses Bild aufzunehmen, braucht man eine außerordentlich empfindliche Kamera. Als Penzias und Wilson den kosmischen Mikrowellenhintergrund entdeckten, waren sie von seiner Gleichförmigkeit beeindruckt; ganz gleich, welche Himmelsregion sie sich aussuchten, die Intensitätsunterschiede waren kleiner als ein Prozent – das höchste Maß an Genauigkeit, das sie erreichen konnten. Damals bestand keine Aussicht, die winzigen Intensitätsschwankungen zu erfassen, die den von den CMB-Photonen aufgezeichneten geringfügigen Dichtefluktuationen des frühen Universums entsprochen hätten.

1976, zehn Jahre später, entwickelte ein Forschungsteam von Experimentalphysikern aus Berkeley und Princeton eine neue Generation von ballongestützten Detektoren, die Schwankungen von einem Teil pro tausend in der Intensität des CMB-Lichts entdecken konnten, also weit genauer arbeiteten. Mit dieser empfindlicheren «Mikrowellenkamera» entdeckten sie tatsächlich, daß die Intensität nicht in alle Richtungen genau gleich war. Doch erwies sich die Schwankung nicht als unregelmäßig, wie man es für die leichten Intensitätswellen erwartete, die den embryonalen Superhaufen entsprechen sollten. Statt dessen fanden diese Forscher eine leichte Veränderung von einer Hälfte des Himmels zur anderen: In der einen Hälfte war der CMB intensiver – in einer bestimmten Richtung erreichte er eine Gipfelintensität, die ein Tausendstel stärker war –, und in der anderen Hälfte war er schwächer – in genau der entgegengesetzten Richtung erreichte er einen Tiefpunkt, der um ein Tausendstel niedriger lag. Über die ganze Breite des Himmels veränderte sich die Intensität

---

* So weist beispielsweise das Weiß des Papiers auf dieser Seite Schwankungen von ungefähr einem Prozent in der Intensität des reflektierten Lichts auf. Stellen Sie sich vor, die Schwärze des *Drucks* besäße noch nicht einmal diesen Kontrast, sie höbe sich also von der weißen Seite noch nicht einmal um jenes Hundertstel ab, um das die Intensität *zwischen* den Zeilen variiert. Wären die Geheimnisse des Universums so blaß auf diese Seite gedruckt, wie sehr müßten Sie sich bemühen, die Botschaften zu entziffern!

gleichförmig vom Gipfel- zum Tiefpunkt, gemäß der allgemein bekannten *Kosinusfunktion*.*

Für diese Intensitätsveränderung des CMB über die Breite des Himmels gibt es nur eine einfache Erklärung: die Dopplerverschiebung, die von der Bewegung unserer eigenen Galaxis durch das Meer von CMB-Photonen verursacht wird. Während unsere Milchstraße dieses Meer durchpflügt, wird die Energie der vorn auftreffenden Photonen erhöht, um ein Tausendstel, während die Photonen in ihrem Kielwasser den gleichen Energiebetrag einbüßen. In jeder anderen Richtung ist der Energiezuwachs oder -verlust dem Kosinus des Winkels zwischen dieser Richtung und der Richtung, in der sich die Milchstraße bewegt, proportional, genau die Variationsform, die in diesen sorgfältigen Messungen der CMB-Intensität beobachtet wurde. Die Geschwindigkeit, die sich daraus ergibt, beträgt ein Tausendstel der Lichtgeschwindigkeit, also 300 km/s. Das ist natürlich die Geschwindigkeit, die wir von unserer Position auf der die Sonne umkreisenden Erde aufzeichnen. Wenn wir die Geschwindigkeit so korrigieren, daß sie einer Messung vom Zentrum der Milchstraße aus entspricht, ergibt sich ein Wert von fast 600 km/s. Wiederum hatte die Möglichkeit, genauere Messungen vorzunehmen, eine vollkommen neue Erkenntnis zutage gefördert, nämlich daß sich unsere Galaxis mit einer hohen Eigengeschwindigkeit durchs All bewegt. Dank dieser Entdeckung waren die sieben Samurai in der Lage, die Eigengeschwindigkeiten aller Galaxien in ihrer Stichprobe an dem kosmischen Bezugssystem des CMB zu messen.

Von dieser kontinuierlichen Veränderung über den ganzen Himmel abgesehen, sah der CMB völlig gleichmäßig aus – eine vollkommen weiße Wand –, kein Anzeichen für die keimenden Haufen oder Superhaufen des frühen Universums. Die Genauigkeit reichte noch

---

* Der Kosinus ist eine mathematische Funktion, die im Dreieck das Verhältnis zwischen der Länge der anliegenden Seiten und der Hypotenuse beschreibt. Wenn der Winkel zwischen den beiden anliegenden Seiten Werte von 0° bis 180° und von 180° bis 360° annimmt, wandert der Kosinus langsam von $+1$ zu -1 und wieder zurück zu $+1$, wobei er zweimal Null passiert.

immer nicht aus! Unter großen Anstrengungen wurden Detektoren konstruiert, die in einem Himmelsausschnitt Intensitätsschwankungen von einem Zehntausendstel erfassen konnten. Trotzdem wurden keine Schwankungen entdeckt – das CMB-Bild blieb vollkommen gleichförmig. Das war ein außerordentlich wichtiges Ergebnis, denn es schloß mehrere Modelle der Strukturbildung aus. Ein Modell versuchte die heutigen Strukturen nur aus gewöhnlicher baryonischer Materie aufzubauen – keine exotischen, schwach wechselwirkenden Teilchen, um den ganzen Prozeß in Gang zu setzen –, und in der anderen Klasse von Modellen war die Gesamtdichte der Materie weit geringer als die «kritische» Dichte, der Wert, bei dem das Universum genau die erforderliche Geschwindigkeit erreicht, um die Expansion irgendwann zum Stillstand zu bringen. In diesen Modellen wären die Dichtefluktuationen, aus denen später Haufen und Superhaufen werden sollten, bei «Freisetzung» der CMB-Photonen schon so deutlich ausgeprägt gewesen, daß ihre Energien Intensitätsschwankungen von mehr als einem Zehntausendstel zwischen verschiedenen Orten des Himmels aufgezeichnet hätten. Solche beträchtlichen Schwankungen waren indes nicht zu beobachten.

So herrschte während der achtziger Jahre große Nervosität unter den Astronomen, als trotz immer empfindlicherer Bildgebungsverfahren kein Anzeichen der embryonalen Struktur zu erkennen war, von deren Vorhandensein die meisten Wissenschaftler überzeugt waren. Einige äußerten öffentlich die Sorge, das gesamte Konzept des Strukturwachstums könne einen entscheidenden Fehler haben, und das wiederum könne Rückwirkungen auf das Urknallmodell selbst zeitigen. Tatsächlich zeigten einige Forscher, die regelmäßig gegen das Urknallmodell polemisieren, unverhohlene Freude angesichts der Schwierigkeiten, die erwarteten Fluktuationen zu finden. Schwerwiegender war der Umstand, daß einige Artikel über sehr exotische, nicht sehr attraktive Alternativen geschrieben wurden, die in Betracht kamen, falls die Schwankungen tatsächlich nicht größer als ein Teil pro 1 000 000 sein sollten. Wir, die wir weiterhin auf das Urknallmodell vertrauten, konnten nichts tun als warten.

1991 berichtete der Astrophysiker George Smooth aus Berkeley, der *COBE*-Satellit – der Augapfel Hunderter von Wissenschaftlern und Technikern – habe das Bild des CMB-Himmels ein Jahr lang aufgezeichnet, ein Bild von so großer Genauigkeit, daß es Intensitätsschwankungen von Ort zu Ort mit der phänomenalen Zuverlässigkeit von einem Teil pro 100 000 anzeige. Endlich tauchten die feinen Wellen aus der glatten See des Mikrowellenlichts auf, wenn auch nur gerade eben feststellbar. Es hatte dieses letzten Schritts in der Entwicklung von Präzisionsmeßgeräten bedurft – einer erstaunlichen technischen Leistung –, um nachzuweisen, daß die Intensität des CMB-Lichts zwischen Regionen von 10 Grad um zwei Teile pro 100 000 variiert. Diese Regionen, die die Größe von «Super-Superhaufen» haben, sind in unserem Zeitalter nicht sehr deutlich ausgeprägt (deutlicher werden sie zutage treten, wenn das Universum einmal das Mehrfache seines heutigen Alters erreicht hat). Doch wir wissen aus unseren theoretischen Modellen, daß diese Schwankung um zwei Teile pro 100 000 genau dem Wert entspricht, den wir für Modelle erwarten, deren Strukturbildung auf schwach wechselwirkender dunkler Materie und einem Universum von «kritischer» Dichte beruht. Eine nachfolgende Beobachtung von MIT-Physikern hat das bahnbrechende *COBE*-Resultat bestätigt.

Diese Arbeit befindet sich noch in ihrer Anfangsphase. Um wirklich etwas über die Fluktuationsmuster des frühen Universums zu erfahren, aus denen die heutigen Galaxien, Haufen, Superhaufen und Riesenlücken erwuchsen, brauchen wir neue «Kameras», die Radiobilder des Himmels mit einer Genauigkeit von einem Teil pro 1 000 000 aufnehmen können. Doch mich erfüllt erst einmal Bewunderung für jene Generation von Wissenschaftlern, die das Unglaubliche fertiggebracht hat: Bilder vom Baby-Universum zu schießen.

Wie das Universum erwächst das Bewußtsein eines jeden von uns aus einem Urkeim und weitet sich dann aus, indem es unser Gehirn mit einem Netz von Neuronen durchzieht, die auf eine komplizierte, nichtlineare Weise jede von unseren Sinnen aufgefangene Erfahrung kodieren. Tag und Nacht wandert unser Geist durch diese Muster, prüft sie, ordnet sie um und, vor allem, *vergleicht* sie. Von frühester

Blick zurück zu den Galaxienkeimen 415

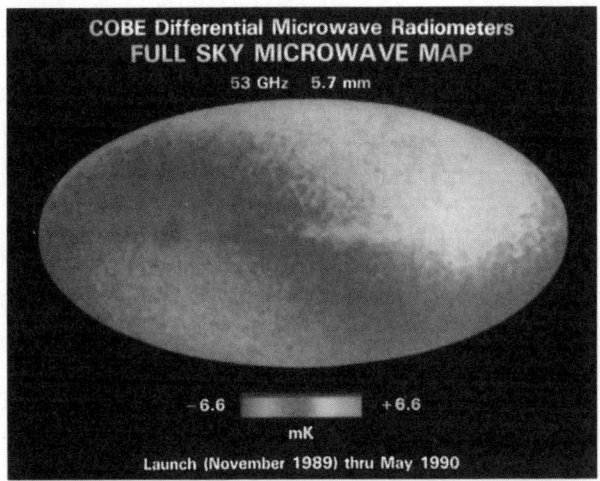

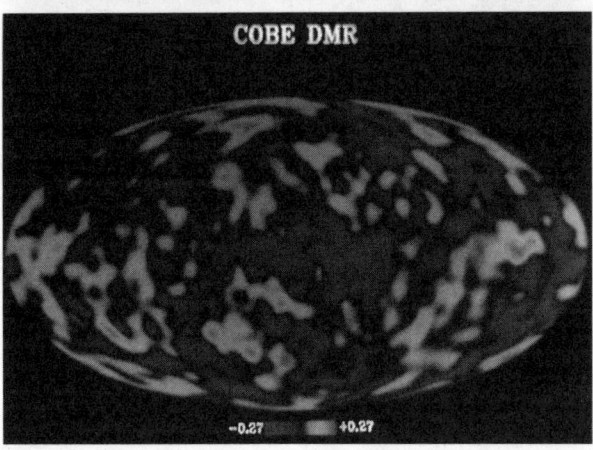

Zwei Bilder des Himmels, die der COBE-Satellit mit Mikrowellen-(Radio-) Licht aufgenommen hat. Das obere Bild zeigt jene gleichmäßige Intensitätsveränderung über die ganze Breite des Himmels, die die Eigengeschwindigkeit der Milchstraße (600 km/s) verursacht. Wenn man diese grobe Schwankung eliminiert, zeigen die empfindlicheren Messungen des unteren Bilds ein schwaches, fleckiges Muster, von dem die Forschung annimmt, es handle sich um die riesigen embryonalen Materiekonzentrationen des frühen Universums. (Mit freundlicher Genehmigung des NASA-Goddard Space Flight Center und der COBE Science Working Group.)

Kindheit an suchen wir nach Assoziationen, Ähnlichkeiten, Wiederholungen; schon als Kinder zimmern wir eifrig «Theorien» zusammen, indem wir das, was wir «gelernt» haben, an neuen Erfahrungen überprüfen. Jedes Kind führt, während es die Objekte seiner Welt exploriert, zahllose Experimente durch: Beispielsweise versuchen wir deshalb (im allgemeinen) nicht, durch Wände zu gehen, glühende Kohle in die Hand zu nehmen oder ein Stachelschwein zu streicheln. Diese Entscheidungen mögen selbstverständlich erscheinen, doch unbewußt müssen wir Hunderte von Analogien durchsehen, weil wir selten Situationen erleben, denen wir in genau der gleichen Weise schon vorher begegnet sind. Vielleicht hatten Sie das Glück, bisher noch nicht einmal den *Versuch* gemacht zu haben, durch eine Wand zu gehen oder ein Stachelschwein auf den Arm zu nehmen; trotzdem sind Sie in der Lage, die Ergebnisse durch Analogie mit anderen weniger folgenreichen Abenteuern zu antizipieren. Jeder, der schon einmal einen Schluck Orangensaft getrunken hat, als er auf Milch gefaßt war, weiß, wie verblüffend intensiv diese Prozesse sind – die Vorgänge «hinter den Kulissen».

Auf diese Weise lernen wir, und auf diese Weise geben wir unser Wissen – natürlich – auch weiter. So erfolgt die Darlegung dieses Gedankens selbst in Form eines Versuchs, Ihre Erinnerungen wachzurufen, Parallelen zu Ihrer Kindheit herzustellen, jener Zeit, in der Sie gelernt haben, was in Ihrer Welt «sicher» war und was nicht. Doch diese Fähigkeit – wahrhaft das Werkzeug des «Denkens» – betrifft weit mehr als nur die sichere Orientierung in einer potentiell gefährlichen Welt. Abstraktion, egal, wie komplex sie ist, ist die eigentliche Leistung des «Verknüpfens» – der Analogien, Vergleiche und Parallelen. Dadurch werden neue neurale Muster gebildet, ein *Puzzlespiel*, das diese Elemente miteinander verbindet. Die Mechanismen höheren Denkens sind eine hochragende Hierarchie solcher Modelle, die aus grundlegendsten Erfahrungen gebildet sind. Unter allen «Erfindungen» der Natur gibt es keine, die wunderbarer wäre als diese. Dem menschlichen Forschungsdrang bietet sich kein fruchtbareres Betätigungsfeld als die «Art, wie wir denken», ein Umstand, dem eine gewisse Ironie innewohnt, wenn man bedenkt, daß

Wissenschaftliches Denken: kreative Analogiebildung   417

das Phänomen, das möglicherweise die bemerkenswerteste Leistung des Universums ist, nur von sich selbst wahrgenommen werden kann. Trotz anderslautender Stereotype, wie man sie vor allem in schlechten Science-fiction-Filmen antrifft, «denken» Wissenschaftler auf genau die gleiche Weise: Auch wissenschaftliche Theorien sind Hierarchien von Analogien. Ferner, und auch das widerspricht allen trivialen Mythen, hat sich noch kein Wissenschaftler, und mag er noch so brillant gewesen sein, je etwas aus dem Nichts zusammengereimt. Vielmehr stellt er neue Analogien her – manchmal verblüffende, meist scharfsinnige und stets komplexe Verknüpfungen mit früherer Erfahrung –, bis ihm ein neues «Verständnis» – ein neues *Muster* – zuwächst. Ein umfangreicher Erfahrungsschatz und die Fähigkeit, komplizierte, verborgene Analogien zu erkennen, sind die wichtigsten Trümpfe eines kreativen Wissenschaftlers.

Ich habe in meiner Kindheit einen solchen Menschen gekannt – Robert Dressler, den jüngeren Bruder meines Vaters, der von Natur aus den an Besessenheit grenzenden Drang verspürte, «Muster zu erkennen» und herauszufinden, «wie alles funktioniert». Er verbrachte seine Kindheit und Jugend während der Großen Depression bastelnd und experimentierend in der Wohnung meiner Großeltern in Bronx Park East, im Schoße einer liebevollen Familie, die trotzdem nicht die geringste Ahnung hatte, was er eigentlich wollte. In Angst und Schrecken versetzt durch die kleinen Explosionen, durchgeknallten Sicherungen und veritablen Feuer, die er beim «Spielen» auslöste, blieb meiner Großmutter nur die schwache Hoffnung, er werde damit eines Tages doch noch etwas Nützliches anfangen, etwa ein Radiogeschäft aufmachen – mehr Verständnis vermochte sie für seine Leidenschaft nicht aufzubringen. Eine solide Schulbildung bereitete Robert auf das Physikstudium an der Columbia University vor, das er während des Zweiten Weltkriegs absolvierte und mit dem Magister abschloß, unterstützt von der US-Navy, da er an der Entwicklung des Radars mitarbeitete. Nach dem Krieg ging er zur Paramount Corporation, wo er sich mit den technischen Grundlagen des damals seinen Siegeszug antretenden Fernsehens beschäftigte; später führte ihn sein Weg zu Raytheon Inc., in die makabre Welt der nationalen Verteidigung. Die Umstände – und natürlich auch der eigene Wunsch – ließen ihn nach und nach von der Wissenschaft zum Management wechseln, wohl weil ihm der Umgang mit Menschen so außerordentlich leicht fällt. Im Laufe der Jahre sah ich dann, wie ihn sein Lebensmut allmählich verließ, als der Kontakt zu seiner eigentlichen Liebe, der Wissenschaft, immer abstrakter und mittelbarer wurde.

Einmal im Jahr kam Onkel Robby zu Besuch. Er war der Zirkus, der Jahrmarkt und der Zauberkünstler in einer Person. Während Dad ihn vom Flughafen abholte, hielt ich Wache am großen Fenster des Wohnzimmers, um ja nicht zu verpassen, wenn er aus unserem Auto auf den Rasen purzelte – es gehörte zum festen Ritual seiner Besuche, daß er den Tolpatsch spielte, um sich dann mühsam aufzurappeln und seine Kleidung glattzustreichen. Dabei lag auf seinem rosigen Gesicht stets ein jungenhaftes Lächeln, das sich gut mit dem militärischen Borstenschnitt seines rötlichen Haars vertrug, aber nicht recht zur Nüchternheit des gespaltenen Dresslerkinns passen wollte.

Seine altmodische Aktentasche war die reinste Schatzkiste. Mit geheimnisvollem Gesicht und großen Gesten zog er da merkwürdige Chemikalien, elektrische Spielereien, Kristalle, Radiometer und andere Kostbarkeiten hervor – die Wunder der Natur waren die Versatzstücke seiner Zaubervorstellung. Mit seinen Spielzeugen enthüllte er die Geheimnisse der Elektrizität, Chemie und Mechanik. Jedes Jahr hinterließen seine ruhelosen Reisen – Unternehmungen, mit denen er seinen häuslichen Problemen (von jener Art, die er nicht zu lösen wußte) zu entkommen trachtete – neue Spuren und Falten in einem Gesicht, das eigentlich nur das des Weihnachtsmannes sein wollte. Doch stets begannen seine Augen zu leuchten, wenn die Zaubervorstellung begann. 1959 kam er aus Japan mit einem Sony-Transistorradio zurück – niemand, den ich kannte, hatte jemals davon gehört –, und ich starrte stundenlang auf das Innenleben dieses Miniaturwunders. Es ersetzte ein batteriebetriebenes, «tragbares» Philco-Röhrengerät – zwanzig Pfund schwer und einen halben Meter lang –, das mein Vater ins Badezimmer gestellt hatte, weil er Musik liebte, aber ein netzbetriebenes Gerät an diesem Ort für zu gefährlich

Onkel Robby

hielt (trotzdem verdanke ich den 67,5 Volt *Gleich*strom aus zwei riesigen Batterien den schlimmsten elektrischen Schlag meines Lebens). Ein andermal traf Onkel Robby mit leeren Händen ein (ich war am Boden zerstört), führte mich dann aber in einen Hobbyladen, wo er einen Bausatz für einen Elektromotor kaufte, der nur aus einer Handvoll einfacher Metallteile, zwei winzigen Magneten und einigen Drahtspulen bestand. Geduldig machte er mich mit den Einzelteilen vertraut, wobei er mir zeigte, welchen Weg die Elektrizität nahm, wie die magnetische Kraft erzeugt wurde und wie sie «übersprang», wenn die Kontakte kreisten. Den ganzen Tag über teilte er seine Aufmerksamkeit mühelos zwischen mir und meinen Eltern. Am Abend war es soweit: Wir konnten die Batterie anschließen, und augenblicklich erwachte der Motor schnurrend zum Leben, gleichmäßig und vollkommen. Ich war mir sicher: So war auch die Welt gedacht.

Ich war ein Halbwüchsiger, als Onkel Rob einen zehn Zentimeter hohen Erlenmeyerkolben mitbrachte, der einen Zentimeter hoch mit einem elfenbeinfarbenen festen Stoff gefüllt war, Natriumacetat in Wasserlösung, wie er mir mitteilte, eine Substanz mit der verblüffenden Eigenschaft, bei Zimmertemperatur entweder fest oder flüssig zu sein. Wir requirierten den Backofen meiner Mutter, wo wir das feste Natriumacetat vorsichtig schmolzen. Mehrfach nahm Onkel Rob den Kolben heraus und schwenkte ihn vorsichtig, um sicherzugehen, daß die dicke, klare Flüssigkeit keine festen Klumpen mehr enthielt. Dann erklärte er, der Kolben müsse nun an einem sicheren Ort verwahrt werden, wo er nicht bewegt, noch nicht einmal angestoßen werde, und dann zwei Stunden sich selbst überlassen bleiben. Ich hatte nicht die mindeste Idee, was er damit bezweckte.

Als wir zurückkamen, war der Kolben und sein Inhalt abgekühlt, aber noch immer enthielt er eine klare, zähe Flüssigkeit – das Natriumacetat hatte nicht wieder den festen Zustand angenommen, in dem Onkel Rob es mitgebracht hatte, obwohl es wieder auf Zimmertemperatur abgekühlt war. Merkwürdig, dachte ich. Ich hatte erwartet, es werde wieder «gefrieren». Feierlich holte Onkel Rob dann aus der Tasche seiner Sportjacke ein kleines Fläschchen und eine Pinzette hervor. Nachdem er dem Fläschchen so vorsichtig, als handle es sich um Nitroglyzerin, ein winziges Klümpchen Natriumacetat entnommen hatte, händigte er mir die Pinzette aus und forderte mich auf, das Klümpchen vorsichtig in den Kolben mit seiner hartnäckigen Flüssigkeit fallen zu lassen und Augen und Ohren aufzusperren. Ich tat, wie mir geheißen. Im gleichen Augenblick, da das Klümpchen die Flüssigkeit berührte, wuchsen ihm nach allen Seiten dreieckige Flügel – und in ein paar Sekunden war die ganze Masse kristallisiert. «Wow!» rief ich aus. Onkel Rob wartete noch ungefähr dreißig Sekunden und befahl dann: «Nimm ihn auf!» Ich ergriff den Kolben nahe seinem Boden – und hätte ihn fast fallen gelassen: Zu meiner größten Überraschung war er heiß. (Ich war verblüfft und hätte den Kolben fast fallen gelassen, weil meine innere «Modellierung» nicht stimmte – ich hatte keinerlei Wärme erwartet.)*

Onkel Rob brachte den Kolben in Sicherheit und begann mir schmunzelnd zu erklären, daß wir soeben dem Phänomen der Unterkühlung und der Freisetzung von Kristallisationswärme beigewohnt hätten. Unterkühlung, so erklärte er, habe mit dem Temperaturübergang von der flüssigen zur festen Form oder «Phase» zu tun. Viele Stoffe lassen sich auf Temperaturen unter ihrem Gefrierpunkt abkühlen – selbst gewöhnliches Wasser kann man, kurz bevor es sich in Eis verwandelt, «unterkühlen», obwohl sich der Effekt wesentlich augenfälliger mit Natriumacetat demonstrieren läßt. Wenn man eine Flüssigkeit sorgfältig und vorsichtig in diesen unterkühlten Zustand versetzen kann, läßt sich der Übergang in die feste Form lostreten wie eine Lawine, woraufhin er sich mit erstaunlicher Geschwindigkeit vollzieht. Die Moleküle, die sich eben noch frei in der Flüssigkeit

---

* Wer dieses Experiment wiederholen möchte, kann sich in einer Drogerie wasserfreies Natriumacetat in Pulverform besorgen – völlig ungefährlich, wenn man es nicht gerade ißt – und es in destilliertem Wasser auflösen, in einem Verhältnis von, sagen wir, 30 Gramm Pulver auf 60 Milliliter Wasser. Sollte die Lösung die Neigung zeigen, zu kristallisieren, bevor sie auf Zimmertemperatur abgekühlt ist, müssen Sie noch etwas Wasser hinzufügen. Arbeiten Sie ganz sauber – jede Verunreinigung wird die Unterkühlung verhindern. Am spektakulärsten ist der Kristallisierungsvorgang, wenn er mit einem einzigen winzigen Kristall beginnt.

Unterkühlung – Kristallisation

umherbewegen konnten, werden rasch zu dem regelmäßigen Gitter angeordnet, das den festen Zustand kennzeichnet. Normalerweise, so mein Onkel, vollzieht sich dieses Geschehen allmählich, während jedes Atom seinen Platz im Gitter einnimmt, doch bei Unterkühlung gerät dieser Prozeß zu einer großangelegten Reise nach Jerusalem – alle Moleküle stürzen sich wie wild auf ihre «Stühle», sobald eines von ihnen die erste Bewegung gemacht hat.

Die erstaunliche Wärmefreisetzung hänge auch mit dem Energieunterschied pro Molekül zwischen festem und flüssigem Zustand zusammen, erklärte er. Für den Übergang vom flüssigen zum festen Zustand muß jedes Molekül zunächst «eingefangen» werden – seine kinetische (Bewegungs-)Energie auf fast null verringern, so daß es sich im Gitter fixieren läßt. Das geschieht durchs «Kühlen» der Flüssigkeit. Doch sobald die Flüssigkeit die geeignete Temperatur angenommen hat und bereit ist zu gefrieren, muß jedes Molekül noch richtig *orientiert* werden – so gedreht werden, daß es sich in das Muster fügt. (Beispielsweise sieht das Wassermolekül H_2O wie ein Mickymauskopf aus, wobei die «Ohren» von den Wasserstoffmolekülen gebildet werden. Wenn Sie sich Mickymausköpfe auf einer Lithographie von Andy Warhol vorstellen, haben Sie einen ziemlich genauen Eindruck davon.) Der «ungeordnete» Zustand, in dem die Moleküle die Freiheit genießen, sich in jede Richtung zu drehen und zu bewegen, ist ein energiereicherer Zustand als der «orientierte» Zustand der «Ordnung», in der weniger Wahlmöglichkeiten zur Verfügung stehen. In der Wissenschaft sprechen wir in diesem Fall von *Freiheitsgraden*: Ein System mit mehr Freiheitsgraden befindet sich in einem energiereicheren Zustand. Das Gefrieren einer Flüssigkeit ist wie der Übergang einer ersten Klasse von der Pause zum Unterricht. Zunächst muß man die Kinder «abkühlen», das heißt daran hindern, im Klassenzimmer herumzutoben, dann muß man ihnen noch mehr Energie entziehen, damit sie aufhören, sich auf ihren Stühlen in alle Richtungen zu drehen (bis sie nach vorn sehen und nur noch zappeln – vibrieren wie die Atome in einem Kristallgitter). Der flüssige Zustand, das Herumrennen in alle Richtungen, ist ein außerordentlich *symmetrischer* Zustand – für einen ausgelassenen

Erstkläßler sind alle Richtungen gleich verlockend. Will man das Kind dazu bringen, sich auf einen Stuhl zu setzen, muß die Symmetrie «gebrochen» werden.

Als sich unsere Natriumacetatlösung unter den Gefrierpunkt abgekühlt hatte, war die kinetische Energie so weit vermindert, daß die Moleküle dazu gebracht werden konnten, «Platz» zu nehmen. Während der Kristallisationskaskade, die der Kristallisationskeim auslöste, wurde die in den Freiheitsgraden gespeicherte Energie freigesetzt, als jedes Molekül rasch seine vorgeschriebene Orientierung annahm. Die Energiefreisetzung, die diesen «Symmetriebruch» begleitet, ist beträchtlich und heißt *Kristallisationswärme* (oder *Schmelzwärme*).* Das war die unverhoffte Wärmequelle, die mich so überrascht hatte.

Bei diesem Besuch erklärte Onkel Rob mir den Unterschied zwischen festen und flüssigen Körpern, gab mir Einblicke in das Wesen von Energie und Temperatur und machte mir deutlich – die wichtigste Erkenntnis von allen –, daß *Symmetrie*, ein scheinbar abstrakter Begriff, sehr konkrete Folgen haben kann. Durch Vergleiche, Verknüpfungen, Muster und Modelle vermittelte er mir eine intuitive Vorstellung von der natürlichen Welt.

Es gibt keine schwerere Last als vielversprechende Anlagen. Nicht nur Kinder, sondern auch Theorien haben in solchen Fällen darunter zu leiden, daß man ihre Leistungen für selbstverständlich hält und noch weit Größeres von ihnen erwartet. Nehmen wir beispielsweise das Urknallmodell. Ursprünglich nur entwickelt, um die Expansion

---

* Die Kristallisationswärme des Wassers beträgt 80 Kalorien (nicht die *Kilo*kalorien der Diäten) Wärmeenergie pro Gramm. Besonders deutlich ist das zu beobachten, wenn wir Eiswasser erwärmen: Die Temperatur bleibt bei 0 Grad Celsius, bis alles Eis geschmolzen ist. In diesem Fall steigt die Temperatur des Eis-Wasser-Gemisches nicht, weil die hinzugefügte Wärmeenergie restlos dafür aufgewandt wird, die Freiheitsgrade jedes Moleküls wiederherzustellen – ihm die Fähigkeit zu verleihen, sich in alle Richtungen davonzumachen, wie es der flüssige Zustand verlangt.

Was sagt das Urknallmodell über den Urknall aus? 423

des Universums zu erklären, ließ es anschließend völlig unerwartet die zutreffende Vorhersage folgen, daß einige hunderttausend Jahre nach dem Schöpfungsaugenblick ein alles beherrschendes Energiefeld entstanden sein müsse, um uns schließlich damit zu verblüffen, daß es erklärte, wie die leichten chemischen Elemente zusammengesetzt wurden, als das Universum einige Minuten alt war. Trotzdem waren wir noch nicht zufrieden. Nur noch eine Bitte, sagten wir: Könntest du uns bitte verraten, wie die Materie im Innersten beschaffen ist und wie das Universum in der ersten billionstel billionstel billionstel Sekunde ausgesehen hat? O je.

Solange es um die Vorhersage des CMB oder die Beschreibung der Nukleosynthese ging, bewegten sich die Physiker auf vertrautem Boden, wandten sie doch an, was sie über das Verhalten von Materie und Energie bei Dichten und Temperaturen wußten, wie sie sie in irdischen Laboratorien herstellen konnten. Die physikalischen Bedingungen waren «bekannt», und ihre Konsequenzen ließen sich im Kontext eines angenommenen Urknalls hochrechnen, um festzustellen, ob dieses außerordentliche Ereignis tatsächlich stattgefunden hat. Als die Vorhersagen sich als richtig erwiesen, wuchs das Vertrauen in das Modell. Doch läßt sich der Prozeß, so fragten einige Forscher, auch bis zu einem noch früheren, extrem kurzen Augenblick mit noch ungeheureren Temperaturen und Dichten zurückverfolgen?

Anfang der siebziger Jahre hatten die theoretischen Physiker einige Modelle zusammengestoppelt, die erklärten, wie sich Materie und Energie unter so außergewöhnlichen Umständen verhalten haben könnten. Leider wären zur Validierung dieser Modelle Experimente erforderlich gewesen, die sich auch in unseren kühnsten Träumen nicht realisieren ließen.* Gemach, sagten einige Forscher,

---

* Der Supraleitende Super-Collider (SSC), ein Projekt, das in der texanischen Wüste geplant war, inzwischen aber wieder gestoppt wurde, sollte annähernd 10 Milliarden Dollar kosten. Seine starken Magneten hätten ein Gebiet von Kleinstadtausmaßen eingekreist, und trotzdem wären die gewaltigen Energien, die er erforscht hätte, indem er Protonen und Antiprotonen beschleunigt hätte, um sie

warum solchen Phantasien nachhängen, wenn das Experiment längst stattgefunden hat? Stellen wir den Prozeß doch einfach auf den Kopf. Bisher haben wir mit Hilfe bekannter physikalischer Erkenntnisse den Urknall überprüft. Jetzt glauben wir an ihn, benutzen wir ihn also, um die neue Physik zu überprüfen – ein kühner Vorschlag, um es vorsichtig auszudrücken.

Das heutige Universum ist eine vereinfachte Version seiner früheren Zustände. Protonen, Neutronen, Elektronen, Photonen und Neutrinos sind die letzten Überlebenden einer bunten Ahnenschar von Teilchen, die nur in «heißeren Zeiten» überleben konnten – diese farbigen, charaktervollen Sorten lösten sich auf, vernichteten sich gegenseitig und zerfielen. Einst wurden diese Gesellen in einem kochenden Meer aus Materie-Energie ständig geschaffen und zerstört, gemäß dem berühmten Rezept von Einstein: $E = mc^2$ – Masse und Energie sind einander äquivalent in einer Beziehung, die durch das Quadrat der Lichtgeschwindigkeit bestimmt wird. Doch als das Universum auf Zustände unterhalb der für die Schöpfung notwendigen Energien abkühlte, fiel die weit überwiegende Mehrheit dieser Teilchenarten der Annihilation anheim oder auseinander und starb aus. Nur ein paar besonders lebenstüchtige Sorten haben den «Urfrost» überlebt.

Nun ist aber nicht nur unsere ganze Welt aus dieser dezimierten Gesellschaft zusammengefügt, sondern ein glücklicher Zufall trägt auch dafür Sorge, daß diese wenigen überlebenden Spezies einen Blick in die lange untergegangene Welt gestatten. Wenn man Protonen oder Elektronen fast auf Lichtgeschwindigkeit beschleunigt und sie dann ineinanderkrachen läßt, wird für kurze Augenblicke das energiereiche Universum der Vergangenheit wiedererschaffen – ein Vorgang, bei dem sich zahllose weitere Teilchen zeigen. So hat man

---

dann aufeinanderprallen zu lassen, weit, weit hinter denen des Urknalls zurückgeblieben. Ein SSC, der groß genug wäre, um den Urknallenergien nahezukommen, müßte einen Durchmesser besitzen, der etwa dem unseres Sonnensystems gliche – ein Projekt, das selbst für (das bekanntermaßen zur Selbstüberschätzung neigende) Texas zu groß wäre.

Die übriggebliebenen Teilchen 425

beispielsweise festgestellt, daß das Elektron zur «Lepton-Familie» gehört, zu der noch zwei weitere negativ geladene, aber massereichere Teilchen gehören, das Myon und das Tau. Wie ein «gewöhnliches» Neutrino die Entstehung eines Elektrons aus reiner Energie begleitet, bildet sich ein Myon-Neutrino zusammen mit einem Myon und ein Tau-Neutrino zusammen mit einem Tau.

Protonen und Neutronen sind aus festerem Stoff gemacht – den Quarks. Diese Bausteine treten mit einer Vielzahl von «Eigenschaften» auf, deren unterschiedliche Kombinationen verschiedene schwere Teilchen definieren (zusammenfassend *Hadronen* genannt). Von ihnen sind die Protonen und Neutronen die einzigen «lebenden» Arten – jedes ist aus drei Quarks zusammengesetzt, wobei sie sich dadurch unterscheiden, daß die eine Sorte aus zwei «up»-Quarks und einem «down»-Quark besteht, die andere aus zwei «Downs» und einem «Up».* Doch vor langer, langer Zeit, als die Temperatur des Universums noch Hunderte von Billionen Grad betrug statt der frostigen 2,735 Kelvin, die es heute aufweist (die gegenwärtige Temperatur des «Alls», wie sie von den Photonenenergien des kosmischen Mikrowellenhintergrunds festgelegt wird), gab es eine Fülle anderer Quarkkombinationen. (Vergessen wir aber nicht, daß sich diese ganze Phase über einen Zeitraum erstreckte, den wir als unvorstellbar kurz empfunden hätten.)

Bei der enormen Energiedichte, die zu diesem frühen Zeitpunkt herrschte, entstanden Teilchen aus reiner Energie. Die Regeln der Teilchenerzeugung waren damals wie heute sehr spezifisch. Da beispielsweise die Ladung «erhalten» (im Gleichgewicht) bleiben mußte, war jedes geladene Teilchen bei seiner Entstehung von einem *Antimaterie*-Partner begleitet, einem Teilchen mit den gleichen Eigenschaften, aber entgegengesetzter Ladung. Deshalb gehörte zur Erzeugung eines Protons stets ein Antiproton, und wenn Protonen

---

* Ein «up»-Quark hat ⅔ einer elektrischen Ladungseinheit, ein «down»-Quark dagegen –⅓ dieser Einheit. Mit zwei von der einen Sorte und einem von der anderen erhalten wir also eine Ladung von entweder +1 oder 0.

und Antiprotonen aufeinandertrafen, annihilierten (vernichteten) sie sich und gaben die reine Energie, aus der sie entstanden waren, wieder frei. Protonen und Antiprotonen befanden sich «im Gleichgewicht», das heißt, für jedes Paar, das entstand, wurde ein anderes zerstört, ein Prozeß, der sich fortsetzte, bis das Universum ein paar Sekunden alt war. Danach kühlte es auf weniger als eine Billion Grad ab – zu kalt (nicht genügend Energie), um noch weitere Protonen oder Antiprotonen zu erzeugen. Glücklicherweise zeigte die Natur ganz am Ende dieser Phase eine leichte Tendenz, mehr Protonen als Antiprotonen zu erzeugen, wobei die Überproduktion etwa ein Teil pro eine Milliarde betrug. Infolgedessen waren nach Beendigung der Annihilation noch 10^{80} Protonen übrig, um die Welt zusammenzusetzen, die wir kennen.

Daß die Teilchenarten, die es in jeder Epoche gibt, von der herrschenden Temperatur abhängen, ist die eine Hälfte des Bildes; *Kräfte* sorgen für die andere Hälfte. Kräfte vermitteln die Wechselwirkungen zwischen Teilchen; beispielsweise wird die Erzeugung eines Proton-Antiproton-Paares von der elektromagnetischen Kraft organisiert, die über die Energie verfügt und sie dann, wie ein Börsenmakler, in eine andere Form überführt. Das Photon ist der Bote der elektromagnetischen Kraft und zugleich ihre Energiebank – gewissermaßen die Währung der Transaktion. Neben der elektromagnetischen Kraft kennen wir noch drei andere: die *starke Kraft*, die Protonen und Neutronen im Atomkern zusammenhält, die *schwache Kraft*, die (unter anderem) für die Entstehung von Neutrinos verantwortlich ist, und die Gravitationskraft. Teilchen, die, wie das Photon, diese Kräfte tragen, bezeichnet man zusammenfassend als *Bosonen*.

Heute besteht die Hauptaufgabe der Teilchenphysik darin, alle Teilchen zu spezifizieren und ihre Wechselwirkungen und Transformationen durch die vier fundamentalen Kräfte zu beschreiben. Vielleicht wird uns die Situation etwas vertrauter, wenn wir uns die Teilchen als finanzielle Instrumente und die Kräfte als Makler vorstellen: die *elektromagnetische Kraft* ist das Geschäft eines Börsenmaklers, die *starke Kernkraft* wird von einem Rohstoffmakler besorgt, die *schwache Kraft* von einem Anleihenbroker und die *Gravi-*

Teilchen und Kräfte

tationskraft von einem Immobilienmakler. Wie in der Welt der Hochenergiephysik werden in unserer Gesellschaft diese sehr ähnlichen Aktivitäten von ganz unterschiedlichen Regeln bestimmt. Jeder Makler ist ein Spezialist für eine bestimmte Transaktionsart; so gibt es beispielsweise kein System, in dem es möglich wäre, IBM-Aktien gegen Weizentermingeschäfte oder Moorland einzutauschen.

In den dreißiger Jahren begannen Physiker sich mit der Aufgabe zu befassen, das «System» der Teilchen und Kräfte zu beschreiben und zu *verstehen*. Wenn wir bei dem Vergleich mit der Finanzwelt bleiben wollen, müssen wir uns vorstellen, daß ein Musiker den Auftrag hat, sich in die labyrinthische Welt von Investitionen und Handelsregularien hineinzufinden, wobei seine einzigen Voraussetzungen darin bestehen, daß er die gleiche Sprache spricht und einfache Rechenaufgaben lösen kann. Diese Welt zu *verstehen* und nicht nur zu beschreiben hieße, daß er, um erfolgreich zu sein, in der Lage sein müßte, eine vernünftige Transaktion oder ein wirksames Finanzinstrument zu ersinnen, ohne sie zuvor gesehen zu haben, einfach indem er sie aus bekannten Regularien ableitete. Entsprechend suchten die Physiker nach einfachen Regeln, die der unübersichtlich wirkenden Welt der Teilchenwechselwirkungen zugrunde liegen, nach einfachen Regeln, aus denen sich durch Kombination ein komplizierteres Muster gewinnen ließ, so, wie beispielsweise ein sechszackiger Stern aus zwölf gleichseitigen Dreiecken konstruiert wird. Doch in den fünfziger Jahren war die Zahl der bekannten Teilchen erheblich angewachsen, und ständig wurden neue entdeckt. Die Theorien, die ihre Wechselbeziehungen zu erklären suchten, erschienen verwirrend, ihre Regeln willkürlich und beliebig.

Ein Ausweg aus dieser schwierigen Situation zeigte sich, als die Physiker Chen Ning Yang und Robert Mills, die an einem sehr begrenzten Aspekt der Theorie arbeiteten, die Hypothese aufstellten, die Regeln der Teilchenphysik, die wir bei niedrigen Energien beobachten, könnten Beispiele für *Symmetriebrüche* sein – so, als würde ein schöngeschliffener Diamant in kleine Stücke zerschlagen, die kaum noch Spuren seiner einstigen Eleganz und Proportion erkennen ließen. Im wesentlichen besagt diese Idee, daß die vier fundamentalen

Kräfte, die in der heutigen energiearmen Welt scheinbar verschieden sind, die «gebrochenen» Versionen einer oder zweier «Superkräfte» sein könnten, deren Wirkungsweise einfacher und symmetrischer gewesen sei. Diese Superkräfte hätten die Wechselwirkungen und Transformationen aller existierender Teilchenarten zugelassen, dazu viele Prozesse, die heute nicht mehr möglich seien.

Um im Bild unseres Vergleichs mit der Finanzwelt zu bleiben – in früherer Zeit gab es «Supermakler», die mit Immobilien und Aktien, mit Anleihen und Rohstoffen handeln konnten, vielleicht sogar einen Super-Supermakler, der für drei oder sogar alle vier Anlagemöglichkeiten zuständig war. In dieser früheren Spielart der Finanzwelt galten einfachere Regeln, die jede Transaktionsart zuließen – Geschäfte zwischen all den verschiedenen Finanzinstrumenten. Erst der «Symmetriebruch» in jüngerer Zeit verbot solche Geschäfte und ließ ein System entstehen, das die grundlegenden Prinzipien verschleierte und nicht mehr erkennen ließ, daß einst einfachere Regeln galten und mehr Möglichkeiten zur Verfügung standen.

Die Idee vereinheitlichender Kräfte war nicht neu in der physikalischen Welt. So löste der englische Physiker James Clerk Maxwell 1864 eine physikalische Revolution aus, als er nachwies, daß die elektrische und die magnetische Kraft in Wirklichkeit Manifestationen einer einzigen elektromagnetischen Kraft sind. Angeregt von Yang und Mills entwickelten nun Steven Weinberg und Abdus Salam sowie, unabhängig von ihnen, Sheldon Glashow die These, daß sich die schwache und die elektromagnetische Kraft zu einer einzigen *elektroschwachen* Kraft vereinigen lassen, allerdings nur bei sehr viel höheren Energien, als wir sie in unserer Alltagswelt vorfinden. Spätere Experimente mit der neuesten Generation von Teilchenbeschleunigern haben die Vorhersagen ihrer Theorie detailliert bestätigt und damit verifiziert, daß sich diese beiden fundamentalen Kräfte bei sehr hohen Energien vereinigen. Exakt sagte die Theorie vorher, was sich in den Experimenten bewahrheitete: die Entdeckung eines bislang unbekannten Teilchens, das Träger der elektroschwachen Kraft ist – des in einer energiereicheren Welt lebenden W-Bosons.

Noch immer mühen sich Physiker mit verschiedenen Ausdrücken

für die fundamentalen Wechselwirkungen zwischen Teilchen und Kräften ab, um die starke und die elektroschwache Kraft zu vereinigen. Diese großen vereinheitlichten Theorien würden die Bedingungen bei noch höheren Energien erfassen. Einige Forscher haben sogar von einem theoretischen System geträumt, das auch die Gravitation einschlösse und so alle vier Naturkräfte zu einer einzigen elementaren Kraft vereinigte. Erst bei Abkühlung des Universums wäre sie in separate Manifestationen zerfallen.

Eine wirklich «allumfassende Theorie» ist immer noch nicht in Sicht. Doch bei dem Versuch, verschiedene symmetrische Beschreibungen der «Regeln» zu entwickeln und zu untersuchen, wie diese Symmetrien gebrochen worden sein könnten, um unsere Welt zu bilden, kommt die Physik immer wieder auf bestimmte Themen zurück, die weitreichende Folgen für die Kosmologie haben könnten. Möglicherweise wird sich aus solchen Arbeiten ergeben, wie die dunkle Materie zusammengesetzt ist. Das heißt, auf die gleiche Weise, wie wir die Entstehung der Protonen und Neutronen im frühen Universum enträtseln konnten, könnte die Kenntnis des Gesamtbildes zu der Einsicht führen, daß die Masse des Universums überwiegend in einem schwach wechselwirkenden Teilchen niedergelegt ist, etwa einem Neutrino mit geringer Masse (die aber nicht null ist) oder einem schweren Teilchen, das der kalten dunklen Materie angehört. Wenn man berücksichtigt, welche unendliche Vielfalt von Teilchen überlebt haben könnte, erscheint die Annahme, das Universum bestehe nur aus Baryonen, weil nur sie zu «sehen» sind, ziemlich töricht – eine späte Wiedergeburt des ptolemäischen Weltbilds, des «erdzentrierten Universums».

Doch aus allen diesen komplizierten Überlegungen hat sich ein grundlegender und weitreichender Gedanke herausgeschält. Es geht um die Symmetriebrechung und die Beschaffenheit des Universums, als die elektromagnetische, die starke und die schwache Kraft noch vereint waren, eine Zeit unvorstellbar hoher Temperaturen, die nur ein Billionstel eines Billionstels einer billionstel Sekunde dauerte (was man aufschreiben und als gedankliche Größe behandeln, aber nicht wirklich begreifen kann). Solche Modelle beschreiben den frühesten Augenblick des Universums als hochsymmetrisch, das heißt, die Regeln erlaubten alle Arten von Transformationen und Wechselwirkungen, so als könnte man Vorzugsaktien gegen öffentliche Anleihen, einen kurzfristigen Schatzwechsel und einige Schweinebäuche eintauschen.

Man nimmt an, im frühen Universum habe eine einzige solche Superkraft geherrscht, Higgs genannt, die, wie ein Supermakler, Geschäfte aller Art abwickeln konnte – Aktien, Anleihen, Rohstoffe –, nur Immobilien (Gravitation) nicht. (Ganz ähnlich wie heute das Photon die elektromagnetische Kraft trägt, übermittelte das Higgs-Boson diese Superkraft, die die Umwandlung aller Arten von Hadronen, Leptonen und anderer Bosonen gestattete.) So vielfältige Arbeit vermochte die Higgs-Kraft zu leisten, weil damals ungeheuer viel Energie zur Verfügung stand. Doch das Universum kühlte rasch ab, und so fand die hochsymmetrische Welt der Higgs-Transaktionen ihr unvermeidliches Ende – die Higgs-Kraft zerfiel in die starke und die elektroschwache Kraft, wobei letzterer bestimmt war, sich weiter in die elektromagnetische und die schwache Kraft aufzuteilen. In dem kälteren Universum gab es nicht genügend Energie, um das extrem flexible System weiterhin aufrechtzuerhalten, deshalb «zerfiel» die Superkraft. Dieser Vorgang hatte große Ähnlichkeit mit dem *Phasenübergang*, dem flüssiges Wasser unterworfen ist, wenn es beginnt, die «Symmetrie zu brechen», das heißt, zu festem Eis zu gefrieren. Es ist einfach nicht mehr genügend Energie vorhanden, um den Wassermolekülen weiterhin die Möglichkeit zu geben, sich in jede beliebige Richtung zu bewegen.

Der Verfall der Higgs-Kraft war wie die Abdankung unseres Supermaklers, bei der sich separate Handelssysteme für Aktien, Anleihen und Rohstoffe bildeten, Systeme, die sich, so gut es ging, auf die energieärmere Welt mit ihren «Handelsbeschränkungen» einstellten. Doch bei der Einrichtung der neuen, weniger eleganten Systeme war von entscheidender Bedeutung, die Regeln jedem begreiflich zu machen, das heißt, überall für ein gleichmäßiges Regelwerk zu sorgen. Es ist der gleiche Vorgang wie bei der Bildung eines vollkommenen festen Körpers – eines Kristalls. Ginge der Übergang nicht so

Vom Zerfall der Superkraft: Symmetriebrüche 431

gleichmäßig vonstatten und würden neue Anweisungen unregelmäßig von einer Region an die andere weitergegeben, dann käme es zu Brüchen – Zonen, in denen die Teile nicht zueinander passen. Deshalb ist beispielsweise ein Eiswürfel voller Brüche und nicht klar. Für unseren Vergleich heißt das: Wenn wir die neuen Makler nebst der erforderlichen Infrastruktur nicht gleichmäßig verteilen würden, entstünden Orte, wo zwei Makler sich das Feld streitig machten und wo kein Rohstoffmakler seine speziellen Funktionen wahrnehmen würde.

Ende der siebziger Jahre arbeitete Alan Guth an der Cornell University über vereinheitlichte Theorien wie die Higgs-Kraft. Dabei stieß er auf genau dieses Problem, daß nämlich die Higgs-Kraft nicht überall im Raum gleichmäßig in die schwache, die starke und elektromagnetische Kraft zerfallen wäre. Vielmehr hätten sich «Verwerfungen» oder «Brüche» gebildet, an denen sich die Ordnung von einem Raumvolumen zum nächsten verändert hätte. Das «Gefrieren» der Higgs-Kraft zu dem weniger symmetrischen Zustand der drei separaten Kräfte hätte offenbar mehr Ähnlichkeit mit einem Eiswürfel gehabt als mit einem reinen Kristall wie etwa einem Diamanten. Damit steckte das Modell in Schwierigkeiten, denn in diesem Fall wären die Konsequenzen für das Universum katastrophal gewesen (zumindest aus unserer Sicht). An jeder «Bruchstelle» hätte sich ein *magnetischer Monopol*, ein einzelner Pol der magnetischen Kraft (ein Phänomen, nach dem die Wissenschaft bislang vergeblich gesucht hat), von enormer Masse gebildet. Zusammengenommen wäre die Masse der Monopole groß genug gewesen, um das Universum nur einige Augenblicke nach seiner Geburt zu einem riesigen Schwarzen Loch zusammenstürzen zu lassen.

Als Guth sich mit den so folgenreichen Problemen der hochenergetischen Higgs-Welt und der magnetischen Monopole auseinandersetzte, wurde ihm klar, daß Monopole fast gänzlich ausgeschlossen werden konnten, wenn der flüssigkeitsartige Zustand vor seinem Übergang in den festkörperartigen Zustand «unterkühlt» worden wäre. Wie ich am Natriumacetat im Erlenmeyerkolben von Onkel Rob beobachten konnte, breitet sich der Kristallisierungsprozeß gleichmäßig über das ganze Volumen aus, wenn eine Flüssigkeit unterkühlt wird und wenn das «Gefrieren» von einer einzigen Stelle aus seinen Anfang nimmt – die Zahl der Brüche bleibt dann minimal. Wenn sich ein Eiswürfel bildet, beginnt der Vorgang des Gefrierens normalerweise in vielen verschiedenen Zentren. Infolgedessen verlaufen die Kristallmuster völlig ungeordnet und kollidieren an vielen Stellen miteinander. Doch wenn der Gefrierprozeß, wie im Falle der Unterkühlung, vorbereitet, aber *verzögert* wird, fährt die Kristallbildung (wie eine endlos lange Reihe umstürzender Dominosteine) rasch durchs Material und verwandelt es in einen gleichförmigen, zusammenhängenden Kristall. Hätte die Higgs-Kraft, so fand Guth heraus, einen niedrigeren Energiezustand als ihre nominelle «Zerfallstemperatur» erreicht, um erst im unterkühlten Zustand zu «zerfallen», dann wäre ihr Übergang gleichförmiger und einheitlicher vonstatten gegangen. Es hätten sich nur wenige oder keine «Brüche» mit magnetischen Monopolen gebildet, die das Schicksal des Universums so rasch besiegelt hätten, falls der Symmetriebruch zufällig verlaufen wäre.

Diese Idee «errettete» das Universum nicht nur vom sofortigen Tod, sondern löste auch hartnäckige Probleme, die das Urknallmodell immer wieder heimgesucht hatten. Guth hatte wenig Erfahrung mit der Kosmologie und glaubte nicht an ihre Verbindung zur Teilchenphysik – sein Kollege Henry Tye, der an diesem Projekt mit ihm zusammenarbeitete, mußte beträchtliche Überzeugungsarbeit leisten, bevor Guth das Higgs-Feld und die Monopole im Kontext des heißen Urknalls untersuchte. Vor allem drängte Tye ihn, die Konsequenzen einer Unterkühlungsphase während der Expansion des Universums zu erforschen. Die Konsequenzen waren, wie Guth feststellte, gewaltig. Aus Einsteins Gleichungen der allgemeinen Relativitätstheorie geht hervor, daß das Universum gleichmäßig expandierte – mit stetig anwachsendem Volumen und daher stetig abnehmender Energiedichte. Im Gegensatz dazu hätte das Universum bei Unterkühlung eine Epoche *inflationären* Wachstums durchlaufen. Das wäre infolge der enormen, im Symmetriefeld enthaltenen Energie geschehen – jener Kristallisationsenergie, die hätte freigesetzt wer-

Alan Guth: inflationäre Expansion 433

den müssen, als das Universum die Nenntemperatur des Symmetriebruchs erreichte, aber nicht freigesetzt worden war. Unfähig, diese Energie nutzbar zu machen oder freizusetzen, wäre das Universum weiterhin mit zu hoher Energiedichte expandiert, eine Situation, die sich mit wachsendem Volumen noch zugespitzt hätte.* Infolge dieses «Strickfehlers» in seiner Energiedichte wäre das Universum in jedem gegebenen Zeitraum exponentiell gewachsen – es hätte sich verdoppelt und verdoppelt und verdoppelt. Solange sich die Higgs-Kraft in dem unterkühlten Zustand «behauptet» hätte, wäre das Universum «aufgebläht» worden und hätte rasch ein unvergleichlich größeres Volumen erreicht als in der ganzen Zeit zahmer Expansion zuvor. Das exponentielle Wachstum, die Phase der inflationären Expansion, könnte zu etwa hundert sukzessiven Größenverdopplungen des Universums geführt haben.

In einem sehr konkreten Sinne wäre diese hypothetische inflationäre Expansion, angetrieben von dem unterkühlten Phasenübergang der Higgs-Kraft, der *eigentliche* Urknall gewesen. Alles, was vor ihr war, hätte sie so radikal verändert, daß die «Anfangsbedingungen» keine Rolle mehr gespielt hätten. Nach Abschluß des symmetriebrechenden Phasenübergangs wäre das Universum unter dem Einfluß dieses gewaltigen Anstoßes in die Expansionsphase eingetreten, in der es sich heute noch befindet. Schließlich freigesetzt, hätte die gewaltige Energie aus dem Symmetriebruch (vergleichbar der Kristallisationswärme, die in Onkel Robs Glaskolben freigesetzt wurde) das Universum wieder erwärmt und die Energie geliefert, aus der ein

---

* Formal beschreiben die Gleichungen dies als eine Situation von *negativem Druck*. Bei positivem Druck, etwa bei Gas in einem Ballon, entspricht eine Volumenzunahme einer Druckverminderung – wir alle kennen die Redewendung «den Druck los sein», womit gemeint ist, daß eine räumliche, zeitliche oder psychische Einschränkung fortgefallen ist. Dagegen nimmt negativer Druck, den einige Wissenschaftler als «Spannung» verstehen, bei wachsendem Volumen zu. Dafür gibt es nichts Vergleichbares in der «Ballonwelt»: Den Druck in einem Ballon zu verringern, damit er sich zusammenzieht, ist keine Entsprechung, denn damit verringern wir nur den positiven Druck.

ganzer Zoo von Teilchen «geschaffen» worden wäre. Eine außerordentlich heiße, expandierende Wolke von Masse-Energie wäre das Ergebnis der «Inflation» gewesen. Nach dieser Theorie war das der Urknall.

Bald entdeckte Guth, daß die Inflationshypothese automatisch zwei zentrale Probleme des Urknallmodells löste, Rätsel, über die er in einem berühmten Artikel von Dicke und Peebles gelesen hatte. Das eine war die verblüffende Gleichförmigkeit des Universums, die sich besonders deutlich darin zeigt, daß sich über die ganze Breite des Himmels nur winzige Intensitätsschwankungen (oder, was auf das gleiche hinausläuft, Temperaturveränderungen) des kosmischen Mikrowellenhintergrunds ergeben. Eine solch erstaunliche Gleichförmigkeit konnte sich nur herausgebildet haben, wenn alle Regionen Kontakt miteinander hatten, das heißt, wenn genügend Zeit für einen Energieaustausch – bei Lichtgeschwindigkeit – zur Verfügung stand, um die Temperatur auszugleichen. So zeigt bewegtes Wasser in einer Schüssel eine unruhige Oberfläche und findet sein Gleichgewicht erst nach jener Anzahl von Sekunden wieder, die die Wellen brauchen, um die Schüssel zu durchqueren. Doch das erschien unmöglich. Im Standard-Urknallmodell teilte das Universum sich rasch in unzählige Regionen auf, die sich nicht in «kausalem Kontakt» miteinander befanden, das heißt, es stand nicht genug Zeit zur Verfügung, ein Signal von einer Region in eine andere zu übertragen. Wie konnte aus einem derartigen System eine gleichförmige, kontinuierliche Energieverteilung hervorgegangen sein?

Darauf wußte Guth' Inflationsmodell eine Antwort: Bevor die inflationäre Phase begann, war das Universum sehr viel kleiner, als man gedacht hatte. In diesem kleineren Universum stand genügend Zeit zur Verfügung, «um überall Ordnung zu schaffen», bevor das Universum in seine explosive Entwicklungsphase eintrat. Noch wichtiger: Die Inflation sorgte dafür, daß die Symmetrie der Higgs-Kraft im Bereich des ganzen beobachtbaren Universums auf eine und dieselbe Weise gebrochen wurde. Die gleiche Eigenschaft, die dem Universum die verhängnisvollen magnetischen Monopole ersparte, trug auch dafür Sorge, daß sich die *physikalischen Gesetze* – die Parame-

Inflationsmodell: Blasenuniversen 435

ter, die letztlich definieren, was wir als *das Universum* bezeichnen – gleichmäßig über ein riesiges Volumen der Raumzeit verteilen. Das Universum, das wir heute sehen, könnte also nur ein kleiner Teil dieses ungeheuer aufgeblähten Volumens sein, das man heute häufig als «Blase» bezeichnet.

Das andere Rätsel, auf das Dicke und Peebles hinwiesen, betraf die Geometrie des Universums, eine Frage, die ich bereits erörtert habe. Das Universum befindet sich in einem aller Wahrscheinlichkeit zuwiderlaufenden Gleichgewicht zwischen den Extremen «offen» (ein ewig expandierendes Universum, in dem die Gravitationskraft überwunden ist) und «geschlossen» (ein Universum, das unter dem übermächtigen Einfluß der Gravitation in sich zusammenstürzt). (Auf dieses ungefähre Gleichgewicht waren Sandage und seine Kollegen gestoßen, als sie versucht hatten, die Krümmung in der Hubble-Beziehung zwischen Rotverschiebung und Geschwindigkeit zu messen: Die Beziehung blieb bis zu einem erheblichen Bruchteil von der Größe des Universums linear.) Geometrisch betrachtet, besagen diese Bedingungen, daß der Raum im «offenen» Universum negativ gekrümmt, das heißt sattelförmig ist und im «geschlossenen» Universum eine positive Krümmung, wie eine Kugel, aufweist. Der kaum denkbare Fall eines Gleichgewichts entspricht dem «flachen» Raum, ein Ergebnis, das Dicke und Peebles angesichts der enormen Bandbreite von Möglichkeiten für außerordentlich unwahrscheinlich hielten. Auch dafür lieferte Guth' Hypothese des inflationären Wachstums eine Erklärung: Durch «Aufblasen» einer kleinen, stark gekrümmten Blase zu einem unvergleichlich größeren Raumvolumen von Billionen Lichtjahren Durchmesser wäre die ganze Region, die wir als «das beobachtbare Universum» erleben – mit einem Durchmesser von ungefähr 20 Milliarden Lichtjahren –, lediglich ein kleiner, fast flacher Fleck auf dem riesigen gekrümmten Raum der «Blase». Das heißt, auf die gleiche Weise, wie wir unsere unmittelbare Umgebung als flach wahrnehmen, da die Erdkugel sehr groß ist, erschiene das beobachtbare Universum infolge des enormen Expansionsfaktors als abgeflacht.

Zwar hat Guth die Idee einer inflationären Phase nicht als erster vorgetragen, aber er entwickelte und erweiterte das Konzept und seine Bedeutung weit über alle Bemühungen seiner Vorgänger hinaus. Er und seine Kollegen fanden Gefallen an dem Gedanken, das Universum sei buchstäblich aus nichts hervorgegangen. Sie meinten, wir sähen nur einen kleinen Bruchteil unserer «Blase», und wagten die kühne These, selbst diese nicht zu beobachtende Blase sei wahrscheinlich nur eine unter vielen anderen, die eine Art kosmischen Schaum bildeten, in dem jede Blase ihre eigenen physikalischen Gesetze, ihre eigene «Wirklichkeit» habe und von den anderen auf ewig durch unüberwindliche «Mauern» aus Urenergie getrennt sei. Das naive Modell eines solitären Universums – der Versuch, sein Schicksal zu ergründen, als sei dieses Gebilde alles, was existiere und jemals existieren werde – mußte vor dem Hintergrund dieses neuen, erweiterten Horizonts aufgegeben werden.

Das Inflationskonzept lieferte Erklärungen für die beiden verwirrendsten Rätsel der Urknallkosmologie – die «Flachheit» des Universums und seine erstaunliche Gleichförmigkeit. Es befreite die Welt von den Monopolen, es glich die «Regeln» für einen großen Bereich an, und es brachte sogar die gegenwärtige Expansionsphase in Gang. Weitere Untersuchungen zeigten, daß das Inflationsmodell auch die Fluktuationen in der Materiedichte erklären konnte, die zur Strukturbildung führten, und zwar genau in der Form des Spektrums (die Amplitude der Fluktuationen versus ihrer Größe), die bei n-Körper-Computersimulationen des Universums bevorzugt wurde.

All das sind Möglichkeiten; ob es allerdings tatsächlich eine Inflationsphase gegeben hat, wissen wir nicht. Noch können wir die Merkmale nicht angeben, die die Higgs-Welt für eine entsprechende Unterkühlungsepisode hätte aufweisen müssen, und natürlich können wir auch nicht sagen, ob die Natur tatsächlich für diese Bedingungen gesorgt hat. Doch die meisten Physiker sind sich einig, daß ein Modell, das so viel zu leisten vermag, zumindest ein Körnchen Wahrheit enthalten muß.

Das Urknallmodell hat sich als fruchtbarer Boden für Ideen über den Ursprung des Universums erwiesen – vom kosmischen Mikrowellenhintergrund über die Nukleosynthese zum Inflationspara-

Triumph des Urknallmodells

digma und seinem Versuch, die Form und Bestimmung unseres Universums mit der Physik der Elementarteilchen und Kräfte zu verbinden. In allen Fällen ist es dem theoretischen Bezugssystem des Urknalls gelungen, die Grenzen unseres Wissens weit hinauszuschieben und dem vielleicht ehrgeizigsten Erkenntnisverlangen der Menschheit auf die Sprünge zu helfen. Obwohl das Urknallmodell noch in den Kinderschuhen steckt, steht es doch, gemessen an seiner Fähigkeit, uns zu neuen, immer kühneren Fragestellungen zu führen und unserem Denken bei der Suche nach ihren Antworten immer neue Horizonte zu erschließen, konkurrenzlos da.

AUF HALBEM WEG ZUR SCHÖPFUNG

Zu den ältesten Menschheitsträumen gehört der Wunsch, in Erfahrung zu bringen, «woher wir kommen». Viele unserer größten literarischen Werke setzen sich mit dieser Frage auseinander, und wir dürfen sicher sein, daß auch die mündlichen Überlieferungen unserer Ahnen, die Zehntausende von Jahren zurückreichen, dieses zentrale Interesse teilten. Die Frage ist ein Kernpunkt der Religionen und prägt viele ihrer Riten. Unser Verlangen, «eine Antwort zu finden», scheint mit jener Gemütsverfassung zu tun zu haben, die wir «Seelenfrieden» nennen, einem schwer zu beschreibenden, aber intensiv empfundenen Bedürfnis nach Sinn und Zugehörigkeit und dem Wunsch nach Schutz vor dem Unbekannten, besonders jenem letzten, das uns allen bevorsteht.

Die Wissenschaft wirft ein relativ neues Licht auf die alte Frage, und sie hält sich dabei an eine ganz eigene Methode: Sie geht aus von der Überzeugung, daß wir die Antwort im wesentlichen selbst finden können und daß sich in der Methode zeigt, «wie gut wir unsere Sache machen». Häufig heißt es abfällig «noch so eine Theorie», und dann wird der Urknall oder die darwinistische Evolution mit Geschichten aus Religion oder Sagenwelt verglichen, die angeblich den Ursprung des Universums oder des Lebens auf der Erde erklären. Doch der Vergleich hinkt, weil der Begriff «Theorie» im wissenschaftlichen Kontext mehr bedeutet als nur die Erklärung einer Anzahl Fakten oder Ereignisse – grundsätzlich ist sie eine Erklärung, die *falsifiziert* werden kann. Die Wahrheit einer Theorie läßt sich nicht beweisen; entgegen einer verbreiteten Auffassung kann nur ein mathematischer *Lehrsatz* einer strengen Beweisführung unterworfen werden. Dafür läßt sich aber durchaus zeigen, daß eine wissenschaftliche Theorie falsch ist, und zwar genügt dazu ein einziges Ergebnis – das sich dann auch meist findet. Aus diesem Grund dürfen die Theorien, die sich gegen ernsthafte Widerlegungsversuche behaupten, getrost als zutreffende Beschreibungen der Wirklichkeit gelten. Auch die Gravitation ist nur eine «Theorie», trotzdem wird niemand, der seine fünf Sinne beisammen hat, an die Decke blicken, um seine verlorenen Schlüssel zu suchen, auch wenn er an jedem in Frage kommenden Ort schon mehrfach nachgesehen hat.

Nun ist der Zeitpunkt gekommen, die in den vorstehenden Kapiteln dargelegten Teilansichten zu einer «Theorie» von der Geburt des Universums zusammenzufügen und zu prüfen, wie zuverlässig ihre einzelnen Elemente sind, das heißt, wie gründlich die Geschichte, mit der uns die Kosmologen erklären, «wie wir hierher gekommen sind», überprüft – Falsifizierungsversuchen unterworfen – worden ist und wie gut sich ihre Ideen dabei bewährt haben. Da vieles von dem, was in diesem Buch erörtert worden ist, wissenschaftliche Pionierarbeit ist, wird sich ein Großteil davon eines Tages als falsch oder als Fehldeutung erweisen. So ist das bei jedem Vorstoß in unbekanntes Gelände: Man fällt vielen Holzwegen und Fehleinschätzungen zum Opfer. Doch die Leichtigkeit, mit der das Gesamtbild sich neue Beobachtungen und Konzepte eingliedert und sie manchmal sogar *vorhersagt* (bei weitem die überzeugendste Bekräftigung einer Theorie), zeigt, wie glaubwürdig die Geschichte ist und wie sinnvoll es scheint, ihr mit aller Entschiedenheit nachzugehen.

Zweifellos ist dies die verrückteste Geschichte, die sich Menschen jemals haben einfallen lassen, um die Frage «Woher kommen wir?» zu beantworten. Aber genau so muß es auch sein – die wahre Geschichte muß uns in tiefstes Staunen versetzen. Die Hinfälligkeit aller vorgefaßten Meinungen und die extreme Beanspruchung unserer Phantasie werden uns davon überzeugen, daß wir auf dem richtigen Weg sind – auf dem Weg zur Schöpfung.

Hier ist die Geschichte, erzählt in einer übernommenen, dem Leser wohlvertrauten Form:

Der erste *Tag* – es werde «Licht». Die Wurzeln des heutigen Universums reichen zurück in eine Zeit von unendlicher Dichte und Temperatur. «Materie» in der Form, wie wir sie kennen, gab es noch nicht, nur einige extrem schwere Teilchen, die in einem flüchtigen Augenblick entstanden und wieder verschwanden. Größtenteils bestand das Universum aus Kraft*feldern*. Der Terminus *Feld* ist eine bequeme Ausdrucksweise für die Energie, die in Kräften eines bestimmten Raumvolumens gespeichert ist. So wirkt beispielsweise auf einen Eisennagel in der Nähe eines Magneten das magnetische Feld ein, und die Elektronen in einer Fernsehantenne hüpfen auf und ab, wenn sie dem Einfluß der Radiowellen (Photonen) unterworfen sind, die die elektromagnetische Energie der Fernsehstation tragen. In den frühesten Augenblicken des Universums gab es zwei solche Felder, das eine mit der Higgs-Kraft, das andere mit der Gravitationskraft verknüpft. Die Situation ist von besonderem Interesse, weil sich die Energie des Higgs-Feldes möglicherweise mit der Energie des Gravitationsfeldes, eigentlich einer *negativen* Energie*, exakt im Gleichgewicht befunden hat. Sehr gut möglich, daß sich die (negative) Gravitationsenergie mit der positiven Energie im Higgs-Feld exakt die Waage hielt, das heißt, das Universum könnte mit einer Gesamtenergie von *null* begonnen haben – Schöpfung aus dem Nichts. Dabei stellen wir uns vor, daß die Gravitations- und die Higgs-Energie (die sich ihrerseits möglicherweise zu einem noch symmetrischeren einzigen Feld vereinigt haben) Zufallsfluktuationen um den Wert von null aufwiesen: Einen Augenblick lang setzte das Higgs-Feld etwas

---

* Die Gravitationsenergie ist negativ, weil sie eine *potentielle Energie* ist. Denken wir uns zwei massereiche Körper, die eine gewaltige Gravitationskraft aufeinander ausüben. Stellen wir uns weiter vor, wir bemühen uns intensiv (wenden große Energie auf), um die beiden Körper voneinander zu trennen. Je weiter sie sich voneinander entfernen, desto kleiner wird die Gravitationskraft und desto geringer folglich auch die Energie, die im Gravitationsfeld gespeichert ist. Bei einem unendlichen Abstand zwischen den Körpern wird die Energie im Gravitationsfeld schließlich gleich null sein. Da wir Energie investiert haben, die Energie aber nur auf null *gestiegen* ist, muß das System zu Beginn über eine große negative Energie verfügt haben. In allen anderen Fällen, etwa dem des elektromagnetischen oder des Higgs-Feldes, ist die Feldenergie positiv, das heißt, sie läßt sich zur *Verrichtung* von Arbeit verwenden. Wenn in dieser Situation alle Energie entzogen ist, *fällt* die Energie des Feldes auf null.

Es werde Licht – Urknall – Teilchenzoo 441

von seiner Energie frei (kühlte sich ab) und veranlaßte das Universum damit zu einer geringfügigen Expansion; dann schnellte es wieder zurück, wobei es vielleicht etwas über das Ziel hinausschoß und bei einer weit höheren Higgs-Energie und einer weit geringeren Größe landete. Ob anschwellend oder schrumpfend, das, was einmal das Universum von heute werden sollte, besaß damals die unvorstellbar winzigen Ausmaße von 10^{-38} Zentimetern.

Als das Universum in dieser Paarung verträumt dahintanzte, walzte es am Rand eines tiefen Abgrunds entlang: Ein falscher Schritt, und das Higgs-Feld wäre unter seine symmetriebrechende Temperatur abgekühlt. Ein kleiner Flirt – eine Raumexpansion, die die Higgs-Temperatur so weit abgesenkt hätte, daß die Symmetrie gebrochen wäre – hätte harmlos und folgenlos bleiben können. Das Universum hätte sich einfach wieder auf festen Boden zurückziehen können (so, wie es Comicfiguren in solchen Fällen gelingt, zum Klippenrand zurückzuzappeln, bevor sie stürzen). Doch wäre der Symmetriebruch im unterkühlten Zustand eingetreten, hätte es keinen Weg zurück gegeben. Das exponentielle Größenwachstum hätte dem Universum jede Aussicht auf Rückkehr zum früheren Zustand genommen, denn die sprießende Gravitationsenergie des inflationär expandierenden Universums hätte sich nicht zurückgewinnen lassen, um die Symmetrie des Higgs-Feldes wiederherzustellen. Nach unserem heutigen Kenntnisstand hätte dieses Ereignis alles Wissen um den früheren Zustand auf immer ausgelöscht.

Der zweite *Tag* – ein Urknall: In seinem unterkühlten Zustand hortet das Higgs-Feld Energie, um seine Symmetrie aufrechtzuerhalten, und entwickelt dadurch einen negativen Druck, der das Universum veranlaßt, seine Größe exponentiell auszuweiten. Diese *Inflation* dauert so lange an, bis die Symmetrie des Higgs-Feldes schließlich gebrochen ist. Das Universum, das jetzt ungefähr die Größe eines Softballs hat, gelangt in die stetigere Expansionsphase, die wir heute beobachten. Die Dichtefluktuationen, die sich zu Galaxien und Haufen auswachsen werden, treten auf und beginnen zu wachsen.

Der dritte *Tag* – der Teilchenzoo: Die Symmetrie ist gebrochen.

Die endlich freigesetzte Kristallisationswärme des Higgs-Feldes wird durch die Erzeugung einer großen Zahl von Teilchen «abgeführt», die in etwa hundert Spielarten auftreten. Teilchenerzeugung und Teilchenvernichtung halten sich die Waage, so daß gewaltige Energien im starken und elektroschwachen Feld gespeichert bleiben. Letzteres wird bei der weiteren Abkühlung des Universums in das elektromagnetische und das schwache Feld zerfallen. Mit fortschreitender Expansion nehmen die Energien kontinuierlich ab, und infolgedessen sterben die schweren Teilchen aus – meist Kombinationen aus Quarks (den Hadronen) und schwereren Leptonen. Protonen und Elektronen überleben, allerdings nur eins von einer Milliarde, da die anderen sich mit Antiprotonen und Positronen annihilieren. Auch irgendeine Art von dunkler Materie überlebt, möglicherweise ein stabiles schwach wechselwirkendes Teilchen mit Masse (WIMP nach englisch *weakly interacting massive particle*), das die Massenverhältnisse des Universums bestimmen wird.*

Der vierte *Tag* – Nukleosynthese: Eine rasche Abkühlung hat das Universum seiner enormen Vielfalt beraubt. Nur die für die dunkle Materie verantwortlichen WIMPs, zwei Spielarten stabiler Quarkmaterie (Protonen und Neutronen), vier stabile Leptonen (Elektronen und die drei Neutrinoarten) und Photonen bleiben, um sich im expandierenden All zu tummeln, in dem nun vier sauber getrennte Kräfte herrschen. Die Dichten und Temperaturen der Materie sind immer noch hoch genug, um für die Fusion von Protonen und Neutronen zu einer beträchtlichen Zahl von Heliumkernen zu sorgen. In Spuren werden auch Deuterium und Lithium hergestellt, doch infolge der rasch fallenden Temperatur und Dichte erstirbt der Prozeß, bevor noch schwerere Elemente entstehen können.

Der fünfte *Tag* – Entkopplung: Seit dem Ende des zweiten *Tages*

---

* Ein Teilchen mit Masse würde automatisch die Voraussetzung erfüllen, daß es sich im Vergleich zur Lichtgeschwindigkeit langsam bewegt. Doch ein leichtes Teilchen, wie etwa das hypothetische *Axion*, kann «kalt» erzeugt werden, deshalb würde es auch als kalte dunkle Materie dienen können.

haben energiereiche Photonen (und vor ihnen die analogen Higgs-Bosonen) die Entwicklung des Universums mit ihrer verschwenderischen Energiedichte bestimmt. Die Gravitation hat die kleinen Fluktuationen in der Verteilung der WIMPs vergrößert – Orte, an denen sich später Galaxien, Haufen und Superhaufen bilden werden. Doch die Photonen haben sich die baryonische Materie unterworfen, indem sie ständig mit den Elektronen kollidierten, wodurch sie das Bestreben der Gravitation durchkreuzten, sie und die mit ihnen vermischten Protonen in die Haufenbildung der WIMPs hineinzuziehen. Schließlich kühlt das Universum so weit ab, daß die Elektronen sich mit den Protonen zusammenschließen und neutrale Atome bilden. Dieses Gas, 76 Prozent Wasserstoff und 24 Prozent Helium, ist lichtdurchlässig, das heißt, die starke Wechselwirkung zwischen Licht und Materie ist damit beendet. Während der weiteren Entwicklung sind Baryonen und Photonen *entkoppelt* – die Baryonen können Haufen bilden, die Photonen ungestört und endlos ihrer Wege ziehen. In der Zeit von damals bis heute hat die Expansion des Universums dieses kosmische Hintergrundlicht bis in den Frequenzbereich von Mikrowellen (Radiowellen) rotverschoben.

Der sechste *Tag* – Galaxien: Die Fluktuationen in der Dichte der WIMPs und Baryonen sind zu beträchtlicher Größe angewachsen. In dem Maße, wie Materie in dichtere Regionen strömt, bilden sich allmählich haufengroße Klumpen sowie superhaufengroße Mauern, Filamente und Lücken heraus. Wo besonders hohe Dichten herrschen, beginnt die Kontraktion des Baryonengases die Zusammenballungen dunkler Materie zu übertreffen. Die Wasserstoffatome stoßen nämlich häufiger zusammen, und diese Kollisionen führen zu Photonenemissionen, die dem Gas einen Teil seiner Wärmeenergie entziehen. Bei Verminderung der Wärmeenergie gewinnt die Gravitation die Oberhand und preßt das Gas zu noch höheren Dichten zusammen, was wiederum die Atome zu noch häufigeren Kollisionen veranlaßt, woraufhin das System weitere Wärmeenergie verliert und so fort. An den dichtesten Stellen verselbständigt sich diese *Dissipation* von Wärmeenergie – die kontrahierenden Gaswolken werden zu Galaxien und umgeben sich dank vermehrter Gravitation mit Halos aus dunkler

Materie. Innerhalb dieser Galaxien kondensieren weit kleinere «Gaströpfchen» – die späteren Sterne. Wenn sich der größte Teil des Gases in einer Galaxie zu Sternen umgewandelt hat, beendet die neugeborene Galaxie ihre Kontraktion, denn es finden keine Atomkollisionen mehr statt, die eine weitere Abkühlung und Kontraktion bewirken könnten. Wahrscheinlich bilden sich die ersten Galaxien aus den dichtesten Fluktuationen, und vermutlich entstehen in ihren Zentren massereiche Schwarze Löcher, die riesige Mengen von Restgas verschlingen. Die Gravitationsenergie, die freigesetzt wird, wenn die Masse von Millionen Sonnen in den unersättlichen Schlund des Schwarzen Loches stürzt, speist das helle Leuchtzeichen, das wir Quasar nennen.

Der siebte *Tag* – das heutige Universum: Die Galaxien nehmen ihre endgültige Gestalt an, während Haufen, Superhaufen und Leerräume weiter wachsen. Die Sonne entsteht und mit ihr der Planet Erde. Dann beginnt das Leben – doch das ist eine andere Geschichte.*

Träte diese Schöpfungsgeschichte mit dem gleichen Autoritätsanspruch auf wie beispielsweise die Genesis im Alten Testament, wäre sie nun zu Ende – ein in sich vollkommen schlüssiger Bericht. Doch hier haben wir es mit Wissenschaft zu tun, deshalb kann diese Darstellung, mag man es nun bedauern oder nicht, anhand neuer Beobachtungen überprüft und auf ihren Vorhersage- und Erklärungswert untersucht werden. Da werden sich alle Mängel wie bei schludriger Handwerksarbeit zeigen, und da werden wir lauschen, ob wir den

---

* Nach unserer Zeitmessung wiesen diese *Tage* höchst unterschiedliche Längen auf, von 10^{-35} Sekunden bis zu 10 Milliarden Jahren (42 Potenzen von 10). Doch vielleicht ist in einem tieferen Sinne die Dauer dieser «Ären» miteinander vergleichbar, weil die Prozesse, die in den einzelnen Zeitabschnitten herrschten, während der kürzeren *Tage* in einem vergleichbar schnelleren Tempo abliefen. Das kurze Leben einer Eintagsfliege wird bis zu einem gewissen Grad durch die fieberhafte Aktivität kompensiert, die ihr Leben bestimmt. Alle Tiere leben ungefähr für die Dauer von einer Milliarde Herzschlägen. Insofern ist jeder dieser Abschnitte in der Geschichte des Universums eine ganze Epoche.

Große vereinheitlichte Theorien

satten Klang der Wahrheit vernehmen oder nur das hohle Tönen von Flickwerk und Täuschung. Stellen wir also fest, ob das Bild standhält.

Dem ersten *Tag* liegt eine verblüffende, merkwürdig faszinierende (oder fatale) Idee zugrunde – ein Universum, das aus dem Nichts entspringt und hin und her gerissen ist zwischen dem Gravitationsfeld und dem Higgs-Feld. Leider gibt es gegenwärtig keine Theorie, die diesen Gedanken detailliert und ergiebig ausführt. Man hat vorgeschlagen, eine «große vereinheitlichte Theorie» (GUT nach englisch *grand unified theory*) aus Materie, Energie und Kräften zu entwickeln, um diese Epoche in allen Einzelheiten zu beschreiben, ein Modell, das sich bei geringeren Energien in die heutigen Teilchen und Felder «zerlegen» läßt. Doch die Modelle, mit denen die Forscher ihr Glück versucht haben, sind in einer Weise gescheitert, die höchst aufschlußreich für die Arbeitsweise der wissenschaftlichen Methode ist.

Von der Überzeugung ausgehend, daß die einfachste Theorie die beste Theorie ist, hat man das einfachste GUT-Modell untersucht, das sich mit den Ergebnissen aus Teilchenbeschleunigerexperimenten vertrug. In diesem Modell versuchte man eine Vereinigung der elektromagnetischen, der schwachen und der starken Kraft im theoretischen Bezugssystem bestimmter Symmetrietransformationen.*

---

* Das Ziel ist eine vollständige Beschreibung der Naturgesetze bei hoher Energie mit einer möglichst geringen Zahl von Teilchen und Kräften und einem Maximum an «Symmetrie». Ein einfaches Beispiel für das Symmetrieprinzip ist der Spielwürfel, jener kleine Würfel, dessen sechs Seiten durch verschiedene Zahlen aus Punkten gekennzeichnet sind. Der Spielwürfel selbst zeigt das gleiche Erscheinungsbild in sechs verschiedenen Orientierungen, worin sich die sechsfache Symmetrie des geometrischen Würfels in drei Dimensionen spiegelt, doch der Ausdruck des Spielwürfels verändert sich, je nachdem, welche Seite – welche besondere Punktezahl – präsentiert wird. Entsprechend kann sich die vereinheitlichte Kraft auf vielerlei Weisen (durch verschiedene Teilchen und Wechselwirkungen) ausdrücken, je nachdem, «wie man sie sieht». Dabei kommen diese Symmetrien nicht im realen Raum zum Ausdruck, sondern in einem mathematischen Raum, der jede beliebige Dimensionenzahl aufweisen kann, obwohl das Ziel ist, den Raum zu finden, der es bei der geringsten Zahl von Dimensionen «schafft», die Phänomene zu erklären. Solche symmetrischen Konfigurationen im vieldimensionalen Raum bezeichnet man als *Eichtransformationen*.

Mit seiner Hilfe gelangte man zu einigen Vorhersagen bislang nichtbeobachteter Phänomene, aber leider lagen diese meist weit außerhalb des Energiebereichs existierender (und selbst geplanter) Teilchenbeschleuniger. Allerdings war eine Konsequenz dieses einfachsten GUT-Modells auch die Vorhersage, daß «Protonen nicht für die Ewigkeit bestimmt sind», daß ein Proton im Durchschnitt 10^{31} Jahre lebt, bevor es in andere Teilchen zerfällt. Glücklicherweise muß man, um diese Vorhersage zu überprüfen, nicht warten, bis das Universum ein solch stattliches Alter erreicht hat, denn aus dieser Aussage folgt auch, daß in jeder Ansammlung von 10^{31} Protonen im Durchschnitt eines *pro Jahr* zerfallen wird. Mit empfindlichen Detektoren tief unten in Bergwerksstollen (10^{31} Protonen entsprechen ungefähr 500 Tonnen Gestein), wo sie gegen Teilchen aus dem Weltraum (die kosmische Strahlung) abgeschirmt sind, haben Physiker bereits festgestellt, daß diese Vorhersage nicht zutrifft: Die Lebenszeit eines Protons beträgt mindestens 10^{32} Jahre. Ein schönes Beispiel für die wissenschaftliche Arbeitsweise: Damit ist das einfachste GUT-Modell durchgefallen, so daß die Theoretiker sich jetzt anderen Modellen und ihren beobachtbaren Konsequenzen zuwenden müssen.

Während einige Physiker nach einem erfolgreichen GUT-Modell suchen, um die drei Kräfte zu vereinheitlichen, arbeiten andere an noch «größeren», weiter gefaßten Beschreibungen – den «supersymmetrischen» Theorien (SUSY), die alle vier Kräfte, also auch die Gravitation, vereinigen könnten. Dabei wird möglicherweise ein vielversprechendes theoretisches Bezugssystem – die *Superstrings* – das hohe Maß an Symmetrie liefern, das erforderlich ist. Der Superstringtheorie liegt der Gedanke zugrunde, daß Teilchen keine «Punkte» mit Ladung, Masse, Spin und so fort sind, sondern höherdimensionale Gebilde, etwa infinitesimale Fadenschleifen oder -oberflächen.* Die

---

* Das verträgt sich vorzüglich mit der Vorstellung, daß die Raumzeit selbst mehr Dimensionen habe als die vier von uns wahrgenommenen. Dabei geht man davon aus, daß sich während der Inflationsepoche die vier Dimensionen von Raum und Zeit zu ihren heutigen gigantischen Ausmaßen aufgebläht hätten, während die anderen extrem kompakt geblieben seien und in etwa die Größe des Universums

Theorie sagt die Existenz von zusätzlichen Teilchen voraus, denen komplementär, die wir kennen – Pho*tinos*, *S*elektronen, *S*neutrinos und ähnliche. Diese Erweiterung ist wichtiger, als es den Anschein hat, denn sie vermehrt die Symmetriemöglichkeiten erheblich und bietet eine vielseitige theoretische Struktur. Bei vielen Physikern gilt die Superstringtheorie als «schön», ein Urteil, das mit der aus Erfahrung geborenen Erwartung zu tun hat, die Naturgesetze müßten letztlich elegant, symmetrisch und einfach sein. Doch mag die Superstringtheorie auch noch so bestechend und vielversprechend sein, bislang ist noch keine ihrer Vorhersagen bestätigt worden. Daher hat das Konzept, bei aller Hoffnung, die auf ihm ruht, noch nicht wesentlich zu unserem Verständnis des frühen Universums beigetragen.

Der zweite *Tag* ist die Inflationsära. Die Inflation ist insofern ein theoretischer Triumph, als sie einige grundlegende Eigenschaften des Universums erklärt: die aller Wahrscheinlichkeit zuwiderlaufende Flachheit, die außerordentliche Gleichförmigkeit, die Eliminierung magnetischer Monopole, die Ursache der gegenwärtigen Expansion und der Urfluktuationen. In den Augen der meisten Theoretiker wird das Inflationsmodell durch die Leichtigkeit, mit der es sich auf eine solche Vielfalt von Erscheinungen anwenden läßt, zu einer Art Universalschlüssel. Nur wenige Theorien erweisen sich auch bei Problemen, für die sie nicht entwickelt worden sind, als so erfolgreich – das verleiht der Inflationstheorie ein Flair von Wahrheit.

Zwar bedeutete das allgemeine Konzept der Inflationsepoche einen Durchbruch für die Kosmologie, doch erwies sich die Entwicklung eines *spezifischen* Modells als alles andere denn leicht. Entscheidend war die Frage, ob diese Phase das Universum mit einem gleichförmig gebrochenen Higgs-Feld zurücklassen kann. Nach dem ursprüng-

vor der Inflation bewahrt hätten – 10^{-38} Zentimeter. Zwar seien die anderen Dimensionen durch ihre submikroskopische Größenordnung vor der Wahrnehmung in unserer aufgeblähten Welt verborgen, hätten aber doch beträchtliche Auswirkungen. So wurde die Auffassung vorgetragen, eine vollkommen symmetrische Welt von zehn Dimensionen sei in die komplexe Welt der Teilchen und Kräfte «zerfallen», die wir heute beobachten.

lichen Modell von Guth «überholte» die exponentielle Expansion des Universums das Higgs-Feld in seinem Bestreben, in eine gebrochene Symmetrie umzuschlagen. Der Symmetriebruch beginnt spontan an unzähligen Orten, und von jedem wächst die Umwandlung in den Zustand der gebrochenen Symmetrie in einer sphärischen Welle nach außen – wie das Natriumacetatkristall im Erlenmeyerkolben meines Onkels Robert. Diese rasch wachsenden Zentren hätten sich vereinigt und das Universum in einen Zustand gleichförmig gebrochener Symmetrie versetzt, wäre da nicht die Expansion gewesen, die sie mit enormer Geschwindigkeit voneinander entfernte – als würde das Natriumacetatkristall nie den Rand des Erlenmeyerkolbens erreichen, weil der Kolben selbst rascher wüchse als das Kristall. Nach Guth' Berechnungen hätte das Universum hinterher einen extrem nichtgleichförmigen Zustand aufweisen müssen: ein Schweizer Käse mit «Blasen» von gebrochener Symmetrie, getrennt durch Zonen ungebrochener Symmetrie. Und das ist ganz gewiß nicht das Universum, das wir heute bewohnen.

Große Anstrengungen hat man in Versuche investiert, die Inflation «aufzuarbeiten»; einige nachfolgende Versionen beseitigten zwar den ursprünglichen Mangel, schufen aber neue Probleme. Eine neuere Spielart, die ihr Schöpfer, der Physiker Paul Steinhardt von der University of Pennsylvania, *erweiterte Inflation* nennt, löst das «Blasenproblem» durch die These, daß das Universum zunächst etwas langsamer expandierte, so daß den «Blasen» gebrochener Symmetrie genügend Zeit blieb, sich gegenseitig zu erreichen und miteinander zu verschmelzen. Zur Begründung, warum dies hätte geschehen können, äußert Steinhardt beispielsweise die Vermutung, daß die Gravitation «am Anfang» eine stärkere Kraft (pro Masseeinheit bei einem gegebenen Abstand) gewesen sein könnte. Ein stärkeres Gravitationsfeld hätte die Expansion gerade so lange verzögern können, daß den Blasen genügend Zeit zur Kollision geblieben wäre.*

---

* In der Physik hat sich die Erkenntnis durchgesetzt, daß man für die außergewöhnlichen Bedingungen der ersten Augenblicke des Urknalls eine neue Be-

Erweitertes Inflationsmodell

Die erweiterte Inflation hätte noch andere Konsequenzen, unter anderem die, daß sie die Dichte der weiträumigsten Fluktuationen erhöhen würde – womit ein Mittel gegen die offenkundige Schwäche gegenwärtiger Modelle gefunden wäre, die Entstehung der größten Superhaufen und Riesenlücken zu erklären. Eine andere denkbare Konsequenz der Blasenkollisionen wäre eine starke «Gravitationsstrahlung», Gezeitenwellen, die im Vorbeistreichen Schauer durch das lokale Gravitationsfeld senden. Die Suche nach «Gravitationswellen» ist eine faszinierende neue Form astronomischer Betätigung. Man stellt sich vor, daß solche Erschütterungen von vielen heftigen Ereignissen im Universum ausgehen, beispielsweise von Supernova-Explosionen. Die winzigen Störungen des lokalen Gravitationsfeldes durch lange zurückliegende Kollisionen der die Higgs-Symmetrie brechenden Blasen sind von der heutigen Meßtechnik nicht im entferntesten zu registrieren, müßten sich aber prinzipiell erfassen lassen.

Egal, ob sich das oben beschriebene Problem lösen läßt oder nicht, der größte Nachteil des Inflationsmodells liegt darin, daß es von der «Physik» verlangt, «genau so» zu sein. Nicht alle GUT-Theorien haben die richtigen Eigenschaften, um die Inflation in Gang zu setzen, so daß offenbar weitere Einschränkungen erforderlich sind, um das «Blasenproblem» zu vermeiden. Die Wahrscheinlichkeit scheint gegen die Entdeckung der «richtigen» GUT-Theorie zu sprechen, der Theorie, deren elegante Symmetrien all die komplexen, heute zu beobachtenden physikalischen Erscheinungen beschreiben und die zugleich die richtigen Bedingungen für einen unterkühlten Symmetriebruch des Higgs-Feldes bei einem Alter des Universums von 10^{-35} Sekunden liefert. Doch vielleicht hat es noch weitere Epochen gegeben, in denen die Inflation unter dem Einfluß anderer «symmetriebrechender Er-

schreibung der Gravitation braucht. Es ist durchaus möglich, daß sich aus dieser noch nicht entwickelten Theorie der *Quantengravitation* jene stärkere Gravitationskraft ableiten lassen könnte, welche die Inflationsepoche in der von Steinhardt vorgestellten Weise erweitern könnte.

eignisse» stattgefunden haben könnte. Viele Kosmologen glauben immer noch, daß einiges für diese Idee spricht, auch wenn wir möglicherweise noch weit davon entfernt sind, die besondere Epoche und ihre Eigenschaften angeben zu können.

Der dritte *Tag* ist der Zeitraum der Teilchenentstehung. Die Einzelheiten dieser Epoche – die genauen Umstände des Was, Wann und Wie der Teilchenerzeugung – sind wahrscheinlich nicht erforderlich, um die dynamische Entwicklung des Universums zu verstehen, mit einer entscheidenden Ausnahme: die Entstehung der dunklen Materie. Erinnern wir uns daran, daß die Inflation das Universum nahe an die kritische Dichte herangeführt hat, daß aber, nach einem sehr erfolgreichen Modell der Nukleosynthese, nicht mehr als zehn Prozent der Masse des Universums in baryonischer Form vorliegen können, der gewöhnlichen Materie, mit der wir vertraut sind. Sinn macht dieser theoretische Entwurf nur dann, wenn mindestens 90 Prozent der Masse des Universums von nichtbaryonischer Form sind.

Zum gegenwärtigen Zeitpunkt ist keine Theorie, egal ob GUT oder Superstring, hinreichend detailliert und durchdacht, um vorhersagen zu können, welche dunklen Materieteilchen erzeugt wurden und wie dies geschah. Doch noch entmutigender sind die Anhaltspunkte, die dafür sprechen, daß möglicherweise beide Grundtypen nicht ausreichen, um die beobachtete großräumige Struktur des Universums zu erzeugen. Modelle, die auf heißerer dunkler Materie, etwa Neutrinos mit geringer Masse, basieren, können viele Superhaufen und Riesenlücken erklären, aber unter ihrem Einfluß bleibt die Haufenbildung benachbarter Galaxien viel zu gering. Verantwortlich dafür ist der Umstand, daß im Modell heißer dunkler Materie die ursprünglich galaxiengroßen Fluktuationen schwinden, wenn die Neutrinos (oder ähnliche Teilchen) fast mit Lichtgeschwindigkeit davonströmen. Weiterhin ist störend an diesem Entwurf, daß die Galaxienbildung auf einen sehr späten Zeitpunkt verschoben wird, eine Vorhersage, die sich anscheinend nicht mit der Existenz von Quasaren verträgt.

Weit erfolgreicher war die These, die sich auf kalte dunkle Materie berief. Anfang der achtziger Jahre breitete sich unter Physikern die

Teilchenerzeugung – die «Große Mauer» 451

Zuversicht aus, daß dieses Modell alle Grundstrukturen der Galaxien und Galaxienhaufen reproduzieren könne. Eine entscheidende Voraussetzung für diesen Erfolg war die Einführung von Nick Kaisers Begriff der *Verzerrung* durch Marc Davies und seine Mitarbeiter – der Vorstellung, daß sich Galaxien stärker zu Haufen ballten als die dunkle Materie. Zwar bezweifelten einige Forscher die Fähigkeit des CDM-Modells mit Verzerrungsfaktor, die Riesenlücke zu erklären oder die Tendenz dichtbesiedelter Galaxienhaufen zu begründen, ihrerseits Haufen zu bilden, doch die Vertreter der Theorie wischten diese Einwände beiseite, indem sie auf vermeintliche Selektionseffekte in den Daten verwiesen. Doch als dann 1986 die «Scheibe des Universums» und die «großräumige Strömung» der sieben Samurai vorlagen, trat diese Schwäche – nicht genügend Energie in großräumigen Verhältnissen – noch deutlicher zutage. Wenn sich die Galaxienverteilung in der «Scheibe» auch schwer quantifizieren ließ, so drängte sich doch der Eindruck auf, daß die Galaxienverteilung zellulär sei, mit vielen Riesenlücken und überraschend dünnen Zellwänden. Die großräumige Strömung, die zum Modell des Großen Attraktors führte, ließ auf eine gewaltige Konzentration in der Verteilung der dunklen Materie schließen. Im besten Fall handelte es sich um Überzeichnungen der Phänomene, die sich in CDM-Simulationen gezeigt hatten, im schlimmsten Fall waren es Ereignisse, die nach diesem Modell unmöglich waren.

Der scheinbare Widerspruch regte neue Untersuchungen der großräumigen Struktur an. Viele weitere «Scheiben» hat die Harvard-Smithsonian-Gruppe hinzugefügt. Eindeutig belegen sie die Vorherrschaft von Riesenlücken, die durch dünne Flächen und Schalen von Galaxien begrenzt werden. Als Geller und Huchra drei nebeneinanderliegende keilförmige Scheiben zusammensetzten, so daß ein blasebalgförmiges Volumen entstand, stellten sie fest, daß eine kontinuierliche «Galaxienmauer» entstand, die sich über den gesamten Beobachtungsbereich erstreckte. Der israelische Astrophysiker Avishai Dekel gab der Struktur nach chinesischem Vorbild den Spitznamen Große Mauer. Zwar steht nicht mit Sicherheit fest, ob die Große Mauer tatsächlich eine durchgehende Struktur von mehreren hundert Lichtjahren Länge oder nur eine zufällige Aneinanderreihung kleinerer Strukturen ist (was leichter zu erklären wäre), doch gab diese Entdeckung den Zweifeln an den CDM-Modellen sicherlich neue Nahrung.

George Efstathiou, ein führender Vertreter der CDM-Gruppe, startete einen ehrgeizigen Versuch, eine gleichförmige, tiefe Karte der Galaxienverteilung über einen sehr großen Himmelsbereich anzufertigen. Mit den Studenten Will Sutherland und Steve Maddox verwandelte er in Cambridge unter Zuhilfenahme fotografischer Platten der Southern Sky Survey und eines gewaltigen Scanners die fotografischen Aufnahmen in Computerdaten. Dank dieser zweidimensionalen Karte, so sorgfältig zusammengestellt wie noch keine vor ihr, waren die drei Engländer in der Lage, die Untersuchung der Galaxienhäufung über enorme Dimensionen vorzunehmen. Auch sie stellten fest, daß die Galaxienhäufung über große Entfernungen das Maß übertraf, welches das verzerrte CDM-Modell vorhersagte.

Auch die neueste Erhebung zur dreidimensionalen Galaxienverteilung in unserer Nachbarschaft aus dem Jahr 1990 war ein harter Schlag. Wie die Untersuchung von Strauss, Davis und Yahil stützte sich auch diese Studie auf den *IRAS*-Katalog der Infrarotquellen, doch das englische Team unter der Leitung von Michael Rowan-Robinson wählte eine Stichprobe, die den Raum nicht so vollständig, dafür aber tiefer erfaßte. Mit 2500 neu erfaßten Galaxienrotverschiebungen schuf diese Gruppe die größte zusammenhängende Karte des benachbarten Universums, die es bis heute gibt, und gelangte zu dem Schluß, daß die Galaxienverteilung in ihrer Dichte Auf-und-ab-Bewegungen erkennen läßt wie riesige Meereswellen, und zwar in einem Ausmaß, das von den Vorhersagen des verzerrten CDM-Modells nicht gedeckt ist. Die Presseverlautbarung, die die Veröffentlichung des Artikels begleitete – zu den Koautoren gehörten die einstigen CDM-Anhänger George Efstathiou, Carlos Frenk und Nick Kaiser –, erklärte das CDM-Modell für überholt.

Die Gerüchte vom Tod des Modells waren wie die vom Tod Mark Twains erheblich übertrieben. Zwar sind sich die meisten Forscher einig, daß sich das *stark verzerrte* CDM-Modell, das Davis und seine Mitarbeiter untersucht haben, nicht mehr aufrechterhalten läßt,

Das Scheitern des CDM-Modells 453

doch ein schwach oder sogar nicht verzerrtes CDM-Modell (in dem die Galaxien das Vorkommen der dunklen Materie zutreffend bezeichnen) könnte durchaus die Eigenschaften der oben beschriebenen großräumigen Struktur reproduzieren. Zunächst wurde dieses Modell zurückgewiesen, weil es viel zu hohe Eigengeschwindigkeiten (Abweichungen von der gleichförmigen Hubble-Expansion) produzierte, die die Galaxien relativ zu ihren Nachbarn aufwiesen. Doch verbesserte n-Körper-Simulationen, etwa die von James Gelb und Ed Bertschinger am MIT, beziehen ausgeklügeltere Computerprogramme ein, die eine riesige Zahl von «Massepunkten» verwenden, um die Verteilung der dunklen Materie darzustellen. Frühere Ergebnisse dieser neueren Simulationen zeigen, daß weniger verzerrte CDM-Modelle «größere» Strukturen erzeugen können, während sie die Eigengeschwindigkeiten in einem verträglichen Rahmen halten. Das verringert die Diskrepanz zwischen Vorhersagen und Beobachtungen und trägt daher zur «Rettung» des CDM-Modells bei, obwohl bislang noch keineswegs klar ist, ob das auch ausreicht.

Wenn sich nicht zeigen läßt, daß die früheren n-Körper-Simulationen fehlerhaft waren, gibt es nur noch eine Möglichkeit zur Rettung des CDM-Modells: Man muß das Spektrum der Inputfluktuationen verändern – jener 1/f-Form, die so natürlich erschien –, um großräumig mehr Energie zur Verfügung zu haben. Zwar kann man hoffen, daß ein genaueres Verständnis der physikalischen Verhältnisse im frühen Universum genau diese Veränderung erforderlich machen wird, doch bevor das geschieht, sollte man besser die Finger vom Inputspektrum lassen: Der Verzicht auf willkürliche «Anpassungen» gehört wahrscheinlich zu den größten Vorzügen des CDM-Modells.

Insoweit das Leiden des Modells seine großräumige «Schwäche» ist, kann nicht überraschen, daß die jüngsten Therapieversuche eine Injektion großräumiger Energie vorsahen, allerdings nicht durch willkürliche Anpassungsmaßnahmen an unbekannte physikalische Verhältnisse, sondern durch die Injektion einer Dosis heißer dunkler Materie. 1992 brachten einige «Freunde der CDM», darunter Joel Primak und George Blumenthal aus Santa Cruz sowie Marc Davis aus Berkeley, wieder das Konzept eines Universums mit heißer *wie* kalter dunkler Materie ins Gespräch, ein Gedanke, den Avishai Dekel als erster vorgeschlagen und den Jon Holtzman, ein Student von Sandy Faber, genauer untersucht hat. *Gemischte* dunkle Materie (MDM nach englisch *mixed dark matter*), wie das Modell genannt wird, liefert eine ausgezeichnete Übereinstimmung zwischen Beobachtungen und Vorhersagen. Viele Astrophysiker werden es als töricht bezeichnen – weil der Rekurs auf *ein* unbekanntes Teilchen schon schlimm genug ist! Aber es gibt andere, die bereits in dieser frühen Phase beeindruckt sind, wie gut das MDM-Modell funktioniert. Mit großer Wahrscheinlichkeit dürfte es den Status eines «Standardmodells» annehmen, wenn auch nur eine seiner Komponenten auf anderem Wege bestätigt würde, wenn es beispielsweise je gelänge, in irdischen Laboratorien bei Neutrinos eine geringe Masse nachzuweisen oder einen Kandidaten für kalte dunkle Materie zu entdecken, der durch ein kryogen gekühltes Kristall saust. Die Aussichten sind gering, aber HDM + CDM = MDM könnte sich als die lange gesuchte Gleichung entpuppen.

Gute Neuigkeiten gibt es zum vierten *Tag*, der Epoche der Nukleosynthese. Hier gelangen wir endlich auf festen Boden, in den Bereich physikalischer Verhältnisse, die wir in irdischen Laboratorien testen können, und unser Modell bewährt sich glänzend. Die richtigen Arten von Atomen – Wasserstoff, Helium, Deuterium, Lithium – ergeben sich bei Anwendung des Urknallmodells ganz natürlich in den richtigen Mengenverhältnissen. Im Vergleich zu anderen fehlenden Verbindungsgliedern und Widersprüchen, von denen in dieser Erörterung die Rede war, gibt es hier nichts, was die Forscher beunruhigen könnte.

Der fünfte *Tag*, die Epoche der Entkopplung, vollzieht sich ebenfalls im Bereich der bekannten Physik und gibt keine Rätsel auf. Ganz gewiß war die Vorhersage und anschließende Entdeckung des kosmischen Mikrowellenhintergrunds (CMB) einer der großen Triumphe der modernen Kosmologie. Der Satellit Cosmic Background Explorer *(COBE)* hat, als er das *Spektrum* des CMB maß – dessen Intensität bei verschiedenen Radiofrequenzen exakt bestimmte –, eine zwanzig Jahre währende Suche zum glücklichen Abschluß gebracht. Die dabei beobachtete wunderbare Übereinstimmung mit einem *Schwarzkörperspektrum*, der Form, die die Natur für Gleichgewichtssituationen vorschreibt und die auch vom einfachsten Urknallmodell vorhergesagt wird, beweist unwiderleglich, daß unsere phantastische Schöpfungsgeschichte auf Tatsachen beruht.

Die Aufmerksamkeit hat sich jetzt einer weiteren großartigen Leistung zugewandt: dem außerordentlich tiefen «Radiobild», das ein sehr schwaches Muster aufweist – wie man meint die ersten Anzeichen der Strukturbildung. Die Theorie hat Intensitätsschwankungen im CMB vorhergesagt, die auf embryonale Materiekonzentrationen infolge von Gravitationseinfluß zurückgehen, doch bisherigen Experimenten fehlte das notwendige Maß an Genauigkeit. Die ersten Entdeckungen dieser winzigen Schwankungen – durch *COBE* und die MIT-Gruppe – haben die etwas ängstliche Erwartung in Bewunderung für den unaufhaltsamen Erfolg des Urknallmodells verwandelt. Allerdings entsprechen die schwachen Muster, die man entdeckt hat, außerordentlich großräumigen Strukturen, daher ist man jetzt eifrig bemüht, Fluktuationen von kleineren Ausmaßen zu entdecken, die für Haufen und Superhaufen stehen – Himmelsflecken etwa von der Größe des Mondes. Bis jetzt haben die Experimente keine schlüssigen Ergebnisse gebracht, doch da die Instrumente allmählich die erforderliche Empfindlichkeit von einem Teil pro einer Million erreichen, erwartet man eindeutige Resultate noch in diesem Jahrzehnt.

Wenn man die Amplitude dieser frühen Fluktuationen über einen weiten Bereich mißt und feststellt, daß sie der $1/f$-Form entsprechen, wird das nachdrücklich für das Inflationsmodell sprechen und – indirekt – für die These, daß Keime schwach wechselwirkender dunkler Materie die Strukturbildung in Gang gesetzt haben. Wird dagegen eine ganz andere Form entdeckt als $1/f$, so könnte dies eine exotischere Spielart der Strukturbildung nahelegen, beispielsweise eine der wildesten Spekulationen – die *kosmischen Strings*. Diese Theorie geht davon aus, daß das Universum kreuz und quer von Schnüren extremer Energiedichte durchzogen ist – Regionen des kalten Weltraums unserer Zeit, in denen die heiße Urknallphase fortlebt.

Ein anschauliches visuelles Modell für einen kosmischen String und seine Entstehung gewinnt man, wenn man sich ein Energiefeld (etwa das Higgs-Feld) als Wald aus aufrechtstehenden Bleistiften vorstellt, die, zu einem regelmäßigen Gitter angeordnet, auf ihren Spitzen balancieren. Zusammengehalten – und damit am Umkippen gehindert – werden die Bleistifte durch eine «Matratze» aus Sprungfedern, vier von jedem Radiergummi aus – nach Norden, Osten, Westen und Süden. In Wahrheit sind die Federn nicht stark genug, um die Bleistifte aufrecht zu halten, doch das System ist «heiß», so heiß wie das frühe Universum. Aus diesem Grund wirbeln die Bleistifte wild in alle Richtungen, das heißt, sie schwanken in ihrer aufrechten Position umher. Das ist ein symmetrischer Zustand, wie er in den ersten Augenblicken des Higgs-Feldes herrschte.

Kühlt sich das System ab, verlieren die Bleistifte an Energie. Bald beginnt das eigene Gewicht die Bleistifte nach unten zu ziehen, und sie fallen um. Einige fallen nach links und reißen ihre Nachbarn mit; andere, in einiger Entfernung, fallen nach rechts. Wenn die beiden wachsenden Zonen der links- und der rechtsfallenden Bleistifte aufeinandertreffen, bleibt eine Reihe von Bleistiften aufrecht stehen, weil die Zonen «gebrochener Symmetrie» sie gleichmäßig nach links und nach rechts ziehen. Sie können nicht fallen und «eine Richtung wählen», sondern bleiben aufrecht, festgehalten in dem symmetrischen «heißen» Zustand. Wie die Reihe aufrechtstehender Bleistifte ist ein kosmischer String ein Streifen urzeitlicher Energiedichte, der nie abkühlen wird.

Da hohe Energiedichte einer großen Masse entspricht, ist die Gravitationskraft in der Nähe eines kosmischen Strings enorm. Ferner peitschen diese Strings mit Lichtgeschwindigkeit durchs Universum. Wenn ein kosmischer String durch das gleichförmige Massemeer eines «kalten» Universums fegt, hinterläßt er in seinem Kielwasser einen Strudel, der zum Gravitationskollaps gewaltiger Strukturen führen kann – von Galaxien bis hin zu Großen Mauern.

Bislang lassen die Untersuchungen des Verhaltens, der Evolution und der Auswirkungen von kosmischen Strings darauf schließen, daß sie die Strukturen, die wir heute im Universum erblicken, nicht so ohne weiteres erklären können und daß ihre analogen zweidimensio-

Kosmische Strings

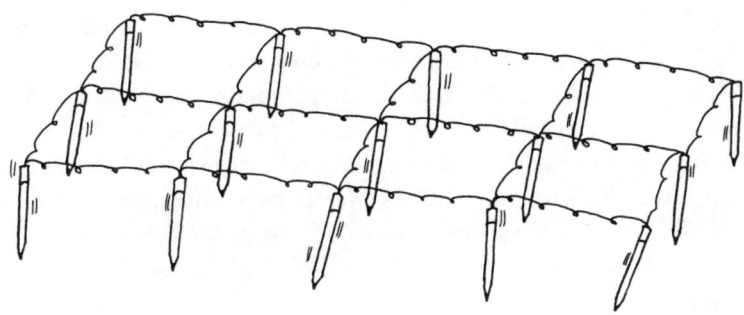

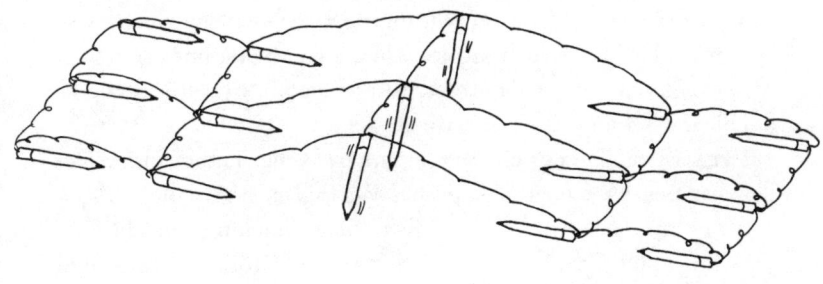

Dies ist das gezeichnete Modell eines kosmischen Strings. Im symmetrischen «heißen» Zustand kreisen die Bleistifte um ihre senkrechte Position. Doch wenn das System abkühlt, fallen sie um. Diejenigen Bleistifte, die durch den Zug anderer, umgestürzter Bleistifte aufrecht gehalten werden, bezeichnen eine Zone, in der der hochenergetische Zustand fortbesteht.

nalen Formen, die sogenannten «Domänenwände», dabei völligen Schiffbruch erleiden. Allerdings haben diese Studien ein höherdimensionales Analogon hervorgebracht, die «Textur», die erfolgversprechender aussieht. Möglicherweise bieten die physikalischen Bedingungen des frühen Universums noch andere Möglichkeiten, Strukturen zu erzeugen, doch lassen sich diese «kosmischen Defekte», wie der große russische Physiker Jakow Seldowitsch gern betont hat, nur nutzen, wenn man auf die Vorzüge des Inflationsparadigmas verzichtet. Schließlich sollte das Inflationskonzept ja dazu dienen, die Entstehung magnetischer Monopole dadurch zu verhindern, daß die Symmetrie des Higgs-Feldes gleichförmig über riesige Raumregionen gebrochen wurde. Die Fähigkeit der Inflation, alle Bleistifte in die gleiche Richtung umzulegen, würde auch die Bildung kosmischer Strings oder Texturen verhindern, die sich an Nahtstellen der gebrochenen Symmetrie bilden.

Von Fluktuationen der kalten dunklen Materie bis hin zu kosmischen Strings bietet sich eine Fülle von Möglichkeiten zur Entstehung der Galaxien, Haufen und Superhaufen, die wir heute sehen. Eine gewisse Orientierung an Beobachtungen ist sicherlich notwendig. Offenbar wird die Untersuchung der schwachen Muster im kosmischen Mikrowellenhintergrund die besten Anhaltspunkte für Rückschlüsse auf die Entstehung dieser Strukturen liefern.

Der sechste *Tag*, der die Entstehung der Galaxien brachte, bildet den Anfang der modernen Epoche. Wir haben noch einen langen Weg vor uns, bevor wir den Prozeß der Galaxienbildung und die Entwicklung von Galaxien mit ihrer Vielzahl von Größen, Formen und Sternenpopulationen vollständig beschreiben können. Andererseits scheint das Geschehen, obgleich kompliziert, nicht geheimnisvoll zu sein – unsere physikalischen Kenntnisse über Materie und Energie in diesem Bereich sollten ausreichen, um die grundlegenden Entwicklungsschritte zu erkennen und schließlich auch die Einzelheiten zu ergänzen.

Wenn es hier ein größeres Rätsel gibt, dann betrifft es die erhebliche Diskrepanz zwischen dem Expansionsalter des Universums und dem Alter der ältesten Sterne und der (radioaktiven) chemischen Ele-

Strukturbildung und Weltalter 459

mente. Daß diese unterschiedlichen Methoden zur Altersbestimmung des Universums zu ähnlichen Ergebnissen führen, ist wunderbar – die weitgehende Übereinstimmung der Zeitskalen ist die Grundlage unserer Geschichte. Dennoch folgt aus einigen jüngeren Berechnungen der Hubble-Konstante (der Expansionsrate), die als die zuverlässigsten bisher unternommenen Untersuchungen dieser Art gelten, daß das Universum erst seit ungefähr zehn Milliarden Jahren expandiert, während man annimmt, daß die ältesten Sterne etwa 13 bis 16 Milliarden Jahre alt sind. Die meisten Forscher gehen davon aus, daß sich dieser Widerspruch auflösen wird, weil entweder eine definitive Messung der Hubble-Konstante (wie sie jetzt mit dem Hubble-Weltraum-Teleskop durchgeführt werden soll) ein Expansionsalter von mehr als 15 Milliarden Jahren ergibt oder weil neue Erkenntnisse über die Sternenentwicklung zeigen, daß die ältesten Sterne noch keine 10 Milliarden Jahre alt sind.

Sollten diese Vermählungen der Altersbestimmungen nicht zustande kommen, scheint man auf die These rekurrieren zu wollen, daß Gravitation und kinetische Energie nicht die einzigen Faktoren waren, die die Expansionsphase bestimmt haben. Die Wiederauferstehung der «kosmologischen Konstante» von Einstein, ein Abstoßungsterm unbekannten Ursprungs, der bewirken würde, daß sich die Expansion mit zunehmendem Alter des Universums beschleunigt, würde das Problem lösen, da er dafür sorgen würde, daß das Universum jünger aussähe, als es tatsächlich ist. (Ein ähnliches Phänomen wie das exponentielle Wachstum während der Inflationsphase, nur sehr viel zahmer und sehr viel später – während der *Tage* 6 und 7.) Das heißt, ließe man den Film des Universums rückwärts laufen, so erhielte man nicht die richtige Anfangszeit, weil die Annahme, der Film sei mit konstanter Geschwindigkeit abgespult worden, falsch wäre. Zwar ist das ein möglicher Ausweg, doch sähe die Einführung einer kosmologischen Konstante zum jetzigen Zeitpunkt sehr nach einer Ad-hoc-Lösung ohne hinreichende theoretische Motivation aus. Statt sich für diese Komplikation zu entscheiden, warten die meisten Forscher lieber ab und hoffen auf eine Lösung des «Altersproblems».

Der siebte *Tag* ist die «gegenwärtige» Epoche, in der sich die großräumigen Strukturen – Superhaufen und Riesenlücken – gerade als erkennbare Strukturen abzuzeichnen beginnen. Galaxien haben diesen Status schon vor langer Zeit erreicht: In der Folgezeit hat der Dichtekontrast zwischen der Galaxie und dem umgebenden «All» enorme Ausmaße angenommen. Wäre der Dichtekontrast zwischen Superhaufen und Lücken ähnlich ausgeprägt, hätte man die Superhaufen leicht auf einfachen Galaxienkarten des Himmels erkennen können, lange bevor ausführliche Rotverschiebungskataloge die Konstruktion dreidimensionaler Karten von Galaxienverschiebungen ermöglichten. Statt dessen beginnen diese Riesenstrukturen ihre Architektur gerade erst anzudeuten. Wenn unser Universum dereinst zweimal so alt ist wie heute – in zehn oder zwanzig Milliarden Jahren –, werden die Superhaufen sich wie die Rocky Mountains aus der Ebene erheben und nicht mehr wie ein waldiges Mittelgebirge.

Wenn man heute die Stärke der Superhaufenbildung mißt, so wählt man damit eine ziemlich direkte Methode zur Untersuchung jener Prozesse im frühen Universum, die das Wachsen von Strukturen in Gang setzten. Galaxien entstanden aus frühen Fluktuationen, aber die Strukturentwicklung der Galaxien war wesentlich vom Energieinput der Sternenbildung beeinflußt. Deshalb ist vieles von dem, was wir über die kleinräumigen, zur Entstehung der Galaxien führenden Dichtefluktuationen hätten in Erfahrung bringen können, verändert oder völlig überlagert worden. Andererseits ist jedoch die Energie, die bei Sternengeburten freigesetzt wird, so beträchtlich sie auch sein mag, viel zu geringfügig, um die Materieorganisation großräumig zu verändern. Daher gibt die Beobachtung von Haufen, Superhaufen und Riesenlücken direkten Einblick in die Urfluktuationen der Materiedichte. Zusammen mit den Erkenntnissen, die wir aus dem schwachen Muster der Intensitätsschwankungen im kosmischen Mikrowellenhintergrund (den Keimzellen dieser großräumigen Strukturen) zu gewinnen hoffen, müßten Beobachtungen über die Stärke der großräumigen Häufungstendenzen zeigen, ob schwach wechselwirkende Materieteilchen dafür verantwortlich zu machen sind oder ob es vielmehr Anhaltspunkte dafür gibt, daß exotische Ge-

Das heutige Universum: Strukturbildung 461

bilde wie kosmische Strings oder Texturen als Motoren der Strukturbildung anzusehen sind.

Durch ihre Beobachtungen der großräumigen Struktur wurden die sieben Samurai in diesen Teil unserer Geschichte einbezogen. Die Samurai-Karte hat eine besondere Rolle gespielt, weil nur Messungen der Eigengeschwindigkeiten – die Abweichungen von der gleichförmigen Hubble-Expansion – die Verteilung der dunklen Materie erhellen können und weil dies, und nicht die Galaxienverteilung, von den Computersimulationen der Strukturbildung vorhergesagt wird. Ferner ist der Vergleich zwischen einer Karte der *Masse*verteilung und einer Karte der Galaxienverteilung für ein repräsentatives Raumvolumen der erste Schritt, um herauszufinden, ob Galaxien verläßliche oder «verzerrte» Indikatoren der dunklen Materie sind. Am Ende werden Informationen dieser Art zu zuverlässigen Messungen der Materiedichte im Universum führen – ein direkter Test des Inflationsmodells und seiner Vorhersage, das Universum besitze exakt die kritische Dichte, $\Omega = 1$, bei der die Gravitationsenergie der Expansionsenergie die Waage hält.

Wie haben sich die großräumige Strömung und das Modell des Großen Attraktors (GA) in den Jahren seit ihrer Entdeckung durch die sieben Samurai bewährt? 1988 folgten zwei weitere, unabhängige Berichte über große Eigengeschwindigkeiten in der Centaurus-Region. Der englische Astronom John Lucey und der Australier David Carter haben mit Hilfe der Samurai-Methode für elliptische Galaxien den Abstand mehrerer Galaxienhaufen in der GA-Region gemessen, während eine Arbeitsgruppe unter Leitung von Jeremy Mould die Tully-Fisher-Methode der Entfernungsbestimmung auf Spiralgalaxien in Haufen anwendete. In beiden Untersuchungen wurden Anhaltspunkte für Eigengeschwindigkeiten bis zu 1000 km/s entdeckt, aber beide Teams äußerten auch Zweifel an der Kontinuität der Strömung, der Bestimmung ihres Zentrums und der Anwendbarkeit des GA-Modells. Dann folgten Sandy und ich mit unserer Untersuchung aus dem Jahr 1989, in der wir die Entfernungen von 136 elliptischen Galaxien ermittelten. Unsere Ergebnisse widerlegten die anhaltende Skepsis, indem sie die ursprünglichen Samurai-Daten in allen Punkten untermauerten und die Vorhersage des GA-Modells bestätigten, der zufolge sich die großräumige Strömung bei einer Entfernung, die einer Fluchtgeschwindigkeit von 5000 km/s entspräche (einer Entfernung von rund 200 Millionen Lichtjahren), auf eine Eigengeschwindigkeit von null verringerte.

Daraufhin begannen Sandy und ich, die GA-Region noch vollständiger durchzumustern, wobei wir uns an der Fisher-Tully-Technik versuchten. Im April 1989 kehrten wir mit Suchkarten für etwa 150 Spiralgalaxien nach Las Campanas zurück, wobei es sich nicht nur um Spiralgalaxien in Haufen handelte, wie sie die Gruppe unter Leitung von Mould gewählt hatte, sondern auch um Spiralgalaxien in Haufen, in Gruppen und im Feld. Statt die Rotation von Spiralgalaxien mit einem Radioteleskop zu messen, fingen wir die optische Emission leuchtenden Wasserstoffgases mit dem Spektrographen des Du-Pont-Teleskops ein, um so mittels der Doppler-Verschiebung die Rotationsgeschwindigkeit jeder Galaxie in der Stichprobe zu kartieren. Ergänzt wurden unsere Bemühungen durch ein Programm von Sandys Student Stephane Courteau, mit dem sich die Eigengeschwindigkeiten von Spiralgalaxien am nördlichen Himmel bis zu einer Tiefe messen lassen, wie sie die Samurai-Stichprobe der elliptischen Galaxien aufgewiesen hatte. Wieder spielte das Wetter mit, so daß wir mit spektroskopischen Daten über 125 Spiralgalaxien nach Kalifornien zurückkehrten. Dazu lagen uns für die Photometrie elektronische (CCD-)Bilder von diesen Galaxien vor.

Die Arbeit dieses Sommers bestand für mich darin, dem Computer beizubringen, eine «Rotationskurve» aus der schwachen Spur der H-II-(Wasserstoff-)Emissionslinie zu entwickeln, die sich zögernd, wie eine Reihe fossiler Fußabdrücke in einem Flußbett, über das vom Spektrum jeder Galaxie aufgezeichnete Bild zog. Als dies abgeschlossen war und als die Daten der Rotationsgeschwindigkeiten und der photometrischen Resultate standardisiert waren, so daß sie in Einklang mit den Daten anderer Untersuchungen standen, berechneten Sandy und ich die Eigengeschwindigkeiten und verglichen sie mit den Werten der letztjährigen Studie über elliptische Galaxien. Zu unserer großen Freude stellten wir fest, daß auch die Spiralgalaxien dem

Bestätigung durch die IRAS-Karte 463

Zentrum des Großen Attraktors mit hohen Geschwindigkeiten zuströmten. Im angenommenen Mittelpunkt des GA gingen die Eigengeschwindigkeiten auf null zurück, so, als sei das Massezentrum erreicht. Am erfreulichsten überhaupt: Jenseits des Mittelpunktes fanden wir mehr als ein Dutzend Spiralgalaxien mit negativen Eigengeschwindigkeiten – sie werden in unsere Richtung zurückgezogen.

Zusammen mit dem halben Dutzend ferner Galaxien aus unserer vorhergehenden Stichprobe bildeten diese fernen Spiralgalaxien die ersten glaubhaften Anhaltspunkte für Einfälle auf der Rückseite zum GA-Zentrum hin. Bob Schommer vom Cerro Tololo (dem US-amerikanischen National Observatory in Chile) und Greg Bothun von der University of Oregon, die mit optischen Techniken eine eigene Untersuchung der Rotationskurven von Spiralgalaxien vornahmen, gelangten zu ähnlichen Ergebnissen wie Sandy und ich. Die Resultate beider Studien wurden gemeinsam im Januar 1990 auf der Tagung der American Astronomical Society in Washington vorgetragen und bestätigten das Modell des Großen Attraktors. Das Bild schien sich weitgehend mit der These der sieben Samurai zu decken: eine gewaltige Region des Universums mit überdurchschnittlicher Materiedichte, die Galaxien von allen Seiten an sich zieht.

Dennoch sind die Kritiker nicht verstummt, und der *Name* «Großer Attraktor» wirkt, vielleicht mehr noch als die Sache, für die er steht, wie ein rotes Tuch. Der englische Astronom Michael Rowan-Robinson und seine Mitarbeiter fertigten eine Karte von der Verteilung der *IRAS*-Galaxien an, eine Karte, deren Stichprobe tiefer ins All reichte als die von Strauss, Davis und Yahil. Anhand dieser Karte *sagten* Rowan-Robinson und seine Mitarbeiter die Eigengeschwindigkeit in der gesamten Region *vorher*, indem sie, wie Strauss' Team vor ihnen, von der Annahme ausgingen, die *IRAS*-Galaxien würden der zugrundeliegenden Verteilung der dunklen Materie genau folgen. Die englische Gruppe gelangte zu dem Schluß, daß die Galaxienverteilung tatsächlich die von den Samurai und anderen *beobachteten* Eigengeschwindigkeiten erkläre und daß diese Abweichungen von der gleichförmigen Hubble-Expansion aus Ungleichmäßigkeiten in der Materieverteilung über sehr große Entfernungen erwüchsen. Das war genau die einst für radikal gehaltene Behauptung, die die sieben Samurai vorgebracht hatten, doch bezeichnenderweise verkündete eine Presseerklärung, die diesen Artikel begleitete: «Der Große Attraktor ist tot!» In dem Bericht hieß es weiter, die «dunkle, geheimnisvolle Masse», die von den sieben Samurai vorgeschlagen werde, sei überflüssig – die mit der Galaxienverteilung assoziierte dunkle Materie reiche aus, um die Eigengeschwindigkeiten zu erklären. Merkwürdig nur, daß die sieben Samurai sich nie dazu geäußert hatten, ob die dunkle Materie des Großen Attraktors von einer entsprechenden Galaxienzunahme begleitet ist; wir hatten ganz einfach nicht die erforderlichen Daten zur Galaxienverteilung.

Gelegentlich geschieht es in der Wissenschaft schon mal, wie in der Politik oder bei Tisch, daß ein «Pappkamerad» aufgebaut wird – daß man die Position eines Gesprächspartners mißversteht oder absichtlich mißdeutet, um sie anschließend nach allen Regeln der Kunst zu demontieren. Was eigentlich eine zufriedenstellende Bestätigung, eine Rechtfertigung des Großen Attraktors hätte sein müssen – es deckte sich, wie die Ergebnisse zeigten, recht gut mit der *IRAS*-Galaxienverteilung –, wurde als vernichtende Niederlage bezeichnet und vor der Presse breitgetreten. Es folgten einige hitzige, private Diskussionen – einige davon transatlantisch. Diese Streitereien zeigten, auf wieviel Widerstand die Sammelbezeichnung Großer Attraktor für eine Region stieß, die mehrere Galaxiensuperhaufen mit eigenen Kennziffern enthielt – als sei es überflüssig, dem Gebirge einen Namen zu geben, wenn jeder Gipfel seine Bezeichnung hat.

Also hat sich das Modell des Großen Attraktors, obwohl von den Beobachtungen bestätigt, noch nicht allgemein durchgesetzt. Zu keinem Zeitpunkt haben die sieben Samurai ihr GA-Modell – eine vollkommen kugelförmige, an einem bestimmten Ort zentrierte ausgedehnte Verteilung von dunkler Materie – wörtlich gemeint, sondern es immer nur als einfachste Darstellung zur Erklärung der Daten verstanden. Das Widerstreben, ein derart idealisiertes Modell zu akzeptieren, ist durchaus verständlich. Denn natürlich ist das Universum nicht sauber in Zonen untergliedert: Das Gelände ist unübersichtlich, und es ist nicht klar, wo ein «Gebirgszug» endet und ein anderer anfängt. So war das GA-Modell zweifellos eine sehr vereinfachte Art, die Eigengeschwindigkeiten der Galaxien in unserer Ecke des Universums zu erklären.

Erste Hinweise, daß das Modell des Großen Attraktors möglicherweise zu einfach ist, ergaben sich aus der Dissertation von Jeff Willick in Berkeley, Ergebnisse, die Stephane Courteau später mit seiner Dissertation in Santa Cruz bestätigte. In einer umfangreichen Studie über Eigengeschwindigkeiten von Spiralgalaxien in der Pisces-Region stellte Willick fest, daß sich die Galaxien dort mit einer durchschnittlichen Geschwindigkeit von ungefähr 400 km/s in Richtung des Großen Attraktors bewegen. Nach der Vorhersage des GA-Modells dürften diese Galaxien, angesichts ihrer großen Entfernung vom Großen Attraktor nur mit einer Geschwindigkeit von 100 bis 200 km/s angezogen werden. Wenn die Strömung der Perseus-Pisces-Region soviel rascher als angenommen ist, dann könnte das als Hinweis auf eine andere Konzentration dunkler Materie verstanden werden, eine Dichtekonzentration, die noch größer und ferner als der Große Attraktor ist. Sie zöge danach unsere ganze Region – Perseus-Pisces, den Lokalen Superhaufen und den Großen Attraktor selbst – mit einer Geschwindigkeit von rund 200 km/s an. Tatsächlich hat man auch schon einen Kandidaten für diesen «Riesenattraktor» vorgeschlagen – der italienische Astronom Roberto Scaramella und seine Mitarbeiter haben auf eine reiche Ansammlung von dichtbesiedelten Galaxienhaufen hingewiesen, die schon vor langer Zeit von Harlow Shapley bemerkt worden war und die in der gleichen Richtung liegt wie der Große Attraktor, nur dreimal so weit entfernt. Angesichts dieser großen Entfernung wird sich nur schwer herausfinden lassen, ob die Massekonzentration dieser Region ein kohärentes Strömungsmuster über ein Gebiet von mehr als einer Milliarde Lichtjahren Durchmesser hervorrufen kann. Doch diese umfangreichere Strömung könnte andere, jüngere Beobachtungen erklären, die dem einfachen GA-Modell widersprechen. Dabei handelt es sich um eine weitere Arbeit von Schommer und Bothun und um die Untersuchung eines australischen Teams unter Leitung von Don Mathewson. In gewissem Widerspruch zu den Daten, auf die Sandy und ich gestoßen waren, fanden diese

466 _____ Auf halbem Weg zur Schöpfung

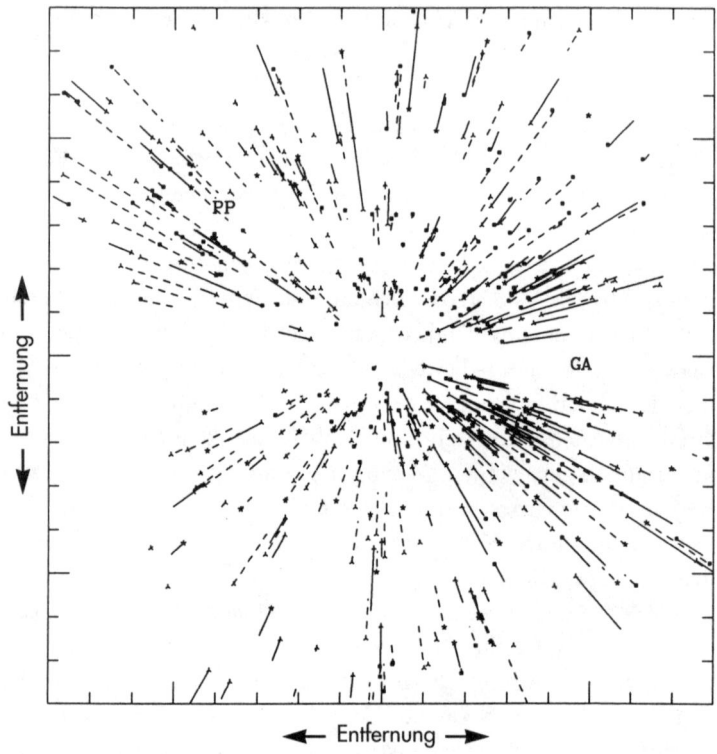

Die Karte der Eigengeschwindigkeiten, Stand 1994. Durchgezogene Linien zeigen Galaxien, die sich von der (im Mittelpunkt des Diagramms befindlichen) Milchstraße fortbewegen, gestrichelte Linien zeigen Bewegungen auf uns zu. Wie in dem oben abgebildeten Originaldiagramm von Lynden-Bell *et al.* werden Entfernungen als Expansionsgeschwindigkeiten in Kilometern pro Sekunde ausgedrückt. Angesichts eines inzwischen erheblich angewachsenen Datenbestands ist die von den sieben Samurai entdeckte großräumige Strömung heute sehr viel deutlicher definiert, besonders im Bereich des Großen Attraktors (GA). Gemäß der Vorhersage verlieren sich die hohen, nach außen gerichteten Eigengeschwindigkeiten jenseits des GA-Zentrums (durch GA gekennzeichnet). Auch die von Willick und Courteau entdeckte Galaxienströmung im Superhaufen Perseus-Pisces in Richtung Milchstraße tritt deutlich zutage. *(Abbildung mit freundlicher Genehmigung von Faber und Mitarbeitern.)*

Gruppen nur wenige oder keine Anhaltspunkte für einen Rückfluß in Richtung des Großen Attraktors – das heißt für Galaxien, die auf der erdabgewandten Seite in unsere Richtung zurückfallen. Vielleicht werden sie daran gehindert, weil die weiter entfernte Shapley-Konzentration auf sie einwirkt.* Hier zeigt sich jedoch, daß dem Versuch, das Universum in diskrete Strukturen zu zerlegen, Grenzen gesetzt sind: Die Gesamtheit dieses größeren Volumens müßte man in repräsentative Stichproben zerlegen, um zuverlässig entscheiden zu können, wie die Eigengeschwindigkeiten entstehen.

Genau aus diesem Grund ist die Forschung nicht mehr so sehr daran interessiert, mit dem Finger auf diesen oder jenen Superhaufen zu weisen, sondern statt dessen eine Karte der zugrundeliegenden dunklen Materie mit allen ihren Hügeln und Tälern auszuarbeiten. Aus dem Vergleich einer solchen Karte mit der Galaxienverteilung wären wichtige Erkenntnisse zu gewinnen. Ließe sich beispielsweise zeigen, daß die Galaxien getreulich dem Auf und Ab in der Konzentration der dunklen Materie folgen, brauchte man sich bei der Abgrenzung großräumiger Strukturen nur an diesen kosmischen Leuchtzeichen zu orientieren, während uns die Feststellung, daß sich die beiden Verteilungen nur annähernd entsprechen, zu einer vorsichtigeren Vorgehensweise zwingen würde. So könnte sich ergeben,

---

* Noch radikaler ist die Behauptung von Mathewson und seinen Kollegen. Sie glauben, es gebe keinen Anhaltspunkt für den Großen Attraktor. Vielmehr sei die gesamte von den sieben Samurai untersuchte Region einer gemeinsamen «Volumenströmung» von 600 km/s unterworfen. Eine solche Strömung müßte man wahrhaft riesenhaften Strukturen zuschreiben: So behauptet beispielsweise Brent Tully auf Hawaii, daß die Abell-Haufen mehr oder weniger zur Form eines Riesenpfannkuchens mit einem Durchmesser von mindestens einer Milliarde Lichtjahren angeordnet sind – etwa zweimal so breit (und zehnmal so voluminös) wie die Große Mauer oder der Große Attraktor. Die embryonalen Formen so gewaltiger Strukturen müßten sich als kräftige Sprenkelung im Mikrowellenhintergrund zeigen. Das ist aber nicht der Fall. Wenn also diese Vorstellungen zutreffen, dann gibt es grundsätzliche Fehler in dem Bild, das ich in diesem Kapitel nachgezeichnet habe. Wie Sie sehen, kann Wissenschaft an ihren Frontverläufen schwierig, verwirrend und kontrovers werden.

daß die Galaxienverteilung eine «Verzerrung» in Richtung der dichteren Konzentrationen von dunkler Materie aufwiese, eine Annahme, die häufig n-Körper-Modellen des Strukturwachstums zugrunde liegt. Wenn sich hingegen herausstellen sollte, daß die Galaxienverteilung nur sehr schwach mit der dunklen Materie korreliert, so ließe das unter Umständen auf weitere Einflußfaktoren im Prozeß der Galaxienbildung schließen. Beispielsweise haben Jeremiah P. Ostriker aus Princeton und Len Cowie von der University of Hawaii die Hypothese geäußert, daß die ersten Galaxien, gespeist von der Energie der ersten Sternengeburten, Druckwellen ausgesandt hätten. Diese Energie hätte ausgereicht, um in ihrem «Kielwasser» die Bildung anderer Galaxien auszulösen, ein Prozeß, der sich weitgehend unabhängig vom Standort der dunklen Materie vollzogen haben könnte.

Der erfolgreichste und vielversprechendste Versuch, mit Hilfe von Messungen der Eigengeschwindigkeit eine Karte der zugrundeliegenden dunklen Materie zu konstruieren, stammt von Ed Bertschinger und Avishai Dekel. Die beiden haben ein komplexes Computerprogramm entwickelt (POTENT), das anhand von Eigengeschwindigkeiten – den Abweichungen von einer gleichförmigen Hubble-Expansion – die Gravitationskraft durch das Auf und Ab der Materiedichte bestimmt. POTENT umgeht ein schwieriges Problem, das anderen Techniken viel zu schaffen machte: Es leitet die Masseverteilung aus rein *lokalen* Messungen ab, so daß sich die Gravitationsanziehung ferner Strukturen, deren Ausmaß und Einfluß wenig bekannt ist, nicht bemerkbar macht. Wie dies geschieht, können Sie sich vorstellen, indem Sie an die Erkundung hügeligen Geländes denken. Jeder Schritt, der hügelauf oder hügelab führt, ist das Ergebnis einer lokalen Höhenveränderung – die Höhe ferner Gipfel hat keinen Einfluß darauf. Nun braucht man diese Schritte nach oben und nach unten nur sorgfältig festzuhalten, um eine Karte vom *globalen* Profil des Bergs anzufertigen. Auf die gleiche Weise schreibt Bertschingers und Dekels Technik lokale Veränderungen in der Eigengeschwindigkeit – ob die Geschwindigkeit der Galaxien nach oben oder nach unten abweicht – der Zu- oder Abnahme in der lokalen Materiedichte und der ihr assozi-

Die Kartierung dunkler Materie

ierten Gravitation zu. Aus diesen rein lokalen Messungen, unbelastet von der Ungewißheit der Frage, was sich jenseits der durchmusterten Region befindet, kann das Programm das Gesamtprofil der Hügel und Täler dunkler Materie nachbilden.

Als man POTENT mit einer wachsenden Zahl von Messungen fütterte, hat sich eine Karte des kosmischen Geländes aus dunkler Materie abgezeichnet, das sich in groben Zügen mit der Galaxienverteilung deckte, wie sie sich bei der *IRAS*-(Infrarot-Satelliten)-Durchmusterung ergab. Besonders markant ist ein Berg aus dunkler Materie, der die Centaurus-Haufen umfaßt und hinter ihnen seinen Gipfel erhebt, jenes Gebilde, das die sieben Samurai als Großen Attraktor ermittelten. Auch der Lokale Superhaufen zeigt einen Kamm von überdurchschnittlicher Massedichte, der auf den Großen Attraktor zuläuft und mit ihm verschmilzt. Auf der anderen Seite des Himmels erhebt sich ein anderer Berg aus dunkler Materie, etwas steiler, aber nicht so breit – er deckt sich mit der Position des Perseus-Pisces-Galaxiensuperhaufens. Zwischen den beiden Bergen erstreckt sich ein Tal, eine längliche Lücke mit unterdurchschnittlicher Materiedichte.

Diese vier Geländeabschnitte – der Große Attraktor und der Lokale Superhaufen auf der einen Seite, der Perseus-Pisces-Superhaufen auf der anderen und die Lücke dazwischen – sind die wichtigsten Merkmale *sowohl* der Karte dunkler Materie, die aus den *Galaxienbewegungen* (ihren Eigengeschwindigkeiten) entwickelt wurde, *als auch* der *Galaxienpositionen* in der *IRAS*-Karte. Diese Karten lassen, so grob sie noch sind, auf eine weitgehende Übereinstimmung in der Verteilung von Galaxien und dunkler Materie schließen, zumindest in den großräumigen Verhältnissen der Superhaufen. Das spricht für den Versuch, die großräumige Struktur allein aufgrund der Galaxienverteilung zu kartieren, obwohl die Daten noch zu ungenau sind, um zu zeigen, ob es feinere Unterschiede zwischen der Verteilung der Galaxien und der zugrundeliegenden dunklen Materie gibt, Unterschiede, denen wir eingehende Informationen über die Galaxienbildung entnehmen könnten.

Das vielleicht spannendste Resultat aus dem Vergleich dieser Karten verspricht der Versuch herauszufinden, ob das Universum die kritische Materiedichte $\Omega = 1$ besitzt, die einem Gleichgewicht zwischen der Gravitationsenergie und der Expansionsenergie entspricht. Dekel, Bertschinger und Yahil haben anhand der *IRAS*-Karte die Stärke des Kontrastes zwischen Hügeln und Tälern bestimmt, mit Hilfe der Eigengeschwindigkeiten die Gravitationskraft gemessen, für die diese Kontraststärke verantwortlich ist, und sind – innerhalb der statistischen Fehlerspanne – genau zu dem Wert $\Omega = 1$ gelangt, den die Theoretiker favorisieren und den das Inflationsmodell verlangt. Damit ist zum erstenmal ein Wert nahe der kritischen Dichte gemessen worden. Frühere Bestimmungen wurden auf der Grundlage weit kleinerer Regionen vorgenommen. Nun hat man die Hoffnung, daß das erfaßte Volumen groß genug ist, um repräsentative Messungen von der Dichte des Universums zu ermöglichen. Wenn dieses Ergebnis von nachfolgenden Studien bestätigt wird, darf es als eine der großen Leistungen auf dem Gebiet jener Untersuchungen gelten, die von den sieben Samurai und anderen Forschern durchgeführt werden.

Insgesamt gesehen, haben sich großräumige Strömung und Großer Attraktor gut behauptet gegen alle Kritik, die an Daten und Methodologie geäußert wurde. Heute zweifeln nur noch wenige Forscher daran, daß die Eigengeschwindigkeit der Milchstraße über ein beträchtliches Raumvolumen von benachbarten Galaxien geteilt wird und daß diese Flotille sich in Richtung einer Region mit mehreren Superhaufen bewegt, deren gemeinsamer Gravitationseffekt zumindest teilweise für die Bewegung verantwortlich ist. Das ist im wesentlichen die Schlußfolgerung, zu der die sieben Samurai gelangt sind. Heute scheint die Kritik an der Arbeit der sieben Samurai dahin zu gehen, daß der GA nicht ausreicht, daß also die Strömung noch stärker ist, als wir angenommen haben. Vielleicht kam das ursprüngliche Modell der Volumenströmung, mit dem ich mich so gar nicht anfreunden konnte, der Wahrheit doch näher.

Ich vermute, daß sich großräumige Strömungen als durchgehende Eigenschaft des Universums erweisen werden – der Umstand, daß wir «gleich hier» eine entdeckt haben, ist das beste Indiz dafür. Man wird neue Techniken entwickeln, mit denen sich die Entfernungen von

Galaxien genauer bestimmen lassen. Dadurch werden sich die Karten zur Masseverteilung erheblich verbessern, und wir werden weit besser beurteilen können, inwieweit die Galaxien dieser Verteilung folgen. Donald Lynden-Bell und Roberto Terlevich gehören zu den Forschern, die sich um genauere Entfernungsbestimmungen für dichtbesiedelte Haufen bemühen, während ich zusammen mit John Tonry an einer Methode arbeite, die Entfernung einzelner elliptischer Galaxien exakt zu messen. Viele Forschungsteams, darunter auch eines, zu dem Dave Burnstein, Gary Wegner und Roger Davies gehören, wenden die existierenden Techniken auf größere Entfer-

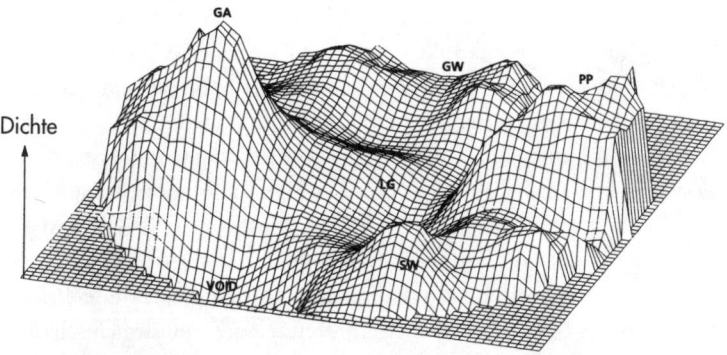

Eine Karte des Geländes aus aller Materie, der dunklen und der sichtbaren, im lokalen Universum, angefertigt mit Hilfe der POTENT-Methode. Die flache Region, die die Landschaft umgibt, zeigt die Grenze der Untersuchung, ungefähr 300 Millionen Lichtjahre, auf dem Niveau einer Dichte von null. Die durchschnittliche Dichte liegt ungefähr auf halber Höhe. Erkennbar sind die «Berge» – der Große Attraktor (GA) und Perseus-Pisces (PP) –, der Kamm des Lokalen Superhaufens, auf dem die Lokale Gruppe (LG) sitzt, und ein auffälliges Tal – als «Lücke» (VOID) gekennzeichnet – von unterdurchschnittlicher Dichte. Nach dieser Rekonstruktion ist GA die größte Struktur in dem zugrundegelegten Volumen des Universums. Die Regionen GW und SW sind Strukturen, die mit der in den CfA-Durchmusterungen entdeckten Großen Mauer aus Galaxien verbunden sind. Letztere Regionen liegen nahe der Grenze, die der Messung von Eigengeschwindigkeiten gezogen ist, deshalb sind sie bislang nur unzulänglich erfaßt.

nungen an, als sie von den sieben Samurai erfaßt wurden. Zweifellos wird man am Ende weitere «Große Attraktoren» entdecken, wenn wir vielleicht auch über die Erfassung einzelner Strukturen hinaus zu einer allgemeineren Beschreibung gelangen werden.

Ich habe die anderen Samurai um eine abschließende Beurteilung unseres Projekts gebeten. Nur Sandy und Gary waren dazu bereit.

Sandy äußerte sich optimistisch:

«Noch vor zwei Jahren war ich ziemlich unsicher und pessimistisch, was kosmische Strömungen anbelangte. Doch inzwischen bin ich zu der Auffassung gelangt, daß kosmische Strömungen zu den wichtigsten Daten der Kosmologie gehören, von gleicher Bedeutung wie der kosmische Mikrowellenhintergrund. Drei Entwicklungen, die sich alle in den letzten beiden Jahren vollzogen haben, führten zu dem Sinneswandel. Erstens war da die sensationelle *COBE*-Entdeckung der Helligkeitsfluktuationen im CMB. Mit diesen kleinen Wellen, die wuchsen und schließlich zu den heutigen Haufen und Superhaufen wurden, hat sich die Grundannahme bestätigt, daß die Struktur im Universum durch Gravitation zustande gekommen ist. Jetzt können wir das Problem auf den Kopf stellen und fragen, wie groß heute angesichts der beobachteten Stärke der CMB-Wellen die Strömungen sein müßten. Die Antwort lautet, daß sich die Galaxien im Durchschnitt mit Geschwindigkeiten von einigen hundert Kilometern in der Sekunde bewegen müßten, also genau der Geschwindigkeit, auf die die sieben Samurai gestoßen sind. Kurzum, wenn man die kosmischen Strömungen noch nicht entdeckt hätte, dann hätte uns *COBE* mit der Nase darauf gestoßen. Nach meiner Meinung kann nicht mehr viel Zweifel daran bestehen, daß die entdeckten Strömungen real sind.

Die zweite Entwicklung ist die rasche Zunahme der Messungen von Eigengeschwindigkeiten. Die sieben Samurai haben eine Wachstumsindustrie ins Leben gerufen – während unsere Studie nur rund vierhundert Galaxien umfaßte, liegen jetzt fast zehnmal so viele Messungen vor, genug, um das realistische Bild eines Geschwindigkeitsfeldes von 250 Millionen Lichtjahren Ausdehnung zu entwerfen. Obwohl reicher und detaillierter, ist das neue Bild im Grunde

Resümee und Ausblick 473

noch immer das gleiche, das wir erblickt haben. Noch immer ist der Große Attraktor vorhanden, doch abgesehen davon, daß er Galaxien an sich zieht, treibt er selbst auch langsam mit einer Geschwindigkeit von 300 km/s dahin. In der Nähe befindet sich noch ein weiterer großer Superhaufen, Perseus-Pisces, der ebenfalls ein starker Attraktor ist und in die gleiche Richtung driftet wie GA. Mit ihnen ist keine der in unserer Nähe gelegenen Regionen zu vergleichen, doch keine der anderen Regionen ist auch so reich an Galaxien. Offensichtlich hängen Einfall, Masse und Superhaufen zusammen – die neuen Karten machen Sinn.

Die dritte Entwicklung schließlich – der Schlüssel zu allen Anstrengungen auf diesem Feld – ist die Erfindung raffinierter mathematischer Werkzeuge zur Analyse kosmischer Strömungen. Sie bedeuten erhebliche Verbesserungen gegenüber der Analyse, die wir in Lynden-Bell *et al.* vorgenommen haben, wo wir sehr komplexe und äußerst unregelmäßige Muster von Eigengeschwindigkeiten in zwei idealisierte, sphärische Strömungsmuster [den Lokalen Superhaufen und GA] pressen mußten. Das POTENT-Programm von Bertschinger und Dekel gehört zu jenen blitzartigen theoretischen Erkenntnissen, die allen Bewunderung einflößen und allen das Gefühl geben, mit Dummheit geschlagen zu sein, weil sie nicht selber darauf gekommen sind. Damit läßt sich das gesamte Feld der Eigengeschwindigkeiten rekonstruieren, sogar die «Seitwärts»-Bewegungen, die wir nicht messen konnten, so daß sich jetzt ein vollständiges dreidimensionales Bild über 250 Millionen Lichtjahre präsentiert. Das mathematische Instrumentarium dieser beiden Wissenschaftler macht sich den Umstand zunutze, daß die Strömungen in Regionen übermäßiger Materiedichte zusammenfließen und in Lücken auseinanderlaufen. Auf diese Weise erzeugen sie eine exakte Karte der zugrundeliegenden Masseverteilung. Intuitiv ahnten wir, die sieben Samurai, daß so etwas möglich war, aber durch die Verwendung allzu vereinfachter Strömungsmodelle zerstörten wir die entscheidenden Informationen.

Ferner haben Yahil, Dekel und Adi Nusser [ein Student von Dekel] immense Arbeit mit dem POTENT-Programm geleistet, um den kosmischen Dichteparameter zu messen, und sind dabei auf Werte nahe der kritischen Dichte – $\Omega = 1$ – gestoßen. Sollte sich dieses Resultat bestätigen, dann ist das ein überaus wichtiger Befund und eine große Leistung, denn dann hätten die kosmischen Geschwindigkeitsfelder etwas geschafft, woran alle vorhergehenden kosmologischen Beobachtungen gescheitert sind. Dekel und Nusser haben sogar eine Methode entwickelt, mit der sich die heutige Karte von «Massegipfeln und -tälern» zurückverwandeln läßt in die Verhältnisse bei der «Geburt» dieser Gebirgslandschaft. Die Wellen entsprechen dem Standardmuster, das durch Guth' Inflationsmodell hervorgerufen wird, und nicht den schroffen Formen, die bizarrere Theorien wie kosmische Strings oder Texturen erzeugen. Zwischen dem Meßergebnis von $\Omega = 1$ und dem Spektrum der urzeitlichen «Wellen» liegen die kosmischen Strömungen, und auch sie sprechen nachdrücklich für das Inflationsmodell des Universums.

Der Gedanke, daß wir tatsächlich einen entscheidenden Hinweis auf den Ursprung des Universums entdeckt haben könnten, macht mich sehr froh.»

Während Sandy durch ihre fortdauernde intensive Beschäftigung mit großräumigen Strömungen zu so entschiedenen wissenschaftlichen Bewertungen kommt, fällt Gary Wegners Rückblick abgewogener aus. Er schreibt: «Im Laufe der Zeit werden die Ideen und schließlich auch die Daten durch andere ersetzt werden. Dennoch, wir müssen dankbar sein für die wundervollen Dinge, die uns das Leben schenkt, und Astronomen sind sich dieses Umstands bewußter als die meisten anderen Wissenschaftler. Ich denke, unser Ergebnis läßt sich mit den frühen Messungen der Sonnenbewegung vergleichen, die William Herschel anhand eines halben Dutzends Sterne durchführte, denn das war einer der Anfangspunkte in der Erforschung der Sternendynamik. Trotzdem müssen wir uns davor hüten, uns zu ernst zu nehmen.

Auf der Tagung über großräumige Strukturen und Bewegungen im Universum vom Mai 1989 in Rio de Janeiro, die nicht zuletzt durch die Arbeit der sieben Samurai angeregt worden war, stiegen Donald Lynden-Bell und ich die Stufen zur höchsten Ebene des Zuk-

Resümee und Ausblick 475

kerhuts empor. In herrlichem Mondschein lagen die unzähligen Lichter von Rio unter uns ausgebreitet, während wir genau über dieses Thema sprachen. Donald wurde sehr ernst und blickte mich fragend an: ‹Sagen Sie mir Ihre ehrliche Meinung, Gary, haben wir wirklich etwas Wichtiges entdeckt?› Einen Augenblick sahen wir uns schweigend an, dann brachen wir in schallendes Gelächter aus und beeilten uns, die anderen einzuholen.»

Ich für meinen Teil freue mich, daß wir der Forschung ein bißchen vorangeholfen haben, und ich bin dankbar für die Erfahrungen, die mich beruflich und persönlich ein Stück weitergebracht haben. Keinem Forschungsreisenden behagt der Gedanke, seine Entdeckung könnte an Bedeutung verlieren oder gar – welch schrecklicher Gedanke – widerlegt werden. Ich bin da keine Ausnahme. Nach wie vor habe ich größtes Vertrauen in die Arbeit der sieben Samurai. Mir ist keine Untersuchung bekannt, die mit größerer Sorgfalt durchgeführt und strengeren Maßstäben unterworfen wurde. Deshalb gehe ich davon aus, daß die wichtigsten Ergebnisse unserer Arbeit überdauern werden. Doch im Laufe der Zeit wird sich vielleicht herausstellen, daß die Identifizierung des «Großen Attraktors» wenig mehr als eine «Fingerübung» war in Vorbereitung des Bemühens, die großräumige Struktur zu modellieren – einer jener Vergleiche, mit deren Hilfe wir auch Welten begreifen können, die sich zunächst unserem Fassungsvermögen zu entziehen scheinen.

Und das ist schließlich der entscheidende Punkt. Wahrhaft erstaunlich an diesem Prozeß ist der Mut, mit dem wir den Kräften unseres Verstandes zutrauen, das Universum und unseren Platz darin zu verstehen. Gewiß, die Sache ist groß, und jeder fühlt sich ihr gegenüber zunächst einmal klein und unbedeutend. Dennoch ist am staunenswertesten derjenige, der staunt. Daß wir hier sind, das Universum betrachten und versuchen, seine Geschichte nachzuerzählen, zeugt von unserem Wert und Rang in der Schöpfungsgeschichte. Wir sind besessen von dem Traum, in Erfahrung zu bringen, woher wir kommen, und wir besitzen die Gabe – den menschlichen Verstand –, diesen Traum zu verwirklichen.

Am Ende ist es ohne Bedeutung, ob der Große Attraktor Eingang in die ewige Nomenklatur der Astronomie findet – seine *Idee* hat eine entscheidende Rolle für unser Verständnis großräumiger Strukturen gespielt. Er hat alles geleistet, was er leisten konnte: Er hat uns auf unserer phantastischen Reise dem Verständnis der Schöpfung ein gutes Stück nähergebracht.

DIE GESCHÖPFE DES HYPERRAUMS

Die meisten wissenschaftlichen Artikel schließen mit einem Abschnitt, der «Diskussion» überschrieben ist und in dem die Autoren ein wenig über die Bedeutung ihrer Arbeit sinnieren. Man scheint allgemein davon auszugehen, daß sie am Ende das Recht erworben haben, sich spekulativeren Gedanken hinzugeben, an die nicht mehr der gleiche streng wissenschaftliche Maßstab anzulegen ist wie an die vorstehenden Ausführungen. Von dieser Möglichkeit möchte ich hier Gebrauch machen, nicht um mich über die Bedeutung des Großen Attraktors an sich auszulassen, sondern um das große wissenschaftliche Unterfangen zu beschwören, das uns in eine Zukunft befördert, die, wie ich glaube, fast unvorstellbare Veränderungen für uns bereithält. Viele der hier dargelegten Gedanken stammen nicht von mir, aber ich werde versuchen, sie auf eine Weise zu verbinden, die meine persönliche Sicht darstellt.

Häufig werde ich gefragt, ob ein Astronom, der ständig auf die ungeheuren Ausmaße des Universums gestoßen werde, eine andere Einstellung gewinne zu der Frage: «Was soll das Ganze?» Die Erfahrungen meines Arbeitslebens haben mich veranlaßt, über die abenteuerliche Existenz des Menschen und seine Beziehung zum Kosmos nachzudenken. Ich bin sehr interessiert an diesen Fragen. Wenn ich im folgenden mit groben Strichen die Umrisse dieses uralten Problems skizziere und seinen Kern ein bißchen koloriere, dann ist das eine Einladung: Machen wir uns gemeinsam ein paar Gedanken über die Entwicklung des Universums und unsere eigene Evolution.

Zunächst einige Worte zur Wissenschaft, zu ihrem Wert und ihrer Rolle in der Gesellschaft. Kaum ein Leser dieses Buches wird davon überzeugt werden müssen, daß die Wissenschaft eine Betätigung ist, die die Mühe lohnt. Doch die Wissenschaft gerät unter zunehmenden Beschuß. Deshalb sollten alle, die sie schätzen, darüber nachdenken, was für Antworten denen zu erteilen sind, die der Wissenschaft Fesseln anlegen oder sie ganz verbieten wollen. Während die schrillsten Töne von religiösen Fundamentalisten zu hören sind, die in der Wissenschaft eine Bedrohung ihrer Glaubensüberzeugungen sehen, gibt es daneben eine breitere, weit beunruhigendere Opposition, die Wissenschaft mit der Herstellung schrecklicher Vernichtungswaffen oder mit Umweltzerstörung gleichsetzt. Diese Bewegung verwechselt Technik mit Wissenschaft und macht den Mißbrauch der Wissenschaft dem Wissen selbst zum Vorwurf, statt sich einzugestehen, daß wir alle, individuell und kollektiv, verantwortlich dafür sind, wie und zu welchem Zweck dieses Wissen verwandt wird.

Obwohl die geistige Befriedigung, die die Erkenntnis schenkt, lange als Berechtigungsgrund für die Wissenschaft diente (etwas, wovon ich zutiefst überzeugt bin), beruht der Vertrag zwischen Wissenschaft und Gesellschaft vor allem auf der Fähigkeit ersterer, für die Befriedigung von Bedürfnissen zu sorgen. Ein Hinweis auf die Spannungen in dem Verhältnis zwischen der Wissenschaft und ihrem Arbeitgeber, der Öffentlichkeit, ist die häufig vorgebrachte Klage, der Wissenschaft sei es am Ende doch nicht gelungen, die versprochenen Verbesserungen der Lebensqualität zu bewerkstelligen, vielmehr sei die Welt irgendwie zu einem grauenhaften, freudlosen und unbefriedigenden Ort verkommen – schlimmer, als sie je war. Schließlich würden in der heutigen Welt mehr Menschen verhungern, als über weite Strecken unserer Geschichte überhaupt gelebt hätten.

Zwar machen sich die Menschen, die sich nach prätechnischen Zeiten zurücksehnen, höchst naive Illusionen über die Härten und Grausamkeiten, denen sich die Menschheit vor tausend Jahren ausgesetzt sah, aber dennoch bleibt die Frage: Hat die Wissenschaft versagt? Durch die Technik, ihren praxisbezogenen Arm, gibt uns die Wissenschaft die Fähigkeit, die Lebensqualität, zumindest in materieller Hinsicht, zu verbessern. Und auch wenn uns allen klargeworden ist, daß der Materialismus nur in engen Grenzen für eine höhere Lebensqualität sorgen kann, so steht doch, denke ich, fraglos fest, daß ohne ausreichende Nahrung, Unterkunft und Gesundheit von Lebensqua-

Die Rolle der Wissenschaft 479

lität keine Rede sein kann. Wissenschaft und Technik sind die einzigen uns bekannten Mittel, um diese Grundlagen zu schaffen – die dann ein Leben voller Zufriedenheit und Erfüllung zumindest ermöglichen. Die Menschen müssen selbst entscheiden, auf welchen Wegen sie zu diesen Zielen gelangen wollen, und sie haben dabei die Möglichkeit, aus einer Vielzahl von wissenschaftlichen, kulturellen und spirituellen Angeboten zu wählen.

Leider blieb der versprochene Überfluß dem größten Teil der Weltbevölkerung versagt. Doch das ist nicht die Schuld der Wissenschaft, noch nicht einmal der Technik, sondern eine Folge komplexer sozialer, kultureller und politischer Faktoren. Einigen Gesellschaften auf unserem Planeten gelingt es mit bemerkenswertem Erfolg, die oben beschriebenen Grundlagen zu schaffen, doch viele andere sind dazu nicht in der Lage. Gelegentlich ist dies das Ergebnis einer freien Entscheidung. Häufiger liegt es jedoch an einer Unverträglichkeit der Kulturen, die den Nutzen nicht zum Tragen kommen läßt, wenn die Empfänger nicht bereit sind, die sozialen Regeln und Institutionen der Geberländer zu akzeptieren. Und viel zu häufig resultiert es aus einem Ausbeutungsverhältnis, das auf einem steilen Gefälle von Macht und Wohlstand beruht.

Wie hat die Wissenschaft in den Ländern, die wir chauvinistisch als «entwickelte Welt» bezeichnen, zur Mehrung des Wohlstands beigetragen? Sehr einfach gesehen, ist die Produktivität eines Menschen der Hauptbestimmungsfaktor für die Größe des Kuchens, der verteilt werden kann: Wieviel Nahrung ein Landwirt erzeugen kann und wie viele «Mann-Stunden» erforderlich sind, um ein Haus zu bauen, steht in direkter Beziehung zu der Frage, wie groß der Bevölkerungsanteil ist, der bedürfnisgerecht untergebracht und ernährt werden kann. (Das ist zwar theoretisch richtig, vereinfacht aber zu stark, weil für die Bewältigung der meisten Aufgaben in der modernen Welt eine Kombination aus Kapital, Ressourcen und Arbeitskraft erforderlich ist; deshalb ist die Produktivität ein komplexeres Maß für den menschlichen Beitrag zu allen diesen Faktoren.)

In den letzten Jahrhunderten hat die Wissenschaft am nachdrücklichsten zur Erhöhung der menschlichen Produktivität beigetragen.

Durch die Anwendung wissenschaftlicher Erkenntnisse in der Technik sind Werkzeuge aller Art entwickelt worden. Dazu gehören Maschinen (Erweiterung der menschlichen Muskelkraft) und die Energie, um sie zu betreiben, chemische und biologische Technologien für die verschiedensten Zwecke – von neuen Textilien bis hin zu Impfstoffen – sowie Nachrichtengeräte und Computer, die unsere sensorischen und neuralen Fähigkeiten erweitern. Im Vergleich zu vergangenen Jahrhunderten ist der Wohlstand – die Grundbedürfnisse und Ressourcen für die Wahl des Lebensstils –, den jeder einzelne mit Hilfe dieser Werkzeuge schaffen kann, enorm angewachsen. Infolgedessen führen mehr als zehn Prozent der Weltbevölkerung ein Leben von einer Dauer und einer Bequemlichkeit, an die in der Vergangenheit nicht zu denken war. Millionen Menschen leben heute komfortabler und gesünder als einst die Pharaonen. Und ganz im Gegensatz zur (plötzlich aus der Mode gekommenen) marxistischen Rhetorik wurde dieser Überfluß nicht auf Kosten der «unterdrückten Massen» geschaffen, wie in der Vergangenheit oft genug geschehen. Vielmehr geht es der Mehrheit der Menschen auf diesem Planeten, wenn sie auch im Vergleich zu den zehn Prozent Privilegierten in Armut leben, materiell besser als ihren Vorfahren.

Das Versprechen der Wissenschaft, für ein besseres Leben zu sorgen, hat sich für die meisten nicht erfüllt, weil alles, was an Produktivität gewonnen wurde, an die Bevölkerungsexplosion verlorenging, vor allem in jenen Weltregionen, in denen aus dem einen oder anderen der oben erwähnten Gründe die Voraussetzungen zur Schaffung von Wohlstand nicht entwickelt wurden. Dabei handelte es sich nicht einfach um ein Verteilungsproblem. Es ist sehr unwahrscheinlich, daß der «Kuchen» groß genug ist – das Leben für die Mehrheit der Weltbevölkerung würde sich nur unwesentlich verbessern, wenn der materielle Wohlstand gleichmäßig verteilt würde, und natürlich würde sich die produktive Minderheit jedem derartigen Versuch militant widersetzen. Erfolg verspricht allein der Versuch, mehr aus der Produktivität der Weltbevölkerung zu machen. Das müßte die entwickelte Welt wahrscheinlich mit einem langsameren Wachstum ihres Wohlstands bezahlen, doch wenn sie bei ihrem gegenwärtigen

Wissenschaft und Gesellschaft 481

Kurs bleibt – und die Ungleichheit weiter eskaliert –, so ist das Verhängnis unausweichlich: Bürgerkrieg, Leid und Zerstörung von nie erlebten Ausmaßen wären die Folge.

Natürlich haben wir in den letzten Jahrzehnten erfahren, daß selbst eine vollständige Nutzung der *menschlichen* Ressourcen durch Wissenschaft und Technik kein schrankenloses Wachstum von Bevölkerung und Wohlstand erlaubt, weil wir auf einem Planeten mit endlichen *natürlichen* Ressourcen und einer verwundbaren Umwelt leben. Wahrscheinlich könnte die Erde die heutige Weltbevölkerung von sechs Millionen Menschen auch bei einem relativ aufwendigen Lebensstil verkraften, vorausgesetzt, wir würden sorgsam mit den Ressourcen und pfleglich mit der Umwelt umgehen. Würden wir diese Maßnahmen noch erheblich verschärfen, könnte der Planet möglicherweise sogar das Mehrfache dieser Zahl erhalten, aber es ist fraglich, ob uns eine solche Welt noch gefallen würde. Eine hochtechnisierte und streng verwaltete Welt mit zwanzig Milliarden oder mehr Menschen, die die wenigen verbleibenden Mitgeschöpfe in Zoos und Reservaten präsentierte und ein riesiges Parksystem unterhielte, um einen Eindruck von dem zu vermitteln, was Natur einst bedeutete, wäre vielleicht ein materielles Eden, aber eine geistige Ödnis.

Wie nichts anderes, was Menschen je erfunden haben, verleiht uns Wissenschaft die Kraft, uns als Art zu entfalten und unser kollektives Schicksal zu verbessern. Solch Optimismus mag deplaziert erscheinen in einer Welt, in der einige Egoismus und Ungleichheit auf ihre Fahnen geschrieben haben und die meisten diese Verhältnisse akzeptieren, doch um so wichtiger ist es, immer wieder darauf hinzuweisen, daß wir die Fähigkeit haben, die Optionen und Möglichkeiten jedes menschlichen Lebens zu verbessern. Die Botschaft lautet, wir sind noch nicht an unsere Grenzen gestoßen. Die Wissenschaft kann uns Kraft verleihen. Die Entscheidung, wie wir sie verwenden, liegt wie immer bei uns.

Kommen wir nun von der Rolle der Wissenschaft für die Gestaltung von Gegenwart und unmittelbarer Zukunft zu einer etwas umfassenderen Perspektive. Geschöpfe, die eine enge Verwandtschaft mit dem *Homo sapiens* aufweisen, gibt es schon seit ein paar Millionen Jahren; dennoch ist die Auffassung verbreitet, wir hätten wenig gemein mit den Menschen, die vor 20000 Jahren lebten. Falsch. Biologisch beispielsweise sind die Unterschiede unerheblich – weder Gehirn noch Körper haben sich in diesem Zeitraum wesentlich verändert. Allerdings gibt es auch Unterschiede; kulturell haben wir uns weiterentwickelt – vor allem durch die wunderbare Erfindung einer komplexen Sprache, einer Fähigkeit, in der wir es viel weiter gebracht haben als irgendein anderes Tier. Nun geht es hier nicht in erster Linie um die Frage, wie die Sprache unsere «Evolution» vorangebracht hat; zweifellos hängt sie mit dem Übergang zum aufrechten Gang zusammen, der die Hand freisetzte, was wiederum die Entwicklung des Gehirns vorantrieb, damit es die Hand steuern konnte, und so fort. Entscheidend ist, daß die rasche Zunahme unserer Kommunikationsfähigkeit ein direkter Auslöser für unsere rasche kulturelle Evolution wurde. Wir sind nicht deshalb in der Lage, Erfahrungen zu sammeln, weil unsere Gehirne mehr Erinnerungen speichern können, sondern weil wir sie mittels der Sprache an andere Gehirne weiterzugeben vermögen. Deshalb können wir das Wissen einer Generation durch das der nächsten ergänzen.

Das Gehirn selbst ist eine prachtvolle Erfindung, die dem Menschen lange vorausging: Dank des Gehirns läßt sich Information erstmals auch an einem anderen Ort als nur den Genen speichern – der Sequenz der Nukleotidbausteine in der DNS. Das bedeutet für das Individuum eine erhebliche Erweiterung der Möglichkeiten zu komplexem Handeln. Durch die Verinnerlichung von Erfahrung und Modifikation von Verhalten lernt das Lebewesen, besser in einer gefährlichen Welt zu überleben. Doch mit der Evolution des Menschen wurde ein neuer Weg in der Entwicklung des Zentralnervensystems eingeschlagen, denn der Erwerb der Sprache gestattete die Weitergabe erlernter Erfahrung an künftige Generationen, was zur Akkumulation von Wissen *innerhalb* des Gehirns führte.

Verzweigte Interessen, egal, wie hoch der Komplexitätsgrad ist, führen unvermeidlich zu größerem Wohlstand. Dergestalt «lernten»

Kulturelle Evolution 483

wir, zu jagen, Getreide anzubauen und Vieh zu züchten, Handel zu treiben – wodurch wir unseren Wohlstand in immer größeren Gruppen entfalteten und unsere Überlebenschancen erhöhten. In einer biologischen Welt, die sich weitgehend *reaktiv* verhält, war unsere Art die erste, die wahrhaft proaktiv war, und im Laufe der Zeit gestaltete sie die Umwelt weitgehend nach ihren Bedürfnissen um. (Dabei waren wir so «erfolgreich», daß es jetzt den Anschein hat, als seien wir übers Ziel hinausgeschossen und hätten die Welt unbewohnbar gemacht.) Die ersten spektakulären Anwendungen dieser Fähigkeit waren sozialer Natur. Während des letzten Jahrtausends ist die kulturelle Evolution von geistigen Erfindungen, einschließlich wissenschaftlicher und technischer Art, vorangetrieben worden, welche die Kräfte unseres Körpers und nun auch unserer Sinne und unseres Verstandes in unvorstellbarem Maße erweitert haben.

In seinem Buch *Der Daumen des Panda* bringt Stephen J. Gould diesen Aspekt auf den Punkt:

> Die kulturelle Evolution ist in einem Tempo vorangekommen, das darwinistische Prozesse nicht annähernd erreichen. Zwar dauert die darwinistische Evolution auch im *Homo sapiens* noch an, doch geschieht dies so langsam, daß sie sich nicht mehr sonderlich auf unsere Geschichte auswirkt. Dieser Wendepunkt in der Erdgeschichte wurde erreicht, weil sich schließlich lamarckistische Prozesse durchgesetzt haben. In krassem Gegensatz zu unserer biologischen Geschichte ist unsere kulturelle Evolution lamarckistisch geprägt. Was wir in einer Generation lernen, geben wir direkt durch Lehre und Schrift weiter. In Technik und Kultur werden erworbene Merkmale vererbt. Die lamarckistische Evolution verläuft rasch und akkumulativ. Sie erklärt den grundlegenden Unterschied zwischen unserer Vergangenheit, rein biologischem Wandel, und unserer Gegenwart, sinnverwirrender Beschleunigung zu neuen und befreienden Verhältnissen – oder dem Abgrund entgegen.

Das schwindelerregende Tempo dieser neuen Evolutionsart und die Frage, wohin uns die rasende Fahrt führt, sind Punkte, die eine genauere Betrachtung verdienen. Um die Identität und Kontinuität der Arten zu bewahren, mußte die biologische Evolution einen Drehzahlregler einbauen, der eine «signifikante Veränderung» der Organismen nicht häufiger als etwa alle 10 000 oder 100 000 Generationen zuließ.* Bei vielen Arten, besonders den größeren Lebensformen, sorgte dieser Mechanismus für evolutionäre Veränderungen, die, in der vollen Bedeutung des Wortes, eiszeitlich waren. Da leuchtet es ein, daß Biologie und Geologie auf vielen Ebenen, einschließlich der zeitlichen, miteinander verknüpft sind.

Für den Menschen sind diese Zeiten unwiederbringlich dahin. Die Evolution unserer Art – nicht im biologischen Sinne, aber doch noch in der vollen Bedeutung des Wortes «Evolution» – vollzieht sich in einem zeitlichen Maßstab, der eher *exponentiell* ist (dem Tempo entspricht, in dem sich Zellen vermehren, wenn sie alle fünfzehn Minuten ihre Zahl verdoppeln) als linear. Wie kann sich eine derartige «sinnverwirrende Beschleunigung» fortsetzen? Wo soll sie enden? Wird dieses Unternehmen ohne Grenzen wachsen? In seinem Buch *The Endless Frontier*, das als Richtlinie für die National Science Foundation gilt, vertritt Vannevar Bush, der Präsident der Carnegie Institution, genau diese Ansicht.

Ich bin anderer Meinung. Natürlich neigt man dazu, die eigene Zeit in eine unbestimmte Zukunft zu verlängern, als habe sich das «moderne Zeitalter» endlich erfüllt und werde nun endlos fortdauern. So überrascht es nicht, daß die meisten Wissenschaftler den Prozeß wissenschaftlicher Forschung für grenzenlos halten – wie die Zerlegung des Atoms in immer elementarere Teilchen, eine Schachtel in

---

* Eine «signifikante Veränderung» läßt sich definieren als eine Neuerung, die zwar keine Artbildung (eine neue Art = Paarungsinkompatibilität) hervorruft, aber auch nicht weit hinter dieser Vorgabe zurückbleibt. Ob diese Veränderung sich im Laufe von 10 000 Generationen allmählich vollzieht oder alle 10 000 Generationen plötzlich eintritt – ein Streitpunkt unter Evolutionsbiologen – ist ohne große Bedeutung für unseren Gedankengang.

Die Sprache der Natur

einer Schachtel in einer Schachtel. Doch unsere neue kosmologische Sehweise könnte uns helfen, einen ganz anderen Standpunkt einzunehmen. Das Universum, jenes Volumen der Raumzeit, das den uns verständlichen Regeln folgt, scheint *endlich* zu sein. Aller Wahrscheinlichkeit nach enthält *unser* Universum alles, was wir je wissen werden. Das *Universum* anderer Daseinsformen, das jenseits dieser Grenzen liegt, wird uns wahrscheinlich auf immer unzugänglich bleiben. Falls das richtig ist, so ist die Annahme nicht vermessen, daß wir «alles, was es zu wissen gibt», auch erkennen können, wobei es allerdings sorgfältig zwischen den Spielregeln und dem Spiel zu unterscheiden gilt. In dem Sinne, den ich hier zugrunde lege, bedeutet *Erkennen*, den Wortschatz und die Grammatik der Natur zu entschlüsseln, so daß wir alles lesen und verstehen können, was sie geschrieben hat. Das heißt jedoch nicht, daß wir die gesamte Literatur jemals vollständig erfassen werden. Die hohe Komplexität der Sprache wird dafür Sorge tragen, daß es stets neue Bände zu lesen gibt, in denen neue Dialekte und neue Wendungen vertraute Konzepte zu erhellenden Verbindungen zusammenstellen. Aber wir werden den «Code geknackt» haben.

Viele Wissenschaftler halten die Physik für das grundlegende Regelwerk. Hier auf der Erde hat die Natur viele Stücke in einem bescheidenen Energiebereich geschrieben, die die Wechselwirkung der verschiedenen Elemente schildern (Chemie nennen wir das), und Bände voller komplizierter Geschichten verfaßt, in denen organische Moleküle auftreten (was wir als Molekularbiologie oder Biochemie bezeichnen). Obwohl wir gerade erst die ungeheure Aufgabe in Angriff nehmen, diese Texte zu lesen und zu verstehen, gibt es für das Unterfangen im Prinzip keine Grenze – die Hochsprache ist bekannt, und der Dialekt wird allmählich verständlich. Nur in der Physik existiert ein Bereich – bei den Energien des Urknalls –, dessen Grundregeln uns noch nicht sehr vertraut sind. Doch schon heute haben wir plausible Vermutungen, mit denen es uns gelingt, in kleinen, aber wichtigen Teilbereichen die physikalischen Verhältnisse des Urknalls zu charakterisieren, und im 21. Jahrhundert wird es uns wahrscheinlich gelingen, ein Modell zu schaffen, das die Entwicklung unseres

Universums erklärt. Falls das geschähe, hätten wir die Grundlagen der Natur *im Rahmen des Möglichen* beschrieben, und zwar über die ganze Bandbreite von Energien und Dichten, die unser Universum je hatte und je haben wird. Dann bliebe nur noch, diesen Regeln in einer unendlichen Zahl von physikalischen Situationen *Ausdruck* zu verleihen, was, wenn es auch noch enorme Anstrengungen kosten mag, im Grunde doch möglich und machbar ist.*

So werden sich die Menschen vielleicht mit dem Gedanken abfinden müssen, daß ihrer Erkenntnis Grenzen gesetzt sind. Was vor dem Urknall war und was jenseits der Blase unseres Universums liegt, sind wahrscheinlich Fragen, die sich einer Antwort prinzipiell entziehen, zumindest im Rahmen der Wissenschaft, weil sie mit einer Wirklichkeit zu tun haben, die sich so sehr von der unseren unterscheidet, daß wir noch nicht einmal geeignete Fragen stellen können. Davon sollten wir uns jedoch nicht entmutigen lassen, denn die Vielfalt der von der Natur gewählten Ausdrucksformen wird die Wissenschaftler noch lange Zeit beschäftigen und uns alle *auf ewig* unterhalten und faszinieren.

Nach meiner Auffassung hat das gegenwärtige Zeitalter vor etwa 2500 Jahren begonnen, während der letzten 400 Jahre seine Blütezeit erlebt und wird nun Früchte tragen, aber nicht unendlich fortdauern. Insbesondere glaube ich, daß das wachsende Tempo, mit dem die Erforschung der Natur vorangetrieben wird, die Wissenschaft im Laufe der nächsten Jahrhunderte zur Reife führen wird. Wenn ein wissenschaftliches Gebiet den Zustand der Reife erreicht, was einige bereits

---

* Daraus darf nicht die deterministische Auffassung abgeleitet werden, daß wir bei vollständiger Kenntnis der Regeln alles vorhersagen können, was geschehen kann und wird. Viele Regelsysteme, so zum Beispiel die Quantenmechanik, weisen hinsichtlich ihrer Spezifität grundsätzliche Grenzen auf, und sogar an der Entwicklung komplexer *makroskopischer* Systeme ist zufälliges und chaotisches Verhalten beteiligt. Die Kenntnis «aller Regeln» führt nicht in den Determinismus, sondern nur zu einer Beschreibung der möglichen Resultate und der mit ihnen verknüpften Wahrscheinlichkeiten. Ob wir es wünschen oder nicht, das Leben und alle seine Erfahrungen werden stets neu und unvorhersagbar bleiben.

Grenzen und Perspektiven wissenschaftlicher Erkenntnis 487

getan haben, wird die Forschung zum nüchternen, sorgfältigen Bemühen, die Feinheiten zu verstehen. Der Sturm und Drang jugendlicher Entwicklungszeiten hat sich gelegt. Selbst die ausgedehnten wissenschaftlichen Gebiete, die fast noch unberührt sind – etwa das Verständnis biochemischer und hirnfunktioneller Prozesse –, könnten im 21. Jahrhundert vollständig erschlossen werden.

Das Universum übersteigt in seiner Ausdehnung unser Fassungsvermögen, aber es wiederholt sich in seinen Erscheinungsformen, das ist sein besonderes Kennzeichen. Wenn wir alle seine *Beispiele* für den Ausdruck der Naturregeln verstanden haben, dann haben wir es in einem grundsätzlichen Sinne vollständig «erkannt» – das ist der Zweck, den wir verfolgen. Selbst wenn wir anderen Lebensformen begegnen sollten, darf uns die Entdeckung nicht überraschen, daß sie, prinzipiell gesehen, viel mit dem Leben auf der Erde gemein haben.

Wenn wir bereit sind, die Möglichkeit ins Auge zu fassen, daß es der wissenschaftlichen Forschung angesichts ihres wachsenden Tempos gelingen wird, das Modell einer endlichen Welt zu entwickeln, dann ist es vernünftig, nach dem nächsten Entwicklungsabschnitt zu fragen. Eine inflationäre Epoche muß fortdauern, bis eine *fundamentale* Veränderung eintritt. Diese Umwälzung wird meiner Meinung nach das Ende der einen Menschheit und die Entstehung neuer, von ihr abstammender Lebensformen bedeuten – der gleiche Weg, den die biologische Evolution eingeschlagen hätte, grundsätzlich, nicht in den konkreten Ausprägungen, wenn wir uns nicht ihrer Rolle bemächtigt hätten.

Bereits heute sind drei Arten menschlicher Tätigkeit zu beobachten, die auf radikale Veränderungen dieser Art hinarbeiten. Die eine – die Gentechnologie – manifestiert sich in dem wachsenden Vermögen, direkte Eingriffe in unsere Biologie vorzunehmen. Für die meisten von uns beschwört sie schreckliche Visionen herauf – Alpträume von entsetzlichen Mutanten, die die vorzeitlichen Erfahrungen unserer Ahnen in unserem kollektiven Gedächtnis verankert haben und die durch die Effekte immer realistischerer Horrorfilme zu neuem Leben erweckt werden. Aller Wahrscheinlichkeit nach werden die ersten

Maßnahmen der Gentechnik dem Menschen zuträgliche, behutsame Veränderungen bringen, die die Gesundheit verbessern und das Leben verlängern. Die meisten von uns werden der Versuchung, sich solchen «Kuren» zu unterziehen, kaum widerstehen können (wenn es auch einige tun werden). Im Laufe der Zeit werden diese Experimente mit an Sicherheit grenzender Wahrscheinlichkeit zu genetisch veränderten Tieren führen (neue Pflanzen sind auf diese Art bereits entwickelt worden). Zwar werden die Menschen sich heftig gegen den Gedanken wehren, daß dergestalt auch die eigene Art verändert werden soll, doch früher oder später wird man wohl ein «Tier», das sich von uns hinreichend unterscheidet, um als Versuchsobjekt akzeptiert zu werden, mit geistigen Fähigkeiten ausstatten, die sich mit denen des heutigen Menschen messen können oder sie sogar übertreffen. Egal, ob dieses Geschöpf dem Menschen ähnelt oder nicht oder ob wir am Ende «nur ein bißchen» gegen die Regeln verstoßen, um Supersportler, Menschen, die mit der Schwerelosigkeit besser zurechtkommen oder kreative Supergenies herzustellen – wahrscheinlich werden sich aus dem Menschen durch «Evolution» unabhängige Formen vernunftbegabten Lebens entwickeln: unsere Nachkommen.

In den Zusammenhang dieser höchst spekulativen Überlegungen gehört auch die Bedeutung des Computers für unsere Evolution. Für die meisten Menschen sind Computer heute noch kaum mehr als raffinierte Rechen- oder Schreibmaschinen, allenfalls elektronische Aktenschränke und Buchhaltungsroboter. Das ist auch der Ausgangspunkt für den Versuch, ein System zu entwickeln, das wie ein Gehirn funktioniert. Doch wiederum ist es unvermeidlich, daß diese Bemühungen enorm an Komplexität und Scharfsinn gewinnen, bis diese «Maschinen» es der Hardware des menschlichen Gehirns gleichtun oder sie sogar übertreffen. Selbst wenn es uns Schwierigkeiten bereiten sollte, jene Software in menschlichen Gehirnen zu entschlüsseln und nachzubilden, die für unser «Bewußtsein» sorgt, könnten wir unsere Gehirne zumindest mit zusätzlicher Hardware aufrüsten – das allein würde wahrscheinlich schon eine verblüffende Steigerung für die Leistung des menschlichen Gehirns bedeuten. Wahrscheinlicher ist jedoch, daß es uns gelingen *wird*, künftige Computer mit Intelligenzen wie der unseren auszurüsten. Ihre Vereinigung mit menschlichen Wirtsorganismen dürfte Wirkungen zeitigen, die unser Vorstellungsvermögen übersteigen. Unsere Nachkommen – teils Menschen, teils Maschinen – werden vielleicht das Gefühl haben, mit uns weniger gemein zu haben als wir mit den Neandertalern.

Es mag schwierig sein, sich Umstände auszumalen, in denen solche Veränderungen akzeptabel oder gar wünschenswert wären. Menschen haben im Laufe ihrer Evolution eine ausgeprägte Tendenz zur Xenophobie entwickelt, ein Merkmal, das für das frühe Überleben unserer Art von entscheidender Bedeutung gewesen sein muß. Unsere Unfähigkeit, diesen psychischen Ballast über Bord zu werfen, hat in der modernen Welt zu ständigen Konflikten zwischen verschiedenen ethnischen Gruppen geführt. Wenn es uns nicht gelingt, Furcht und Mißtrauen zu überwinden, die auf einem so lächerlichen Unterschied wie der Hautfarbe beruhen, darf es uns nicht wundern, daß die Aussicht auf weit tiefer reichende Unterschiede zwischen den Menschen das Schreckensbild einer chaotischen, gefährlichen Welt in uns wachruft. Einerseits ist, wie gesagt, kaum denkbar, daß sich die gesamte Menschheit darauf einigt, diese Evolution zu steuern und zu kontrollieren. Ist aber nicht andererseits die Möglichkeit, daß sich jedes Abenteuer dieser Art durch hundertprozentige Kontrollen verhindern ließe, noch weit weniger vorstellbar? Und wahrscheinlich wird es zumindest einen starken Antrieb zu solcher Veränderung geben: Früher oder später werden einige Menschen diesen Planeten verlassen, um biologischen oder ökologischen Katastrophen aus dem Weg zu gehen, die uns unwiderruflich in die Steinzeit zurückwerfen würden. Für die Menschen, die zu diesem größten aller Abenteuer aufbrechen, könnten sich erhebliche Zwänge ergeben, die Natur des Menschen grundlegend zu verändern.

Jahrhundertelang hat die imperialistische Mentalität den frommen Glauben genährt, der Kolonialismus habe Außenposten voller pflichtbewußter, liebevoll der Heimat gedenkender Bürger geschaffen, die getreulich die Schätze ferner Welten ins Mutterland schickten. Tatsächlich hat sich diese Erwartung zu keinem Zeitpunkt der menschlichen Geschichte lange erfüllt. Aus einer Vielzahl einleuchtender Gründe hat der Widerstand gegen eine solche Form der Knechtschaft die Siedler zu allen Zeiten veranlaßt, sich von der «toten Hand der Vergangenheit» abzuwenden, wie es bei James Joyce heißt, und eigene Wege zu gehen. Insofern ist es sehr amüsant, daß das populäre Paradigma der Weltraumkolonisierung den alten Mythos wiederaufleben läßt: Raumschiffe sorgen für einen regen Handel zwischen treuen Kolonien, glücklich vereint in einer «Föderation», deren gütige Führung auf der Erde (wo sonst?) residiert.

Vielleicht wird es den einen oder anderen Versuch dieser Art geben, wahrscheinlicher aber ist, daß Menschen irgendwann im nächsten Jahrtausend beginnen werden, die Erde (oder ihre unmittelbare Nachbarschaft) zu verlassen, und zwar in Gefährten, die ihnen das 28. Jahrhundert als Äquivalent für die Güterzüge und Einwandererschiffe des 19. und 20. Jahrhunderts zu bieten hat. Natürlich wird das nur möglich sein, wenn es Wissenschaft und Technik bis dahin gelingt, kostengünstige Konstruktionen und Antriebssysteme für Raumschiffe zu entwickeln. Allerdings gibt es gute Gründe zu dieser Annahme: In den letzten beiden Jahrhunderten sind die Produktions- und Energiekosten stetig und stark gefallen. So verrückt es auch klingen mag, wenn sich dieser Trend über längere Zeit fortsetzt, wird eine kommerzielle oder sogar «private» Nutzung der Raumfahrt möglich werden.

Menschen, die zu tausendjährigen Reisen aufbrechen, um die Planeten anderer Sternensysteme zu erreichen, werden sich wahrscheinlich lieber für Winterschlaf oder genetische Veränderung entscheiden als für die Aussicht, unterwegs zig Generationen aufziehen zu müssen.* Auf die eine oder andere Weise dürften solche Reisen

---

* Die Erforschung des Alls durch Roboterschiffe eröffnet enorme Möglichkeiten, einschließlich kleinerer, schnellerer, sich selbst erneuernder Sonden, die sich in weniger als einer Million Jahren – also in kürzerer Zeit als dem gegenwärtigen «Alter» unserer Art – in der ganzen Milchstraße ausbreiten könnten. Für die Menschen wäre dies vielleicht eine wirksamere und sicherere Methode zur Erkundung der Milchstraße, es würde aber auch für die Ausbreitung irdischen Le-

möglich werden. Durch ihre zeitliche wie räumliche Loslösung von der Erde werden diese Pioniere frei über ihr Geschick bestimmen können. Wenn überhaupt Menschen jemals kühn genug sein sollten, die Biologie ihres Geistes und ihres Körpers zu verändern, so werden es, das lehrt die Geschichte, diese Entdecker sein: Die Versuchung, für eine bessere Anpassung an die ökologischen Nischen der neuen Welten zu sorgen, wird unwiderstehlich sein. So könnten relativ kleine Menschengruppen, für die sich ein zwingender Grund für genetische Veränderungen ergibt und die die Möglichkeit haben, eine gewisse Homogenität innerhalb ihrer Gruppe zu bewahren, zu Architekten neuer Entwicklungsformen werden.

Daher dürfte es dem Menschen bestimmt sein, hier auf der Erde oder draußen zwischen fernen Sternen eine Vielzahl vernunftbegabter Wesen zu entwickeln, die die Erforschung des Hyperraums fortsetzen werden. Natürlich ist unser Überleben als Art oder zumindest ihre Fortentwicklung in die angedeutete Richtung noch immer durch einen Weltkrieg oder einen biologisch-ökologischen Holocaust bedroht. (Vielleicht ist das überzeugendste Argument für die Einrichtung einiger extraterrestrischer Siedlungen der Wunsch, die mühsam erworbenen Errungenschaften der Menschheit in Kunst, Kultur und Wissenschaft vor dem Wahnsinn des «Autogenozids» in Sicherheit zu bringen.) Doch wenn es der Menschheit gelingt, ihren jugendlichen Entwicklungsabschnitt zu überleben, könnten starke Zwänge zur *Artenbildung* auftreten, die sich unter Umständen nur durch gezielte, totalitäre Kontrollen abwenden ließen. Das stünde in direktem Gegensatz zur kulturellen Entwicklung der letzten Jahrhunderte –

---

bens in der Galaxis eine neue Dimension bedeuten. Sobald ferne Außenposten gegründet wären, könnte man Menschen und andere biologische Geschöpfe in «kodierter» Form dorthin befördern, etwa durch den Transport echter Zellen mit ihrer DNS oder auch nur der gespeicherten Information von DNS-Sequenzen (die sich auch durch Radiowellen zu diesen fernen Standorten «beamen» ließen), um sie an Ort und Stelle zur Herstellung biologischer Organismen zu verwenden. Es scheint keine grundsätzlichen Hindernisse für diese alternative Form der Weltraumerkundung zu geben.

der wachsenden Selbstbestimmung von einzelnen und Gruppen. Selbst wenn sich der Konsens erzielen ließe, «die Welt zu lassen, wie sie ist», ist sehr zu bezweifeln, daß sich die erforderlichen autoritären Strukturen schaffen und durchsetzen ließen und daß man die weiteren Auswirkungen solcher Kontrollen lange dulden würde.

Deshalb glaube ich, daß höchstwahrscheinlich das Ende dessen nahe ist, was wir als Menschheit bezeichnen. Die Gaben der Natur haben uns den Zugang zum Geheimnis der Evolution eröffnet, und ich denke, es ist uns nicht gegeben, der Versuchung lange zu widerstehen, diese Büchse voller Glück und Unglück zu öffnen. Vielleicht übersteigt es unsere Kräfte, der kommenden Katastrophe ins Auge zu sehen, doch unsere Nachkommen dürften dazu besser in der Lage sein, so, wie wir uns allmählich an eine Welt gewöhnt haben, von der unsere Ururgroßeltern gesagt hätten, sie bewege sich am Rande von Anarchie und Massenirrsinn. Sollte solch eine umwälzende Veränderung eintreten, werden diese «Nachkommen» unser Zeitalter wohl einst als Epoche des Erwachens ansehen – mag die Reise von Athen zum Mars im dritten Jahrtausend auch kurz erscheinen, derer, die sie erstmals unternommen haben, wird man mit Verehrung und Bewunderung gedenken. Von diesem Zeitalter werden Millionen Stimmen künden, von seinem Ruhm und seiner Verwirrung, seinem Forschen und Entdecken, seinem Ergründen der Welt, des Universums, des *Menschentums* selbst – in Kunst, Literatur und Musik. Und viele werden uns beneiden, daß wir am größten Abenteuer der Menschheit teilhaben durften.

Lassen Sie mich angesichts der Aussicht, daß die abenteuerliche Entwicklung der Menschheit in nicht allzu ferner Zukunft eine ganz andere Richtung nehmen könnte, noch einmal zurücktreten, um eine noch umfassendere, kosmische Perspektive zu gewinnen. Wie fügt sich diese Geschichte in die Entwicklung des Universums ein?

Das Leben erfand Gehirne und Empfindungen, doch das Universum erfand das Leben. Das Wesen des Lebens ist Komplexität, Komplexität in einem Maße, wie es das «physikalische Universum» nicht kennt. Sterne mit ihrer Nuklearchemie mögen kompliziert erscheinen. Auch Galaxienökosysteme mit ihrer Vielfalt von Sternengeburt und -tod, die das chemische Reservoir bereichern und wiederaufbereiten, beruhen gewiß auf einem komplizierten Mechanismus. Die frühen Phasen des Urknalls, in deren Schatten sich die unübersichtlichen Beziehungen von Teilchen und Energiefeldern verlieren, sind uns noch immer ein Rätsel. Dennoch verblaßt ihre Komplexität gegenüber den Vorgängen, die sich hier auf der Erde bei der Evolution der einfachsten biologischen Systeme abgespielt haben.

Das mußte so sein. Wenn das besondere Kennzeichen des Lebens die Replikation ist, dann ist seine wichtigste Zutat eine phantastische Variationsfähigkeit – eine Architektur, die sich aus komplexen chemischen Vorräten bedient. Nun ist diese chemische Komplexität allerdings in den allermeisten Umwelten des Universums nicht anzutreffen: Sterne sind zu heiß, um Atomen den Zusammenschluß zu Molekülen zu gestatten, kosmische Objekte aus Gestein sind zu kalt, um chemische Reaktionen in ihren eisigen Klumpen aus organischem Material anzuregen, und Gaswolken sind so dünn, daß sich die Atome selten begegnen. Doch Komplexität ist der entscheidende Faktor, den das Leben braucht, um seine Umgebung zu erkunden und um, durch Experimente, neue Kombinationen zu erschaffen, die für Replikation und Proliferation sorgen. Die Umwelt der Erde liegt exakt in jener winzig schmalen Spanne von Temperatur und Dichte, in der Atome Moleküle mit einer echten Neigung zu chemischer Promiskuität bilden – allein die Zahl der Kombinationen, die Kohlenstoff, Stickstoff, Sauerstoff und Wasserstoff eingehen können, ist verblüffend.

Die jugendliche Erde war eine Schüssel Ursuppe, ein Vorrat vom besten Lösungsmittel der Natur, dem Wasser, mit kleinen Klumpen darin: Kohlenwasserstoffe, organische Säuren und Salze. In den richtigen Zustand versetzt wurde die brodelnde Brühe durch Blitze, intensive ultraviolette Sonneneinstrahlung und geothermische Aktivität. Köche, deren einziges Rezept darin besteht, den Inhalt von Kühl- und Vorratsschränken in Töpfe zu schütten, müssen sich auf mehr Pleiten als Erfolge gefaßt machen, doch einer von vielen, vielen Versuchen kann großartig gelingen. Eine Milliarde Jahre nach

Bildung der Erde stieß diese zufällig auf den Traum aller berufstätigen Eltern – ein Rezept, das sich selbst zum Kochen bringt.

So, wie die Inflationsepoche der exponentiellen Expansion die physikalische Entwicklung des Universums auf einen Weg brachte, von dem es keine Rückkehr mehr gab, bedeutete die Erfindung komplexer Molekülketten, die in der Lage sind, sich selbst zu replizieren, eine Einbahnstraße, die unwiderruflich aus der Welt der «natürlichen» Chemie hinausführte. Nun ließen sich die Prozesse der vor dem Leben existierenden Chemie konzentrieren, erweitern und so kanalisieren, daß eine Hierarchie von erstaunlicher Komplexität entstand. Das Leben begann – der Rest ist, wie es so schön heißt, Geschichte. Das Gesetz dieser neuen Weltordnung wurde die natürliche Selektion, die einfache Regel, daß diejenigen, die am besten angepaßt sind, gedeihen und in der Fortpflanzung am erfolgreichsten sind. Erfolg haben hieß überleben, und überleben hieß Erfolg haben. Auf diese Weise «lebte es sich», bis die nächste Erfindung, das Gehirn, einen weiteren Durchbruch brachte – ein Geschöpf, das die eigene Evolution steuerte, mit anderen Worten, der Mensch.

Die Chemie der jungen Erde hatte blind herumprobiert, bevor sie das Leben – etwas völlig Neues – «erfand». In gewisser Weise hatte das Universum, indem es mit einer solchen Vielzahl von Umwelten «experimentierte», etwas Ähnliches getan, bevor es auf raffinierte, zuträgliche Umwelten wie die Erde «stieß», in denen Komplexität gedeihen kann. Diese Schrittfolge – das Universum kühlte ab und produzierte stabile Wasserstoffatome, preßte diese zu Sternen zusammen, die schwerere Atome erzeugten und dabei planetarische Brutstätten erwärmten, in denen Komplexität heranreifen konnte – hat zu unserer Entstehung geführt und zu unserem Versuch, eben diese Schritte nachzuvollziehen. Dergestalt hatte das Universum eine Möglichkeit entdeckt, den scheinbar unvermeidlichen Triumph der Unordnung zu bekämpfen, den sogenannten «Wärmetod». Da die natürliche Entwicklung jedes Systems aus weit mehr ungeordneten als geordneten Zuständen wählen kann, tendiert sie stets zu wachsender Unordnung – wachsender *Entropie*, wie die Wissenschaftler sagen. Das Universum hatte einen winzigen Bruchteil von Umwelten entdeckt, in denen Lebensformen – statistische Undenkbarkeiten, die ein Höchstmaß an «Ordnung» darstellen – in phänomenalen Mengen gedeihen konnten. Vielleicht ließ sich der Marsch in den Abgrund nicht in großem Maßstab verhindern, aber lokal konnte man ihn auf überzeugende Weise aufhalten und sogar umkehren. Am Ende werden diese Taschen voll zunehmender Komplexität und Ordnung den Wärmetod des Universums zur Bedeutungslosigkeit verurteilen.

In der Unwahrscheinlichkeit all dieser Ereignisse sehen manche Menschen den Beweis für einen großen *Plan*, die Gewähr dafür, daß ein höherer Eingriff in die undenkbare Ereignisfolge vorgenommen worden sein müsse – die traditionelle Rolle von Gott, dem Schöpfer aller Dinge. Andere sagen einfach, eine Ereigniskette dieser Art habe eben stattfinden müssen, damit Wesen wie wir hätten entstehen können, um auf den Gedanken zu verfallen, daß dies alles doch höchst unwahrscheinlich sei. Wie dem auch sei, entscheidend ist, daß die «Evolution des Universums» zu vernunftbegabten Geschöpfen geführt hat – von denen uns mindestens eine Art bekannt ist. Da das Universum eine unvorstellbar große Zahl von «Brutstätten» wie die Erde hervorgebracht haben dürfte, werden wohl noch in einigen anderen ähnlich wunderbare Wesen wie hier herangewachsen sein.

Egal, ob wir die erste oder die millionste Zivilisation sind, die sich ihres Platzes im Universum bewußt wird, die Erkenntnis sollte uns tiefgreifend verändern – und zwar zum besseren. Seit Kopernikus hat die Menschheit immer neue Abwertungsschocks hinnehmen müssen: Vom Mittelpunkt des Universums, einem Ort, aus dem sie ihre Bedeutung und Einmaligkeit ableitete, wurde sie in immer schäbigere Randbezirke abgeschoben. Dieser Weg der Entfremdung mündete schließlich in der hysterischen Beschreibung der menschlichen Evolution als absurdes Drama, das sich angeblich auf der Bühne eines feindseligen Universums ereignete – der Alptraum des existentiellen Nihilismus.

Und immer noch ziehen wir die falschen Lehren aus dem, was wir lernen. Ein Astronaut, der während eines Geminiflugs in den sechziger Jahren einen Weltraumspaziergang machte, wurde kürzlich gefragt, ob ihn das Erlebnis verändert habe. Er sei tief beeindruckt gewesen, sagte er, wie klein und unbedeutend die Erde und alle menschlichen Strebungen gewesen seien – «wie eine Ameise, die durch die Sahara kriecht». Genau. Die Ameise, zahlenmäßig von den Sandkörnern unendlich in den Schatten gestellt, überwältigt von der Ausdehnung der ungastlichen Wüste, ist dennoch bei weitem das größere Wunder.

Vor dreißig Jahren erschien einem Mann, der die Erde umkreiste, der Mensch unbedeutend im Vergleich zum Kosmos. Ein anderer Mann sah weiter und klarer, obwohl er sich nicht von der Erdoberfläche löste. Martin Luther King sagte: «So wunderbar wie die Sterne ist der Geist des Menschen, der sie studiert.» Dieser Gedanke zeigt uns den Weg zu einer neuen Wahrnehmung unseres Platzes im Universum. Wir müssen uns endlich klarmachen, daß Leben das komplexeste uns bekannte Gebilde im Universum ist und deshalb unsere Bewunderung am ehesten verdient. Gewiß, das Universum stellt unsere Welt, was seine Größe und seine ungeheure Energie anbelangt, weit in den Schatten. Doch das Universum der Sterne, Galaxien und riesigen Abgründe leeren Raums ist so unvergleichlich viel einfacher als wir und die uns verwandten Lebensformen. Wenn wir lernen könnten, das Universum mit Augen zu betrachten, die blind für Gewalt und Größe wären, und statt dessen einen Blick hätten für Raffinement und Komplexität, dann könnte keine Galaxie gegenüber unserer Welt bestehen. Sicher können wir die Majestät des Universums bewundern, doch unsere Ehrfurcht sollte seiner größten Leistung vorbehalten bleiben – dem Leben. Das Universum hat eine Möglichkeit gefunden, sich selbst zu erkennen, sich selbst zu erforschen, raffiniert und kompliziert gebaute Gebilde durch seine Weiten zu schicken. Der Schöpfungsprozeß entwickelt sich seit mehr als zehn Milliarden Jahren in unsere Richtung, und nun, mit uns und anderen, die vielleicht sind wie wir, wendet sich diese Strömung und fließt zurück zum Universum, woher sie gekommen ist. Wir sind bereit, das Universum zu erforschen. Egal, ob wir nun nur unsere Sinne und Gedanken hinausschicken oder auch unsere Körper, wir sind jetzt gehalten, unsere Gaben am Universum zu erproben – vielleicht um es auf immer zu verändern. Wir sollten uns als Mittelpunkt des Universums fühlen, denn in einem sehr konkreten Sinne sind wir es.

Die Entdeckung all dieser Dinge ist die erstaunlichste Leistung in der menschlichen Geschichte. Eine vernunftbegabte Art kann nur einmal in ihrer Evolution diesen Wendepunkt erreichen. Und wir, die wir heute leben, sind diese glückliche Generation, die Generation des großen Erwachens. Haben die anderen Universen außerhalb unserer «Blase» ebenfalls solche Geschichten zu erzählen? Wahrscheinlich werden wir das nie erfahren. Fast eine Unendlichkeit von Universen dürfte erforderlich sein, bevor eines entsteht, das die richtigen physikalischen Eigenschaften aufweist, um die Ziegel brennen, das Haus bauen, das Feuer entzünden und die Wiege des Lebens wärmen zu können. Diese Bilder sind uns vertraut – sie haben tiefe Wurzeln im Menschenleben. Jetzt müssen wir den Horizont unseres Bewußtseins erweitern, um sie auf die größere Welt zu übertragen, aus der wir gekommen sind.

Die Astronomie mit ihren Suchexpeditionen wie der Reise zum Großen Attraktor macht nur einen winzigen Teil des Wissens aus, das wir brauchen, um große Taten zu verrichten. Wir verlassen das 20. Jahrhundert mit wachsenden, gottähnlichen Kräften, wenn auch leider nicht mit gottähnlicher Vernunft, um sie angemessen zu nutzen. Eigentlich müßten wir eifrig darauf bedacht sein, diese Gelegenheit zu ergreifen und das Gelobte Land zu betreten, das unsere Mythen uns seit langem verheißen, das Land der unbegrenzten Möglichkeiten und des Überflusses. Doch an diesem entscheidenden Punkt scheinen wir zu zögern und davor zurückzuschrecken, den Lohn, den wir seit tausend Generationen erwarten, einzufordern. Der Aberglaube hat Konjunktur. Viele haben Angst, ihr Geschick selbst in die Hände zu nehmen, und halten sich lieber an die Astrologie – die beliebtere und bekanntere Schwester der Astronomie –, während Scharlatane jeglicher Couleur reichlich an unserem Wunsch verdienen, das Unbekannte zu zähmen. Andere durchforsten den Himmel nach Außerirdischen, die uns vor verantwortungsloser Selbstzerstörung und Grausamkeit bewahren. Wieder andere suchen Zuflucht in fundamentalistischen Religionen, die ihren Anhängern alle Zweifel und Ungewißheit nehmen, allerdings um den Preis, daß sie Verzicht leisten müssen auf die Reise zu größerem Wissen und in eine faszinierende Zukunft.

Noch bestürzender als der Hang solcher Menschen, in Phantasiewelten zu flüchten und sich der Welt der Wissenschaft und Rationalität zu verweigern, ist der Selbstzweifel einiger Wissenschaftler. In einer Fachzeitschrift für Physiker war eine Karikatur abgebildet, in der ein «Prediger» das Gospel der Inflation und Teilchenphysik vortrug und die Gemeinde es bekräftigte mit Ausrufen wie «Wahrhaftig, es waren mehr als 10^{32} Grad!», «Amen! Quarks» und «Halleluja – sie annihilieren sich». Komisch? Gewiß, aber die traurige Wahrheit ist, daß viele Wissenschaftler heute nicht mehr auf einen konkreten Unterschied zwischen ihrem Versuch, unseren Ursprung zu entdecken, und den vorwissenschaftlichen Mythen der Religionen pochen mögen. «Relativismus» ist zum Schlüsselwort der Natur- und Geisteswissenschaften geworden. Unsere Gesellschaft scheut immer stärker davor zurück, nach mehr Erkenntnis zu verlangen, nach mehr Macht, mehr Verantwortung und mehr Gelegenheit, das Leben aller Menschen erfüllter und reicher zu machen.

In seinem kühnen Buch *The Ascent of Man* meint Jacob Bronowski zu diesem Problem, die westliche Zivilisation habe den Mut verloren und sei von ihren lange gehegten Träumen abgefallen. Die Versuchung, uns vor der Verantwortung unseres heraufziehenden Erwachsenenalters zu drücken, uns in eine Vergangenheit zu flüchten, in der wir die Hüter einer dunklen, mystischen Welt waren, droht uns ausgerechnet in dem Augenblick zu lähmen, da wir uns anschicken, die wichtigsten Schritte unserer ganzen Entwicklung zu tun. Wir müssen unseren Mut wiederfinden, unsere Entschlußkraft zurückgewinnen und uns freudig diesem größten aller Abenteuer in die Arme werfen.

Wie ein Kind erwachte die Menschheit zum Bewußtsein und stellte fest, daß sie sich in einem seltsamen Land befand. Wir wußten nicht, wer wir waren und woher wir kamen, und wir fragten uns verwirrt, was wir tun sollten. Wir taten, was Eltern oft tun, um ihre Kinder zu beruhigen, wir erfanden Mythen, um den endlosen Fragen Nahrung

Das Universum ist ein Prozeß

zu geben, die diese besondere Gabe unserer Art, der Verstand, produzierte, und wandten uns dann wieder näherliegenden Aufgaben zu: dem Überleben und der Erzeugung von Wohlstand. Doch allmählich geht diese lange Kindheit ihrem Ende entgegen. Wir werden erwachsen und sind in der Lage, uns mit den wirklichen Antworten auseinanderzusetzen. Wir können die Verantwortung für unser Wohlergehen und unser Schicksal selbst übernehmen. Auf allen Wissensgebieten, von der Kosmologie bis zur Biologie, erfahren wir, daß das Universum sich entwickelt und wir uns mit ihm. Das Universum ist ein *Prozeß*, und wir sind ein Teil in diesem Prozeß des *Werdens*. Das ist die Quintessenz. Und am Ende wird uns diese Erkenntnis unwiderruflich verändern. Wir werden uns unserer Kräfte bewußt werden, werden sie anwenden und erkennen, welche Rolle wir im Kosmos übernehmen können. Und wir werden wachsen an dem Versuch, bewußt zu vollziehen, was wir unbewußt schon seit zehntausend Generationen tun, nämlich teilzunehmen an der Entwicklung des Universums. Das ist die Herausforderung, und das ist die Chance.

Hier stehen wir also, nicht ganz sicheren Fußes, auf dem Deck unseres kühnen Schiffs, die Segel prall gefüllt vom nahenden Sturm. Der auffrischende Wind rät uns, Kurs zu halten und den Mut nicht sinken zu lassen, in der Hoffnung, ruhigere See und unbekannte Horizonte zu erreichen. Wie von altersher weisen uns die Sterne den Weg und locken uns zu neuen Ufern. Sie fordern uns auf, tief in den Nachthimmel zu schauen, das silberne Band der Milchstraße zu betrachten und ihr zuzurufen: Sage mir, wer du bist, damit ich besser weiß, wer ich bin.

GLOSSAR

Absorptionslinie Intensitätsabfall bei einer speziellen Farbe im Spektrum eines Sterns oder einer Galaxie, weil eine bestimmte Atom- oder Molekülart in der Atmosphäre des Sterns das Licht verschluckt.
baryonische Materie Protonen und Neutronen, Bausteine «normaler» Materie.
Bogensekunde Größeneinheit am Himmel. Der gesamte Himmel umfaßt 360°, jeder Grad ist in 60 Bogenminuten unterteilt und jede Bogenminute wiederum in 60 Bogensekunden. Der Durchmesser des Mondes beträgt rund 30 Bogenminuten oder 1800 Bogensekunden. Die mittlere Galaxiengröße in der elliptischen Durchmusterung betrug 1 bis 2 Bogenminuten; die fernsten Galaxien haben eine Größe von 1 bis 2 Bogensekunden, nur einigemal größer als das Verschwimmen optischer Bilder, des «Sehens», verursacht durch Turbulenzen in der Erdatmosphäre.
Delta-Delta-Beziehung eine Korrelation von Eigenschaften zweier anderer Beziehungen, die Eigenschaften elliptischer Galaxien vergleichen. Nach der Delta-Delta-Beziehung entspricht in einer Stichprobe von elliptischen Galaxien eine ungewöhnlich hohe *Geschwindigkeitsdispersion* (siehe unten) bei einer gegebenen Leuchtkraft einer ungewöhnlich hohen Magnesium-Linienintensität und umgekehrt.
Dichtefluktuation eine Region, in der die Materiemenge pro Volumeneinheit etwas höher oder niedriger als im Durchschnitt ist. Nicht unähnlich einem Hoch- oder Tiefdruckgebiet in der Erdatmosphäre.
Doppler-Verschiebung die Bewegung einer Lichtquelle (oder irgendeiner Wellenart) bewirkt eine Verschiebung zu größeren Wellenlängen, wenn die Quelle sich vom Beobachter entfernt, oder zu kürzeren Wellenlängen, wenn sich die Quelle nähert.
Eigengeschwindigkeit die durch Gravitationsbeschleunigung hervorgerufene Bewegung, die eine Galaxie zusätzlich zur Hubble-Expansion des Universums aufweist.
elliptische Galaxie ein System von einer bis 100 Milliarden Sternen, die durch Gravitation zusammengehalten werden. Grundsätzlich sind elliptische Galaxien rund, haben aber in der Regel eine lange und eine kurze Achse, die sich um einen Faktor von zwei unterscheiden können; ihre wirkliche Form hat entweder Ähnlichkeit mit einer Zwiebel, einem Rugbyball oder mit beidem. Im Gegensatz zu Spiralgalaxien weisen sie keine dünnen Scheiben aus Sternen, Gas und Staub auf und scheinen in jüngerer Vergangenheit neue Sterne gebildet zu haben. Die Sterne in einer elliptischen Galaxie haben eine große Vielzahl von Bahnen, die höchst verschiedenen Richtungen folgen, so daß insgesamt der Eindruck einer zufälligen Bewegung entsteht.
Emissionslinie eine Intensitätszunahme des Lichts bei einer speziellen Farbe im Spektrum eines Sterns oder einer Galaxie, hervorgerufen durch die bevor-

Glossar

zugte Emission von Photonen bei bestimmten Energien durch eine spezifische Atom- oder Molekülart in einer erwärmten Gaswolke.

Expansionsgeschwindigkeit (Fluchtgeschwindigkeit) die Geschwindigkeit, mit der sich eine Galaxie (von unserem Ausgangspunkt) im Rahmen der allgemeinen Expansion des Universums (Hubble-Expansion) entfernt.

Flächenhelligkeit die Helligkeit pro Flächeneinheit eines Bildes, beispielsweise die Größenklasse pro Quadratbogensekunde einer Galaxie innerhalb eines bestimmten Durchmessers.

Geschwindigkeitsdispersion ein Maß für die Zufallsbewegungen von Sternen in einem gebundenen System. In einer sphäroidischen Verteilung von Sternen, etwa einer elliptischen Galaxie, bewegen sich Sterne in einem bestimmten Geschwindigkeitsbereich auf einer Vielzahl von Bahnen in höchst unterschiedlichen Richtungen. Die Geschwindigkeitsdispersion ist ein Maß der charakteristischen Geschwindigkeit dieser Millionen Sterne. Sie läßt sich einem Spektrum ihres kombinierten Lichts entnehmen. Kleine Doppler-Verschiebungen in den Farben jeder Absorptionslinie, die auf die Bewegungen der einzelnen Sterne zurückgehen, verbreitern die Absorptionslinie proportional zur Geschwindigkeitsdispersion.

Größenklasse das astronomische Maß für Helligkeit. In dieser logarithmischen Skala entspricht jeder Helligkeitsrückgang um einen Faktor von 100 einer Zunahme um fünf Größenklassen. Die hellsten mit bloßem Auge zu erkennenden Sterne gehören der ersten Größenklasse an (es gibt ein paar, die noch ein bißchen heller sind), und die schwächsten mit bloßem Auge zu erkennenden Sterne befinden sich in der sechsten Größenklasse. Die schwächsten bislang aufgezeichneten Galaxien sind einhundertmillionenmal schwächer, das heißt, sie fallen etwa in die sechsundzwanzigste Größenklasse.

heiße dunkle Materie (*HDM* nach englisch *hot dark matter*) ein Modell für die unsichtbare Materie im Universum. Dabei geht man von exotischen, schwach wechselwirkenden Teilchen aus, etwa Neutrinos, die geringe Masse haben und die sich fast mit Lichtgeschwindigkeit bewegt haben, als sich die ersten Fluktuationen von Galaxien- und Haufengröße zu bilden begannen.

Hubble-Expansion die beobachtete Eigenschaft des Universums, daß sich alle Galaxien voneinander entfernen, und zwar mit Geschwindigkeiten, die ihrer Entfernung direkt proportional sind. Daher wird eine Galaxie, die doppelt so weit entfernt ist, auch eine doppelt so hohe Fluchtgeschwindigkeit aufweisen. Allerdings bewegen sich die Galaxien nicht wirklich *durch* den Raum, sondern vielmehr expandiert der Raum und trägt die Galaxien mit sich wie Flitterpünktchen, die auf einem expandierenden Luftballon kleben.

kalte dunkle Materie (*CDM* nach englisch *cold dark matter*) ein Modell für die unsichtbare Materie im Universum. Dabei geht man von einem «Gas» exotischer, schwach wechselwirkender Teilchen aus, die sich im Vergleich zur Lichtgeschwindigkeit langsamer bewegten, als jene embryonalen Fluktuationen in der Materiedichte zu wachsen anfingen, die sich später zu Galaxien, Galaxienhaufen und Galaxiensuperhaufen auswuchsen.

kosmischer Mikrowellenhintergrund das diffuse Licht im Mikrowellen-(Radio)-Bereich des Spektrums, ein Relikt des Urknalls, als dieser im Alter von ein paar hunderttausend Jahren abkühlte.

kritische Dichte   die Materiedichte, die durch die eigene Schwerkraft der dynamischen Expansion des Universums exakt die Waage hielte und sie am Ende zum Stillstand brächte.

Leuchtkraft   die wahre, absolute Helligkeit eines Sterns oder einer Galaxie, im Unterschied zu ihrer *scheinbaren* Helligkeit, die von der Entfernung abhängt.

Lichtjahr   ein astronomisches Maß für die *Entfernung*, die das Licht in einem Jahr zurücklegt.

Lokale Gruppe   eine lose Gruppierung von drei großen Galaxien, der Milchstraße, Andromeda und Messier 33, der Großen und der Kleinen Magellan-Wolke und einem Schwarm von Zwerggalaxien.

Lokaler Superhaufen   der nächstgelegene Superhaufen, ein relativ kleiner, der die Haufen Virgo und Ursa Major sowie einen diffusen Halo von umgebenden Galaxien umfaßt. Der Lokale Superhaufen hat eine deutlich abgeflachte Form und ähnelt fast einer riesigen Galaxie aus Galaxien. Die Lokale Gruppe – und damit auch die Milchstraße – gehört wahrscheinlich zur Peripherie des Lokalen Superhaufens.

Magnesium-Linienintensität   ein Maß für die relative Häufigkeit der schweren Elemente in den Sternen, die für das Licht einer Galaxie verantwortlich sind. Die Absorptionslinien im Spektrum prägen sich stärker aus bei einer größeren relativen Häufigkeit von Elementen, die schwerer als Wasserstoff und Helium sind. Für diese Elemente ist das Magnesium repräsentativ, so daß die Intensität der Magnesiumlinien im Spektrum ein Maß für die Häufigkeit schwerer Elemente insgesamt liefert.

Malmquist-Verzerrung   die systematische Unterschätzung der Entfernung einer Galaxie, zu der es kommt, wenn die Entfernungsvorhersagen ungenau sind. Da sich das zugrundegelegte Raumvolumen rasch erweitert, wenn man größere Entfernungen ins Auge faßt, stellen die helleren, entfernteren Objekte, die zu Unrecht in die Stichprobe aufgenommen worden sind, die leuchtschwächeren, näheren Objekte, die vermeintlich außerhalb der Untersuchungsgrenzen liegen, zahlenmäßig in den Schatten. Daher ist die Stichprobe «verzerrt», das heißt, sie umfaßt mehr entfernte Galaxien als sie dürfte, so daß die Distanz zur durchschnittlichen Galaxie unterschätzt wird.

n-*Körper-(Computer-)Simulation*   die Nachbildung des Strukturwachstums durch ein Computerprogramm, das die Gravitationskraft zwischen n Körpern, [der Gesamtmasse], berechnet (wobei n für eine große Zahl steht).

Photon   elektromagnetisches Energiepaket, synonym mit *Licht*.

Rotationsgeschwindigkeit   die Bahngeschwindigkeit von Sternen in einer Spiralgalaxie. Eine Spiralgalaxie rotiert nicht als fester Körper (sie dreht sich nicht als geschlossene Einheit), weil die Bahngeschwindigkeit eines Sterns durch die Gravitation festgelegt wird: durch die von der Bahn eingeschlossene Masse und die Entfernung vom Galaxienzentrum. Eine «Rotationskurve» bildet die Beziehung zwischen stellaren Bahngeschwindigkeiten und der Entfernung der Sterne vom Galaxienzentrum ab. Gewöhnlich erreichen diese Rotationskurven ein Maximum (die Sterne an diesem Punkt kreisen mit höheren Geschwindigkeiten als Sterne auf zentraler gelegenen Bahnen) und bleiben dann, soweit die Messungen reichen, auf diesem Niveau. Häufig bezeichnet man diese Maximalgeschwindigkeit einfach als Rotationsgeschwindigkeit.

Glossar

Rotverschiebung die durch den Doppler-Effekt bewirkte Verschiebung des Lichts in einem Spektrum zu größeren Wellenlängen (röteren Farben) hin.

Schwarzes Loch eine Raumregion mit so hoher Materiedichte, daß sie den Raum vollkommen «aufwickelt»; wegen der Stärke des Gravitationsfeldes kann noch nicht einmal Licht entweichen, daher ist das Loch «schwarz» – nicht zu verwechseln mit dem viel weiter gefaßten Begriff *dunkle Materie*.

Schwarzkörperspektrum die Beziehung von Intensität und Wellenlänge (Farbe oder Energie) für Materie abstrahlendes Licht, das sich im (Temperatur-) Gleichgewicht mit seiner Umgebung befindet. Die Temperatur bestimmt die Wellenlänge, bei der die Emission ihre Gipfelintensität erreicht, und die exakte Beziehung der Lichtintensität in Abhängigkeit von der Farbe – die «Spektralgestalt» – wird in einer bestimmten Form fixiert.

Spektrograph ein Instrument, das Licht in seine Teilfarben zerlegt. Aus einer genauen Analyse der Lichtmenge bei jeder Farbe, vor allem aus dem Vorkommen von *Absorptions-* oder *Emissions*linien (siehe oben), läßt sich eine Fülle von Informationen über die physikalischen Bedingungen der Lichtquelle herleiten.

Spiralgalaxie eine Galaxie wie unsere Milchstraße, die aus einer bis 100 Milliarden Sternen besteht und durch Gravitation zusammengehalten wird. Das Spiralmuster in den dünnen Scheiben aus Sternen, Gas und Staub, die einen sphäroidischen «Kern» von Sternen umgeben, ist charakterisiert durch Regionen andauernder Sternengeburt. Die Sterne im Kern schwärmen, wie in den eng verwandten elliptischen Galaxien, in viele Richtungen aus, während die Sterne in den Scheiben nahezu kreisförmige Bahnen um das Galaxienzentrum beschreiben.

Sternenpopulation die Mischung von Sternen verschiedener Massen, mit verschiedenen Temperaturen, Metallhäufigkeiten und Altern, aus denen große Systeme wie Sternenhaufen oder Galaxien bestehen.

Sternkinematik (oder *Stellardynamik*) eine Beschreibung der Sternenbewegung in einem Haufen oder einer Galaxie, einschließlich der Bewegungsgeschwindigkeit, der Bahnformen und -verteilung.

Supergalaktische Ebene eine Ansammlung von vielen auffälligen lokalen Superhaufen zu einer flachen Verteilung, die sich mindestens über einige hundert Millionen Lichtjahre erstreckt. Zur Supergalaktischen Ebene gehören unter anderem der Lokale Superhaufen, die Superhaufen Hydra-Centaurus und Pavo-Indus sowie der Superhaufen Perseus-Pisces.

Superhaufen eine Ansammlung von Tausenden von Galaxien über eine Region mit einem Durchmesser in der Größenordnung von 100 Millionen Lichtjahren. Die Gesamtdichte ist gering, nur um wenige Faktoren größer als die durchschnittliche Dichte des Universums, doch der Kontrast zu den benachbarten Lücken, deren Dichte um mehrere Faktoren geringer als der Durchschnitt ist, kann sehr auffällig sein. Häufig enthalten Superhaufen einen oder mehrere dicht besiedelte Galaxienhaufen, besonders dichte Knoten von einigen hundert Galaxien, von denen einige einen Durchmesser von zehn bis zwanzig Millionen Lichtjahren aufweisen.

Symbole

$1/f$-Rauschen die besondere Fluktuationsverteilung, bei der die «Gesamtenergie» der Größenordnung direkt proportional ist. Sehr häufig in der Natur zu beobachten, etwa im Gebirge, wo die Anzahl der Berggipfel in vorhersagbarer Weise abnimmt, je höher die Gipfel werden.

Omega (Ω) die Dichte des Universums im Vergleich zu der kritischen Dichte, bei der die Expansionsenergie der Gravitationsenergie exakt die Waage hält. $\Omega > 1$ ist der Fall, wenn es mehr Gravitationsenergie als Expansionsenergie (kinetische Energie) gibt: Am Ende muß das Universum in sich zusammenstürzen. Bei $\Omega < 1$ ist die Expansionsenergie größer als die Gravitationsenergie: Das Universum wird seine Expansion endlos fortsetzen.

Danksagung

Der Autor ist sich voller Dankbarkeit bewußt, wie viele Menschen zur Fertigstellung dieses Buches beigetragen haben. Zunächst und vor allem sind natürlich meine sechs Kollegen Dave Burstein, Roger Davies, Sandy Faber, Donald Lynden-Bell, Gary Wegner und Roberto Terlevich zu nennen, deren Arbeit das Kernstück dieses Buches bildet und die so freundlich waren, für die hier wiedergegebenen Biographien Einblick in ihr Privatleben zu gewähren.

Ein Großteil des Manuskripts entstand an der University of California in San Diego. Für die großzügige Unterstützung möchte ich dem Fachbereich Astronomie und Physik sowie dem Center for Astronomy and Astrophysics danken, insbesondere Arthur Wolfe, Geoffrey Burbidge, David Tytler und Ken Lanzetta, durch deren Anregungen mir Teile des Textes sehr viel klarer wurden. Mit großem Kunstverstand hat Steve Padilla die fotografische Arbeit an den Abbildungen ausgeführt. Und natürlich wäre dieses Buch nicht zustande gekommen, hätte ich nicht der ständigen Unterstützung durch die Carnegie Institution gewiß sein können – Carnegies Ermutigung und Beistand war eine unentbehrliche Grundlage meiner wissenschaftlichen Arbeit.

Einige Menschen haben viel Zeit geopfert, um das Manuskript zu lesen und es in Zusammenarbeit mit mir zu verbessern: Sandy Faber, Dave Burstein, Ann Shipley, George Lake, Russell Galen, David Dressler und Wendy Boren – ihnen allen bin ich sehr verpflichtet. Doch niemand hat einen größeren Beitrag geleistet als Jonathan Segal, mein Lektor bei Knopf, der die verschiedenen Entwürfe wieder und wieder las, Anregungen und Kritik äußerte und mich dazu brachte, wirklich zu tun, was ich mir vorgenommen hatte: den Menschen von der Wissenschaft zu erzählen.

REGISTER

Aaronson, Marc 227–229, 245, 248, 279, 292, 301, 309, 318, 382, 385
Aarseth, Sverre 338 f
Abell, George 99, 101–103, 208, 348
Abell-Haufen 212, 467
Alphes, Ralph 394, 396–399
Ambartsumyan, V. A. 314
Andromeda 26, 28–30, 36–39, 46, 65, 79, 118, 191, 205, 256, 297, 316, 416 (→ Galaxien)
Andromedanebel 28 f
Anisotropie 225
Annihilation 424, 426, 442, 498
anthropisches Prinzip 197, 200
Anthropozentrismus 21, 42 f
Antila 371 (→ Galaxienhaufen)
Antiprotonen 423, 425 f, 442
Apollomissionen 8–11, 82–88
Aristarchos 168
Aristoteles 23, 168
Armstrong, Neil 84
Astronomie 17, 25, 27, 29, 39 f, 49, 54, 71 f, 81, 91, 104, 142, 189, 211, 357, 389, 476, 497

Babcock, Horace 131, 316
Baryonen 321–325, 328, 331–334, 343 f, 377, 429, 443
Bertschinger, Ed 379, 453, 468, 470, 473
Bewegungsgesetze (Newton) 59, 176–180, 188, 314
Blauverschiebung 50–52, 157, 224, 298 f, 315 (→ Rotverschiebung)
Block, Bruce 139 f
Blumenthal, George 339, 350, 378, 453
Bogensekunden 36, 67, 148, 159, 268, 278, 359, 500
Böhm, K. H. 166
Bond, Dick 354, 379
Bosma, Albert 317
Bosonen 426, 428, 430
Bothun, Greg 463, 465
Braune Zwerge 323 f (→ Sterne)
Bronowski, Jacob 498
Burbidge, Geoffrey und Margaret 72, 315 f, 393
Burstein, Dave 29 f, 32, 35, 54, 68–77, 90, 118, 120 f, 123, 158 f, 163 (Abb.), 220, 229, 231, 234, 257 f, 264–269, 274–276, 278–288, 290, 292, 294, 301–304, 309–311, 352 f, 356, 364, 366 f, 369, 373, 387, 389, 471
Bush, Vannevar 484

Carter, David 461 f
Celsius-Skala 142, 394
Centaurus-Haufen 290, 304–308, 310 f, 352 f, 355–357, 360–362, 365 f, 368 f, 371, 382, 384 f, 388, 461, 469 (→ Galaxienhaufen)
Cepheiden 28 f, 44–47, 62 (→ Sterne)
COBE-Satellit 399 f, 406, 408, 414 f, 454 f, 472
Comahaufen 212, 214, 218, 237, 241, 243–245, 250 f, 275, 278, 281, 284, 287, 289, 293, 313 f, 386 (→ Galaxienhaufen)
Compton-Streuung 395
Computersimulationen 111, 186, 201, 263, 266, 303, 333 f, 336, 339–345, 347, 349, 351, 353, 364, 379 f, 382, 408, 436, 451, 453, 461, 468, 488 (→ OUR V-Programm)
Coriolis-Kraft 188
Costa, Luiz da 220, 359, 363
Courteau, Stephane 462, 465 f
Cowie, Len 468
Currie, Malcolm 361
Curtis, Heber 27

Datenreduktion 229, 233, 252
Davies, Roger 31 f, 56, 67, 84–90, 118–121, 123, 158, 163 (Abb.), 229, 231, 233, 239, 257–261, 263, 269, 274, 276, 281, 285–287, 290 f, 294, 303, 309, 311, 367, 471
Davis, Marc 202 f, 205, 219 f, 231–235, 238, 246–249, 278, 311, 339, 341, 343–345, 349, 359, 378, 380 bis 383, 451–453, 463
Dekel, Avishai 216, 451, 454, 468, 470, 473 f
Delta-Delta-Beziehung 120–123, 232 f, 235 f, 238–242, 249, 276
Deuterium 326, 393, 400, 442, 454
Dichte, kritische 325–328, 345, 413 f, 450, 461, 470, 474, 502 (→ Materie)
Dichtefluktuationen 99, 248, 334–341, 344 f, 347, 351, 354, 377, 407, 409–411, 413 f, 436, 441, 443 f, 447, 449 f, 455, 457, 460, 472, 500
Dicke, Bob 397, 399, 434 f
Dickens, R. J. 361
Djorgovski, S. «George» 278
«Donald-Durchmesser» (D_n) 270, 275–278, 280, 282, 284 f, 287, 289, 292 f, 296, 302, 365, 386, 388
Doppler-Effekt 50 f
Doppler-Verschiebung 49, 51, 82, 157, 206, 222, 227, 259, 305 f, 315–317, 360, 412, 462 (→ Rotverschiebung)
Dressler, Robert 417–422, 433, 448
Dressler-Effekt 109

Register

Eddington, Sir Arthur 178, 187, 351
Efstathiou, George 339, 341, 344, 378, 452
«EGALSOUTH-Problem» 281 f, 285, 288–290, 294, 300, 304, 307, 358
Eggen, Olin 190
Eichtransformationen 445
Eigengeschwindigkeiten → Pekuliargeschwindigkeiten
Einstein, Albert 16, 53, 78, 145, 172–179, 181 f, 185, 191–193, 320, 322, 324, 424, 432, 459
– «Gedankenexperimente» 78, 177
Elektrizität 174, 188, 205
elektromagnetische Strahlung 392, 394 f, 440
Elektromagnetismus 174, 321, 329, 339
Elektronen 59, 146 f, 151, 321 f, 329–332, 377, 394 f, 409, 424 f, 440, 442 f
Elemente, schwere → Metallvorkommen
Elongation 122, 236, 276 (→ Galaxien)
Entropie 494
Erdatmosphäre 135, 148, 167, 399, 405 f
Erde 14 f, 23 f, 39, 43, 48, 65, 78, 95, 144, 148, 156, 169–171, 181, 198, 255, 297, 331, 412, 494–496
– Alter 63
– flach 171, 179, 182 f
– Krümmung 170, 182
– Oberfläche 177, 182, 193
– *si muove* 297
Erdrotation 14, 297
ESO-Atlas 264, 359, 386
Evolution 200, 438, 477, 482–484, 487–489, 492–495, 497
– kulturelle 482
– lamarckistische 483

Faber, Andrew 59 f
Faber, Sandy 14–16, 29, 31 f, 34 f, 54, 56–61, 67, 73–77, 89 f, 104 f, 118–121, 123, 158 f, 163 (Abb.), 229, 231, 235–237, 239–241, 257 f, 261–264, 269, 273 f, 276 f, 283–288, 290, 293 f, 297–305, 309, 311, 339, 350, 352, 356, 362, 364, 366–370, 372–374, 378, 386 f, 389, 454, 461–463, 465, 472, 474
Faber-Jackson-Beziehung 119, 245 f
Faller, James 72
Fermi, Enrico 330
Fernseher/n 150 f, 204, 404, 417, 440
Filamente 211 f, 216, 220, 443
Ford, Kent 60 f, 223–225, 263, 301
Forstein, Stephen 135
Fotodioden 151, 153
Fowler, Willy 393
Frank, Juan 115
Freeman, Ken 276 f
Frenk, Carlos 339, 341, 344, 378, 452

Galaxien (→ Andromeda; Milchstraße)
– Anfangsbedingungen 98 f, 104
– Bausteine des → Universums 32
– Beschleunigung 355 f
– Bewegungen 79, 221, 224, 297–299, 304 f, 366, 376
– Bildung 33, 83, 97, 109, 111, 197, 238, 339, 341, 375, 378, 406, 450, 457, 460, 468 f
– Dichteniveau 108 f, 470
– Eigengeschwindigkeiten → Pekuliargeschwindigkeiten
– Einfall 326
– Entdeckungen 26 f, 41
– Entstehung 20, 32, 77, 81, 83, 94, 98, 111, 190, 222, 232, 242, 276, 314, 378, 457
– Farbe 20, 59
– Flächenhelligkeit 101, 268 f, 276 f
– Gesamtleuchtkraft 233, 267 f, 273, 276–278, 296
– Größe/Größenklasse 20, 46 f, 66 f, 81 f, 90 f, 97, 99, 102 f, 106, 119, 156, 194 f, 208, 241, 257, 262–264, 268, 277 f, 281, 296, 335
– Häufung 211, 214, 219, 452
– Kern 93 f, 106 f, 261
– Klassifizierung 91, 105, 241
– Masse 82 f, 89, 99, 273, 277, 314–317, 442
– Rotation 48, 61, 72, 83, 111, 243, 292, 316 f, 326, 344, 462 f
Galaxien, elliptische 11, 31–34, 44, 59, 65–67, 77, 83, 89, 91, 93 f, 96 bis 99, 102 f, 106–111, 118, 120, 125, 131–133, 140 f, 148, 150, 155, 157–159, 220, 222 f, 227, 229, 231, 233, 236–246, 249–251, 256, 258–279, 281–284, 287 f, 292–294, 296, 299–301, 306 f, 349–352, 357 f, 367, 369, 375, 380, 386–390, 404, 461–463, 471
– E019-G013 131–133, 140 f, 148, 150, 153 f, 156 f
Galaxien, linsenförmige (S0) 91–94, 97–99, 103–111, 118, 386, 388
Galaxien, spiralförmige 28 f, 61, 72, 84, 91, 93 f, 96–99, 103 f, 106–111, 118, 144, 190, 223, 231, 245, 261, 279, 292, 315–318, 326, 390, 461 bis 463, 465 (→ Milchstraße)
Galaxienarten 91–95, 97, 99, 103–111, 118–122, 220, 232, 293, 299, 344 (→ H-II-Galaxien)
Galaxienentfernungen 44–51, 54, 62 f, 65 f, 81, 116, 123 f, 206–208, 223, 225, 232, 239–243, 249, 252, 260, 274 f, 277 f, 280 f, 287–290, 292–294, 296, 300, 302, 304 f, 307, 313–315, 361, 365, 387, 461, 471 f
– Messungen 46 f, 53, 62, 124, 223, 229, 237, 273, 358
– Normalkerzentechnik 45–47, 62–64, 195
– Schätzungen 45, 48, 52, 62, 82, 116, 119, 123 f, 227, 280, 300, 314
Galaxienflächen 351, 378
Galaxiengeschwindigkeiten 48, 50–55, 62, 116, 124, 157, 189, 206, 221–227, 231, 259, 277, 280, 288, 292, 294, 297–300, 302, 305, 313–317, 339 f, 343, 360 f, 364 f, 385, 388 f, 405, 472 (→ Pekuliargeschwindigkeiten)

Register 507

Galaxienhaufen 35, 67, 98, 100f, 103–108, 208f, 212, 216, 219f, 238–242, 249, 251, 255, 279, 287, 289, 336f, 340f, 344, 369, 379, 407, 412–414, 441, 443f, 450, 455, 457, 465, 472 (→ Centaurus-Haufen; Comahaufen; Virgohaufen)
Galaxienhelligkeit / -leuchtkraft 47, 59, 64, 66f, 81–83, 90f, 99, 101–103, 116–123, 159, 194f, 208, 229, 232f, 235f, 238, 243f, 258, 262, 265f, 274f, 277, 284f, 287f, 292, 296, 325, 387, 408
– absolute 28, 45, 66, 229, 237, 241
– scheinbare 28, 45, 66, 101, 245
Galaxienkartierung 46f, 52, 67f, 106, 184, 196, 206, 210f, 213f, 220, 231, 292, 303, 311, 341, 348, 378, 381, 460, 469
Galaxienkataloge 208, 263, 369, 380, 452
Galaxienketten 211f, 217f, 254, 351, 378
Galaxienpaare 314
«Galaxienströmung, großräumige» 304f, 307–311, 348, 350–357, 362–376, 379f, 384f, 388, 451, 461f, 466f, 470, 472, 474 (→ Großer Attraktor)
Galaxiensuperhaufen 11, 16, 38, 209, 211, 214, 216f, 221, 256, 306, 310, 318, 333, 335, 338, 340f, 353, 357f, 361f, 368, 376, 398, 407f, 410–414, 441, 443f, 450f, 455, 457, 460, 463, 467, 469f, 472f (→ Lokaler Superhaufen)
– Supersuperhaufen 414
Galaxienverteilung 11, 16f, 206, 208, 211, 214, 216f, 219f, 231, 250, 252, 263, 311, 319, 336, 341, 343–345, 347–349, 358, 363, 375, 378, 381f, 451f, 461, 463, 467–471
Galilei, Galileo 14, 23–25, 177, 255, 297
Gallagher, Jay 56
Gammastrahlen 49, 143, 145f, 395
Gamow, George 54, 393, 400
Gas(wolken) 95, 97, 111, 118, 122, 138, 144–147, 149, 315, 317, 321, 323, 333, 358, 393, 493
Gelb, James 453
Geller, Margaret 249–252, 254, 293, 345, 347, 451
Gentechnologie 487f, 490
Geodätische 179, 181, 183, 185
Geometrie
– euklidische 170, 179, 182f, 196
– globale 192
Geschwindigkeitsdispersion 116–123, 157, 160, 229, 231f, 235–238, 241–246, 257–261, 265, 268, 273–285, 287–289, 292f, 296, 300, 302, 314, 360, 365, 386–388, 405 (→ Galaxienentfernungen)
Glashow, Sheldon 428
Goldreich, Peter 190
Gonzales, Jesus 67, 264, 283
Gott, Richard 347f
Gould, Stephen J. 483

Gra 183
Gravitation 11, 24, 33, 48, 53, 80, 83, 91, 95–99, 101, 116–118, 145, 155, 157, 177–179, 181–183, 188–195, 197, 208, 217, 219–221, 223, 227f, 248, 254f, 277, 308, 313f, 317–320, 325f, 331, 333f, 336–338, 340, 342, 354f, 362, 376f, 382f, 407, 409, 426, 429f, 435, 439–441, 443–445, 449, 455, 459, 461, 468–470
Gravitationsgesetze (Newton) 82, 177, 255, 314, 316, 320
«Gravitationsmasse, große» → Großer Attraktor
Gregory, Stephen 212, 215, 218
Große Mauer 451, 456, 467, 471
Großer Attraktor 11, 351, 359, 361, 367–370, 374–376, 379f, 382, 384–390, 451, 461–467, 469–475, 477, 497
Guerra, Angel 131
Gunn, James E. 194, 356
GUT (grand unified theory) 445f, 449f
Guth, Alan 198f, 431f, 434f, 448, 474

«heftige Entspannung» 190
Helium 82, 94–96, 145f, 155, 326f, 393f, 400, 403, 442f, 454
Herkules-Haufen 100f (→ Galaxienhaufen)
Herman, Robert 394, 396–399
Herschel, Sir John 186
Herschel, William 26f, 209, 474
H-II-Galaxien 111, 116f, 119f, 122
Higgs-Kraft 430–434, 440, 442f, 445, 447–449
Himmelstaxonomie 49, 94
Hintergrundstrahlung, kosmische 11, 326, 383 (→ Mikrowellenhintergrund)
Holtzman, Jon 454
Hoyle, Fred 54, 391, 393
Hubble, Edwin 15–17, 28, 36, 41–49, 52f, 55, 62–64, 91, 94, 124, 128, 131, 150, 191f, 195, 206f, 210, 221, 223
Hubble-Beziehung 82, 116, 119, 123f, 222, 239, 242, 249, 280, 294, 313, 325, 361, 390, 435
Hubble-Diagramme 55, 63f, 195, 305, 388, 390
Hubble-Expansion 184, 206, 221, 223–229, 232, 237, 239, 242f, 245–247, 249, 252, 274f, 278–280, 285, 288f, 292–294, 299–303, 305, 307–311, 313, 315, 325f, 350, 359, 361, 365, 368, 375, 379, 385, 388f, 453, 461, 463, 468
Hubble-Konstante 62f, 310, 314, 401, 459
Hubble-Teleskop 402, 459
Huchra, John 205, 219, 249–252, 254, 293, 345, 347, 451
Humason, Milton 63, 131, 206
Hydra-Centaurus 306, 369, 371 (→ Galaxienhaufen)

IAFE 114f
Inflationsmodell 198–200, 434, 436, 441, 447–449, 455, 457, 459, 461, 470, 474, 494, 498 (→ Universum)
IRAS-Satellitenteleskop 380

Jackson, Bob 119
Jupiter 23f, 198, 255, 324f
Juskiewicz, Roman 354, 379

Kaiser, Nick 343, 350, 379f, 383f, 451f
Kamp, Peter van de 59
Kant, Immanuel 25–27
Katem, Basil 359
Kells, Bill 23
Kelvin-Skala 142, 394
Kent, Clark 161, 290
Kepler, Johannes 255
Kernfusion 95f, 145, 155, 202, 327, 329
Kirshner, Robert 214, 217, 219, 344, 384
Kohlenstoff 146f, 155, 393, 404, 493
Komplexität 492–494, 496
Kopernikus, Nikolaus 14, 226, 255, 495
kopernikanisches Prinzip 176, 226
Kosmologie 17, 53, 78, 320, 354, 374, 392, 429, 432, 447, 454, 472, 485, 499
kosmologische Konstante 459 (→ Einstein)
Kristallisation 420–422, 430–432, 442
Kristian, Jerome 194

Ladung 144, 146f, 188, 330, 446
Lahav, Ofer 369, 371, 385
Lapparent, Valerie de 251f, 254, 345, 347
Latham, Dave 205, 219
Leerräume, intergalaktische 11, 17, 38, 80, 98, 333, 347, 409, 496
– Riesenlücken 215, 217–219, 221, 250, 338, 344f, 351, 379, 384, 414, 443f, 449–451, 460, 471
Lemaître, Georges 53f, 393
Licht/Lichtintensität 59, 74, 78f, 133, 140f, 144, 150f, 398f, 405, 443
– Farbe → Lichtspektren
– infrarotes 49, 143–146, 321, 323, 381
– sichtbares 49, 143f, 146, 225, 299, 321, 396, 410
– ultraviolettes 49, 145f, 321
(→ Blau-/Rotverschiebung)
Lichtgeschwindigkeit 59, 78, 173–176, 187, 200, 329, 337, 339f, 402, 412, 424, 434, 442, 450, 456
– Messung 176
Lichtjahre 62, 64, 170, 256, 307, 314, 350, 375, 435, 472
Lichtspektren 24, 40f, 48–51, 65, 119, 141–148, 153–160, 165, 167, 205, 207, 231, 240, 246, 257–260, 281, 313, 360, 386f, 398, 400, 402–404, 410, 454, 462
– Absorptionslinien 147–149, 154, 157, 160, 235, 259, 360, 404f

– Emissionslinien 145–149, 153f, 160, 315, 317
Lick-Sky-Atlas 211, 213
Logik-Schaltkreise 205
Lokaler Superhaufen 38, 210, 214, 227–229, 246–248, 256, 279, 292, 318f, 326, 368, 465, 469, 471, 473 (→ Galaxien)
Lowell Observatory 16, 52
Lucey, John 361, 461
Lynden-Bell, Donald 33, 161, 163 (Abb.), 185–191, 234, 249, 256–259, 266–269, 274–276, 286f, 291–295, 298, 302–306, 309, 311, 356, 364, 366–369, 372–374, 466, 471, 473–475 (→ Donald-Durchmesser)

Mach, Ernst 188
Maddox, Steve 452
Malmquist-Verzerrung 296f, 300, 303f
Magellanwolken 38, 330 (→ Galaxien)
Magnesium-Linienintensitäten 235–238, 241–243, 245, 265, 268, 274, 284f, 287, 293, 300
magnetische Monopole 431, 434, 436, 447, 457
Magnetismus 174, 188f
Mars 164f, 492
Masse-Leuchtkraft-Beziehung 82f, 178
Masseverteilung 246–251, 308, 334, 349, 354, 461, 465, 468, 471, 473 (→ Materie)
Materialismus 478
Materie 10f, 16, 18, 24, 81, 90, 118, 148, 178, 193, 243, 328f, 338, 381, 394, 396, 398f, 424, 443, 445, 460
– Dichte 178, 193, 208, 221, 254, 324–328, 334, 336f, 340, 345, 375, 377, 408, 410, 413, 436, 439, 460f, 468–470, 473 (→ Dichte)
– Verteilung 16f, 19, 81, 90, 118, 221, 223, 226–229, 246–251, 308, 334, 349, 375f, 461, 463
– Verwerfungen 324, 334, 336, 340f, 410, 431
– Materie, baryonische 321–323, 325–331, 334, 339, 344, 377f, 413, 443, 450
Materie, dunkle 11, 56, 61, 292, 315–333, 343, 348, 357, 362, 368, 375–379, 381–383, 429, 442f, 450f, 453, 455, 461, 463, 465, 467–469, 471
– gemischte (MDM) 454
– heiße (HDM) 340f, 378, 450, 453f
– kalte (CDM) 340f, 344f, 347–351, 376, 378f, 382, 429, 442, 450–454, 457
Mathewson, Don 465, 467
Maxwell, James Clerk 174, 188, 428
Maxwellsche Gleichungen 174, 176f
Mayall, Nicholas 63, 206
Melnick, Jorge 107, 116
Merkur 180
Metallvorkommen 82f, 96, 116–123, 155, 190, 229, 231f, 235, 237, 244, 265, 273f, 284, 322f, 327, 360, 393, 401, 403f
Michelson-Morley-Experiment 173f

Register

Mikrowellenhintergrund, kosmischer (CMB) 225f, 243, 245–248, 298–300, 303–305, 307, 331, 334, 354, 389, 392f, 396–400, 402f, 405–414, 423, 425, 434, 436, 454f, 457, 460, 467, 472
Milchstraße 10, 14f, 25, 27–30, 36, 38, 43–46, 48, 51f, 54, 62, 67, 79, 82, 93, 100, 118, 155, 171, 174, 190, 192, 208–210, 223f, 226, 229, 232, 237, 243, 245–248, 255, 262, 288, 297–300, 304–309, 315, 318, 349, 353, 357f, 364, 371, 381, 383, 387, 397f, 412, 466, 490, 499
Mills, Robert 427f
Mond 23f, 36, 133, 138, 165, 169f, 182, 255, 321
Mondlandung, erste 87f
Morley, Edward 173
Morphologie-Dichte-Beziehung 110, 344
Morton, Don 89
Mould, Jeremy 461

Natriumacetat 419f, 422, 431, 448
Naturkräfte 24, 174, 429
– elektromagnetische Kraft 24, 329, 339, 377, 426, 429–431, 442, 445 (→ Elektromagnetismus)
→ Gravitation
– schwache Kraft 24, 329, 426–431, 442, 445
– starke Kraft 24, 329, 426, 428–431, 442, 445
Naturphilosophie 187
Nebel 38, 91, 140, 171, 315
Neutrino 329–333, 339, 424–426, 429, 442, 450, 454 (→ Materie, dunkle)
Neutronen 321, 329–331, 377, 393, 424–426, 429, 442
Neutronensterne 209
Newton, Isaac 24, 82, 172, 174f, 178, 182, 255f, 314
n-Körper-Problem 338f, 341f, 347f, 379, 436, 453, 468
Nuklearsynthese 328, 394, 400, 423, 436, 442, 450, 454
Nullpunkt, absoluter 142, 144, 394, 399
Nusser, Adi 473f

Oemler, Gus 106f, 215, 219, 344
Oke, Beverly 194
Ore, Christina dalle 283
Orionnebel 26, 49, 111
Ostriker, Jeremiah P. 318, 468
OUR V-Programm 295, 300, 302, 304, 307, 356, 364f, 367, 369 (→ Computersimulationen)

Palomar-Sky-Atlas 102, 208, 264 (→ Galaxienkataloge)
Parker, Dorothy 42
Pauli, Wolfgang 330
Pavo-Indus 306, 352f, 355f, 368
Pease, F. G. 315

Peebles, Jim 98f, 103, 210–213, 216f, 219, 246–249, 251, 318, 336, 340f, 346, 397, 434f
Pekuliargeschwindigkeiten 221–228, 243, 245–249, 251, 264, 279f, 285, 288–290, 292–294, 296–310, 313, 319, 343f, 348–350, 352–354, 358, 361f, 364–366, 368, 378f, 381 bis 383, 385, 387, 389f, 398, 412, 415, 453, 461–473
Penzias, Arno 396f, 399, 405, 411
Peralta, Fernando 129, 131f, 141, 155–158, 360
Peralta, Leonardo 127, 129
Perihel 180
Perón, Juan 114
Photino 332, 447
Photometer/Photometrie 47, 66, 75, 111, 159, 186, 233f, 241, 258, 264f, 286, 288, 302, 386, 462
Photonen 132, 141–147, 150f, 153, 203f, 226, 329, 331f, 377f, 394–396, 399f, 407, 409–413, 424, 430, 440, 442f
Photonenrauschen 154
Photonenzählungen 153, 205, 215, 249
Physik 17, 59, 81, 173, 186–188, 325, 328, 351, 424, 426–429, 432, 437, 448, 485, 498
Planck, Max 399
Planeten 23f, 40, 48, 63, 82, 96, 140, 182, 255, 317 (→ Erde; Mond; Sonne)
Pont, Irénée du 131
Primak, Joel 339, 378, 453
Protonen 145, 155, 321f, 327, 329–333, 377, 393–395, 409, 423 bis 426, 429, 442f, 446
ptolemäisches Weltbild 429

Quantenelektrodynamik 188
Quantengravitation 449 (→ GUT)
Quantenmechanik 486
Quarks 425, 442, 498
Quasare 33, 86, 173, 189, 322, 402, 444, 450

Radiowellen 49, 89, 144, 225, 298f, 321, 392, 396, 398f, 405f, 440, 443
Raum 171, 175f, 181, 192
– Verwerfungen 324, 334, 336, 340f, 410, 431
Raumfahrt 490
Raumkrümmung 178, 180, 192–194, 196, 199
Raumzeit 191f, 199f, 288, 446, 485
– gekrümmte 11, 179, 181, 185, 198
Rauschen 52, 154
– 1/f-Rauschen 335f, 338–341, 397, 453
Rees, Martin 115, 339, 378
Regenbogen 147, 404
Rektaszension/Deklination 132, 279
Relativismus 498
Relativitätstheorie, allgemeine 16, 53, 178, 180, 191f, 199, 320, 322, 324, 432
Relativitätstheorie, spezielle 175–177, 179, 187
Replikation 493f

Ressourcen, menschliche/natürliche 481
Riemann, Bernhard 191
Roberts, Mort 61, 317
Röntgenstrahlen 49, 143–146, 321 f, 395
Rote Riesensterne 156 f (→ Sterne)
– Antares, 156
– Beteigeuze 156
Rotverschiebung 44, 50–53, 55, 62, 65–67, 82, 116, 123, 157, 160, 195, 205–212, 214 f, 217–219, 223, 231, 239, 241–243, 249–253, 278, 280, 289, 294, 298–300, 313, 315, 325, 341, 345, 358–362, 365, 369, 375, 381, 384 f, 396, 399, 403 f, 410, 435, 443, 452, 460
Rowan-Robinson, Michael 452, 463
Rubin, Vera 60 f, 206, 209, 223–225, 263, 301, 316 f

Salam, Abdus 188, 428
Sandage, Allan 55, 63 f, 190, 194, 206, 214, 224, 299, 309 f, 319, 365, 435
Sargent, Wallace 107, 116
Satellitenteleskope 144
Saturn 13, 24, 138, 255, 295
Sauerstoff 146, 393, 493
Scaramella, Roberto 465
Schechter, Paul 215, 219, 246, 248, 344
Schmidt, Maarten 189
Schommer, Bob 463, 465
Schwarze Löcher 33, 179, 189, 192, 194, 322 f, 431, 444
Schwarzkörper 149, 398–400, 404–406, 408, 455
Sirius 78 (→ Sterne)
Seldowitsch, Jakow 216 f, 457
Shapley, Harlow 27, 42 f, 166, 465
Shapley-Konzentration 467
Shectman, Stephen 108, 151, 203–205, 215, 219, 249, 344
Silk, Joe 380
Slipher, Vesto 16, 52, 205, 315
Smooth, George 413
Sonne 14 f, 24 f, 36, 43, 63, 79, 82, 96, 145 f, 156, 166, 169, 178, 180–182, 192, 223, 226, 255, 297, 321, 395 f, 404, 412, 444, 493
– Atmosphäre 147
– Geschwindigkeit 48
– Masse 48, 260
Sonnensystem 78, 80, 82, 166, 226, 260 f, 317, 319, 401, 424
Southern Sky Redshift Survey (SSRS) 363, 386, 452
Spektralanalyse 48 f, 51, 141, 150–152, 165, 252 (→ Lichtspektren)
Spektrallinien 146, 157, 206, 222, 235, 243, 259
Spektrographen 24, 65, 89, 141, 146, 148, 150, 152 f, 155, 202 f, 241, 259–261, 315, 462
Spektroskopie 49, 81, 142, 156, 158, 286 f, 302
Steady-State-Modell → Universum, ewiges
Steinhardt, Paul 448 f

Sternbilder 28, 93, 156, 210, 212, 215, 308, 353
– Bootes 215, 218 f, 250, 344
– Großer Wagen 23–26, 37
– Perseus-Pisces 382, 465 f, 469, 471, 473
Sterne 9, 21, 24–26, 32, 40, 48, 50, 82, 96, 111, 144, 147 f, 172, 203, 323 f, 327, 335, 401, 403, 457
– erster Generation 400
– Flächenhelligkeit 26, 51
– Geschwindigkeit 50, 189 f
– Masse 314 (→ Materie)
Sternenbewegungen 31, 82, 89, 315, 324
Sternenbildung 31 f, 37, 79, 82 f, 90, 95–99, 111, 122 f, 138, 197, 402, 407, 459 f, 468, 493
Sternenlicht 14, 20, 26, 37, 144, 147 f, 317, 324
Sternenpopulationen 29, 54, 79, 82, 89, 122, 285, 402, 457
Sternentod 79, 138, 322
Stickstoff 146 f, 393, 493
Strauss, Michael 311, 380–383, 452, 463
Strauss-Davis-Karte 382 f
Strings, kosmische 455–458, 460 f, 474 (→ Superstringtheorie)
Super-Collider, supraleitende (SSC) 423 f
Supernovä 40, 96, 117 f, 123, 144, 202, 322 f, 327, 330 f, 449
Superstringtheorie 446, 450 (→ Strings)
Supersymmetrie 332, 340, 430, 445–447
Sullivan, Walter 375
Supergalactic Plane Survey (SPS) 363
Sutherland, Will 452
Swan Leavitt, Henrietta 28
Symmetriebrüche 422, 427, 429 f, 432, 441, 448 f, 456

Tammann, Gustav 214, 319
Teilchenbeschleuniger 332, 428, 445 f
Terlevich, Roberto 31–33, 56, 67, 90, 111–123, 158, 163 (Abb.), 229, 231–236, 239 f, 242, 246, 258, 261–264, 274, 276 f, 281, 284, 291, 303, 366 f, 471
Thompson, Ian 385
Thompson, Laird 212, 215, 218
Tonry, John 205, 219, 231–235, 238, 471
Topologie-Analyse 346–348
«Tortendiagramm» 252 f
Tremaine, Scott 292
Trescott, Ruth 189
Tully, Brent 309, 467
Tully-Fisher-Beziehung 292 f, 461 f
Tye, Henry 432

Umlaufbahnen 48, 80, 84, 156, 182, 191, 255, 292, 317 f, 323
Universum
– abkühlendes 393, 395, 409, 429, 433, 442, 444, 494
– Alter 10, 62 f, 79, 401–403, 449, 457, 459

Register

- Baby-U. 414
- Beschaffenheit 10, 17, 63, 207 f, 347, 429
- Bottom-up-/Top-down-Modelle 216 f, 219 f, 251, 341
- Definition 42
- Dimensionen 171, 182
- Dynamik 15, 21, 77, 192, 413
- Endkollaps 64, 192 f
- endliches 77, 193 f, 485
- Entstehung 11 f, 17, 216, 439 (→ Urknall)
- Entwicklung 10, 12, 15, 77, 81, 401, 443, 450, 477, 492, 494, 499
- erste Sekunden 426, 440, 448
- ewiges 192, 391 f, 400, 402
- expandierendes 11, 15 f, 53−55, 62−64, 77, 97 f, 123 f, 171, 183, 191, 195, 198 f, 206 f, 214 f, 221−223, 227−229, 239, 299, 309, 318, 326−328, 334, 338, 342, 375, 393, 396, 401, 410, 412, 422 f, 432−436, 441, 443, 447−449, 457, 459
- Flachheit 198−200, 436, 447
- frühes 17, 216, 225, 322, 336 f, 391, 394 f, 399, 402, 406 f, 410−415, 429, 456 f, 460
- gekrümmtes 194−199 (→ Raumzeit)
- Gesamtmaterie 18 f
- geschlossenes 193−197, 435
- gleichförmig/ungleichförmig 54 f, 62, 206 f, 214 f, 220−223, 248, 254, 343, 377, 402, 434, 447 f
- Größe 10, 15, 39, 41, 63, 78 f, 171, 193, 487
- großräumig strukturiert 217, 225, 246, 252, 254, 310−312, 320, 329, 336, 340, 348, 453, 460, 475 f
- heiß und dicht 392, 394, 433
- inflationäres → Inflationsmodell
- isotrop 207
- Kartierung 170, 207, 263, 303
- klumpig 216, 219−221, 239, 250, 254, 292, 342, 375
- Kontraktion 191
- → Masse/Materie 18 f, 90, 228, 324, 332, 339, 429, 450
- offenes 193−197, 435
- opak/transparent 37, 395 f, 407, 409
- physikalisches 492, 494
- Rotation 206, 209
- Scheibe 254, 309, 344 f, 347, 451
- Schöpfungskataklysmus 54, 62, 77
- sichtbares 31, 78 f, 91, 380
- Temperatur 396, 398, 425, 434 f, 439
- Tiefe 36
- Tod 80 (→ Endkollaps)
- unsichtbares 313, 315, 320
- Volumen 156, 184, 193
- Vorstellungen vom 9 f, 16, 23, 27, 77
- «Uratom» 54

Urknall(-Modell) 9, 11 f, 16, 54, 77, 79 f, 96, 98, 171, 182−184, 194, 199, 207, 225, 232, 254, 298, 323, 325, 327 f, 332−334, 336, 339, 376 f, 391 f, 394, 396−407, 413, 422−424, 432−438, 448, 454 f, 485 f, 493

Vakuum 95
Van-Allan-Gürtel 144
Vaucouleurs, Gerard de 208−210, 212, 214, 227, 267, 309
Verstand 10, 19, 79, 191, 201, 416, 475, 497, 499
Virgohaufen 38, 210, 227, 237, 241, 243−248, 275, 278−281, 284, 287, 289, 308, 318, 371 (→ Galaxienhaufen)
Virialsatz 277
Vittorio, Niccola 354
Volumenströmung → Galaxienströmung, großräumige

Walker, Merle 74
Wampler, Joe 35, 74, 89
Warhol, Andy 421
Wärme 143 f
Wärmestrahlung 142, 147, 443
Wärmetod 494 f
Wasserstoff 82, 94−96, 111, 145 f, 155, 315, 317, 322, 326, 393 f, 400, 404, 409, 443, 454, 462, 493 f
Wegner, Gary 159, 161, 163 (Abb.), 166, 257 f, 261−264, 290 f, 294 f, 303, 471 f, 474 f
Weinberg, Steven 428
Weiße Zwerge 96, 166 (→ Sterne)
Welteninseln 25 f
Weltkartenprojektion 303
Weltraumkolonisierung 490
Westphal, James A. 194
White, Simon 339, 341, 344, 378
Willick, Jeff 465 f
Wilson, Robert 396 f, 399, 405, 411
WIMP 442 f
Wissenschaft 9, 16, 27, 61, 477−481, 483 f, 486, 490, 498
Woolley, Sir Richard 166, 189 f
Wordsworth, William 21
Wright, Thomas 25

Yahil, Amos 311 f, 319, 383, 452, 463, 470, 473
Yang, Chen Ning 427 f

Zeit 28, 64, 78, 169−172, 175 f, 187, 391, 404
Zwicky, Fritz 208−210, 249, 263, 313−315, 318
Zwillingsparadox 187